Kohlhammer

Daniela Eisele
Thomas Doyé

Praxisorientierte Personalwirtschaftslehre

Wertschöpfungskette Personal

7., vollständig überarbeitete Auflage

Verlag W. Kohlhammer

7., vollständig überarbeitete Auflage 2010

Alle Rechte vorbehalten
© 1981 W. Kohlhammer GmbH Stuttgart
Gesamtherstellung:
W. Kohlhammer Druckerei GmbH + Co. KG, Stuttgart
Printed in Germany

ISBN 978-3-17-020095-1

Inhaltsverzeichnis

Vorwort		15
1.	**Human Resources (HR) als Business Partner**	17
1.1	Zum Einstieg	18
1.2	Personalmanagement in der Wertschöpfungskette	18
1.3	Prozesskette Personal	21
1.4	Rollen der Personalarbeit	22
1.4.1	Michigan-Modell	22
1.4.2	HR Rollen in der Organisation	23
1.4.2.1	Strategischer Partner	23
1.4.2.2	HR Administration (Administrativer Experte)	23
1.4.2.3	Personalbetreuung (Employee Champion)	24
1.4.2.4	Veränderungsmanagement (Change Agent)	25
1.5	Der Personalbereich als Business Partner	26
1.6	Personalstrategie	27
1.6.1	Vernetzung der Unternehmensstrategie mit dem Personalmanagement	27
1.6.2	Entwicklung der Personalstrategie	29
1.7	Human Capital	33
1.7.1	Human Capital als Teil des immateriellen Vermögens	34
1.7.2	Human Capital versus Human Resources	36
1.7.3	Ziele und Nutzen der Humankapitalbewertung	36
1.7.4	Bewertungsmethoden von Human Capital	36
1.7.4.1	Marktwertorientierte Ansätze	37
1.7.4.2	Human Resource Accounting (HRA)	37
1.7.4.3	Summenmodell des Humankapitals	38
1.7.5	Relevanz des Humankapitals für den Unternehmenserfolg	40
1.7.6	Einfluss von Human Capital auf die Organisationsstruktur	41
1.8	HR-Werttreiber	43
1.8.1	Maßnahmen zur Steigerung der Wertschöpfung pro Mitarbeiter	43
1.8.2	Maßnahmen zur Senkung der Kosten pro Mitarbeiter	44
1.8.3	Maßnahmen zur Anpassung der Mitarbeiteranzahl	44
1.9	Fragen/Übungsaufgaben zu HR als Business Partner	46
1.10	Literaturhinweise	46
2.	**Personalplanung**	47
2.1	Zum Einstieg	48

2.2	Einleitung	48
2.3	Arten der Personalplanung	49
2.4	Ziele und Träger der Personalplanung	50
2.5	Durchführung der Personalbedarfsplanung	52
2.5.1	Methoden zur Bestimmung des Brutto-Personalbedarfs	55
2.5.1.1	Personalbedarfsplanung mittels Schätzungen	56
2.5.1.2	Stellenplanmethode	57
2.5.1.3	Aggregatmethode	59
2.5.1.4	Personalbedarfsplanung auf der Basis von Kennzahlen	59
2.5.1.5	Verfahren der Personalbemessung	60
2.5.2	Reservebedarf und Gesundheitsmanagement	55
2.5.3	Personalbestand: Ermittlung und Fortschreibung	65
2.5.3.1	Analytische Aufgabe der quantitativen Personalbestandsplanung	66
2.5.3.2	Demografischer Wandel in den Unternehmen	67
2.5.3.3	Projektive Aufgabe der quantitativen Personalbestandsplanung	70
2.5.4	Nettopersonalbedarf	71
2.6	Personaleinsatzplanung	72
2.7	Personalkostenplanung	72
2.8	Rechtliche Aspekte der Personalplanung	75
2.9	Fragen/Übungsaufgaben zur Personalplanung	76
2.10	Literaturhinweise	77
3.	**Personalmarketing**	**79**
3.1	Zum Einstieg	80
3.2	Einleitung	81
3.3	Arbeitgeberimage	82
3.3.1	Faktoren	82
3.3.2	Arbeitgeberimagestudien	83
3.4	Employer Branding	84
3.5	Maßnahmen des Personal- und insbesondere Hochschulmarketings	87
3.5.1	Key-School-Strategie	88
3.5.2	Maßnahmenmix	90
3.5.3	Innovative Aktionen	92
3.5.4	Imageanzeigen, Print und andere traditionelle Formen der Darstellung	92
3.6	Internet	94
3.6.1	Karriereseiten	94
3.6.2	Personalmarketing 2.0	96
3.7	Neue Herausforderungen vor dem Hintergrund der demografischen Entwicklungen	97
3.7.1	Alternde Belegschaften	97
3.7.2	Work-Life-Balance – durch Vereinbarkeit von Beruf und Familie	101
3.7.3	Diversity-Management	104

3.8	Rechtliche Aspekte des Personalmarketings	106
3.9	Fragen/Übungsaufgaben zum Personalmarketing	109
3.10	Literaturhinweise	110
4.	**Personalgewinnung und -auswahl**	**112**
4.1	Zum Einstieg	113
4.2	Einleitung	114
4.3	Erstellung eines Anforderungsprofils	115
4.4	Personalgewinnung	120
4.4.1	Interne Wege der Personalgewinnung	120
4.4.2	Externe Wege der Personalgewinnung	122
4.4.2.1	Stellenanzeige bzw. -ausschreibung	122
4.4.2.2	Internet	123
4.4.2.3	Talent Relationship Management	125
4.4.2.4	Personalvermittlung und -beratung	126
4.4.2.5	Zeitarbeit	127
4.5	Personalauswahl	130
4.5.1	Instrumente der Personalvorauswahl	131
4.5.1.1	Schriftliche Bewerbungsunterlagen	132
4.5.1.2	Online-Bewerbungsformulare und -systeme	134
4.5.1.3	Telefoninterview	136
4.5.1.4	Weitere Informationsquellen der (Vor-)Auswahl	136
4.5.2	Instrumente der Personalauswahl	137
4.5.2.1	Vorstellungsgespräch	137
4.5.2.2	Testverfahren	142
4.5.2.3	Assessment Center	145
4.5.2.4	Weitere Verfahren der Personalauswahl	148
4.6	Die Güte des Auswahlprozesses	149
4.6.1	Klassische Gütekriterien	149
4.6.2	Weitere Gütekriterien	151
4.6.3	Prozess und Bewerberkorrespondenz	153
4.7	Vertragsschluss und Integration neuer Mitarbeiter	155
4.7.1	Arbeitsvertrag	155
4.7.2	Integration neuer Mitarbeiter	161
4.8	Rechtliche Aspekte der Gewinnung und Auswahl von Personal	162
4.9	Fragen/Übungsaufgaben zur Personalgewinnung und -auswahl	163
4.10	Literaturhinweise	164
5.	**Arbeitszeitmanagement**	**167**
5.1	Zum Einstieg	168
5.2	Einleitung	168

5.3	Arbeits- und Betriebszeit	169
5.4	Parameter der Arbeitszeitgestaltung	170
5.5	Arbeitszeitmodelle	171
5.5.1	Überstunden	173
5.5.2	Kurzarbeit	174
5.5.3	Teilzeitarbeit	175
5.5.4	Schichtarbeit	177
5.5.5	Gleitzeit	180
5.5.6	Vertrauensarbeitszeit	181
5.6	Telearbeit	181
5.7	Arbeitszeitkonten	183
5.7.1	Kurzzeitarbeitszeitkonto	184
5.7.2	Langzeitarbeitszeitkonto	184
5.8	Rechtliche Aspekte des Arbeitszeitmanagements	188
5.9	Fragen/Übungsaufgaben zum Arbeitszeitmanagement	190
5.10	Literaturhinweise	191
6.	**Vergütungsmanagement**	**193**
6.1	Zum Einstieg	194
6.2	Einleitung	194
6.3	Entgeltformen	196
6.3.1	Zeitlohn	197
6.3.1.1	Reiner Zeitlohn	197
6.3.1.2	Zeitlohn mit Leistungszulage	198
6.3.2	Leistungslohn	199
6.3.2.1	Akkordlohn	199
6.3.2.2	Prämienlohn	200
6.3.2.3	Pensumentgelt	201
6.4	Fixvergütung	202
6.4.1	Monatsentgelt	202
6.4.1.1	Entgeltstruktur	202
6.4.1.2	Funktionsbewertung	204
6.4.2	Weitere Fixvergütungen	208
6.5	Variable Vergütung für Mitarbeiter	209
6.5.1	Anreizwirkung	209
6.5.2	Variabler Anteil	210
6.5.3	Überleitung von fixer zu variabler Vergütung	210
6.5.4	Messen der Leistung	212
6.5.4.1	Leistungsbeurteilung	212
6.5.4.2	Zielvereinbarungen	214
6.5.5	Leistung und Erfolg als Bemessungsgrößen	214
6.5.6	Additive und multiplikative Verknüpfung	217

6.5.6.1	Additive Verknüpfung	217
6.5.6.2	Multiplikative Verknüpfung	217
6.6	Variable Vergütung für Führungskräfte	219
6.6.1	Verbreitete Formen und deren Anreizwirkung	219
6.6.1.1	Aktuelle Verbreitung	219
6.6.1.2	Motivationswirkung	220
6.6.1.3	Höhe des variablen Anteils	221
6.6.2	Principal-Agent-Ansatz	221
6.6.3	Verknüpfung der Zielebenen	222
6.6.3.1	Additive Verknüpfung	223
6.6.3.2	Multiplikative Verknüpfung	225
6.7	Führen mit Zielen	226
6.7.1	Ziele als Instrument der Unternehmenssteuerung	226
6.7.2	Die Bedeutung von Zielen und Zielvereinbarungen	227
6.8	Rechtliche Aspekte des Vergütungsmanagements	230
6.9	Fragen/Übungsaufgaben zum Vergütungsmanagement	230
6.10	Literaturhinweise	232
7.	**Betriebliche Zusatzleistungen**	**233**
7.1	Zum Einstieg	234
7.2	Einleitung	234
7.3	Zielsetzung der Gewährung von Zusatzleistungen	235
7.4	Arten von Zusatzleistungen	236
7.4.1	Begriffsklärung Sozialleistungen und Zusatzleistung	237
7.4.1.1	Freiwillige Zusatzleistungen	237
7.4.1.2	Abgrenzung barer und unbarer Leistungen	238
7.4.1.3	Entgeltkomponente unbarer Zusatzleistungen	239
7.4.2	Formen unbarer Zusatzleistungen	240
7.4.2.1	Eigene Produkte und eigene Dienstleistungen des Unternehmens	240
7.4.2.2	„Zugekaufte" Zusatzleistungen	240
7.4.2.3	Sonderfall: Betriebliche Altersversorgung	240
7.4.3	Statussymbole	241
7.4.4	„Vermittelte" Zusatzleistungen	242
7.5	Darstellung einzelner nicht-monetärer betrieblicher Zusatzleistungen	242
7.5.1	Kantine	242
7.5.2	Jahreswagen	242
7.5.3	Dienstwagen	243
7.5.4	Formen und Wirkung der Betrieblichen Altersversorgung	243
7.5.4.1	Direktzusage und Unterstützungskasse	243
7.5.4.2	Pensionskasse/Pensionsfond	244
7.5.4.3	Direktversicherung	244
7.5.4.4	Deferred Compensation	245

7.5.4.5	Finanzierungsformen der betrieblichen Altersversorgung	245
7.5.4.6	Anreizwirkung der betrieblichen Altersversorgung	246
7.5.5	Mitarbeiter-Beteiligung durch Aktien oder ähnliche Formen	246
7.5.5.1	Vergünstigte Aktien	247
7.5.5.2	Kostenlose Aktien	247
7.5.5.3	Aktienoptionen	247
7.5.5.4	Phantom Shares und ähnliche Formen	248
7.5.5.5	GmbH-Anteile	248
7.6	Motivationale Bewertung von Zusatzleistungen	249
7.7	Monetäre Bewertung von Zusatzleistungen	253
7.7.1	Gründe für die monetäre Bewertung	253
7.7.1.1	Wirtschaftlichkeit der Zusatzleistungen und Bewusstmachen der Kosten	253
7.7.1.2	Kostenermittlung	253
7.7.1.3	Neuausrichtung der Zusatzleistungen	253
7.7.1.4	Überprüfen der Zusatzleistungen	254
7.7.1.5	Straffen der Zusatzleistungen	254
7.7.2	Monetäre Betrachtung am Beispiel ausgewählter betrieblicher Zusatzleistungen	255
7.7.2.1	Jahreswagen	255
7.7.2.2	Dienstwagen	256
7.7.3	Monetäre Bewertung in der Gesamtschau	257
7.8	Flexibilisierung und Individualisierung von Zusatzleistungen	258
7.9	Rechtliche Aspekte des Managements betrieblicher Zusatzleistungen	262
7.10	Fragen/Übungsaufgaben zum Management betrieblicher Zusatzleistungen	263
7.11	Literaturhinweise	263
8.	**Personal- und Organisationsentwicklung**	**266**
8.1	Zum Einstieg	267
8.2	Einleitung	267
8.3	Personalentwicklung	267
8.3.1	Personalentwicklungsplanung	267
8.3.2	Personalentwicklungsmaßnahmen	270
8.3.3	E-Learning und Blended Learning	272
8.3.4	Laufbahn- und Karriereplanung	273
8.4	Teamentwicklung	273
8.5	Organisationsentwicklung und Change Management	276
8.5.1	Gründe für Veränderungen	278
8.5.2	Arten von Change-Prozessen	278
8.5.3	Modelle der Organisationsentwicklung	279
8.5.3.1	3-Phasenmodell der Organisationsentwicklung von Lewin	279
8.5.3.2	8 Schritte des Change Managements nach Kotter	281
8.5.4	Umgang mit Widerständen	285

8.5.5	Veränderungs-Syndrom	287
8.5.5.1	Kosten des Veränderungs-Syndroms	288
8.5.5.2	Kostenreduzierung im Veränderungs-Syndrom	289
8.5.6	Tempo oder Zeit	290
8.5.7	Hürden für Change	290
8.6	Rechtliche Aspekte der Personalentwicklung	291
8.7	Fragen/Übungsaufgaben zur Personalentwicklung	292
8.8	Literaturhinweise	292

9. Personalführung — 293

9.1	Zum Einstieg	294
9.2	Führung	294
9.2.1	Führungsmodelle	295
9.2.1.1	Emotionale Intelligenz	296
9.2.1.2	Führungskontinuum von Tannenbaum und Schmidt	297
9.2.1.3	Verhaltensgitter von Blake und Mouton	298
9.2.1.4	Führungsleitbilder	300
9.2.1.5	Kontingenzmodell von Fiedler	301
9.2.1.6	Situatives Führungsmodell von Hersey und Blanchard	302
9.2.2	Führung unterschiedlicher Mitarbeitergruppen	304
9.2.3	Führungsinstrumente	305
9.2.3.1	Feedback	305
9.2.3.2	Kommunikation	307
9.2.3.3	Mitarbeitergespräch	308
9.2.4	Personalbeurteilung	311
9.2.5	Das Flow-Prinzip	315
9.3	Motivation	316
9.3.1	Begriffsdefinition	317
9.3.2	Motivationstheorien	317
9.3.2.1	Inhaltstheorien: Maslow'sche Bedürfnispyramide	318
9.3.2.2	Die Zweifaktoren-Theorie von Herzberg als weitere Inhaltstheorie	319
9.3.2.3	Die Motivationstheorie von McGregor	321
9.3.2.4	Prozesstheorie: Vrooms Erwartungs-Valenz-Modell der Motivation	322
9.3.2.5	Prozessmodel von Porter und Lawler	323
9.3.3	Instrumente der Mitarbeitermotivation	324
9.3.4	Motivation als Erfolgsfaktor	325
9.4	Fragen/Übungsaufgaben zur Personalführung	327
9.5	Literaturhinweise	328

10. Personalaustritt — 329

10.1	Zum Einstieg	330

10.2	Einleitung	330
10.3	Ungewollte Fluktuation	332
10.4	Durch den Arbeitgeber initiierter Austritt	335
10.4.1	Ordentliche Kündigung	336
10.4.1.1	Personen- bzw. krankheitsbedingte Kündigung	338
10.4.1.2	Verhaltensbedingte Kündigung	339
10.4.1.3	Außerordentliche Kündigung	341
10.4.1.4	Betriebsbedingte Kündigung	341
10.4.1.5	Massenentlassungen	342
10.4.1.6	Sonderkündigungsschutz	344
10.4.1.7	Befristete Arbeitsverträge	345
10.4.1.8	Aufhebungsvertrag	346
10.5	Aufgaben im Trennungsprozess	347
10.5.1	Austrittsgespräche	347
10.5.2	Ausstellung eines Arbeitszeugnisses	349
10.6	Begleitung durch Outplacement	353
10.7	Reaktive und antizipative Wege der Personalanpassung im Vergleich	354
10.8	Weiche Aspekte im Downsizing Prozess	357
10.9	Rechtliche Aspekte der Mitbestimmung im Prozess der Kündigung	360
10.10	Fragen zur Freisetzung	360
10.11	Literaturhinweise	361
11.	**Personalcontrolling**	**363**
11.1	Zum Einstieg	364
11.2	Einleitung	364
11.3	Ziele und Aufgaben des Personalcontrollings	365
11.4	Phasen des Personalcontrollings	367
11.4.1	Sollvorstellungen bilden und Sollvorgaben setzen	368
11.4.2	Erfassung des Ist-Zustandes	372
11.4.2.1	Daten aus Personalinformationssystemen (PIS)	372
11.4.2.2	Mitarbeiterbefragung als qualitatives Erhebungsverfahren	374
11.4.3	Kennzahlen als Basis des Personalcontrollings	378
11.4.3.1	Kennzahlensysteme	379
11.4.3.2	Balanced Scorecard	380
11.4.4	Analyse der Daten	383
11.4.4.1	Kennzahlenblatt und HR-Cockpit	384
11.4.4.2	Benchmarking im Personalbereich	387
11.4.5	Personalreporting	389
11.4.5.1	Personalhandbuch als Instrument des internen Reportings	390
11.4.5.2	Personalberichte als Instrument des externen Personalreportings	391
11.4.6	Instrumente zur Maßnahmeneinschätzung	392
11.4.6.1	Portfolio-Technik	393

11.4.6.2	Nutzwertanalyse	396
11.5	Rechtliche Aspekte des Personalcontrollings	397
11.6	Fragen/Übungsaufgaben zum Personalcontrolling	398
11.7	Literaturhinweise	399
12.	**Partner der Personalarbeit**	**401**
12.1	Zum Einstieg	402
12.2	Einleitung	402
12.3	Anbahnung einer Zusammenarbeit mit externen Dienstleistern	404
12.3.1	Ist-Analyse	405
12.3.2	Make or Buy?	405
12.3.3	Kontakt	408
12.3.4	Abgleich	408
12.3.5	Vertrag	409
12.3.6	Umsetzung und laufende Kontrolle	409
12.4	Personaldienstleister und ihr Angebot	410
12.5	Partner auf tariflicher und betrieblicher Ebene	411
12.5.1	Arbeitgeberverbände und Gewerkschaften	414
12.5.1.1	Tarifvertragsinhalte	416
12.5.1.2	Maßnahmen des Arbeitskampfs	419
12.5.2	Mitbestimmung in Unternehmen und Betrieb	420
12.5.2.1	Mitbestimmung innerhalb der Unternehmensorgane	420
12.5.2.2	Mitbestimmung mittels eigener Belegschaftsorgane	422
12.5.2.3	Unterschiedlich weitgehende Beteiligungsrechte des Betriebsrates	425
12.5.2.4	Betriebsvereinbarung als Rechtsquelle	427
12.6	Fragen/Übungsaufgaben zu Partner der Personalarbeit	430
12.7	Literaturhinweise	431
Stichwortverzeichnis		433

Vorwort

Speziell für Bachelor-Studiengänge wurde die praxisorientierte Einführung in die Personalwirtschaftslehre in der 7. Auflage vollständig überarbeitet. Wir, als neues Autorenduo, danken den ehemaligen Mitautoren Ferdinand Freund und Rolf Knoblauch (bis 6. Aufl.) sowie Gerhard Racke (bis 5. Aufl.) für die erfolgreiche Etablierung des Werkes und hoffen, dieses mit dem neuen Konzept in deren Sinne fortzuführen.

Für den Aufbau der Neuauflage diente uns als Konzeptionsrahmen die Wertschöpfungskette Personal: Einem einführenden Kapitel folgen Erläuterungen zur Personalbedarfs- und Personalbestandsplanung. Unter Personalmarketing werden Konzepte des Employer-Branding, der Work-Life-Balance und Diversity dargestellt. Es folgt eine Betrachtung der Instrumente der Personalgewinnung und -auswahl. Neben der Beschäftigung mit den Themenfeldern des Arbeitszeit- und Vergütungsmanagements wird den in der Praxis zahlreich verbreiteten betrieblichen Zusatzleistungen ein Kapitel gewidmet. Grundlagen der Personalentwicklung, darunter Weiterbildung aber insbesondere Change-Management und Organisationsentwicklung, sowie Personalführung und -beurteilung verschaffen dem Studierenden einen fundierten Überblick über die Aktivitäten des Personalmanagements. Mit dem Austritt des Mitarbeiters schließt sich der Zyklus der Kernprozesse. Als unterstützende Aktivität wird auf das Personalcontrolling und Personalreporting eingegangen. Zum Abschluss finden sich Hinweise zur Zusammenarbeit mit außer- und innerbetrieblichen Partnern der Personalarbeit.

Die genannten Themen werden in der Neuauflage um zahlreiche anschauliche Beispiele ergänzt. Am Ende jedes Kapitels wird kompakt auf zentrale rechtliche Fragen eingegangen. Für das praxisorientierte Selbststudium eigenen sich die Aufgaben und Fragestellungen zu jedem Teilthema. Zur Ergänzung und Vertiefung einzelner Aspekte des Kapitels werden jeweils die zitierten und weitere interessante Literaturstellen angegeben.

Dieser Aufbau mit interessanten Best-practice-Beispielen macht das Buch darüber hinaus auch für gestandene Praktiker attraktiv.

Wir wünschen allen Leserinnen und Lesern eine interessante Lektüre!

Heilbronn und Ingolstadt, im Januar 2010   Daniela Eisele und Thomas Doyé

1. Human Resources (HR) als Business Partner

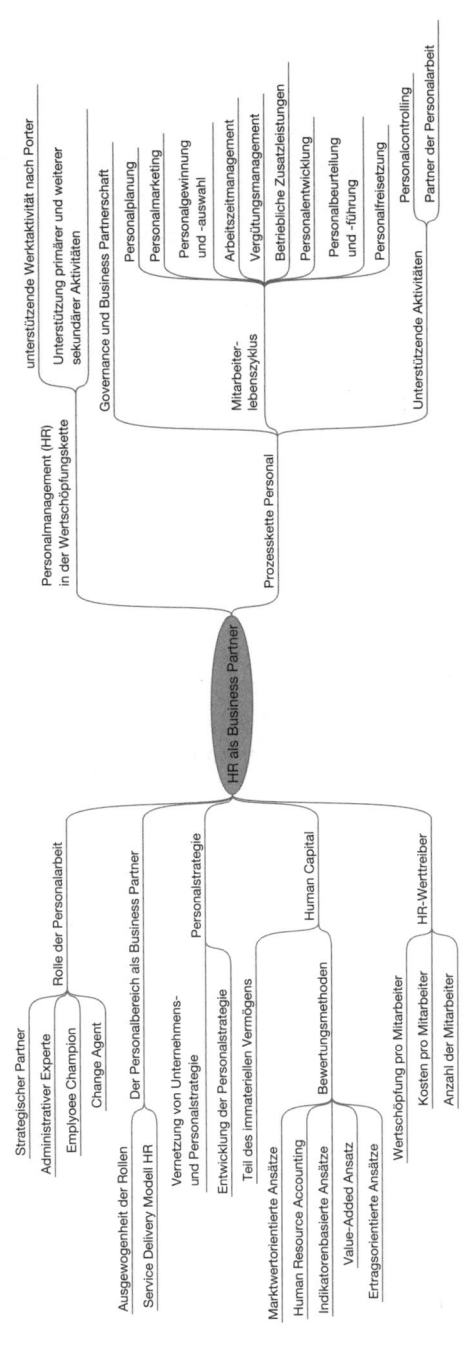

1.1 Zum Einstieg

Eine Personalleiterin klagt auf einem Personalkongress ihrem Gesprächspartner ihr Leid: „Meine Geschäftsführung akzeptiert mich überhaupt nicht als Business Partnerin. Ich solle erst mal meine Administration und unseren Betriebsrat in den Griff bekommen." Der Gesprächspartner, ebenfalls Personalleiter, erwidert: „Mein Vorstand hält den ganzen „Business Partner" für einen Blödsinn. Strategie habe nichts mit Personal zu tun." Ein dritter Personalmanager, der hinzu gekommen ist, berichtet: „Bei mir war das zu Beginn genauso. Dann habe ich meinen Vorstand von der Bedeutung des Personalbereichs als Business Partner überzeugt." Das wollen die beiden anderen genauer wissen. „Zunächst haben wir unsere administrativen Personalprozesse standardisiert und optimiert und damit die Kosten um über 25 % reduziert. Gleichzeitig ist damit die Zufriedenheit der internen Kunden mit diesen Prozessen deutlich gestiegen. Das können wir durch eine regelmäßig durchgeführte Kundenbefragung greifbar machen. Durch eine gezielte Qualifizierung aller Mitarbeiter im Personalbereich konnten wir die Kundenzufriedenheit nochmals deutlich steigern. Diese signifikante Verbesserung hat auch den Vorstand beeindruckt. Auf dieser Basis haben wir ihm dargestellt, dass die geplante Umstellung des Fertigungsprozesses auf wackeligen Beinen steht, da für die neuen Anlagen spezielles Know-how erforderlich ist, das bislang in unserem Unternehmen nicht verfügbar war. Es sei also notwendig, neue Mitarbeiter mit eben diesem Know-how einzustellen bzw. eigene Mitarbeiter entsprechend zu schulen. Beide Wege kosten Zeit und Geld, was in der neuen Fertigungsstrategie nicht berücksichtigt war. Als Folge verschob sich zwar der Break-even[1], der aber wie sich zeigte ohnehin unrealistisch frühzeitig angesetzt war. Ab diesem Zeitpunkt hatte das Personalmanagement beim Vorstand die Akzeptanz als Gesprächspartner in strategischen Themen. Darauf aufbauend konnte ich den Vorstand davon überzeugen, dass eine derartig umfassende Umstellung des Fertigungsprozesses das Unternehmen insgesamt verändern würde und dass dieser Prozess systematisch geplant und gesteuert werden sollte. Das haben wir dann auch erfolgreich getan."

1.2 Personalmanagement in der Wertschöpfungskette

Was ist das Ziel jeden Unternehmens? Gewinn erzielen, den Unternehmenswert erhöhen, den Return on Investment steigern, also Wert zu erzeugen. Diese Wertorientierung ist die Leitidee moderner Unternehmensführung. Damit wird das Unternehmen auf vorhandene oder noch zu schaffende Werte bzw. Nutzenpotentiale ausgerichtet bzw. solche Potenziale sollen durch gezielte Maßnahmen erschlossen werden. Oberstes Ziel ist dabei eine konsequente Ausrichtung aller Managementaktivitäten auf die Steigerung dieser Werte.

---

[1] Mit dem Break-even wird der Punkt bezeichnet, an dem die Verlustzone (eines Investitionsprojektes) überschritten und ein Gewinn erzielt wird.

Um das komplexe Gebilde „Unternehmen" besser zu verstehen, hat Porter bereits in den 1980er Jahren das Unternehmen in seine einzelnen Funktionsbereiche zerlegt und deren Logik in ihrem Zusammenwirken in einer Wertschöpfungskette dargestellt (vgl. Porter, M. E. (2000)). Die primären (oder auch direkten) Funktionen sind unmittelbar in den Produktionsprozess eingebunden, d. h. sie sind direkt dafür verantwortlich, die jeweiligen Produkte zu erzeugen. Die sekundären (oder indirekten[2]) Funktionsbereiche, wie auch der Personalbereich, sind nicht direkt am Produktionsprozess beteiligt. Sie haben (lediglich) unterstützende Aufgaben. „Unterstützend" ist dabei wörtlich gemeint. Die indirekten Funktionsbereiche haben die anderen direkten und indirekten Funktionsbereiche in deren Aufgaben so zu unterstützen, dass diese ihre Aufgaben (noch besser) wahrnehmen können. Gelingt dies nicht, ist die Frage zu stellen, warum die anderen Bereiche die zusätzlichen Kosten für den indirekten Bereich (mit)tragen sollen, wenn die bezweckte Unterstützung nicht in ausreichendem Maß erfolgt.

Die Wertschöpfungskette von Porter stellt das Zusammenwirken der einzelnen Unternehmensfunktionen im Unternehmensverbund anschaulich dar. Seine Darstellung verschafft einen Überblick über den eigentlichen Wertschöpfungsprozess im Unternehmen. Sie gibt jedem Beteiligten einen klaren Blick darauf, welche Rolle und Aufgabe ihm im Produktentstehungsprozess zukommt. Mit diesem Verständnis für den gesamten Erstellungsprozess hat jeder Manager, aber auch jeder Mitarbeiter ein besseres Verständnis für die Bedeutung der von ihm vorzunehmenden Arbeitsschritte. Er kann bspw. besser abschätzen, welche seiner eigenen Tätigkeiten im weiteren Produktionsprozess besonders wichtig sind und diese mit Vorrang bearbeiten.

Mit der Wertschöpfungskette wird ein Unternehmen nicht nur als Ganzes dargestellt, sondern auch in seine einzelnen unternehmensspezifischen Wertschöpfungsaktivitäten untergliedert. Dadurch lassen sich die unternehmensspezifischen Wettbewerbsvorteile besser erkennen. Der Rahmen des Porterschen Modells legt fest, welche Wertschöpfung im Unternehmen selber erbracht wird und stellt dar, in welchen Schritten dies erfolgt.

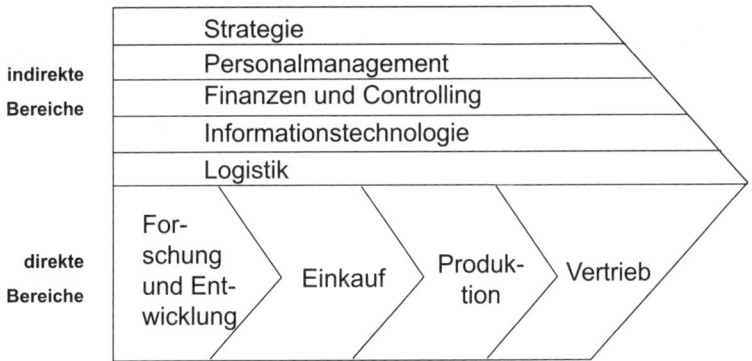

Abbildung 1: Wertschöpfungskette nach Porter

---

2 Diese Begriffspaare sind zu bevorzugen gegenüber „wertschöpfende" und „nicht wertschöpfende" bzw. „produktive" und „nicht produktive" Funktionen.

Selbst Unternehmen in derselben Branche haben selten kongruente Wertketten. Gerade in diesen Unterschieden liegt häufig die Ursache für Wettbewerbsvorteile. Die unterschiedlichen Gewichtungen innerhalb der Wertschöpfungskette ermöglichen es, dass zwei Unternehmen aus derselben Branche in unterschiedlichem Maß Werte schaffen, obwohl das Produkt aus Kundensicht vergleichbare Merkmale aufweist.

> **Beispiel 1: Fertigungstiefe**
> VW und Porsche haben bspw. eine völlig unterschiedliche Fertigungstiefe. Der Tuareg wird von VW im eigenen Werk hergestellt, den Cayenne (ein nahezu identisches Auto) lässt Porsche von VW in Auftrag fertigen. Die Wertschöpfungskette ist für beide Unternehmen damit unterschiedlich ausgeprägt. Der Fertigungsprozess ist für VW Teil des Wertschöpfungsprozesses, während es für Porsche zugekaufter Input ist, also nicht zum eigenen Wertschöpfungsprozess gehört. Es ist für Porsche anscheinend günstiger, diesen Fertigungsanteil zuzukaufen, als hierfür eigene Werkskapazitäten aufzubauen. Unter Umständen hat die langjährig abgesicherte Fertigung für Porsche den Bau des neuen Werkes für VW erst rentabel gemacht. Wobei dies nur zwei zentrale der vielfältigen Gründe für die Entscheidungen der beteiligten Partner sind.
> Ein weiteres Beispiel aus dem Automobilbereich: Audi kann gegenüber BMW auf Plattformen (also Chassis, Fahrgestell etc.) anderer Fahrzeuge aus dem VW-Konzern zurückgreifen, die BMW allesamt selber herstellen muss. Auch das führt zu unterschiedlichen Wertschöpfungsketten. Was bei BMW ein Schritt in der Produktionskette ist, kauft Audi als Input zu. So unterschiedlich die Wertschöpfungsketten sind, so differenziert ist die Bedeutung von Human Resources (HR) in der Wertschöpfung. Wenn bei Audi diese Plattformen bisher in Eigenproduktion hergestellt wurden, stellt sich aus HR-Sicht die Frage, was mit den Mitarbeitern in diesem Fertigungsbereich geschehen soll, da deren Arbeit in ein anderes Werk im Konzern verlagert wurde. Hunderte von Mitarbeitern von Ingolstadt nach Wolfsburg wechseln zu lassen, macht weder für diese persönlich noch betriebswirtschaftlich Sinn. Der ökonomische Vorteil liegt gerade darin, dass diese Plattformen in einem anderen Werk bereits hergestellt werden und die erhöhte Stückzahl dort weitaus kostengünstiger hergestellt werden kann, als dies mehrfach in verschiedenen Werken zu tun. Die frei gewordenen Mitarbeiter werden dann üblicherweise in anderen Stufen des Fertigungsprozesses eingesetzt. Das ist zu planen und die Mitarbeiter müssen dafür entsprechend qualifiziert werden, typische Aufgaben des Personalmanagements. Oder die Mitarbeiter müssen frei gesetzt werden, falls das verbleibende Fertigungsvolumen deren Beschäftigung nicht ermöglicht. Ein steigender Anteil des Fremdbezugs erfordert zudem vermehrt interne Koordination und erhöht den Umfang beim Einkauf. Dies sind interne Aufgaben, die zusätzliche Mitarbeiterkapazität erfordern.

Für die Personalarbeit ist es wichtig, die Wertschöpfung des eigenen Unternehmens zu kennen und zu verstehen. Strategische Entscheidungen im Personalbereich erfordern genau diesen Überblick. Das Gleiche gilt für das operative Personalmanagement, um den internen Kunden eine kompetente Unterstützung geben zu können. So ist in einem Softwarehaus mit Vertrauensarbeitszeit die Zeiterfassung kein (zentrales) Thema. Dagegen ist in einem Produktionsunternehmen mit zahlreichen unterschiedlichen Schicht- und Gleitzeitmodellen die korrekte und nachvollziehbare Erfassung, Abrechnung und Ausweis der Zeiten wesentliche Aufgabe des Personalmanagements.

1.3 Prozesskette Personal

Personalarbeit selbst ist originär nur bei einem Personaldienstleistungsunternehmen, z. B. bei einer Personalvermittlung oder einem Zeitarbeitsunternehmen, direkte Wertaktivität. Aber jeder Personalbereich kann als eigene (interne) Prozesskette dargestellt werden.

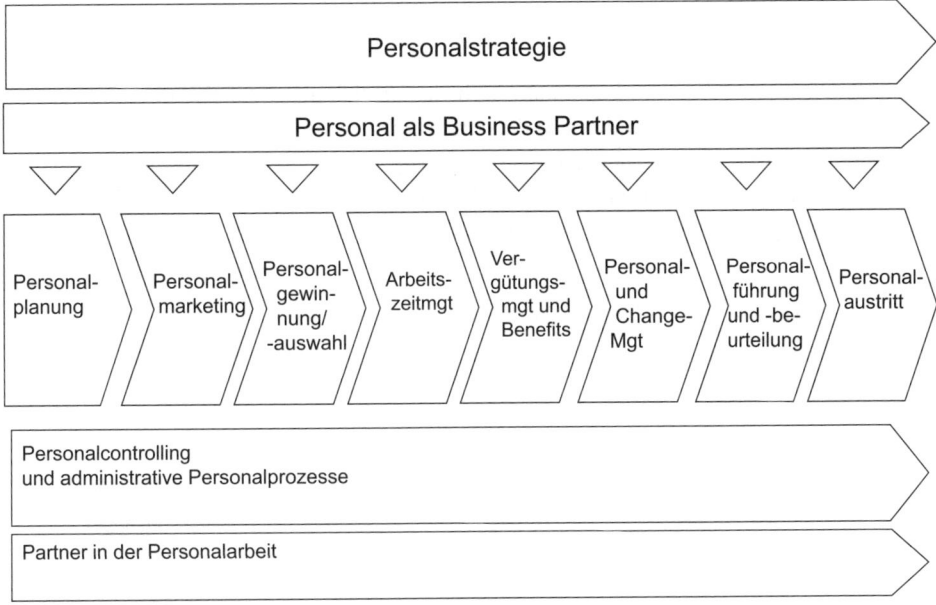

Abbildung 2: Prozesskette Personal

Das vorliegende Buch ist entlang dieser schematischen Prozesskette aufgebaut. Dem einleitenden Kapitel mit Fokus auf Ausrichtung und Rolle der Personalarbeit im Unternehmen folgen die einzelnen Kapitel entlang dem Lebenszyklus eines Mitarbeiters:

- Personalplanung
- Personalmarketing
- Personalgewinnung und -auswahl
- Arbeitszeitmanagement
- Vergütungsmanagement
- Betriebliche Zusatzleistungen
- Personalentwicklung
- Personalführung
- Personalaustritt

Das Personalcontrolling sowie die Zusammenarbeit mit Dienstleistern und Organen der Arbeitnehmervertretung werden als unterstützende Funktionen am Schluss aufgegriffen.

1.4 Rollen der Personalarbeit

Schwerpunkte und Prozesse der Personalarbeit sind unterschiedlich in Abhängigkeit vom Unternehmenszweck. Ebenso kann sich die grundsätzliche Ausrichtung des Personalbereichs unterscheiden. Dabei sind immer mehrere Rollen in unterschiedlicher Intensität auszufüllen.

1.4.1 Michigan-Modell

Die verschiedenen Aufgaben des Personalbereichs lassen sich anschaulich mit dem sog. Michigan-Modell von Ulrich (vgl. Abbildung 3) darstellen. Dieser unterscheidet zwischen dem strategischen und operativen Fokus der Personalarbeit sowie zwischen Prozessen und Aufgaben, die stärker am Mitarbeiter orientiert sind. Durch diese beiden Achsen ergeben sich vier Rollen mit spezifischen Aufgabenfeldern für den Personalbereich:

- Strategischer Partner
- Administrativer Experte
- Personalbetreuer
- Veränderungsmanager

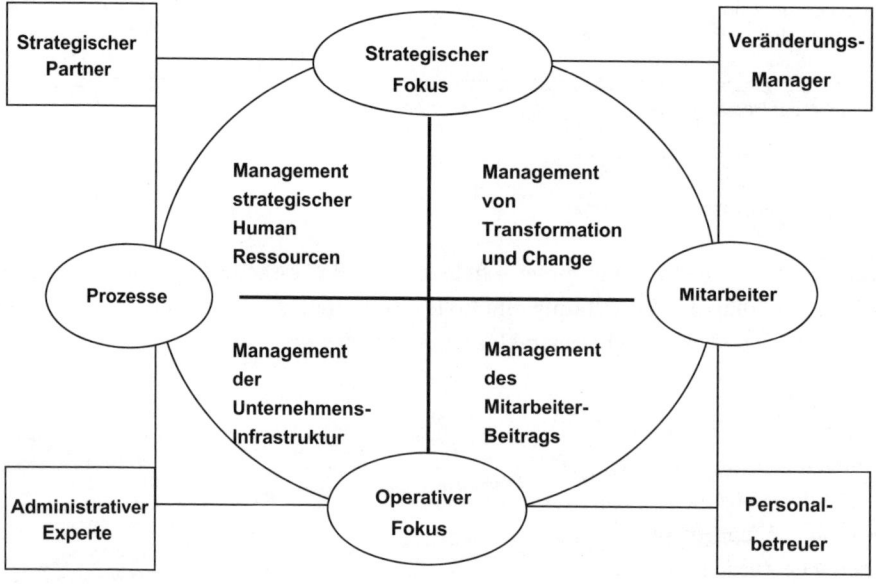

Abbildung 3: HR Rollen (Eigene Darstellung in Anlehnung an Ulrich, D. (2003))

1.4.2 HR Rollen in der Organisation

Im derzeit oft propagierten Business Partnermodell, auf das noch eingegangen wird, werden alle diese Rollen vom Personalbereich wahrgenommen.

1.4.2.1 Strategischer Partner

In der Umsetzung dieser Rolle wirken die jeweiligen HR Experten als strategische Partner, indem sie helfen, den Erfolg der Unternehmensstrategie sicherzustellen. Durch die Einbindung von HR in die Unternehmensstrategie wird die Wahrscheinlichkeit erhöht, dass diese Strategie tatsächlich auch umgesetzt wird. Die meisten Unternehmensstrategien haben eine starke Abhängigkeit von den vorhandenen Humanressourcen, wie z. B. ausreichende quantitative und qualitative personelle Ressourcen zur Umsetzung der geplanten Aktivitäten. Sofern z. B. das für die Strategieumsetzung notwendige Know-how noch nicht in vollem Umfang an Bord ist, sind entsprechende Mitarbeiter einzustellen bzw. zu qualifizieren. Dies alles sind typische Aufgaben des Personalbereichs. Insofern macht es Sinn, den Personalbereich frühzeitig in strategische Überlegungen einzubinden. Weitere Beispiele sind in der Einführung zu diesem Kapitel dargestellt. Der Personalbereich sollte also bei der Planung und Umsetzung strategisch wichtiger Aktivitäten mit entscheiden. Für diese strategische Rolle sollte es im Vorstand bzw. Geschäftsführung ein ausschließlich mit Personalthemen beauftragtes Mitglied geben.

1.4.2.2 HR Administration (Administrativer Experte)

Die Personaladministration oder -verwaltung ist die traditionelle Rolle von HR. In einigen Unternehmen heißt HR auch immer noch „verräterisch" Personalverwaltung. Dabei geht es um die Abwicklung von administrativen Prozessen, wie etwa Gehaltsabrechnung, Zeitabrechnung, Verwaltung sonstiger Personaldaten. Der Name trügt, denn das Abrechnen von Gehaltsdaten erfordert insbesondere aufgrund verschiedenster steuerlicher Regelungen ein komplexes Wissen. Dies ist ein wesentlicher Grund, warum diese Tätigkeiten in großen Unternehmen in einer Abteilung zusammengefasst sind und in vielen kleineren Unternehmen outgesourct werden. Gehaltsabrechnung ist keine Tätigkeit, die das Unternehmen aus Kundensicht vom Wettbewerb differenziert. Outsourcen hat damit v. a. für die kleineren Unternehmen zwei Vorteile: Sie können sich auf ihre produktspezifischen Kernkompetenzen konzentrieren und die gleiche Leistung von Spezialisten kostengünstiger beziehen. Bei großen Unternehmen geht es darum, diese administrativen Prozesse so effizient zu gestalten, dass sie kostengünstiger sind als der externe Bezug. Je umfangreicher die typischen Personalaufgaben als standardisierte Prozesse definiert sind, umso leichter lassen sie sich administrativ abwickeln. Beispielsweise lässt sich die Abwicklung von Bewerbungen so standardisieren, dass die Empfangsbestätigungen der Bewerbungen automatisch generiert und verschickt werden. Einladungen zu Assessment Centern können standardisiert verschickt werden. Auch die Organisation von Schulungsmaßnahmen, vom Buchen der Seminarräume und Unterkunft bis hin zur Einladung der Teilnehmer, kann standardisiert von der HR Administration übernommen werden.

Diese administrativen Prozesse sind nicht nur arbeitsaufwendig, sie sind insbesondere aufgrund verschiedenster gesetzlicher Regelungen immer komplexer geworden. Entsprechend schwer tun sich viele Unternehmen, diese Prozesse effizient und in der erforderlichen Qualität zu gestalten. Qualität bedeutet dabei, dass der Gehaltszettel nicht nur rechtzeitig beim Mitarbeiter vorliegt, sondern auch noch richtig ist.

Trotz der rein administrativen Tätigkeiten hat diese Rolle eine besondere Bedeutung für HR insgesamt. Wenn schon diese einfachen Tätigkeiten nicht reibungslos funktionieren, woher soll der Vorstand dann die Überzeugung nehmen, HR in viel bedeutendere Aufgaben wie die Erarbeitung der Strategie mit einzubeziehen. Die Akzeptanz hängt also ganz wesentlich von der Qualität der administrativen Aufgaben ab.

1.4.2.3 Personalbetreuung (Employee Champion)

Die Personalbetreuung ist die am ehesten geläufige Aufgabe des Personalbereichs. In dieser Rolle kümmern sich die Personalreferenten um die alltäglichen Probleme, Anliegen und Bedürfnisse der Mitarbeiter und deren Vorgesetzter. In dieser Rolle ist HR primär der Partner der Führungskraft, um diese in ihrer Führungsaufgabe zu unterstützen und erst in zweiter Linie direkter Ansprechpartner für die Mitarbeiter. Wenn also der Mitarbeiter mit dem Anliegen kommt, er möchte jetzt endlich auf die lang versprochene Schulung für die neue Software, dann ist die erste Frage des Personalbetreuers, was denn der Vorgesetzte dazu sagt. Er schickt den Mitarbeiter also zurück zu seinem Vorgesetzten, damit er das Problem zunächst mit diesem bespricht. Der Vorgesetzte ist es, der die Personalführung seiner Abteilung wahrnimmt. Er regelt mit seinen Mitarbeitern nicht nur die inhaltlichen, aufgabenbezogenen Fragen, sondern im vorgegebenen Rahmen Weiterbildung, Gehaltserhöhungen, Abstimmen von Urlaub etc. In diese Befugnisse greift der Personalreferent nicht einfach ein, wenn der Mitarbeiter mit einem Anliegen erscheint. Er weist ihn auf die Regelungskompetenz des Vorgesetzten hin, verbunden mit dem Hinweis, dies doch mit ihm direkt zu klären. Erst wenn konkrete Hinweise vorliegen, dass getroffene Absprachen trotz Nachhakens seitens des Mitarbeiters nicht eingehalten werden oder etwa die Arbeitsbeziehung zwischen Mitarbeiter und Vorgesetztem gestört ist, sollte der Personalbetreuer mit dem Vorgesetzten das jeweilige Thema zu klären versuchen. In erster Linie soll er ihn dabei unterstützen, seine Mitarbeiterführung kompetent wahrzunehmen, aber nicht für ihn diese Führungsarbeit übernehmen. Neben der dargestellten Unterstützung für die Führungskräfte gibt es Aufgaben, die über die bloße Unterstützung des jeweiligen Vorgesetzten hinausgehen. Dazu zählt beispielsweise die Entwicklung von geeigneten Mitarbeitern über die Abteilungsgrenzen hinweg.

Diese Art der Unterstützung erfordert von HR zunächst hohe Kernkompetenzen in allen anfallenden Personalthemen. Know-how, das für den Personalbetreuer Kernkompetenz ist, ist beim Vorgesetzten teilweise nur einmal pro Jahr relevant, etwa bei der Auswahl eines neuen Mitarbeiters. Darunter fallen die Vorselektion geeigneter Bewerber für vakante Stellen, Unterstützung bei den Auswahlgesprächen durch Diskussion der Eignung der gemeinsam interviewten Kandidaten, Beratung des Vorgesetzten bei der Gehaltsplanung etc. Das sind konkrete Hilfestellungen für den direkten Vorgesetzten und nicht mehr die Rolle des internen „Polizisten", die dem Personalbereich früher anhaftete. Es gibt immer noch Unternehmen, in denen die Haltung verbreitet ist, man müsse HR nicht wirklich einbeziehen, ansonsten würde es nur kompliziert. Das sind eindeutige Hinweise, dass es mit einer echten Unterstützung seitens HR in diesem Unternehmen nicht weit her ist.

Um möglichst kundenspezifisch unterstützen zu können, sollte jeder Personalbetreuer seinen Betreuungsbereich gut kennen. Teilweise sind die Arbeitsplätze der Personalbetreuer deswegen in ihren Betreuungsbereich integriert. Je besser der HR Experte die Aufgabenstellungen und Zielsetzungen seines Betreuungsbereiches kennt, umso besser wird er in der Lage sein, konkrete Hilfestellung in den relevanten Personalthemen zu leisten. Dazu sollte er auch die Kunden seiner internen Kunden kennen und wissen, welche Dienstleistungen bzw. Produkte diese von seinem Betreuungsbereich beziehen. Denn nur dann ist er wirklich in der Lage, den von ihm betreuten Kunden konkrete Unterstützung für deren spezifischen Aufgabenstellungen in der jeweiligen Wertschöpfungskette zu geben.

Natürlich hat der Personalbereich nach wie vor eine Ordnungsfunktion, wie sie jeder Bereich wahrnimmt. So wie das Rechnungswesen darauf achtet, dass die eigenen Regeln der Buchführung eingehalten werden, so wie der Einkauf darauf drängt, dass möglichst zentral eingekauft wird, so achtet HR darauf, dass die Kriterien der Leistungsbeurteilung beachtet werden, dass bei Abmahnungen die gleichen Maßstäbe angelegt werden etc. Festzuhalten bleibt, Personalarbeit ist nicht nur Sache des Personalbereichs, sondern vorrangig Führungsaufgabe, also wesentliche Aufgabe der Führungskräfte.

1.4.2.4 Veränderungsmanagement (Change Agent)

Das ist die Rolle, die in den Unternehmen noch am wenigsten gelebt wird. Hier geht es darum, gewollte Veränderungen im Unternehmen gezielt zu unterstützen. Dies erfolgt durch HR Experten, die die Veränderung steuern; sie analysieren die Unternehmensstruktur und entwickeln sie weiter. Organisationsentwicklung betrifft die gesamte Organisation, wie auch die Entwicklung einzelner Teile oder ganzer Unternehmensbereiche, Abteilungen oder Teams. Viele Top-Manager sind nach wie vor der Meinung, es reichte aus, neue Instrumente oder neue Strukturen zu beschließen. Die Einführung erledige sich dann von selbst. Die geringe Realisierungsquote bei solchem Vorgehen widerspricht ihnen. Die beschlossenen neuen Prozessabläufe funktionieren nur, wenn die Mitarbeiter diese auch leben, d. h. umsetzen. Andernfalls bleiben sie weitgehend Makulatur. Dies zu erreichen, ist Aufgabe der Veränderungsexperten (dazu ausführlich Kapitel 8).

Tabelle 1: HR Rollen in der Übersicht

Rolle	Ergebnis	Funktion	Aufgabe
Strategisches Personalmanagement	Entwickeln und Umsetzen der Personalstrategie	Strategischer Partner	konzeptionell arbeiten
Management administrativer Prozesse	Aufbau standardisierter, effizienter Prozesse	Administrativer Experte	strukturieren und abwickeln
Operatives Personalmanagement	Verstärken des Commitments der MA und deren Qualifikation	Personalbetreuer	betreuen und beraten
Veränderungs-Management	Schaffen einer veränderten Organisation	Veränderungs-manager	Veränderungsprozesse strukturieren und steuern

1.5 Der Personalbereich als Business Partner

Damit der Personalbereich als Business Partner wahrgenommen wird, ist es nicht notwendig, dass alle Rollen von ein und derselben Person wahrgenommen werden, aber die Kombination aller Teammitglieder sollte ausgewogen und alle dargestellten Rollen sollten wahrgenommen werden.

Abhängig von verschiedenen Faktoren wie Unternehmensgröße, -aufbau, -branche, Entwicklungsstand des Unternehmens und Bedeutung des Personalmanagements im Unternehmen (vgl. Olfert, K. (2008), S. 25f.), wird in diesem Sinne heute oft folgendes Geschäftsmodell angestrebt (vgl. Abbildung 4; in Anlehnung an Oertig, M. (2007)).

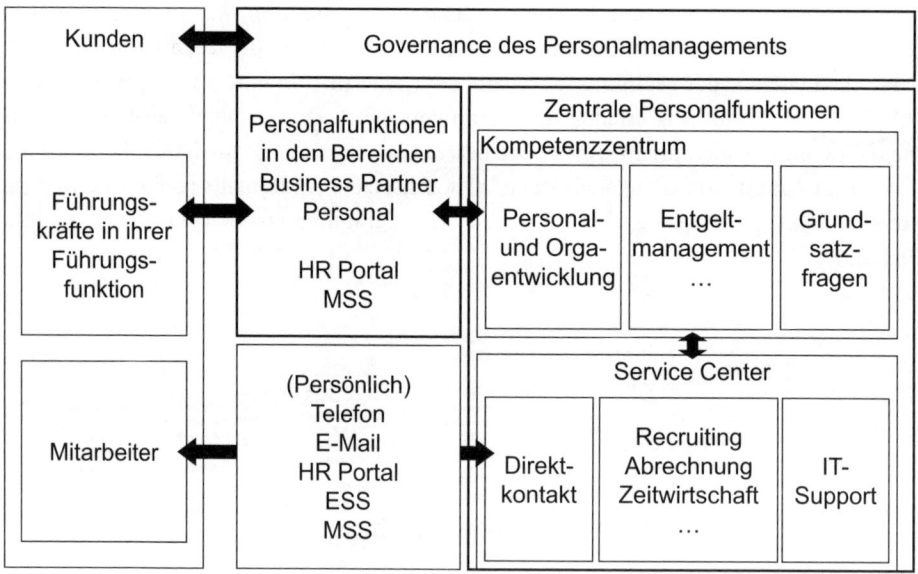

Abbildung 4: Geschäftsmodell des Personalmanagements

Die Aufgabe des Business Partner Personals ist die direkte Beratung und Unterstützung der Führungskraft. Er ist somit deren individueller Ansprechpartner in allen personalführungsbezogenen Fragen und Aufgaben, z. B. im Rahmen der Personalauswahlentscheidung sowie bei Problemen, die während der Umsetzung der Unternehmensstrategie aufkommen. Als strategischer Partner ist er nah an den Bereichen und z. B. in die Steuerungskreise der Linie integriert.

Das Service Center ist Dienstleister für alle administrativen und unterstützenden Prozesse. Im Vordergrund stehen beim Service Center die Einsparung von Kosten sowie die Standardisierung aller Prozesse und deren Erfüllung in gleichbleibend hoher Qualität. Dabei spielen Self Services in Form von ESS (Employee Self Service) und MSS (Management Self Service) eine zentrale Rolle (vgl. Kapitel Personalcontrolling). Beispielsweise ruft der Mitarbeiter seine Entgeltabrechnung und Zeitnachweise direkt über das Portal auf, Änderungen an den Daten oder auch Zeitmeldungen gibt er direkt ein oder an den Service Center zur Eingabe weiter. Rückfragen stellt er über ein Ticketsystem, per Mail oder auch telefonisch. Nicht vorgesehen ist dagegen der persönliche Kontakt, auch wenn es ggf. eine Stelle gibt, bei der der Mitarbeiter sein Anliegen auch vor Ort anbringen kann.

Im Kompetenzzentrum sind Fachspezialisten zu Themen wie Personalmarketing, Vergütungsmanagement und Arbeitsrecht zusammengefasst. Die Experten erfüllen zum einen konzeptionelle Aufgaben, stehen aber auf der anderen Seite den Business Partnern und dem Service Center für Rückfragen zur Verfügung (vgl. Armutat, S. (2007)).

Auf Basis dieses Modells können Verwaltungsaufgaben zunehmend effizient abgewickelt werden (vgl. Hahn, R., Werges, T. (2009), S. 48) und das Personalmanagement kann sich auf Beratung und Begleitung der Führungskräfte sowie strategische Aufgaben konzentrieren (vgl. Kolb, M. (2008), S. 550ff; Wald, P. M. (2005); Wunderer, R., Dick, P. (2007)).

1.6 Personalstrategie

Wie wird eine Personalstrategie entwickelt und in welcher Beziehung stehen Unternehmens- und Personalstrategie zueinander? Dies sind die zentralen Fragen auf die in den folgenden Unterkapiteln eingegangen wird.

1.6.1 Vernetzung der Unternehmensstrategie mit dem Personalmanagement

In den Führungsgrundsätzen der meisten Unternehmen findet sich die Aussage, die Mitarbeiter seien ihre wichtigste Ressource. In den Unternehmensstrategien hat dies nur selten entsprechenden Niederschlag gefunden, denn selbst die Verknüpfung der Personalstrategie mit den Strategiezielen des Unternehmens ist nicht die Regel. Das Ziel der Vernetzung beider Strategien ist es, aus der Unternehmensstrategie die personalrelevanten Bestandteile zu identifizieren und die aus Personalsicht wesentlichen Handlungsbedarfe abzuleiten. Der Nutzen einer vernetzten

Geschäfts- und Personalstrategie kann in einem höheren Erreichungsgrad der Strategien gesehen werden. Die Strategieziele werden realistischer formuliert, es kann eine bessere Risikobewertung erfolgen. Dadurch wiederum werden nachhaltige Wettbewerbsvorteile geschaffen, da der Fokus auf den Werttreibern liegt, die für den Erfolg beim Kunden wichtig sind. Die Personalstrategie trägt mit der Entwicklung der verfügbaren Humanressourcen und mit der damit verbundenen Gestaltung des Personalmanagements einen Beitrag zur Sicherstellung der Erreichung langfristiger unternehmerische Ziele bei (vgl. Doyé, T. (1998), S. 39). Personalmanagement als integrierter Bestandteil der periodischen strategischen Planung bringt Vorteile: Es werden

- die Werttreiber der Human Ressourcen definiert.
- realistischere Strategieziele formuliert und deren Realisierungsgrad erhöht.
- die Kompetenzen/Werttreiber in den Vordergrund gestellt, die für den Erfolg beim Kunden wichtig sind.
- nachhaltige Wettbewerbsvorteile generiert.
- die Wertschöpfungsbeiträge der Personal-Funktion gesteigert.

Unternehmen mit einer strategischen Personalarbeit sind erfolgreicher als Unternehmen ohne Personalstrategie. Dies belegt der Global Human Capital Survey Report 2002/03 von PricewaterhouseCoopers, der für Unternehmen, die eine integrierte Personalstrategie besitzen, einen rund 35 % höheren Umsatz, 12 % niedrigere Fehlzeiten, weniger Kündigungen und effektivere Beurteilungs- und Bonussysteme ausweist (ausführliche Darstellung unter www.edusys.ch/media/pwc-ghcs2002-executive-briefing.pdf).

Die Kernanliegen des vernetzten Vorgehens lassen sich wie folgt beschreiben:

- Auf welche Weise können die HR-Instrumente besser auf die Geschäftsbereichsstrategie ausgerichtet werden?
- Wie werden die Kompetenzen und Fähigkeiten ermittelt, die zur Umsetzung der Strategie zwingend erforderlich sind?
- Wie können die Mitarbeiter stärker auf die Anforderungen von morgen vorbereitet werden und deren unternehmerische Ausrichtung gefördert werden?
- Wie wird die Wirkung der eingeleiteten Maßnahmen gemessen?

Dem Ansatz der Verknüpfung von Personal- und Unternehmensstrategie liegt folgendes Prozessverständnis zu Grunde: Ausgehend von der Unternehmensstrategie ermittelt HR die Relevanz für das Personalmanagement. Auf Basis dieser Analysen werden konkrete Maßnahmen abgeleitet und geprüft, ob es eine Rückwirkung auf die Unternehmensstrategie gibt. So sind etwa zur Umsetzung der neuen Fertigungstechnologie umfangreiche Qualifizierungsmaßnahmen der Mitarbeiter erforderlich, die aber im Businessplan[3] bislang nicht berücksichtigt waren. Die Qualifizierung beansprucht Zeit und Geld. Beides ist zusätzlich in den Businessplan einzuarbeiten. Das verschiebt zwar den vorgesehenen Break-even-point, der Businessplan ist nach dieser Anpassung aber auch wesentlich realistischer. Die so entwickelten einzelnen Maßnahmen wer-

---

3 Mit einem Businessplan werden die finanziellen und sonstigen Ziele einer (Investitions-) Entscheidung untersucht und dargestellt.

den zusammengefasst zu einer Personalstrategie, die zusätzlich weitere Rahmenbedingungen berücksichtigt. Dies können bspw. die Verfügbarkeit bestimmter Fachkräfte für die vorgesehenen Einstellungen sein oder die interne und externe demografische Entwicklung und deren Einfluss auf die Verfügbarkeit von Personal oder die voraussichtliche Gehaltsentwicklung der kommenden Jahre. Insgesamt wird daraus eine, mit internen Erfordernissen und externen Rahmenbedingungen abgestimmte Personalstrategie. Abschließend muss der Personalbereich prüfen, inwieweit er selber quantitativ und qualitativ in der Lage ist, die aus der Personalstrategie resultierenden Aufgaben zu stemmen.

Im Wesentlichen haben sich drei unterschiedliche Perspektiven hinsichtlich der Verbindung von Geschäftsstrategie und Personalstrategie herausgebildet. Zum einen wird dem Personalmanagement eine unterstützende Rolle bei der Implementierung der Geschäftsstrategie durch eine entsprechende Steuerung der Humanressourcen zugesprochen. Die Personalstrategie wird dementsprechend aus der Unternehmensstrategie und den sich damit ergebenden Notwendigkeiten hinsichtlich der benötigten Humanressourcen abgeleitet. In einer zweiten Sichtweise wird im Gegensatz dazu der Aspekt betont, dass die Unternehmensstrategie von der Art der verfügbaren Humanressourcen und damit der Personalstrategie beeinflusst wird. Bei dieser Konstellation bilden die vorhandenen bzw. potenziellen Personalressourcen die Prämissen für Inhalt und Richtung der Unternehmensstrategie. Kennzeichnend für die dritte Form der Abhängigkeit ist die wechselseitige Beziehung zwischen Personal- und Unternehmensstrategie. Das heißt, die Gesamtstrategie wird der Personalstrategie gegenübergestellt und auf Konsequenzen und Übereinstimmung untersucht.

1.6.2 Entwicklung der Personalstrategie

Ausgehend von der Ansicht, dass Mitarbeiter als Erfolgsfaktoren für den wirtschaftlichen Erfolg gelten, steht im Mittelpunkt der Betrachtung, welche Fähigkeiten der Mitarbeiter und Führungskräfte angesichts der verfolgten Geschäftsstrategie erforderlich sind, um die Strategieziele zu erreichen (vgl. Doyé, T. (1998), S. 40).

Mit Hilfe eines derartigen Ansatzes werden die Fähigkeiten der Mitarbeiter und die der Organisation untersucht. Bei dieser Analyse werden fünf Bausteine unterschieden. Die ersten drei Bausteine untersuchen die personalen Kompetenzen, die beiden weiteren die organisationalen Fähigkeiten.

Baustein 1: Kernkompetenzen/Ausprägung der Schlüsselqualifikationen: Sind diejenigen Schlüsselqualifikationen der Mitarbeiter/Führungskräfte, die zur Erreichung der Strategieziele besonders wichtig sind, im Unternehmen quantitativ und qualitativ ausreichend verfügbar? Dies können sowohl fachliche Kompetenzen, als auch Soft skills sein. Sind wie im genannten Beispiel die Mitarbeiter in der Lage, die neue Fertigungstechnologie zu bedienen? Wenn nicht, welcher zeitliche und finanzielle Aufwand ist erforderlich, um diese Qualifikation sicher zu stellen? Sind diese zeitlichen und finanziellen Restriktionen in der Strategieumsetzung berücksichtigt? Abbildung 5 zeigt ein Beispiel für die Analyse der wesentlichen Kernkompetenzen.

Baustein 2: Besetzungsqualität in wesentlichen Fachfunktionen der Wertschöpfungskette (vgl. Tabelle 2). Bei der Betrachtung der Besetzungsqualität bestimmter Funktionsfelder richtet sich

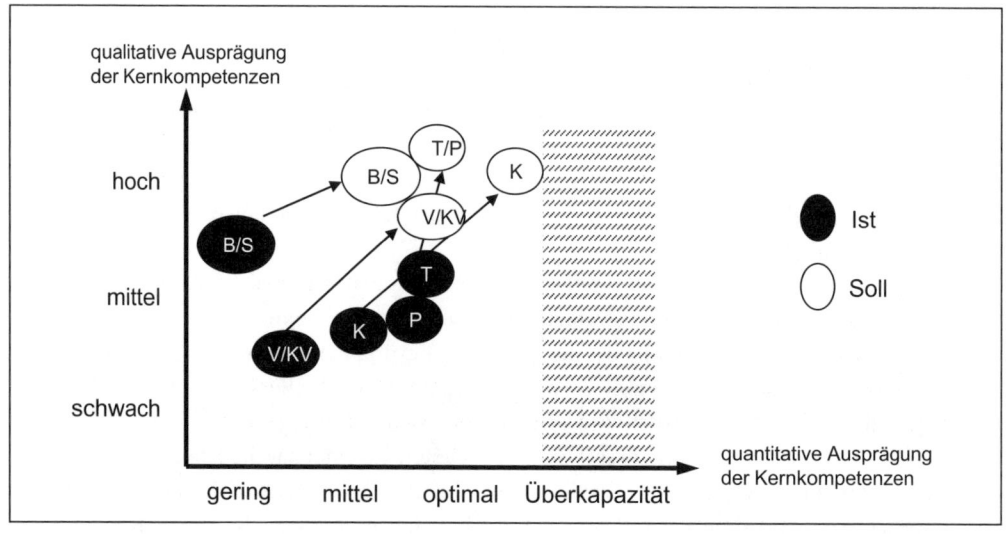

Kernkompetenzen

V: Veränderungsmanagement
KV: Kooperations- und Verhandlungskompetenz
S: Strategische Kompetenz
B: Beschaffungskompetenz
T: Technologische Kompetenz
P: Projektmanagement-Kompetenz
K: Kundenorientierung

Abbildung 5: Werttreiber Kernkompetenzen

der Blick auf das gesamte Team des betrachteten Bereichs. Bei diesem Baustein geht es nicht um die einzelne Qualifikation bzw. Kernkompetenz, sondern um das insgesamt in der jeweiligen Funktion ausreichend vorhandene fachliche Wissen in qualitativer und quantitativer Hinsicht. Eine Priorisierung der Analyse erfolgt dabei entsprechend der unterschiedlichen Bedeutung für den Kundennutzen. Die Relevanz für den Kunden wird mittels dessen kaufentscheidender Faktoren ermittelt. Tabelle 2 zeigt ein Beispiel für die Analyse der Besetzungsqualität in der Wertschöpfungskette.

Baustein 3: Besetzungsqualität im Management: Insbesondere die Qualifikation des Managements und die Besetzungsqualität in den verschiedenen Funktionen werden hier betrachtet. Maßgeblich ist dabei der Blick nach vorne. Lassen sich die einzelnen Strategieziele mit den jeweiligen Funktionsinhabern erreichen? Hat der einzelne Manager das Zeug, seinen Funktionsbereich entsprechend zu gestalten, um die jeweiligen strategischen Ziele zu erreichen? Hat das Unternehmen bspw. ausreichend Managementkapazität, um die geplante Unternehmensakquisition zu stemmen? D. h. können genügend eigene Führungskräfte mit entsprechender Erfahrung zur Integration im gekauften Unternehmen eingesetzt werden?

Beim Management ist aber nicht nur auf die Besetzungsqualität und die Potenzialsituation zu achten. Genauso wichtig kann ein Blick auf die Altersstruktur sein. Beispielsweise hat eine entsprechende Analyse in einem Unternehmen ergeben, dass zwei Drittel der oberen Führungskräfte über 55 Jahre sind. Das Problem lag nicht darin, dass die älteren Führungskräfte nicht mehr ausreichend qualifiziert waren, um ihre Führungsaufgaben gut wahrzunehmen. Das Prob-

Tabelle 2: Werttreiber Besetzungsqualität in der Wertschöpfungskette

Einschätzung der funktionsspezifischen Fähigkeiten: Qualitativ	stark		X	↑	↑	X
				X		
	schwach				X	
Einschätzung der vorhandenen Humanressourcen: Quantitativ	Überkapazität					
	optimal	X		↑		↑
					X	
						X
	schwach			X		
Handlungsbedarf		–	Einstellungen + Qualifizierung	Qualifizierung	Einstellungen

lem lag darin, dass bei der damals üblichen vorzeitigen Pensionierung mit durchschnittlich 58 Jahren ein wesentlicher Teil dieser Führungsebene innerhalb der nächsten drei Jahre wegbrechen würde. Unklar war zu diesem Zeitpunkt, ob überhaupt genügend qualifizierter Nachwuchs in den eigenen Reihen vorhanden war und falls ja, müsste dieser schleunigst auf die Übernahme dieser Aufgaben vorbereitet werden.

Mit diesen drei dargestellten Analyse-Bausteinen werden die Humanressourcen des Unternehmens unter drei verschiedenen Perspektiven analysiert. Daneben wird die Organisation unter zwei weiteren Aspekten betrachtet, die eine unterschiedliche Beeinflussbarkeit haben. Die kollektiven Arbeitsbedingungen lassen sich vergleichsweise einfach ändern – wenn dazu auch teilweise aufwendige Verhandlungen mit den Arbeitnehmervertretungen notwendig sind. Demgegenüber ist der Ansatz, ein Unternehmen insgesamt zu verändern, deutlich schwieriger und langwieriger.

Baustein 4: Erfolgsfaktoren der kollektiven Arbeitsbedingungen. Aus Marktbezug, Arbeitsweise und Kostenstrukturen ergibt sich eine differenzierte Landschaft von Erfolgsfaktoren zur Steigerung der Wettbewerbsfähigkeit. Die Gestaltung der kollektiven Arbeitsbedingungen, z. B. Arbeitszeit oder Vergütung, muss sich an den spezifischen Erfolgsfaktoren der verschiedenen Bereiche orientieren. Entsprechend der Unterschiede in den Geschäftsbereichsstrategien ergeben sich unterschiedliche Handlungsbedarfe. Die Kernfrage an den jeweiligen Leiter dieser Bereiche ist, welches aus seiner Sicht die wesentlichen personellen Stellgrößen für den Erfolg seines Bereichs sind. Abbildung 6 zeigt ein Beispiel für die Analyse der kollektiven Erfolgsfaktoren.

Eine derartige Differenzierung der kollektiven Erfolgsfaktoren, nach unterschiedlichen Geschäftsbereichen, erscheint zunächst selbstverständlich. In Unternehmen, in denen eine solche Analyse nicht stattfindet, wird nicht differenziert vorgegangen. Das bedeutet, dass wesentliche Rahmenbedingungen wie die Länge der Arbeitszeit oder deren Flexibilisierungsmöglichkeiten einheitlich für das gesamte Unternehmen vereinbart werden. Dabei profitieren einzelne Bereiche des Unternehmens (zufällig) mehr davon, für andere bedeutet es eine deutliche Erschwernis in der Umsetzung ihrer Ergebnisziele. Im Beispiel, das Abbildung 6 zu Grunde gelegt wurde, wussten die beiden Fertigungsbereiche Monate im Voraus, welche Flugzeuge sie in

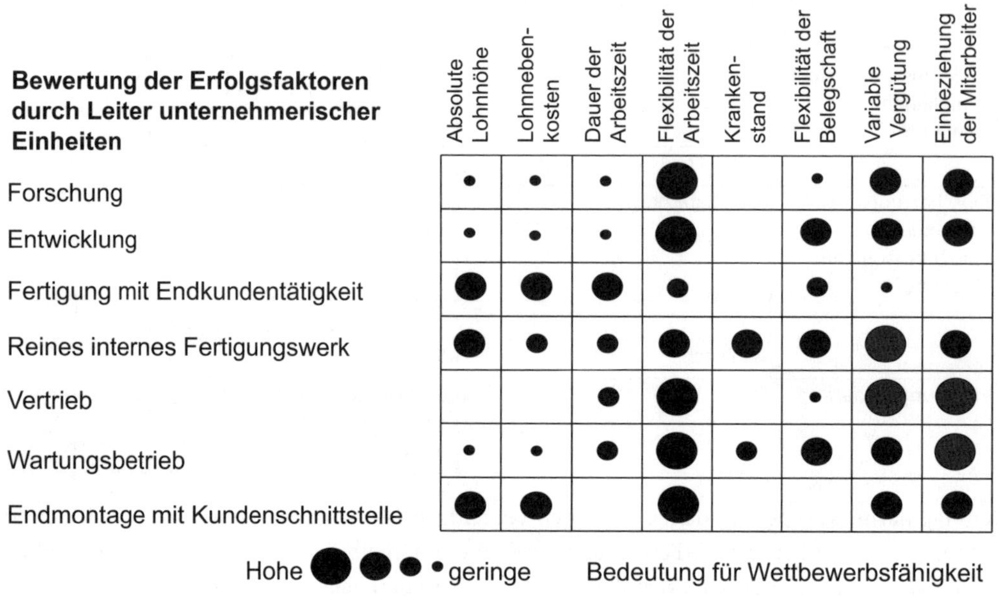

Bewertung der Erfolgsfaktoren durch Leiter unternehmerischer Einheiten	Absolute Lohnhöhe	Lohnnebenkosten	Dauer der Arbeitszeit	Flexibilität der Arbeitszeit	Krankenstand	Flexibilität der Belegschaft	Variable Vergütung	Einbeziehung der Mitarbeiter
Forschung	•	•	•	●		•	●	●
Entwicklung	•	•	•	●		●	●	●
Fertigung mit Endkundentätigkeit	●	●	●	•		●	•	
Reines internes Fertigungswerk	●	●	●	●	●	●		
Vertrieb			•	●		•	●	●
Wartungsbetrieb	•	•	●	●		•	●	●
Endmontage mit Kundenschnittstelle	●	●		●			●	●

Hohe ●●•• geringe   Bedeutung für Wettbewerbsfähigkeit

Abbildung 6: Werttreiber kollektive Erfolgsfaktoren

welcher Woche an welcher Fertigungsstation bearbeiten. Für sie waren niedrige Personalkosten besonders wichtig, wie sie durch lange Wochenarbeitszeit und niedrige Löhne erreicht wurden. Der Wartungsbetrieb hingegen musste auf kurzfristig angemeldete Reparaturen von Großturbinen reagieren. Den Kunden war es aufgrund der hohen Investitionsbindung in den Turbinen wichtig, dass die Reparaturen möglichst schnell erfolgten, damit die Turbinen entsprechend kurzfristig wieder zum Einsatz kamen, um Umsatz zu generieren. Für den Wartungsbetrieb waren Wochenarbeitszeit und Lohnhöhe nur zweitrangige Faktoren. Primärer Erfolgsfaktor war die hohe zeitliche Flexibilität, um kurzfristig Sonderschichten bzw. Überstunden ansetzen zu können. Dass die Mitarbeiter diese außergewöhnliche Belastung gesondert honoriert bekamen, war unerheblich angesichts der Kostendimension beim Kunden. Das beispielhaft gewählte Unternehmen konnte erst auf Grund einer derartigen Analyse der wesentlichen HR-Erfolgsfaktoren diese an die unterschiedlichen Bedarfe seiner Bereiche anpassen.

Baustein 5: Veränderungsfähigkeit der Organisation. Veränderungskompetenz meint die Anpassungsfähigkeit an geänderte Markt- oder Umfeldbedingungen. Bei diesem Baustein geht es im Grunde nicht um die Veränderung des Unternehmens selbst, sondern um eine Analyse, wie einfach oder schwierig in diesem Unternehmen Veränderungen herbeigeführt werden können. Das Ergebnis hieraus hilft einzuschätzen, wie wahrscheinlich umfangreichere Strategieziele tatsächlich zu erreichen sind, denn diese sind regelmäßig nur mit deutlichen Veränderungen zu erreichen. Die Messbarkeit dieser Kompetenz ist nur mittels Indikatoren möglich. Als ein möglicher Indikator kann ein hoher Rotationsgrad in den Führungsfunktionen gesehen werden. Dieser beschreibt wie viele Führungsstellen im betreffenden Jahr neu besetzt wurden.

Bei jedem dieser fünf Analysebausteine wird nach folgendem Fragemuster vorgegangen:

- Als erstes wird geklärt, was erforderlich ist, um die Strategieziele zu erreichen (Sollvorgabe).
- Anschließend wird ermittelt, wie die derzeitige Ausprägung der erforderlichen Kompetenzen ist (Ist-Zustand),
- um daraus die Abweichungen (Delta) zu ermitteln und
- entsprechenden Handlungsbedarf abzuleiten und gezielte Maßnahmen einzuleiten.

Mit diesem Vorgehen wird sichergestellt, dass der Soll-Zustand zu einem möglichst hohen Grad erreicht wird. Wenn – wie in vielen Unternehmen der Fall – mit der Ist-Darstellung begonnen wird und daraus der Soll-Zustand abgeleitet wird, entstehen regelmäßig unnötige Blockaden. Diese liegen darin, dass ausgehend von der Ist-Situation genügend Hürden und Schwierigkeiten gesehen werden, die das Erreichen des gewünschten Solls verhindern. Jedenfalls gibt es genügend Pessimisten in jedem Unternehmen mit einer derartigen Argumentation. Dies wird leichter vermieden, indem zunächst „die grüne Wiese" beschrieben wird, wie also der Ideal-Zustand aussehen würde, wenn bestehende Restriktionen nicht berücksichtigt werden müssten. Bei diesem Vorgehen stellen sich natürlich auch genügend Hürden und Schwierigkeiten ein. Allerdings ist die Begehrlichkeit bei diesem Vorgehen, den Soll-Zustand zu erreichen auch viel höher. Beim restriktiven Ansatz ist schon die Zielvorstellung regelmäßig eine viel bescheidenere. Die erreichten Ergebnisse unterscheiden sich dann deutlich im erreichten Endzustand.

1.7 Human Capital

Personalkosten sind in den meisten Unternehmen immer noch einer der größten Kostenblöcke in der Gewinn- und Verlustrechnung (GuV). Der Anteil der direkten Personalkosten schwankt i. d. R. zwischen 25 und 50 % und der zusätzliche Anteil der indirekten Personalkosten liegt meist bei über 15 %. Und die Personalkosten pro Mitarbeiter steigen weiter, wenngleich die Unternehmen laufend versuchen, die indirekten Kosten zu reduzieren. Gleichzeitig ist die Anzahl der Mitarbeiter in den letzten 10 Jahren bei fast allen Unternehmen rückläufig. Dies geht einher mit verstärktem Outsourcing. Das bedeutet, dass Leistungen, die das Unternehmen bislang selber erbracht hat, künftig zugekauft werden. Das ist vor allem dann sinnvoll, wenn die gleiche Leistung kostengünstiger bezogen werden kann als bei Eigenproduktion. Ankündigungen zu Personalkostenreduktion und Personalabbau treiben immer wieder kurzfristig Aktienkurse. Bei diesem Kostenanteil und der laufenden Restrukturierung macht es Sinn, das Humankapital zielgerichtet zu nutzen. Dies zu unterstützen ist Aufgabe des Personalbereichs.

1.7.1 Human Capital als Teil des immateriellen Vermögens

Der Wert eines Unternehmens ergibt sich aus der Summe der materiellen und immateriellen Vermögenswerte. Zu den materiellen gehören die eigenen Gebäude und Produktionsanlagen, die produzierten und noch nicht verkauften Produkte, die Halbfertigprodukte, das vorhandene Material etc. Die immateriellen Werte eines Unternehmens werden teilweise mit dem Begriff „Intellectual Capital" umschrieben, welches die Summe des im Unternehmen gespeicherten Wissens aller Mitarbeiter beschreibt (vgl. Böhnisch, W. (2003), S. 48). Das greift aber zu kurz, weil zum immateriellen Vermögen insbesondere auch der Wert der Marke, der sog. Brand value, zählt und der kann weit größer sein als das Human Capital. Nach IAS (International Accounting Standards) wird der immaterielle Vermögensgegenstand (Intangible Asset) definiert als ein identifizierbarer, nicht monetärer Vermögenswert ohne physische Substanz. Diese Definition ist ausreichend weit gefasst, um alle immateriellen Werte einzubeziehen.

Das Humankapital ist ein wesentlicher Teil des immateriellen Vermögens und hat damit je nach Unternehmen mehr oder minder großen Anteil am Wert des Unternehmens. Wird das Humankapital entsprechend eingesetzt, kann es einen enormen Wettbewerbsvorteil darstellen. Der Einfluss des Humankapitals auf den Unternehmenswert sollte daher im Zusammenhang mit der strategischen Ausrichtung des Unternehmens, welche das Ziel der Unternehmenswertsteigerung verfolgt, berücksichtigt werden.

Je nach Branche sind der materielle Wert und die beiden wesentlichen immateriellen Werte, der Markenwert und das Humankapital, typischerweise ganz unterschiedlich gewichtet. Die Schwerindustrie, Stahlhersteller, Werften etc. sind kapitalintensiv, also geprägt von teuren Anlagen und mit einem hohen materiellen Vermögen. Verglichen mit anderen Industrien tritt das Know-how, das in deren Produkten steckt, in den Hintergrund. Das Humankapital ist folglich im Vergleich zum materiellen Wert niedriger. Gleiches gilt in der Regel für den Markenwert.

Die klassische Automobilindustrie hat zwar auch kostenintensive Entwicklungs- und Fertigungsanlagen. Sowohl in den Fahrzeugen als auch in den Fertigungsprozessen steckt allerdings großes technisches Know-how, das sich in einem hohen Human Capital ausdrückt. Und die Premium-Hersteller Audi, BMW und Mercedes verfügen alle über einen außerordentlich hohen Markenwert.

Ein Beispiel für ein Unternehmen, bei dem der Brand value den Unternehmenswert maßgeblich bestimmt, ist Coca Cola. Die Abfüllanlagen sind nicht übermäßig komplex und damit wertmäßig von untergeordneter Bedeutung. Das Wissen zum Betrieb dieser Anlagen ist nicht ungewöhnlich hoch. Demgegenüber ist der Wert der Marke überdimensional – über Jahre hat sie sich zu einer der wertvollsten Marken weltweit entwickelt.

Der Handel weist eine ganz unterschiedliche Wertverteilung auf. Große Kaufhäuser, bei denen es noch Monate oder länger dauert, bis sie ihre Waren umgesetzt haben, sind dominiert von hohem materiellen Vermögen. Überdurchschnittliches Know-how steckt nicht in dieser Art des Verkaufs und die Markennamen haben deutlich gelitten. Bei neueren Handelssystemen wie MediaSaturn ist der Brand value deutlich höher. Der materielle Wert dagegen liegt deutlich niedriger als im klassischen Handel. MediaSaturn agiert mit langen Zahlungszielen gegenüber seinen Lieferanten. Das heißt, bis MediaSaturn selber zahlen muss, ist aufgrund der ausgeklügelten Logistik der Großteil der Ware bereits verkauft.

Die großen Beratungsunternehmen wie McKinsey, Bain, BCG, aber auch Roland Berger sind durch hohe Humankapital- und Marken-Werte gekennzeichnet. Das materielle Vermögen ist niedrig, die Büros sind gemietet, die Firmenfahrzeuge geleast. Das nachgefragte Beratungswissen ist deren Humankapital, die hohe Reputation der Markenwert. Letzteres gilt allerdings nur für die Top-Beratungsunternehmen. Weniger bekannte Häuser sind nur regional oder in bestimmten Nischen oder nur für einen kleinen Kundenkreis tätig, eben nicht so bekannt. Ihr Markenwert ist deswegen verglichen zum Human Capital deutlich niedriger. Zwei Beispiele belegen den übergeordneten Wert des Humankapitals bei einzelnen Unternehmen bzw. Branchen.

> **Beispiel 2: Wert des Humankapitals**
> Ein Hersteller von Marketing-Material wie Broschüren, Prospekten, aber auch ganzen Messeständen wollte sein Angebot vertikal erweitern und dazu eine Marketing-Kreativ-Agentur kaufen. Die ins Auge gefasste Agentur hatte fünf Inhaber und 15 Mitarbeiter. Ihr Wert wurde mit 6 Mio. € taxiert. In den Kaufverhandlungen wurde den Käufern bewusst, dass das eigentliche kreative Know-how in den Köpfen der Inhaber steckte, damit auch der wesentliche Wert der Agentur. Der Kaufpreis wäre also überhöht, wenn nach dem Deal bspw. drei der Inhaber das Unternehmen verlassen würden. Um dies zu verhindern, wurde eine Klausel in den Kaufvertrag aufgenommen, dass in diesem Fall ein Teil des Kaufpreises zurückzuzahlen wäre. Ein Beleg dafür, dass bei diesem Unternehmen der wesentliche Wert im Humankapital lag.
> Das zweite Beispiel belegt dies ähnlich: Eine deutsche Großbank bezog einen wichtigen Teil ihrer Software von einem IT-Haus, das sich in einer Abteilung auf Banken-Software spezialisiert hatte, daneben aber auch noch andere Software entwickelte. Die Bank wollte sich diese Banken-Software langfristig sichern und prüfte deswegen den Kauf des IT-Hauses. Von den rund 80 Mitarbeitern waren 20 im Bereich Banken-Software tätig, die Hälfte davon tatsächlich mit deren Entwicklung beschäftigt. Zum Kauf des IT-Hauses stellte sich hier die Alternative, die Erfahrungsträger aus dem Bereich der Banken-Software abzuwerben. Die Einstellung dieser Mitarbeiter wäre wesentlich günstiger, als der Kauf des gesamten IT-Hauses und das gleiche Ziel erreicht.

Beispiele, wie der Aufkauf des Softwarehauses Pecaso durch die (IT-)Beratung Accenture zeigen, dass diese Rechnung nicht immer aufgeht. Nach der Integration in die Strukturen von Accenture wanderten insbesondere Entwickler und Programmierer in die Selbständigkeit oder zu anderen Unternehmen ab. Sie fanden sich in den Anreizsystemen, wie Up or Out, und der stark wettbewerbsorientierten Unternehmenskultur nicht wieder. Ähnlich verhielt es sich beim Kauf des IT-Systemhauses von Daimler durch die Telekom. Bereits bei der Integration in die T-Systems verließ ein Drittel der Führungskräfte das Unternehmen, binnen eines Jahres rund weitere 20 %. Bei solch einem Brain drain gehen die guten Mitarbeiter in der Regel zuerst. Es ist zu berücksichtigen, dass das Können des Mitarbeiters nur wirksam werden kann, wenn es mit Wollen und Dürfen einhergeht. Neben Unternehmensstrukturen und Unternehmenskultur hat auf diese Aspekte auch das Personalmanagement wiederum entscheidenden Einfluss (vgl. dazu Kapitel Personalführung).

1.7.2 Human Capital versus Human Resources

Eine Ressource kann im Zeitablauf verbraucht werden. Kapital hingegen kann gewinnbringend angelegt und in das Unternehmen investiert werden. Der Begriff Humankapital deutet demnach an, dass Mitarbeiter nicht mehr als Ressource, die verbraucht wird, betrachtet werden sollten, sondern als eine wertvolle Investition (vgl. Friedman, B. S. u. a. (1999), S. 5). Das Humankapital umfasst die von den einzelnen Mitarbeitern zur Verfügung gestellten Fähigkeiten, Fertigkeiten sowie deren Verhaltensweisen und Erfahrungen, auf welche das Unternehmen laufend zurückgreift. Inwieweit dieses potenzielle Humankapital der Mitarbeiter im Unternehmen tatsächlich genutzt wird, ist immer auch von der jeweiligen Unternehmensstruktur und -kultur abhängig (vgl. Böhnisch, W. (2003), S. 40).

Nach deutschem als auch angelsächsischem Rechnungslegungsverständnis wird der Investitionscharakter der Ausgaben für Humankapital vernachlässigt, da sie als Sofortaufwand in der Erfolgsrechnung erfasst werden und nicht wie Sachanlagen über die Zeit abgeschrieben werden können. Dies hat zur Folge, dass das künftige Nutzenpotential der Ausgaben für HC bilanzrechtlich wenig anerkannt wird (vgl. Dürndorfer, M. u. a. (2005), S. 19). Aus dieser Sicht stellt der Mitarbeiter für das Unternehmen einen Kostenfaktor dar, der als Passivposten in der Bilanz auftaucht. Die Human Capital-Theorie hingegen besagt, dass Arbeitskraft ein Aktivposten in der Bilanz ist und betrachtet damit den Mitarbeiter und sein Know-how als Teil des gesamten Unternehmensvermögens (vgl. Böhnisch, W. (2003), S. 39).

1.7.3 Ziele und Nutzen der Humankapitalbewertung

Das Ziel der Bewertung des Humankapitals ist das Messbarmachen der immateriellen Größe Humankapital. Die Ermittlung des Humankapitals ermöglicht eine qualifizierte Aussage über das Potenzial eines Unternehmens zur Schaffung von Personalwert (Human-Economic-Value). Dadurch wird der Wert von Personal vergleichbar und ermöglicht einen Benchmark zwischen Unternehmen oder Unternehmensbereichen.

Gleichzeitig kann der Nutzen der Humankapitalbewertung auch in einer Einstellungsveränderung gegenüber der Ressource Mensch gesehen werden. Indem den Mitarbeitern ein konkreter Wert zugeordnet wird, verändert sich die Wahrnehmung vom Kostenfaktor zum Vermögenswert.

1.7.4 Bewertungsmethoden von Human Capital

Mittlerweile gibt es eine Vielzahl von Ansätzen, um das Human Capital zu bewerten. Keiner dieser Bewertungsansätze konnte sich bislang durchsetzen. Die Bandbreite reicht von unsinnigen Ansätzen bis hin zu interessanten, aber viel zu komplexen Berechnungsmethoden. Der Ansatz, das Humankapital aus den laufenden Personalkosten und deren Entwicklung in den kommenden Jahren zu errechnen, ist nicht sonderlich zielführend. Danach hätte das Unternehmen mit den höchsten Gehältern, den kürzesten Arbeitszeiten, den umfangreichsten betrieblichen

Zusatzleistungen das höchste Humankapital. Mit derartigen Personalkosten wäre es aber voraussichtlich nicht besonders wettbewerbsfähig, der tatsächliche Wert seiner Personalressource damit eher gering. Es ist folglich nicht besonders sinnvoll, auf die Personalkosten alleine abzustellen, schon gar nicht, je höher desto besser. Die Vielzahl der Ansätze lässt sich strukturieren in

- Marktwertorientierte Ansätze
- Accounting-Ansätze
- Indikatorenbasierte Ansätze
- Value-Added-Ansätze
- Ertrags-orientierte Ansätze

Im Folgenden wird auf die ersten drei Ansätze näher eingegangen.

1.7.4.1 Marktwertorientierte Ansätze

Wie bereits beschrieben wird in der Betriebswirtschaft mit dem Begriff Humankapital der Beitrag der Mitarbeiter zur Wertschaffung im Unternehmen umschrieben. Zusammen mit dem strukturellen Kapital bildet das Humankapital das intellektuelle Kapital (Intellectual Capital) (vgl. Becker, M., Labucay, I., Rieger, C. (2007), S. 38ff.). Aufbauend darauf wird in den marktorientierten Ansätzen der Wert des intellektuellen Kapitals basierend auf dem Verhältnis des Marktwertes zum Buchwert oder aus deren Differenz errechnet. Der Marktwert ergibt sich aus dem Produkt der Anzahl der Aktien und dem Börsenkurs, was voraussetzt, dass das zu bewertende Unternehmen an der Börse notiert ist. Der Buchwert ist aus der bilanzierten Position des Eigenkapitals zu entnehmen. Ist der Quotient größer eins bzw. die Differenz positiv, ist intellektuelles Kapital vorhanden. Wird die Markt-/Buchwert-Differenz ins Verhältnis zur Mitarbeiterkapazität in FTE (Full Time Equivilent) gestellt, ergibt sich der sog. HCRF (Human Capital Revenue Factor) (vgl. dazu Fitz-Enz, J. (2003), S. 47f.). Der Markt-/Buchwert-Quotient und die Markt-/Buchwert-Differenz sowie der HCRF geben nur sehr grob Auskunft darüber, ob intellektuelles Kapital – und damit auch Humankapital – vorhanden ist oder nicht. Dieser Ansatz vernachlässigt, dass das intellektuelle Kapital neben dem Humankapital vor allem den Marktwert, aber auch noch weitere Faktoren beinhaltet.

1.7.4.2 Human Resource Accounting (HRA)

Im deutschen Sprachraum ist dieses Verfahren auch unter dem Namen „Humanvermögensrechnung" bekannt (vgl. dazu ausführlich Scholz, C. (2000), S. 80ff., vgl. zu den Anfängen Conrads, M. (1976); Freiling. J. (1978) und Aschoff, C. (1978)). Dabei wird versucht, den Wert des Personals eines Unternehmens zu ermitteln und zu bewerten sowie auch auszuweisen.

Dies kann input- oder outputorientiert erfolgen. Die inputorientierten Modelle stellen dabei die Kosten für das Personal in den Mittelpunkt, wobei diese Kosten mit unterschiedlichen Methoden zu ermitteln sind. Es wird dann auch vom Human Cost Accounting gesprochen. Die outputorientierten Methoden betrachten dagegen die vom Personal erbrachte Leistung und werden auch als Human Value Accounting bezeichnet (vgl. Wunderer, R., Schlagenhaufer, P. (1993), S. 80). Als grundlegende Bewertungsverfahren lassen sich also das Kostenprinzip

(Human Resource Cost Accounting) und das Wertprinzip (Human Resource Value Accounting) unterscheiden.

Die kostenorientierten HRA-Ansätze greifen auf Kosten oder Aufwendungen des Betriebes zurück. Hier unterscheidet man periodenbezogene Aufwendungen, z. B. Lohn- und Gehaltszahlungen, und investive Aufwendungen, z. B. Kosten für Einstellung (vgl. Böhnisch, W. (2003), S. 62). Während das Kostenprinzip in überwiegendem Maß vergangenheitsorientiert ist, richtet sich das Wertprinzip auf die Zukunft aus. Dem wertorientierten Vorgehen liegen effektive Leistungsbeiträge der Mitarbeiter, Erträge oder Saldierungen zwischen Aufwand und Ertrag zu Grunde (vgl. Böhnisch, W. (2003), S. 64). Das HRA-Modell zielt auf ein informationsorientiertes Personalcontrolling, bei dem Angaben über Kosten und Wert der Mitarbeiter bereitgestellt werden. Es hat den Vorteil, dass es Kosten und Wert gegenüberstellt, aus denen die Wertschöpfung des Mitarbeiters ermittelt werden können. Allerdings fehlen dem HRA exakte Regeln zur konkreten Erfassung und Bewertung. Eingang in die Praxis hat die Humanvermögensrechnung auf Grund weiterer vielfältiger Probleme bislang kaum gefunden (vgl. Zaugg, R. (1996), S. 236):

- Die Mitarbeiter werden als Anlagegut und damit als Eigentum des Unternehmens betrachtet. Zeitliche und sachliche Zurechnungsprobleme sind nicht gelöst.
- Die eingesetzten Leistungsindikatoren (z. B. das Einkommen) sind unzureichend (validiert).

Mit diesen und anderen Problemen hat auch die im deutschen Sprachraum in den vergangenen Jahren entwickelte und bekannt gewordene Saarbrücker Formel zu kämpfen. Es handelt sich dabei um ein Rechenmodell von Scholz, Stein und Bechtel (2006). Generelle Aussage ist, dass mit einer fähigen, hoch motivierten Belegschaft, die über aktuelles und wertschöpfungsrelevantes Wissen verfügt und durch Personalentwicklung auf diesem Wissensstand gehalten wird, hohe Werte erreicht werden. Zentrale Werte der Formel sind demzufolge Wissen und Motivation der Mitarbeiter. Der Basiswert ergibt sich zunächst aus der Anzahl der Mitarbeiter in Vollzeit-Äquivalenz mal Marktvergütung. Negativ in die Gleichung gehen dagegen Wissensverluste ein. Der Verfall des Fachwissens wird dazu in Bezug zur Beschäftigungsdauer gesetzt. Positiv wiederum wirken sich Investitionen in Personalentwicklungsmaßnahmen sowie der Grad der Motivation von Mitarbeitern aus. Der Motivationsgrad wird aus den Komponenten Commitment (Leistungsbereitschaft), Context (Arbeitsumfeld, technische Ausstattung) und Retention (Bleibewahrscheinlichkeit) zusammengesetzt (vgl. Kosche, G. (2009), S. 76ff.). Aufgrund der hohen Komplexität konnte diese Formel bislang keine betriebliche Relevanz erreichen.

1.7.4.3 Summenmodell des Humankapitals

Unter den indikatorenbasierten Ansätzen im deutschsprachigen Raum bekannt wurde das Modell von Wucknitz (2002). Das Humankapital wird dabei in das individuelle (personengebundene), dynamische (prozessgebundene) und strukturelle (strukturgebundene) Humankapital eingeteilt (vgl. dazu ausführlich Scholz, C. (2000), S. 140ff.). Diese drei Komponenten haben grundsätzlich den gleichen Einfluss auf den Unternehmenswert. Den Kern des Humankapitals bilden auch dabei die Personen innerhalb der Organisation, die aufgrund ihrer Kompetenzen und durch ihr konkretes Verhalten im Rahmen ihrer jeweiligen Tätigkeit Wert für das Unternehmen darstellen.

Doch erfolgreiche Unternehmen sind ebenso auf eine funktionierende Organisation angewiesen. Kein Leistungsträger kann sein Potenzial entfalten, wenn er nicht in eine Organisation eingebunden ist, deren Aufbau- und Ablauforganisation dies ermöglichen (vgl. Wucknitz, U. D. (2002), S. 34). Das Summenmodell ergänzt deswegen das individuelle Humankapital um das gesamte organisationale Humankapital. Dies wiederum setzt sich zusammen aus den beiden Komponenten des strukturellen (Aufbauorganisation) und des dynamischen (Ablauforganisation) Humankapitals.

Unter individuellem Humankapital versteht man das Wissen und die Fähigkeiten der Einzelpersonen in einem Unternehmen. Dazu zählen v. a. die individuellen Kompetenzen, Einstellungen und Verhaltensweisen einer Person (Böhnisch, W. (2003), S. 37).

Das strukturelle Humankapital spiegelt sich in den formalen Unternehmensstrukturen wider. Die Qualität des strukturbezogenen Human Capital zeigt sich somit sowohl im Aufbau- als auch in der Ablauforganisation des Unternehmens (Wucknitz, U. D. (2002), S. 40).

Das dynamische Humankapital ist das in den Unternehmensprozessen gebundene Kapital, also der in Abläufen repräsentierte Anteil des Humankapitals. Es zeigt sich im Aufbau der Unternehmenskultur, aber auch in den Team-, Innovations- und Kommunikationsprozessen.

Ein wesentliches Merkmal des individuellen Humankapitals ist seine Personengebundenheit. Es fluktuiert mit dem Wechsel von einzelnen Mitarbeitern zwischen den Unternehmen. Dies impliziert das Risiko, dass Investitionen in das individuelle Humankapital eventuell der Konkurrenz zu Gute kommen können. Im Gegensatz zum individuellen ist das dynamische Humankapital, ebenso wie das strukturelle, personenunabhängig. Daher bleiben das strukturelle und das dynamische Humankapital dem Unternehmen auch dann erhalten, wenn Einzelpersonen aus dem Unternehmen ausscheiden.

Der Umfang und die Entwicklung des Humankapitals hängen vom Einfluss verschiedener Faktoren, den personellen Werttreibern, ab:

- Unternehmensumfeld: Relevante Aspekte außerhalb des Unternehmens, die auf das Unternehmen wirken bzw. auf die das Unternehmen wirkt.
- Unternehmensstruktur: Gestalt des Unternehmens aus formaler, informeller und inhaltlicher Perspektive.
- Team-Prozesse: Abläufe im Unternehmen, welche die Interaktionen zwischen Personen und Gruppen auf gleicher Ebene abbilden.
- Führung: Alle auf die Steuerung und die Entwicklung von Mitarbeitern bezogenen betrieblichen Systeme und Verhaltensweisen von Führungskräften.
- Personalmanagement: Alle auf das Personal, d. h. Einzelpersonen und Gruppen innerhalb der Organisation, und den Personalbereich selbst bezogenen Aktivitäten und Regelungen.
- Personelle Rechtsstruktur: Alle rechtswirksam vereinbarten Regelungen zum Umgang mit dem Personal.
- Personelle Finanzstruktur: Alle finanziellen bzw. kostenwirksamen Aufwendungen, welche das Unternehmen für sein Personal tätigt.
- Personelle Organisationsstruktur: Qualitative und quantitative Zusammensetzung des Personals im Unternehmen.

- Schlüsselkräfte: Personen, die auf Grund ihrer Stelle oder Fähigkeiten von entscheidender Bedeutung für den Unternehmenserfolg sind.
- Unternehmenskultur: Die für ein Unternehmen kennzeichnenden Einstellungen, d. h. formale und informelle Werte, Normen, Regeln, und ihre physischen Äußerungsformen in der Organisation.

Jeder Werttreiber wird weiter unterteilt in Faktoren, insgesamt 36, die wiederum über Messgrößen – mehr oder weniger zielführend – operationalisiert werden: Beispielswiese ist ein Faktor des Werttreibers Finanzstruktur die Struktur der Personalkosten, welche u. a. anhand des Prozentanteils der unternehmenserfolgsabhängigen Vergütungsbestandteile operationalisiert wird. Für jegliche Werttreiber gilt, dass ein nutzenoptimierender Einsatz der einzelnen Komponenten die Wertschöpfung eines Unternehmens erhöht. Während das Instrument keine vergleichbaren Wertaussagen liefert, kann es im Rahmen der Maßnahmensteuerung viele Ansatzpunkte liefern. Allerdings sind Komplexität wie Aufwand hoch und Erfolge oft nicht unmittelbar ersichtlich.

1.7.5 Relevanz des Humankapitals für den Unternehmenserfolg

Ein Großteil der Führungskräfte sieht die Mitarbeiter als zentralen Einflussfaktor auf den Unternehmenserfolg. Mehrere weltweite Untersuchungen belegen diese Relevanz von Humankapital für den Unternehmenserfolg. Der Ansatz bei diesen Untersuchungen ist, den Zusammenhang zwischen Unternehmenswert und Humankapital zu belegen. Dabei konnten einige Personalinstrumente mit einem besonderen Einfluss auf den Unternehmenserfolg identifiziert werden. Den höchsten Einfluss haben demnach Vergütungsmodelle, die an Leistung und Erfolg gekoppelt sind. Hohen Einfluss haben außerdem die Arbeitgeberattraktivität, und damit das Potenzial gute Mitarbeiter zu bekommen und halten zu können, sowie eine optimierte Nutzung des Humankapitals. Erfolgreiche Führungsarbeit folgt dicht auf. Besonders hohen Einfluss hat außerdem die Effizienz der Personalarbeit selbst.

Weitere Erkenntnisse waren, dass ein erfolgreiches HR Management direkt mit einem hohen Unternehmenswert verknüpft ist. Der Erfolg der Personalarbeit in den betrachteten Unternehmen wurde im Rahmen einer 2000 und 2002 von Wabon Wyatt durchgeführten Studie ausgedrückt in einem Human Capital Index (HCI). Dazu wurden die Ergebnisse der Untersuchung in Bezug zum Unternehmenserfolg dieser Unternehmen gesetzt. Der Unternehmenserfolg wurde gemessen anhand der Eigenkapitalrentabilität dieser Unternehmen während der letzten fünf Jahre. Firmen mit einem hohen Human Capital Index haben dabei einen mehr als doppelt so hohen Unternehmenswert erreicht wie Firmen mit einem mittleren HCI (vgl. Abbildung 7). Und selbst diese weisen einen mehr als dreimal so hohen Wert auf wie Unternehmen mit einem schlechten HCI.

Die Verknüpfung zwischen einem erfolgreichen Human Resource Management und dem Unternehmenserfolg wird zunehmend wichtiger. Die sich in den Unternehmen ständig verringernde Fertigungstiefe in Verbindung mit einem höheren Automatisierungsgrad erhöht die Komplexität der Arbeit. Das bedeutet, dass die Mitarbeiter qualitativ höhere Kompetenzen brau-

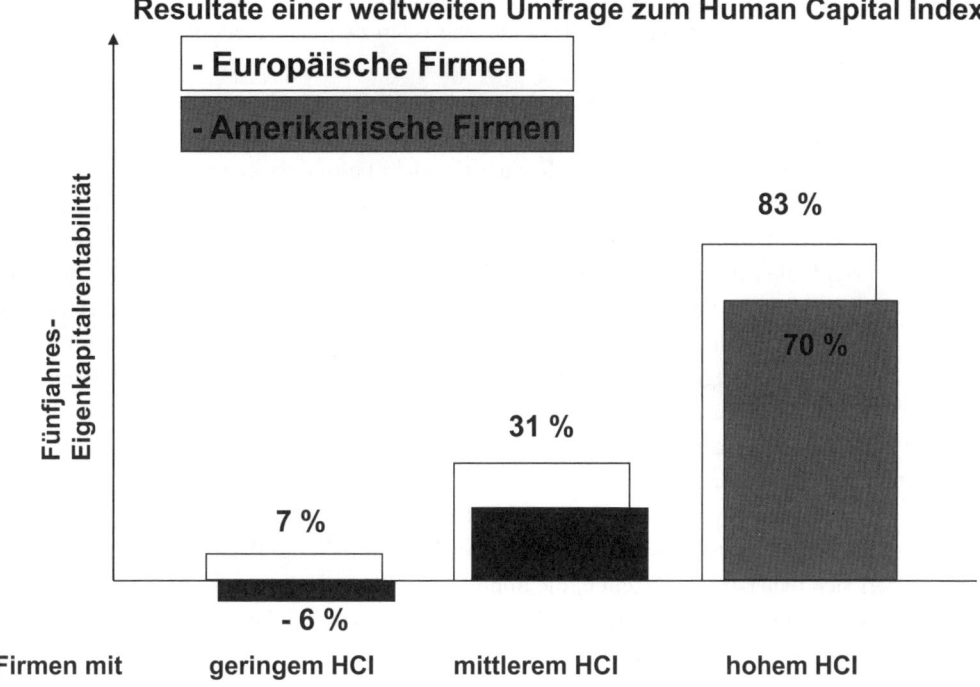

Abbildung 7: Relevanz von Humankapital für den Unternehmenserfolg (Eigene Darstellung in Anlehnung an Watson Wyatt)

chen und die Relevanz von Humankapital zunimmt. Gleiches resultiert aus dem Wachstum des tertiären Sektors: Dienstleistungen sind geprägt von Humankapital.

Ein weiteres Ergebnis der Studie war, dass erfolgreiches HR Management sowohl in Boom- wie in Krisenzeiten gleich hohe Bedeutung haben. Und erfolgreiches HR Management funktioniert global. Exzellente HR Praktiken sind weltweit nahezu identisch, es gibt viel weniger lokale Unterschiede als vermutet. Exzellente HR Prozesse bilden die Basis für ein gutes Management des Humankapital. Aus diesem Grund ist es notwendig, nicht nur effiziente HR Prozesse zu organisieren, sondern auch exzellente HR Bereiche zu schaffen.

1.7.6 Einfluss von Human Capital auf die Organisationsstruktur

Der Einfluss von Humankapital auf das Design der spezifischen Wertschöpfungskette und die Organisationsstruktur resultiert insbesondere aus

- den steigenden Personalkosten in den hoch industrialisierten Ländern,
- den großen Unterschieden in Personalkosten zwischen den Emerging markets und den hoch industrialisierten Ländern und
- der zunehmenden Globalisierung.

Als Folge davon hat sich die Organisationsstruktur im Hinblick auf die Wertschöpfungstiefe der Unternehmen deutlich verändert. Die Veränderung ist in den verschiedenen Industrien allerdings ganz unterschiedlich verlaufen.

Die Fertigungstiefe der Hersteller in der Automobilindustrie ist mittlerweile sehr flach geworden. Sie konzentrieren sich zu einem wesentlichen Umfang auf die letzte Stufe der Wertschöpfungskette. Sie haben dabei hohe Personalkosten für nicht besonders komplizierte Arbeiten wie Schrauben, Schweißen, Nieten etc. Diesem zunehmenden Kostendruck sind die westlichen Hersteller durch einen hohen Grad an Automatisierung begegnet. Die Verringerung der Fertigungstiefe betrifft aber nicht nur die Fertigung selber, sondern auch die vorgelagerten Prozesse der Forschung und Entwicklung. Auch diese wurden in einem hohen Umfang an Zulieferer ausgelagert. Damit wächst nicht nur die Abhängigkeit vom Zulieferer. Gleichzeitig schrumpft der Wettbewerbsvorsprung gegenüber Wettbewerbern, da die Fremdentwicklung den anderen Marken schneller zur Verfügung steht als bei Eigenentwicklung. Für die Mitarbeiter dieser Unternehmen bedeutet dies, dass sie mittlerweile ganz andere Aufgaben übernehmen – und dafür rechtzeitig geschult werden müssen.

Die typische Fertigungstiefe in der Modebekleidungsindustrie unterscheidet sich davon grundsätzlich. Sie ist vor allem wesentlich schlanker, nicht unbedingt flacher. Das Unternehmen konzentriert sich dabei auf Tätigkeiten, die hohe Kreativität erfordern oder besonders komplex sind. Die Produktion ist häufig komplett ausgelagert, was wiederum die Komplexität in der Steuerung der Wertschöpfungskette erhöht und das Arbeiten in einer zunehmenden Anzahl von Netzwerken erfordert. Insgesamt führt das zu einer steigenden Komplexität in der Steuerung des Prozesses. Ein Unternehmen sollte über drei wesentliche Kernkompetenzen verfügen: Die wesentliche branchentypische Kompetenz ist das Design und die Entwicklung der Muster, mit denen die externen Partner die jeweiligen Bekleidungsstücke in der gewünschten Qualität herstellen können. Durch das komplette Outsourcing der Fertigung ist das Steuern der Supply Chain eine eigene Kernkompetenz geworden. Vergleichsweise wenig eigene Mitarbeiter steuern eine Vielzahl externer Partner über den gesamten Herstellungsprozess hinweg. Zusätzlich übernehmen die bekannten Modeunternehmen das Marketing selber. Es liegt also eine hohe eigene Kompetenz ganz zu Beginn der Wertschöpfungskette und an deren Ende. Dazwischen liegt die Kompetenz darin, die zuliefernden Unternehmen zu koordinieren. Für alle dieser drei dargestellten Kompetenzen bedarf es hochspezialisierter Mitarbeiter. Dass deren Personalkosten höher sind, fällt nicht ins Gewicht, da in diesem hochgradig virtuellen Unternehmen zum einen deutlich weniger dieser Spezialisten benötigt werden und durch die Art des Outsourcens in erheblichem Umfang Personalkosten eingespart werden.

Hinter beiden dargestellten typisierten Modellen stecken ganz unterschiedliche Unternehmensansätze und daraus abgeleitet ganz unterschiedliche Organisationsmodelle. Beide erfordern eine völlig unterschiedliche Mitarbeiterstruktur. Die Aufgabe von HR ist es, die unterschiedlichen Prinzipien zu erkennen und durch Gestaltung des Humankapitals zu deren Erfolg beizutragen.

1.8 HR-Werttreiber

Neben den Werttreibern finanzieller Art, wie ROCE (Return on Capital employed), EVA (Economic Value Added), EBIT (Earnings before Interest and Taxes) etc. lassen sich auch bei den Humanressourcen Werttreiber identifizieren, um wirtschaftlichen Erfolg zu generieren. Hierzu zählen in erster Linie die Mitarbeiter. Die Wertschöpfung, die üblicherweise mit Finanzkennzahlen ermittelt wird, lässt sich auch mit mitarbeiterbezogenen Kennzahlen ausdrücken. Wenn von der durchschnittlichen Wertschöpfung pro Mitarbeiter die durchschnittlichen Kosten des Unternehmens pro Mitarbeiter abgezogen werden und dies mit der Anzahl der Mitarbeiter multipliziert wird, ergibt dies (vereinfacht ausgedrückt) den Gewinn des Unternehmens. Oder aber, falls die Kosten höher sind als der Wertbeitrag, den entsprechenden Verlust. Dies lässt sich auch grafisch wie in Abbildung 8 darstellen.

Abbildung 8: HR Werttreiber

Diese Grafik zeigt anschaulich die drei wesentlichen Stellgrößen, um die Situation aus Unternehmenssicht zu beeinflussen. Es gilt entweder die Wertschöpfung pro Mitarbeiter (MA) zu steigern oder die Kosten pro Mitarbeiter zu senken oder die Anzahl der Mitarbeiter entsprechend zu verändern.

1.8.1 Maßnahmen zur Steigerung der Wertschöpfung pro Mitarbeiter

Bei Dienstleistern wäre ein möglicher Ansatz, den dem Kunden fakturierten Tagessatz der Mitarbeiter zu erhöhen. Das setzt freilich die Akzeptanz des Kunden voraus. Ein typischer Weg sind Qualifizierungsmaßnahmen für die Mitarbeiter, wodurch diese bspw. zu höherer Leistung entwickelt werden, sei es durch mehr Effizienz (z. B. schneller) oder mehr Effektivität (z. B. weniger Ausschuss). Beides führt letztlich zu erhöhtem Umsatz und damit zu erhöhter Wertschöpfung.

Gleiches gilt für Qualifizierung zu höherwertiger Leistung, der Mitarbeiter kann komplexere Tätigkeiten vollziehen. Die Qualifizierung kann auch verbesserte Qualität zum Ziel haben, die sich wiederum positiv auf das Kaufverhalten der Kunden auswirkt. Mehr Kunden bedeuten i. d. R. mehr Umsatz. Bei Trainings wird gleich erkennbar, dass eine Erhöhung der Wertschöpfung meist nicht ohne Investitionen möglich ist. Das heißt, bevor es zur erhöhten Wertschöpfung kommt, entstehen zunächst Kosten.

Weitere Möglichkeiten die Wertschöpfung positiv zu beeinflussen liegen insbesondere in Effizienzsteigerungen, z. B. durch Prozessoptimierungen. Als Folge leisten die gleichen Mitarbeiter mehr, es entsteht ein höherer Durchsatz. Bei vermehrter Automatisierung entsteht bei gleicher Mitarbeiterzahl mehr Durchsatz, also eine höhere Wertschöpfung je Mitarbeiter bzw. der gleiche Durchsatz mit weniger Mitarbeitern. Zwischen diesen Varianten sind beliebige Formen möglich. Dies führt jeweils zu höherer Wertschöpfung pro Mitarbeiter. Die Automatisierung führt vergleichbar zu den Qualifizierungsmaßnahmen zunächst wieder zu höheren Kosten, was die Kurve der Kosten pro Mitarbeiter kurzfristig nach oben treibt.

1.8.2 Maßnahmen zur Senkung der Kosten pro Mitarbeiter

Kostensenkungsmaßnahmen durch HR erfolgen meist durch Reduzierung der Personalkosten, sei es, dass einmalige Zahlungen wie Urlaubs- und Weihnachtsgeld gekürzt werden oder die Personalnebenkosten gesenkt werden, z. B. durch Reduzierung von betrieblichen Zusatzleistungen. Eingriffe in das monatliche Fixgehalt werden dagegen aufgrund der hohen demotivatorischen Wirkung bei der Belegschaft und des besonders hohen Widerstands seitens der Arbeitnehmervertretungen seltener vorgenommen.

Denkbar wäre auch, teure Mitarbeiter durch weniger teure zu ersetzen. Dies bleibt aber weitgehend theoretisch, da leistungsschwachen Mitarbeitern in der betrieblichen Praxis nur vereinzelt gekündigt werden kann. Auch bei umfangreicherem Personalabbau aus betriebsbedingten Gründen (vgl. Kapitel Personalaustritt) kann das Unternehmen dabei nicht bevorzugt Leistungsschwache auswählen. Vielmehr erfolgt hierbei die Auswahl der zu kündigenden Mitarbeiter auf Basis einer Sozialauswahl. Die bislang gezeigte Leistung ist dabei kein Auswahlkriterium, sondern kann allenfalls über eine Ausnahmeregelung berücksichtigt werden.

1.8.3 Maßnahmen zur Anpassung der Mitarbeiteranzahl

Je nach Unternehmenssituation sind Personalabbau bzw. -aufbau zu untersuchen. In einer Gewinnsituation ist zu prüfen, ob durch die Einstellung von zusätzlichen Mitarbeitern die positive Wertschöpfungsbilanz nicht genutzt werden kann, um weiteren Gewinn zu erzeugen. Mit weiteren Mitarbeitern werden zusätzliche Produkte bzw. Dienstleistungen zur Verfügung gestellt. Die Logik geht nur auf, wenn es auch tatsächlich einen Markt für das zusätzliche Angebot gibt, d. h. Kunden diese zusätzlichen Produkte auch tatsächlich abnehmen. Ansonsten würden nur (Personal-)Kosten produziert, die aber nicht in zusätzlicher Wertschöpfung resultieren.

Selbst in einer Gewinnsituation kann eine Verschlankung der Belegschaft Sinn machen. Hierbei ist bei Personalabbau darauf zu achten, nicht unnötig in den direkten Bereichen zu reduzieren, die primär zur Erstellung der Güter vorgesehen sind. Das würde lediglich die Produktmenge reduzieren und damit den Umsatz, also die Wertschöpfung (WS) pro Mitarbeiter (MA). In diesen Fällen sollte der Personalabbau primär in den indirekten Bereichen untersucht werden. Das heißt die gleichbleibende Wertschöpfung würde damit auf weniger Mitarbeiter verteilt, was die Wertschöpfung pro Mitarbeiter positiv beeinflussen kann, allerdings in begrenztem Maß.

Meist ist Personalabbau eine notwendige Maßnahme in Verlustsituationen. Hier gilt analog die Darstellung zur Gewinnsituation bezüglich der direkten und indirekten Bereiche. Oftmals geht eine Verlustsituation allerdings einher mit einer entsprechenden Überproduktion. Dann sind auch Einschnitte im direkten Bereich sinnvoll. Bei Personalabbau zeigen sich wieder mehrfache Wirkungen in unterschiedlicher zeitlicher Dimension. Beim Abbau entstehen sofort erhebliche Kosten im Zusammenhang mit der Entlassung. Abfindungen, Aufwand für Outplacement oder Beschäftigungsgesellschaften etc. entstehen sofort in erheblicher Höhe. Die eingesparten Gehälter entfalten ihre volle Wirksamkeit demgegenüber erst mittelfristig. Das bedeutet, dass in einer ohnehin kritischen Verlustsituation sich die Situation kurzfristig zusätzlich verschlechtert. Weniger Mitarbeiter verbessern allerdings die Wertschöpfungskurve, da sich die verbleibende Wertschöpfung auf weniger Mitarbeiter verteilt.

Anpassung der Mitarbeiterzahl muss nicht immer in Personalabbau enden. Oft reicht eine vorübergehende Reduzierung der Mitarbeiterkapazität. Dies kann auch durch entsprechende (ggf. auch befristete) Verkürzung der Arbeitszeit erfolgen. Eine positive Auswirkung auf die Wertschöpfungsbilanz entsteht dabei allerdings nur, wenn die Arbeitszeitverkürzung auch in vollem Umfang gehaltswirksam wird. Maßnahmen der Kurzarbeit haben beispielsweise zumindest teilweise diese Wirkung, da wesentliche Entgeltbestandteile vom Staat übernommen werden.

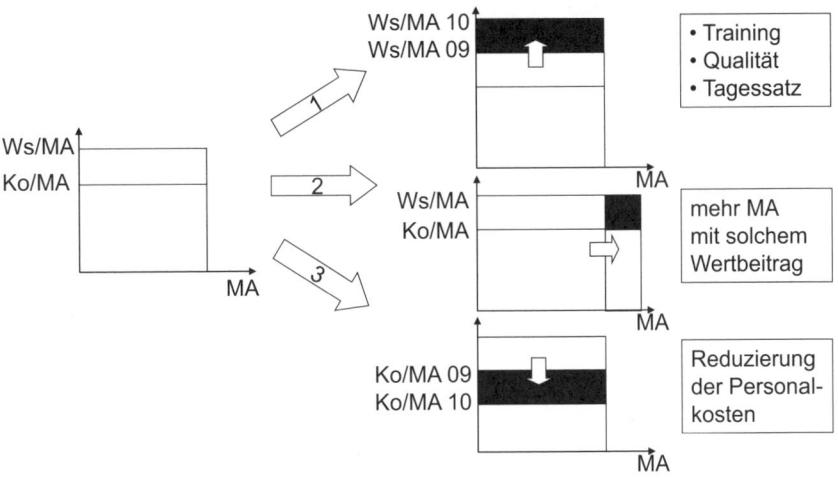

Abbildung 9: Maßnahmen zur Verbesserung der Wertschöpfung

1.9 Fragen/Übungsaufgaben zu HR als Business Partner

- Erläutern sie die Positionierung von HR in der Wertschöpfungskette.
- Erläutern sie die Rollen der Personalarbeit nach dem Michigan-Modell. Beschreiben sie typische Tätigkeiten.
- Welchen Nutzen hat die Verknüpfung der Unternehmens- mit der Personalstrategie?
- Grenzen Sie die Begriffe Human Capital und Human Resources voneinander ab.
- Nennen Sie die Ziele der Humankapitalbewertung.
- Schildern sie Beispiele, wie die Personalarbeit den Geschäftserfolg beeinflussen kann.

1.10 Literaturhinweise

Armutat, S. (2007): Studie der Deutschen Gesellschaft für Personalführung und der Bertelsmann Stiftung, Düsseldorf 2007
Aschoff, C. (1978): Betriebliches Humanvermögen: Grundlagen einer Humanvermögensrechnung, Wiesbaden 1978
Becker, M., Labucay, I., Rieger, C. (2007): Erfassung und Bewertung von Humankapital, in: BFuP, 01/2007, S. 38–58
Böhnisch, W. (2003): Human Capital und Wissen, Stuttgart 2003
Conrads, M. (1976): Human Resource Accounting – Eine betriebswirtschaftliche Humanvermögensrechnung, Wiesbaden 1976
Dillerup, R., Stoi, R. (2006): Unternehmensführung; München 2006
Doyé, T. (1998): Vernetzung von Unternehmensstrategie und Personal, in: Personalwirtschaft, 08/1998, S. 39ff.
Dürndorfer, M. u. a. (2005): Human-Capital-Management in deutschen Unternehmen – eine Studie von Gallup und The Value Group, 1. Aufl., Hamburg 2005
Fitzenz, J. (2000), The ROI of Human Capital. Measuring the Economic Value of Employee Performance, New York, Amacom 2000
Fitzenz, J., Davison, B. (2003): How to measure human resource management, New York 2003
Freiling, J. (1978): Human Resource Accounting – Discussion Paper, Frederiksberg 1998
Friedman, B. S. u. a. (1999): Mehr-Wert durch Mitarbeiter, Kriftel 1999
Kolb, M. (2009): Personalmanagement: Grundlagen – Konzepte – Praxis, Wiesbaden 2009
Kosche, G. (2009): Mit Marx hat das wenig zu tun, in: Markt und Technik, 26.09.2009, S. 76–80
Likert, R. (1967): The Human Organization, New York et al, 1967
Oertig, M. (2006): Neue Geschäftsmodelle für das Personalmanagement. Von der Kostenoptimierung zur nachhaltigen Wertsteigerung, München 2006
Olfert, K. (2008): Lexikon der Betriebswirtschaftslehre, Kiehl 2008
Porter, M. E. (2000): Wettbewerbsvorteile. Spitzenleistungen erreichen und behaupten, 6. Aufl., New York 2000
Scholz, C. (2000): Personalmanagement, 5. Aufl., München 2000
Scholz, C., Stein, V., Bechtel, R. (2006): Human Capital Management, München und Unterschleißheim 2006
Ulrich, D. (2003): HR Champions,4 Boston 2003
Wald, P. M. (2005): Neue Herausforderungen im Personalmanagement: Best Practices – Reorganisation – Outsourcing, Wiesbaden 2005
Wucknitz, U. D. (2002): Handbuch Personalbewertung: Messgrößen, Anwendungsfehler, Fallstudien, Stuttgart 2002
Wunderer, R., Dick, P. (2006): Personalmanagement – Quo vadis? Analysen and Prognosen zu Entwicklungstrends bis 2010, Neuwied/Kriftel 2006
Wunderer, R., Jaritz, A. (2002): Unternehmerisches Personalcontrolling: Evaluation der Wertschöpfung im Personalmanagement, 2. Aufl, Neuwied, Krieftel 2002
Wunderer, R., Schlagenhaufer, P. (1994): Personal-Controlling. Funktionen, Instrumente, Praxisbeispiele, Stuttgart 1994
Zaugg, R. (2002): Mit Profil am Arbeitsmarkt agieren, in: Personalwirtschaft, 02/2002, S. 13–18

2. Personalplanung

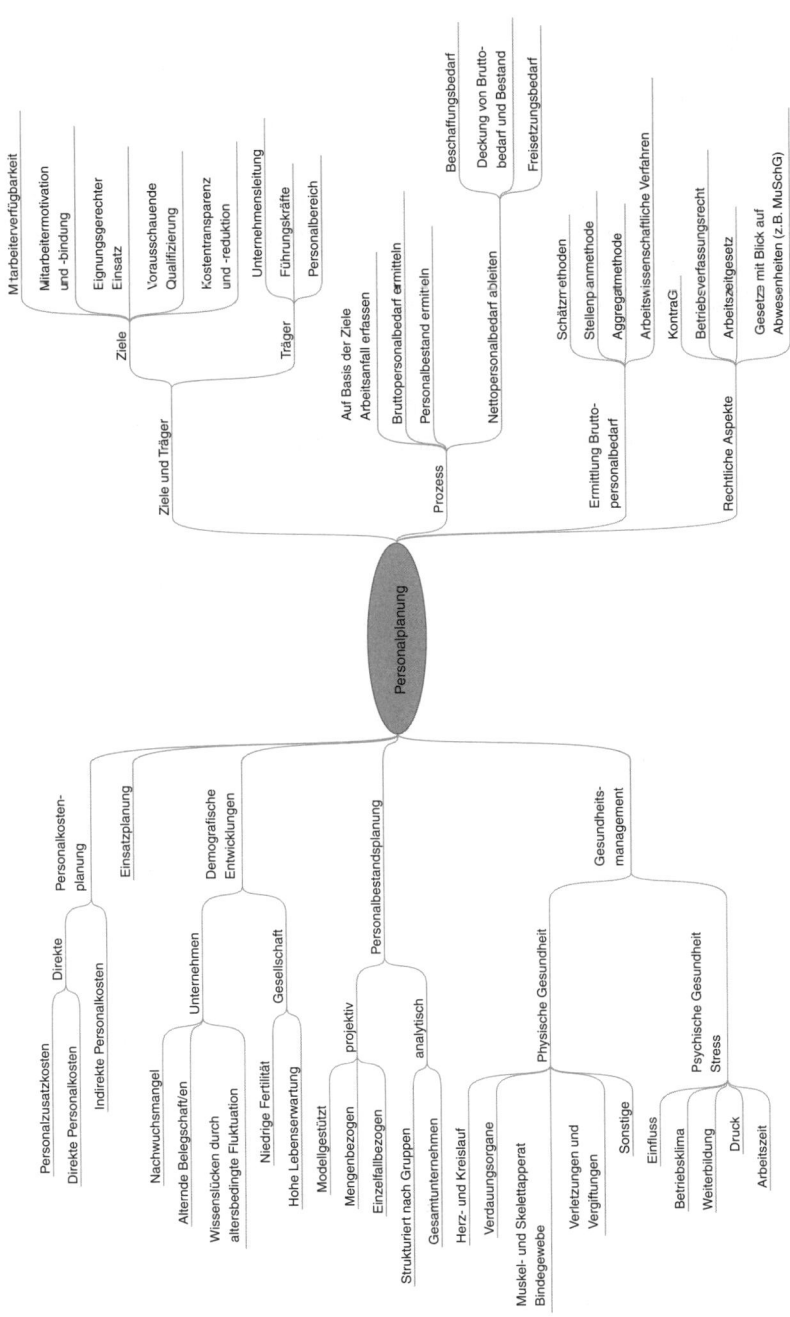

2.1 Zum Einstieg

„Sie werden die Arbeit schon hinkriegen." Das ist leichter gesagt als getan. Das weiß auch mein Chef, sonst hätte er wahrscheinlich auch nicht vor einem halben Jahr alles daran gesetzt, um eine Teamleiterebene im Einkauf einzuführen. Teamleiter bin ich, Max Maier, geworden. Mein Team: Eine Kollegin, das sagt sie auch ganz offen, denn explizit fragen darf man ja als Vorgesetzter gar nicht, ist Migränepatientin. Das führt zu zahlreichen Kurzerkrankungen. Zudem ist ihr Immunsystem labil, sie steckt sich mit allem an, was gerade so herumgeht, und zu allem Überfluss ist sie ein Pechvogel. Die nächsten Wochen fehlt sie mit einem gebrochenen Handgelenk. Damit kommt Sie auf fast 20 % Fehlzeiten. D. h. ein (ab 12 % obligatorisches) Gespräch mit unserem Betriebsarzt steht an. Unsere regelmäßigen Rückkehrgespräche haben bislang auf jeden Fall nichts gebracht. Der zweite Kandidat ist Dialysepatient. Er tut alles dafür, seinen Job so gut wie möglich zu machen und hat es geschafft, seine Fehlzeiten auf unter 12 % zu reduzieren. Dafür geht er, wie ich erfahren habe, neuerdings zur Nachtdialyse. Auch sonst geht er mit seiner chronischen Krankheit so um, dass ich ihm im Umgang mit seiner Krankheit nur Respekt entgegenbringen kann. Der Dritte im Bunde ist alkoholkrank. Aber auch er bemüht sich nach Kräften, die Auswirkungen auf die Arbeit gering zu halten, nachdem es schon viele ernsthafte Gespräche gab. Vielleicht sollte ich hier aber doch endlich ein Therapieangebot mit unserem Betriebsmediziner durchsprechen und einen weiteren Prozess mit dem Personalbereich festlegen, auch im Fall, dass es nicht funktioniert. Mein eigentliches Problem ist eben das Geschäft, das liegen bleibt. Die zwei weiteren Kolleginnen machen den Großteil der Arbeit so gut sie können. Das wiederum führt regelmäßig zu „Überlastungsausfällen". Und die Neuigkeit: Unsere „Jüngste" ist im 5. Monat schwanger, das hat sie mir gestern eröffnet. Ich habe natürlich gratuliert, aber wie ich unseren Betrieb aufrechterhalten soll, dass weiß ich noch nicht. Erst gerade konnte ich wegen dem Armbruch eine Leiharbeitskraft anfordern. Außerdem darf ich wohl trotz gesunkenem Einkaufsvolumen außer Plan eine Auszubildende übernehmen. Ich hoffe nur, die Leihkraft ist fit und die Einarbeitung der Azubine klappt schnell…

2.2 Einleitung

Ziel der Personalplanung ist es, für künftige Aufgaben im Unternehmen das erforderliche Personal in der erforderlichen Anzahl und mit der passenden Qualifikation, zum richtigen Zeitpunkt sowie am richtigen Ort, unter Berücksichtigung der zu erwartenden Kosten, zur Verfügung zu stellen (vgl. Albert, G. (2000), S. 29).

Personalplanung ist Teil der Unternehmensplanung. Die Personalplanung durchdringt alle anderen Bereiche, wie Beschaffung, Produktion, Vertrieb und Kundenservice, aber auch Finanzen und Controlling. Die wechselseitige Abhängigkeit und Beeinflussung der Personalplanung und der anderen Teilpläne ist Argument für eine in die Unternehmensplanung integrierte Personalplanung. Maßnahmen, die in anderen Bereichen der Unternehmensplanung festgelegt werden, können nur dann realisiert werden, wenn das hierfür benötigte Personal zur Verfügung steht. Für Gewöhnlich folgt die Personalplanung der Absatz- und der Produktionsplanung. Besteht jedoch ein Engpass der personellen Ressourcen, sind die übrigen Teilplanungen abhängig von der Personalplanung. In beiden Fällen ist ein wechselseitiger Daten- und Informationsaustausch Voraussetzung für eine solide Planung.

Nach den Arten werden Einflussgrößen, Ziele und Träger sowie einzelne Elemente der Personalplanung näher betrachtet. Dann wird auf Instrumente der quantitativen Personalbedarfsplanung eingegangen. Im Rahmen der Betrachtung von Reservebedarfen und vor dem Hintergrund der demografischen Entwicklungen und damit steigender Relevanz wird zudem dem betrieblichen Gesundheitsmanagement besonderes Augenmerk gewidmet. Es folgen Übersichten zur Personaleinsatz- und Personalkostenplanung. Das Kapitel wird mit rechtlichen Hinweisen abgeschlossen.

2.3 Arten der Personalplanung

Traditionell erfolgt eine Unterscheidung der Planung nach ihrem Zeithorizont, so auch im Personalmanagement: Von einer kurzfristigen Personalplanung wird bei einem monatlichen, quartalsweisen, halbjährlichen oder jährlichen Turnus gesprochen. Mittelfristige Pläne bis 3 Jahre und langfristige Planungsansätze mit einem Zeithorizont von mehr als 3 Jahren werden (noch) selten kontinuierlich durchgeführt. Langfristige Planungen sind auf Grund der Umweltdynamik regelmäßig rollierende Planungen, sie werden also immer wieder neu angepasst.

Daneben ist die nachstehende funktionale Unterscheidung im Personalmanagement verbreitet. Unter die Personalplanung fallen demnach die (vgl. RKW (1996), S. 18)

- Personalbedarfsplanung, die an zentraler Stelle steht und Ausgangspunkt bzw. Grundlage für die weiteren Teilbereiche darstellt:
  „Wie viele Mitarbeiter mit welcher Qualifikation (und ggf. weiteren Merkmalen) sind wann und wo zur Erfüllung der Unternehmensaufgabe erforderlich?"
- Personalbeschaffungs- bzw. Personalfreisetzungsplanung:
  „Was ist zu unternehmen, damit dem Unternehmen das benötigte Personal zur Verfügung steht?" bzw. „Wie kann eine personelle Überdeckung verhindert und eventuell abgebaut werden?"
- Personalentwicklungsplanung:
  „Wie lässt sich die Leistungsfähigkeit der Mitarbeiter durch Vertiefung, Erweiterung oder Neuerwerb von Qualifikationen verbessern?"
- Personaleinsatzplanung:
  „Welche Mitarbeiter sind welchen Arbeitsplätzen zuzuordnen?"
- Personalkostenplanung:
  „Welche Kosten sind mit den beabsichtigten personellen Maßnahmen verbunden?"

Im vorliegenden Kapitel werden vorrangig die Personalbedarfsplanung sowie die beiden letztgenannte Punkte behandelt. Weitere Informationen zu Personalbeschaffung, -freisetzung und -entwicklung finden sich in den entsprechenden Kapiteln.

2.4 Ziele und Träger der Personalplanung

Grundsätzlich stehen sich (ähnlich wie in der Beschaffungswirtschaft) zwei Ziele gegenüber: Die Minimierung der Personalkosten unter gleichzeitiger Vermeidung von (quantitativen wie qualitativen) Personalengpässen. Während mit Blick auf die Kosten insbesondere personelle Überhänge und un- bzw. schlecht gesteuerte Aus- und Weiterbildungsaktivitäten zu vermeiden sind, darf zur Erreichung des zweiten Ziels keine Unterdeckung entstehen. Mögliche Folgen, wie eine Verlangsamung der Unternehmenstätigkeit, die Nicht-Erfüllung von Aufträgen, der Absprung von Kunden und/oder Überforderung der existierenden Mannschaft und Qualitätseinbußen auf Grund von Zeitdruck und fehlender Qualifizierung, sollen durch Planung vermieden werden (vgl. RKW (1996), S. 43). Auf Basis einer soliden Personalplanung kann darüber hinaus (vgl. dazu auch Horsch, J. (1996), S. 2f.)

- eine verbesserte Verfügbarkeit von Mitarbeitern in qualitativer und quantitativer Hinsicht erreicht werden.
- der eignungsgerechte Einsatz von Mitarbeitern erleichtert werden.
- die Qualifikation der Mitarbeiter vorausschauend erfolgen.
- eine Reduktion der Kosten, durch Vermeidung ungeplanter und teurer personeller Maßnahmen mit wenig Wirkung, erreicht werden.
- die Transparenz der Personalkosten erhöht werden.
- die Transparenz personalpolitischer Maßnahmen erhöht werden.
- die Bindung und Motivation der Mitarbeiter durch nachvollziehbare und rechtzeitige Informationen gestärkt werden.

Der Stellenwert der Personalplanung in der Unternehmensplanung ist dennoch meist nachgeordnet (vgl. Berthel, J. (2000), S. 113ff.) In der Praxis der Personalplanung finden sich häufig auch (vgl. Ackermann, K.-F., Lober, R. (2000), S. 582)

- quantitativ unvollständige und qualitativ unbefriedigende Informationsgrundlagen.
- vorwiegender Einsatz intuitiver Methoden, insbesondere in indirekten Bereichen.
- mangelnde oder unzureichende Integration der Personalplanung in die Unternehmensplanung.
- ein überwiegender Einsatz der kurzfristigen Personalplanung.

Manchmal wird die Personalplanung durch dynamische Veränderungen der Rahmenbedingungen, wie durch eine Übernahme oder eine Verschmelzung, gänzlich hinfällig. Dies mag einer der Gründe dafür sein, dass viele Unternehmen die Personalplanung nur „vage" betreiben (Schmitz,

W. (2009), S. 27). Allerdings stößt Improvisation zunehmend an ihre Grenzen. Personalplanung ist unumgänglich, da bzw. wenn

- gesetzliche, tarifvertragliche oder in Betriebsvereinbarungen festgelegte Fristen oder auch Verfahrensvorschriften einzuhalten sind.
- Arbeitsmarktengpässe für bestimmte Mitarbeitergruppen bestehen, und daher ggf. lange Besetzungszeiten resultieren oder langwierige Aus- und Weiterbildungsmaßnahmen notwendig werden.
- lange Vorbereitungs-, Umsetzungs- und Wirkungszeiten für Personalmaßnahmen bestehen, so bspw. bei der Ausnutzung natürlicher Fluktuation.
- Personalmaßnahmen oft schwierig und nur unter hohem zeitlichen wie finanziellen Aufwand zu revidieren sind, z. B. Widereinstellungen nach einer Entlassungswelle.
- Forderungen verschiedener Stakeholder zunehmen und stärker zu berücksichtigen sind, z. B. die Forderung der Gesellschaft an eine verantwortliche und nachhaltige Unternehmensführung.

Um auf Dauer wettbewerbsfähig zu sein, muss ein Unternehmen personelle Maßnahmen vorausschauend, systematisch und kostenorientiert konzipieren. Proaktivität und damit auch der langfristigen Personalplanung kommt vor dem Hintergrund der demografischen Entwicklungen und der daraus resultierenden Herausforderungen für das Personalmanagement zunehmend (wenn auch immer noch zu geringe) Aufmerksamkeit zu.

Unabhängig davon, für welchen Zeithorizont und mittels welcher Instrumente geplant wird, sind Zuständigkeiten und Verantwortlichkeiten für die Personalplanung festzulegen:

- Da die Personalplanung ein Teil der Unternehmensplanung ist, ist die Unternehmensleitung originärer Träger dieser Aufgabe. Die Geschäftsleitung bestimmt das Unternehmensziel und die daraus abgeleitete strategische Planung. So muss auch die Geschäftsleitung bereit sein, die Personalplanung in die Unternehmensentscheidung zu integrieren und hierfür die notwendigen organisatorischen und personellen Voraussetzungen zu schaffen.
- Im Rahmen der Personalplanung ist die Geschäftsleitung darüber hinaus für Leitlinien und Grundsatzentscheidungen zuständig, ggf. in Zusammenarbeit mit den Verantwortlichen des Personalbereichs. Beispiele sind die Entwicklung von Führungsleitbildern und damit implizite Empfehlung eines Führungsverhaltens, die Entscheidung der überwiegend internen Besetzung von Führungspositionen u. Ä.
- Die Maßnahmenplanung, also die Umsetzung der Zielplanung in konkrete planerische Entscheidungen liegt gewöhnlich beim Personalmanagement. Beispiele für die Konkretisierung. „Wie viele Facharbeiter werden im nächsten Jahr benötigt?" „Wie gewinnen wir High Potenzials für unser Unternehmen?" Hier müssen zum einen das entsprechende Know-how und genügend Ressourcen, zum anderen die erforderlichen Informationen zur Verfügung stehen.
- In den Fachbereichen ist in der Regel die erforderliche Fachkompetenz zur Detailplanung vorhanden, bspw. zur Bestimmung der Anforderungen.

Die mit der Personalplanung verbundenen Aufgaben sind damit auf unterschiedliche betriebliche Entscheidungsträger verteilt. Neben Unternehmensleitung und Personalmanagern kommt den Abteilungs- bzw. Bereichsleitungen zentrale Bedeutung zu. Die Beteiligung der Arbeitnehmervertretung wird unter den rechtlichen Aspekten beleuchtet.

2.5 Durchführung der Personalbedarfsplanung

Umso kurzfristiger der Planungszeitraum, desto genauer und spezifischer die Planung. In der (kurzfristigen) Personalplanung wird auf jährliche Sicht, aber in operativen Bereichen oft auch monatsweise und sogar wöchentlich geplant (vgl. Bokranz, R. (2004), Sp. 1383). Abstrakt stellt sich der Prozess der Personalbedarfsplanung wie aus nachfolgender Abbildung ersichtlich dar, nachfolgend ist er zudem an einem jährlichen Planungsprozess veranschaulicht:

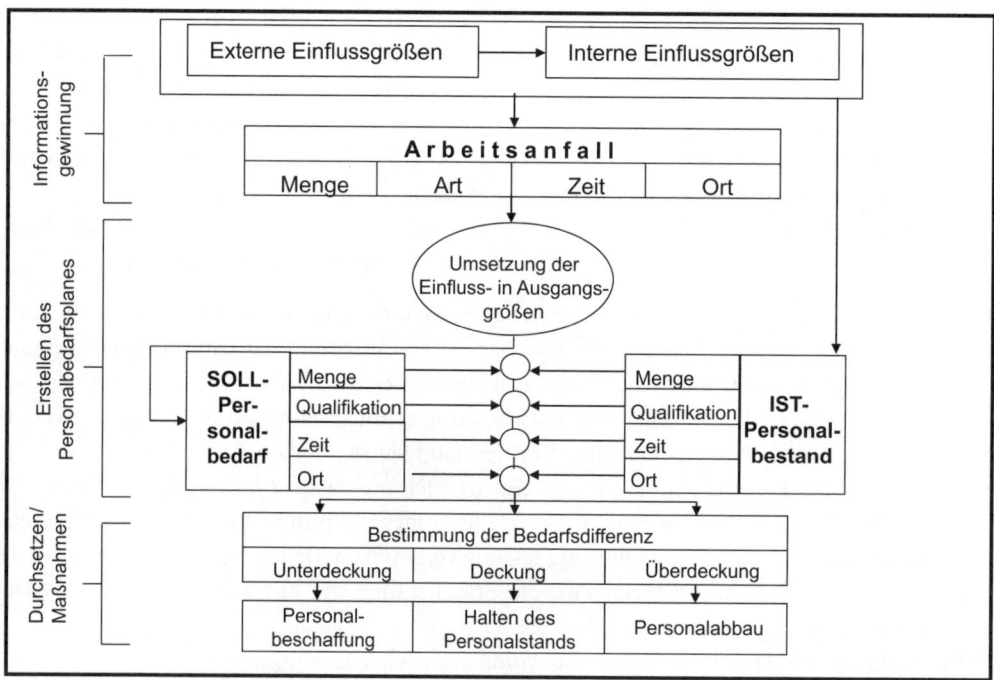

Abbildung 10: Prozess der Personalbedarfsplanung

Die Personalbedarfsplanung ist durch drei zentrale Phasen gekennzeichnet (vgl. Ackermann, K.-F., Loser, R. (2000), S. 583f.):

- Zunächst wird der gesamte zukünftige Personalbedarf ermittelt, der sog. Brutto-Personalbedarf (in der Abbildung als Soll-Personalzustand bezeichnet). An manchen Stellen ist dieser Schritt auch mit Personalbemessung überschrieben, insbesondere dann, wenn die Ermittlung auf arbeitswissenschaftlichen Grundlagen basiert.

- Es folgt die Ermittlung des zukünftigen Personalbestandes, des Ist-Personalbestandes bzw. des Ist-Personalzustandes.
- Dann wird die Differenz von Brutto-Personalbedarf und Ist-Personalbestand errechnet (in der Abbildung unter Bestimmung der Bedarfsdifferenz gefasst). Diese Differenz wird als Netto-Personalbedarf bezeichnet. Ist sie größer als null, besteht Beschaffungsbedarf, ist sie kleiner als null, liegt ein Personalüberhang vor.

> **Beispiel 3: Personalplanungsprozess in der Automobilindustrie**
> Das Automobilunternehmen mit Hauptsitz in Süddeutschland erzielte im Geschäftsjahr 2007/2008 mit fast 9000 Mitarbeitern einen Umsatz von über 6 Mrd. €.
> Die Personalplanung für das Geschäftsjahr (August–Juli) wird grob umrissen wie nachstehend dargestellt durchgeführt. Historisch bedingt wurde dabei (bislang) nur von einem personellen Wachstum ausgegangen. Grundsätzlich wird auf Basis von Kapazitäten geplant, die Kopfzahlen können abweichen. Die Kostenplanung wird erst im Anschluss an die kapazitative Planung vorgenommen. Die verwendeten Planungsmethoden unterscheiden sich in den einzelnen Bereichen. Während in der Produktion in erster Linie Kennzahlen herangezogen werden, basiert in den Verwaltungsbereichen die Planung auf Stellenplänen. In der Forschung und Entwicklung findet dagegen die Schätzung Verwendung.

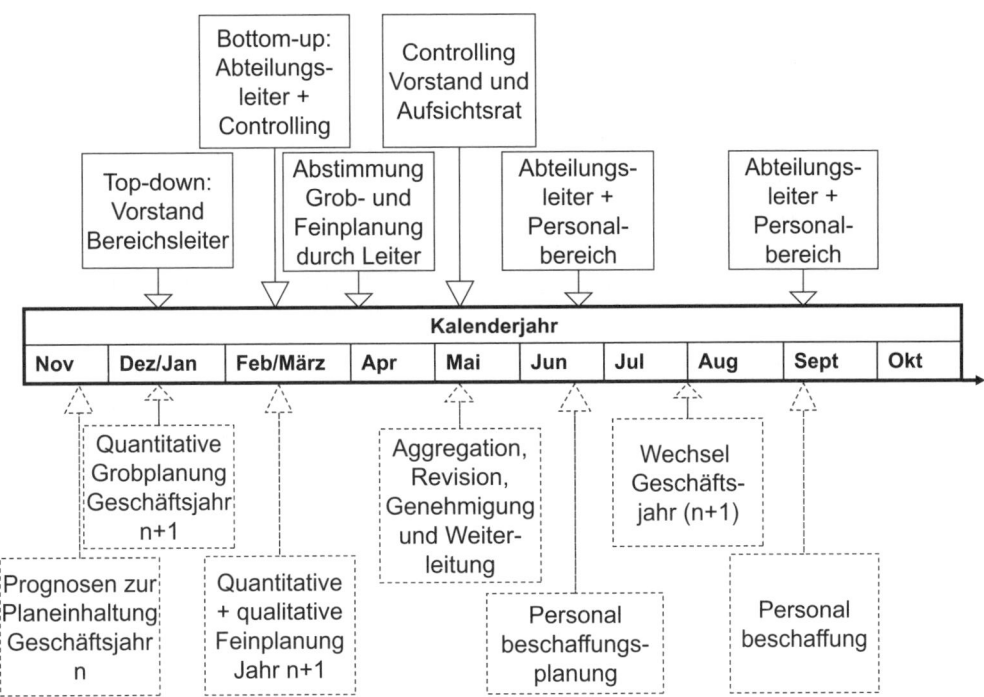

Abbildung 11: Personalplanungsprozess am Beispiel

Der Personalbedarf eines Unternehmens ist abhängig von vielen unternehmensinternen und -externen Faktoren. Unter die externen Faktoren fallen (in Anlehnung an Scholz, C. (2000), S. 104, und Bokranz, R. (2004), Sp. 1383)

- Konjunkturverlauf (generell/branchenbezogen),
- Marktstruktur (regional/überregional),
- technologische Neuerungen,
- demografische und soziale Entwicklungen,
- wirtschaftspolitische sowie sozial- und bildungspolitische Daten,
- Veränderungen von Lohn- und Gehaltskosten und Arbeitszeit (auf Grund tariflicher Vereinbarungen) und
- Konkurrenzverhalten.

Diese Größen können vom Unternehmen kaum oder nur mittelbar beeinflusst werden und bilden daher mehr oder weniger feststehende Rahmenbedingungen. Sie gehen in die Personalbedarfsplanung in Form von erwarteten Tendenzen und vermuteten Entwicklungen ein. Für kürzere Zeiträume werden sie der Einfachheit halber auch häufig als konstant angenommen.

Diese Rahmenbedingungen bedingen auch die internen Faktoren, die ihrerseits wiederum direkt auf die Personalbedarfsplanung wirken. Zu diesen zählen u. a.

- unternehmenspolitische Zielsetzungen,
- Leistungsprogramm der Institution,
- Leistungs- und Absatzvolumen,
- Produktionsmittel und -methoden sowie Rationalisierungsvorhaben,
- Arbeitsorganisation,
- Personalstruktur, Qualifikationsniveau und -struktur der Mitarbeiter,
- Fehlzeiten, Leistungsfähigkeit und -bereitschaft der Mitarbeiter sowie
- Personalabgänge bzw. Fluktuationsquote (wie in Kapitel Personalfreisetzung genauer betrachtet).

Diese internen Bestimmungsfaktoren können vom Unternehmen bestimmt oder zumindest (un)mittelbar beeinflusst werden. Sie wirken auf die Relation zwischen dem eingesetzten Personal und der Ausbringung und damit auf den Brutto-Personalbedarf wie auf den Personalbestand. Um die Einflüsse zu quantifizieren, können verschiedene Methoden und Instrumente eingesetzt werden. Primat haben bei der Wahl der Mittel meist pragmatische und ökonomische Gesichtspunkte.

Nachfolgend werden zentrale Methoden zur Ermittlung von Personalbedarfen und Personalbeständen vorgestellt. Zudem wird den Fehlzeiten im Rahmen des Gesundheitsmanagements besonderes Augenmerk geschenkt. Personalstrukturen und damit verbundene Themen werden im Kapitel Personalmarketing unter den Überschriften demografischer Wandel und Personalmanagement, Diversity Management sowie Beruf und Familie näher betrachtet. Während bei ersterem das Alter eine zentrale Rolle spielt, wird der Blick bei zweiterem auf viele Dimensionen, wie Geschlecht, Herkunft und Behinderungen, aber auch die Art und der Umfang des Beschäftigungsverhältnisses gerichtet, beim dritten Schlagwort steht die Elternschaft im Vordergrund. Das Qualifikationsniveau wird als wesentliches organisationsinternes Merkmal in dem Kapitel zur Personalentwicklung eine entscheidende Rolle spielen. Personalabgängen und insbesondere der Fluktuationsquote kommen im Kapitel zur Personalfreisetzung Aufmerksamkeit zu.

2.5.1 Methoden zur Bestimmung des Brutto-Personalbedarfs

Dem Unternehmen stehen zur Planung des Personalbedarfs verschiedene Methoden zur Verfügung. Ziel dieser Methoden ist die Ermittlung der Personalkapazität für einen bestimmten Aufgabenbereich, welche bis zu einem festzulegenden Zeitpunkt im Unternehmen vorhanden sein muss, um das angestrebte Leistungsprogramm einschließlich aller Vor- und Nebenleistungen abwickeln zu können. Da bei der Personalbedarfsplanung technische, wirtschaftliche, organisatorische und personalpolitische Veränderungen sowie menschliche Verhaltensweisen zu berücksichtigen sind, kann die Planung immer nur ein Annäherungsprozess sein (vgl. Jung, H. (1999), S. 114f.).

Der Brutto-Personalbedarf lässt sich in Einsatz- und Reservebedarf untergliedern. Der Einsatzbedarf ist zur Bewältigung der betrieblichen Aufgaben unmittelbar notwendig. Der Reservebedarf ergibt sich dagegen durch regelmäßige Personalausfälle, darunter insbesondere Urlaub, Krankheit, Mutterschutz, Unfälle oder sonstige persönlich bedingten Fehlzeiten. Auf diesen Aspekt wird im Kapitel Reservebedarf und Gesundheitsmanagement eingegangen.

Bei der Ermittlung des Einsatzbedarfs wird in eine quantitative und eine qualitative Personalbedarfsplanung gegliedert. Die quantitative Personalbedarfsplanung bezieht sich vorwiegend auf die Zahl der Mitarbeiter und bietet verschiedene Verfahren (vgl. eine etwas andere Einteilung bei Bokranz, R. (2004), Sp. 1386). Diese lassen sich unterscheiden in rechnerisch-mathematische Verfahren, darunter Kennzahlenmethode, Verfahren der Personalbemessung und Rosenkranzformel, sowie in erfahrungsbasierte Verfahren, dabei Schätzverfahren und Stellenplanmethode. Die nachstehende Tabelle gibt eine Übersicht über diese Verfahren, ihre Grundlagen und prinzipielle Eignung.

In der Praxis finden sich in indirekten Bereichen wie der Verwaltung oder Beratung, insbesondere die erfahrungsbasierten Verfahren sowie die Stellenplanmethode, in den direkten Bereichen vor allem auch die Kennzahlenmethode und in der Produktion arbeitswissenschaftliche Verfahren (vgl. bspw. Horsch, J. (2000), S. 23). Auf diese Methoden wird daher näher eingegangen. Die anderen erwähnten Verfahren sind dagegen nur in Einzelfällen zu finden und werden hier nur kurz gekennzeichnet.

Tabelle 3: Verfahren der Personalbedarfsermittlung

Methode	Verfahren	Grundlagen	Eignung für…
Schätzmethode	Einfache Schätzung und (systematische) Expertenbefragung	Individuelle Erfahrungen und Entwicklung aus der Vergangenheit	Unternehmen in einem relativ stabilen Umfeld mit kurz- bis mittelfristigem Planungshorizont
Stellenplanmethode	Stellenpläne und Stellenbedarfspläne zur Ableitung von Bedarfen	Gegenwärtige und zukünftige Organisations- und Stellenpläne	Dienstleistungsunternehmen und indirekte Bereiche ohne direkten Outputbezug
Aggregatmethode	Bedarfe auf Grund von (technischen) Anforderungen	Bedienungsvorschriften, Funktionsanalysen, (technische oder gesetzliche) Mindestbesetzungen	Betriebsteile mit technischen oder gesetzlichen Vorgaben, wie Schienenbetrieb, oder auch im Pflegebereich
Kennzahlenmethode	Bildung von Beziehungskennzahlen (z. B. Arbeitsaufwand in Minuten pro Einheit)	Stabile Beziehungen zwischen den Bezugsgrößen	Bestimmte Betriebe und Betriebsteile, wie Ladengeschäft
Personalbemessung Arbeitswissenschaftliche Verfahren	Analytische Verfahren, z. B. REFA-Methode Methodenzeit-Messung Rosenkranzformel	Arbeitsanalysen und Zeitmessungen	Betriebsteile, in denen REFA oder MTM angewendet wird, insbesondere in der Fertigung und Montage

2.5.1.1 Personalbedarfsplanung mittels Schätzungen

Auf der einen Seite basieren Schätzungen auf Erfahrungswerten aus der Vergangenheit. Auf der anderen Seite weisen sie einen hohen Zukunftsbezug auf. Daher ist die Personalplanung meist ein rollierender Prozess. Zunächst wird die Unternehmensplanung aufgestellt und an die einzelnen Fachbereiche vermittelt. Diese stellen daraus abgeleitet ihre Bereichs- und Abteilungspläne auf. Auf dieser Basis werden von den Abteilungs- und/oder Bereichsleitungen Schätzungen mit Blick auf den zur Erfüllung der Pläne erforderlichen (quantitativen wie qualitativen) Personalbedarf für das nächste Jahr bzw. für die kommenden Jahre abgegeben.

Unabdingbar ist, dass allen in die Befragung eingebundenen Personen die Unternehmenszielsetzung wie die Planung vorliegen. Naturgemäß ist das Vorgehen von der Subjektivität einzelner Führungskräfte geprägt. Für gewöhnlich wird die Planung der Bereichs- und Abteilungsleitungen eine Tendenz zur Überhöhung haben, da zur guten und schnellen Aufgabenerledigung eher zu viel als zu wenige Ressourcen eingeplant werden. Eine entsprechende Begründung der Planung durch die Verantwortlichen ist daher angeraten. Nach einer Plausibilitätsprüfung und einer Revision durch die Unternehmensleitung, unterstützt durch das Personalmanagement oder auch das Controlling, werden die Angaben dann auch meist entsprechend nachkorrigiert.

Diese Methode findet regelmäßig in kleinen und mittleren Unternehmen und für den Bereich der Verwaltung auch in großen Unternehmen sowie für kurzfristige Zeiträume Anwendung.

Neben einfachen Schätzverfahren werden teilweise die Expertenbefragung und die systematische Expertenbefragung gesondert genannt. Im Fall der Expertenbefragung liefern mehrere Personen ein Gruppenurteil. Bei einer systematischen Expertenbefragung werden darüber hinaus weitere und auch externe Sachverständige in die Untersuchung mit einbezogen. Zudem handelt es sich um ein rollierendes Verfahren, in dem den Entscheidungsträgern, die jeweiligen Ergebnisse öfters zur Überarbeitung vorgelegt werden. (Vgl. RKW, (1996), S. 91ff.)

2.5.1.2 Stellenplanmethode

Die Personalbedarfsplanung hat manche Berührungspunkte mit der Organisationsplanung. Wenn im Anschluss an Aufgabenanalyse und -synthese die Stellenbildung vorgenommen wird, wird damit auch der Personalbedarf quantitativ und darüber hinaus bereits qualitativ festgelegt. Der Personalbedarf spiegelt sich in den Stellenplänen wieder. Eine Stelle ist die im Rahmen der Gesamtorganisation vorgesehene Zusammenfassung verschiedener Teilaufgaben zu einem Arbeitsbereich, der von mindestens einer Person wahrzunehmen ist. Ein Stellenplan beinhaltet für jede Organisationseinheit bis in die unterste Hierarchieebene alle Stellen (vgl. Horsch, J. (2000), S. 25). Ein Stellenbesetzungsplan liefert zudem Informationen über die aktuelle Besetzung.

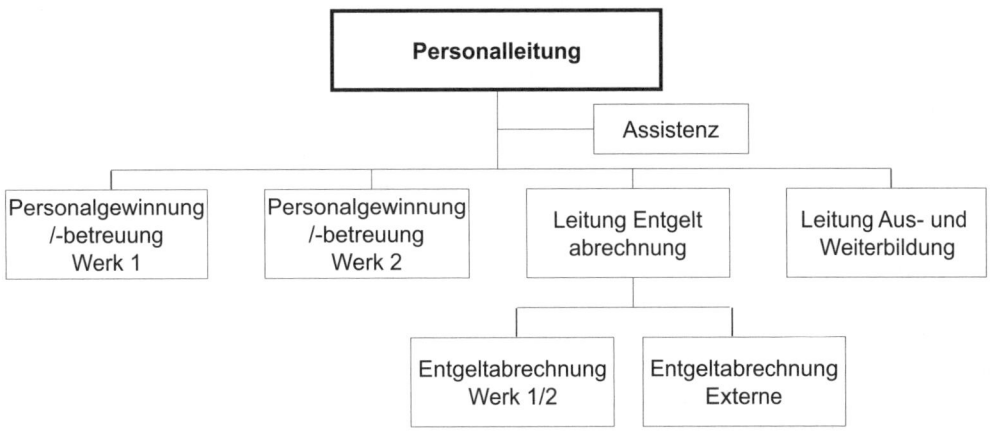

Abbildung 12: Stellenplan eines kunststoffverarbeitenden Mittelständlers

> **Beispiel 4: Stellenplanung eines kunststoffverarbeitenden Betriebes**
> Die kunststoffverarbeitende GmbH & Co. KG, ein Betrieb mit Sitz im Osten Deutschlands, setzt mit rund 1250 Mitarbeitern über 200 Mio. € um.
> Der Personalbereich des mittelständischen Unternehmens umfasst einschließlich der Personalleiterin derzeit 7 Personen.
> Seit einem Jahr werden die Leistungen der Personalabrechnung – auf Anfrage eines kleineren aber wichtigen Lieferanten – auch für den Markt angeboten. Das Angebot wird zunehmend nachgefragt und lohnt sich für das Unternehmen wirtschaftlich. Daher soll in Zukunft das Angebot ausgebaut und aktiv akquiriert werden. Einer der zwei Abrechner wird daher mit Wirkung zum 01.01.2010 zum Leiter der Entgeltabrechnung ernannt. Eine Abrechnungsfunktion ist daher ab diesem Zeitpunkt unbesetzt. In Abhängigkeit von der Auftragslage sollen weitere Stellen geschaffen werden.
> Das Unternehmen hat mit der Industriegewerkschaft Bergbau, Chemie und Energie (IG BCE) einen Haustarifvertrag abgeschlossen. In der summarischen Vergütungssystematik sind 12 Entgeltgruppen [E] vorgesehen. Die Personalleitungsfunktion ist mit Prokura versehen und außertariflich (AT) vergütet.

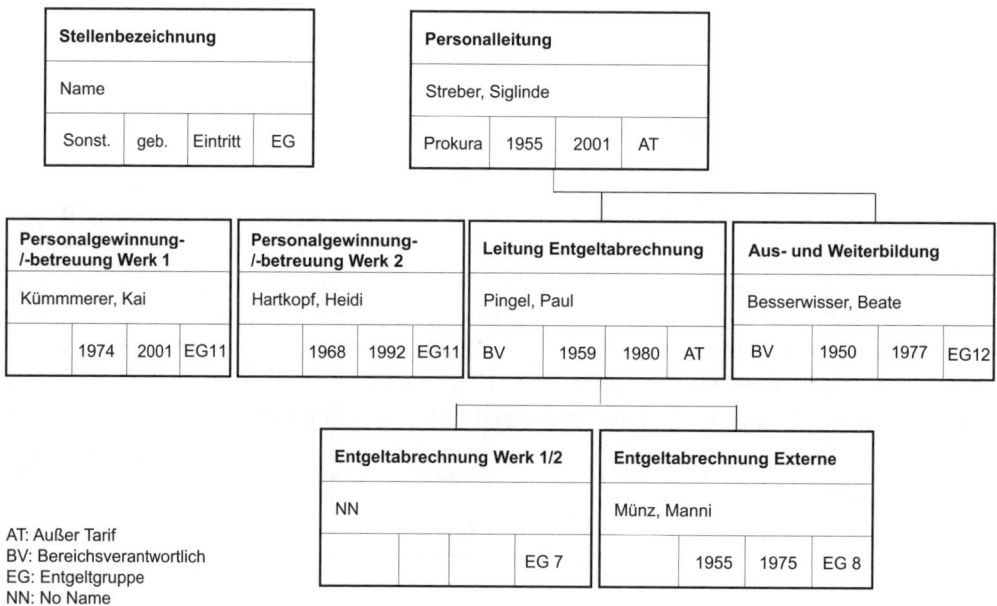

Abbildung 13: Stellenbesetzungsplan mit geplantem Stand Januar 2010

Die Stellenplanmethode beruht auf der Fortschreibung der Stellenpläne und dazugehörigen Stellenbeschreibungen. Diese sind für die qualitative Personalbedarfsplanung wesentlich. Folgende Punkte umfasst eine Stellenbeschreibung regelmäßig (eine beispielhafte Darstellung findet sich bei der Erläuterung von Anforderungsprofilen im Rahmen der Personalgewinnung und -auswahl):

- Stellenbezeichnung,
- Organisationseinheit, Stellenbezeichnung des direkten Vorgesetzten und direkter Mitarbeiter (evtl. Vertretungsregelungen),
- Ziele der Stelle und Indikatoren, um die Erledigung der Stellenaufgaben messen zu können,
- Beschreibung der Hauptaufgaben des Stelleninhabers,
- besondere Befugnisse der Stelle.

Anwendung findet die Methode überwiegend im Dienstleistungs- und Verwaltungsbereich, also dort, wo die Belegung der Arbeitsplätze zumindest kurzfristig nicht von der Outputmenge beeinflusst wird. Problematisch ist die Anwendung des Verfahrens mit abnehmender Planbarkeit der zukünftigen Aufgaben bzw. mit zunehmender „personenbezogener Stellenbildung". In einem hoch flexiblen Umfeld hat die Stellenplanmethode damit auch erhebliche Nachteile. (Vgl. bspw. Kropp, W. (1997), S. 520ff.)

2.5.1.3 Aggregatmethode

Ähnlich wie bei der Stellenplanmethode wird bei der Aggregatmethode auf eine bereits vorhandene Basis aufgebaut. Allerdings kommt diese nicht aus der Organisationsplanung, sondern beruht auf technischen Erfordernissen und/oder Vorschriften. (vgl. Hentze, J., Kamel, A. (2001), S. 231).

2.5.1.4 Personalbedarfsplanung auf der Basis von Kennzahlen

Liegen stabile Beziehungen zwischen dem Mitarbeiterbedarf und einzelnen Größen vor, sollten diese zur Planung herangezogen werden. Generelle Aussagen zu Kennzahlen finden sich im Kapitel Personalcontrolling. Für die Personalplanung ist die bedeutendste Kennzahl die Arbeitsproduktivität. Hier wird eine Ertragsgröße, also Umsatz oder Ergebnismenge, zum Arbeitseinsatz, in Arbeitsstunden, Arbeitstagen oder Mitarbeiterzahl, in Beziehung gesetzt. Für folgende Betriebe bzw. Betriebsteile werden als Kennzahlen beispielsweise genannt:

- Einzelhandel: Umsatz in €/Mitarbeiter
- Vertrieb: Aufträge/Außendienstmitarbeiter
- Bankfiliale: Kunden/Mitarbeiter
- Pflegeeinrichtungen: Belegte Betten/Pflegekraft
- Produktionsbetrieb: Stück/Zeiteinheit
- Reinigungsbetrieb: Putzfläche in qm/Reinigungskraft

Der Personalbedarf wird in der Weise ermittelt, dass der zukünftige Ertrag, also der/die erwartete/n Umsatz, Aufträge, Kunden, Stückzahlen etc., als Zielgröße angesetzt werden kann. Die künftige Arbeitsproduktivität hingegen wird auf Basis von Vergangenheits- oder Vergleichswerten angenommen. Dabei können die Daten meist nicht einfach generalisiert werden, es sind Spezifikationen vorzunehmen. So wird im Einzelhandel differenziert nach

- Größe der Verkaufsfläche: Weniger Fläche bedeutet einen geringeren Umsatz in €/Mitarbeiter gegenüber sehr hohen Quadratmeterzahlen.
- Umfang des Sortiments: Ein Vollsortimenter erzielt einen geringeren Umsatz in €/Mitarbeiter gegenüber Discountern.

Sekundäre Personalbedarfe können darüber hinaus aus Betreuungs- oder Führungsspannen u. Ä. resultieren. So kann beispielsweise basierend auf der geplanten Gesamtzahl der Mitarbeiter in anderen Bereichen die Zahl der notwendigen Personalmitarbeiter ermittelt werden. Dazu wird die Kennzahl Anzahl Mitarbeiter/Personalmitarbeiter herangezogen. Analog kann die Anzahl der Meister auf Basis der ermittelten Anzahl gewerblicher Mitarbeiter abgeleitet werden. Die Kennzahl lautet dann gewerbliche Mitarbeiter/Meister (vgl. Horsch, J. (2000), S. 27).

Voraussetzung für einen erfolgreichen Einsatz der Kennzahlenmethode ist neben einer stabilen Beziehung der Größen, dass die entsprechenden Daten zuverlässig zur Verfügung stehen.

> **Beispiel 5: Die Kennzahlenmethode zur Personalplanung bei einem metallverarbeitenden Mittelständler**
> Die im Maschinenbau tätige GmbH mit Sitz in Norddeutschland erwirtschaftet mit fast 400 Mitarbeitern knapp 40 Mio. € Umsatz (2008).
> Der Personalbedarf für einen Teilbereich der Produktion wird mit der Kennzahlenmethode ermittelt. Dabei wird fünf Tage die Woche im Normalbetrieb (8 Stunden/Tag) gearbeitet.
> Die geplante Erzeugnismenge wird in der Produktionsplanung mit 960 Einheiten pro Tag angegeben.
> Der Arbeitsbedarf pro Erzeugniseinheit wurde mit 10 Minuten/Stück ermittelt (Kennzahl).
> Bei einer Arbeitszeit von 8 Stunden am Tag und mit einem geschätzten Reservebedarf von 20 % ergeben sich die folgenden Personaleinsatz- und Bruttopersonalbedarfe:
>
> → 960 Einheiten/Tag x 10 Minuten/Einheit = 9600 Minuten/Tag
> → 9600 Minuten/Tag : 480 Minuten/Mitarbeiter = 20 Mitarbeiter
> → 20 Mitarbeiter + 4 Mitarbeiter = 24 Mitarbeiter
>
> Nebenrechnung:
> 8 Stunden/Mitarbeiter x 60 Minuten/Stunde = 480 Minuten/Mitarbeiter
> 20 Mitarbeiter x 0,2 = 4 Mitarbeiter

2.5.1.5 Verfahren der Personalbemessung

Zu den Verfahren der Personalbemessung zählen arbeitswissenschaftliche Methoden wie das REFA-Zeitaufnahme-Verfahren und die Methodenzeit-Messung, bekannt unter dem Kürzel MTM (Methods Time-Measurement). Beide Methoden sind für einen Einsatz in mengenabhängigen (Produktions-)Bereichen geeignet.

Bei beiden Methoden muss zum einen der Arbeitsanfall erfasst werden, zum anderen werden (Ist- bzw. Soll-)Zeiten ermittelt. Die Personalplanung wird dann an diesen Zeiten und den Auftragszahlen festgemacht.

Bei der REFA-Methode wird der Zeitbedarf zur Erstellung eines Gutes, auch Auftragszeit genannt, nach funktionellen Aspekten gegliedert. Demnach lassen sich Rüst- und Ausführungszeiten unterscheiden, die jeweils wiederum in Grund-, Erholungs- und Verteilzeiten differenziert sind. Für jeden einzelnen Arbeitsvorgang werden die Grundzeiten gemessen und Erholungs- sowie Verteilzeiten anteilig zugeschlagen. Die Summe aller Zeiten wird zur Auftragszeit summiert.

Beim MTM-Verfahren handelt es sich dagegen um ein System vorbestimmter Zeiten, das nicht nur der Vorgabezeitermittlung dienen soll, sondern insbesondere auch zur Gestaltung von Arbeitsplätzen und -systemen herangezogen wird (vgl. Egger, M., Zink, K. J. (2004), Sp. 174). Die körperliche Arbeit wird in elementare Grundbewegungen aufgeteilt, die zur Ausführung der entsprechenden Arbeitsaufgaben erforderlich sind. Beispiele sind Greifen, Drehen, Loslassen etc. Jeder dieser Grundbewegungen ist über Tabellen ein bestimmter Zeitwert (TMU = Time Measurement Unit) zuzuordnen. Dies erfolgt auf Basis von sog. Normzeitwertkarten der Deutschen MTM-Vereinigung. Durch Addition der Einzelwerte ergibt sich wiederum die Vorgabezeit für eine bestimmte Aufgabe bzw. für einen bestimmten Auftrag.

Die Rosenkranzformel ist ebenfalls eine Methode, um den Personalbedarf mit Hilfe von Vorgabezeiten zu ermitteln, allerdings mit Fokus auf (mengenabhängige) Verwaltungsbereiche. Da der Einsatz aufwendig ist, ist ihre Verbreitung allerdings gering. Das Verfahren basiert auf einem

Durchführung der Personalbedarfsplanung

Mengen- und Zeitgerüst. Das Zeitgerüst setzt sich aus geschätzten, gemessenen oder mit Hilfe von Systemen vorbestimmter Zeiten gewonnenen Zeitbedarfswerten zusammen. Ebenso können auch Erfahrungswerte in die Zeitermittlung einfließen. Das betrifft insbesondere die zu berücksichtigenden Verteilzeiten, abhängig von Besucher- und Telefonverkehr etwa zwischen 20–40 % und Zeiten für Ermüdung und Erholung, beeinflusst durch den Konzentrationsgrad der Arbeit bei über 10 %. Da Rosenkranz nicht von der (Netto-)Normalarbeitszeit eines Mitarbeiters, sondern von der tariflich bzw. arbeitsvertraglich festgelegten (Brutto-)Arbeitszeit ausgeht, muss nicht zuletzt auch hier noch ein Zuschlagsfaktor für Ausfallzeiten gebildet werden. (Vgl. Holtbrügge, D. (2007), S. 92f.).

2.5.2 Reservebedarf und Gesundheitsmanagement

Der Reservebedarf ist also bei der Rosenkranz-Formel mit einem Zuschlag berücksichtigt. Bei arbeitswissenschaftlichen Verfahren und auch bei der Kennzahlenmethode wird von einem Einsatzbedarf ausgegangen. Bei den Schätzmethoden sowie der Stellenplanmethode ist dagegen neben dem Brutto-Personalbedarf implizit auch bereits der Reservebedarf mit eingeplant (vgl. Horsch, J. (2000), S. 34).

Beispiel 6: Ermittlung des Reservebedarfs bei der Schleiftechnik GmbH (Phantasiename)
Der mittelständische Produzent von Profilschleifmaschinen in NRW hat knapp 50 Mitarbeiter, mit denen 2009 ein Umsatz von rund 10 Mio. € generiert wurde (vgl. Erichsen, J. (2006), S. 187 sowie Bosch, G., Hase, D. (1995), S. 59ff.).
Nach der Ermittlung der erforderlichen Kapazität wird die durchschnittlich verfügbare Kapazität eines Mitarbeiters berechnet. Parallel zur Kapazitätsberechnung wird die Zahl der Arbeitstage errechnet, die im Planjahr mit der vorhandenen Belegschaft erbracht werden können.

Kalendertage	365
./. Samstage/Sonntage	104
./. Feiertage (die in NRW im Schnitt auf Wochentage fallen)	10
= Summe potenzielle Arbeitstage/Mitarbeiter/Jahr	251

Da an Samstagen/Sonn- und Feiertagen nicht gearbeitet wird, lässt sich darauf auch der Einsatzbedarf rechnen. Die durchschnittliche tägliche Arbeitszeit beträgt 8 Stunden pro Tag, die Wochenarbeitszeit demzufolge 40 Stunden. Dazu kommt jedoch noch ein Reservebedarf, der sich im Beispiel wie folgt aufgliedert:

./. Urlaub in Tagen	30
./. Arbeitsunfähigkeit (Schnitt aus 5 Jahren) in Tagen	5
./. Sonstige Ausfallzeiten, z. B. Fortbildung in Tagen	5
= Summe tatsächliche Arbeitstage/Mitarbeiter/Jahr	211

Der Reservebedarf ist hier mit knapp 16 % eher gering. Dies ist wohl hauptsächlich auf die sehr niedrige Krankenquote zurückzuführen.

Generell wird von rund 20 % Reservebedarf ausgegangen. Die Reservebedarfe unterscheiden sich von Unternehmen zu Unternehmen und von Bereich zu Bereich sowie im Zeitablauf. Das heißt eine regelmäßige Erfassung der Reservebedarfe im Unternehmen, ggf. untergliedert nach Bereichen, ist unabdingbar. So reduziert sich etwa der Reservebedarf durch Betriebsurlaub, das gesamte Unternehmen wird für einen bestimmten geschlossen bzw. stillgelegt, erheblich. Neben dem Urlaub und damit zumindest vom Umfang her planbaren Ausfallzeiten, kommt insbesondere krankheitsbedingten Ausfallzeiten erhebliches Gewicht zu. Daher wird auf diesen Punkt im Folgenden näher eingegangen.

Auch wenn der Krankenstand im Schnitt von über 7 % Anfang der 1990er Jahre auf 3,4 % in 2006 gesunken ist, entstehen der Volkswirtschaft nach wie vor Milliardenschäden aus krankheitsbedingten Ausfallzeiten (vgl. Schmitt-Rolfes, G. (2009), S. 52ff.). Eine Schätzung der Bundesanstalt für Arbeitsschutz und Arbeitsmedizin (BAuA) zum wirtschaftlichen Schaden macht dies deutlich (in Anlehnung an Bundesanstalt für Arbeitsschutz und Arbeitsmedizin (2009), S. 2):

Tabelle 4: Volkswirtschaftlicher Schaden krankheitsbedingter Ausfallzeiten

	Arbeitsunfähigkeitstage (AU)		Produktionsausfall		Ausfall an Bruttowertschöpfung	
Diagnosegruppe	in Mio.	in %	in Mrd. €	vom BNE	in Mrd. €	vom BNE
Psychische und Verhaltensstörungen	48	11	4,4	0,2	8	0,3
Krankheiten des Kreislaufsystems	27	6	2,4	0,1	4,5	0,2
Krankheiten des Atmungssystems	59	14	5,4	0,2	9,8	0,4
Krankheiten des Verdauungssystems	28	6	2,6	0,1	4,7	0,2
Krankheiten des Muskel-Skelett-Systems und des Bindegewebes	104	24	9,4	0,4	17,2	0,7
Verletzungen, Vergiftungen	54	12	5	0,2	9,1	0,4
Übrige Krankheiten	118	27	10,8	0,5	19,7	0,8
Σ	438	100	40	1,7	73	3

AU: Arbeitsunfähigkeit
BNE: Bruttonationaleinkommen (ehemals BSP: Bruttosozialprodukt)

Dabei gilt auch mit Blick auf Krankenstände ebenso wie Krankheitsbilder, dass sich Quoten nicht nur im Zeitablauf, sondern in Abhängigkeit vom Unternehmen und Bereich erheblich voneinander unterscheiden. Zielführend sind daher für die betriebliche Praxis insbesondere Vergleiche, in denen von ähnlichen Bedingungen und Mitarbeiterstrukturen ausgegangen werden kann. Generell ist festzustellen, dass psychische und Verhaltensstörungen in den letzten Jahren stark zugenommen haben. Viele dieser Krankheitsbilder werden auf Stress zurückgeführt. Als Ursachen von (arbeitsbedingtem) Stress werden häufig die nachstehenden genannt:

- Wenig Einflussmöglichkeiten auf die Arbeit und Kompetenzlücken,
- hohe Rollenambiguität,
- schlechtes Betriebsklima,
- kaum Personalentwicklung,
- prägnante Organisationsveränderungen,
- Bedrohung durch Arbeitslosigkeit,
- starker Zeitdruck,
- viele Überstunden,
- übermäßige Ansprüche und hoher Druck.

Dabei kommt dem Individuum und dessen Wahrnehmung in vielen Punkten entscheidende Bedeutung zu. Was für den einen eine Herausforderung darstellt, ist für den anderen eine Bedrohung. So wird bspw. eine Wettbewerbskultur von einigen Personen geschätzt, während andere eine solche Umgebung als bedrohlich empfinden und sich unwohl fühlen. Wenn aber schon die Wahrnehmung unterschiedlich ist, so sind die Reaktionen und Folgen noch breiter: Auf der individuellen Ebene kann Stress die vermehrte Ausschüttung von Stresshormonen nach sich ziehen, steigender Blutdruck, starke Muskelan- und -verspannungen, Brustschmerzen, Schlafstörungen und Verstimmungen werden häufig als Symptome genannt. Mögliche Folgen sind ein geschwächtes Immunsystem, Herzkrankheiten, Depressionen, Suchtverhalten und/oder Müdigkeit. Auf der organisationalen Ebene kann Stress eine geringere Arbeitszufriedenheit, wenig Innovationskraft, mangelndes Qualitätsbewusstsein, Fluktuation und höhere Ausfallzeiten nach sich ziehen. Nach sich ziehen kann dies eine geringere Service- und Produktqualität, ein höheres Unfallrisiko, Personalengpässe und geringere Produktivität.

Bei der Durchsicht der Liste wird klar, dass gerade diese Ausfallzeiten durch das Unternehmen und insbesondere durch das Personalmanagement (zumindest ein stückweit) beeinflusst werden können. Wie untenstehende Abbildung in Anlehnung an die DIN EN ISO 10075 zu ergonomischen Grundlagen bezüglich psychischer Arbeitsbelastung noch einmal verdeutlicht, ist das Ziel nicht der Abbau aller Belastungen, sondern deren Optimierung (vgl. Wieland, R. (2000)):

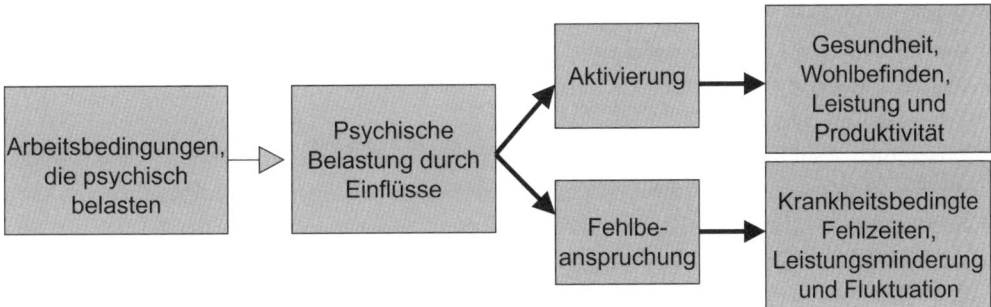

Abbildung 14: Erklärungsmodell der psychischen Arbeitsbelastung

Insgesamt entwickelt sich das an Belastungen, Defiziten und Schwächen orientierte, kurativ, patogen und eher reaktive Gesundheitsmanagement zunehmend hin zu einem an Potenzialen und Ressourcen orientierten, präventiven, salutogenen und aktiven Ansatz. So wird nicht nur in der Begriffswelt der Krankenstand gesenkt, sondern der Gesundheitsstand erhöht (vgl. auch im Weiteren Ulich, E., Wülser, M. (2005), S. 27).

Gerade vor dem Hintergrund der demografischen Entwicklungen müssen Arbeitgeber und Arbeitnehmer die Herauforderungen gemeinsam angehen. Betriebliches Gesundheitsmanagement und betriebliches Eingliederungsmanagement (BEM, § 84 Abs. 2 SGB IX) dürfen sich nicht auf (Kranken-)Rückkehrgespräche beschränken. Notwendig ist vielmehr ein ganzheitliches System,

- das bei der Erfüllung gesetzlicher Arbeitsschutzvorgaben beginnt,
- sich über die Fürsorgepflichten (Allgemeines Gleichbehandlungsgesetz, §§ 617ff. Bürgerliches Gesetzbuch, § 84 Abs. 2 Neuntes Buch Sozialgesetzbuch – SGB IX usw.) fortsetzt,
- korrespondierende Rahmenbedingungen (Arbeitszeit, leistungsorientiertes Entgelt usw.) schafft und
- in der Prävention (bspw. gesunde Ernährungangebote, Fitnesskurse und Rückenschule, Gesprächs- und Informationsangebote zu einer gesunden Lebensweise) gipfelt (vgl. Richter, A., Heil, E. (2009), S. 136ff.).

Neben der Arbeitssicherheit, Unfallschutz, medizinischer und sozialer Betreuung finden folgende Instrumente im Rahmen eines auch präventiven Gesundheitsmanagements verstärkt ihren Einsatz (vgl. Kunz, P. (2002), S. 93ff.):

- Rückkehrgespräche zwischen Vorgesetztem und betroffenem Mitarbeiter sowie ggf. Betriebsarzt und/oder Betriebsratsvertretern, die zur Vermittlung von Anerkennung und Wertschätzung, Ermittlung von (betrieblich bedingten) Ursachen sowie Lösungssuche dienen. Oftmals werden gestufte Gesprächsmodelle angewendet. Dabei varrieren in Abhängigkeit von Häufigkeit sowie Anzahl der Abwesenheiten Gesprächssystematik und Gesprächspartner sowie mögliche Konsequenzen.
- Gesundheitszirkel, als Kleingruppenmethode, in deren Rahmen die Mitarbeiter im Team, ggf. mit (externer) Unterstützung, an möglichen Ursachen und Lösungsansätzen arbeiten.
- Einsatz von arbeitsanalytischen Verfahren auf Team- und Unternehmensebene zur Ableitung von Maßnahmen, um physische und auch psychische Bedingungen, unter Einbezug der personalen Ressourcen, zu optimieren.
- Angebot von geeigneten Arbeitszeitmodellen, aber auch gesunder Ernährung, Rückenschule, Fitnesskursen etc.
- Zusammenarbeit mit den Sozialversicherungsträgern, insbesondere Krankenkassen (bspw. um Bonusprogramme als Anreiz für gesundheitsförderliches Verhalten anbieten zu können).
- Schulungsmaßnahmen für Führungskräfte, zur Sensibilisierung für das Thema sowie für Mitarbeiter mit konkreten Ausrichtungen, z. B. Informationen für Nachtschichtarbeiter (falls diese Schichten wirtschaftlich unvermeidbar sind).
- Kommunikative Maßnahmen, allen voran der Gesundheitsbericht (Personalstruktur, Ausfälle und deren Struktur (Häufigkeit und Länge der Ausfallzeiten, Häufigkeiten der Gründe (nach Kategorien), Entwicklungen der Daten und mögliche Begründungen bzw. Informationen zu den Aktivitäten im Rahmen des Gesundheitsmanagements.

- Evaluationsmaßnahmen, z. B. durch Audits oder auch durch die Teilnahme an Wettbewerben, wie dem 2009 von Handelsblatt und EuPD Research initiierten Health Award.

Belohnung für Anwesende, wie Prämien für geringe Fehlzeiten oder Positivgespräche, finden sich eher selten. Ebenfalls selten, da alleine schon gesetzlich Ultima Ratio, ist die Trennung von Mitarbeitern auf Grund von Ausfallzeiten, worauf im Kapitel Personalfreisetzung näher eingegangen wird. Nicht vergessen werden darf, dass auch ein umfassendes Gesundheitsmanagement einer (langfristigen und nachhaltigen) Wirtschaftlichkeitsbetrachtung stand halten muss.

Beispiel 7: Betriebliches Eingliederungsmanagement bei der Currenta GmbH & Co. OHG
Der Betreiber des CHEMPARK (Energie, Umwelt, Sicherheit, CHEMPARK-Management und Services) erwirtschaftete 2009 mit ca. 5500 Mitarbeitern 1,7 Mrd. € Umsatz.
Die sozialversicherungsrechtliche Verpflichtung der Arbeitgeber, länger oder wiederholt krankheitsbedingt fehlenden Mitarbeitern Beratung und Unterstützung zur Überwindung der Arbeitsunfähigkeit anzubieten, war ein Auslöser sich intensiv mit dem Thema Gesundheitsmanagement auseinanderzusetzen. Mit einer gesetzeskonformen Minimallösung zur Eingliederung wird allerdings Fehlzeiten und deren voraussichtlicher Entwicklung auf Grund der gesellschaftlichen und betrieblichen Altersstrukturen nur bedingt begegnet. Fast zwei Drittel der Belegschaft gehören der Altersklasse von 40 bis 54 Jahren an. Da im statistischen Mittel die Länge krankheitsbedingter Ausfälle ab 50 stark ansteigt, ist absehbar, dass dies auch die Quote der Mitarbeiter mit mehr als 42 Arbeitsunfähigkeitstagen im Jahr erhöht. Parallel wird die Kompensation von Ausfallzeiten immer schwieriger. Dies auf Grund zunehmenden Wettbewerbsdrucks und damit auch meist dünner Personaldecke.
Das betriebliche Eingliederungsmanagement (BEM) beruht auf einem freiwilligen Beratungsgespräch der betroffenen Mitarbeiter mit dem medizinischen Dienst, das von rund 30 % angenommen wird. Für jedes Geschäftsfeld von Currenta wurde darüber hinaus ein Eingliederungsteam gebildet, in dem alle Fälle mit anhaltend hohen Fehlzeiten gemeinsam durch Vorgesetzte, Personalabteilung, Betriebsrat, gegebenenfalls Schwerbehindertenvertretung und Werksarzt, unter Wahrung des Datenschutzes und der Schweigepflicht, betrachtet werden. Auch die daraus resultierenden Angebote sind freiwilliger Natur, wobei eine Ablehnung hinterfragt wird. Von insgesamt 1400 BEM-Fällen seit 2006 konnten bereits 900 im Rahmen des BEM abschließend geklärt werden. 600 Mitarbeiter wurden dabei erfolgreich in die betrieblichen Prozesse reintegriert.
Dieser mehr reaktive Teil wurde ergänzt: Ein Erfolgsfaktor ist die Vernetzung mit den Sozialversicherungsträgern. Jedes der Eingliederungsteams bearbeitet darüber hinaus einen Schwerpunkt in der Prävention. Aktuell steht die Qualifizierung und Sensibilisierung der Führungskräfte im Mittelpunkt, wozu eine hauseigene Qualifizierung entwickelt wurde. Weitere Themen sind Mitarbeitergesundheit, Arbeitsbelastung, Betriebsatmosphäre und der Umgang mit Risikofaktoren. (Vgl. Ochs, U. (2009), S. 20.)

2.5.3 Personalbestand: Ermittlung und Fortschreibung

Im Fall der Personalbedarfsplanung für eine Neugründung ist der Brutto-Personalbedarf gleich dem Netto-Personalbedarf. In allen anderen Fällen ist jedoch parallel oder nach der Ermittlung des in Zukunft benötigten Personals festzustellen, wie viel und welches Personal zum Planungszeitpunkt tatsächlich vorhanden sein wird. Basis ist der momentane Personalbestand. Auch die Personalbestandsplanung kann in die Teile der rein zahlenmäßigen Planung sowie der qualitativen Planung unterteilt werden. Die jeweiligen Planungsaufgaben sind im Überblick nachstehender Tabelle zu entnehmen.

Tabelle 5: Überblick über die Aufgaben der Personalbestandsplanung

	Quantitative Personalbestandsplanung	Qualitative Personalbestandsplanung
Analytische Aufgaben	Ermittlung des gegenwärtigen Personalbestandes (Kopfzahlen und/oder FTE bzw. VZÄ) → im Gesamtunternehmen und/oder in Unternehmensteilen; → strukturiert, z. B. nach Beschäftigungsgruppen	Ermittlung gegenwärtiger Fähigkeitsprofile
Projektive Aufgaben	Ermittlung des künftigen Personalbestandes (Kopfzahlen und/oder FTE bzw. VZÄ) durch → einzelfallbezogene Projektion (ausgehend von einzelnen Mitarbeitern); → mengenbezogene Projektion (z. B. gestützt auf pauschale oder differenzierte Fluktuationsraten); → modellgestützte Projektion (bspw. mittels Markov Ketten[4])	Ermittlung von Potenzialen
FTE = Fulltime Equivalent bzw. VZÄ = Vollzeitäquivalente		

Im Folgenden werden die Aufgaben der quantitativen Personalbestandsplanung betrachtet. Dabei wirkt sich ein aktueller Megatrend, die (Über-)Alterung der Bevölkerung, in besonderem Maß auf die Entwicklung der Beschäftigtenstrukturen aus und wird eingehender betrachtet.

Die qualitative Personalbestandsplanung bedient sich der Konzepte der Personalbeurteilung. Dabei kommt die Leistungsbewertung zur Ermittlung von Fähigkeitsprofilen und die Potenzialbeurteilung im Rahmen der qualitativen Personalbestandprognose zum Einsatz. In der Praxis wird eine konsequente Potenzialbeurteilung regelmäßig nur ausgewählten Mitarbeitergruppen zuteil, insbesondere den Führungsnachwuchs und den Führungskräften. Die Leistungsbeurteilung wird im Kapitel Personalentwicklung aufgegriffen.

2.5.3.1 Analytische Aufgabe der quantitativen Personalbestandsplanung

Bei der Erhebung des zahlenmäßigen Personalbestandes ist zwischen dem Ausweis der Beschäftigtenzahl, auch Kopfzahl bzw. Heads genannt, und dem Ausweis als Vollzeitäquivalente (VZÄ), auch als Full Time Equivalents (FTE) bezeichnet, zu unterscheiden (vgl. Friedl, S. (2007), S. 675). In Abhängigkeit von der Teilzeitquote können diese Daten erheblich differieren.

Ein pauschaler Ausweis muss in jedem Fall erfolgen. Mit Blick auf Darstellung und insbesondere auf die notwendige Projektion ist diese Zahl um differenzierte Sichtweisen zu ergänzen. Eine Gliederung kann anhand verschiedener Dimensionen erfolgen:

- Struktur der Beschäftigten, nach Berufsgruppen, nach Organisationseinheiten, nach Tarifgruppen etc.,

---

4 Markov Ketten im Rahmen der Personalplanung bestehen aus Matrizen, in denen statistische Übergangswahrscheinlichkeiten von Mitarbeitern verschiedener Bereiche (zwischen den Bereichen sowie nach außen) dargestellt werden, die dann für die Zukunft fortgeschrieben werden (vgl. Gischer, H., Spengler, T. (2008), S. 76f.).

- Art der Beschäftigten, also Arbeiter, Angestellte und Auszubildende,
- Geschlecht,
- Alter,
- weitere.

2.5.3.2 Demografischer Wandel in den Unternehmen

In Deutschland und anderen Industrienationen ist insbesondere mit Blick auf die Verschiebung der Alterskohorten in vielen Betrieben die gesellschaftliche Entwicklung analog zu finden. Davon werden sich langfristig auch nur einzelne Unternehmen abkoppeln können. Für die meisten Organisationen gilt es, diese (schleichende) Entwicklung frühzeitig anzugehen, um deren Chancen zu nutzen und die Risiken zu mindern.

Mit dem demografischen Wandel wird gemeinhin das Bündel folgender Veränderungen angesprochen (vgl. Prezewosky, M. (2007), S. 22, 33 und 35):

- Eine geringe Mortalität, mit einer durchschnittlich gesteigerten und weiterhin steigenden Lebenserwartung der derzeit fast 75 Jahren bei Männern und über 80 Jahren bei Frauen.
- Eine geringe Fertilität, d. h. eine konstant niedrige Geburtenrate von derzeit nicht einmal 1,4 Kindern weit unterhalb der Erhaltungsgrenze von 2,1 Kindern pro Paar.
- Eine relativ konstante Mobilität und damit für Deutschland immer noch überwiegend Migration.

Diese Punkte ziehen gesellschaftliche und betriebliche Folgeentwicklungen nach sich. Der Median des Alters, das heißt eine Hälfte der Bevölkerung liegt altersmäßig über diesem Alter, die andere Hälfte darunter, stieg von 1950 bis 2005 von 35 auf 42 Jahre und wird für 2050 mit 47 Jahren prognostiziert. Drastischer wirken sich für die Betriebe die nachfolgenden zwei Entwicklungen aus: Zum einen ist die Veränderung des Altersquotienten, der die Relation aller Erwerbspersonen zur Anzahl der über 64jährigen beschreibt, zu berücksichtigen. Dieser stand 1970 „100 zu 40", 2002 „100 zu 44" und wird unter der Fortschreibung der wahrscheinlichsten Annahmen 2050 auf „100 zu 78" gestiegen sein. Zum anderen schrumpft das Erwerbspersonenpotential annahmegemäß von 45 Mio. in 2002, auf 44 Mio. in 2020 und auf 36 Mio. Personen im Jahr 2050. Der volle Effekt wird erst nach 2020 für die Unternehmen spürbar, was ein Grund für die noch oft anzutreffende Passivität gegenüber den Entwicklungen sein mag. (Vgl. z. B. Kistler, E. (2007), S. 10ff.)

Zu beachten ist, dass gleichzeitig die Zahl der Arbeitsplätze steigt, die wissensintensiv und hochqualifiziert oder aber im Service angesiedelt sind. Dies bedeutet, dass die personengebundene Arbeitskraft immer weniger durch weitere Automatisierung und Rationalisierung auf Maschinen übertragen werden kann. Auch die Auslagerung ins Ausland stößt früher oder später an ihre Grenzen, zumal mit steigendem Entwicklungsstand die Weichen für ähnliche gesellschaftliche Entwicklungen gelegt zu sein scheinen. Daraus resultieren wesentliche Effekte:

- Der Nachwuchs wird ab 2020 knapp. Das betrifft insbesondere junge und mittelalte spezifische Qualifikationen.

- Die Altersstrukturen im Betrieb verschieben sich von den mittleren Kohorten nach rechts. Immer mehr Betriebe werden einer alterszentrierten Struktur gegenüberstehen, wie nachstehend in dem Diagramm links oben veranschaulicht.
- In absehbarer Zeit wird die Kohorte der sog. Babyboomer das Unternehmen altershalber verlassen und damit große (Wissens-)Lücken hinterlassen.

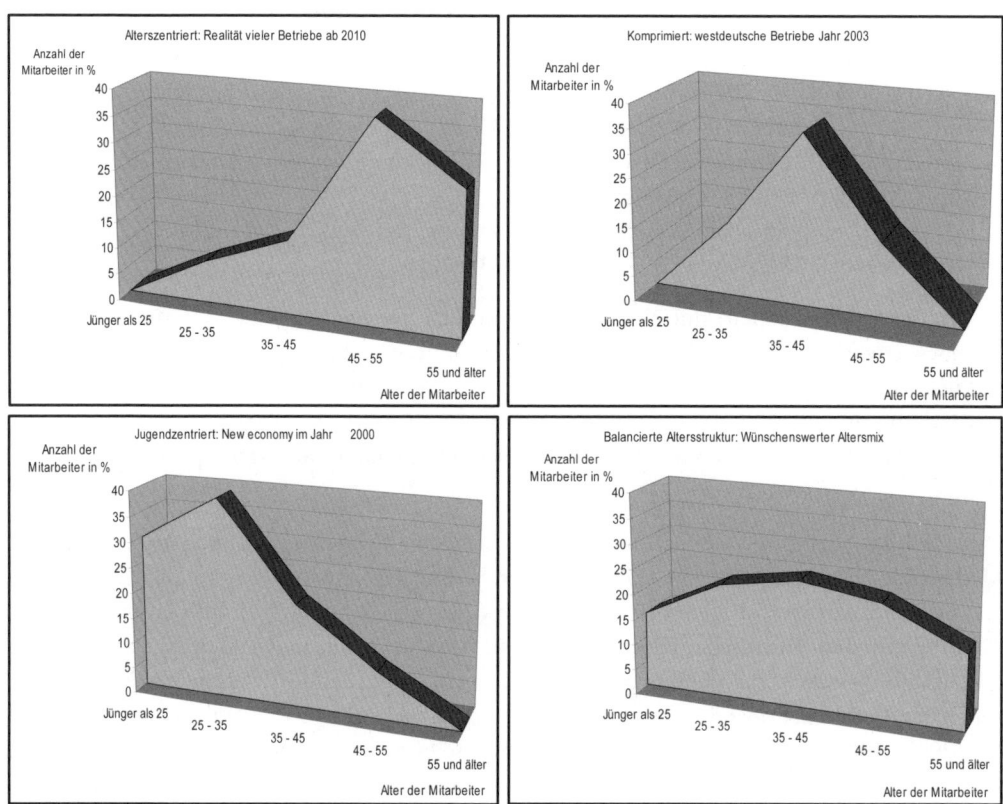

Abbildung 15: Veränderung der betrieblichen Altersstrukturen

Eine jahrelang von Arbeitgebern, Arbeitnehmervertretung und auch von staatlichen Institutionen gemeinsam getragene Strategie im Umgang mit diesem Thema war die Externalisierung. Ältere Arbeitnehmer wurden unter Teilung der Kosten auf verschiedenen Wegen vor dem Erreichen der Regelaltersgrenze freigesetzt.

Dafür wurde die (von der Gesellschaft bezahlte) Arbeitslosigkeit mit anschließender vorgezogener Altersrente, bekannt als Frühruhestand, ebenso genutzt wie die vorzeitige Altersrente für langjährig Versicherte, die vorzeitige Altersrente für Frauen, Schwerbehinderte und Erwerbsgeminderte, Vorruhestandsregelungen und das Blockmodell der Altersteilzeit mit ggf. anschließend vorgezogener Altersrente. Nachdem nun auch bei der zuletzt genannten Alternative seit 2009 die Förderung weggefallen ist, sind diese Möglichkeiten zunehmend teuer bzw. unattraktiv geworden und sind gesellschaftlich in großem Umfang auch immer weniger akzeptiert (vgl. Prezewosky, M. (2007), S. 44f.). Sie werden dann auch im Kapitel Personalfreisetzung zwar noch auf-, aber nicht weiter ausgeführt.

Eine Strategie den Entwicklungen zu entgehen, ist die verstärkte Rekrutierung von Nachwuchskräften. Dies wird jedoch auf Grund des geringeren Erwerbspersonenpotenzials generell nicht ausreichend kompensatorisch wirken. Daher muss auch die integrative Strategie ihren Platz finden. Besonderes Augenmerk kommt der älter werdenden Belegschaft zu. Aber auch die optimale Einbindung von weiteren Beschäftigtengruppen wie Eltern mit Hauptanteil an der Erziehung der Kinder und Mitarbeiter anderer Herkunft wird in Deutschland immer wichtiger werden. Diese Aspekte werden im Kapitel Personalmarketing unter den Überschriften Alternde Belegschaften, Beruf und Familie sowie Diversity Management aufgegriffen.

Beispiel 8: Altersstrukturanalysen bei der ZF Friedrichshafen AG
Der Automotive Zuliefererbetrieb mit Hauptsitz in Friedrichshafen hatte 2008 mit fast 60 000 Mitarbeitern einen Umsatz von 12,5 Mrd. € erwirtschaftet.
Für 2006 wurde am Standort Friedrichshafen folgende Altersverteilung ermittelt:

- 1554 Mitarbeiter, also 25 % waren unter 35 Jahren,
- 3073 Beschäftigte, also 50 % zwischen 35 bis unter 50 Jahren und
- 1536 Mitarbeiter, d. h. 25 %, waren über 50 Jahre alt.

Um eine Fortschreibung für die Zukunft zu untermauern, wurden zudem die Daten aus dem Jahr 2001 ausgewertet. Hier ergab sich folgende Verteilung:

- 1914 Mitarbeiter bzw. 31 % unter 35 Jahren
- 2813 Mitarbeiter bzw. 46 % zwischen 35 und unter 50 Jahren
- 1435 Mitarbeiter bzw. 23 % über 50 Jahre alt

Unter der Annahme konstanter Geschäftsbedingungen, des Austritts mit dem Regelrentenalter (ausgenommen wurden bereits geplanten Abgänge zu einem früheren Zeitpunkt) und der Übernahme einer gleichbleibenden Zahl von Auszubildenden wurde für das Jahr 2011 folgende Verteilung fortgeschrieben:

- 1179 Mitarbeiter bzw. 19 % unter 35 Jahren
- 2894 Mitarbeiter bzw. 48 % zwischen 35 und unter 50 Jahren
- 2027 Mitarbeiter bzw. 33 % über 50 Jahre alt

Neben der Berechnung und Fortschreibung der Altersstruktur wurden weitere relevante Daten ausgewertet, die zentrale Themen spiegeln:

- Altersdurchschnitt der Vorgesetzten: 45,6 Jahre
- Stark erhöhter Anteil Un-/Angelernter in den Altersklassen 50+
- Viel geringere Teilnahme an Weiterbildungsmaßnahmen mit 50+
- Erhöhte krankheitsbedingte Abwesenheiten in den Altersklassen 50+
- Deutlich höherer Anteil der Personen mit einer Schwerbehinderung bzw. Gleichstellung in den Altersklassen 45+
- Komprimierte Altersverteilung bei Gleit-/Teilzeit
- In Schichtmodellen arbeiten in manchen Bereichen auf der einen Seite zwar mehr Jüngere, aber auf der anderen Seite auch mehr Ältere (überwiegend auch in Nachtschicht)

Die Analyse der Altersstrukturen (bis auf Bereichsebene) sowie Szenarienerstellung bildeten neben anderen Informationen die Basis einer Entscheidungsvorlage für den Steuerkreis eines Projektes zum „demografischen Wandel". Zielsetzung des Projektes sowie die definierten Handlungsfelder und Aktivitäten werden im nächsten Kapitel unter dem Stichwort „alternde Belegschaften" aufgegriffen. (In Anlehnung an Eisele, D., Müller, S. (2008), S. 43)

2.5.3.3 Projektive Aufgabe der quantitativen Personalbestandsplanung

Liegt der aktuelle Personalbestand vor, ist dieser für den Planungszeitraum fortzuschreiben. Die kurzfristige Anzahl der Zugänge liegt vor, die der Abgänge ist je nach Kategorie mehr oder weniger problemlos zu ermitteln (vgl. Wimmer, P., Neuberger, O. (1998), S. 102 oder Jung, H. (2008), S. 31):

- Sichere Abgänge wie Pensionierung oder Einberufung.
- Statistisch zu ermittelnde Abgänge wie arbeitnehmerseitige Kündigungen oder Tod.
- Dispositiv bedingte Abgänge wie arbeitgeberseitige Kündigungen oder Versetzungen.

Bekanntestes Instrument der quantitativen Personalbestandsplanung ist die Zugangs- Abgangsrechnung (unten in Anlehnung an Bosch, G., Kohl, H., Schneider, W. (1995), S. 114 abgebildet). Diese kann für einzelne Gruppen, einzelne Abteilungen, Bereiche oder für die gesamte Belegschaft durchgeführt werden. Auf der Basis eines PIS (Personalinformationssystems) und eines etablierten Personalcontrollings werden diese Daten in manchen Unternehmen heute allen am Planungsprozess Beteiligten webbasiert zur Verfügung gestellt.

Tabelle 6: Abgangs-Zugangs-Tabelle

Abgangs-Zugangs-Tabelle	Zeiträume					
	2008		2009		2010	
	ges.	%	ges.	%	ges.	%
Bestand am Anfang der Periode						
– Abgänge (Summe)						
Pensionierung Einberufung (Bundeswehr/Zivi) Mutterschutz/Elternzeit Beförderung innerhalb einer OE Beförderung in eine andere OE Ausbildung, Fortbildung (Studium) Entlassung durch den Arbeitgeber Kündigung durch den Arbeitnehmer Sonstige Abgänge, z. B. Tod Summe der Abgänge						
+ feststehende Zugänge (Summe)						
Rückkehr Bundeswehr/Zivi Rückkehr Mutterschutz/Elternzeit Beförderung in der OE Versetzung in der OE Rückkehr Ausbildung, Fortbildung Übernahme Azubis Einstellungen						
Personalbestand am Ende der Periode						
*OE: Organisationseinheit						

Durchführung der Personalbedarfsplanung

2.5.4 Nettopersonalbedarf

Bringt man den zukünftigen Brutto-Personalbedarf in Beziehung zum gegenwärtigen Personalbestand und berücksichtigt dabei auch die zu erwartenden Personalbestandsveränderungen (+ Zugänge – Abgänge), dann können die folgenden drei Bedarfsarten auftreten:

- Ersatzbedarf, wenn Personal zu ersetzen ist.
  Es schließen sich die Personalbeschaffungs- und Personalentwicklungsplanung an.
- Neubedarf, wenn zur Erfüllung neuer Arbeiten oder in ihrem Umfang stark erweiterter Aufgaben über den Ersatzbedarf hinaus einzustellen ist.
  Es folgen wiederum die Personalbeschaffungs- und die Personalentwicklungsplanung.
- Freistellungsbedarf, wenn infolge von Personalüberhang Personal abgebaut werden muss.

Es folgt die Personalfreisetzungsplanung und in geringerem Umfang die Personalentwicklungsplanung.

Der Nettopersonalbedarf ist dann positiv, wenn der Brutto-Personalbedarf den Personalbestand im Planungszeitpunkt überwiegt. In dieser Situation ist also ein Neu- bzw. Ersatzbedarf zu decken. Darauf wird in den folgenden Kapiteln Personalmarketing, Personalgewinnung und -auswahl eingegangen.

Der Nettopersonalbedarf ist negativ, wenn der Personalbestand den Brutto-Personalbedarf überwiegt. Aus dieser Situation folgen ein Personalüberhang und damit ein Freistellungsbedarf, was Thema des Kapitels Personalfreisetzung ist. Zur Abgrenzung gegenüber den verschiedenen Personalbedarfsarten dient folgende Abbildung.

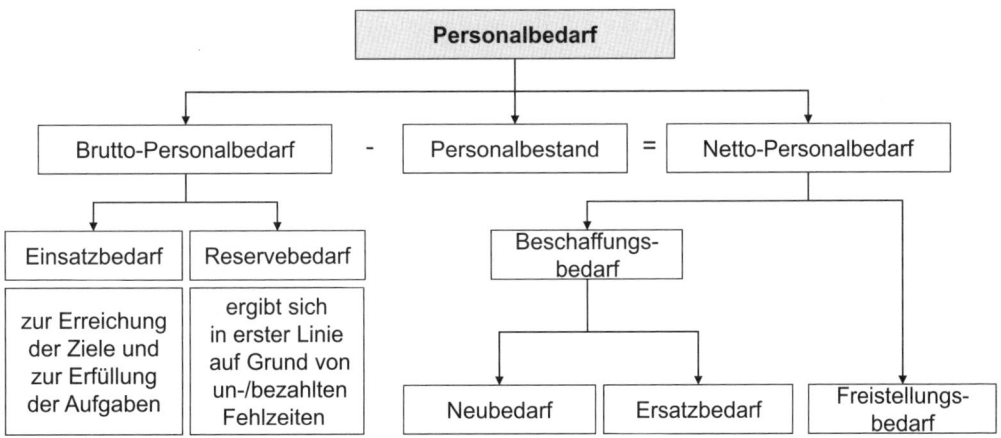

Abbildung 16: Personalbedarfe

2.6   Personaleinsatzplanung

Personaleinsatz wird definiert als die Zuordnung von Beschäftigten auf bestimmte Stellen unter der Maßgabe, dass die Zuordnung möglichst optimal ist. Dabei werden die personellen Fähigkeiten und Fertigkeiten mit den Anforderungen am Arbeitsplatz in Verbindung gebracht (mehr zur Personaleinsatzplanung in RKW (1996)).

Als Grundlage der Personaleinsatzplanung wird einmal mehr die Stellenbeschreibung herangezogen. Diese ist, wie im Kapitel der Personalgewinnung und -auswahl unter der entsprechenden Überschrift beschrieben, durch ein Anforderungsprofil zu ergänzen und dann dem Qualifikationsprofil des Mitarbeiters gegenüberzustellen. Das Anforderungsprofil ist so das Bindeglied zwischen der Stellenbeschreibung und dem Qualifikationsprofil bzw. zwischen den Stellen- und Personenmerkmalen. Ein Anforderungsprofil enthält alle für die Stelle als wichtig erachteten Anforderungsarten und -merkmale. Grundlage für die Definition sind nicht nur die Aussagen über die Aufgaben, Ziele, Befugnisse und Verantwortung aus aktuellen Stellenbeschreibungen. Darüber hinaus bedarf es auch eines Situations- und Verhaltensbezuges. Anforderungskriterien beschreiben, welches Fachwissen und -können und welche methodischen Kenntnisse für ein bestimmtes Tätigkeitsbündel erforderlich sind. Darüber hinaus werden verhaltensbezogene Merkmale in der sozialen Interaktion und geforderte Eigenschaften, wie Mobilität und Flexibilität, definiert. Nicht zuletzt müssen die Bedingungen der Stelle, z. B. mit Blick auf Arbeitsort und Arbeitszeiten, mit den Vorstellungen des Mitarbeiters korrespondieren.

Ein Qualifikationsprofil setzt die Fähigkeiten und Fertigkeiten des (potenziellen) Stelleninhabers in Beziehung zu den Anforderungen der Stelle. Dabei geht es darum, die Ausprägung derjenigen Kompetenzen festzustellen, die mit den einzelnen Anforderungsarten und -merkmalen korrespondieren. Auf die Erstellung und Strukturierung von Qualifikationsprofilen wird im Kapitel der Personalentwicklung eingegangen.

2.7   Personalkostenplanung

Die Personalplanung muss sich auch auf die Steuerung und Kontrolle der mit den geplanten Maßnahmen verbundenen Kosten erstrecken. Die Personalkosten haben neben den anderen Kostenarten für die meisten Unternehmen ein stetig wachsendes Gewicht. Dies ist zum einen durch direkte Einflussfaktoren wie gesetzliche und tarifliche Regelungen bedingt, zum anderen durch Engpässe in bestimmten Arbeitsmarktsegmenten und damit einhergehend höheren Entgelten. Indirekt wirkt sich der Wandel zur Informationsgesellschaft aus: Hohe Personalintensität und hochqualifiziertes und damit „teures" Personal ist für viele Unternehmen die Regel.

Wichtig ist es dann, zentrale Kennzahlen, bspw. die Personalaufwandsquote, zu verfolgen. Die Personalaufwandsquote ergibt sich aus der Relation des Personalaufwandes zur Gesamtleistung. An sich hat die Personalaufwandsquote wenig Aussagekraft, im Zeitvergleich oder im Vergleich zu anderen Unternehmen können daraus aber Schlüsse zum wirtschaftlichen Einsatz des Personals gezogen werden.

> **Beispiel 9: Personalaufwandsquote der Telekom AG**
> Die Telekom AG mit Hauptsitz Bonn erwirtschaftet mit rund 227 000 Mitarbeitern 62 Mrd. € Umsatz (2008).
> Der um Sondereinflüsse (wie Vorruhestands- und Abfindungszahlungen) bereinigte Personalaufwand liegt 2008 im Telekom Konzern bei 13 Mrd €.
> Die Personalaufwandsquote ergibt sich so mit gerundet 21 %. Sie ist damit die letzten Jahre stetig gesunken.

Aus betrieblicher Sicht sind Entgelte Aufwendungen bzw. Kosten mit Ausgabencharakter für nicht selbständige Arbeit. Darunter fallen Löhne und Gehälter sowie Zulagen und Zuschläge für Überstunden, Schichtarbeit und Belastungen. Es handelt sich dabei um diejenigen Kosten, die in direktem Zusammenhang mit der Leistungserstellung stehen. Diese sind zudem verbunden mit Verpflichtungen zu weiteren Zahlungen, sog. Personalzusatzkosten, die nicht für geleistete Arbeit, sondern aufgrund des Arbeitsverhältnisses zu erbringen sind. Die Personalzusatzkosten machen den Teil der Personalkosten aus, der über die Personalkosten, welche im unmittelbaren Zusammenhang mit der Leistungserstellung stehen, hinausgeht (vgl. Olfert, K. (2008a), S. 357ff.). Bei den Personalzusatzkosten ist zwischen gesetzlichen Personalzusatzkosten sowie tarifvertraglichen und betrieblichen Personalzusatzkosten zu unterscheiden. Die gesetzlichen Personalzusatzkosten umfassen den Arbeitgeberanteil zur Sozialversicherung, bezahlte Abwesenheiten, z. B. Urlaub, Krankheit, Urlaubsgeld sowie Gratifikationen. Den tarifvertraglichen und betrieblichen Personalzusatzkosten sind u. a. die Bereiche betriebliche Altersversorgung, Aus- und Fortbildung, betriebliches Vorschlagswesen, Fahrgeld und Verpflegung zuzurechnen. Diese Kosten können auch ohne tarifliche oder betriebliche Vereinbarung anfallen und werden dann als freiwillig bezeichnet (vgl. Schulte, C. (2002), S. 83ff.).

Das Verhältnis der Personalzusatzkosten zum Entgelt für geleistete Arbeit betrug 1972 noch ca. 0,5 zu 1 und stieg kontinuierlich bis 1992 auf etwa 0,8 zu 1, wo es nach wie vor steht. Nachstehend sind die einzelnen Posten nach der Systematik und mit den Durchschnittswerten des Statistischen Bundesamtes aufgegliedert.

Die Personalplankosten können auf dieser Basis für die Bereiche in der Form von Personalkostenbudgets verbindlich vorgegeben werden und haben dann Steuerungsfunktionen für Entscheidungen wie Personalbeschaffung, -freisetzung oder auch Arbeitszeitregelungen (vgl. Drumm, H. J. (2008), S. 202ff.). Allerdings ist durch den reinen Soll-Ist-Vergleich der Budgets am Ende einer Planungsperiode keine Aussage über mögliche Ursachen einer Abweichung möglich. Die Personalplankosten bzw. Personalbudgets werden oft aus Erfahrungswerten abgeleitet, wodurch Fehler aus der Vergangenheit fortgeschrieben werden. Die Kostentransparenz ist durch zusammengefasste Werte niedrig, was auch die Steuerungsmöglichkeiten beschränkt (vgl. Scholz, C. (2000), S. 718f.).

Weitere Gliederungsmöglichkeiten von Personalkosten sind die Unterteilung von beeinflussbaren und nicht beeinflussbaren Personalkosten, Differenzierung in laufende Bezüge und Einmalbezüge, eine Einteilung mit Blick auf die Lohnsteuer- und Sozialversicherungsrelevanz sowie in fixe und variable Personalkosten (vgl. Friedl, S. (2007), S. 675ff.).

Tabelle 7: Personalzusatzkosten in % zum Entgelt für geleistete Arbeit

Gesetzliche Personalzusatzkosten insgesamt	36,3 %
Sozialversicherungsbeiträge der Arbeitgeber, einschl. der Unfallversicherungsbeiträge	26,5 %
Bezahlte Feiertage	4,5 %
Entgeltfortzahlung im Krankheitsfall	4,9 %
Sonstige gesetzliche Personalzusatzkosten, wie Mutterschutz	0,4 %
Tarifliche und betriebliche Personalzusatzkosten insgesamt	43,9 %
Urlaub, einschl. Urlaubsgeld	19,3 %
Sonderzahlungen, wie Weihnachtsgeld	8,3 %
Betriebliche Altersversorgung	7,1 %
Vermögensbildung	1,2 %
Sonstige Personalzusatzkosten, wie Familienbeihilfe	8,0 %
Insgesamt	80,2 %

Eine Übersicht in der neben diesen direkten auch indirekte Personalkosten aufgenommen sind, bietet die Abbildung zur Gliederung der Personalkosten (in Anlehnung an Hentze, J. Kamel, A. (2001), S. 307).

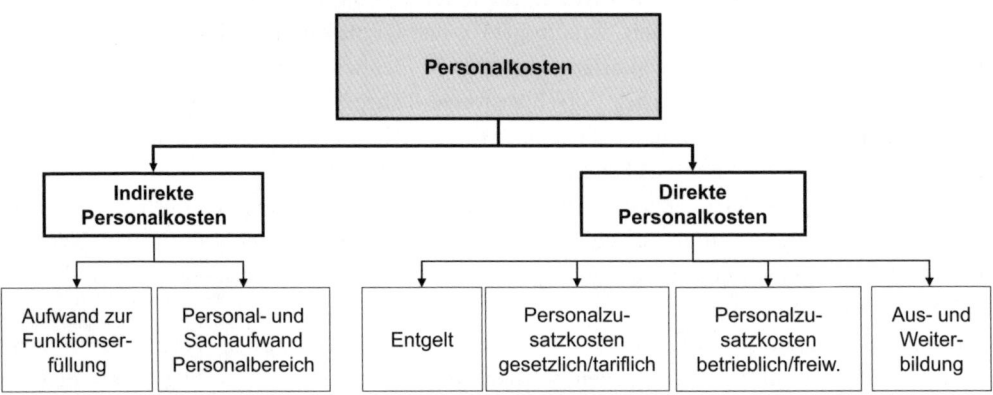

Abbildung 17: Gliederung von Personalkosten

Auch durch die Erfassung und Analyse der indirekten Kosten des Personalbereichs können sich Ansatzpunkte zur Kostenreduzierung ergeben, z. B. Make-or-Buy Entscheidungen wie im Kapitel Partner der Personalarbeit dargestellt. Zudem können durch die Kostentransparenz Rationalisierungs- und Einsparungspotenziale offengelegt werden. Das Controlling der Personalkosten ist insbesondere für die Praxis ein wesentlicher Aspekt des Personalcontrollings, auf das in einem eigenständigen Kapitel noch näher eingegangen wird. Neben der Legitimierung der Personalarbeit im Unternehmen, wird so ökonomische Denk- und Handlungsweise in der Personalarbeit gefördert (vgl. Zaugg, R. J. (1996), S. 233).

2.8 Rechtliche Aspekte der Personalplanung

In Kapitalgesellschaften hat nach dem Gesetz zur Kontrolle und Transparenz im Unternehmensbereich (KonTraG Art. 1 Nr. 8 bzw. Aktiengesetz § 90 Abs. 1 Nr. 1) der Vorstand dem Aufsichtsrat über die beabsichtigte Geschäftspolitik und andere grundsätzliche Fragen der Unternehmensplanung (insbesondere die Finanz-, Investitions- und Personalplanung) zu berichten. Dabei ist auf Abweichungen der tatsächlichen Entwicklung von früher berichteten Zielen unter Angabe von Gründen einzugehen. Die Berichte sind (nach Abs. 1 Satz 1 Nr. 1 bis 4) mindestens einmal jährlich zu erstatten, wenn nicht Änderungen der Lage oder neue Fragen eine unverzügliche Berichterstattung gebieten (vgl. Feddersen, D. (2000), S. 385ff.).

Wenn ein Betriebsrat gewählt ist, kommen diesem nach § 92 BetrVG neben Informations- und Beratungsrechten auch ein Vorschlagsrecht hinsichtlich der Personalplanung zu. In Abs. 1 ist die rechtzeitige und umfassende Unterrichtung des Betriebsrates anhand geeigneter Unterlagen über die Personalplanung, insbesondere den gegenwärtigen und zukünftigen Bedarf sowie über die sich daraus ergebenden personellen Maßnahmen, festgeschrieben. Darüber hinaus hat der Arbeitgeber eine Beratungspflicht. Diese bezieht sich insbesondere auf die Personalmaßnahmen, die sich aus den Teilplanungen ergeben, wobei die Personalbedarfsplanung von der Pflicht ausgenommen ist. Auf Grund des Abs. 2 kann der Betriebsrat dem Arbeitgeber des Weiteren Vorschläge für die Einführung einer Personalplanung und auch hinsichtlich ihrer Durchführung machen. Indirekte Wirkung entfalten Unterrichtungs- und Beratungsrecht bei der Planung von technischen Anlagen, Arbeitsverfahren und -abläufen nach § 90 sowie das Mitbestimmungsrecht bei der Änderung von Arbeitsplatz, -ablauf und -umgebung, bei fehlender menschengerechter Gestaltung gemäß § 91 BetrVG.

Mit Blick auf die wirtschaftlichen Hintergrundinformationen spielt der Wirtschaftsausschuss eine besondere Rolle. Einrichtung und Rolle werden im Kapitel Partner der Personalarbeit erläutert.

Für die Personaleinsatzplanung sind weitere Paragraphen relevant: So hat der Betriebsrat gemäß § 80 BetrVG die Einhaltung der Arbeitnehmerschutzrechte zu überwachen, dazu muss er zwingend entsprechend unterrichtet werden. Für den Personaleinsatz von Interesse sind alle Normen, die die Anwesenheit begrenzen, wie Arbeitszeitgesetz (ArbZG), Mutterschutzgesetz (MuSchG), Bundeselterngeld- und Elternzeitgesetz (BEEG) und Bundesurlaubsgesetz (BUrlG). Die unmittelbare Mitbestimmung ergibt sich für die die Lage und Verteilung der Arbeitszeit sowie bei der Aufstellung von Urlaubsgrundsätzen, also in sozialen Angelegenheiten des § 87, Abs. 1 BetrVG (vgl. Horsch, J. (1996), S. 16).

Mit Blick auf das Gesundheitsmanagement kommt darüber hinaus dem Entgeltfortzahlungsgesetz (EfZG) besondere Relevanz zu. Die Beschäftigten haben nach 4wöchiger Betriebszugehörigkeit 6 Wochen vollen Vergütungsanspruch im Krankheitsfall. Die Beweislast hierfür hat der Arbeitnehmer. Das gesetzlich vorgesehene Beweismittel ist das ärztliche Attest. Wenn der Arbeitgeber eine ärztliche Arbeitsunfähigkeitsbescheinigung nicht gegen sich gelten lassen will, muss er Umstände darlegen und gegebenenfalls auch beweisen, die zu ernsthaften Zweifeln an der attestierten krankheitsbedingten Arbeitsunfähigkeit Anlass geben (vgl. Kunz, P. (2002), S. 26ff.). Trifft den Arbeitnehmer dagegen Verschulden durch grob fahrlässiges Verhalten, entfällt (gem. § 3 Abs. 1 Satz 1 EfZG) der Entgeltfortzahlungsanspruch. Dabei wird nicht Gesunderhaltung geschuldet, sondern nur grobe Verstöße gegen verständiges Verhalten geahndet. Bei Sportunfällen wird regelmäßig von einem Verschulden gesprochen, wenn der Arbeitnehmer sich grob regelwidrig verhalten hat oder wenn die sportliche Betätigung seine Kräfte und Leistungsfähigkeit deutlich überstiegen haben.

In diesem Zusammenhang relevant ist zudem das sog. betriebliche Eingliederungsmanagement (BEM) für Arbeitnehmer mit mehr als 6wöchiger Fehlzeit in einem Jahr. In diesen Fällen hat der Arbeitgeber mit dem Betriebsrat und ggf. dem Betriebsarzt gem. Sozialgesetzbuch (SGB) § 84 IX zu klären, wie diese Fehlzeiten überwunden werden können bzw. diesen vorgebeugt werden kann. Unterlässt der Arbeitgeber dies, drohen keine direkten Sanktionen. Allerdings werden derlei Umstände bei der Klärung der Verhältnismäßigkeit einer personenbedingten Kündigung eingehen. Zur personenbedingten Kündigung finden sich im Kapitel Personalfreisetzung weitere Ausführungen (vgl. Schmitt-Rolfes, G. (2009), S. 56f.).

2.9 Fragen/Übungsaufgaben zur Personalplanung

- Wer profitiert in welcher Form von einer fundierten Personalplanung?
- Der Personalleiter eines Produktionsunternehmens steht vor der Aufgabe bei gleichbleibendem Absatz den Personalbedarf (um 1–2 %) zu verringern. Er fragt Sie um Rat, welche Vorschläge er prinzipiell einbringen kann.
- Ihr Unternehmen benötigt insgesamt 1320 Mitarbeiter zur Erfüllung aller anstehenden Aufgaben (dabei wurde bereits ein Ø Reservebedarf eingerechnet). Handelt es sich dabei um den Brutto- oder Netto-Personalbedarf?
- Wie viele der 1320 Mitarbeiter sind rechnerisch dem Reservebedarf in etwa zuzurechnen?
- Sie haben für die Infosoft GmbH einen Einsatzbedarf von 115 Mitarbeiterkapazitäten und einen Reservebedarf von 23 Mitarbeiterkapazitäten für das 1. Quartal 2009 geplant. Zum 31.12.2008 wurde ein Personalbestand von 124 Mitarbeiterkapazitäten gezählt. Außerdem ist Ihnen bereits bekannt, dass mit Wirkung zum 1. Quartal 2009 3 Vollzeitmitarbeiter gekündigt haben und 2 Vollzeitmitarbeiter in den Ruhestand gehen. Ermitteln Sie a) den Brutto-Personalbedarf, b) den Netto-Personalbedarf, c) Neubedarf, d) Ersatzbedarf, e) Beschaffungsbedarf und f) Freisetzungsbedarf.
- Welches ist die häufigste Methode der Personalplanung in indirekten Bereichen? Was spricht für den Einsatz dieser Methode und was dagegen?
- Welche Voraussetzungen müssen für die Personalbedarfsplanung mittels der Aggregatmethode gegeben sein?
- Die Personalleitungen einer Handelskette und eines Maschinenbauers vergleichen ihre Fluktuationsquoten. Diese unterscheiden sich mit 17 % zu 1,2 % erheblich. Sie werden um Erläuterung möglicher Gründe gebeten.
- Was bedeuten die demografischen Entwicklungen für das Personalmanagement?

- Warum sollte ein Unternehmen in ein präventives Gesundheitsmanagement investieren? Definieren Sie zunächst was darunter zu verstehen ist, bevor Sie ihre Gründe darlegen.
- Warum unterscheiden sich die Personalaufwandsquoten von verschiedenen Branchen teilweise erheblich? Erklären Sie mögliche Einflussfaktoren anhand zweier anschaulicher Beispiele (Bank vs. Manufaktur oder Energieversorger und Handelsunternehmen).

2.10 Literaturhinweise

Ackermann, K.-F./Lober, R. (2000): Personalplanung, in: Lexikon des Managementwissens, 2000, S. 582–586
Albert, G. (2000): Betriebliche Personalwirtschaft, 4. Aufl., Bottrop 2000
Bundesanstalt für Arbeitsschutz und Arbeitsmedizin (BAuA) (Hrsg.): Volkswirtschaftliche Kosten durch Arbeitsunfähigkeit 2007, Berlin 2009
Berthel, J., Becker, F. G. (2007): Personal-Management: Grundzüge für Konzeptionen betrieblicher Personalarbeit, 8. Aufl., Stuttgart 2007
Bokranz, R. (2004): Personalbedarfsplanung, in: Gaugler, E., Oechsler, A., Wagner, W. (Hrsg.), Handwörterbuch der Personalplanung, 3. Aufl., Stuttgart 2004, Sp. 1380–1294
Bosch, G., Kohl, H., Schneider, W. (1995): Handbuch der Personalplanung, Köln 1995
Bosch, G., Hase, D. (1995): Personalbedarfsplanung, in: Bosch, G., Kohl, H., Schneider, W. (Hrsg.): Handbuch Personalplanung: ein praktischer Ratgeber, Köln 1995, S. 59–126
Doerken, W. (1986): Personalbedarfsermittlung in der betrieblichen Praxis – Ziele und Bedeutung, in: Institut für angewandte Arbeitswissenschaft e. V. (Hrsg.): Personalbemessung – Verfahren und Anwendungsbeispiele, 1986
Drumm, H. J. (2008): Personalwirtschaftslehre, 6. Aufl., Berlin 2008
Eisele, D. (2003): Online-Bewerbungssysteme in der Personalbeschaffung, Wiesbaden 2003
Eisele, D., Müller, S. (2008): Demografie – Von der Information zur Tat, in: Personalwirtschaft, 09/2008, S. 42–45
Egger, M., Zink, J. (2004): Arbeits- und Zeitstudien, in: Gaugler, E., Oechsler, A., Wagner, W. (Hrsg.), Handwörterbuch des Personalwesens, 3. Aufl., Stuttgart 2004, Sp. 166–178
Erichsen, J. (2006): Praxisbeispiel einer Personalplanung, in: Bilanzbuchhalter und Controller, 08/2006, S. 187
Feddersen, D. (2000): Neue gesetzliche Anforderungen an den Aufsichtsrat, in: AG, 09/2000, S. 385–398
Friedl, S. (2007): Personalkostenplanung, in: Arbeit und Arbeitsrecht, 11/2007, S. 675–677
Gaugler, E., Oechsler, A., Wagner, W. (Hrsg.), Handwörterbuch des Personalwesens, 3. Aufl., Stuttgart 2004
Gischer, H., Spengler, T. (2008): Personalplanung bei demographischem Wandel: Einzel- und gesamtwirtschaftliche Aspekte, in: Gischer, H. et al. (Hrsg.), Transformation in der Ökonomie, Wiesbaden S. 68–89
Hentze, J., Kamel, A. (2001): Personalwirtschaftslehre 1, 7. Aufl., Stuttgart 2001
Holtbrügge, D. (2007): Lehrbuch Personalmanagement, Stuttgart 2007
Horsch, J.(2000): Personalplanung: Grundlagen, Gestaltungsempfehlungen, Praxisbeispiele, Berlin 2000
Huber, A., Kräußlich, B., Staudinger, T. (Hrsg.): Erwerbschancen für Ältere? Probleme – Handlungsmöglichkeiten – Perspektiven, Augsburg 2007
Jung, H. (1999): Personalwirtschaft, 3. Aufl., München, Wien, Oldenburg 1999
Kistler, E. (2007): Demographische Herausforderungen am Arbeitsmarkt, in: Huber, A., Kräußlich, B., Staudinger, T. (Hrsg.): Erwerbschancen für Ältere? Probleme – Handlungsmöglichkeiten – Perspektiven, Augsburg 2007, S. 10–27
Kropp, W. (1997): Systemische Personalwirtschaft – Wege zu vernetzt, kooperativen Problemlösungen, München 1997
Kunz, P. (2002): Fehlzeiten als unternehmenspolitischer Entscheidungsfall: Ursachen – Wirkungszusammenhänge – Maßnahmen, Wiesbaden 2002
Ochs, U. (2009): Fehlzeiten dauerhaft senken, in: Personalmagazin, 03/2009, S. 20
Olfert, K. (2008): Personalwirtschaft, 13. Auflage, Ludwigshafen 2008
Richter, A., Heil, E. (2009): (Neue) steuerliche Freiräume beim Gesundheitsmanagement – Gesundheit spart Steuern, in: Arbeit und Arbeitsrecht, 03/2009, S. 136–139
RKW (Hrsg.): RKW-Handbuch Personalplanung, 3. Aufl., Neuwied, Kriftel, Berlin 1996
Schmitt-Rolfes, G. (2009): Krankheit nur Privatsache? In: Arbeit und Arbeitsrecht, Sonderheft 2009, S. 52–58

Schmitz, W. (2009): Personalplanern fehlt häufig die Weitsicht, in: VDI, 14/2009, S. 27
Ulich, E., Wülser, M. (2005): Gesundheitsmanagement in Unternehmen – Arbeitspsychologische Perspektiven, 2. aktualisierte Aufl., Wiesbaden 2005
Wieland, R. (2000): Verfahren zur Ermittlung psychischer Belastung nach DIN EN ISO 10075-3 – eine Betrachtung aus arbeitspsychologischer Perspektive – Workshop „Normung im Bereich der psychischen Arbeitsbelastung" Sankt Augustin am 08.11.2000
Wimmer, P., Neuberger, O. (1998): Personalwesen, 2. Band Personalplanung, Stuttgart 1989
www.bib-demographie.de
www.destatis.de
www.eupd-research.de
www.iab.de
Zaugg, R. J. (1996): Integrierte Personalbedarfsdeckung, Bern, Stuttgart, Wien, 1996

3. Personalmarketing

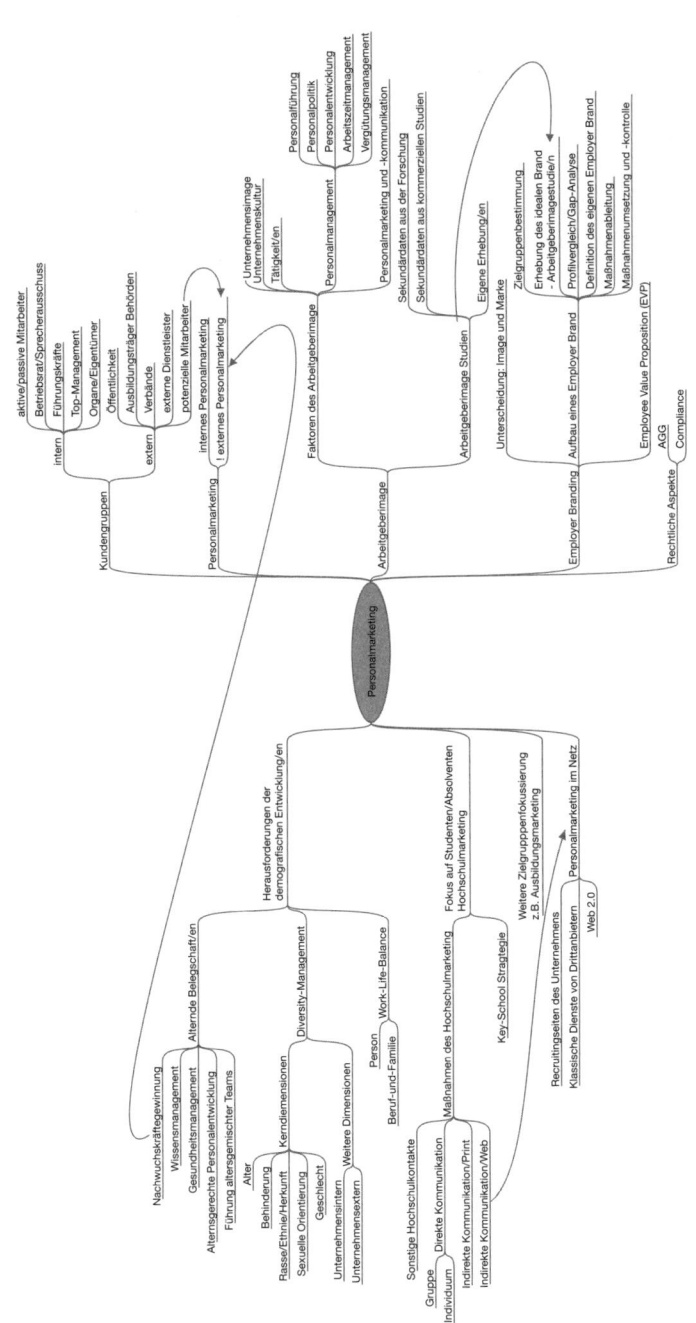

3.1 Zum Einstieg

„Logistics" steht auf unserem neuen Plakat, in grün auf pinkfarbigem Hintergrund. Gemeinsam mit einer Kollegin aus dem Fachbereich Einkauf rolle ich die 3x2 qm große Folie gerade an unserem Messestand in der Aula einer Hochschule aus. Gewöhnungsbedürftig, denke ich: Ich muss mich selbst erst noch daran gewöhnen. Erst vor kurzem wurde unser familiengeführtes Unternehmen mit knapp 2000 Mitarbeitern von einem internationalen Konzern übernommen. Ich, Hans Glock, habe im Vorgängerbetrieb einen Bachelor an der dualen Hochschule erfolgreich absolviert und wurde in den Personalbereich übernommen. Nicht trotz, sondern eher wegen der Veränderungen in Folge der Übernahme. Während unser Vorgängerbetrieb zumindest in der nahen Umgebung bekannt und vor allem anerkannt war, wird jede Handlung des unbekannten ausländischen Investors misstrauisch verfolgt. Das gilt für die Öffentlichkeit wie im Unternehmen selbst. Mein Auftrag ist es, unter der neuen Regie und mit dem neuen Namen einen Employer Branding Prozess anzustoßen und ein Personalmarketingkonzept für den deutschsprachigen Raum aufzusetzen. Der Messestand ist nur eine von vielen Kommunikationsmaßnahmen, die daraus resultieren. Erste Ergebnisse in Form von vermehrten Besuchen auf unserer ebenfalls neuen Recruitingsite und bereits erste Bewerbungen konnte ich erzielen, andere Dinge laufen noch nicht ganz so, wie ich mir das vorgestellt habe. So fehlen uns am Stand unter anderem die neuen Flyer und Broschüren. Von der ausländischen Mutter wurde vorgegeben, dass wir uns bei gedruckten Veröffentlichungen an die internationalen Standards zu halten haben. Leider waren zu diesem Zeitpunkt unsere (nicht konformen) Vorlagen bereits bei der Druckerei. Das gab Ärger. Jetzt bin ich mir auch bei den Inhalten unsicher geworden. Während das Vorgängerunternehmen als Arbeitgeber ein klares (wenn auch teilweise stark patriarchisches) Profil hatte, liegen im neuen Konzern Absichtserklärungen und betriebliche Realität manchmal weit auseinander. Seitdem ich mich damit beschäftige, muss ich allerdings zugeben, dass es viele Punkte gibt, die das Unternehmen jetzt als Arbeitgeber attraktiver erscheinen lassen: In einem internationalen Konzern gibt es mehr Aufstiegsmöglichkeiten und die Chance auf einen Auslandsaufenthalt. Zudem gibt es einige Programme der Holding, die auch den Standorten zu Gute kommen. So hat der nordische Investor bspw. eine sehr familienfreundliche Politik, flexible Modelle wie Telearbeit und Teilzeit werden offensiv beworben, früher war so etwas eher ungern gesehen. Zudem werden unterschiedliche Mitarbeitergruppen im Unternehmen gefördert, denen bislang kaum Aufmerksamkeit zukam, wie befristet Beschäftigte und Teilzeitkräfte. Darüber hinaus wird stark in die Weiterbildung der Mitarbeiter investiert, auch etwas das früher eher unter Kosten-, nicht Investitionsgesichtspunkten beurteilt wurde. Viele meiner Kollegen trauern allerdings den lieb gewonnenen Gewohnheiten hinterher und Externe kennen uns unter diesem Namen einfach nicht. Also wenn ich mir das überlege, habe ich noch einiges zu tun, aber ich freue mich auch auf meine Aufgabe.

3.2 Einleitung

Personalmarketing i. w. S. heißt konsequentes Verwirklichen des Marketinggedankens in der gesamten Personalarbeit. Diese Definition umfasst externes wie auch internes Marketing, also die Akquisitions- wie die Motivationsfunktion (vgl. Scholz, C. (2000), S. 419ff.).

Als Kunden des Personalmanagements werden alle bezeichnet, die aus der Arbeit des Personalmanagements Nutzen ziehen. Getrennt betrachtet werden dabei wie nachfolgend aufgeführt interne und externe Kundengruppen (vgl. Eisele, D. (2003), S. 92ff.):

Tabelle 8: Kundengruppen des Personalmanagements

Intern	Extern
aktive und passive Mitarbeiter	potenzielle und ehemalige Mitarbeiter
Personal- oder Betriebsrat sowie Vertrauensleute	Verbände und Gewerkschaften
Führungskräfte und Sprecherausschuss	Ausbildungsträger und Behörden, z. B. Agentur für Arbeit und Krankenkassen
Unternehmensleitung und Top-Management	externe Dienstleister
Organe und Eigentümer/Kapitalgeber	Öffentlichkeit

Die Wertschöpfungskette des Personalmanagements ist an den Bedürfnissen der jeweiligen Kundengruppe/n auszurichten. Entsprechend findet sich der Gedanke in allen Kapiteln des Buches wieder. Im folgenden Kapitel wird auf das externe Personalmarketing gegenüber potenziellen Mitarbeitern fokussiert. Diesem Aspekt kommt vor dem Hintergrund enger werdender Teilarbeitsmärkte besondere Relevanz zu. Teilarbeitsmärkte werden über einzelne oder unterschiedlich kombinierte Kriterien, wie die fachliche und hierarchische Differenzierung sowie die Branchenzugehörigkeit und geografisch abgegrenzte Bereiche, bestimmt. Als Segmentierungskriterium im Mittelpunkt steht nach wie vor das Ausbildungsniveau.

Externes Personalmarketing umfasst alle Maßnahmen des Unternehmens, die auf die Befriedigung des Bedürfnis-Mix künftiger Arbeitnehmer gerichtet sind. Das Unternehmen ist dabei Anbieter von zu besetzenden Positionen, künftige Mitarbeiter sind Kunden. Der Bedürfnis-Mix der Kunden resultiert aus latent vorhandenen, bereits manifesten oder gegebenenfalls noch zu erzeugenden Erwartungen. Die Leistungen sind entsprechend marktkonform zu gestalten. Die Kenntnis des Arbeitgeberimage sowie dessen Entwicklung und Pflege zum Employer Brand stehen damit im Fokus. Daher wird zunächst auf Faktoren des Arbeitgeberimages und mögliche Ausprägungen eingegangen, um dann auf das Employer Branding und vor allem auf die Möglichkeiten des Personalmarketings in der Kommunikation einzugehen. Besonderes Augenmerk im Rahmen der Kommunikation kommen Internet und Web 2.0 zu.

In Folge der bereits im Kapitel Personalplanung beschriebenen demografischen Entwicklungen ändern sich die Mitarbeiterstrukturen. Um zunehmend alternden und heterogenen Belegschaften gerecht zu werden, muss sich das Personalmanagement neuen Herausforderungen stellen. Dabei geht es, wie im Marketing generell, nicht (in erster Linie) um soziale Verantwortlichkeiten, sondern um die nachhaltige Stärkung der Wettbewerbsfähigkeit des Unternehmens. Daher werden in einem weiteren Abschnitt aus der demografischen Entwicklung resultierende (neue) Anforderungen an das Personalmanagement sowie Reaktionen darauf erörtert. Aus verschiedenen Blickrichtungen wird dabei auf das Management alternder Belegschaften, auf die Vereinbarkeit von Beruf und Familie bzw. die Erhaltung von Work-Life-Balance sowie auf das Management weiterer Diversity Aspekte eingegangen.

Abschließend wird auf rechtliche Aspekte und dabei auch auf Compliance selbst als wichtigem Bestandteil der Außendarstellung und -wahrnehmung eingegangen.

3.3 Arbeitgeberimage

Der Begriff „Image" leitet sich vom lateinischen Imago, übersetzt das „Bild, Bildnis oder Abbild", ab. Arbeitgeberimage kann damit als die Meinung/Vorstellung verstanden werden, die sich Menschen am Arbeitsmarkt über ein Unternehmen als Arbeitgeber gebildet haben.

3.3.1 Faktoren

Das Arbeitgeberimage resultiert aus der Wirkung von Unternehmensimage, Produktimage und Branchenimage. Eine entscheidende Rolle hat darüber hinaus die – wahrgenommene – Personalpolitik des Unternehmens. Wesentliche Faktoren sind, wie nachstehend abgebildet, der Standort, die Beschäftigungssicherheit, die Vergütungspolitik, hierarchische Strukturen, Karrieremöglichkeiten u. v. m., aber auch der Umgang untereinander im Betrieb, das Betriebsklima, und was davon nach außen getragen wird.

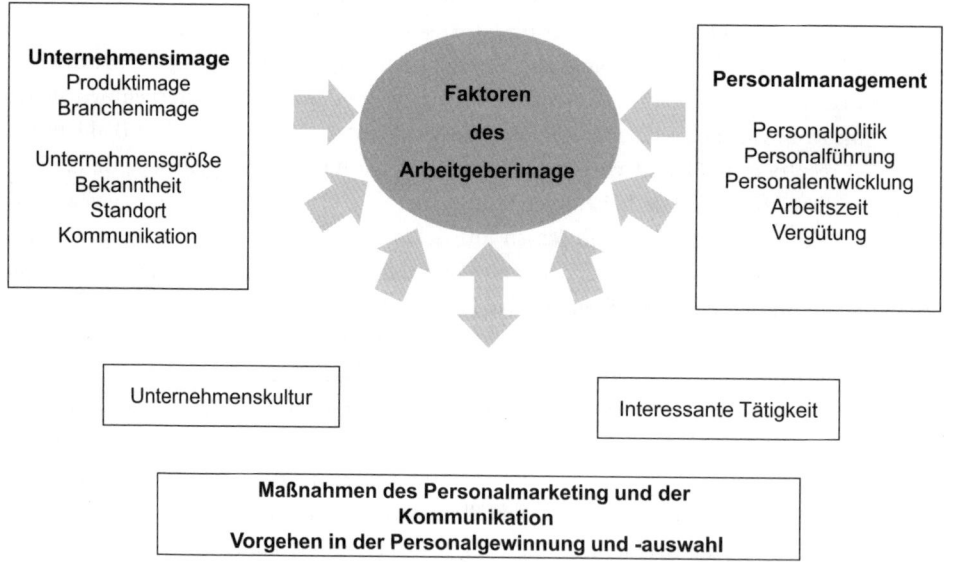

Abbildung 18: Faktoren des Arbeitgeberimage

3.3.2 Arbeitgeberimagestudien

Das Bild eines idealen Arbeitgebers ergibt sich aus der Wichtigkeit und der Ausprägung ausgewählter Faktoren. Diese Aussagen lassen sich dann auch mit einer Einschätzung bestimmter Unternehmen vergleichen. So kann deren Image in der Zielgruppe bewertet werden, Stärken und Potenziale werden damit belegt. Die Fokussierung einer Zielgruppe ist dabei wesentlich, da Präferenzen und Anforderungen in verschiedenen Teilarbeitsmärkten variieren. So lässt sich aus den Ergebnissen verschiedener Studien ableiten, dass Wirtschaftswirtschaftlern das Image des Unternehmens wichtiger als Ingenieuren oder auch Informatikern ist. Letztere legen dagegen hohen Wert auf flexible Arbeitszeiten. High Potenzials messen gegenüber den „durchschnittlichen Absolventen" ihres Jahrganges der Arbeitsplatzsicherheit weniger Bedeutung zu, legen dafür aber einen höheren Wert auf Internationalität. Der Standort spielt für Nicht-Führungskräfte durchaus eine Rolle bei der Wahl des Arbeitgebers, während Führungskräfte diesen Aspekt in ihre Entscheidung nicht mit einbeziehen. (Vgl. Süß, M. (1996); Teufer, S. (1999) oder Eisele, D. (2001)). Damit sind nur einige Beispiele unterschiedlicher Präferenzen benannt. Da diese vielfältig sind und sich stetig entwickeln, sollte jeweils nach der Zielgruppenbestimmung möglichst aktuelles Datenmaterial herangezogen werden. Es gibt zahlreiche kommerzielle sowie nicht-kommerzielle Querschnittuntersuchungen von Beratungshäusern, Hochschulen und Verbänden. Etabliert haben sich daneben Längsschnittuntersuchungen, von denen untenstehend einige aufgelistet sind. Während die ersten drei genannten Studien von trendence, Universum und McKinsey neben der Faktorenbeurteilung auch Unternehmen durch Studenten und Absolventen nach Beliebtheit als Arbeitgeber ranken lassen, zielt die dritte Studie von Towers Perrin ausschließlich auf die Einschätzung einzelner relevanter Imagefaktoren aus der Sicht Berufserfahrener.

Tabelle 9: Längsschnittuntersuchungen zum Arbeitgeberimage

Name (Quelle)	Fokus	Methodik	Zentrale Inhalte/Ergebnisse
Das Deutsche Absolventenbarometer (trendence Institute GmbH)	Studenten und Absolventen, Deutschland	Befragung, N=20 000+	Arbeitgeberrankings nach verschiedenen Fachbereichen, Ermittlung von Kriterien der Arbeitgeberwahl und Präferenzen bezüglich der Kommunikation
Universum Graduate Survey (Universum)	Studenten und Absolventen, international (Deutschland)	Befragung, N=10 000+ (in Deutschland)	Arbeitgeberrankings nach verschiedenen Arbeitstypen, Ermittlung von Kriterien der Arbeitgeberwahl und Präferenzen bezüglich der Kommunikation
Most Wanted – die Arbeitgeberstudie (McKinsey)	Stipendiaten e-fellows.net	Befragung, N=3000+	Ermittlung von Merkmalen besonders attraktiver Arbeitgeber
Global Workforce Study (Towers Perrin)	Führungskräfte und Nicht-Führungskräfte, international (Deutschland)	Befragung, N=80 000+/ N= 3000+ (in Deutschland)	Ermittlung von Treibern der Mitarbeitergewinnung, -bindung und -motivation

Eine fortdauernde Diskussion findet sich hinsichtlich der Wichtigkeit der Vergütung als Faktor des Arbeitgeberimages. Regelmäßig führen indirekte Befragungen, bspw. mit Conjoint Analysen, zu anderen Ergebnissen als direkte Befragungen (vgl. Wiltinger, K. (1997), S. 66). Verbreitet ist die Ansicht, dass das Entgelt ein gewisses Marktniveau erreichen muss, um akzeptabel zu sein, dann aber eher als Hygienefaktor zu sehen ist. Mit der Struktur, z. B. der Höhe und Ausprägung eines variablen Anteils oder sozial motivierter Bestandteile, sind jedoch durchaus Signalwirkungen verbunden.

In (wirtschaftlichen) Krisenzeiten, in Folge eines generellen bzw. branchenweiten Konjunkturrückgangs oder auf Grund von Missmanagement, wird das Image meist nachhaltig geschädigt. Betroffene Unternehmen merken dies meist zeitverzögert, da in schlechten Zeiten eher ab- und nur im Einzelfall aufgebaut wird. Aussagen zur Nachhaltigkeit der verschiedenen Einflüsse von Arbeitsmarktlage und Imagewirkungen gibt es bislang wenig. Eine vergleichende Gegenüberstellung anhand der BWM AG und der Nokia GmbH Deutschland findet sich bei Schuber, A., Sparr, J., Hedde, B. ((2009), S. 51). Mögliche Auswirkungen eines Personalabbaus (im Jahr 2008) sind in letztgenanntem Beispiel deutlich geworden: Nicht nur das Image als Arbeitgeber hat mit Blick auf Rankings enorm gelitten, auch das Markenimage ist nach wie vor geschädigt, was durch einen Absatzeinbruch von fast 10 % im Marktvergleich deutlich wird. Dagegen hat sich der zahlenmäßig höhere Personalabbau bei der BMW AG in keinem der beiden Punkte ersichtlich ausgewirkt. Die Vermutung liegt nahe, dass dies an der bereits vorher eingenommen Stellung (BWM als langjähriger Spitzenreiter der beliebtesten Arbeitgeber in Deutschland), aber insbesondere am (mangelnden) Verantwortungsbewusstsein und einer (negativen) Kommunikationspolitik während des Abbaus liegt (Nokia verlagerte den Meldungen gemäß nach Auslaufen deutscher Staatshilfen die Arbeitsplätze – wiederum subventioniert – nach Rumänien). Es kommt also neben einem Personalabbau selbst, insbesondere auf das Vorgehen in der Umsetzung und die Kommunikationspolitik des Unternehmens an.

Auf der anderen Seite profitieren in einer allgemeinen Regression sog. krisensichere Arbeitgeber, wie bspw. Verkehrs- und Versorgungsbetriebe. Nicht (direkt) von der Krise betroffene Unternehmen profitieren nicht nur von einem sich entspannenden Arbeitsmarkt, sondern auch von der erhöhten Wichtigkeit einer konstanten Absatzmarktentwicklung für die Wahl des Arbeitgebers. Für diese Arbeitgeber empfiehlt es sich, diesen Punkt als Bestandteil im Aufbau einer unverwechselbaren Arbeitgebermarke zu platzieren.

3.4 Employer Branding

In Abgrenzung zum Arbeitgeberimage ist der Aufbau einer Arbeitgebermarke ein aktiv gesteuerter Prozess. Grundlegend sind dabei die im Folgenden aufgeführten Schritte (Franke, C., Hirthe, S. (2008), S. 6ff.). Wie bei allen wesentlichen Themen stehen Überzeugung von und Unterstützung durch das Top-Management am Anfang. Der Arbeitgebermarke kommt nicht nur auf dem externen Markt eine hohe Bedeutung zu. Auch intern kann so der Grad der Verbundenheit der Mitarbeiter zum Unternehmen sowie deren Motivation wesentlich beeinflusst werden. Es empfiehlt sich daher die aktive Einbindung von Mitarbeitern und Führungskräften, insbesondere bei den Steps der Stärken- und Schwächenanalyse sowie der Definition der Werttreiber der Arbeitgebermarke:

Schritt 1: Zunächst ist die Zielgruppe zu bestimmen. Dabei geht es nicht darum, dass nicht (gelegentlich) auch Mitarbeiter anderer Berufsgruppen eingestellt werden. Ein Unternehmen muss sich aber überlegen, welche Zielgruppe die strategisch wichtigste Kernzielgruppe bildet und diese dann anhand relevanter Merkmale definieren:

- Welche fachlichen Qualifikationen werden in besonderem Maß benötigt? Ingenieure der Elektrotechnik, Maschinenbauer, Bankbetriebswirte, Industriebetriebswirte oder Juristen mit spezifischen Kenntnissen im Steuerrecht?
- Welche Berufserfahrung sollte vorhanden sein? Werden überwiegend Absolventen eingestellt und selbst an das Berufsleben herangeführt oder werden bei Beratungsfirmen und Konkurrenten Mitarbeiter mit Branchenkenntnissen angeworben oder sind vorrangig Quereinsteiger gesucht?
- Welche sozialen Kompetenzen sollen die zukünftigen Mitarbeiter mitbringen, damit sie in das Unternehmen passen? Werden Mitarbeiter gesucht, die sich einfügen oder werden Personen gesucht, die ihre eigenen Ideen verfolgen und ihre Meinung sagen, auch mit der Gefahr, dass sie anecken? Werden Menschen gesucht, die in einer Gemeinschaft für andere da sein wollen oder die lieber ihren eigenen Kopf durchsetzen?
- Welche persönlichen Kompetenzen sind für die weitere Entwicklung des Unternehmens wichtig? Sind international Erfahrene und Mobile oder eher stabile Kräfte gesucht? Sind kreative und risikofreudige Menschen gefragt oder sind Dranbleiben, Durchhaltevermögen und Risikoaversität die wichtigeren Eigenschaften?

Schritt 2: Für die definierte Zielgruppe ist das ideale Arbeitgeberimage zu erheben. Zumindest ein grobes Bild des „Employer of Choice" muss in der Zielgruppe entstehen. Wie im vorangegangen Kapitel ausgeführt, kann dies insbesondere mit Blick auf große Zielgruppen, z. B. Hochschulabsolventen bestimmter Fachrichtungen, meist relativ kostengünstig über Sekundärdaten ermittelt werden. Liegen keine verwertbaren Daten vor, sind ergänzend eigene Befragungen durchzuführen oder eigene begründete Einschätzungen zu ergänzen.

Schritt 3: Wenn Zielgruppe und Soll-Image ausreichend klar sind, wird dieses dem Ist-Zustand im Unternehmen gegenübergestellt. Zur Analyse des Ist-Zustandes eignet sich der Einsatz der Stärken-/Schwächenanalyse. Das Ergebnis einer solchen Analyse und daraus abzuleitende Empfehlungen sind nachfolgend anhand eines Personaldienstleisters im IT-Sektor dargestellt.

Schritt 4: Aufbauend auf den Stärken sollte die Definition der eigenen Arbeitgebermarke erfolgen, wobei auf ein Alleinstellungsmerkmal Wert zu legen ist. Analog zur Unique Selling Proposition (USP) wird von dem Aufbau einer Employer Value Proposition (EVP) gesprochen. Weniger ist dabei manchmal mehr. Augenmerk sollte auf Konsistenz mit der Unternehmensmarke und zudem Glaubwürdigkeit mit Blick auf die vorhandenen Bedingungen gelegt werden (vgl. Trost, A. (2008), S. 136ff.). Auch eine entsprechende Konsolidierung und Schärfung der Bedingungen kann und sollte (soweit notwendig und möglich) erfolgen. Da die Bedingungen aber eher langfristig zu verändern sind, kann auch eine Anpassung der Definition ratsam sein.

Beispiel 10: Stärken-/Schwächenanalyse für einen Personaldienstleister für den IT-Sektor
Der Personaldienstleister mit Hauptstandort im Süd-Westen Deutschlands beschäftigt rund 800 Festangestellte. In der Projektdatenbank befinden sich mehr als 100 000 Spezialisten, die auf IT-Projekte vermittelt werden.
Bei der nachfolgenden Stärken-/Schwächenanalyse wurde auf das Unternehmen als eigentlicher Arbeitgeber fokussiert, also nicht auf das Projektgeschäft.

Stärken	Schwächen	Beeinflussbarkeit
– Standorte in attraktiver Innenstadtlage – Starkes Wachstum und damit gute Entwicklungschancen – Dynamische Atmosphäre, Altersdurchschnitt mit 32 Jahren sehr jung – Überdurchschnittliche Vergütungschancen – Flexibler Arbeitseinsatz, z. B. Wechselarbeitsplatz oder Telearbeit, möglich	– Relativ geringer Bekanntheitsgrad bzw. nur lokale Bekanntheit – Lange Arbeitszeiten – Viele Dienstreisen – Kaum zusätzliche Services für Arbeitnehmer, wie Kantine, Parkplätze oder auch Angebot von Kinderbetreuung	Gering und nur mittelbar
– Eigene Verantwortlichkeit im Personalmarketing (derzeit allerdings nicht besetzt) – Personalgewinnung und -auswahl als Kerngeschäft – Viele Maßnahmen sind bereits im Kundensegment erprobt – Professionelle Ausstattung (z. B. Messestand, Recruitingseiten, Broschüren) vorhanden	– Derzeit kein Hauptverantwortlicher, da der letzte Stelleninhaber gekündigt hat – Wahrnehmung auf dem Markt als Dienstleister, nicht als eigentlicher Arbeitgeber – Keine bzw. zu geringe Zielgruppendefinition und -fokussierung – Ungesteuerte Maßnahmen nach dem Gießkannenprinzip – Fehlende Erfolgskontrolle	Hoch und unmittelbar

Tabelle 10: Stärken- und Schwächenanalyse: Employer Brand und Personalmarketing

Hier wurden folgende Empfehlungen abgeleitet: Mit Blick auf die Stärken des Employer Brand sollte eine Betonung der Innenstadtlage und daraus resultierende zahlreiche Wohn-, Einkaufs- und Freizeitmöglichkeiten erfolgen. Besonders hervorzuheben sind auch das Wachstum und die damit verbundenen Entwicklungschancen in beruflicher und finanzieller Hinsicht, sowie die Einsatzflexibilität des Unternehmens. Abgeleitet aus den Schwächen empfiehlt sich eine Konzentration des Marketings auf die Städte, in denen das Unternehmen auch tatsächlich vertreten und erlebbar ist. Anforderungen an Arbeitszeiteinsatz und Reisetätigkeit sollten nicht hervorgehoben, aber realitätsnah dargestellt werden, ansonsten sind spätere Enttäuschungen vorprogrammiert. Die überdurchschnittliche Vergütung kann zu Gunsten des Angebots zentraler Services angepasst werden: Anmietung von Parkplätzen und Abkommen mit nahegelegenen Restaurants sowie einige Belegplätze in Kinderbetreuungseinrichtungen sind einfach zu arrangieren und können als Extraservices vermarktet werden.
Zur Steuerung der Personalmarketingaktivitäten sind zunächst einige grundlegende Arbeiten nachzuholen. Zunächst ist bald möglich die Position des Verantwortlichen zu besetzen. Dann ist die Zielgruppe abzugrenzen, bevor die Maßnahmen auf ihre Wirksamkeit hin neu eingeschätzt werden. Eine Bewerbung zusammen mit der Projekttätigkeit sollte eher vermieden werden, zumindest ist ganz besonders in der Darstellung und Kommunikation auf Trennschärfe der Ansprache zu achten.

Schritt 5: Kurzfristig durch das Personalmarketing überwunden werden können vorrangig Informations- und Kommunikationsprobleme, wie auch im vorangegangen Beispiel ersichtlich. Nicht zuletzt ist daher eine enge Kooperation mit den Bereichen Unternehmenskommunikation bzw. Öffentlichkeitsarbeit und Marketing angezeigt (vgl. Kleb, T. (2007), 24ff.; Trost, A. (2008), S. 116f.). Denn um das Employer Brand bekannt zu machen, was Voraussetzung für dessen Wirksamkeit ist, ist zum Schluss ein zielgruppenspezifisches Kommunikationskonzept aufzubauen und umzusetzen. Auf die Kommunikation als Bestandteil des Personalmarketings wird im nächsten Kapitel mit spezifischer Ausrichtung auf das Hochschulmarketing näher eingegangen. Nachfolgend zunächst ein beispielhafter Prozess des Aufbaus einer (neuen) Arbeitgebermarke.

Beispiel 11: Aufbau einer Arbeitgebermarke am Beispiel Evonik

Die Evonik Industries AG (vormals RAG-Beteiligungs-AG) mit Hauptsitz in Essen beschäftigt in ihren Geschäftsfeldern Chemie, Energie und Immobilien über 40 000 Mitarbeiter weltweit.

Vor einer besonders großen Herausforderung stand Evonik, da das Unternehmen 2007 als Arbeitgebermarke gänzlich neu auf den Arbeitsmarkt trat. Es wurde ein Strategiehaus entwickelt, in dem von der Vision ausgehend alle Prozesse und Instrumente, von einzelnen Werbemitteln bis hin zum Messe- und Eventkonzept, integriert sind:

- Vision: Employer of Choice
- Mission: „Wir leisten unseren Beitrag, indem wir durch Aufbau und Entwicklung einer Top-Arbeitgebermarke Evonik als attraktiven Arbeitgeber bei unseren Zielgruppen und in den Zielregionen positionieren."
- Ziel: Externe und interne Wahrnehmung von Evonik als attraktiver Arbeitgeber zur Gewinnung, Integration und Bindung von Talenten.
- Strategische Handlungsfelder: (Arbeitgeber-)Markenaufbau, Aufbau eines authentischen „Auftritts", Definition der Zielgruppen und Zielregionen, Rekrutierungsstrategie, hochwertiges strategisches Networking und Positionierung des Personalmarketings im Konzern
- Steuerung der (Arbeitgeber-)Marke, der konzernweiten Personalmarketing-Aktivitäten, des konzernweiten Arbeitsmarktes und der interner und externer Gremien.
- Projekte zur Gestaltung des Brand, zur Erarbeitung von Message und Karriereseiten, Aufstellung von Regelungen für Arbeitsmarkt und Vermittlung, Konzeption von Messen und Events, Definition der Zielgruppen und Zielregionen sowie Aufbau eines Controllingtools.

Die Botschaften, was Evonik als Arbeitgeber ausmacht, leiten sich konsequent und unmittelbar aus der Unternehmensmarke ab. Kernkompetenzen sind Kreativität, Spezialistentum, Selbsterneuerung und Verlässlichkeit (in Anlehnung an Bormann, U., Lukasczyk, A., S. 33ff.).

3.5 Maßnahmen des Personal- und insbesondere Hochschulmarketings

Der Aufbau der Arbeitgebermarke ist durch ein stimmiges Kommunikationskonzept zu begleiten (vgl. Scholz, C., Schlegel, D., Scholz, M. (1992), S. 6f.). Es folgen ein Überblick über die verschiedenen Instrumente sowie deren kurze Erläuterung. Da Karriereseiten bzw. Recruitingpages immer mehr im Fokus stehen, wird auf diese gesondert eingegangen. Operationalisierte Ziele bezogen auf die Zielgruppe der Studenten und Absolventen können wie folgt formuliert sein:

- Zeitnahe Besetzung von 5 Positionen im Direkteinstieg
- Aufbau einer Nachwuchsgruppe mit 3 Personen, die als Trainees auf eine weiterführende Aufgabe vorbereitet werden.
- Steigerung des Bekanntheitsgrades an den umliegenden Universitäten und Fachhochschulen und das laufende Angebot von mindestens 20 Praktikanten- bzw. Diplomandenstellen sowie 5 Werkstudentenpositionen.
- Langfristiger Aufbau eines Bewerberpools mit Blick auf eine geplante Aufstockung von 5 auf 15 Stellen, die in den nächsten Jahren jährlich durch Absolventen besetzt werden sollen.

Die Kommunikation über Universitäten und Fachhochschulen als „Talent-Lieferanten" ist hier zentral. Um finanzielle Ressourcen und personelle Kapazitäten gezielt einsetzen zu können, ist zunächst die Auswahl geeigneter Partner notwendig. Es wird dann auch von einer Strategie der Schlüsselhochschulen bzw. von einer Key-School-Strategie gesprochen. Als Kriterien der Selektion können das Renommee der Einrichtung, anhand von Hochschulrankings, Absolventenzahlen, internationale Ausrichtung aber auch räumliche Nähe und breite Zielgruppenabdeckung herangezogen werden. Neben der Bestimmung ziel(gruppen)abhängiger Schlüsselhochschulen, Fakultäten oder Lehrstühlen sowie Studentenorganisationen, gilt es auch Medien und Veranstaltungstypen vorzuselektieren und den Maßnahmenmix zweckdienlich einzuschränken (vgl. Eisele, D., Horender, U., S. 27ff.).

3.5.1 Key-School-Strategie

Effizienz und Effektivität der Maßnahmen können mit einer zielgenauen Fokussierung der Maßnahmen an Schlüsselhochschulen bzw. Key-Schools gesteigert werden. Zur Bestimmung geeigneter Hochschulen werden folgende Schritte durchlaufen:

- Bestimmung der Bedarfe: „Welche Qualifikationen müssen die Absolventen haben?"
- Definition der Zielgruppe: „Wer besitzt diese Qualifikationen (soweit sie von der Hochschule in-/direkt beeinflusst werden)?
- Bestimmung weiterer Selektionskriterien: „Welche weiteren Kriterien, wie persönliche Kontakte oder räumliche Nähe, spielen bei der Wahl eine Rolle?"
- Auswahl an Hochschulen, die die Ko-Kriterien erfüllen und Priorisierung dieser, anhand weiterer relevanter Kriterien: „Welche Hochschule/n erfüllen die geforderten Punkte am besten?"

Als Entscheidungshilfe eignet sich besonders die Nutzwertanalyse, deren Vorgehen im Kapitel Personalcontrolling generell vorgestellt wird. Nachstehend ein Ausschnitt bzw. mögliches Teilergebnis eines mittelständischen Maschinenbauers im mittleren Neckarraum: Dabei wurde nach der Zielgruppendefinition und der Anforderungsformulierung ermittelt, welche Aspekte von der Hochschule beeinflusst werden: Das ist zuerst die Qualifikation. Von Interesse für das Unternehmen sind insbesondere Ingenieure der Fachrichtung Maschinenbau. Außerdem sollen diese bereits erste praktische Erfahrungen mitbringen, daher wurden Universitäten ausgenommen und auf Hochschulen fokussiert. Ebenfalls als Vorbedingung galt die räumliche Nähe, was durch einen Umkreis von max. 150 km bestimmt wurde. Als Alternativen blieben damit die Hochschulen Esslingen, Karlsruhe und Heilbronn im Rennen. Als wichtig wurden darüber hinaus vor allem die Anzahl der jährlichen Absolventen sowie bereits bestehende Kontakte, gemessen an der Zahl der Mitarbeiter mit Verbindungen zur Hochschule, festgehalten. Da die Aussagekraft des Rankings von den Unternehmensvertretern eher kritisch gesehen wird, wird das Gewicht mit 0,2 niedriger veranschlagt. Dagegen werden die Anzahl der Absolventen aber auch bereits bestehende Kontakte mit der Hochschule als gleich wichtig eingestuft und daher mit jeweils 0,4 gewichtet. Die Vergabe der Punkte und Ermittlung der Teilnutzwerte wird im Kapitel Personalcontrolling detailliert aufgezeigt. Als Ergebnis wurden folgende Nutzwerte ermittelt, auf deren Basis die Hochschule Heilbronn zu wählen ist.

Tabelle 11: Nutzwertanalyse zur Key-School Auswahl

Beurteilungskriterien	Gewicht	Schlüsselhochschule/n					
		Esslingen		Heilbronn		Karlsruhe	
Zahl der jährlichen Absolventen	0,4	8	3,2	8	3,2	10	4
Bestehende Kontakte (Anzahl der Mitarbeiter)	0,4	4	1,6	10	4	0	0
Ranking (CHE-Hochschulranking)	0,2	10	2	4	0,8	8	1,6
Nutzwert (NW)	1	–	6,8	–	8	–	5,6

Ist die Key-School bzw. sind Key-Schools gewählt, folgt die Aufstellung der (speziellen) Maßnahmen: „Wie kann die jeweilige Zielgruppe (gesondert) angesprochen werden?"

Auf Grund regelmäßiger Erfolgskontrollen sollten nicht nur die Maßnahmenkataloge ständig angepasst werden, auch eine regelmäßige Überprüfung der Zusammensetzung der Key-Schools selbst, empfiehlt sich. Erfolgskontrollen können und sollten sich dabei zum einen auf die Outputziele beziehen: „Wie viele Einstellungen resultieren aus dem Kontakt an diese Hochschule?" Aber auch Throughputziele sind im Auge zu behalten. Darunter fallen Erhebungen zum Bekanntheits- und Beliebtheitsgrad des Unternehmens an der bzw. den Hochschule/n, aber auch un-/systematische Rückmeldungen zu durchgeführten Aktionen, wie Workshopveranstaltungen oder Bewerbertage. Eine erfolgreiche Strategie der Konzentration ist nachstehend am Beispiel beschrieben.

Beispiel 12: Zusammenarbeit mit der Hochschule bei der N-ERGIE
Die N-ERGIE Aktiengesellschaft mit Sitz in Nürnberg ist ein Energiekonzern mit ca. 2700 Mitarbeitern und 1,8 Mrd. € Umsatz (2008).
Die N-ERGIE AG fokussiert ihr Engagement auf die Zusammenarbeit mit der lokal ansässigen Fachhochschule (Georg-Simon-Ohm-Fachhochschule Nürnberg). Ausschlaggebend sind die Passgenauigkeit von Ausbildungsangebot und Qualifikationsbedarf, Effizienzüberlegungen und Wettbewerbsvorteile aus der räumlichen Nähe. Bedarfsorientiert wird im Einzelfall auch mit weiteren Hochschulen zusammengearbeitet. Das Portfolio der Kooperationsmaßnahmen umfasst die Förderung des Lehrangebots, durch Vergabe des N-ERGIE Förderpreises, Dozententätigkeit von Mitarbeitern, Teilnahme an Vortragsreihen, Diskussionsveranstaltungen sowie das Angebot von Fachvorträgen und Besichtigungen. Die „praktische" Ausbildung von Studierenden wird durch Vergabe von Praktika, Abschlussarbeiten und Teilnahme am studienbegleitenden Förderprogramm der Hochschule (sog. „I. C. S.-Fördermodell") unterstützt.

> Hochschulaktivitäten werden über die Teilnahme und finanzielle Beteiligung an der Hochschulkontaktmesse, Treffen von Vorstand, Personalleiter und Führungskräften mit Hochschulleitung und Professoren (sog. „Professoren-Exkursion") sowie punktuell, z. B. durch Schaltung von Personalimageanzeigen in den Hochschulmedien, gefördert. Zudem werden Beratungsaufträge an Fachbereiche, z. B. Konzeption und Durchführung einer Mitarbeiterbefragung zur Kinderbetreuung, vergeben und nicht zuletzt zahlreiche Mitarbeiter von der Hochschule rekrutiert.
> Insgesamt wird die Zusammenarbeit als äußerst positiv bewertet, wobei die Kooperation erst allmählich auch systematisiert, formalisiert und professionalisiert wird. (In Anlehnung an Stifterverband für die deutsche Wirtschaft 2009.)

3.5.2 Maßnahmenmix

Die Kommunikation kann generell, wie in folgender Tabelle systematisiert, über eine direkte Ansprache einer Gruppe von Personen oder eines Individuums oder über indirekte Kommunikation erfolgen (in Anlehnung an van Berk, M. (1993), S. 215).

Tabelle 12: Überblick über die prinzipiellen Möglichkeiten des Hochschulmarketing

Direkte Ansprache einer Gruppe	Indirekte Kommunikation über Medien
Unternehmenspräsentation an Hochschulen; Besichtigungen, Exkursionen, Seminare und Workshops im Unternehmen; Durchführung von Unternehmensplanspielen; Vergabe von Fallstudien an studentische Teams; Angebot von Bewerbertagen; Teilnahme an Hochschulmessen und Firmenkontaktmessen.	Schaltung von Image- und Stellenanzeigen in Printmedien und im Internet; Beiträge in Medien; Flyer, Informationsbroschüre und Mappen für Bewerber; Aushänge an Bildungsinstitutionen sowie Einrichtung von Recruitingpages.
Direkte Ansprache eines Individuums	**Sonstige Hochschulkontakte als Unterstützungsmaßnahme für die Hochschule**
Angebot von Praktikantenplätzen, Ferienjobs- und Werkstudententätigkeiten; Vergabe von Studien- und Diplomarbeiten; Unterstützung von Dissertationen; Einrichtung unternehmenseigener Förderkreise; Vergabe von Stipendien; Sourcing in Absolventenbüchern und im Internet.	Mitarbeit in Hochschulgremien oder Förderkreisen; Prämierung von wissenschaftlichen Arbeiten; Mitgliedschaft bei studentischen Organisationen und Arbeitskreisen; Spenden, Schenkungen und Sponsoring; Forschungsaufträge an Professoren; Verbundprojekte in Forschung und Weiterbildung.

Wesentliche indirekte Kommunikationsinstrumente sind Image- und Stellenanzeigen in Printmedien und im Internet. Die Bedeutung von Kontaktmessen hat in den letzten Jahren immer mehr zugenommen. Am meisten Erfolg versprechen Maßnahmen der direkten Kommunikation. Zentral ist das Angebot von Praktikanten- und Diplomandenplätzen sowie Werkstudententätigkeiten. So können sich potenzielle Mitarbeiter und Unternehmensvertreter ein persönliches Bild von einander machen.

Nach der Wahl zielführender Maßnahmen sind diese zusammen mit den geeigneten Partnern durchzuführen. So ist die Vergabe von Abschlussarbeiten, Dissertationen, Förderpreisen sowie

Lehrauftragen meist nur über die Fakultäten bzw. Professoren möglich. Dagegen können Aushänge, Exkursionen, Messeauftritte, Vorträge, Workshops und Stipendienvergabe regelmäßig auch in Kooperation mit Studenteninitiativen durchgeführt werden (vgl. Eisele, D., Horender, U. (1999), S. 36).

An den spezifischen Zielen wird die Erfolgskontrolle festgemacht. Um bspw. den Bekanntheitsgrad im Zeitvergleich zu evaluieren, werden Umfragen an den ausgewählten Schlüsselhochschulen durchgeführt. Die erfolgreiche und schnelle Besetzung der offenen Stellen ist direkt ersichtlich. Ein im Kapitel Personalcontrolling näher erläutertes Instrument der Maßnahmenbeurteilung ist das Portfolio. Zur Visualisierung der Einschätzung von Personalmaßnahmen sowie Ableitung von Handlungsempfehlungen bzw. Maßnahmenauswahl werden auf den Koordinaten folgende Kriterien abgebildet: Auf der x-Achse wird die über Befragungen geschätzte Wirksamkeit der eingesetzten Maßnahmen des Personalmarketings, z. B. Angebot von Praktika und Diplomarbeiten, Messebesuche, Stipendienvergabe, abgebildet. Auf der y-Achse steht der Aufwand im Unternehmen, wobei ein niedriger Aufwand positiv und ein hoher Aufwand negativ ist. Erscheinen Maßnahmen im linken unteren Quadranten, d. h. sie haben eine geringe Relevanz bei der Zielgruppe, aber bringen einen hohen Aufwand für das Unternehmen mit sich, ist die Einschränkung der Intensität zu empfehlen. Dagegen sollte in Maßnahmen im linken oberen Quadranten investiert werden. Denn hier kann mit wenig Aufwand entsprechend viel erreicht werden. Im mittleren Bereich ist abhängig von weiteren Rahmenbedingungen und aktuellen Entwicklungen selektiv vorzugehen.

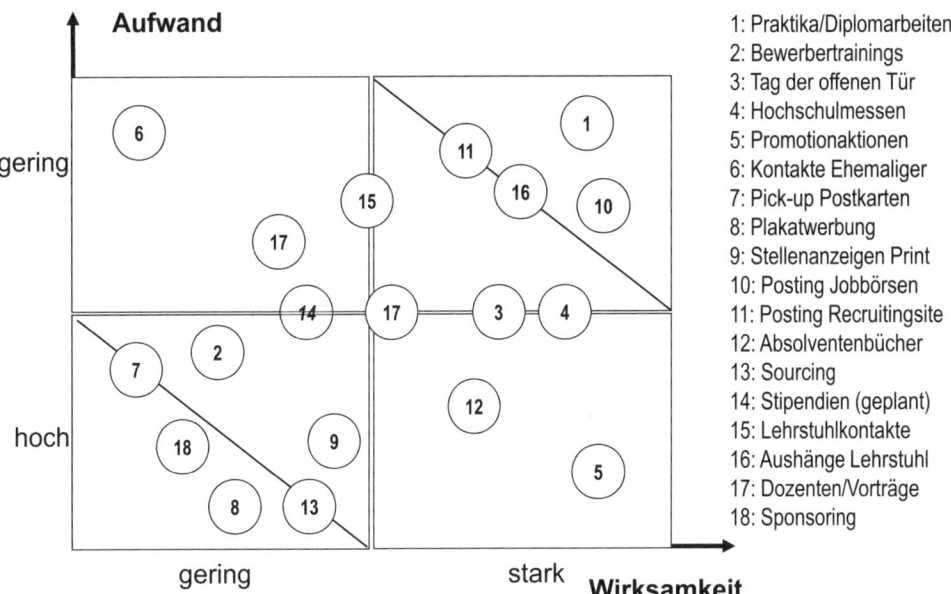

Abbildung 19: Portfolio zur Auswahl von Maßnahmen des Personalmarketings

3.5.3 Innovative Aktionen

Wollen sich Firmen deutlich abheben, sind die genannten Maßnahmen um innovative Aktionen zu ergänzen. Dies reicht vom unternehmenseigenen Recruiting-LKW bis zur Einladung zu mehrtägigen Events an ausgefallenen Örtlichkeiten. Derlei „Extravaganzen" werden insbesondere von Beratungshäusern und Großunternehmen genutzt. Wie das untenstehende Beispiel veranschaulicht, können aber gerade kleinere Unternehmen mit derlei Aktionen von sich Reden machen und damit besonderen Nutzen erreichen:

> **Beispiel 13: Recruitng-LKW der Conject AG**
> Das Münchner Software Unternehmen Conject AG setzte 2008 mit ca. 100 Mitarbeitern und 8,5 Mio. € um. Die Conject AG sucht insbesondere Bauingenieure mit Hang zur IT. Nachdem das Unternehmen bei der IKOM Bau 2008 keinen Messestand mehr bekommen hatte, fuhren die Unternehmensvertreter im LKW vor und fingen die Studenten und Absolventen vor der Halle mit einem kleinen Snack und Informationen zum Unternehmen ab. Wie vorangegangene Aktionen zog diese mehr als ein Dutzend konkrete Bewerbungen nach sich (in Anlehnung an Stercken, A. (2008), S. 33f.).

3.5.4 Imageanzeigen, Print und andere traditionelle Formen der Darstellung

Neben dem Internet sind gedruckte Medien nach wie vor wichtig. Auf Stellenausschreibungen wird im Kapitel Personalgewinnung und -auswahl eingegangen. Hinweise zur externen Personalberichterstattung finden sich im Kapitel Personalcontrolling wieder. Nachfolgend liegt das Augenmerk auf Imageanzeigen und Recruiting-Broschüren. Dabei ist nicht zu vergessen, dass die Konsistenz von Darstellungsform und Botschaften über alle Medien hinweg ein wesentlicher Erfolgsfaktor ist.

Wichtig in der Textsprache ist der Slogan, mit dem in wenigen Worten die Employer Value Proposition (EVP) auf den Punkt gebracht wird. Dies mögen „Slogans" wie „Auge um Auge, Zahn um Zahn" im alten Testament, „survival of the fittest" des Evolutionsbiologen Charles Darwin oder die „invisible hand" des Nationalökonomen Adam Smith verdeutlichen.

> **Beispiel 14: Slogans von Arbeitgebern**
> - McKinsey hat als amerikanisches Beratungshaus weltweit fast 15 000 Mitarbeiter und seinen Hauptsitz in Deutschland in Düsseldorf und als Slogan: „Passion wanted!"
> - Die Roche Diagnostics AG beschäftigt als Pharmakonzern mit Stammsitz in Basel weltweit rund 80 000 Mitarbeiter, davon 12 000 in Deutschland. Das Unternehmen wirbt mit dem Satz: „Starten Sie jetzt bei den Gesundheitspionieren".
> - Die Aldi Süd GmbH & Co. oHG mit Hauptsitz in Mühlheim an der Ruhr beschäftig rund 20 000 Mitarbeiter mit ihrem Discount Geschäft und meint: „Karriere ist eine Gerade".
> - Die Evonik Industries AG (vormals RAG-Beteiligungs-AG) mit Hauptsitz in Essen beschäftigt in ihren Geschäftsfeldern Chemie, Energie und Immobilien über 40 000 Mitarbeiter weltweit. Hier sind „Querdenker gesucht".
>
> (Eigene Darstellung in Anlehnung an Trost, A. (2008), S. 136ff.)

Imageanzeigen sind nicht auf die Ausschreibung einer konkreten Stelle bezogen. Vielmehr sollen hier ganze Zielgruppen, wie Schüler, Studierende und Absolventen oder berufserfahrene Fachkräfte, auf das Unternehmen als attraktiven Arbeitgeber aufmerksam gemacht und generelle Informationen übermittelt werden. Besondere Aufmerksamkeit erfahren dabei die Gewinner des Columbus Personal Anzeigen Award der vdi nachrichten.

Beispiel 15: Columbus Personal Anzeigen Award der vdi nachrichten
Den goldenen Preis gewann die deutsche Sick AG mit rund 5000 Mitarbeitern und 750 Mio. € Umsatz mit Industriesensorik (2008).
Neben der zentralen Ansprache ist ein kleiner Junge mit einem selbstgebastelten Dosentelefon abgebildet: „Es gibt etwas, dass wir genau so gerne haben wie Erfinder: Erfinderkinder" Damit vermittelt das Unternehmen zwei wesentliche Botschaften: Innovationskraft und Familienfreundlichkeit.
Silber ging an die ZF Friedrichshafen AG aus dem Automotive Bereich mit weltweit fast 60 000 Mitarbeitern und 12,5 Mrd. € Umsatz (2008). Über einem steinernen Mühlenrad ist die zentrale Botschaft angebracht: „Das Rad brauchen Sie nicht neu zu erfinden. Aber zum Thema Hybrid haben Sie sicher Ideen." Auch hier stehen Innovationen, mit Blick auf Hybrid Technik, im Vordergrund.
Zwei Seiten hat die Anzeige des Bronzegewinners, der Maschinenbauer Voith AG mit über 40 000 Mitarbeitern und fast 5 Mrd. € Umsatz. Stammsitz des Familienunternehmens ist Heidenheim an der Brenz: Unter einer jungen Frau in der Fabrikhalle findet sich die Botschaft: „Erfolg ist keine Frage des Alters – Ingenieure m/w" Die zweite Anzeige zeigt einen senioren Mann ebenfalls vor einer Maschine abgebildet: „Stimmt! Ingenieure m/w: Initiative 55+" Damit wird die Produktion in den Mittelpunkt gestellt und deutlich gemacht, dass alte wie junge und männliche wie weibliche (technische) Kräfte willkommen sind (entnommen aus vdi nachrichten (2008)).

Flyer, Broschüren und Mappen sollten optisch und inhaltlich konsistent sein (vgl. Hienerwadel, B. (2008), S. 18f.). Flyer sind dabei insbesondere für den Erstkontakt zur Erregung der Aufmerksamkeit geeignet und sprechen Emotionen an. Broschüren enthalten dagegen mehr Informationen und bieten sich daher für eine Vertiefung bereits bestehenden Interesses an. Sollen aktuelle Informationen, z. B. zu Messeterminen oder aktuelle Stellenausschreibungen, eingebunden werden, empfiehlt sich ein modularer Aufbau. Auf diesem Weg können einzelne Seiten ergänzt oder herausgenommen werden, ohne dass ein Neudruck erforderlich ist. Vorbedingung der zielgenauen Kommunikation ist unter anderem, sich bereits im Vorfeld Gedanken über die Distribution zu machen (vgl. Nieschlag, R. Dichtl, E., Hörschgen, H. (2002)).

Die Medien des Personalmarketings können auf Messen verteilt, an Hochschulen ausgelegt und in Printmedien beigelegt werden. Außerdem können sie per Post verschickt werden und sollten nicht zuletzt elektronisch auf den Recruitingseiten zur Verfügung gestellt werden.

Give-aways haben auch im Personalmarketing ihre Existenzberechtigung, darunter bedruckte Schreibutensillien, die besonders bei der Zielgruppe der Schüler und Studenten immer Willkommen sind, und Tassen mit Unternehmenslogo. Um sich aber vom Wettbewerb zu differenzieren, sollte wie im nachfolgenden Beispiel ein mehr oder weniger direkter Bezug zur Unternehmenstätigkeit hergestellt werden.

> **Beispiel 16: Ausgewählte Give-aways für bestimmte Arbeitnehmergruppen**
> Die EnBW Energie Baden-Württemberg AG mit Konzernsitz in Karlsruhe beschäftigt fast 20 000 Mitarbeiter und erwirtschaftet mit dem Schwerpunkt im Energiemarkt mehr als 16 Mrd. € Umsatz.
> Als Präsent für werdende Mütter (und Väter) gibt die EnBW Energie Baden-Württemberg AG Steckdosen Kindersicherungen und Nachtlicht im EnBW Design aus.

3.6 Internet

Persönliche Kontakte sind wichtig, auch schriftliches Material hat nach wie vor seinen Platz im Personalmarketing. Die Masse an Informationen wird jedoch heute über das Internet vermittelt. Das gilt auch für die Darstellung als Arbeitgeber. Zentral sind dabei die unternehmenseigenen Recruitingseiten, deren „klassischer" Aufbau sowie Inhalte werden im Folgenden dargestellt. Gesondert wird auf die Möglichkeiten eingegangen, die sich dem Personalmarketing auf Basis des sog. Web 2.0 bieten. Auf die Ausschreibung konkreter Stellen in Jobbörsen und auf dem unternehmenseigenen Stellenmarkt ebenso wie auf die (elektronische) Bewerbung und Online-Assessments wird im Rahmen der Personalgewinnung eingegangen.

3.6.1 Karriereseiten

Durch das prinzipiell unbeschränkte und dabei im Vergleich zu anderen Medien günstige Platzangebot kann im Internet ein breites Informationsspektrum bereitgestellt werden. Bedingt durch die inhaltliche und zeitliche Flexibilität des Mediums ergeben sich jedoch auch erhöhter Konzeptions- und Pflegeaufwand. Zu den wesentlichen Erfolgsfaktoren einer erfolgreichen Recruitingpage gehören laut verschiedenen Studien (vgl. bspw. Schiller García, J. (2006) oder Jäger, W., Frickenschmidt, S., Kilch, A. (2004)):

- Navigation und Benutzerfreundlichkeit
    - sprechende URLs, wie „Karriere", „Jobs" oder „Personalmarketing"
    - direkte Verlinkung von der Unternehmenshomepage
    - Navigationsleiste direkt auf der Karriereseiten
    - Sitemap zum Aufrufen
    - Suchfunktionen für die Karriereseiten und bei einem sehr umfangreichen Stellenangebot für die Stellenausschreibungen und
    - Verwendung gängiger Technik
- Darstellung
    - Zielgruppenorientierung der Darstellung
    - eine der Hierarchieebene entsprechende Ansprache und
    - Einheitlichkeit des gesamten Internetauftritts (Corporate Design)

- Informationen
  - Unternehmenspräsentation in allen Facetten
  - Personalpolitik und Führung im Unternehmen
  - differenzierte Ansprache von Auszubildenden, Studierenden, Absolventen und Berufserfahrenen
  - Einstiegs- und Karrieremöglichkeiten für die jeweilige Gruppe
  - aktuelle und aussagekräftige Stellenausschreibungen
  - Interaktion
  - Telefonische, elektronische oder auch postalische Kontaktmöglichkeiten
  - Namen, Abbildungen sowie Statements der Verantwortlichen des Personalmanagements sowie ggf. Ansprechpartner aus Fachbereichen
  - elektronische Bewerbungsmöglichkeit per E-Mail
  - Bewerbung mittels Online-Bewerbungsformular oder -system
  - Online-Assessments zur Selbstselektion oder Vorauswahl

Um die Interessen der Besucher optimal zu bedienen, ist auch auf den Recruitingseiten eine zielgruppengerechte Ansprache unabdingbar. Die häufigste Einteilung ist die in Schüler bzw. Azubis, Studenten bzw. Praktikanten, Hochschulabsolventen bzw. Nachwuchskräfte sowie Berufserfahrene (vgl. Jäger, W. (2004)). Es empfiehlt sich die Einrichtung von gesonderten Bereichen mit unterschiedlichen Inhalten, wie nachfolgend generell zusammengefasst (vgl. Schiller García (2006), S. 62 und Beck (2002), S. 175f.):

- Schüler bzw. Auszubildende: Informationen zu den Berufsbildern, zum Ausbildungsablauf und zum Ausbildungsort gehören zum Standard. Auf Grund der fehlenden beruflichen Erfahrung sind Anforderungshinweise und Bewerbungstipps angebracht. Zudem empfiehlt sich ein Terminkalender, in welchem Veranstaltungen wie Ausbildungsmessen und Berufsinformationstage veröffentlicht werden. Ein interaktiver Bereich mit bewerbungsspezifischen Onlinespielen, häufig gestellten Fragen (FAQs), Diskussionsforen oder Erfahrungsberichten von Auszubildenden, liefert den Bewerbern eine weitere Möglichkeit, sich über das Unternehmen und den Arbeitsplatz zu informieren.
- Studenten bzw. Praktikanten: Hier gestaltet sich der Aufbau ähnlich wie bei Schülern und Auszubildenden. Es wird auf die Vergabe und den Ablauf von Praktika und Abschlussarbeiten hingewiesen. Ggf. sind auch Praktikantenbindungsprogramm oder Stipendiatenförderung aufzunehmen. Der Terminkalender wird mit relevanten Veranstaltungen, wie Hochschulmessen, ersetzt.
- Absolventen bzw. Nachwuchskräfte: Ergänzend zu den genannten Angeboten werden detaillierte Unternehmensinformationen sowie Angaben zu den Bedingungen, also Entgeltpolitik und Personalentwicklung, wichtig. Besonders gut können Eindrücke durch Berichte von Mitarbeitern vermittelt werden. Außerdem sind die Vorstellung möglicher Einstiegspositionen und die Beschreibung eines evtl. Traineeprogramms zentral. Ggf. kommen darüber hinaus auch Online-Assessments hinzu.
- Berufserfahrene: Die Prioritäten Berufserfahrener gehen auf der Suche nach einem geeigneten Arbeitsplatz mit Blick auf Arbeitgeber und Arbeitsplatz mehr ins Detail. Noch wichtiger sind hier also Angaben über das Unternehmen selbst, Vergütungssysteme, Karriere- bzw. Weiter-

bildungsmöglichkeiten und auch Aussagen zu Beruf- und Familie bzw. Work-Life-Balance. Erfahrungsberichte von Mitarbeitern vermitteln auch hier neben persönlichen Erfahrungen und Eindrücken Einblicke in das Unternehmen und das Arbeitsumfeld. In Diskussionsforen können sich potenzielle Bewerber mit anderen Benutzern auszutauschen.

Zu beachten ist, dass über die Recruitingpages zwar in erster Linie, aber nicht nur zukünftige und aktuelle Bewerber angesprochen werden. Auch Kunden, Investoren, Lieferanten und sonstige Partner des Unternehmens ziehen die Seiten des Personalmanagements heran, um sich ein umfassendes Bild von einem Unternehmen zu verschaffen (vgl. auch Beck, C. (2002), S. 188ff.).

3.6.2 Personalmarketing 2.0

Die Möglichkeiten des Web 2.0 bieten sich für innovatives Personalmarketing (als Spielwiese) an. Welche Formen sich (zielgruppenspezifisch) etablieren, bleibt abzuwarten. Grundsätzlich können Blogs, Wikis, Chats, Video- und Audiodateien, RSS-Feeds und mehr auf den Recruitingseiten des Unternehmens oder aber bei Drittanbietern platziert werden (vgl. Beck, C. (2008) und Frickenschmidt, (2008), S. 18ff.). Blogs bieten mehr oder weniger unverfälschte Einblicke ins Unternehmen und damit eine hohe Transparenz. Social Networks ermöglichen die direkte Interaktion von Interessierten und Unternehmensvertretern oder auch eine Austauschmöglichkeit untereinander, wie beispielsweise Bewertungsplattformen von Arbeitgebern. Mit Podcasts oder Videos können Bewerbungsabläufe, Informationen über den Arbeitgeber, einzelnen Abteilungen und Teams präsentiert werden. Videos bieten eine sehr authentische und ansprechende Präsentation, in der sich ein Unternehmen authentisch zeigen kann. Mit Hilfe von RSS-Feeds, die von den Nutzern abonniert werden, können insbesondere aktuelle Informationen wie zum Beispiel zu einer Recruiting- oder Messeveranstaltung oder einem Wettbewerb, der Zielgruppe sehr schnell zugetragen werden.

Es entsteht eine vorher nicht gekannte Transparenz, nicht nur über die Personalpolitik des Unternehmens. An diese werden sich die Personalmanager nicht nur gewöhnen müssen, sie sollte aktiv im Sinne des Personalmarketings genutzt werden (vgl. Reppesgaard, L., Bialluch, M. (2008), S. 19ff.). Nachstehende Tabelle gibt einige Möglichkeiten sowie entsprechende Unternehmensbeispiele (mit Stand Anfang 2009) wieder:

Tabelle 13: Nutzung von Web 2.0 im Personalmarketing

Recruitingseiten des Unternehmens	Unternehmensübergreifende Plattformen
Mitarbeiter Blogs Beispiele: www.blog.fraport.de; www.blog.daimler.de; www.ausbildungsblog.de	Arbeitnehmer bewerten Arbeitgeber Beispiele: www.kununu.com; www.kelzen.de; www.jobvote.com
Videos + Audio Beispiele: www.phoenix-contact.de/personal; www.conject.com/de/unternehmen/karriere.html	Recruitainment Beispiel: www.cycest.de
Virtueller Rundgang durchs Unternehmen Beispiele: www.pwc.de; www.grunerjahr.de (cypress)	Chats Beispiele: www.jobfair24.de; www.second-live.de (Karriere)
E-Cards und mehr Beispiel: www.be-lufthansa.com/job_und_karriere.html	Videos + Podcasts Beispiele: www.youtube.de; www.jobtv24.de

3.7 Neue Herausforderungen vor dem Hintergrund der demografischen Entwicklungen

Zentrale demografische Entwicklungen und deren Auswirkungen auf die Belegschaftsstrukturen in Unternehmen wurden bereits im Kapitel Personalplanung betrachtet. Wie bereits festgestellt, sind der Rekrutierung und Beschäftigung einer homogenen Gruppe alleine aus diesem Gesichtspunkt Grenzen gesetzt. Dies, zumal ein Unternehmen mit einer Ausschließlichkeitsstrategie nicht nur gegen geltendes Gesetz, wie das Allgemeine Gleichbehandlungsgesetz (AGG), verstoßen, sondern auch wirtschaftlich sehr kurzfristig agieren würde.

Im Folgenden werden aufbauend auf dem Personalmarketinggedanken Ansatzpunkte für den Umgang mit alternden Belegschaften, Vereinbarkeit von Beruf und Familie, Steigerung der Balance zwischen Beruf und Privatleben und dem Management von Diversity erörtert.

3.7.1 Alternde Belegschaften

Wie bereits im Kapitel der Personalplanung beschrieben, wird es zukünftig für die Unternehmen immer schwerer werden, eine ausgewogene Altersstruktur zu erhalten. In vielen Unternehmen wird die Alterszentrierung zunehmen (vgl. Buck, H., Kistler, E., Mendius, H. G. (2002), S. 30).

Der Abgang geburtenstarker Jahrgänge in den Ruhestand ist damit nur ein Phänomen, mit dem die Unternehmen zukünftig zurechtkommen müssen. Wie bei der Personalplanung bereits erwähnt, ist eine frühzeitige Prognose dieser Entwicklungen wichtig, damit proaktiv Nachwuchs aus dem Unternehmen selbst bzw. von extern rekrutiert und von den älteren Mitarbeitern eingearbeitet werden kann. Im Rahmen von Mentoren- und Patenschaften, altersgemischten (Projekt-)Teams kann nicht nur das Unternehmen, sondern können auch die Individuen voneinander lernen und profitieren. Wenigstens bestandskritische Teile des impliziten Wissens können so eher weitergegeben werden, wie wenn ein Bruch zwischen der „alten und einer neuen Generation" entsteht (vgl. bspw. Rump, J., Schmidt, S. (2004), S. 68ff.).

Das zweite Phänomen betrifft die zunehmend ältere Belegschaft, mit der die vorhandenen Aufgaben umzusetzen sind. Im Gegensatz zum Defizitmodell wird im Kompetenzmodell davon ausgegangen, dass Altern nicht nur ein Verlust von Kapazitäten heißt. In Abhängigkeit von der individuellen Entwicklung und Erfahrung sowie den Umgebungsbedingungen können viele Dinge ein Leben lang erhalten oder sogar ausgebaut werden. Dabei wird älteren Mitarbeitern generell mehr Weisheit und Lebenserfahrung, logisches Denkvermögen, bessere Ausdrucksfähigkeit (z. B. bei der Gestaltung von Arbeitsanweisungen), bessere Kontrolle der eigenen Lebenssituation, höheres Vertrauen in den Arbeitgeber und größere Arbeitserfahrung zugesprochen (vgl. Illmarinen, Tempel (2002), S. 204). Auf der anderen Seite nimmt insbesondere die körperliche Leistungsfähigkeit des Organismus mit Höhe und Dauer vorangegangener und aktueller Belastungen ab und damit zwangsläufig im Laufe eines Lebens. Hinsichtlich der psychischen Leistungsfähigkeit werden nach heutigem Forschungsstand fluide und kristalline Intelligenz unterschieden. Die fluide oder flüssige Intelligenz beschreibt die Auffassungsgabe und damit auch Anpassung an neue Situationen, während die kristalline oder kristallisierte Intelligenz auf erlerntem Wissen und Erfahrungen beruht. Während die fluide Intelligenz altersabhängig abnimmt, ist die kristalline Intelligenz insbesondere trainingsbedingt und kann bis ins hohe Alter erhalten und sogar gesteigert werden (vgl. Prezewowsky, M. (2007), S. 70f.). Nicht zu vergessen ist, dass interindividuellen Unterschieden bei den jungen, aber noch mehr bei den älteren Mitarbeitern ein weitaus höheres Maß an Differenzierung zukommt, wie den generell altersabhängigen.

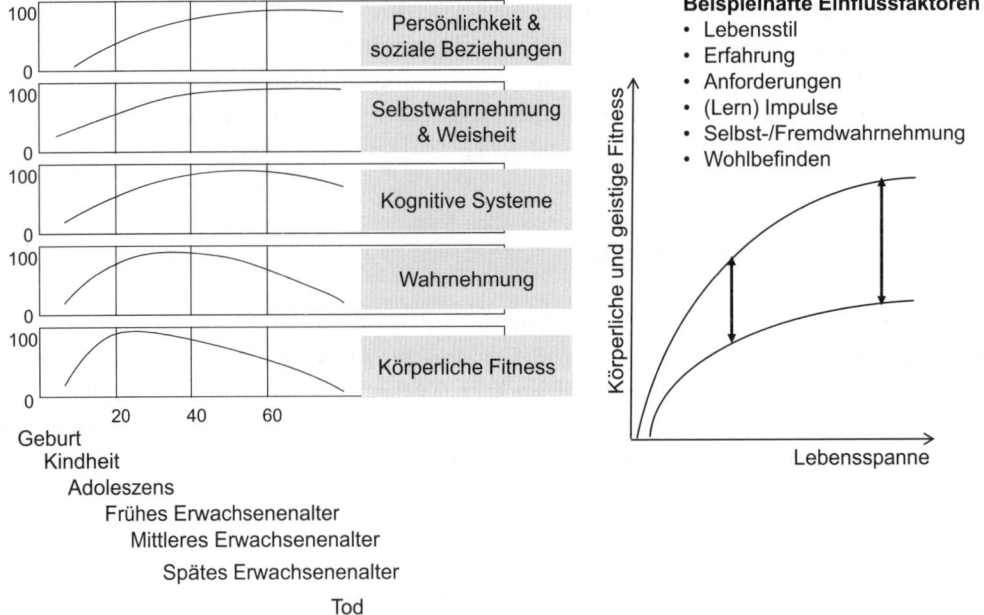

Abbildung 20: Interindividuelle Unterschiede nehmen mit zunehmendem Alter zu

Die Entwicklung ist dabei maßgeblich von Erfahrung, Anforderungen, (Lern-)Impulse sowie Wohlbefinden im bisherigen (Arbeits-)Leben bestimmt. Vor diesem Hintergrund ist ein wichtiges Gestaltungsziel des Personalmanagments die optimale Belastung über das gesamte Arbeitsleben hinweg. Vermieden werden sollte dabei sowohl eine ständige Über- aber auch Unterforderung.

- Überforderung
  Physisch durch zu schwere Muskelbeanspruchung, Zwangshaltung, Vibration, Lärm etc.
  Physisch durch Stress, andauernde Aufmerksamkeit, soziale Streitigkeiten und fehlende Anerkennung
- Unterforderung
  Physisch durch Bewegungsmangel, andauerndes Sitzen u. a.
  Psychisch durch fehlende Handlungsfreiheit, keine Entscheidungsmöglichkeiten und Monotonie

Wichtiger Bestandteil zur Entgegnung der Herausforderungen zunehmend alternder Belegschaften ist damit ein nachhaltiges Gesundheitsmanagement, wie im vorangegangenen Kapitel zur Personalplanung im Überblick dargestellt (vgl. Ulich, E., Wülser, M. (2005), S. 27).

Neben dem persönlichen Können, der Leistungsfähigkeit, steht aber immer auch das individuelle Wollen, also die Leistungsbereitschaft (vgl. Prezewowsky, M. (2007), S. 59). Ist eines von beiden oder gar beides nicht (mehr) vorhanden, dann kann ein früherer Eintritt in den Ruhestand zukünftig nur noch unter starken finanziellen Einbußen realisiert werden. Gesamtgesellschaftlich kann ein solches Vorgehen nicht mehr unterstützt werden, das heißt, es liegt an Arbeitgeber wie Arbeitnehmer langfristig für diesen Fall vorzusorgen. Es bietet sich insbesondere die Einführung von Lebensarbeitszeitkonten an, was aber nur eine Ergänzung darstellt, und ein nachhaltiges und demografiefestes Personalmanagement nicht substituieren kann. Wird zuviel komprimiert, um zu einem späteren Zeitpunkt vorzeitig Ältere auszugliedern, können sich gegenläufige Effekte sogar aufheben, da eine höhere Arbeitsbelastung einen früheren Ausstieg gegebenenfalls erst (mit) erforderlich machen kann (vgl. Prezewowsky, M. (2007), S. 213). Weitere Aspekte des Arbeitszeitmanagements beziehen sich dann auf kürzere Zeiträume, also die Flexibilisierung und/oder Reduktion der monatlichen, wöchentlichen oder auch täglichen Arbeitszeiten. Dabei zielen diese Maßnahmen nicht nur auf ältere Arbeitnehmer, sondern auf Mitarbeiter, die sich in spezifischen Phasen ihres Arbeitslebens befinden. Ganz besonders belastend für Ältere wirkt darüber hinaus Schichtarbeit, insbesondere Nachtschichten. Diese Themen werden im Kapitel Arbeitszeitmanagement angesprochen.

Ebenfalls in einem separaten Kapitel wird auf ein weiteres zentrales Themenfeld in diesem Zusammenhang eingegangen: Die Qualifizierung und Entwicklung der Mitarbeiter wird an Bedeutung zunehmen, da die Mitarbeiter auf der einen Seite länger arbeiten, auf der anderen Seite die Halbwertszeit des Wissens weiter abnimmt. Die gezielte Weiterbildung für Ältere ist dabei nur in Ausnahmefällen, z. B. mit Blick auf Informationstechnologien, ein geeignetes Instrument. Die gezielte Förderung der Teilnahme Älterer an allgemeinen Weiterbildungs- und Personalentwicklungsmaßnahmen ist wichtig, eine altersselektive Qualifikationsstrategie ist kontraproduktiv. Lebenslanges Lernen heißt die Devise: Die Belegschaft muss konstant gefördert, aber auch gefordert sein, Impulse angeboten bekommen aber auch selbst danach suchen. Ohne Eigeninitiative der Beschäftigten wird Personalmanagement in Zukunft nicht mehr nachhaltig erfolgreich sein. Dazu brauchen die Mitarbeiter aber auch Entfaltungsspielraum und Freiräume, nicht zuletzt an ihrem Arbeitsplatz selbst. Zwei Tage Weiterbildung pro Jahr sind ungeeignet, ein lernarmes Umfeld auszugleichen. Einfache, einseitige und rein repetitive Abläufe verkleinern nicht nur Qualifikationsbreite und Einsatzfeld der Mitarbeiter schrittweise, sondern wirken sich auch negativ auf die Lernfähigkeit und -bereitschaft aus. Ist Job Enrichment nicht gewollt oder möglich, dann sollte zumindest Job Rotation eingeführt werden (vgl. Prezewowsky, M. (2007), S. 75f.). Genauso wenig zielführend wie die Ausblendung von Älteren in der Personalpolitik kann deren (ungerechtfertigte) Bevorzugung sein. So ist es bislang in deutschen Unternehmen kaum akzeptabel einen Karriereschritt zurück zu machen, selbst wenn sich veränderte Anforderungen der Firma mit denen des Mitarbeiters decken. Dabei geht es nicht nur um die Stabilisierung erreichter Entgelthöhen, die teilweise darüber hinaus noch dem Senioritätsprinzip folgen, sondern darum, dass Veränderungen meist mit dem Anspruch an Mehr (an Verantwortung, an Führung, an Geld) einhergehen. Mit Blick darauf ist ein kulturelles Umdenken erforderlich. So muss zukünftig ermöglicht werden, dass sich Zeiten, in denen der Beruf im Vordergrund steht und damit oft auch hohe Verantwortung in diesem Bereich ein zentrales Anliegen ist, und Zeiten, in denen andere Dinge im Vordergrund stehen, abwechseln. Ganz besonders wichtig ist hier aber das Umdenken im Unternehmen selbst. Damit rücken die Führungskräfte als Multiplikatoren in den Blick. Diese sollten über die Entwicklungen (allgemein, Unternehmensbezogen und in ihrem Bereich) umfassend aufgeklärt und in der Findung von Ansatzpunkten für die Zukunft begleitet werden (vgl. Voelpel, S., Leibold, M., Früchtenicht, J.-D. (2007), insb. S. 255ff. und bspw. Bontrup, H.-J., Frey, M (2009), S. 400ff.).

Beispiel 17: Demografieprojekt bei der ZF Friedrichshafen AG
Der Konzern aus der Branche Automotive mit Hauptsitz in Friedrichshafen hatte 2008 mit fast 60 000 Mitarbeitern einen Umsatz von 12,5 Mrd. € erwirtschaftet.
Vor dem Hintergrund der im Kapitel Personalplanung (demografischer Wandel) aufgezeigten Entwicklung initiierten Unternehmensleitung und Betriebsrat ein gemeinsames Projekt mit folgender Zielrichtung: „Es gilt die gute Wettbewerbsfähigkeit bei einer gleichzeitig zukunftsfähigen Weiterentwicklung der Arbeitsbedingungen für die Mitarbeiter in Friedrichshafen vor dem Hintergrund des demografischen Wandels in der Gesellschaft und in der ZF zu erhalten und zu fördern. Um dies zu erreichen, ist es notwendig, alle Bereiche der ZF auf die mit den demografischen Veränderungen verbundenen Herausforderungen auszurichten. Es soll/en dabei den Risiken entgegnet und auch die Chancen für eine nachhaltige Unternehmensentwicklung ergriffen werden. Diese aktive Zukunftsgestaltung wird am Standort Friedrichshafen durch Maßnahmen in den neun als demografierelevant identifizierten Handlungsfeldern vorangetrieben: „Arbeitssysteme/-organisation, Gesundheitsmanagement, Arbeitszeit, Personalmarketing/Rekrutierung, Personalentwicklung, Wissensmanagement, Laufbahnplanung, Beruf und Familie, Führung und Kommunikation."
Zur Bearbeitung wurden mehrere Schritte beschlossen: Zunächst wurden quantitative Altersstrukturanalysen und Szenarien für den gesamten Standort sowie einzelne Bereiche erstellt, dann wurden bereits vorhandene schriftliche Informationen analysiert und Experteninterviews in den definierten Handlungsfeldern durchgeführt. Vervollständigt wurde das Bild durch Gespräche mit Mitarbeitern und Führungskräften unterschiedlicher Altersklassen in ausgewählten Bereichen. Aus der Zusammenführung der gewonnenen Erkenntnisse entstand eine Entscheidungsvorlage für das weitere Vorgehen.

> Durch den frühen Einbezug der Führungskräfte konnte zugleich eine Sensibilisierung für das Thema und zahlreichen Rückmeldungen sowie Anregungen an die Themenverantwortlichen und Bereichsvertreter erreicht werden. Begleitet wurde der gesamte Prozess neben direkten Feedbacks an die Befragten von zahlreichen Kommunikationsmaßnahmen. Darunter beispielsweise die Platzierung von Artikeln in der Mitarbeiterzeitschrift, Einrichtung einer Intranetseite, Vorstellung in Unternehmens- und Betriebsratsgremien sowie auf der Betriebsversammlung. Damit konnte ein allgemeines Bewusstsein geschaffen und die Grundlage für eine weitere Auseinandersetzung gelegt werden. Denn nur mit Engagement und Beteiligung aller sind die anstehenden Herausforderungen zu bewältigen.
>
> Hauptergebnis war ein erstes Maßnahmenbündel mit konkreten Ansatzpunkten für den gesamten Standort sowie einigen ausgewählten Piloten. Übergreifendes Projekt wurde zum einen die Erarbeitung und Erprobung einer Seminarreihe für Führungskräfte und die Einführung eines Demografie-Monitors im MSS (Management Self Service). Zum anderen wurde die Weiterentwicklung eines Instrumentariums zur Analyse arbeitsbedingter psychischer Belastungen beauftragt. Ergänzt wurden diese flächendeckenden Projekte um Piloten, z. B. Sicherung von Erfahrungswissen im IT-Bereich und alternative Karrierewege mit Blick auf alterskritische Tätigkeiten in einer Forschungsabteilung (in Anlehnung an Eisele, D., Müller, S. (2008), S. 43.).

3.7.2 Work-Life-Balance – durch Vereinbarkeit von Beruf und Familie

Die Förderung von Work-Life-Balance zielt einmal auf den externen Arbeitsmarkt. Dabei kann das Unternehmen familien- und freizeitverträglich positioniert werden, aber auch spezifisches Arbeitskräftepotenzial, z. B. Mütter mit kleinen Kindern, ist so zu erschließen. Zudem richtet sich das Konzept nach innen. Hier soll der Bestand an Fach- und Führungskräften nachhaltig gesichert werden, was verschiedenen Studien zu Folge auch bereits validiert werden konnte. So kann bspw. ein besserer und schnellerer Wiedereinstieg nach der Elternzeit angestrebt und unterstützt werden. Außerdem kann die Stressbelastung insgesamt proaktiv gemildert und so Fehlzeiten gesenkt werden. Im Rahmen von Studien konnte darüber hinaus festgestellt werden, dass das bloße Vorhandensein familienfreundlicher Maßnahmen zu einem (leicht) erhöhten Commitment der Mitarbeiter führt (vgl. Kaiser, S., Ringlstetter, M., Stolz, M. L. (2008), S. 57ff.), Dass heißt andersherum, dass Unternehmen, die diese Aspekte nicht berücksichtigen, Kosten in Folge von Demotivation, (ungewollter) Fluktuation und suboptimaler Stellenbesetzung entstehen (vgl. Schmitz, M. (2006), S. 60).

Mit dem Begriff Work-Life-Balance soll nicht die Trennung von Beruf und Privatleben proklamiert werden. Es werden daher auch andere Begriffe, z. B. „Life Domain Balance" verwendet. Prinzipell geht es darum, gemeinsam mit dem jeweiligen Mitarbeiter Wege zu finden, den aktuellen Bedarfen des einzelnen bestmöglich gerecht zu werden, so dass optimale Beiträge in Beruf und Gesellschaft geleistet werden können. Dabei variieren die Bedarfe entlang des Lebenszyklus, aber auch von Person zu Person. Eine besondere Bedeutung kommt in diesem Zusammenhang dem Thema Beruf und Familie zu, da sich die Bedarfe mit der Geburt eines Kindes insbesondere für die hauptverantwortliche Erziehungsperson meist drastisch ändern (vgl. Kaiser, S., Ringlstetter, M., Stolz, M. L. (2008), S. 57ff.).

Zielgruppe von Work-Life-Balance sind daher zwar insbesondere, aber nicht nur Mitarbeiter, die kleine Kinder in ihrem Haushalt zu betreuen haben (vgl. Rump, J., Schmidt, S. (2004), S. 321). Zielgruppe sind auch Mitarbeiter, die anderweitigen Betreuungsaufwand haben, z. B.

durch die Pflege von älteren Familienangehörigen. Auch hier sollte die Betrachtung nicht aufhören, denn jeder Mitarbeiter kann nur dauerhaft, gesundheits- und sozialverträglich gute Leistung erbringen, wenn Arbeits- und Privatleben ihren Platz haben und in Einklang gebracht werden können.

An den folgenden Punkten können verschiedenste Maßnahmen ansetzen (vgl. bspw. Schmitz, M. (2006) oder Hromdadka, W. (2009), S. 8ff.):

- Flexible Arbeitsorganisation erhöht die Einsatzbereitschaft der Beschäftigten. Dies wird durch variable Gestaltung und Verteilung von Arbeitsaufträgen erreicht. Beispiele hierzu sind Job-Sharing, autonome Gruppenarbeit oder Teamarbeit mit vorgegebenen Kommunikationszeiten und Vertretungsregelungen.
- Um das körperliche Wohlbefinden und die Gesundheit der Mitarbeiter zu fördern können Maßnahmen des betrieblichen Gesundheitsmanagements eingesetzt werden, wie bereits im Rahmen der alternden Belegschaft kurz umrissen.
- Eine Flexibilisierung des Einsatzorts kann gegebenenfalls durch neue Informations- und Kommunikationstechnologien ermöglicht werden, die den Unternehmen Zeit- und Kostenvorteile bringen. Die Beschäftigten haben damit die Chance, private und familiäre Bedürfnisse mit den beruflichen Anforderungen in Einklang zu bringen. Beispiele sind das Angebot verschiedenster Formen der Telearbeit oder Wechselarbeitsplätze.
- Flexible Arbeitszeiten vergrößern den unternehmerischen Gestaltungsspielraum. Beschäftigte können Umfang und Lage der Arbeitszeit besser mit privaten und familiären Anforderungen vereinbaren. Beispiele sind flexible Teilzeitmodelle, Sonderurlaube, un-/bezahlte Freistellung für die Pflege von Angehörigen und Verteilung der Lebensarbeitszeit durch Lebensarbeitszeitkonten. Flexibilisierung von Arbeitsort und -zeiten werden unter dem Titel Arbeitszeitmanagement beleuchtet.
- Die private Situation sollte bei der Einstellung und der weiteren Planung der Laufbahn sowie der Weiterbildung berücksichtigt werden. Private Belange können – im Einvernehmen – bspw. im Rahmen von Mitarbeitergesprächen und Maßnahmen bei der persönlichen Entwicklungsplanung aufgenommen werden. Zudem kann die Teilnahme von Elternzeitlern an Weiterbildungsveranstaltungen, Weiterbildungsmaßnahmen mit Organisation von Kinderbetreuung (Notfallplätze) sowie Wiedereingliederung nach der Elternzeit inkl. Rückkehrgespräch organisiert werden.
- Beschäftigte mit Familie können darüber hinaus durch spezielle Angebote unterstützt werden. Beispiele sind Zuschüsse zur Kinderbetreuung für Kinder bis zu sechs Jahren, als eine der noch wenigen steuerlich begünstigten Zuschussmöglichkeiten, oder auch Baudarlehen zu besonders günstigen Konditionen. Weitere (nicht finanzielle) Angebote können die Einrichtung eines Eltern-Kind-Zimmers, garantierter Urlaub in Zeiten der Schulferien, Ferienbetreuungsprogramme für Kinder, Vermittlung von Tagesmüttern und Kinderbetreuung in Notfällen und ähnliches mehr sein (vgl. Rump, J., Eilers, S., Groh, S. (2008), S. 67).
- Die Sicherstellung z. B. einer geeigneten Betreuung von Kindern oder pflegebedürftigen Angehörigen ist Voraussetzung für eine tragfähige Balance von Beruf und Privatleben. So können familiär bedingte Fehlzeiten deutlich gesenkt und die Motivation erhöht werden. Beispiele sind Kinder-Ferienbetreuungsangebote gegebenenfalls in Kooperation mit externen

Partnern, betriebseigener Kindergarten oder Notfallplätze (Backup-Plätze) und Belegungsplätze in öffentlichen Kindergärten sowie in Altenheimen, und das Angebot von Haushaltsservices, wie Bügeldienst, Einkaufsservice etc.
- Führungskräfte tragen wesentlich dazu bei, dass die Angebote zur Vereinbarkeit von Beruf und Privatleben im Arbeitsalltag tatsächlich umgesetzt werden. Unterstützt werden kann ein Wandel in der Führungskultur beispielsweise durch ein beispielhaftes Verhalten des Top-Managements, durch ein Seminarangebot für die Führungskräfte zum Thema „Work-Life-Balance" und die Einführung von Mitarbeitergesprächen, inklusive Vorgesetzten Feedback.
- Nicht zuletzt verstärkt eine kontinuierliche Information über die Möglichkeiten und den Nutzen von Angeboten zur Vereinbarkeit von Beruf und Privatleben die Wirksamkeit der Maßnahmen im Unternehmen und sorgt für eine Verbesserung des Arbeitgeberimages nach innen und außen. Dazu sollten gezielt Informationen erstellt und z. B. über das Intranet, Internet und Broschüren verteilt werden. Außerdem braucht es einen oder mehrere Verantwortliche und Ansprechpartner für das Thema.

> **Beispiel 18: Vereinbarkeit von Beruf und Familie bei der Weleda AG**
> Das schweizerische Pharmaunternehmen ist mit rund 200 Mio. € Umsatz und 1300 Mitarbeitern in über 20 Ländern tätig. Am Deutschen Standort Schwäbisch Gmünd sind 6–700 Mitarbeiter beschäftigt. Ausgezeichnet wurde Weleda für seine Konzepte zur Vereinbarkeit von Beruf und Familie. Erklärtes Ziel des verantwortlichen Personalentwicklers ist es, dass Mitarbeiter so viel Vertrauen zu ihren Führungskräften haben, dass sie schon in der Phase weiterer privater Planungen darüber sprechen, um so rechtzeitig für beide Seiten passende Alternativen entwickeln zu können. „Potenzialerkundung" nennt sich eine zentrale Maßnahme der Personalentwicklung. Neben den für das Unternehmen direkt relevanten Potenzialen wird die biografische Entwicklung des Menschen ganzheitlich betrachtet, also Lebensalter und Familien- oder auch Freizeitplanung mit einbezogen. Dabei kann es im Einzelfall sogar sein, dass der Mitarbeiter seinen Weg außerhalb des Unternehmens weitergeht, aber gegebenenfalls auch wiederkommt. Besonders bekannt geworden sind das Generationennetzwerk und die Kinderbetreuung in der betriebseigenen Waldorf-Kindertagesstätte. Im Generationennetzwerk helfen sich Beschäftigte und Ruheständler von Weleda gegenseitig. Die Firma bietet dafür eine Plattform und die Koordination. Auch bei der Kinderbetreuung steht nicht die unternehmerische Zielsetzung im Vordergrund, was sich bspw. an der Betreuung erst ab zwei Jahren festmachen lässt. Auch wenn diese Altersgrenze intern wie extern bereits auf Ablehnung gestoßen ist, soll an dem anthroposophischen Konzept aus Gründen der Balance zwischen den Interessen der Eltern, ihrer Kinder und des Unternehmens festgehalten werden.
> Auch spezielle Angebote, z. B. zur Familienfortbildung mit Elternseminaren und Coaching, finden sich. Wichtiger ist jedoch die offene und familienfreundliche Unternehmenskultur. Vorgesetzte besitzen ein hohes Maß an sozialer Kompetenz und Erziehungszeiten sowie Teilzeitbeschäftigung sind (nachweislich) nicht karrierehinderlich.
> Als Vorteil der familienfreundlichen Maßnahmen wird von Unternehmensvertretern insbesondere die Kompetenzentwicklung der Mitarbeiter genannt: „Wer im privaten Bereich viel Verantwortung übernimmt, kann dies auch in der Firma" (in Anlehnung an Seeber, K. (2008), S. 79 und BFSFS (2007), S. 8).

Mit Blick auf die Vereinbarkeit von Beruf und Familie bekannt geworden ist in Deutschland vor allem das Audit beruf und familie. 1995 von der Hertie-Stiftung entwickelt, wird das Audit von Spitzenverbänden der deutschen Wirtschaft empfohlen. Unternehmen werden darin unterstützt, Unternehmensziele und Mitarbeiterinteressen in eine tragfähige Balance zu bringen. Das entscheidende Kriterium für die Bewertung ist nicht das bereits bestehende Angebot an familienfreundlichen Maßnahmen, sondern der Prozess der kontinuierlichen Verbesserung.

3.7.3 Diversity-Management

Vielfalt bezieht sich auf jede Mischung an Unterschiedlichkeiten und Gemeinsamkeiten. Eine eindeutige Definition von Diversity existiert nicht. Im Mittelpunkt des Managements der Vielfalt stehen meist die demografischen Kerndimensionen. Diese stellen jedoch nur eine Kategorie dar, daneben gibt es weitere Merkmale, wie nachstehend ersichtlich (vgl. Vedder, G. (2006), S. 5).

Organisationale Dimensionen
Zum Beispiel Funktionsbereich, Arbeitsort, Hierarchischer Status, Dauer der Betriebszugehörigkeit und Gewerkschaftszugehörigkeit

Externe demografische Dimensionen
Darunter Familienstand, Kinderzahl, Religion, Berufserfahrung, Ausbildung, Berufsgruppe und Einkommen

Demografische Kerndimensionen
Insbesondere Geschlecht, Rasse/Ethnie/Herkunft, Alter, Behinderung und sexuelle Orientierung

Persönlichkeit
Beispielsweise Extrovertiertheit, Neurotizismus, Verlässlichkeit und Aufgeschlossenheit

Abbildung 21: Dimensionen zur Erfassung von Vielfalt/Diversity

Diskriminierung wird an den zentralen Dimensionen besonders deutlich. Regelmäßig wird die Gruppe der Minderheit dominiert: „Männer verhalten sich gegenüber Frauen sexistisch, Weiße gegenüber Schwarzen diskriminierend, ‚Mittelalte' gegenüber Älteren oder Jüngeren ablehnend, Heteros gegenüber Homos heterosexistisch etc." Die Vermeidung von Diskriminierung ist dann auch ein zentrales Ziel von Diversity-Management. Allerdings geht Diversity-Management weiter: Durch gezielte Integration soll das Potenzial der Vielfalt genutzt werden.

Aus dem angloamerikanischen Raum kommend, wird Diversity-Management seit Anfang des 21. Jahrhunderts auch in Deutschland zunehmend wichtig. Die Aspekte der Betrachtung verschieben sich hier zu Lande mit den Problemstellungen von seinen Ursprüngen der Rassenproblematik hin zur generellen Frage der Herkunft, des Geschlechts und des Alters.

Folgende Maßnahmen werden häufig als Elemente genannt und laut Studien in dieser Reihenfolge auch in der Praxis genutzt (vgl. Süß, S., Kleiner, M. (2006), S. 78):

- Angebot flexibler Arbeitszeiten
- Verankerung von Diversity in der Unternehmenskultur
- Einrichtung und Führung von gemischten Teams
- Kommunikationsmaßnahmen
- Durchführung von Analysen und Reporting mit Blick auf Diversity
- Abschluss diversityorientierter Betriebsvereinbarungen
- Institutionalisierung, also z. B. Einrichtung und/oder Benennung einer verantwortlichen Stelle/Abteilung
- Aufsetzen von Mentoringprogrammen
- Diversityorientierte Gestaltung von personalwirtschaftlichen Instrumenten (außer Arbeitszeit)
- Evaluation der Maßnahmen
- Beratungsangebote für Minderheiten
- Diversityorientierte Einrichtungen, wie Gebetsräume, Kinderbetreuung etc.

Mit der (unstrukturierten) Liste wird deutlich, dass meist einzelne Maßnahmen angegangen werden, von einem umfassenden Konzept kann dagegen noch selten gesprochen werden (vgl. Stuber. M. (2009), S. 40).

Die Einführung und auch dauerhafte Begleitung von Diversity Management ist mit direkten Kosten für Personal, Maßnahmenkonzeption und -umsetzung sowie Kommunikation verbunden. Zudem entstehen indirekte Kosten durch interne Widerstände, die allerdings kaum zu beziffern sind. Als Benefits, die diesen gegenüberstehen, werden regelmäßig eine höhere Kreativität, besseres Problemlösungskapazität und höhere Bereitschaft sowie gesteigerte Fähigkeiten zur Flexibilität genannt. Empirische Belege dafür stehen bislang weitgehend aus. In einer internationalen Gesellschaft, in der in den Industriestaaten die Gleichberechtigung fortschreitet, mit zunehmend älteren Menschen in Gesellschaft und Unternehmen, wird Diversity jedoch zur Pflicht werden. Schon alleine um Probleme, die in heterogenen Gruppen vermehrt auftreten, zu vermeiden oder zumindest zu mildern (vgl. Rastetter, D. (2006), S. 82ff.).

> **Beispiel 19: Diversity bei der Lufthansa AG**
> Der deutsche Luftfahrtkonzern mit Hauptsitz in Köln macht mit über 100 000 Mitarbeitern einen Umsatz von fast 25 Mrd. € (in 2008).
> Bereits in den 1970er Jahren wurde bei der Lufthansa auf Initiative der Mitarbeitervertretung die Beschäftigung mit der Chancengleichheit von Frauen gestartet. Es folgten Regelungen zur besseren Vereinbarkeit von Beruf und Familie und zur Reduzierung und Flexibilisierung der Arbeitszeit sowie die Institutionalisierung einer „Vorstandsbeauftragten für Frauenfragen". Im Dezember 1994 wurde eine „Betriebsvereinbarung Chancengleichheit" abgeschlossen, die auch die Funktion der „Beauftragten für Chancengleichheit" als Nachfolgeposition der oben genannten Frauenbeauftragten beinhaltete. Ziele waren auch eine Erhöhung des Frauenanteils in den Bereichen Führung, Cockpit und operative Technikberufe, eine bessere Vereinbarkeit von Beruf und Familie sowie die Erhöhung der Sensibilität für die Pluralität von Lebenskonzepten. 2001 wurden diese Funktionen mit weiteren personalpolitischen Themen in einer neuen Einheit „Change Management und Diversity" gebündelt. Nach wie vor ist die Unterstützung von Eltern, insbesondere Müttern, eine zentrale Aufgabe des Bereichs.

> Bevor neue Aktivitäten aufgesetzt wurden, galt es den Ist-Zustand zu analysieren: Es zeigte sich eine heterogene Beschäftigungsstruktur. Von den 2006 rund 95 000 Mitarbeitern in den Bereichen Boden (70 000), Kabine (16 000) und Cockpit (6000) sowie über 1000 Auszubildenden waren 41,5 % Frauen. In Teilzeitarbeitsverhältnissen stieg dieser Wert auf fast 70 %, bei Vollzeitarbeitsverhältnissen dagegen betrug er nur 32 %, der Anteil bei den Führungskräfte lag bei gerade einmal 12,9 %. Schwerbehindert sind 3,4 % der Belegschaft. Der Anteil der Beschäftigen außerhalb Deutschlands betrug 33,8 % und Beschäftige in Deutschland mit ausländischer Staatsangehörigkeit machten 12,3 % der Mannschaft aus. Das Ziel der Lufthansa unter dem Schlagwort Diversity sind die Inklusion aller Mitarbeitenden unabhängig von ihrer Beschaffenheit und die Normalisierung des „Anderen", was beides auf gegenseitigem Respekt fußt. Dazu wurden einige Programme ins Leben gerufen. Letztlich geht es aber um Veränderung des Bewusstseins der Mehrheit der Mitarbeitenden und Führungskräfte: Diese Veränderungen brauchen Zeit, „…so gibt es auch beispielsweise kein verpflichtendes Führungskräfte-Training zum Diversity Management. Es gibt lediglich das Angebot der Unterstützung. Die Führungskräfte vor Ort müssen Notwendigkeiten und Herausforderungen erkennen und sich ihnen stellen. Da Diversity Management auch auf die Mobilisierung von Produktivitätsreserven zielt, gelingt die Zielerreichung auch für operative Führungskräfte mit einer Kultur der Wertschätzung der Vielfalt eher als durch Förderung einer homogenen Kultur" (vgl. Quelle: Rühl, M. (2007), S. 181ff.).

3.8 Rechtliche Aspekte des Personalmarketings

Besondere Beachtung kommt beim Personalmarketing wie auch der Gewinnung und Auswahl von Mitarbeitern dem Allgemeinen Gleichbehandlungsgesetz (AGG) zu. Ziel des 2006 in Kraft getretenen AGG ist gemäß § 1 die Benachteiligung aus Gründen der Rasse oder wegen der ethnischen Herkunft, des Geschlechts, der Religion oder Weltanschauung, einer Behinderung, des Alters oder der sexuellen Identität zu verhindern oder zu beseitigen. Dabei steht der Schutz vor Diskriminierung im Arbeitsleben neben bestimmten Bereichen des Zivilrechtes im Vordergrund.

Der persönliche Geltungsbereich umfasst Arbeitnehmer, Auszubildende und arbeitnehmerähnliche Personen, aber auch Bewerber und ehemalige Beschäftigte. Die Regelungen gelten entsprechend für Selbständige (z. B. freie Mitarbeiter) und Organmitglieder. Für die Einhaltung der Regelungen ist grundsätzlich der Arbeitgeber zuständig. Die Haftung für das Verhalten diskriminierender Beschäftigter kann durch geeignete Information, wie Aushang des AGG, und ausreichende Schulung beschränkt sein. Der sachliche Geltungsbereich erstreckt sich von der Begründung von Arbeitsverhältnissen über deren Durchführung bis hin zu deren Beendigung. Vom Anwendungsbereich des Gesetzes ausgeschlossen sind allerdings Kündigungen, für die ausschließlich die Bestimmungen zum allgemeinen und besonderen Kündigungsschutz gelten, sowie die Betriebliche Altersversorgung (BAV), für die ausschließlich das Betriebsrentengesetz gilt.

Neben der (sexuellen) Belästigung ist dabei jede Art von Benachteiligung aus den obigen Gründen verboten. Eine Belästigung erfasst unerwünschte Verhaltensweisen wie Beleidigungen, Erniedrigungen, Einschüchterungen, Drohungen und körperliche Aggressionen. Ein Beispiel: Ein Arbeitnehmer legt seinem dunkelhäutigen Kollegen vor der Frühstückspause regelmäßig Bananen auf den Platz. Eine sexuelle Belästigung erfasst unerwünschte Verhaltensweisen wie

Berührungen, Äußerungen mit geschlechtlichem Aspekt, Gesten, Zeichen und/oder Zeigen oder Anbringen von pornografischen Darstellungen. Mit Blick auf Benachteiligung zu unterscheiden sind die

- unmittelbare Benachteiligung:
  Sie liegt vor, wenn eine Person wegen einer der genannten Gründe eine ungünstigere Behandlung erfährt, als eine andere Person in einer vergleichbaren Situation.
  Beispiel: Ein Ladenbesitzer weigert sich, ausreichend qualifizierte Bewerber auf Grund von deren ethnischer Herkunft als Verkäufer einzustellen, weil er befürchtet Kunden zu verlieren.
- mittelbare Benachteiligung:
  Sie liegt vor, wenn dem Anschein nach neutrale Vorschriften, Maßnahmen oder Kriterien, Personen wegen einer der genannten Diskriminierungsgründe gegenüber einer Vergleichsgruppe benachteiligt. Es sei denn, die Vorschriften sind durch ein rechtmäßiges Ziel sachlich gerechtfertigt und die Mittel zur Zielerreichung sind erforderlich und angemessen.
  Beispiel: Das erfolgreiche Bestehen eines Sprachtests als Einstellungskriterium kann eine mittelbare Benachteiligung von ausländischen Arbeitnehmern und damit auch eine Benachteiligung wegen der ethnischen Herkunft darstellen. Das Vorgehen kann allerdings gerechtfertigt sein, wenn die Beherrschung der Sprache (unbedingt) erforderlich ist.

Verstöße gegen die Vorschriften des AGG können

- Nichtigkeit zur Folge haben (§ 7 Abs. 2 AGG).
- zu Beschwerderecht (§ 13 AGG) und Maßregelungsverbot führen (§ 16 AGG).
- bei Belästigung Leistungsverweigerung rechtfertigen (§ 14 AGG).
- Entschädigungs-/Schadensersatzansprüche nach sich ziehen (§ 15 AGG).
- einen Unterlassungsanspruch des Betriebsrates bedingen (§ 17 AGG).

Dabei trägt der diskriminierte Beschäftigte die Darlegungs- und Beweislast für ungleiche Behandlung, er muss unterschiedliche Behandlung nachweisen und Benachteiligung, z. B. über Indizien, glaubhaft machen. Der Arbeitgeber trägt die Beweislast, dass er das Benachteiligungsverbot nicht verletzt hat, sachliche Gründe für die unterschiedliche Behandlung vorlagen bzw. die unterschiedliche Behandlung gerechtfertigt war. Es gilt eine zweistufige Ausschlussfrist: Eine 3-monatige Ausschlussfrist für schriftliche Geltendmachung der Ansprüche; danach läuft eine 3-monatige Klagefrist, das heißt, der Anspruch ist innerhalb von 3 Monaten, nachdem der Anspruch schriftlich geltend gemacht und abgelehnt worden ist, einzuklagen (vgl. bspw. Hopfner, S., Naumann, V. (2009)).

Einige Faktoren des Arbeitgeberimages werden durch gesetzliche, tarifliche und betriebliche Regelungen normiert. Das gilt insbesondere für materielle Faktoren wie die Arbeitszeit, Urlaubsregelungen, Entgelte und andere Leistungen des Arbeitgebers. Der Handlungsspielraum ist zum einen durch gesetzliche Grundlagen, wie dem Arbeitszeitgesetz (ArbZG) oder das Bundesurlaubsgesetz (BUG) determiniert. Zudem sind weitergehende tarifliche und betriebliche Mitbestimmungsaspekte zu beachten. Aber auch für immaterielle Faktoren, wie Freistellungsregelungen zur Betreuung, Weiterbildungsansprüche und -förderung oder die Gestaltung der Arbeitsbedingungen, angefangen von Standorten und Gebäuden, über den Schreibtisch und die Werkbank finden sich zahlreiche gesetzliche Einschränkungen: So beispielsweise das Bundeselterngeld- und Elternzeitgesetz (BEEG) oder seit 2008 zusätzlich das Pflegezeitgesetz (PfG), das Arbeitsschutzgesetz (ArbSchG) oder die Arbeitsstättenverordnung (ArbStV). Auch diesbezüglich finden sich weitergehende Vereinbarungen auf tariflicher und insbesondere auf betrieblicher Ebene. Im vorliegenden Buch finden sich diese Themen teilweise in den Kapiteln Arbeitszeit- und Entgeltmanagement, betriebliche Zusatzleistungen und Personalentwicklung wieder.

Daneben ist die Rechtstreue selbst, auch Compliance genannt, ein zunehmend wichtiger Aspekt des Arbeitgeberimage. Compliance meint die Einhaltung sämtlicher für das Unternehmen geltenden gesetzlichen Regelungen. Typische arbeitsrechtlichen Problemfelder liegen im Sozialversicherungs- bzw. Einkommensteuerrecht, insbesondere im Sozialgesetzbuch (SGB) bzw. Einkommensteuergesetz (EstG) verankert, im Ausländerrecht, das vorwiegend auf dem Ausländergesetz (AuslG) beruht, in den Arbeitnehmerschutzrechten, vor allem im ArbZG, in der Arbeitnehmerüberlassung, geregelt durch das Arbeitnehmerüberlassungsgesetz (AÜG), in der Mitbestimmung und seit kurzem insbesondere im AGG.

Dabei sind sowohl Handlungen des Unternehmens wie auch einzelner Mitarbeiter betroffen. Rechtswidriges Verhalten soll von vornherein vermieden werden. Organisatorische Maßnahmen sind präventiv auszurichten. Über die rein rechtliche Perspektive hinaus werden im Rahmen der Compliance auch selbstgesetzte Standards, also externe und interne Vorgaben, umfasst. Diese sog. Codes of (Business) Conducts, Codes of Ethics, auch Verhaltenskodices oder Ethikrichtlinien genannt, werden von der Geschäftsführung, ggf. im Einvernehmen mit der Arbeitnehmervertretung, aufgestellt. Neben dem Einsatz durch Direktionsrecht des Arbeitgebers, der direkten Koppelung an den Individualarbeitsvertrag, kann ein solches Regelwerk auch über eine Betriebsvereinbarung wirksam werden (vgl. Ohlendorf, B., Bünning, B. (2006), S. 200ff.). Die Kodizes, untenstehend ersichtlich an einem Einzelbeispiel, umfassen typischerweise Aussagen

- zur Einhaltung geltenden Rechts, wie Schutz vor sexueller Belästigung, Verbot von Insidergeschäften, Wahrung von Geschäfts- und Betriebsgeheimnissen, Verbot der Bestechlichkeit und Bestechung u. a.
- zu über gesetzliche Vorgaben hinausgehenden un-/erwünschten Verhaltensweisen, z. B. das komplette Verbot der Annahme von Geschenken, Einladungen und Zuwendungen jeglicher Art.
- zum rein tätigkeitsbezogenen Verhalten, z. B. Organisation der Compliance, redliches Verhalten im Geschäftsverkehr, Schutz von Arbeitgebereigentum/Betriebsmitteln.
- zu außerdienstlichem Verhalten, wie Nebentätigkeitsverbote, Verbot politischer Betätigung außerhalb der Arbeitszeit, beschränkende Vorgaben zum privaten Wertpapierhandel.

> **Beispiel 20: Code of Conduct der Schunk Gruppe**
> - Die Schunk GmbH ist ein Technologiekonzern mit fast 8000 Mitarbeitern, 800 Mio. € Umsatz und Hauptsitz in Heuchelheim.
> - Code of Conduct der Schunk-Gruppe
> - Entnommen aus Schunk GmbH (Hrsg.): Code of Conduct, Heuchelheim 2008
> - Nach einem von der Geschäftsführung unterzeichneten Vorwort werden die folgenden Punkte aufgegriffen:
> - Beachtung des geltenden Rechts
> - Fairer und lauterer Wettbewerb
> - Korruption
> - Interessenkonflikte
> - Internationaler Handel
> - Faire Arbeitsbedingungen
> - Kinderarbeit
> - Arbeitssicherheit, Gesundheits-, Brand- und Umweltschutz
> - Geheimhaltungspflicht
> - Datenschutz
> - Interne Organisation zur Einhaltung dieses Verhaltenscodes

3.9 Fragen/Übungsaufgaben zum Personalmarketing

- Führen Sie 10 Institutionen, mit denen das Personalmanagement kooperiert, also Kunden, auf. Nennen Sie außerdem das jeweilige Thema der Zusammenarbeit. Beispiel: „Kooperation mit der Hochschule Musterland zur Gewinnung von Praktikanten und zukünftigen Mitarbeitern."
- Auf welche Faktoren des Arbeitgeberimage können die Verantwortlichen des Personalmanagements direkt, auf welche indirekt und auf welche keinen Einfluss nehmen?
- Welche Relevanz kommt der Vergütung bei der Arbeitgeberwahl nach der allgemeinen Auffassung zu?
- Ein Freund von Ihnen steht vor der Wahl seines „Praktikumgebers". Ihm wurde gesagt, dass das Unternehmen in einer bekannten Arbeitgeberimagestudie auf den unteren Rangplätzen liegt. Nun will er von Ihnen wissen: „Was ist von Arbeitgeberrankings zu halten? Und: Soll ich mir lieber ein anders Praktikum besorgen?"
- Was sind Schlüsselhochschulen und anhand welcher Kriterien können diese bestimmt werden?
- Ein Personalleiter aus dem Mittelstand erklärt, dass Key-School-Strategien etwas für „die Großen" sind. Was erwidern Sie ihm?
- Sie lernen mit der Methode des Mind-Mapping. Welche Zweige hat ihr Mind-Map „Maßnahmen des Hochschulmarketing" und welche Maßnahmen ordnen Sie welchem Zweig bzw. Unterzweig zu?
- Welche Fragen sind im Rahmen der Konzeption einer Recruitingpage zu beantworten?

- Welche verschiedenen Benennungen für Recruitingseiten finden Sie im Netz? Besuchen Sie dazu Internetauftritte von mindestens 10 verschiedenen Unternehmen.
- Was halten Sie persönlich als potenzieller Kandidat von einer Einladung zu einem dreitägigen Workshop eines Beratungsunternehmens nach Mallorca?
- Welche Auswirkungen hat der demografische Wandel auf die Belegschaftsstrukturen?
- Warum sollte ein Unternehmen Diversity-Management betreiben?

3.10 Literaturhinweise

Beck, C. (2002): Professionelles E-Recruitment: Strategien-Instrumente-Beispiele, Neuwied 2002
Beck, C. (2008): Personalmarketing 2.0: Vom Employer Branding zum Recruiting, Neuwied 2008
Berk van, M. (1993): Hochschulkontakte, in: Strutz, H. (Hrsg.): Handbuch Personalmarketing, 2. Aufl., Wiesbaden 1993, S. 215–246
Bontrup, H.-J., Frey, M (2009): Ältere Arbeitnehmer versus Jugendwahn, in: Arbeit und Arbeitsrecht, 02/2009, S. 400–403
Bormann, U., Lukasczyk, A. (2009): Turbulente Zeiten, in: Personalwirtschaft, 02/2009, S. 33–35
Bröckermann, R., Pepels, W. (2002): Handbuch Recruitment: die neuen Wege moderner Personalakquisition, Planung, Beschaffungswege, Auswahlverfahren, Beiträge aus Forschung und Praxis, Berlin 2002
Bröckermann, R., Pepels, W. (2002): Personalmarketing, Akquisition-Bindung-Freistellung, Stuttgart 2002
Buck, H., Kistler, E., Mendius, H. G. (2002), Demografischer Wandel in der Arbeitswelt, Stuttgart 2002
Bundesministerium für Familie, Senioren, Frauen und Jugend; BFSFJ (Hrsg.): Informationen für Personalverantwortliche – Familienfreundliche Maßnahmen im Unternehmen, Berlin 2007
Eisele, D., Horender, U. (1999): Auf der Suche nach den High-Potentials, in: Personalwirtschaft, 07/1999, S. 27–34
Eisele, D. (2001): Das Arbeitgeberimage im Zentrum des Hochschulmarketing, in: Personal, 07/2001, S. 414–417
Eisele, D. (2003): Online-Bewerbungssysteme in der Personalbeschaffung, Wiesbaden 2003
Eisele, D., Müller, S. (2008): „Demografie – Von der Information zur Tat", in: Personalwirtschaft, 09/2008, S. 42–45
Franke, C., Hirthe, S. (2008): Die Otto Gruppe stärkt Ihre Arbeitgebermarke, in: Rudolf Haufe Verlags GmbH § Co. KG (Hrsg.): Mediatlas 2008, Würzburg 2008, S. 6–10
Frickenschmidt, S. (2008): Vom Sinn und Unsinn des Web 2.0 im Personalmarketing, in Personalwirtschaft, 03/2008, S. 18–20
Fröhlich, W. (2004): Nachhaltiges Personalmarketing, strategische Ansätze und Erfolgskonzepte aus der Praxis, Frechen 2004
Göritz, A. (2003): Personalmarketing im Internet: Unternehmenswebseiten auf dem Prüfstand, Mehring 2003
Hienerwadel, B. (2008): Der Weg ist das Ziel, in: Personalwirtschaft, Sonderheft Employer Branding 08/2008, S. 18–19
Hopfner, S., Naumann, V. (2009): Das allgemeine Gleichbehandlungsgesetz, ein Leitfaden für die arbeitsrechtliche Praxis, 3. Aufl., Karlsruhe 2009
Hromdadka, W. (2009): Vereinbarkeit von Beruf und Familie, in: Arbeits und Arbeitsrecht, Sonderausgabe Personalplanung 2009, S. 8–14
Illmarinen, J., Tempel, J. (2002): Arbeitsfähigkeit 2010. Was können wir tun, damit Sie gesund bleiben? Hamburg 2002
Jäger, W (1998): Personalmarketing in Internet und Intranet, in: Personal, 03/1998, S. 110–113
Jäger, W., Frickenschmidt, S., Kilch, A. (2004): Human Resources im Internet 2003/2004: Vergleich der bedeutendsten deutschen Arbeitgeber, 4. Aufl., Wiesbaden 2004
Kaiser, S., Ringlstetter, M., Stolz, M. L. (2008): Weiches Thema in einer harten Branche, in: Personalwirtschaft, 12/2008, S. 57–59
Kerkow, H., Kipker, I. (1999): Das Internet als komplementäres Medium im Personalmarketing, in: Personalführung, 12/1999, S. 59
Kleb, T. (2007): Recruiting Trends 2007, in: CoPers, 03/2007, S. 24–27
Krell, G., Wächter, H. (Hrsg.): Diversity Management, Impulse aus der Personalforschung, München, Mering 2006
Nieschlag, R. Dichtl, E., Hörschgen, H. (2002): Marketing, 18. Aufl., Berlin 2002

Ohlendorf, B., Bünning, B. (2006): Ethik-Richtlinien – Mitbestimmung nach BetrVG, in Arbeit und Arbeitsrecht, 04/2006, S. 200–203

Prezewowsky, M. (2007): Demographischer Wandel und Personalmanagement. Herausforderungen und Handlungsalternativen vor dem Hintergrund der Bevölkerungsentwicklung, Wiesbaden 2007

Rastetter, D. (2006): Managing Diversity in Teams, in: Krell, G., Wächter, H. (Hrsg.): Diversity Management, Impulse aus der Personalforschung, München, Mering 2006, S. 82–105

Reppesgaard, L., Bialluch, M. (2008): Avatare sind out – Glaubwürdigkeit ist in, in: Personalwirtschaft, 03/2008, S. 19–23

Rühl, M. (2007): Diversity Management – Erfahrungen mit der Einführung bei Deutsche Lufthansa Aktiengesellschaft, in: Zeitschrift für Personalforschung, 02/2007, S. 176–181

Rump, J., Schmidt, S. (2004): Lernen durch Wandel – Wandel durch Lernen, Ludwigshafen 2004

Rump, J., Eilers, S., Groh, S. (2008): Vereinbarkeit von Beruf und Familie – Modeerscheinung oder ökonomische Notwendigkeit? Sternenfels 2008

Schiller, G. J. (2006): Personalmarketing und Internet: Grundlagen, Instrumente und Perspektiven der Online-Rekrutierung, Saarbrücken 2006

Schmitz, M. (2006): Familienfreundlichkeit als Unternehmensstrategie – Potenzialträger motivieren und binden, Düsseldorf 2006

Scholz, C., Schlegel, D., Scholz, M. (1992): Personalmarketing im Mittelstand – Ergebnisse einer Studie zur Hochschulkommunikation, Stuttgart 1992

Scholz, C. (2000): Personalmanagement, 5. Aufl., München 2000

Schuber, A., Sparr, J., Hedde, B. (2009): Imageschäden in Krisenzeiten, in: PERSONALmagazin, 02/2009, S. 51

Seeber, K. (2008): Wenn's falsch war, kommen sie wieder, in: wirtschaft + weiterbildung, 09/2009, S. 76–80

Stercken, A. (2008): Personalmarketing der besonderen Art, in: Personalwirtschaft, Heft Employer-Branding, 02/2008, S. 33–34

Stifterverband für die deutsche Wirtschaft (o. J.): Innovationsfaktor Kooperation, Bericht des Stifterverbandes zur Zusammenarbeit von Unternehmen und Wissenschaft, unter www.austauschprozesse.de/cms/upload/Unternehmen/CJSAU_N-ERGIE_Aktiengesellschaft_V.pdf, abgerufen am 10.03.2009

Stuber, M. (2009): Wirtschaftlichkeit und soziales Engagement im Einklang, in: Personalwirtschaft, 03/2009, S. 39–41

Süß, M. (1996): Externes Personalmarketing für Unternehmen mit geringer Branchenattraktivität, München, Mering 1996

Süß, S. (2008): Diversity-Management auf dem Vormarsch. Eine empirische Analyse der deutschen Unternehmenspraxis, in: zfbf, 06/2008, S. 407–416

Süß, S., Kleiner, M. (2006): DiM: Verbreitung in der deutschen Unternehmenspraxis, in: Krell, G., Wächter, H. (Hrsg.): Diversity Management, Impulse aus der Personalforschung, München, Mering 2006, S. 58–78

Teufer, S. (1999): Die Bedeutung des Arbeitgeberimages bei der Arbeitgeberwahl: Theoretische Analyse und empirische Untersuchung bei High Potentials, Wiesbaden 1999

Trost, A. (2008): Personal der unterschätzte Faktor, in: Harvard Businessmanager, 01/2008, S. 116

Trost, A. (2008): Employer Branding, Entwickeln einer Arbeitgebermarke, in: Arbeit und Arbeitsrecht, 03/2008, S. 136–140

Vedder, G. (2006): Die historische Entwicklung von Diversity Management in den USA und in Deutschland, in: Krell, G., Wächter, H. (Hrsg.): Diversity Management, Impulse aus der Personalforschung, München und Mering 2006, S. 2–20

Voelpel, S., Leibold, M., Früchtenicht, J.-D. (2007): Herausforderungen 50 plus, Erlangen 2007

Wecker, G., Laak van, H. (Hrsg.): Compliance in der Unternehmenspraxis, Wiesbaden 2008

Wiltinger, K (1997): Personalmarketing auf Basis von Conjoint-Analysen, in: ZfB, 03/1997, S. 66–72

www.compliance-magazin.de
www.demotrans.de
www.INQA.de
www.vielfalt-als-chance.de

4. Personalgewinnung und -auswahl

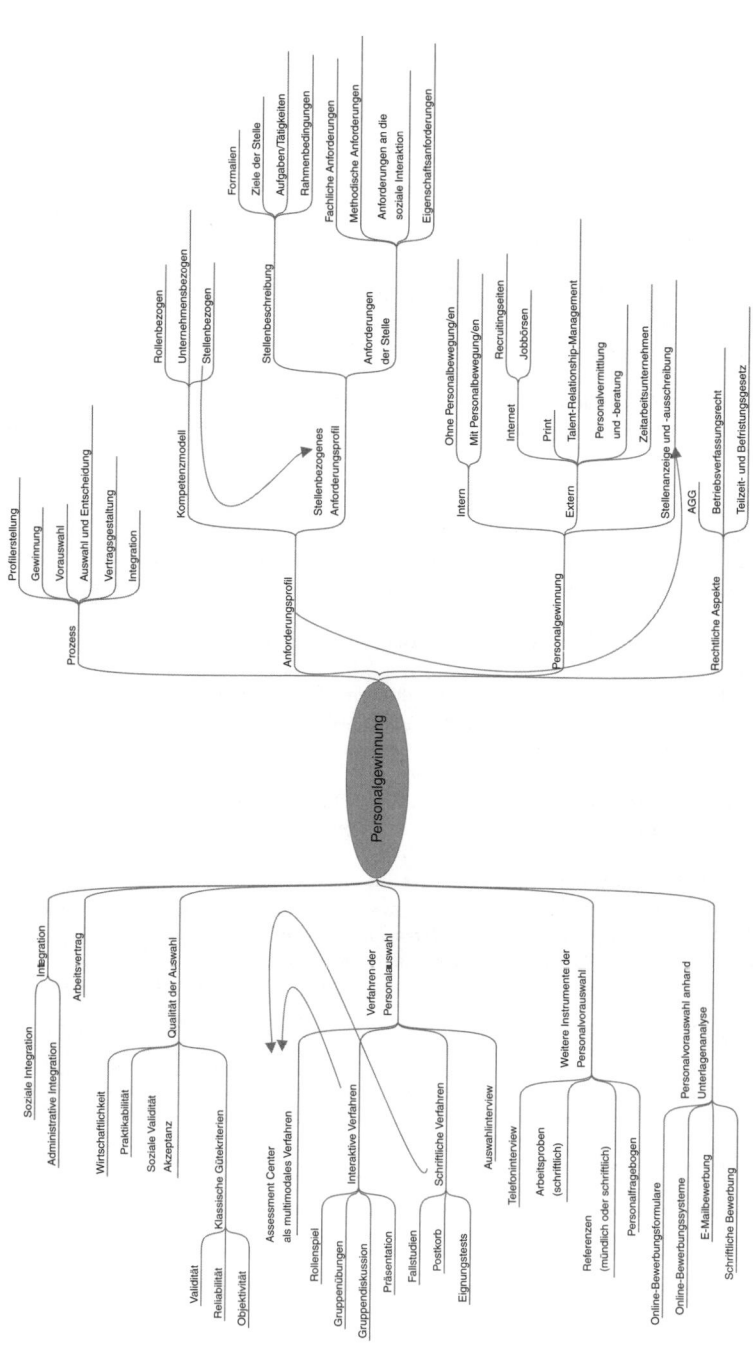

4.1 Zum Einstieg

Herr Bohnenzähler, Leiter des Bereichs Controlling in unserem Produktionsunternehmen mit ca. 2800 Mitarbeitern, kommt mit hochrotem Kopf in den Personalbereich gestürmt. Gerade hat er seine Mailbox abgehört: „Ich, als für seinen Bereich zuständige Personalreferentin, hatte ihm mitgeteilt, dass seine neue Mitarbeiterin, Frau Einschmieg, innerhalb der Probezeit gekündigt hat. Die Stellenbesetzung war in diesem Fall überaus schwierig und zeitraubend gewesen und der Berg an Aufgaben sowie die Überstunden der Kollegen waren bereits über die Abteilung hinaus zu einem echten Problem geworden. Zu allem Überfluss geht eine weitere Kollegin in wenigen Wochen in den Ruhestand. Das heißt eine Wiederbesetzung hat für den Controllingleiter oberste Priorität. Aber bevor wir uns an die Wiederbesetzung machen, möchte ich zunächst klären, an was es gelegen hat oder gelegen haben könnte, dass Frau Einschmieg nach so kurzer Zeit wieder das Unternehmen verlässt.

Herr Bohnenzähler ist ein Perfektionist, was seinen eigenen Job und die Arbeit seiner Mitarbeiter angeht. Führungsaufgaben übernimmt er dagegen ungern. Daher ist die Aufgabenbeschreibung zwar recht ausführlich, die nicht-fachlichen Anforderungen habe ich allerdings alleine abgeleitet. Herr Bohnenzähler hat diesen Punkt als überflüssig erachtet. Erst als die ersten Bewerbungen eingingen und nach einer ersten Sichtung und Vorauswahl von mir weitergeleitet wurden, erhielt ich fast alle zurück mit dem Verweis, dass die Personen nicht geeignet wären. Es stellt sich unter anderem heraus, dass Herr Bohnenzähler für die Stelle internationale Erfahrungen voraussetzt und dass Französischkenntnisse unabdingbar sind. Zum Glück haben wir einen Rahmenvertrag über 20 Stellen mit einer bekannten Jobbörse, so dass eine nochmalige Ausschreibung von den Kosten her kaum ins Gewicht fiel. Auch die Ausschreibung auf unserer Recruitingsite bedeutet lediglich zusätzlichen Aufwand. Meine Nerven waren allerdings schon strapaziert. In der zweiten Runde waren dann einige wenige geeignete Bewerber dabei. Allerdings ist das Profil am Markt nach wie vor sehr gefragt und zwei von fünf Bewerbern sind uns abgesprungen, nachdem Vorstellungsgespräche mit Herrn Bohnenzähler innerhalb von fünf Wochen nicht zu Stande gekommen sind. Erst war er auf Dienstreise, dann hatte er viele interne Termine nachzuholen, dann war er im Urlaub, wieder auf Dienstreise und dann krank. Drei Bewerber haben wir schlussendlich interviewt. Das lief auch ganz gut. Herr Bohnenzähler hatte mich die allgemeinen Dinge fragen und erzählen lassen. Er hat Fachfragen und spezifische Informationen zum Bereich ergänzt. Direkt nach den Gesprächen haben wir die Kandidaten zusammen eingeschätzt. Bei Frau Einschmieg waren wir uns einig und wir hatten uns sehr gefreut, als ihre Zusage kam. Zum Einstieg habe ich sie kurz gesehen, als sie ihre Lohnsteuerkarte bei uns im Bereich abgegeben hat. Auch konnte ich verfolgen, dass alle Unterlagen, wie Datenschutzerklärung, Erklärung zu vermögenswirsamen Leistungen etc., bei uns eingegangen sind. Von Kollegen habe ich gehört, dass auch alle anderen administrativen Dinge, wie Visitenkarten, Büroausstattung, Systemanmeldungen, glatt liefen. Aber was war es dann? Da muss ich wohl Herr Bohnenzähler befragen. Er selbst rühmt sich ja immer noch, dass er sich gänzlich selbständig „freigeschwommen" hat, nachdem die Leitungsfunktion des Bereichs bereits mehrere Monate verwaist war, nach der unrühmlichen Trennung von seinem Vorgänger. Wenn er natürlich diese „Wirf-ins-kalte-Wasser-Strategie" bei allen anwendet, wundert es mich nicht unbedingt. Zumal das Team, bestehend aus „alten Hasen" auch sehr eigenwillig ist und eine junge Frau es wahrscheinlich schwer hat, Zugang zu finden. Da hätte ich mich wohl früher drum kümmern müssen. Aber es gibt eben auch noch viele andere Dinge zu tun und Vorwürfe helfen jetzt auch nicht weiter. Wenn wir beide unsere Hausaufgaben machen, dann klappt es das nächste Mal bestimmt."

4.2 Einleitung

Ziel der Personalgewinnung und Auswahl ist, es freie Stellen (Vakanzen) mit einem passenden Mitarbeiter zur rechten Zeit zu besetzen. Um in gegebenen Zeiträumen potenzielle Interessenten zu gewinnen und die Passung bestmöglich diagnostizieren zu können, sind für die beteiligten Vertreter des Personalbereichs, die Führungskräfte und Bewerber folgende Schritte zu durchlaufen (vgl. Eisele, D. (2003), S. 97).

Tabelle 14: Prozess der Personalgewinnung und -auswahl

Vertreter des Personalbereichs	Führungskraft	Bewerber/potenzieller Mitarbeiter
Erstellung eines Anforderungsprofils	Erstellung eines Anforderungsprofils	Stellensuche
Personalgewinnung		(Online-) Bewerbung
Vorauswahl und Kontakt	(Vorauswahl und Kontakt)	Kontakt
Erstellung eines Fähigkeitsprofils		Informationssammlung
Auswahlentscheidung		Präferenzbildung
Gesteuerte Evaluation	Ungesteuerte Evaluation	

Im Folgenden wird auf die einzelnen Schritte der ersten Spalte, also auf den Prozess der Personalbeschaffung aus Sicht des Personalmanagements, eingegangen, wobei die Kundensicht von Führungskräften und Bewerbern jeweils mit einbezogen wird. Im Rahmen der Evaluation werden die Anforderungen an Personalwerbung und insbesondere an die Güte der Auswahl herausgearbeitet, zudem werden der Prozess und die Kommunikation einbezogen. Eine Stellenbesetzung kann nur mittels einer gelungenen Integration abgeschlossen werden, Aussagen dazu finden sich im entsprechenden Unterkapitel. Formale Basis für Arbeitsverhältnisse sind Arbeitsverträge, denen ebenfalls ein Abschnitt gewidmet ist. Mit zentralen Vorgaben zur Mitbestimmung und wesentlichen Aspekten des AGG bei der Gewinnung und Auswahl wird das Thema abgeschlossen.

4.3 Erstellung eines Anforderungsprofils

Das Anforderungsprofil ist Basis der Ausschreibung im Rahmen der Personalgewinnung sowie der Entscheidung bei der Personalauswahl und hat damit hohe Relevanz für den gesamten Prozess. Wesentlich sind Stellenbeschreibung und Anforderungsprofil darüber hinaus wie bereits beschrieben für die Personalplanung, insbesondere für die Personaleinsatzplanung. Sie bilden aber auch die Grundlage für die Entwicklung und Weiterbildung von Personal und für eine korrekte Eingruppierung und Vergütung. Arbeitsaufgaben, daraus resultierende Anforderungen und benötigte Ausprägungen für die zu besetzende Stelle werden in einem Anforderungsprofil festgehalten. Ein Anforderungsprofil umfasst neben den bereits im Rahmen der Personalplanung beschriebenen Inhalten der Stellenbeschreibung die daraus abgeleiteten Anforderungen an den Stelleninhaber:

- Fachliche Anforderungen:
  Fachwissen, z. B. Kenntnis internationaler Bilanzierungsrichtlinien/-standards und Erfahrungen, z. B. als Wirtschaftsprüfer
- Methodische Anforderungen, z. B. Kenntnisse und Erfahrungen mit SAP/HR oder Projektmanagement
- Anforderungen an die soziale Interaktion, z. B. Kommunikationsstärke, Verhandlungsgeschick und Führungsfähigkeit
- Anforderungen an persönliche Eigenschaften:
  Psychische Eigenschaften, z. B. Flexibilität, analytisches Vorgehen und Belastbarkeit und physische Anforderungen, z. B. Mobilität
- Angaben zu Formalien (Ort, Datum, Ersteller)

Empfehlenswert ist die Definition von „Muss"-Kriterien (absolut notwendig, um die Stelle richtig zu besetzen) und „Wunsch"-Kriterien (vom Kandidaten bestmöglich zu erfüllen). Darüber hinaus kann eine differenzierte Skalierung oder sogar Gewichtung einzelner Kriterien vorgenommen werden. Dabei sollte kritisch die Verhältnismäßigkeit zwischen Praktikabilität und Aufwand sowie Verbesserung der Auswahlentscheidung abgewogen werden.

In der Praxis werden Anforderungsprofile regelmäßig schriftlich fixiert, sie basieren jedoch meist nicht auf (aufwändigen) tätigkeitsanalytischen Verfahren (vgl. zu diesen Verfahren im Überblick Frieling, E., Buch, M. (2003), Sp. 178ff.). Meist werden bereits vorliegende Funktionsbeschreibungen als Basis genommen, auf deren Grundlage Führungskraft und Vertreter des Personalbereichs die aktuellen Aufgaben und daraus resultierenden Anforderungen diskutieren. Genannt wird dieses Vorgehen auch Anforderungs-Ermittlungs-Dialog (AED). Wird eine Tätigkeits- bzw. Anforderungsanalyse durchgeführt, kommen Beobachtung sowie mündliche und schriftliche Befragung von gegenwärtigem Stelleninhaber, Vorgesetzten, Mitarbeitern sowie (interne) Kunden als Erhebungsmethoden in Frage (vgl. Rastetter, D. (1996), S. 67).

Insbesondere bei Ausbildungsplätzen, Traineestellen und Führungspositionen wird auch auf generelle Analysen zurückgegriffen. Häufig findet sich analog zum Begriff Anforderungsprofil auch die Bezeichnung Kompetenzmodell. Mit dem Kompetenzbegriff sind dabei im Sinne von „Können" die Fähigkeiten eines Individuums gemeint (vgl. Laske, S., Habich, J. (2003), Sp. 1007f.).

Beispiel 21: Anforderungsprofil der Stelle Personalleitung bei der Spielkunst GmbH & Co. KG (Fiktiver Name)
Mit rund 2500 Mitarbeitern in Deutschland (1500), Malta und Tschechien setzt der Spielwarenhersteller an die 400 Mio. € um. Gesucht wird eine Nachfolge der Personalleitung. Folgende Stellenbeschreibung und Anforderungsprofil sind Grundlage für den weiteren Prozess (vgl. Wolf, C. (2001), S. 132):

Tabelle 15: Stellenbeschreibung und Anforderungsprofil einer Personalleitung

Anforderungsprofil inkl. Stellenbeschreibung		
Stellenbezeichnung: Personalleiter/in	Erstellt von: Durchgreif	Datum: 01. April 2009
Abteilung: Personal	Besondere Befugnisse: Prokura	Derzeitiger Stelleninhaber: Hildegard Durchgreif
Stellenbezeichnung Vorgesetzte/r: Geschäftsführung	Stellenbezeichnung Mitarbeiter/in: Personalreferent/in Personalsachbearbeiter/in	Vertretung/en: Für/von Personalreferent/in

Ziele der Stelle: Strategische und operative Gestaltung der Personalpolitik und Sicherstellen der Funktionsfähigkeit der Personalabteilung und eines kundenorientierten Personalservices.	
Nr.	Aufgabenbeschreibung
1.	Rechtliche und praktische Beratung und Unterstützung der Abteilungsleitungen und der Geschäftsführung in allen wiederkehrenden Personalfragen, z. B. in der Anforderungsprofilerstellung, Vertragsgestaltung und Entgeltfindung, oder auch bei Versetzung, Abmahnung und Entlassung.
2.	Weiter- und Neuentwicklung von personalpolitischen Konzepten, etwa zur Personalbeurteilung und -entwicklung, zur Gestaltung von Entgelt- und Arbeitszeitsystemen. Umsetzung der Konzeptionen in Abstimmung mit der Geschäftsleitung und geeignete Einbindung der Führungskräfte und Information der Mitarbeiter.
3.	Vertrauensvolle Zusammenarbeit mit dem Betriebsrat im Rahmen der betriebsverfassungsrechtlichen Vorschriften.
4.	Entwicklung von Führungsgrundsätzen und -richtlinien sowie entsprechende Schulung der Führungskräfte.
5.	Leitung der unterstellen Mitarbeiter gemäß den Führungsgrundsätzen und -richtlinien.
6.	Externe Darstellung des Unternehmens, Pflege von Kontakten zu externen Institutionen, insbesondere zum Arbeiteberverband, zum Integrationsamt und der Agentur für Arbeit, zur Lehrlingsprüfungskommission der IHK und den Schlüsselhochschulen in der Region.
Das Unternehmen behält sich die dauerhafte oder vorübergehende Vergabe von anderen Aufgaben vor.	

Ort Arnstadt	Datum 01. April 2009	Unterschrift Geschäftsleitung Wasserdorf

Anforderungen	Gewichtung	Anmerkungen
Fachlich		
Studium der Betriebswirtschaft (Schwerpunkt Personal) oder Jura (Schwerpunkt Arbeitsrecht)	Muss	Akademischer Titel als Muss, da ansonsten die Anerkennung durch die Kollegen im Leitungskeis zweifelhaft ist.
Erfahrungen im Personalbereich, insb. in der Personalbeschaffung und -betreuung	Muss	Als Führungskraft und Verantwortliche/r für den gesamten Bereich unabdingbar.
Einschlägige Berufserfahrung in einem Produktionsbetrieb	Sollte	Auch Kenntnisse im geltenden Tarifvertrag wären wünschenswert, sind aber nicht Bedingung.
Erste Führungserfahrung	Kann	Auch ein Nachwuchskandidat mit entsprechendem Potenzial ist vorstellbar.
Methoden		
Moderation und Präsentation	Sollte	Kann auch durch die Mitarbeiter unterstützt werden.
Englisch fließend	Muss	Austausch mit Tschechien muss direkt in Englisch erfolgen.
Trainingsmethoden	Kann	Trainings können auch von Mitarbeitern durchgeführt werden.
Persis	Kann	Entsprechende SAP HR oder andere PIS Erfahrungen sind ebenso ausreichend.
Sozial		
Kommunikationsfähigkeit	Muss	Eindeutige, nachvollziehbare eigene Äußerungen und aktives Zuhören sind Basis für einen Erfolg.
Verhandlungsgeschick	Sollte	Gespür für Stimmungen, (Hintergrund-)Interessen und Gesamtzusammenhänge.
Durchsetzungsfähigkeit	Sollte	Bereitschaft, sich für Argumente einzusetzen, aber auch Nachgiebigkeit an der richtigen Stelle zu zeigen.
Führungsfähigkeit	Muss	Delegiert Verantwortung, fördert Mitarbeiter und respektiert andere (abweichende) Einstellungen.
Persönlich		
Zuverlässig/loyal	Muss	Ist ein Vorbild für andere Führungskräfte und die Belegschaft und zeigt 100 % Loyalität gegenüber der Geschäftsführung
Organisationsgeschick	Sollte	Festlegung und Durchführung von Arbeitsschritten und Ressourcen.
Belastbar	Muss	Auch bei komplexen Aufgaben und unter Zeitdruck wird Qualität erzielt.
Unternehmerische Denkweise	Sollte	Erkennt strategische Relevanz und Priorität und handelt (langfristig) ökonomisch.

Kompetenzmodelle fokussieren ebenso wie Anforderungsprofile auf Fach-, Methoden, Sozial und Selbstkompetenzen, wobei folgende Arten unterschieden werden können (vgl. Klug, A. (2008):

- Rollenspezifische Kompetenzmodelle, welche eine generische Systematik von Anforderungen für bestimmte Rollen (z. B. Führungskräfte) vermitteln. Sie finden Einsatz in Wissenschaft und Forschung und bilden die Grundlage zur Definition für spezifische Modelle, können diese jedoch nicht ersetzen.
- Unternehmensspezifische Kompetenzmodelle fassen positionsübergreifend Anforderungen eines Unternehmens an seine Mitarbeiter zusammen und sollen einen einheitlichen Sprachgebrauch zu Kompetenzen im Unternehmen gewährleisten. Analyseeinheit ist hier das Unternehmen.
- Positionsspezifisches Kompetenzmodelle werden im Sinne eines Anforderungsprofils für eine bestimmte Position oder Stelle definiert. Vorliegend wird der besseren Abgrenzung halber in diesen Fällen auch weiterhin von Anforderungsprofil gesprochen.

Unabhängig von der Benennung sollte gemäß nachstehendem, stufenweisen Vorgehen jede Kompetenz konkret definiert, mit einem Verhaltensanker hinterlegt und skaliert werden (in Anlehnung an Graf, T. M. (2006), F. 17).

Schritte	Kennzeichen	Beispiele		
Schritt 1	• Benennung der erforderlichen Kompetenzen	• Kundenorientierung • Strategisches Denken • Durchsetzungsfähigkeit • Führungsverhalten		
Schritt 2	• Benennung der erforderlichen Kompetenzen • Definition jeder Kompetenz	Kundenorientierung	**Definition:** Kundenorientierung ist die Fähigkeit, die Bedürfnisse der internen und externen Kunden zu erkennen, seine Maßnahmen und Handlungen daran auszurichten und partnerschaftlich mit Kunden zusammenzuarbeiten	
Schritt 3	• Benennung der erforderlichen Kompetenzen • Definition jeder Kompetenz • Angabe spezifischer Verhaltensanker	**Kundenorientierung** Kundenorientierung ist die Fähigkeit, die Bedürfnisse der internen und externen Kunden zu erkennen, seine Maßnahmen und Handlungen daran auszurichten und partnerschaftlich mit Kunden zusammenzuarbeiten	• Reagiert umgehend, um Kundenprobleme zu lösen • Hält Kunden über den Fortgang von Anfragen, Projekten, Preisgestaltung, etc. auf dem Laufenden • Ist Kunden gegenüber hilfsbereit und freundlich, hört auf ihre Bedürfnisse	
Schritt 4	• Benennung der erforderlichen Kompetenzen • Definition jeder Kompetenz • Angabe spezifischer Verhaltensanker • Staffelung nach Leistungsgraden	**Kundenorientierung** Kundenorientierung ist die Fähigkeit, die Bedürfnisse der internen und externen Kunden zu erkennen, seine Maßnahmen und Handlungen daran auszurichten und partnerschaftlich mit Kunden zusammenzuarbeiten	1 Kenner 2 Könner 3 Experte	• Positiver Umgang mit Kunden • Identifikation und Erfüllung von Kundenerwartungen • Partnerschaftliches und unterstützendes Kundenverhältnis

Abbildung 22: Abbildung eines Kompetenzmodells

Ein rollenspezifisches Kompetenzprofil eines HR-Business Partners kann wie folgt aussehen (in Anlehnung an Jochmann, W. (2007), F. 39).

Tabelle 16: Beispielhaftes Kompetenzprofil eines HR-Business Partners

Fachliches Kompetenzprofil		Ausprägung				
		1	2	3	4	5
Strategie	Personalstrategie			3		
	Personalcontrolling				4	
	Performance Management					5
	Mitarbeiterkommunikation				4	
	Nachfolgemanagement			3		
	Personalmarketing		2			
	Change Management					5
Betreuung	Beratung					5
	Personalentwicklung				4	
	Mitbestimmung auf tariflicher und betrieblicher Ebene				4	
	Personalgewinnung und -auswahl				4	
Administration	PIS			3		
	Entgeltabrechnung		2			
	Administration			3		
Überfachliches Kompetenzprofil						
Problemlösungskompetenz	Analysevermögen			3		
	Konzeptionelle Fähigkeiten			3		
	Innovationsfähigkeit				4	
	Zielorientierung					5
Managementkompetenz	Erfahrungshintergrund				4	
	Unternehmerisches Denken				4	
	Strategische Orientierung				4	
	Kundenorientierung					5
	Internationalität		2			
Führungskompetenz	Mitarbeiterführung und -motivation			3		
	Überzeugungskraft				4	
	Souveränität				4	
	Kooperation					5
Motivationsstruktur	Leistungsmotivation				4	
	Belastbarkeit				4	
	Veränderungsbereitschaft					5
	Integrität					5

4.4 Personalgewinnung

Zur Aufstockung von Personalkapazitäten empfiehlt sich eine Strategie des Multi-Channeling. Eine Übersicht über die Vielzahl an Wegen gibt nachstehende Abbildung.

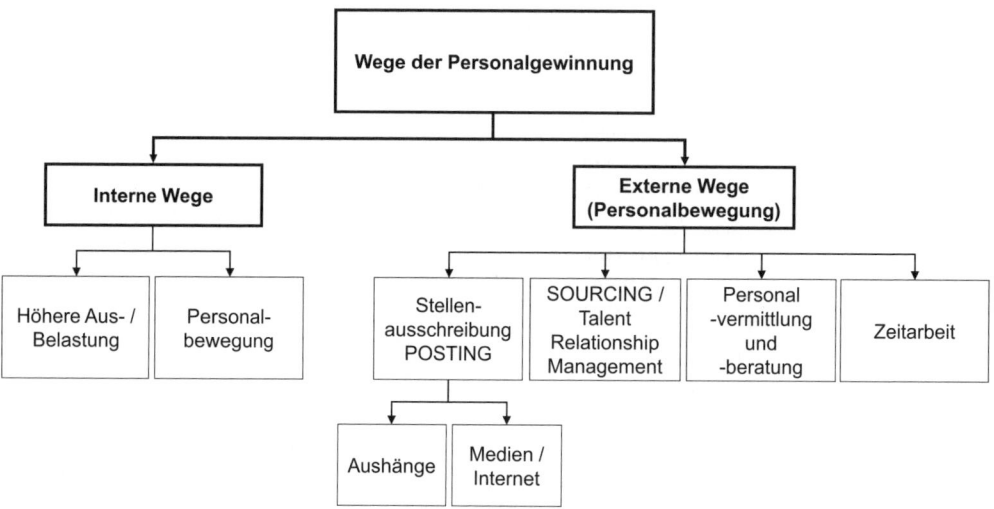

Abbildung 23: Wege der Personalgewinnung

Darüber hinaus werden teilweise auch die Zusammenarbeit mit externen Dienstleistern und das Outsourcing von einzelnen Funktionen bzw. Bereichen als Wege der Personalgewinnung aufgeführt (vgl. Endörfer, A., Walch, D. (2007), S. 42). Auch wenn diese Möglichkeiten durchaus zur Erfüllung von Aufgaben herangezogen werden (können), ist der Personalbereich meist nur bei möglichen (folgenden) Betriebsübergängen beteiligt. Eine nähere Betrachtung findet daher vorliegend nicht statt. Lediglich für den Personalbereich selbst finden diese Optionen im Kapitel „Partner des Personalbereichs" Eingang.

4.4.1 Interne Wege der Personalgewinnung

Interne Wege der Personalgewinnung ziehen nicht in allen Fällen Personalbewegungen nach sich. Diese Fälle führen zu einer höheren quantitativen oder qualitativen Aus- bzw. auch Belastung der Beschäftigten. Mehrkapazität kann ein Unternehmen beispielsweise über Arbeitsverdichtung oder auch in vorgegeben rechtlichen Grenzen durch (angeordnete) Überstunden generieren. Zudem sind organisatorische Änderungen denkbar, also eine andere Aufteilung der Aufgaben und damit teilweise andere Anforderungen an die jeweiligen Mitarbeiter. Damit diese den (geänderten) Anforderungen gerecht werden können, kommt die Personalentwicklung zum Einsatz, worauf im gleichnamigen Kapitel näher eingegangen wird. Interne Personalgewinnung mit Personalbewegungen resultiert regelmäßig aus internen Ausschreibungen. Folgende Chancen und Vorteile werden mit der internen Personalgewinnung verbunden, soweit es sich nicht um zwangsweise Versetzungen per Direktionsrecht handelt (in Anlehnung an Horsch, J. (2000), S. 58):

- Positiv auf die Motivation der Belegschaft wirken sich die internen Entwicklungsmöglichkeiten und Aufstiegschancen aus.
- Durch stetige Veränderungen werden Flexibilität und Mobilität der Belegschaft erhöht.
- Durch die bereits bestehende Vertrautheit des Mitarbeiters mit dem Unternehmen verkürzt sich die Einarbeitungsphase.
- Wenn in der Gewinnung auf die einfache Ausschreibung zurückgegriffen werden kann und nur wenige Bewerbungen vorliegen, können die Kosten gering gehalten werden (dies gilt dann z. B. nicht, wenn umfangreiche Personalentwicklungsmaßnahmen oder Umorganisationen notwendig werden).
- Die Entgeltstruktur des Unternehmens wird nicht gestört, da meist weder Risiko- noch Marktzulagen notwendigen werden.
- Da der Mitarbeiter im Unternehmen bereits bekannt ist, bleibt das Risiko einer Fehlbesetzung und damit Folgekosten gering.
- Der Betrieb kann unabhängig von den allgemeinen Bedingungen auf dem Bildungs- und Arbeitsmarkt agieren.

Da jedoch der internen Gewinnung auch Grenzen gesetzt und Nachteile zu verzeichnen sind, kommt der im Folgenden beschriebenen externen Besetzung mindestens gleichrangige Bedeutung zu:

- Die Vertrautheit mit dem Unternehmen birgt die Gefahr der Betriebsblindheit.
- Bei ausschließlicher bzw. überwiegender interner Besetzung fehlt nicht nur der „frische Wind", sondern aktuelles Know-how aus der Wissenschaft und von anderen Marktteilnehmern.
- Bei einem Beförderungsautomatismus und Seilschaftenbildung können Motivation und Qualität leiden.
- Möglicherweise wird die Leistungsbereitschaft durch geringe Konkurrenz gemindert. Sachentscheidungen werden durch enge persönliche Beziehungen „verkumpelt".
- Die Anerkennung eines ehemaligen Kollegen als neue Führungskraft ist auf Grund interner Konkurrenz gegebenenfalls weniger vorhanden, wie für einen externen Bewerber.
- Da der Pool an Qualifikationen und Potenzialen begrenzt ist, gibt es für spezifische Positionen möglicherweise keine geeigneten Kandidaten.
- Die Ausdehnung vorhandener Kapazitäten kann auf Grund der Aufgabenverdichtung Überforderungen der Arbeitnehmerschaft nach sich ziehen.

Dabei sollte bei internen Stellenbesetzungen immer das Gesamtunternehmen im Fokus stehen. Einzelne Führungskräfte und/oder auch Vertreter des Personalbreichs verfolgen dagegen manchmal lediglich kurzfristige bzw. bereichsoptimale Strategien der Abwerbung und auch des „Weglobens". Einem solchen Verhalten sollte konsequent entgegnet werden, beispielsweise über

„Rückgabevereinbarungen" oder durch konsequentes Unterbinden von Entgeltverhandlungen im Bieterverfahren.

4.4.2 Externe Wege der Personalgewinnung

Soll oder kann die Stelle intern nicht besetzt werden, kommen externe Wege der Personalgewinnung zum Einsatz. In der Praxis ist die elektronische Ausschreibung im Internet, das Posting, mittlerweile die meistgenutzte Form der externen Stellenausschreibung. Es folgen an zweiter Stelle Ausschreibungen in der (regionalen) Tagespresse und Fachmedien. Aushänge sowie Plakat- und Radiowerbung finden dagegen meist nur bei großen, homogenen Zielgruppen Anwendung, z. B. bei Auszubildenden. Der Aushang am Werktor, zwischenzeitlich kaum mehr relevant, hat in einer neuen Form auf den Karriere- bzw. Recruitingseiten auf der Unternehmenshomepage eine Renaissance erlebt. Die direkte Form findet sich des Öfteren bei kleineren und mittleren Unternehmen und in den Bereichen Verkauf, Service sowie im Handwerk (vgl. Eisele, D. (2003), S. 125ff.).

Grundlage ist in allen Fällen die Stellenanzeige bzw. -ausschreibung, auf die nachfolgend zuerst eingegangen wird. Unter dem Punkt Internet finden sich Hinweise auf die Karriereseiten von Unternehmen sowie Jobbörsen. Das Angebot von Jobbörsen umfasst meist nicht nur ein Posting, sondern darüber hinaus auch das Sourcing, die aktive Suche nach Profilen in den jeweiligen Bewerberdatenbanken. In einem separaten Unterpunkt wird der eigene Aufbau von Bewerberpools im Unternehmen unter dem Schlagwort Talent Relationship Management (TRM) behandelt. Abgeschlossen wird das Unterkapitel mit einem Blick auf die Zusammenarbeit mit externen Partnern, Personalvermittlungen und -beratungen sowie Zeitarbeitsunternehmen.

4.4.2.1 Stellenanzeige bzw. -ausschreibung

Unabhängig vom Medium wird von Stellenanzeige bzw. -ausschreibung gesprochen. Inhaltlich finden sich meist eine Vorstellung des Unternehmens, der Position sowie ein expliziter Bewerbungsappell. Dieser sollte die geforderte Bewerbungsart (notwendige Unterlagen), sowie Bewerbungsweg/e (schriftlich, telefonisch oder mittlerweile elektronisch) und den Zeitraum umfassen. Realistische Informationen zum Unternehmen und zur Position wirken falschen Erwartungen und damit Enttäuschungen im Auswahlprozess und der nachfolgenden Integration wie auch (innerer) Kündigung entgegen und sind daher Voraussetzung für eine erfolgreiche Einstellung. Neben der rationalen ist die emotionale Ansprache wichtig, wobei oftmals auf die AIDA-Formel aus dem Produktmarketing zurückgegriffen wird:

- Aufmerksamkeit (Attention) des Bewerbers gewinnen,
- Interesse (Interest) an der Stelle/am Unternehmen wecken,
- Wunsch (Desire) erzeugen,
- Handlung (Action) zu einer Bewerbung herbeiführen.

Als gestalterische Grundregeln können genannt werden:

- weiße bzw. einfarbige Flächen, nicht nur Text,
- ergänzende Bilder oder Abbildungen,
- Lesbarkeit der Schriftgröße beachten und nicht mehr als zwei Schrifttypen verwenden.

Generell gilt, dass Darstellung aber auch die Größe der Anzeige und damit der Detaillierungsgrad der Inhalte auf die Zielgruppe anzupassen sind. Während eine Tätigkeit für angelernte Kräfte eher kurz umrissen wird, ist beispielsweise eine Führungsposition ausführlich darzustellen. Während Spezialisten eher tätigkeitsbezogene Informationen erwarten, wollen Generalisten mehr Informationen zum Unternehmen und zu den Rahmenbedingungen. Für berufsunerfahrene Bewerber stehen Emotionen im Vordergrund, während berufserfahrene Interessenten nach detaillierten Informationen suchen (vgl. Lichius, W. (1999), S. 144f.). Ebenfalls generalisierend kann gesagt werden, dass potenzielle Kandidaten online aktiv nach Stellenanzeigen suchen, während sie in Printmedien eher gefunden werden. Daher ist für Printmedien besonders auf einen hohen Aufmerksamkeitswert zu achten. Wichtig ist mittlerweile auch hier der Hinweis auf mögliche weitere Informationen zum Unternehmen und ein entsprechender Link (vgl. Pakalski, N. (2009), S. 52). Das ist bei elektronischen Ausschreibungen ohnehin Standard. Darüber hinaus sind hier die Datumsangabe der Veröffentlichung und die Angabe einer E-Mail und idealerweise direkte Möglichkeit der Online-Bewerbung wesentlich. Darüber hinaus ist bei Online-Stellenanzeigen in Jobbörsen das Suchverhalten der Bewerber im Rahmen der Formulierungen zu beachten. In einem ersten Schritt werden von den meisten Jobsuchenden die von der Jobbörse vorgegebenen Suchkriterien genutzt, eine weitere Variante stellt die Stichwortsuche dar. Es sollten also zentrale Tätigkeitsinhalte und bekannte Benennungen in der Anzeige aufgenommen und die Rubrizierung sorgfältig und durchdacht vorgenommen werden (vgl. Sudar, B. (2008), S. 16ff.).

4.4.2.2 Internet

Bei der Ausschreibung von Stellen spielt die unternehmenseigene Homepage, insbesondere bei großen und bekannten Unternehmen, die zentrale Rolle, worauf im Kapitel Personalmarketing bereits eingegangen wurde. Auch für kleine und mittlere Unternehmen lohnen sich unaufwändige Hinweise auf offene Stellen, auch wenn die Frequentierung deutlich geringer ausfällt.

Höher sind die Reichweiten der meisten Jobbörsen, auch elektronische oder Online-Stellenmärkte genannt. Bei öffentlichen Jobbörsen werden nicht-kommerzielle Anbieter (Bundesagentur für Arbeit, aber auch Hochschulen, Studenteninitiativen, Verbände und Vereine) und kommerzielle Anbieter unterschieden. Zudem finden sich Verlage, die eine oftmals kostenlose Parallelschaltung zum Printmedium bereitstellen (vgl. Beck, C. (2002), S. 37ff.).

Eine weitere Systematisierung kann anhand der Zielgruppenfokussierung vorgenommen werden. Dabei beziehen sich die Anbieter auf ein bzw. mehrere Länder oder nur auf bestimmte Regionen oder auf spezifische Berufsgruppen, Karrierephasen oder auch Branchen (vgl. Kenk, G. (2005), S. 4ff.). Der Bekanntheitsgrad einer Jobbörse muss dabei im Zusammenhang mit einer solchen Orientierung beurteilt werden. Die Reichweite lässt sich generell über Besucher (Visits) und besuchte Seitenzahlen (Page Views) messen. Daneben sollten dann das Angebot sowie die Anzahl der (vergleichbaren) Stellenangebote einbezogen werden. Für eine Beurteilung außerdem wichtig sind die Aspekte der Benutzerfreundlichkeit in den Suchfunktionen, die Aktualität der Seiten und der Stil, also Ansprache, Darstellung sowie Aufmachung der Jobbörse, der zum Unternehmen passen sollte. Im Angebot sind meist folgende Services für (zukünftige) Arbeitgeber und Kandidaten:

- Tipps für die Karriere, Entgeltvergleiche, Brutto-/Nettorechner etc.,
- Veröffentlichung von Portraits der potenziellen Arbeitgeber,
- Veröffentlichung von Stellenanzeigen im vorgegeben Layout oder mit Layout-Anpassung, evtl. Serverabgleich mit dem Stellenmarkt auf der unternehmenseigenen Karriereseite (Posting),
- Link auf die Online-Bewerbung des Unternehmens, Online-Bewerbung über die Jobbörse oder ggf. auch Vorselektion durch die Jobbörse,
- Datenbank mit Bewerberprofilen, in denen das Unternehmen mittels Kriterien nach geeigneten Kandidaten suchen kann (Sourcing),
- Information des Unternehmens bzw. des Bewerbers per E-Mail oder SMS, wenn entsprechende Bewerberprofile bzw. Stellenangebote eingestellt werden.

Preise bzw. Kosten differieren dabei stark, sollten jedoch regelmäßig nicht im Vordergrund stehen, da sie sich im Vergleich mit Printmedien gering ausnehmen. Die Bandbreite der Zusatzdienstleistungen von Jobbörsen nimmt stetig weiter zu. Die Betrachtung einiger Besonderheiten wurde bereits im Kapitel Personalmarketing vorgenommen.

Um über den Internet-Stellenmarkt einen Überblick zu erhalten, werden im Netz selbst Metasuchmaschinen angeboten, so bspw. auf Bewerberseite www.jobrobot.de oder www.jobturbo.de. Einen guten Überblick über Jobbörsen selbst erhalten Unternehmen unter www.crosswater-systems.com. Die anhand der Anzahl der geschalteten Stellenanzeigen größten Jobbörsen beziehen meist alle Zielgruppen ein. Nachstehend aus der Liste der Top 50 Jobbörsen in Deutschland Mitte 2009 eine kleine Auswahl (vgl. Klenk, G. (2009), S. 20). Dabei wurde nachstehend auf Jobbörsen fokussiert und sowohl die Agentur für Arbeit mit ihrem Stelleninformationssystem, wie auch allgemeine Plattformen für verschiedenste Kleinanzeigen und plattformübergreifende Suchmaschinen ausgeklammert:

- www.experteer.com mit über 50 000 Stellenanzeigen (gerichtet an Fach- und Führungskräfte),
- www.monster.de mit rund 36 000 Stellenanzeigen,
- www.jobpilot.de mit ebenfalls rund 36 000 Stellenanzeigen,
- www.stepstone mit rund 35 000 Stellenanzeigen,
- www.berufsstart mit über 20 000 Stellenanzeigen (fokussiert auf Hochschulabsolventen),
- www.jobstairs.de mit über 10 000 Stellenanzeigen,
- www.connecticum.de mit fast 6000 Stellenanzeigen (fokussiert auf Hochschulabsolventen).

Spezialisierte Jobbörsen, wie untenstehend einige genannt werden (Auszug aus Mulitze, C. (2007), S. 6ff.), sind naturgemäß meist kleiner.

Tabelle 17: Beispiele funktionsspezifischer Jobbörsen

URL	Betreiber	Schwerpunkt
www.ingenieurkarriere.de	VDI Verlag GmbH Düsseldorf	Ingenieure, technische Fach- und Führungskräfte
www.it-treff.de	bm+p Gesellschaft für IT-Training und Consulting mbH, Düsseldorf	IT-Positionen
www.karriere-jura.de	Dr. von Göler Verlagsgesellschaft mbH, München	Juristen, Rechtsanwälte, Justiziare und Rechtsreferendare
www.salesjob.de	Saleslounge GmbH, Berlin	Fach- und Führungskräfte im Vertrieb
www.hotel-career.de	Hotel career AG, Düsseldorf	Hotellerie, Gastronomie, Touristik
www.medizinische-berufe.de	VIVAI Software AG, Dortmund	Fach- und Führungskräfte in der Medizin und Pflege

4.4.2.3 Talent Relationship Management

Im Laufe eines Besetzungsprozesses werden oft viele Absagen notwendig (vgl. Rastetter, D. (1996), S. 92). Diese Absagen gehen in vielen Fällen auch an Bewerber, die prinzipiell durchaus interessant für das Unternehmen sind. Dies gilt analog für Initiativbewerbungen. Einige dieser Bewerber können für andere Recruitingprozesse im Unternehmen aussichtsreiche Kandidaten sein. Durch den Aufbau und die Pflegen eines Bewerberpools können Unternehmen schnell und flexibel auf hochqualifizierte, mit dem Unternehmen relativ vertraute Kandidaten zugreifen. Damit können die Kosten für zukünftige Personalgewinnungs- und -auswahlprozesse reduziert werden. Zudem werden Frustration und damit einhergehende Imageverluste beim abgelehnten Bewerber weitgehend vermieden.

Ein Talent oder auch Bewerber Relationship Management gehört zu einem vollständigen Personalmarketing dazu und komplettiert ein Bewerbermanagementsystem (BMS) um die langfristige Komponente. Das gilt zumindest für Unternehmen mit konstantem Bedarf. Ein TRM besteht aus verschiedenen Elementen (vgl. Geke, M., Eisele, D. (2003), S. 75):

- Zentral ist eine Datenbank mit hochqualifizierten Kandidaten, der Talent Pool. In den Talent Pool gelangen Initiativbewerber, Kandidatinnen, die aus einem konkreten Prozess ausgeschlossen wurden, aber für andere, zukünftige Positionen im Unternehmen als potenziell interessant eingestuft wurden und ehemalige Praktikanten und Thesenbearbeiter sowie Mitarbeiter (vgl. Bruckner (2008), S. 31 und Dewitz, A. (2006)).
- Wichtig sind geeignete Suchfunktionen oder eine Funktion zum „Matching", also ein Abgleich von Profilen und offenen Stellen anhand von geeigneten Kriterien. Auch ein individueller Stellenmarkt (z. B. mit Auslandspraktika für ehemalige Inlandspraktikanten), Online-Bewerbungsmöglichkeiten und Einblick in den Status aktiver Bewerbungen gehören dazu.
- Attraktiv für die Bewerber wird ein TRM durch Services, wie Shops, bspw. mit Produkten des Unternehmens zu günstigen Konditionen, Zugang zu unternehmensinternen Datenbanken, z. B. die Bibliothek oder Mitarbeitzeitschrift, Foren, um Fragen an Unternehmensvertreter zu stellen, Chats mit Personalverantwortlichen zu aktuellen Themen des Personalmanagements,

Geburtstagsgrußkarten, Linklisten fürs Studium, Paten- oder Mentorenprogramme, Einladungen zu firmeninternen Veranstaltungen mit Unternehmensvertretern und andere. Im Idealfall sind die Services adaptiv und lassen sich nicht nur zielgruppengerecht sondern individuell anpassen.

Die Zielgruppenorientierung der Beziehungspflege ist sehr wichtig. Im Zentrum wird hier sicherlich regelmäßig die Kontaktpflege zu Praktikanten und Thesenbearbeiter und ehemaligen Mitarbeitern stehen, mit denen der engste Kontakt bestand und auch weiter bestehen sollte. Dagegen ist für die Zielgruppe der Initiativbewerber ein eher loser Kontakt angemessen.

4.4.2.4 Personalvermittlung und -beratung

Vermittlung allgemein beschreibt den Vorgang der Zusammenführung von Angebot und Nachfrage. Gefragt ist sie dann, wenn Angebot und Nachfrage nicht von allein oder zu langsam zueinander finden und ein Dritter den Ausgleich herstellt oder zumindest zur Prozessbeschleunigung beiträgt (vgl. Scheller, C. (2009), S. 265).

Seit Änderung des Beschäftigungsfördergesetzes (BeschfG) 1994 können neben der künstlerischen und sozialen Vermittlung auch andere kommerzielle Personalvermittler die Dienstleistung der Personalbeschaffung für Unternehmen wahrnehmen. Bis dahin war dies Monopol der damaligen Bundesanstalt für Arbeit und bis 2002 waren dafür gesonderte Anforderungen in der Arbeitsvermittlerverordnung (AVermV) formuliert: Wichtige Zulassungsvoraussetzungen waren z. B. geordnete Vermögensverhältnisse, angemessene Geschäftsräume sowie Eignung und Zuverlässigkeit. Als geeignet galt nach der Arbeitsvermittlerverordnung, wer mindestens drei Jahre Aufgaben in einem personalrelevanten Tätigkeitsfeld ausgeübt hat und eine anerkannte Berufsausbildung oder ein Hochschulstudium abgeschlossen hat. Wurden diese Anforderungen nicht erfüllt, konnte eine beschränkte Erlaubnis durch die Bundesanstalt für Arbeit erteilt werden. Neben diesen Voraussetzungen galten weitere Regelungen im SGB III zur Vergütung und zum Datenschutz. Gesetzlich geregelt sind nach wie vor Schutzvorschriften, z. B. wie ein Vermittlungsvertrag aussehen muss und dass das Vermittlungshonorar in der Regel vom Personal suchenden Unternehmen getragen wird.

Neben dem Begriff der Personalvermittlung finden sich die Begriffe der Arbeits- oder Stellenvermittlung. Während Personalvermittlung begrifflich in erster Linie die Arbeitgebersicht aber zugleich die Arbeitnehmersichtweise miteinbezieht, werden durch die zwei anderen Begriffe tendenziell das Interesse des Arbeitnehmers bzw. des Arbeitgebers hervorgehoben. Seit der Deregulierung wächst der Markt stetig (vgl. Dichler, R., Gaugler, E. (2000), S. 281ff.).

Im Normalfall kommt der Personalvermittler zum Einsatz, wenn die Personalplanung im Unternehmen bereits abgeschlossen ist. Er wird für die Besetzung einer mehr oder weniger genau definierten Position eingeschaltet. Das Anforderungsprofil wird entweder weitergeleitet oder gemeinsam mit dem Personalvermittler erarbeitet. Daraufhin steigt dieser in die Suche ein. Diese kann von der Anzeigenschaltung bis zur Datenbankabfrage alle möglichen Wege umfassen. Kernkompetenz vieler Dienstleister sind Aufbau und Pflege einer großen hausinternen Kandidaten-Datenbank, auf die zurückgegriffen werden kann. Die Vorauswahl, auf die im nächsten Unterkapitel detailliert eingegangen wird, wird analog dem Unternehmen geleistet. Inwieweit die Auswahl ebenfalls vom Dienstleister vorbereitet und durchgeführt wird, hängt von Anbieter, Kunde und jeweiligem Beratungsauftrag ab. Die Entscheidung für einen Bewerber liegt in allen Fällen beim Unternehmen. Selbst von der Beratung in diesem Punkt durch den Vermittler wird meist abgesehen, da er in diesem Schritt insbesondere auf Grund der üblichen erfolgsabhängigen Honorierung als parteiisch gilt (vgl. im Folgenden Staufenbiel, J. (1999), S. 96ff.).

In (fließender) Abgrenzung zu den oben genannten Begriffen finden sich zudem Personalberatungen, Headhunter bzw. Executive und Direct Searcher auf dem Markt. Unter erstem wurde, bis zur genannten Marktöffnung und immer noch, ein eher ganzheitlich orientierter Beratungsauftrag im Rahmen der Personalgewinnung und -auswahl verstanden. Dabei standen und stehen regelmäßig Fach- und Führungskräfte im Fokus. Bei den beiden letztgenannten Begriffen liegt besonderes Augenmerk auf der Gewinnung potenzieller Kandidaten durch deren direkte Ansprache. Beratung und damit Personalberatung im weiteren Sinne umfasst heute neben der Unterstützung der Suche und Auswahl von Fach-, und Führungskräften zudem weitere gezielte Beratungsleistungen wie die Gestaltung und Durchführung von Beurteilungsmaßnahmen (Assessment Center, Management Audits o. a.) und die Karriereberatung. Weitere bekannte Dienstleistungen, wenn auch mit geringerem Volumen, sind Outplacement und Interim Management.

Teils finden sich unter dem Begriff Personalberatung noch weitergehend ein breites Spektrum zu verschiedensten Themen des Personalmanagements, wie strategische, konzeptionelle oder operative Fragestellungen zur Personalentwicklung, Entlohnung oder Altersversorgung. Die treffendere Bezeichnung dafür ist allerdings Unternehmensberatung mit dem Schwerpunkt Personalmanagement (vgl. Murmann, J. (1999). S. 37ff.).

Neben den privaten Anbietern gibt es weiterhin den Weg über die staatliche Arbeitsvermittlung, die Bundesagentur für Arbeit. Mit Blick auf Fach- und Führungskräfte ist die öffentliche Institution wegen des Mangels an Vermittlungswilligen und begrenzten Ressourcen oftmals eingeschränkt.

4.4.2.5 Zeitarbeit

Zeitarbeit wird auch als Arbeitnehmerüberlassung und Leiharbeit beschrieben, umgangssprachlich wird zudem der Begriff des Personalleasing benutzt. Als Weg der Personalgewinnung hat dieser eine doppelte Bedeutung. In der eigentlichen Form der Arbeitnehmerüberlassung ist er von den bereits beschriebenen Wegen zu differenzieren. In diesem Fall entsteht ein sog. Dreiecksverhältnis, wie in nachstehender Abbildung veranschaulicht (vgl. Wandel, M. (2007), S. 12). Das heißt, der Kunde, der den Leiharbeitnehmer einsetzt, begründet zwar ein Beschäftigungs-, jedoch kein Arbeitsverhältnis. Ein solches resultiert nur bei einer Übernahme eines Leiharbeitnehmers, während der Arbeitnehmerüberlassung besteht es dagegen mit dem Zeitarbeitsunternehmen.

Abbildung 24: Dreiecksverhältnis der Zeitarbeit

Drei wesentliche Motive lassen sich für den Einsatz von Zeitarbeitnehmern unterscheiden:

- Geschäftsbedingte Nachfrage: Bewältigung von konjunkturellen, saisonalen oder sonstigen Kapazitätsschwankungen und terminlichen Anforderungen des Marktes.
- Personalpolitisch motivierte Nachfrage: Überbrückung von mitarbeiterbedingten Personalengpässen, z. B. Krankheit, und Know-how-Engpässen.
- Kosteninduzierte Nachfrage: Vermeidung von indirekten und Personalzusatzkosten sowie Anbahnungs-, Einstellungs-, Qualifikations- und Entlassungskosten.

Die Dynamik des Marktwachstums der Zeitarbeit in den letzten Jahren ist in erster Linie auf Kapazitätsschwankungen und Flexibilität sowie in zweiter Linie auf die Reduktion von (Fix-)Kosten zurückzuführen.

Auf Grund des Auseinanderfallens von Arbeits- und Beschäftigungsverhältnis und damit besonderer Schutzbedürftigkeit des Zeitarbeitnehmers, ist neben den verschiedenen Gesetzen des Arbeitsrechts hier das Arbeitnehmerüberlassungsgesetz (AÜG) zu berücksichtigen. Zentrale Vorschriften betreffen die Erlaubnispflicht für die gewerbsmäßige Arbeitnehmerüberlassung und Mitbestimmungsrechte der Zeitarbeitnehmer. Aufgehoben wurde dagegen eine Überlassungshöchstdauer von ursprünglich 6 bis 24 Monate, seit 2004 gelten die Bestimmungen des Teilzeit und Befristungsgesetzes (TzBfG). Zeitgleich wurde ein Gleichstellungsgrundsatz, auch equal pay und equal treatment, verankert, der den Leiharbeitnehmer Beschäftigungsbedingungen analog den Stammarbeitnehmern des entleihenden Unternehmens gewährleisten soll (vgl. Pollert, D., Spieler, S. (2005), S. 126 ff.). Da die Möglichkeiten der Abweichung über Tarifvertrag verbreitet genutzt werden, ist zwar der Aufmerksamkeitswert hoch, die praktische Relevanz jedoch bislang begrenzt.

Neben der Auswahl des Zeitarbeitnehmers, die allerdings in Abhängigkeit von der Qualifikation regelmäßig direkt vom Zeitarbeitsunternehmen übernommen wird, ist die Auswahl des

Partners besonders wichtig. Auf welche Punkte dabei zu achten ist, ist in der nachstehenden Empfehlung des Bundesverbandes Zeitarbeit Personaldienstleistungen e. V. (2009) dargestellt. Der Bundesverband Zeitarbeit Personaldienstleistungen e. V. (2009), kurz BZA, ist Arbeitgeber- und Unternehmensverband mit Sitz in Berlin und zählt 2200 Mitgliedsbetriebe:

- Vorlage
  der Arbeitnehmerüberlassungserlaubnis,
  der Unbedenklichkeitsbescheinigung von Finanzamt, Berufsgenossenschaft und den Sozialversicherungsträger und
  von Referenzen.
- Weitere Angebote sollten eingeholt, anhand der wesentlichen Kriterien verglichen und dann ein Anbieter ausgewählt werden.
- BZA-Mitgliedsunternehmen beschäftigen ihre Mitarbeiter grundsätzlich nach den Tarifverträgen Zeitarbeit BZA – DGB-Tarifgemeinschaft (vom 22.07.2003), damit erübrigt sich eine Offenlegung der internen Strukturen.
- Informationsaustausch zu den Einführungs- und Betreuungsmethoden des Zeitarbeitsunternehmens im Hinblick auf Mitarbeitereinsätze.
- Abschluss des Arbeitnehmerüberlassungsvertrags.
- Klärung einer eventuellen Vermittlung von Zeitarbeitsmitarbeitern bereits zu Beginn der Zusammenarbeit.
- Abklären der fachlichen, sozialen und persönlichen Qualifikationen der Zeitarbeitnehmer und Übermittlung des Anforderungsprofils an das Zeitarbeitsunternehmen.

In Zukunft könnte ein weiterer Punkt hinzukommen. So wurde 2008 das Berufsbild Personaldienstleistungskaufmann/-frau (PDK) eingeführt. Die Ausbildung sowie der Einsatz von speziell ausgebildeten Mitarbeitern für die Branche kann damit langfristig als weiteres Qualitätsmerkmal eines möglichen Partners herangezogen werden

Zeitarbeit wird insbesondere in Krisenzeiten kritisch diskutiert. Denn die Zeitarbeitnehmer sind nicht nur meist schlechter gestellt, sondern verlieren auch als Erste wieder ihre Beschäftigung. Zudem lenkt das Verhalten von Zeitarbeitsunternehmen, wie bspw. die Rabatt-Aktion der S&F Personal-Dienstleistungen im Frühjahr 2009, die Aufmerksamkeit der Medien und damit der Öffentlichkeit immer wieder auf das Thema.

Bei der Betrachtung der Berufsgruppen, in denen Zeitarbeiter eingesetzt sind, ist auf der anderen Seite ersichtlich, dass Geringqualifizierte überwiegen. Das Hilfspersonal bildet mit 33 % die stärkste Gruppe, gefolgt von Metall und Elektro (23 %) und Dienstleistungen (18 %). Das restliche Viertel verteilt sich auf Verwaltung und Büro, technische und sonstige Berufe. Mit 60 % waren die meisten Zeitarbeitnehmer, die diese Beschäftigungsform aufnehmen, unmittelbar vor Beginn der Tätigkeit nicht erwerbstätig, also arbeitslos. (Vgl. Interessenverband Deutscher Zeitarbeitsunternehmen (2009)). Es ist zweifelhaft, ob die Mehrzahl der Positionen ohne das Angebot an Zeitarbeit im ersten Arbeitsmarkt angeboten werden würden. Wahrscheinlicher sind Rationalisierung, Verlagerungen ins Ausland oder der Ausgleich durch Überstunden und befristet eingestellte Arbeitnehmer. Ein weiterer Effekt wäre der schnellere Einsatz von Kurzarbeit und Entlassungen für die festangestellten Arbeitskräfte bei Verschlechterung der Auftragslage. Weitere Erläuterungen zu diesen Themen finden sich im Kapitel Personalfreistellung.

4.5 Personalauswahl

Auch für die Personalauswahl stehen verschiedene Instrumente zur Verfügung. Einen Überblick über Einzelverfahren bietet die nachstehende Abbildung. Zwei Auswahlinstrumente auf die im Folgenden auch eingegangen wird, lassen sich in der Übersicht nicht zuordnen, da sie unterschiedliche Datenquellen bzw. Zeitbezüge umfassen: Dazu gehören das multimodale Interview von Schuler, H. (2000) und das Assessment Center. Wissenschaftlich nicht anerkannte und in der Praxis selten verwendete Methoden, wie Graphologie (Schriftdeutung) oder Physiognomie (Deutung des Äußeren, insbesondere der Kopfform), werden von der Betrachtung ausgeklammert.

Datenquelle	Zeitlicher Bezug		
	Vergangenheit	Gegenwart	Zukunft
Selbstauskunft	→ Lebenslaufanalyse → Biografischer Fragebogen → Personalfragebogen → Biografisches Interview	→ Analyse des Anschreibens → Persönlichkeitstest → Integritätstest	→ Situatives Interview → Persönlichkeitstest
Beobachtung	→ Arbeitsproben → Referenzen → Zeugnisanalyse → Leistungsbeurteilung	→ Arbeitsproben, z.B. Präsentation → Leistungstests → Intelligenztest → Gruppendiskussion → Gruppenübung → Rollenspiel → Postkorb → Stressinterview	→ Potenzialbeurteilung

Abbildung 25: Instrumente der Personalauswahl

Den Eingangs angeführten Schritten folgend, wird zunächst auf die Vorauswahl eingegangen. Hier findet eine Negativselektion statt: Alle Bewerber, die für die Position als nicht geeignet erachtet werden, erhalten eine Absage. Am Ende der Auswahl, die aus einem oder auch mehreren weiteren Schritten bestehen kann, steht die Entscheidung für einen konkreten Kandidaten. Einen mehrstufigen Auswahlprozess von Nachwuchskräften bietet folgendes Beispiel (in Anlehnung an Grumbach, M., Fuß, S. (2009), S. 50ff.).

> **Beispiel 22: Auswahlprozess für das Traineeprogramm bei British American Tobacco**
> Der Rauchwarenkonzern (weltweit über 50 000 Mitarbeiter) beschäftigt in seiner BAT Germany GmbH mit Sitz in Hamburg rund 2000 Mitarbeiter.
> Bei der Auswahl der Teilnehmer für das Management Traineeprogramm wird BAT seit einigen Jahren durch den Wiesbadener Full-Service-Dienstleister TMP Communication & Services GmbH, kurz TMP, unterstützt. Prozess und Aufgabenteilung der Auswahlentscheidung laufen wie folgt ab:
>
> 1. Bewerbungseingang bei BAT und Weiterleitung der Bewerberunterlagen an TMP
> 2. Versand der Eingangsbestätigung durch TMP
> 3. Aufnahme in die Bewerberdatenbank durch TMP
> 4. Screening (nach BAT-Kriterien) durch TMP
> 5. Einladung zum Online-Testing durch TMP
> 6. Auswertung der Testergebnisse durch TMP
> 7. Einladung zum telefonischen Interview (nach einem mit BAT entwickelten Leitfaden) durch TMP
> 8. Empfehlung der besten Kandidaten an BAT
> 9. Vorbereitung des Assessment Center durch BAT und TMP gemeinsam
> 10. Einladung zum Assessment Center und Durchführung durch BAT und TMP gemeinsam
> 11. Persönliches Interview mit BAT
> 12. Zusage und Einstellung durch BAT

4.5.1 Instrumente der Personalvorauswahl

Eine Unterlagenanalyse wird bei fast allen Stellenbesetzungen durchgeführt und ist damit das am häufigsten genutzte Instrument in der Vorauswahl. Bewerbungsunterlagen kommt darüber hinaus eine Vorbereitungs- und Informationsfunktion für die weitere Auswahl zu. Dabei ist heute zwischen der schriftlichen Bewerbung per Post und per E-Mail sowie der Bewerbung über ein Online-Bewerbungsformular oder auch -system zu unterscheiden. Einen ersten vergleichenden Überblick über diese Möglichkeiten bietet folgende Abbildung.

Eher selten und positionsspezifisch sowie meist erst nach Sichtung der Unterlagen werden Telefoninterviews durchgeführt. Dies gilt auch für Testverfahren, die in der Vorauswahl wie auch zu späteren Zeitpunkten Einsatz finden können. Vorliegend werden sie unter den Auswahlinstrumenten näher betrachtet. Ergänzend werden im Rahmen der Personalvorauswahl in manchen Fällen Personalfragebögen oder Arbeitsproben herangezogen und Referenzen eingeholt.

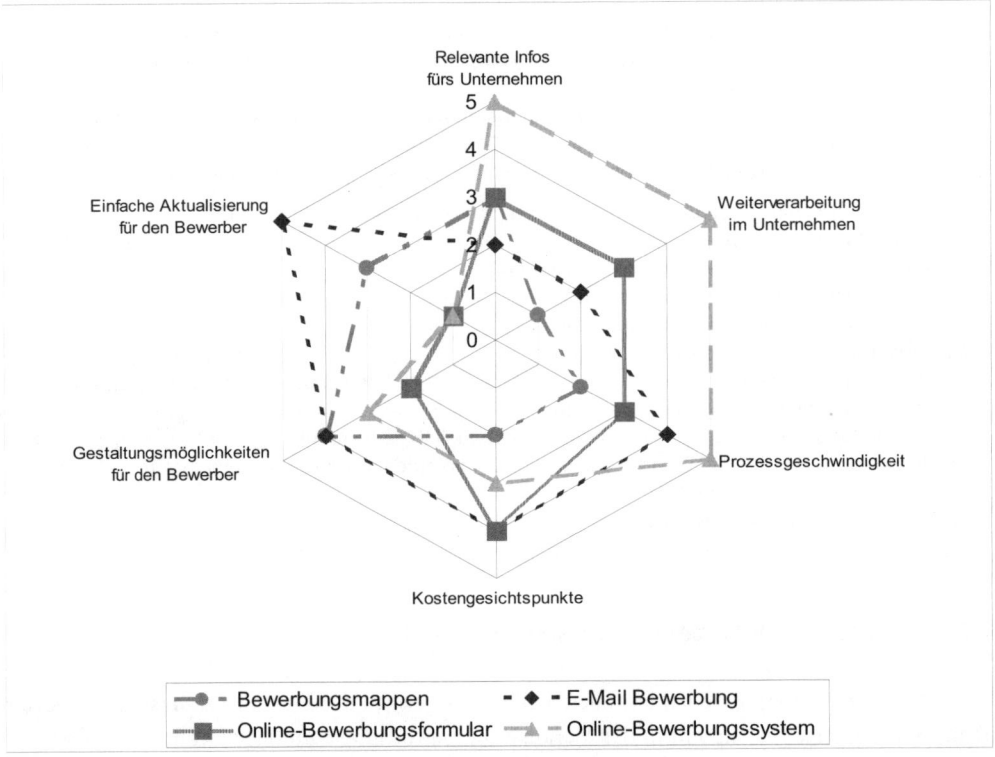

Abbildung 26: Verschiedene Bewerbungsformen im Vergleich

4.5.1.1 Schriftliche Bewerbungsunterlagen

Mit Ausnahme von Ferienkräften u.Ä. sollte einer fundierten Vorauswahl nicht nur eine Kurzbewerbung (Interessensbekundung und Kurzvita), sondern vollständige Unterlagen, also neben einem Anschreiben und Lebenslauf auch Zeugnisse und ggf. Projektübersichten, Arbeitsproben und evtl. Gehaltsvorstellungen, zu Grunde gelegt werden (vgl. Schwarb, T. (1996), S. 183). Zur Beurteilung werden neben den inhaltlichen Punkten bei den konventionellen schriftlichen Unterlagen teilweise auch formale Aspekte einbezogen: Darunter der Gesamteindruck der Darstellung, Sauberkeit oder auch die Übersichtlichkeit. Während dies bei einigen Stellen, z. B. im Sekretariat, als Art Arbeitsprobe sinnvoll in eine Beurteilung einfließen kann, ist der Anforderungsbezug bei vielen anderen Positionen, z. B. bei Laboranten, nur begrenzt gegeben. (Unbestätigte) Analogieschlüsse auf die Motivation der Person sind subjektiver Natur und entsprechen den Gütekriterien, auf die weiter unten eingegangen wird, nicht.

Allerdings kann bei (weitgehend) standardisierten Bewerbungsunterlagen das Anschreiben als einziger individueller Teil und damit als wesentliches Element der Selbstdarstellung gelten. Als wichtigste inhaltliche Aspekte des Anschreibens werden sachliche und persönliche Motive für die Bewerbung genannt. Damit wird dem Bewerber ein weitergehendes Interesse sowie eine bereits erfolgten Auseinandersetzung mit der Position zugeschrieben. Selten explizit gefordert und (daher) nicht in allen Fällen Bestandteil des Anschreibens, sind Fakten zur Mobilität, zum Einstiegszeitpunkt und zu Gehaltsvorstellungen. In Deutschland immer noch beliebt ist das Lichtbild, dem jedoch in der Auswahl kein weiterer Einfluss zukommt bzw. zumindest zukommen sollte. Ein Portrait kann allerdings helfen, Bewerbungen und Bewerber im weiteren Prozess schneller zuzuordnen.

Ein Lebenslauf beinhaltet hierzulande generell einen Überblick über die schulische und berufliche (Aus-)Bildung, berufliche und evtl. weitere Erfahrungen sowie Fach- und Sprachkenntnisse. Über die letzten Jahre haben sich daneben für viele Bereiche Aussagen zu EDV-Kenntnissen etabliert. Die Angaben im Werdegang erfolgen meist tabellarisch wie chronologisch. Der erweiterte Lebenslauf bietet über stichwortartige Angaben hinaus Tätigkeitsbeschreibungen, Unternehmensbeschreibungen, weitere Auskünfte zu Studium, Schule etc. In vielen Fällen sind zudem weitere Angaben zu sonstigen (ehrenamtlichen) Tätigkeiten, zur Familie und Konfession, Hobbys und weiteren Interessen zu finden (vgl. Schneider, B. (1995), S. 51 und Rastetter, D. (1999), S. 38). Analysiert werden

- Inhalte:
  Induktive Schlüsse werden aus dem erfolgreichen Studienabschluss, aus der Besetzung ehemaliger Stellen etc. gezogen: „Musterfrau konnte die Stelle als technische Zeichnerin bei der Mustergesellschaft erfolgreich wahrnehmen, also kann sie auch Stellen als technische Zeichnerin in anderen Unternehmen erfolgreich ausfüllen".
  Des Weiteren werden Analogieschlüsse gebildet, so werden Auslandsaufenthalte als Zeichen für Flexibilität, außerberufliche Aktivität als Signal für Belastbarkeit und Eigenmotivation usw. interpretiert.
- Vollständigkeit bzw. Lückenlosigkeit der Angaben, die sog. Zeitfolgenanalyse.
- Stabilität, Kontinuität und Folgerichtigkeit in der Entwicklung, auch Entwicklungsanalyse oder Positionsfolgenanalyse genannt.

Berufsgruppenabhängig werden zudem weitere Informationen wie Veröffentlichungs-, Projekt-, Wettbewerbslisten etc. eingebunden.

Zeugnisse belegen die Angaben im Lebenslauf, bieten darüber hinaus jedoch auch inhaltlich weitere Informationen. Unterschieden werden prinzipiell:

- Zeugnissen der Schule bzw. Hochschule oder Ausbildung, Fortbildung sowie Umschulung und
- Arbeitszeugnisse.

Schul- und Hochschul-, Ausbildungs- und Umschulungs-, Fortbildungszeugnisse und -zertifikate enthalten Informationen über Institutionen, Inhalte und Leistungen bei der Absolvierung formaler Prüfungen. Von Noten wird auf Intelligenz, Lernfähigkeit, Belastbarkeit u. a. Eigenschaften mit angenommener Wirkung für den Berufserfolg geschlossen (vgl. Rastetter, D. (1996), S. 184). In der Praxis werden Noten vor allem für Auswahlentscheidungen im Rahmen der Ausbildung und der Einstellung von (akademischen) Berufsanfängern herangezogen. Bei Hochschulabsolventen gehen zudem Studienrichtung, Vertiefungen und Abschlussarbeitsthema, Studiendauer sowie eine Einschätzung der besuchten Hochschule in die Beurteilung ein. Mit zunehmender Berufserfahrung und dem Vorliegen von Arbeitszeugnissen nimmt die Relevanz dieser Informationen stark ab. Wichtiger werden dann Arbeitszeugnisse, auf deren Verfassen und Interpretieren im Kapitel Personalfreisetzung eingegangen wird.

Bewerbungen per E-Mail folgen prinzipiell der Struktur der schriftlichen Bewerbung, wobei der Umfang des Anhangs hier komprimiert sein sollte. Andere elektronische Datenträger, Disketten, CDs und DVDs, haben sich wegen dem damit oft verbundenen Aufwand, bspw. zur Installation, nicht durchgesetzt. Sinnvoll kann eine solche Variante sein, wenn damit bei Berufsbildern wie Graphiker und Programmierer zugleich eine Arbeitsprobe geliefert wird.

4.5.1.2 Online-Bewerbungsformulare und -systeme

Neben der E-Mail-Bewerbung haben sich mit weiter zunehmender Verbreitung Online-Bewerbungsformulare und -systeme etabliert (vgl. Kleb, T. (2007), S. 24 ff.). Hier steuert das Unternehmen die Informationsaufnahme durch mehr oder weniger strukturierte und standardisierte Abfragen. Eine Balance zwischen Standardisierung und Individualisierung von Online-Bewerbungen wird in erster Linie über eine Modularisierung erreicht. Diese sollte sich, wenn nicht positionsspezifisch, so zumindest an den verschiedenen Zielgruppen des Unternehmens ausrichten, regelmäßig werden dabei zumindest Auszubildende, Studenten, Absolventen, Young und Senior Professional getrennt angesprochen. Dabei spielt die Anzahl der (erwarteten) Bewerbungen für Wirtschaftlichkeit und Praktikabilität die wesentliche Rolle. In einem Unternehmen mit mehreren 100 Azubi-Bewerbungen lohnt sich eine spezifische Ansprache. Gehen dagegen jährlich nur ein Dutzend Bewerbungen ein, ist die Investition auf absehbare Zeit nicht lohnend (vgl. Eisele, D. (2003)).

Generell gilt, umso weniger spezifisch die Zielgruppen angesprochen werden, desto offener sollte die Abfrage sein. Es sollten Freifelder eingebunden oder Datenfelder um solche ergänzt werden. Wird mit offenen Feldern gearbeitet, sollten diese allerdings um präzise Instruktionen (Beispiel: Angabe von Ausbildung, Ausbildungszeitraum und Note) ergänzt werden, damit eine Vergleichbarkeit der eingehenden Daten gewahrt bleibt. Wichtig sind nicht zuletzt Anhangsmöglichkeiten für Zeugnisse sowie ggf. weitere individuelle Nachweise.

Typischer Aufbau einer Online-Bewerbung:

- Positionsdaten, wobei bei Stellenbewerbungen die konkrete Position benannt wird, bei Initiativbewerbungen Daten zum Fachbereich (Marktforschung oder Controlling), zur Hierarchieebene (Praktikum oder Position mit Führungsverantwortung), zur Mobilität (bestimmter Standort oder internationaler Einsatz) u. a. vom Bewerber abzufragen sind.
- Weitere Rahmendaten, wie möglicher Anfangszeitpunkt, Ableistung von Wehr- und Zivildienst, Gehaltsvorstellungen etc.
- Kontaktdaten des Bewerbers, möglichst mit zwei Adressfeldern.
- (Aus-)Bildungsverlauf und berufliche Erfahrung sowie
  - bei Auszubildenden ggf. vertiefte Abfrage der schulischen Leistungen, z. B. in Form einzelner Fächernoten.
  - bei Praktikanten und Thesenbearbeitern ggf. vertiefte Abfrage der Studienleistungen, z. B. in Form von Vertiefungsfächern und Studienarbeitsthemen sowie bereits absolvierte Praktika und Auslandsstudien.

- bei Absolventen, ggf. darüber hinaus vertiefte Abfrage von Abschlussarbeitsthema und Abschlussnoten.
- Weitere fachliche und methodische Kenntnisse, insbesondere Fremdsprachen und EDV-Kenntnisse.
- Weitere Fragen nach methodischen, technischen, aber insbesondere sozialen Kompetenzen
  - Konkrete Fragen nach Tätigkeiten wie Klassen- oder Schulsprecher, Engagement an der Hochschule, in Vereinen etc., sind denkbar. Da die Aussagekraft jedoch meist zweifelhaft sein dürfte, sollte dem Bewerber besser eine freie Angabe ermöglicht werden.
  - Eine freie Frage nach weiteren Kompetenzen kann wie folgt gelenkt werden: „Welche Ihrer Kenntnisse werden Ihnen bei der neuen Tätigkeit besonders zu Gute kommen?" Eine weitergehende Vorstrukturierung kann bspw. über die Aufforderung zur Nennung und Begründung sozialer, methodischer oder auch technischer Kompetenzen, die aus konkretem Engagement resultieren, erreicht werden.
  - Die Abfrage von Fach- oder positionscharakteristischen Kenntnissen, z. B. eignungsdiagnostische Kenntnisse für den Personalbereich oder Präsentationserfahrung im Marketing, ist zu empfehlen, setzen allerdings ein adaptives System voraus.
- Offenes Feld zur Angabe von Weiterbildungen (mit nicht staatlich anerkannten Abschlüssen).
- Eine offene Frage zur Motivation in Analogie zum traditionellen Anschreiben.
- Ggf. Ergänzung um Testverfahren bzw. -bestandteile, was jedoch einen erhöhten Aufwand bedeutet und damit regelmäßig nur bei einer hohen Fallzahl wirtschaftlich sinnvoll ist:
  - Kognitive Leistungstests bei Gruppen, die zur Aus- bzw. Weiterbildung ins Unternehmen kommen, also Auszubildende und Praktikanten bzw. Abschlussarbeitern sowie Absolventen, die eine Traineestelle einnehmen sollen.
  - Aufmerksamkeits- und Konzentrationstests.
  - Tätigkeitscharakteristische Ergänzung durch analytische, sprachliche u. a. Testverfahren.

Fragen lediglich nach dem höchsten Abschluss oder nur dem letzten Arbeitgeber schränken die Informationsbasis stark ein und auch Lückenlosigkeit und Konsistenz des Werdegangs können so nicht mehr überprüft werden, daher sollte auf Kürzungen verzichtet werden. Auch die Automatisierung der Auswahl sollte nicht nur an einem oder ausgewählten Kriterien festgemacht werden, z. B. an einem bestimmten Notendurchschnitt.

Aus einem Online-Bewerbungsformular wird regelmäßig eine E-Mail generiert. Der weitere Prozess gestaltet sich analog einer schriftlichen bzw. einer E-Mailbewerbung. Von einem Online-Bewerbungssystem kann dann gesprochen werden, wenn die Datenaufnahme und -verarbeitung auf einer Datenbank basiert. Wird auf dieser Basis der nachfolgende Rekrutierungsprozess als Workflow neu aufgesetzt, können erhebliche Zeit- und Kostenvorteile gegenüber der herkömmlichen Form realisiert werden. So können Eingangsbestätigungen mit Informationen zum weiteren Ablauf sowie Meldungen an intern Verantwortliche automatisiert angesteuert werden. Zudem kann auch direkt eine Datenbank des TRM angeschlossen sein (vgl. Eisele, D. (2003), S. 174).

4.5.1.3 Telefoninterview

Das Telefoninterview bietet sich bei hohen Fallzahlen, z. B. im Rahmen der Vorauswahl von Bewerbern auf Ausbildungsplätze oder Traineestellen, und für spezifische Jobs, etwa bei Call Center Mitarbeitern, an (vgl. Middendorf, B. (2006), S. 52ff.).

Im Rahmen eines Telefoninterviews können entscheidende Hardfacts, wie fließendes Deutsch, unablässige Fremdsprachenkenntnisse, geprüft und z. B. EDV-Kenntnisse oder Erfahrungen abgefragt werden. Zudem können Rahmenbedingungen, wie Mobilitätsanforderungen, genauer dargestellt und im Gegenzug Motivation und Erwartungen, in Bezug auf Position und finanziellen Rahmen, validiert werden. Softskills sind dagegen in einer persönlichen oder Testsituation schwer genug zu prüfen und können in einem Telefoninterview allenfalls ansatzweise erfasst werden. Lediglich die Beurteilung der Kommunikationskompetenz hat eine gute Basis. In Abhängigkeit der Anzahl der zu prüfenden Kriterien ist die Dauer eines Telefoninterviews meist auf 20–30 Minuten begrenzt, kann aber im Einzelfall auch länger sein.

Folgende Schritte werden regelmäßig in einem Telefoninterview durchlaufen:

- 1. Schritt: Kurzvorstellung der interviewenden Person, des Unternehmens und der Position.
- 2. Schritt: Prüfung der fachlichen Qualifikation des Bewerbers anhand des Jobprofils.
- 3. Schritt: Prüfung der Motivation und Klärung von Vorstellungen zur Position und Arbeitsbedingungen.
- 4. Schritt: Klärung formaler Punkte, wie Kündigungsfrist, Gehaltsvorstellungen und Mobilität.
- 5. Schritt: Beantwortung offener Fragen des Bewerbers zum Unternehmen und zur Position.
- 6. Schritt: Festlegung der weiteren Vorgehensweise.

Hinsichtlich der Strukturierung und Standardisierung, Fragestellungen, Antworterfassung und Auswertung gelten die Hinweise wie sie für das persönliche Interview gegeben werden.

Für ein Telefoninterview sollte immer ein Termin vereinbart werden. Nur dann haben Bewerber die Möglichkeit sich einen Rahmen zu schaffen, in dem sie sich ganz auf das Gespräch einlassen können – unangekündigte Gespräche dienen allenfalls zur Überprüfung der Spontaneität (vgl. Achouri, C. (2007), S. 15).

Sinnvollen Einsatz findet ein Telefoninterview darüber hinaus dann, wenn die schriftlichen Unterlagen nicht vollständig interpretiert werden können und Zweifel hinsichtlich der Einladung zu einem persönlichen Gespräch bestehen.

4.5.1.4 Weitere Informationsquellen der (Vor-)Auswahl

Der Personal(frage)bogen, auch Bewerbungs- oder Einstellungs(frage)bogen, liefert standardisierte und damit vergleichbare Informationen über dem Arbeitgeber wichtig erscheinenden Fragen. Dies wird insbesondere bei einer großen Anzahl von Bewerbungen zur Vereinfachung der administrativen Abwicklung benötigt. Der Personal(frage)bogen wird daher vor allem bei großen Unternehmen eingesetzt. Neben den bereits bei Online-Bewerbungsformularen genannten Daten werden manchmal auch Referenzen oder Hintergründe und Motivation, z. B. für den letzten Arbeitgeberwechsel, aufgenommen.

Arbeitsproben im Rahmen der Vorauswahl beschränken sich auf die Papierform und sind damit vorwiegend bei journalistischen, wissenschaftlichen und grafischen Berufsbildern zu finden. Darüber hinaus gibt es Arbeitsproben, die im Rahmen der Auswahl noch einmal aufgegriffen werden (vgl. Schuler, H. (2000), S. 115ff.).

Unter Referenzen können neben schriftlichen Referenzen, sog. Empfehlungsschreiben, mündliche, i. d. R. telefonisch erhobene Informationen von früheren Arbeitgebern oder weiteren, vom Bewerber benannten Referenzpersonen subsumiert werden. Diese Form ist in Deutschland eher unüblich und insbesondere in Ländern verbreitet, in denen Zeugnisse nicht verbreitet sind.

Zur praktischen Relevanz der mündlichen Auskunftseinholung gibt es kaum gesicherte Erkenntnisse, sie sind zumindest in systematischer Form eher weniger verbreitet.

4.5.2 Instrumente der Personalauswahl

Das Vorstellungsgespräch, auch Einstellungs- und Auswahlinterview, ist zentraler Bestandteil der Personalauswahl. Eingesetzt wird es als einziges Instrument am Ende des Auswahlprozesses oder im Rahmen von multimodalen Verfahren. Formen und Ausprägungen sind sehr unterschiedlich, wie nachfolgend näher ersichtlich wird. Dann wird auf Testverfahren eingegangen, bevor das Augenmerk dem Assessment Center gewidmet wird. Im letzten Unterkapitel werden weitere Möglichkeiten aufgegriffen, darunter Arbeitsproben und biografischer Fragebogen.

4.5.2.1 Vorstellungsgespräch

Die Zahl der Vorstellungsgespräche variiert in den meisten Auswahlprozessen zwischen einem oder zwei. Für hochqualifizierte und Schnittstellenpositionen sowie in Einzelfällen erhöht sich diese Zahl. Variabel sind darüber hinaus die Anzahl der Interviewer, die Anzahl der Interviewten sowie der Strukturierungs- bzw. Standardisierungsgrad. Den Gütekriterien entsprochen werden kann nur mit einer guten Struktur und auf Basis eines gewissen Standards. Dass heißt ein Leitfaden und auch eine entsprechende Protokollierung des Gesagten sind vorauszusetzen. Nebenbei wird damit auch rechtlichen Fallstricken vorgebeugt. Ein Ausschnitt aus einem Interviewleitfaden ist folgendem Beispiel (in Anlehnung an Eisele, D., Hurst, J. (2005), S. 70f.) zu entnehmen.

Beispiel 23: Auszug aus dem Interviewleitfaden zur Traineeauswahl bei der EnBW AG
Die EnBW Energie Baden-Württemberg AG mit Konzernsitz in Karlsruhe beschäftigt fast 20 000 Mitarbeiter und erwirtschaftet schwerpunktmäßig im Energiemarkt mehr als 16 Mrd. € Umsatz.
Das Traineeprogramm der EnBW Energie Baden-Württemberg AG soll zur Wettbewerbsfähigkeit des Konzerns beitragen, die Integration des Konzerns sowie Veränderungen fördern, externen und internen Know-how-Austausch forcieren und internationale Kompetenz voranbringen. Zur Gewinnung geeigneter Kandidaten wird ein mehrstufiger Prozess aufgesetzt. Nach der Unterlagensichtung (und Telefoninterviews) werden halbstrukturierte Auswahlgespräche auf Basis von Leitfäden geführt. Untenstehend werden die zentralen Dimensionen des Leitfadens ausschnittsweise dargestellt, im Original ist unter jeder Dimension Platz für eigene Beobachtungen und Anmerkungen. Die Letztentscheidung für einen Trainee wird im Rahmen eines Assessment Centers getroffen. Diese abschließende Konsensentscheidung von verschiedenen Fachbereichsvertetern und Vertretern des Personalbereichs wie des Betriebsrates bilden die Basis für eine hohe Akzeptanz der Programm-Teilnehmer.

Tabelle 18: Auszug aus dem Gesprächsleitfaden „Trainee-Programm" der EnBW AG

Dimension	Definition	Anforderungen ... erfüllt			
		nicht	gering	weitgehend	voll
Eigeninitiative/ Motivation	Hat Ziele vor Augen und setzt/e diese um, im Bewusstsein möglicher Konsequenzen (bspw. bei der Studien- und Praktikawahl oder sozialem Engagement); hat sich über die EnBW informiert.				
Flexibilität	Zeigt Interesse für unterschiedliche Fachbereiche und ist eher Generalist als Spezialist. Hat noch keine festgefahrenen Vorstellungen über die Zielposition.				
Teamarbeit	Integriert sich gut in Gruppen, bringt anderen Wertschätzung entgegen, profiliert sich nicht auf Kosten anderer (bspw. bei Projektarbeiten, im Verein).				
Interkulturelle Mobilität	Erkennt die Komplexität von kulturellen Einflüssen und stellt sich diesen, hat Interesse an verschiedenen Einsatzorten und sieht darin Positives (z. B. Auslandssemester).				
Veränderungsfähigkeit	Reflektiert das eigene Verhalten, kann Positives und Verbesserungspotenzial benennen, nimmt Kritik von Dritten auf und versucht sie umzusetzen (am Beispiel der Abschlussarbeit).				
EDV	Sicherer Umfang mit den gängigen MS-Office Programmen und als Internetanwender.				

Während Gespräche mit vielen Teilnehmern außer bei der Auszubildendenauswahl selten vorkommen, findet sich das Gespräch zwischen einem Bewerber und mehreren Interviewern häufiger. Bei kleineren Unternehmen handelt es sich aber auch des Öfteren um eine Dyade, also ein Gespräch mit nur einem Interviewer (vgl. Sarges, W. (2000), S. 475 ff.). Generell stehen Fragen im Mittelpunkt von Auswahlinterviews. Dabei gibt es mehr und weniger geeignete Frageformen, wie die nachstehende Tabelle im Überblick zeigt:

Tabelle 19: Frageformen im Auswahlgespräch

Geeignete Frageformen	Weniger geeignete Frageformen
Verhaltensorientierte Fragen: Wie sind Sie genau vorgegangen, um die Kosten zu senken? Konkretisierungsfragen: Was genau verstehen Sie unter Teamfähigkeit? Offene Fragen: Wie würden Sie Ihre Rolle im Team bezeichnen? Verständnissichernde Fragen: Wie haben Sie das genau gemacht? Kausale Fragen: Worauf führen Sie das zurück? Motivierungsfragen: Das haben Sie wirklich ganz alleine so hinbekommen?	Hypothetische Fragen: Was würden Sie tun, wenn Sie die Kosten um 20 % senken müssten? Alternativ-Fragen: Sind Sie eher ein Einzelkämpfer oder ein Teamplayer? Geschlossene Fragen: Sind Sie belastbar? Suggestivfragen: Arbeiten im Team ist im heutigen Berufsleben zunehmend wichtig. Wie denken Sie denn darüber? Rhetorische Fragen: Das haben Sie doch sicher bei Ihrer Entscheidung berücksichtigt? Fangfragen: Sagten Sie nicht vorher, dass…?

Beim biografischen Interview werden vorrangig Fragen gestellt:

- Nach überprüfbaren Fakten, biografischen Daten und Leistungsergebnissen.
  Beispiele: Mit welcher Note wurde Ihre Abschlussarbeit bewertet? Wie viele Mitarbeiter waren in ihrem Projektteam?
- Nach Fachkenntnissen und Fertigkeiten.
  Beispiele: „Haben Sie bereits mit dem PIS XY gearbeitet? Welche Module des PIS XY sind Ihnen geläufig?
- Nach Erfahrungen und Aktivitäten,"
  Beispiele: „Wie haben Sie das „Demografie-Projekt" initiiert? Wen haben Sie bei der Prozess-Umsetzung einbezogen?"
- Nach Bewertungen und Selbsteinschätzung.
  Beispiele: „Würden Sie heute den Projektablauf gleich planen? Was würden Sie ggf. ändern?"
- Nach Verhaltensbeschreibungen.
  Beispiele: „Beschreiben Sie Ihre Rolle im Projektteam. Inwiefern und wie haben Sie zu den Sitzungen beigetragen?"

Grundlegende Annahme ist, dass von der Vergangenheit auf die Zukunft geschlossen werden kann. Vorteilhaft ist der konkrete Bezug zur Person, nachteilig ist ein ggf. damit einhergehender geringerer Anforderungsbezug (vgl. Buchner, G. (2008), S. 150ff.).

Beim situativen Interview liegt der Fokus auf situationsbezogen Fragen, der Proband wird nach vergangenem oder hypothetischem Verhalten gefragt (vgl. Rastetter, D. (1996), S. 252). Ein Beispiel in Anlehnung an Bucher, G. (2008), S. 157:

- Situative Frage: Ihre Entscheidung des Kaufs eines neuen IT-Systems stellt sich, dadurch dass der Anbieter kurz danach in die Insolvenz ging und keine Betreuung des Systems mehr möglich ist, als Fehlentscheidung dar. Wie gehen Sie vor, um die negativen Folgen zu minimieren?
- Antwortbeispiele:
Negativ: Ich warte ab, ob überhaupt etwas zu tun ist. Vielleicht brauchen wir ja gar keine Betreuung oder es findet sich irgendeine andere Lösung.
Mittlerer Bereich: Ich weihe einige Personen meines Vertrauens ein und versuche mit diesen gemeinsam einen Ausweg zu finden.
Positiv: In Abstimmung mit den Betroffenen und der Geschäftsleitung werbe ich einen ehemaligen Mitarbeiter des Unternehmens an, der intern die Betreuung übernimmt. Zudem werden wir die Dienstleistung anderen Kunden anbieten.

Zu beachten ist, dass Verhaltensstichproben hohe Aussagekraft zu kommt, wenn Informationen zur Situation, Angaben zum Verhalten und Informationen zum Ergebnis vorliegen, wie aus nachfolgender Abbildung ersichtlich (vgl. Schuler, H. (2002), S. 70). Besonders einfach lassen sich Fragen ableiten, wenn im Rahmen der Erstellung des Anforderungsprofils mit der Critical Incident Technique (CIT) gearbeitet wurde (vgl. Achouri, C. (2007), S. 13). Dabei werden zunächst für die Tätigkeit erfolgskritische Situationen erfasst, dann wird un-/geeignetes Verhalten und dessen Konsequenzen in diesen Situationen erfragt (vgl. Flanagan, J. (1954), S. 327ff.).

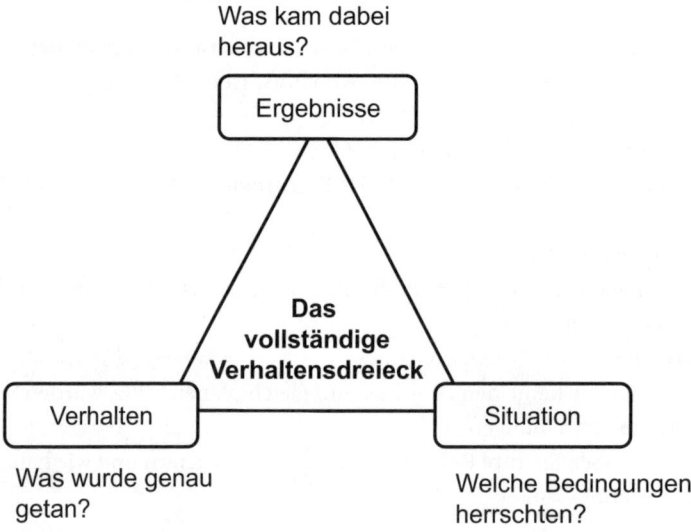

Abbildung 27: Das vollständige Verhaltensdreieck

Oft werden verschiedene Interviewformen kombiniert, so auch im multimodalen Interview (vgl. Schuler, H. (1992), S. 281ff.). Es wird dann auch von integrierten Interviewsystemen gesprochen. Neben der Kombination mehrerer Frageprinzipien sollen damit auch die Aspekte Akzeptanz und Praktikabilität besondere Berücksichtigung erfahren. Nach Gesprächsbeginn, Selbstvorstellung, Erläuterung des Berufsinteresses und der Berufswahl des Bewerbers sowie einem freien

Gesprächsteil schließen sich biografiebezogene Fragen, realistische Tätigkeitsinformationen und situative Fragen an. Abgeschlossen wird das Gespräch mit Fragen des Bewerbers, Darstellung des weiteren Vorgehens und der Verabschiedung.

> **Beispiel 24: Kombination verschiedener Ansätze der Eignungsdiagnostik bei der Credit Suisse**
> Die Credit Suisse Financial Services (CSFS), ein Bankhaus mit weltweit fast 48 000 Mitarbeitern, hat ihren Hauptsitz in Zürich.
> Zusammen mit der S & F Personalpsychologie Managementberatung GmbH wurde im Rahmen des Projektes SEARCH eine dreistufige Auswahl für alle Bewerber eingeführt: In einer Kaskade werden alle Bewerber zunächst gebeten einen internetbasierten Persönlichkeitstest zu absolvieren. Getestete Globaldimensionen, die sich in einem umfangreichen Prozess für alle Mitarbeiter des Unternehmens als relevant erwiesen haben, sind beispielsweise „Innovation", „Arbeiten im Team" und „Integrität und Ethik". Bewerber die das Online-Verfahren erfolgreich durchlaufen haben werden telefonisch interviewt. Dabei wird in vier Gruppen differenziert:
> - „Front" (Mitarbeiter mit direktem Kundenkontakt),
> - „Support" (Backoffice),
> - „Führung" und
> - „IT"
>
> Wird auch das Telefoninterview positiv gewertet, wird der Bewerber zu einem Multimodalen Interview (MMI®) eingeladen. Ein solches wird immer gemeinsam von dem späteren Fachvorgesetzten in Zusammenarbeit mit dem Personalbereich geführt. Eine grundsätzliche Differenzierung erfolgt nach den genannten Funktionsgruppen, darüber hinaus können weitere tätigkeitsspezifische situative Fragen aufgenommen werden.
> Damit sind in dem Verfahren alle drei eignungsdiagnostischen Messkonzepte (Simulationsansatz, biografischer Ansatz und Eigenschaftsansatz) kombiniert. (Vgl. Flintrup, A. (2002), S. 28.)

Neben den Funktionen der Informationsgewinnung über den Bewerber bzw. dessen Eignung und Neigung für die zu besetzende Position und damit der (weiteren) Fundierung des Profilvergleichs erfüllt das Interview weitere Aufgaben:

- Vermittlung von Informationen über das Unternehmen und die Position.
- Attraktive Darstellung des Unternehmens und der Position, um geeignete Bewerber zu werben.
- Erhöhung des Informationsstandes des Bewerbers, um die Selbstselektion zu untermauern.
- Feststellung der gegenseitigen Sympathie, um den Grundstein für eine positive Beziehung zu legen.
- Überprüfung von Angaben in den Unterlagen.
- Erfassen der Erwartungen des Bewerbers.
- Klärung vertraglicher Bedingungen.
- Klärung offener Fragen.

Neben der Auswahlentscheidung des Unternehmens hat auch der Bewerber nachher eine Entscheidung zu treffen. Regelmäßig ist ein Indiz für Interesse des Kandidaten entsprechende Fragestellungen. Auf gängige Fragen sollten die Interviewer Antworten geben können (vgl. Klug, A. (2008)). Dazu gehören beispielsweise

- Unternehmen (Rechtsform, Struktur, Umsatz, Mitarbeiterzahlen....),
- Produkte und Dienstleistungen (Produkt- bzw. Dienstleistungspallette, Kundenstruktur...),
- Unternehmensstrategie (Kernkompetenzen und Strategieprozess...),
- Position (Ziele, Hauptaufgabe, Rolle, organisatorische Einbindung, Entscheidungsbefugnisse, Einarbeitungsmodalitäten...),
- Vertragsbedingungen (Entgelthöhe und -struktur, sonstige Leistungen und Angebote, z. B. Fitness-Center, Kinderbetreuung, Fahrtkostenzuschuss, vertragliche Sonderklauseln wie Wettbewerbsklausel, Umzugshilfe...),
- Personalentwicklung (Mitarbeitergespräche, Zielvereinbarungen, Weiterbildungsmöglichkeiten, Maßnahmen zur Laufbahnplanung und -gestaltung...) und
- Fragen mit Blick auf den Standort sollte der Kandidat nicht bereits ansässig sein (Wohnungsmarkt, Infrastruktur, Besonderheiten...)

4.5.2.2 Testverfahren

Ein psychologischer Test ist ein wissenschaftliches Routineverfahren zur Untersuchung eines oder mehrerer Persönlichkeits- oder Verhaltensmerkmale mit dem Ziel einer Aussage über den relativen Grad der Merkmalsausprägung bei einem Individuum (vgl. Lienert, G. A. (1969), S. 7 und Schuler, H. (2000), S. 101).

Grundsätzlich können projektive und psychometrische Testverfahren unterschieden werden. Projektive Verfahren, wie der Rorschach Test (RT), bei dem der Proband Tintenkleckse deuten muss, oder der Thematische Apperzeptionstest (TAT), bei dem die verbale Erzählung im Mittelpunkt steht, sind nicht (direkt) tätigkeits- und meist auch wenig berufsbezogen. Vielmehr geht es darum ein Persönlichkeitsbild des Bewerbers zu erhalten. Damit sind sie nicht nur berufseignungsdiagnostisch, sondern auch rechtlich bedenklich (vgl. z. B. Kay, R. (1998), S. 194 und Spitznagel, A. (2000), S. 520).

Daher sollten allenfalls psychometrischen Testverfahren in der Berufseignungsdiagnostik eingesetzt werden. Mit diesen wird versucht, psychische Erscheinungen mittels wissenschaftlicher Verfahren zu ermitteln: Inhalt, Durchführung und Auswertung sind dabei standardisiert und damit Objektivität und Reliabilität bei adäquatem Einsatz gegeben (vgl. Rastetter, D. (1996), S. 205). Ein adäquater Einsatz umfasst dabei physische Determinanten, z. B. Lärmpegel oder Raumtemperatur, aber auch bspw. den (erzeugten) Stresslevel (vgl. Kompa, A. (1984), S. 150). Regelmäßig unterschieden werden

- Intelligenz- bzw. kognitive Tests und Fähigkeitstests, wie der Bochumer Matrizen-Test (BOMAT) der Intelligenz-Struktur-Test (I-S-T 2000-R) oder die Drahtbiegeprobe (DBP),
- Leistungstests (und Tests der Aufmerksamkeit und Konzentration), bspw. Aufmerksamkeits-, Belastungstest (d2), Frankfurter-Aufmerksamkeits-Inventar (FAIR), Lern- und Gedächtnistest (LGT 3),
- Persönlichkeitstests, z. B. 16-Persönlichkeits-Faktoren-Test (16 PF), Bochumer Inventar zur berufbezogenen Persönlichkeitsbeschreibung (BIP), Leistungsmotivationsinventar (LMI) und NEO-Fünf-Faktoren-Inventar (NEO-FFI).

Anders als Leistungs- und Aufmerksamkeitstests zielen Persönlichkeitstests nicht auf Erfassung von maximalem, sondern auf Abbildung durchschnittlichen Verhaltens. Mit Persönlichkeitstests sollen relativ stabile Eigenschaften eingeschätzt werden, also Gewissenhaftigkeit, Verträglichkeit, emotionale Stabilität, Offenheit und Extraversion erfasst werden. Diese Eigenschaften umfasst das bekannte Fünf-Faktoren-Modell bzw. die „Big Five" der Persönlichkeitsdiagnostik (vgl. Sarges, W., Wottawa, H. (2001) und Schuler, H. (2000b), S. 29). Ebenfalls zu den Persönlichkeitstests gerechnet werden sog. Motivations-, Interessens-, Wert- und Einstellungstests (vgl. Sarges, W. (2001), S. 2), die Aufschluss über Werthaltungen, Überzeugungen, Lebensstil u.Ä. geben sollen, sowie Integritäts- bzw. Ehrlichkeitstests (vgl. Rastetter, D. (1996), S. 292). Entwickelt wurde diese Art von Tests ursprünglich für die klinische Psychologie, nicht für die Berufseignungsdiagnostik.

Meist werden vorliegende Testverfahren eingesetzt, Eigenentwicklungen sind aufwändig und erfordern eine entsprechende eignungsdiagnostische Kompetenz (vgl. zur Testentwicklung Jankisz, E., Moosbrugger, H. (2007), S. 27ff.). Ein möglicher Anbieter sollte nach der DIN 33430 zertifiziert sein oder zumindest den dort aufgestellten Anforderungen weitgehend entsprechen. Dann kann davon ausgegangen werden, dass die nachfolgend noch näher betrachteten Gütekriterien prinzipiell eingehalten werden können. Tatsächlich wirksam wird gerade die Validität aber nur, wenn die Testdimensionen auch dem Anforderungsprofil entsprechen. Die Persönlichkeit des Bewerbers rückt unabhängig davon in den Mittelpunkt, wenn Arbeitsanforderungen schwierig zu erfassen oder starken Veränderungen unterworfen sind, oder aber auf Seiten des Bewerbers noch stärkere „Entwicklungssprünge" zu vermuten sind (vgl. Rastetter, D. (1996), S. 210 und Kompa, A. (1984), S. 116). In diesem Fall ist vorrangig die Vergleichbarkeit zu einer Eich- oder Normstichgruppe zu beachten. Diese beschränken sich meist auf homogene Gruppen, wie Schüler und Studenten oder Führungsnachwuchskräfte. Für diese Bewerbergruppen empfiehlt sich dann auch der Einsatz von Testverfahren, auch vor dem Hintergrund der sonst noch dünnen Informationsbasis (vgl. Rastetter, D. (1996), S. 205 und Kompa, A. (1984), S. 140). Dies gilt noch mehr, da die Akzeptanz von Testverfahren bei (anderen) Bewerbern wie bei den Unternehmensvertretern eingeschränkt ist (vgl. Rastetter, D. (1996), S. 217

Ein Beispiel für einen mit Vertreter der Wirtschaft zusammen entwickelten Test zur Auswahl von kaufmännischen und gewerblichen Auszubildenden ist der EpsKA (vgl. Eisele, D., Emrich, M. (2005)). Als Grundlage der Entwicklung dienten teilstrukturierte Interviews mit rund 25 Ausbildungsverantwortlichen aus Unternehmen verschiedener Größenklassen und Branchen. Mit Hilfe der Interviews wurden die fünf Anforderungsdimensionen mit der größten Relevanz bei Auszubildenden ermittelt, die dann konsequenterweise im Testverfahren abgebildet sind:

- Teamfähigkeit (T) mit den Typen: Aktiv integrierend, passiv integrierbar,
- Berufsmotivation (B) mit den Typen: Intrinsisch motiviert, extrinsisch motiviert,
- Entscheidungsstil (E) mit den Typen: Spontan entscheidend, rational entscheidend,
- Initiative (I),
- Zuverlässigkeit (Z).

Die Durchführung des Verfahrens dauert max. 45 Minuten. Dabei sind X Fragen im Stil des folgenden Beispielitems der Dimension Teamfähigkeit (T) zu beantworten.

„Sie nehmen an einer mehrtägigen Bildungsmaßnahme teil, deren Teilnehmer Sie noch nicht kennen. Im Seminarraum erfahren die Beteiligten, dass sich der Organisator verspätet. Was tun Sie?"

„Ich gehe auf die anderen zu und versuche mit ihnen ins Gespräch zu kommen."	ja	eher ja	eventuell	eher nein	nein

„Ich hoffe, dass mich jemand anspricht, um einen ersten Kontakt herzustellen."	ja	eher ja	eventuell	eher nein	nein

Auf Grund der geschlossenen Antwortformate nimmt die Auswertung pro Bogen – nach einer gewissen Einarbeitungszeit – ca. 5 Minuten in Anspruch und sieht wie nachstehend abgebildet aus.

Tabelle 20: Beispielhaftes Auswertungsblatt des EpsKA

Kandidat:	1				
Name:	Peter Müller	Firma XY		Beispiel A: Mechatronik	
Geburtsdatum:	30.07.1986				
Datum der Testbearbeitung:	09.09.2004				
Dimensionen	Kandidat:	Stichprobe:	Differenz:	Kriterienprofil 1	△
Teamfähigkeit (aktiv integrierend)	4,31	3,03	1,28	3,00	1,31
Teamfähigkeit (passiv integrierbar)	3,38	3,85	–0,46	4,50	–1,12
Berufsmotivation (intrinsisch motiviert)	3,29	3,71	–0,43	4,00	–0,71
Berufsmotivation (extrinsisch motiviert)	3,71	3,33	0,38	3,00	0,71
Entscheidungsstil (spontan entscheidend)	4,67	2,61	2,06	2,00	2,67
Entscheidungsstil (rational entscheidend)	2,00	3,39	–1,39	4,00	–2,00
Initiative	4,27	2,89	1,38	3,00	1,27
Zuverlässigkeit	1,94	3,74	–1,80	4,50	–2,56
Gesamtdifferenz			9,18		12,35
Soziale Erwünschtheit	2,29	(Achtung: Ab einem Wert von 4,5 ist die Aussagekraft anzuzweifeln!)			

Eine Ergänzung der geschlossenen Formate durch gezielte, offene Nachfragen im persönlichen Auswahlgespräch empfiehlt sich. Bezogen auf das oben gegebene Beispiel-Item hieße das:

„Beschreiben Sie, wie Sie auf die anderen Gruppenmitglieder zugehen würden! Welche Reaktionen erwarten Sie von den Anderen? Was unternehmen Sie, wenn die anderen Teilnehmer kein Interesse an einer Unterhaltung haben?"

Regelmäßig werden Testverfahren als Ergänzung im Auswahlprozess eingesetzt und verbessern damit Informationsbasis und -güte.

Zeiten wie Kosten können durch den Einsatz von computerbasierten oder auch webbasierten (adaptiven) Systemen erheblich reduziert werden (vgl. Rettig, K., Hornke, L. F. (2000), S. 563). Problem hierbei kann neben dem Datenschutz und einer notwendigen Zustimmung durch den Betriebsrat die Verfälschung bei einer virtuellen Erbringung sein. Das mag ein Grund für die (noch) eher geringe Verbreitung von Testverfahren im Netz sein (vgl. Giesen, B., Bischoff, E. (2002), S. 68ff.).

> **Beispiel 25: Online-Verfahren zur Personalauswahl bei Unilever**
> Die Unilever Deutschland GmbH mit Sitz in Hamburg beschäftigt im Konsumermarkt (der Konzern Unilever weltweit hat über 170 000 Mitarbeiter und 40 Mrd € Umsatz) 7000 Mitarbeiter.
> Seit 2004 setzt Unilever Deutschland in Zusammenarbeit mit den Dienstleistern CYQUEST und webadelic.de den „unique.st" (www.unilever-etest.de) zur Vorauswahl von Führungsnachwuchskräften ein.
> Vor der Einführung wurden rund 500 aus 5000 Bewerbern zu einem herkömmlichen kognitiven Leistungstest (Paper & Pencil) eingeladen. Diese nehmen nun am Online-Test teil und werden bei Erfolg, was (nach wie vor) auf rund die Hälfte der Kandidaten zutrifft, zu einem strukturierten Telefoninterview eingeladen. Mit dem Verfahren werden zum einen kognitive Aspekte getestet, (numerisches, verbales und figural-bildhaftes/räumliches Denkvermögen), zum anderen Planungs- und Problemlösungskompetenz sowie spezifische Softskills. Während die ersten auf herkömmlichen Testfragen aufbauen, wird für die zweitgenannten Aspekte eine Simulation eingesetzt: Dabei nimmt der Kandidat die Rolle eines realen Unilever-Mitarbeiters im Stammwerk der Unilever-Company im US-Bundesstaat Vermont ein. Als dieser ist er damit betraut, die neue Eiscreme-Sorte „Indian Summer" für den nächsten Sommer zu entwickeln. Darin wird er von „echten Mitarbeitern" begleitet und unterstützt. Wert gelegt wurde neben den Inhalten besonders auf eine möglichst realistische virtuelle Simulation der Umgebung, um dem Teilnehmer ein reales Bild des Unternehmens zu vermitteln und dem Personalmarketinggedanken Rechnung zu tragen (vgl. Kupka, K., Diercks, J., Kopping, N. (2004), S. 24ff.).

4.5.2.3 Assessment Center

Assessment Center (AC) setzen sich aus mehreren situativ un-/gebundenen Verfahren zusammen. Es handelt sich also um ein multimodales Verfahren. Durch die unterschiedliche Abbildung mehrerer Prädiktoren wird die Basis für eine hohe Güte gelegt. Weitere begünstigende Merkmale sind die Dauer, die mehrere Tage umfassen kann, sowie Anzahl der Beobachter und Teilnehmer, meist 4–8 bzw. 6–10. Grundsätzlich gilt jedoch auch hier, dass der Anforderungsbezug der verschiedenen Elemente wesentlich ist (vgl. Berger, M. (1992), S. 95 und Rastetter, D. (1996), S. 230). Zum Einsatz kommt eine Auswahl der folgenden Instrumente, hier geclustert nach dem Grad der Interaktion (mit Modifikationen angelehnt an Schuhmacher, F. (2009), S. 139f.):

- Eine Person wird (von mehreren Beobachtern) evaluiert, wobei keine aktive Interaktion stattfindet:
Präsentation,
Postkorb-Übung
Fallstudie,
Konstruktion und Erläuterung,
Planspiel,
Testverfahren.
- Eine Person befindet sich mit einer anderen Person in einer gesteuerten Interaktion, während mehrere (unbeteiligte) Beobachter evaluieren:
Interview,
Rollenspiel.
- Mehrere Personen befinden sich in einer Gruppensituation, die von mehreren (unbeteiligten) Beobachtern evaluiert wird:
Gruppendiskussion,
Konstruktion,
Planspiel.
- Mehrere Gruppen befinden sich in einer „Konkurrenzsituation" untereinander. Beobachter evaluieren die Prozesse innerhalb und zwischen den Gruppen:
Fallstudie,
Konstruktionsübung zu einem Teilprojekt.

Nach Erläuterungen zu ausgewählten Verfahren (vgl. Schuhmacher, F. (2009), S. 140ff.) wird ein beispielhafter Ablauf vorgestellt.

Präsentationen dienen generell der Erfassung von Selbstsicherheit und Souveränität, psychischer und intellektueller Belastbarkeit sowie (mündlicher) Kommunikations- und Überzeugungsfähigkeit. Dabei kann sich die Aufgabe auf die Biografie des Teilnehmers beziehen, wie eine Selbstvorstellung oder die Vorstellung der letzten Projektarbeit. Es können aber auch Themen vorgegeben werden, wie: „Erläutern Sie die Bedeutung guter Führung für den wirtschaftlichen Erfolg eines Unternehmens."

Gruppendiskussionen können führerlos oder mit Führer, ohne oder mit Rollenvorgaben und wettbewerbs- bzw. konsensorientiert durchgeführt werden. Erfasst und geprüft werden prinzipiell das Gruppen-, Kommunikations- und Diskussionsverhalten der Teilnehmer, deren Konflikt- und Durchsetzungs- sowie Führungsfähigkeit. Klassiker sind hier NASA-Übung, Wüstencrash oder Seenot. In der letztgenannten Übung stehen die Teilnehmer vor der folgenden Aufgabe: „Sie sind auf einem leckgeschlagenen Schiff auf hoher See und müssen innerhalb der nächsten drei Minuten entscheiden, welche Dinge Sie in das Rettungsboot mitnehmen." Zur Auswahl stehen Leuchtpistole mit Munition, Regenjacke und Regenhose, 200 Liter Wasser, Rettungsinsel, Erste-Hilfe-Kiste, Kompass, Ruder, Streichhölzer, Ess- und Kochgeschirr, Fertignahrungsrationen, Werkzeug, Schrauben, Nägel, Seekarten, Sonnensegel, Taschenlampe, Messer und Gewehr mit Munition. Nachdem die Kandidaten ihre eigene Reihe gebildet haben, muss das Team (in 15 Minuten) zu einer gemeinsamem Reihenfolge finden. Die Aufgabe lautet: „Überzeugen Sie hierbei die anderen Gesprächsteilnehmer von der Richtigkeit Ihrer Rangreihe." Ähnlich bekannt sind Turm- und Brückenbau, die als Konstruktionsübungen analog zur Gruppendiskussion gestaltet sind, jedoch ein greifbares Ergebnis haben.

Die Abarbeitung eines vollen Postkorbes unter Zeitdruck soll Hinweise auf Analyseverhalten, Entscheidungs- und Organisationsfähigkeit, aber auch Stressbewältigung, (schriftliche) Kommunikationsfähigkeit, Flexibilität, Delegation und Kontrolle geben.

Fallstudien können umfangreich und realitätsnah komplexe Situationen abbilden und damit dem Planspiel nahekommen, allerdings ohne interaktive Elemente. Zudem können umfassende Aufträge, jedoch relativ offen vergeben werden: „Erarbeitung einer Vertriebs- oder Expansions-Strategie für das Unternehmen" oder „Erarbeitung einer Strategie zum Arbeitsplatzabbau im Backoffice". Es kann sich aber auch um eine kurze Darstellung realitätsnaher Situationen handeln, zu denen der Teilnehmer Stellung nimmt: „Sie sind Personalleiter in einem Produktionswerk. Als Sie in die Fräserei kommen, fliegt auf einmal ein Knäuel Putzwolle von hinten knapp an Ihnen vorbei. Sie drehen sich sofort um, können aber nicht feststellen, wer das Knäuel geworfen hat. Alle Mitarbeiter arbeiten und nehmen keinerlei Notiz von Ihnen. Wie verhalten Sie sich?" Beurteilt werden hier Auffassungsvermögen, analytisches Vorgehen, Entscheidungsfähigkeit und Ergebnisorientierung sowie ggf. fachliches Wissen.

Rollenspiele eignen sich insbesondere zur Überprüfung von interaktionalen Fähigkeiten, wie Kundenorientierung, Verhandlungsgeschick und Mitarbeiterführung.

Ausschnittsweise liefert die nachfolgende Matrix, Anforderungs-/Verfahrensmatrix oder Beurteilungsmatrix, eine Übersicht über Anforderungsdimensionen und jeweils zur Überprüfung geeignete Verfahren.

Tabelle 21: Anforderungs-Verfahrensmatrix

Verfahren Anforderungen	Präsentation	Gruppen-übung	Rollenspiel	Leistungstest	Postkorb	…
Sprach-kompetenz	X	X	X	X	X	
Selbst-bewusstsein	X	X	X			
Stresstoleranz	(X)	X	(X)	X	X	
Organisations-fähigkeit		(X)			X	
Ergebnis-orientierung	X	X	(X)		X	
Analytisches Vorgehen	X	X	X	X		
Kommunikati-onsfähigkeit	X	X	X			
Kunden-orientierung						
Führungs-kompetenz		X	X		(X)	
…						

Um die häufig zitierte hohe Validität zu erreichen, ist ein Assessment Center sorgfältig zu konstruieren. Häufig findet sich der Einsatz von (aufwändigen) Assessment Centern bei der Auswahl von Trainees (vgl. Krause, D. E., Meyer zu Kniedorf, C., Gebert, D. (2001), S. 638 oder Brenner, D. (1999), S. 264). Aber auch in anderen Bereichen kann das multimodale Verfahren (in abgespeckter Form) sinnvollen Einsatz finden, wie das nachstehende Beispiel zeigt.

> **Beispiel 26: Multimodale Auswahl in einem Verkehrsbetrieb**
> Das im Nahverkehr tätige Unternehmen beschäftigt rund 3000 Mitarbeiter.
> Für den Fahrdienst des Unternehmens werden stetig Kräfte gesucht. Im Fokus steht dabei, der Unternehmensstrategie folgend, deren Kundenorientierung. Die Auswahlverfahren werden wie folgt auf zwei Tagen verteilt, nach dem ersten Tag wird über die Einladung zum zweiten Tag entschieden:
>
> - Überprüfung der erforderlichen amtlichen Unterlagen.
> - Schriftliche Sprachübung (Deutsch).
> - Videobasiertes Auswahlverfahren, in dessen Rahmen die Bewerber Videosequenzen mit schwierigen Kundensituationen gezeigt bekommen und sich dann entscheiden müssen, wie Sie sich verhalten.
> - Gruppendiskussion, in deren Rahmen ein oben gezeigtes Thema diskutiert wird.
> - Informationen zu Vergütung und Arbeitszeitregelung.
> - Intern: Entscheidung über weitere Einladung.
> - Einzelinterviews mit biografischen und situativen Elementen.
> - Fahrtest auf dem Betriebsgelände.
> - Betriebsärztliche Untersuchung.

Einige Bestandteile des Assessment Centers eignen sich für eine virtuelle Abbildung. Insbesondere gilt dies wie bereits gezeigt für Testverfahren, Postkorbübungen und Simulationen (vgl. Steiner, H. (2009)). Aber auch Gruppenübungen können im Inter- oder Intranet nachgestellt werden. Soll allerdings nicht nur das Ergebnis, sondern der Verlauf in die Beurteilung einfließen, ist dies kaum automatisierbar. Eine Einschätzung der Protokolle ist allerdings aufwändig und steht den kostenbezogenen Nutzenargumenten einer webbasierten Abbildung entgegen. Das wurde auch beim Vorreiter, der ZF Friedrichshafen AG, die 1996 ein Pilotprojekt zur (Vor-)Auswahl ihrer Trainees über das Internet startete, erkannt. Die webbasierte Bearbeitung eines Projekts und nachfolgende Beurteilung der Protokollausdrucke wurde wieder aus dem Verfahren genommen. Auch das aufwändige Verfahren der Commerzbank AG „Hotstaff" war nur wenige Jahre im Netz. Weitere Beispiele, sie sich behaupten, sind das Self-Assessment bei Gruner & Jahr, die Vorauswahl bei Lufthansa oder ein onlinebasiertes Verfahren als Bestandteil des Assessment Centers bei der Bahn. Die Grenzen von Assessment und Recrutainment sind insbesondere bei erstgenanntem fließend (vgl. Dick, J. (2001), S. 151). Mit Recrutainment wird dabei der Spaßfaktor bei der Entdeckung eines Unternehmens als Arbeitgeber und Tätigkeiten als Beruf betont.

4.5.2.4 Weitere Verfahren der Personalauswahl

Die 1917 von Münsterberg eingesetzte „Experimentanordnung für die Auswahl von Telephonoperatricen" wird als die erste Arbeitsprobe bezeichnet (vgl. Schwarb, T. M. (1996), S. 40). Derlei einfache Tätigkeiten können in ihrer Gesamtheit abgebildet werden. Komplexe Tätigkeiten dagegen nur noch in Teilen oder in Simulation der realen Arbeitssituation abgebildet werden. In diesem Sinne sind Postkorb, Rollenspiele, Fallstudien, Konstruktionen und Gruppendiskussionen auch eine Art Arbeitsprobe. Allerdings werden hier, anders als bei reinen Arbeitsproben, Anforderungen in psychische Merkmale übersetzt (vgl. Rastetter, D. (1996, S. 222).

Der biografischen Fragebogen wird in seiner ursprünglichen Form als empirisch konstruiertes Verfahren selten und fokussiert auf Außendienstmitarbeiter/-vertreter eingesetzt. Vom oben beschriebenen Personalfragebogen unterscheidet er sich neben Umfang und angesprochenen Erfahrungsbereichen insbesondere durch seine empirische Erstellung und Validierung (vgl. Kompa, A. (1984), S. 39ff. und Rastetter, D. (1996), S. 239ff.). Dazu werden statistische Zusammenhänge zwischen biografischen Daten und relevanten Leistungskriterien, wie Vertragsabschlüsse oder Fluktuation im Außendienst, im Extremgruppenvergleich ermittelt. Dies ist nur mit einer beträchtlichen Anzahl an Beschäftigten überhaupt möglich. Die Intransparenz und das Diskriminierungspotenzial der reinen Statistikgläubigkeit schlägt sich darüber hinaus negativ auf die Akzeptanz nieder: So ist bspw. der Zusammenhang zwischen (geringem bzw. hohem) Interesse an Literatur und (hohem bzw. geringem) Erfolg bei Außendienstmitarbeitern kaum erklärbar.

Darüber hinaus wird vor der Einstellung häufig ein medizinisches Gutachten eingeholt, für manche Beruf- bzw. Personengruppen, z. B. bei Piloten, Berufskraftfahrern und Jugendlichen, sind sie sogar Pflicht. Dabei geht es um die medizinisch fundierte Einschätzung der grundsätzlichen Nicht-/Eignung des Kandidaten für die entsprechend Stelle.

4.6 Die Güte des Auswahlprozesses

Nachfolgend werden zentrale Anforderungen an eine gute Personalauswahl formuliert. Dabei wird neben den sog. klassischen Gütekriterien der Akzeptanz besonderes Augenmerk zuteil. In einem weiteren Abschnitt werden der Prozess als solcher und eine angemessene Bewerberkorrespondenz aufgegriffen.

4.6.1 Klassische Gütekriterien

Unter die klassischen Gütekriterien der Psychologie werden die folgenden, aufeinander aufbauenden Kriterien gefasst:

- Objektivität, d. h. Unabhängigkeit der Ergebnisse vom durchführenden Subjekt. Dabei umfasst die Objektivität die Objektivität der Durchführung, der Auswertung und die Interpretation der Ergebnisse (vgl. Bürkle, T. (1999), S. 74).
- Reliabilität, auch als Exaktheit, Zuverlässigkeit oder Genauigkeit der Messung beschrieben, erfasst den Anteil der wahren Varianz an der Gesamtvarianz, also im Maximum 1. Da die wahre, auf interessierende Merkmale zurückzuführende Varianz bzw. die fehlerbehaftete Varianz, wie Zufall, Testerfahrung und äußere Bedingungen praktisch nicht ermittelbar sind,

wird das Konzept der parallelen bzw. äquivalenten Messung eingeführt. Als Methoden werden die Wiederholung der Messung zu einem späteren Zeitpunkt, die Verfahrenswiederholungs- (Retest-Reliabilität) und der Paralleltest (Paralleltest-Reliabilität), d. h. zwei äquivalente Verfahren werden derselben Stichprobe vorgelegt, eingesetzt. Weiter können dazu die Verfahrenshalbierung und die Konsistenzanalyse (bei der alle möglichen Subverfahren statistisch auf konsistente Ergebnisse geprüft werden) herangezogen werden. Von einer hohen Übereinstimmung der jeweiligen Ergebnisse ist auf eine hohe Reliabilität zu schließen. Problematisch ist, dass diese Daten selten erhoben werden und damit kaum vorliegen. Relevant und praktisch verwertbar ist dagegen die Erkenntnis, dass sich eine Informationsverkürzung auf jeden Fall negativ auf die Reliabilität auswirkt und daher zu vermeiden ist (vgl. Kompa, A. (1984), S. 129).
- Validität, die als Gültigkeit der getroffenen Aussagen übersetzt wird. Es geht darum, den späteren (Berufs-) Erfolg (Kriterium) auf Grund der Verfahrensergebnisse (Prädiktoren) korrekt zu prognostizieren. Die Stärke des Zusammenhangs zwischen dem Prognosewert und einem Wert für den tatsächlichen Erfolg wird als Kriteriumsvalidität bezeichnet. Der in Validierungsstudien festzustellende Koeffizient r bewegt sich theoretisch zwischen $r=-1$ und $r=+1$. Letzeres würde eine perfekte Vorhersage des Berufserfolges bedeuten. Auf Grund praktischer Einschränkungen, z. B. wird die Stichprobe nach einer Endauswahl erheblich eingeschränkt und es sind kaum eindeutig quantifizierbare Berufserfolgskriterien vorhanden, finden sich zur Kriteriumsvalidität selten Angaben. Eher geprüft wird, ob die Ergebnisse des eingesetzten Verfahrens mit ähnlichen Verfahrensergebnissen positiv (bzw. negativ) zusammenhängen. Die Inhaltsvalidität beruht dagegen auf qualitativen Einschätzungen, ob mit dem Auswahlinstrument Inhalte, die im Beruf relevant sind, gut abgebildet werden (vgl. Weckmüller, H. (1999), S. 70f.).

Während Unternehmensvertreter den Fehler 2. Art oder ß-Fehler, auch „False Positives", auf jeden Fall vermeiden wollen, ist dies bei dem Fehler 1. Art oder α-Fehler, auch „False Negatives", in geringerem Maß der Fall. (Abbildung in Anlehnung an Schuler, H., Funke, U. (1995), S. 271). Denn die fälschlicherweise abgelehnten Bewerber treten meist nicht mehr (sofort) in den Blick. Dem Personalmarketing-Gedanken entspricht dieses Vorgehen jedoch nicht.

Wichtig sind außerdem der Blick auf Basisrate und Selektionsrate wie die zwei nachfolgenden Aussagen verdeutlichen (vgl. Kompa, A. (1984, S. 99f. und Rastetter, D. (1996), S. 99):

- Wäre im Extrem die Basisrate (Anteil geeigneter Bewerber) bei 1, sind alle Bewerber geeignet, d. h. ein valides Verfahren bringt keinen zusätzlichen Nutzen.
- Wäre im Extrem die Selektionsrate (Anteil der Auszuwählenden) bei 1, gibt es gar kein Auswahlproblem.

Im Zusammenhang mit dem Einsatz von Auswahlverfahren, insbesondere hinsichtlich Testverfahren, findet sich zudem die Anforderung der Eichung bzw. Normierung. Die (Test-)Resultate eines Bewerbers können damit im Vergleich zu einer empirisch ermittelten Normstichprobe interpretiert werden. Damit erübrigt sich nicht zwingend die sonst verbreitete Beurteilung der (Test-)Ergebnisse im Vergleich zu kriterienorientierten Vorgaben, d. h. die Gegenüberstellung von Bewerber- und Anforderungsprofil.

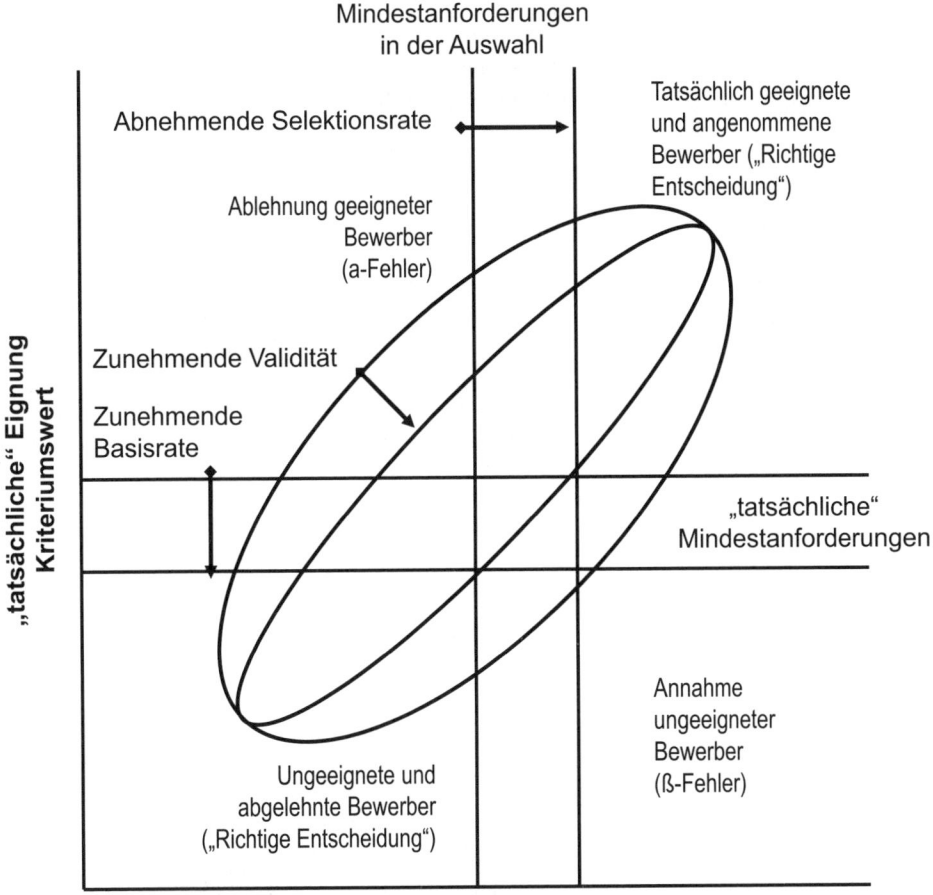

Abbildung 28: Validitätsdarstellung

4.6.2 Weitere Gütekriterien

Neben den klassischen Gütekriterien sind Praktikabilität und Wirtschaftlichkeit in der Praxis wesentliche Anforderungen an die Personalauswahl. Vor dem Hintergrund des Personalmarketings besondere Relevanz kommt der Akzeptanz (durch die Bewerber) zu. Beforscht hat dieses Thema insbesondere Schuler, H. (1990) unter dem Stichwort der sozialen Validität. Um diese zu erreichen sind die Probanden über das Vorgehen in der Auswahl laufend zu informieren und Annahmen, Schlussfolgerungen etc. transparent darzustellen. Die Kandidaten sollten darüber hinaus möglichst aktiv in die Auswahl eingebunden werden und Entscheidungen sollten ihnen gegenüber begründet werden.

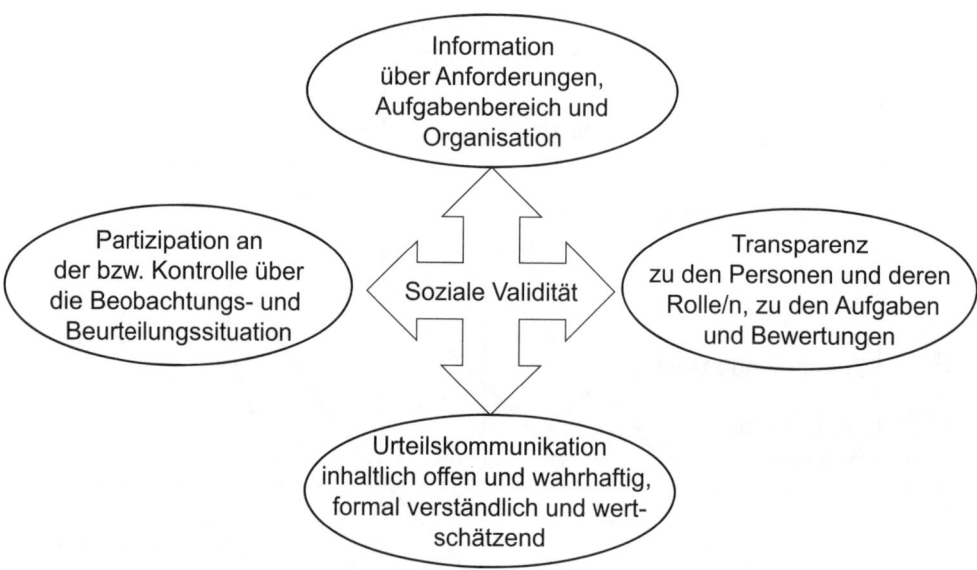

Abbildung 29: Aspekte der sozialen Validität

Festgehalten sind diese und weitere Forderungen an qualitativ hochwertige Verfahren der Personalauswahl seit Ende 2002 in der DIN 33430: Nach Eingrenzung ihres Anwendungsbereiches, normativen Verweisen und Begriffsdefinitionen sind hier Qualitätskriterien und -standards für Verfahren zur berufsbezogenen Eignungsbeurteilung (Auswahl, Zusammenstellung, Durchführung und Auswertung), Erläuterungen zu Verantwortlichkeiten, Qualitätsanforderungen an Auftragnehmer und Mitwirkende der Eignungsbeurteilung sowie Leitsätze für die Vorgehensweise bei berufsbezogenen Eignungsbeurteilungen formuliert. Eine Selbsteinschätzung oder Zertifizierung ist über die Beantwortung von über 100 Auditfragen zu den genannten Feldern möglich. Beispielfragen für die oben genannten Bereiche:

- Erfolgen Anweisungen und Erläuterungen gegenüber den Kandidaten verständlich, eindeutig und möglichst standardisiert?
- Hat der Verantwortliche sichergestellt, dass alle Mitwirkenden aufgabenspezifisch geschult und eingesetzt werden?
- Werden im Rahmen der mündlichen Informationsgewinnung Sachverständige hinzugezogen, um fachliche Kenntnisse und Fertigkeiten der Bewerber zu erkunden?
- Liegt eine Arbeits- und Anforderungsanalyse als Basis der Eignungsbeurteilung vor?

Viele der Fragestellungen der DIN richten sich zwar an Personaldienstleister und Testanbieter, sie können aber ebenso in den Unternehmen Grundlage für eine Optimierung der Personalauswahl bieten.

Um ohne statistische Verfahren Aussagen über die Qualität von Auswahlverfahren zu erlangen, können Ersatzgrößen herangezogen werden: Etwa die Quote der Frühfluktuation oder die Zahl der Kündigungen in der Probezeit. Wichtig ist hier, dass die Zahlen in einem Vergleich betrachtet werden, sei es im Zeitvergleich, im Unternehmensvergleich oder in Gegenüberstellung zu vorher festgelegten Zielen. Ergeben sich auffällige Abweichungen, kann dies auf eine verbesserungsfähige Auswahl hinweisen, aber auch an der Einarbeitungsphase liegen. Neben dem Vorgesetzten sollte daher der Mitarbeiter befragt werden, um Aussagen hinsichtlich der Qualität der Einarbeitung zu generieren und zugleich Anhaltspunkte für evtl. Verbesserungen und konkrete Maßnahmen zu ermitteln. (Vgl. DIN 33430 (2002), Kersting, M., Püttner, I. (2006), S. 841ff. und Wottawa, H., (2002), S. 33ff.).

4.6.3 Prozess und Bewerberkorrespondenz

Ist im Unternehmen eine Stelle zu besetzen, erfolgt dies, wie gezeigt, meist über eine Ausschreibung. Der unternehmensinternen Suche schließt sich regelmäßig die Rekrutierung am externen Markt an. Damit ergibt sich die erste wesentliche Aufgabe des Controllings im Rahmen der Personalgewinnung: Wie viele und welche der ausgeschriebenen Positionen werden mit internen Mitarbeitern und wie viele bzw. welche werden mit externen Kandidaten besetzt? Eine sinnvolle Differenzierung der Betrachtung kann über Cluster erfolgen, z. B. nach Hierarchieebenen oder nach Fachbereichen. Eine feste Größe für die Relation kann nicht vorgegeben werden. Für jedes Unternehmen ist diese, den aktuellen Rahmenbedingungen (z. B. Arbeitsmarkt, Technologieentwicklung) sowie seiner spezifischen Situation entsprechend (Kultur und Führungsstil, Marktentwicklung etc.), individuell zu ermitteln. Allerdings sind Extreme (bspw. werden Managementfunktionen ausschließlich intern oder extern besetzt) auf Grund der verschiedenen Vor- und Nachteile für Gewöhnlich abzulehnen.

Eine Evaluation der externen Beschaffungswege kann nur erfolgen, wenn diese identifiziert werden können. Damit im Nachhinein eine Identifikation vorgenommen werden kann, sind die Bewerber in der Ausschreibung bzw. mündlich explizit zur Angabe des genutzten Werbekanals aufzufordern. Relevante Indikatoren sind:

- Zahl der Bewerbungen pro Kanal,
- Zahl der geführten Interviews pro Kanal,
- Zahl der Einstellungen pro Kanal (s. o.) und
- Zahl der nicht angenommenen Vertragsangebote.

Die Interpretation der Kennzahlen ist ein wesentlicher Schritt, um konkrete Schlussfolgerungen sowie Verbesserungen für die Zukunft zu erreichen. Beispiel: Gehen auf eine Anzeige in der Zeitung (Kosten in Abhängigkeit von der Ausschreibung des gewählten Mediums zwischen 2000 bis über 50 000 €) 200 Bewerbungen ein, ergeben sich jedoch nur fünf Gespräche und resultiert keine Einstellung, kann dies verschiedene Ursachen haben: Unklare Anforderungsermittlung, unzureichende Mediaplanung oder auch die Gestaltung und Formulierung der Anzeige. Neben der Effektivität ist die Effizienz der gewählten Gewinnungsmaßnahmen zu betrachten. Wichtig ist es hierbei nicht nur die offensichtlichen Kosten, also z. B. den externen Mittelabfluss an Agenturen oder Verlage, zu betrachten, sondern auch interne Kosten zu berücksichtigen. Dazu sollten feste Stundensätze für die beteiligten administrativ unterstützenden Kräfte, die Personalreferenten und Führungskräfte angesetzt werden. Neben der Budgetkontrolle ergeben sich daraus die Kosten pro Bewerbung, pro Gespräch und pro Einstellung im Vergleich verschiedener Werbungskanäle. Auf diesen Grundlagen ist eine wirtschaftliche und zielorientierte Steuerung der Personalgewinnung möglich (vgl. Moser, K. (1995), 3, S. 105ff. und Teetz, T. (2002), S. 22ff.).

Der gesamte Prozess bringt eine Menge an (fern-)mündlicher aber auch schriftlicher Korrespondenz mit sich (vgl. Steinmetz, F. (1997) und Simon, H. et al. (1995), S. 194f.).

Kann oder soll nach Eingang der Unterlagen bzw. Daten keine direkte Ab- oder auch Zusage erfolgen, sollte unmittelbar ein (automatisierter) Eingangs- oder Zwischenbescheid ergehen. Beispielhaft kann ein solcher Bescheid wie folgt aussehen: „…herzlichen Dank für Ihre Bewerbung als Assistentin der Geschäftsleitung. Wir freuen uns über Ihr Interesse an der ausgeschriebenen Stelle. Auf unsere Stellenanzeige haben wir sehr viele Zuschriften erhalten. Die gründliche Bearbeitung wird noch etwas Zeit in Anspruch nehmen. Bitte haben Sie dafür Verständnis. Wir werden Sie innerhalb der kommenden drei Wochen über das weitere Vorgehen informieren. Sollten Sie sich in der Zwischenzeit beruflich anderweitig binden, bedanken wir uns für eine entsprechende Benachrichtigung. …".

Sobald eine definitive Entscheidung vorliegt, sind die Bewerber über diesen Stand zu informieren. Da meist einer Stelle mehrere Bewerber gegenüberstehen, ist auf die Formulierung von Absagen großen Wert zu legen. Eine solche kann beispielhaft wie folgt aussehen: „… herzlichen Dank für Ihre Bewerbung und das Interesse an unserem Unternehmen. Da wir uns für einen anderen Kandidaten entschieden haben, möchten wir Sie nicht länger auf eine Antwort warten lassen. Es ist uns nicht leicht gefallen, aus der Vielzahl der qualifizierten Bewerbungen auszuwählen. Unsere Entscheidung beruht letztendlich auf einem Vergleich der einzelnen Bewerber hinsichtlich ihres Werdegangs, ihrer Qualifikation und ihrer Erfahrungen in Relation zu unseren Anforderungen. Bitte sehen Sie die Entscheidung daher nicht als persönliche Wertung. Wir bedauern sehr, Ihnen keine positive Nachricht geben zu können und bedanken uns für das unserem Haus entgegengebrachte Vertrauen. Als Anlage senden wir Ihnen die uns freundlicherweise überlassenen Unterlagen zurück und wünschen Ihnen für Ihre berufliche und private Zukunft alles Gute."

Da eine detaillierte Angabe der Ablehnungsgründe aufwändig und auch aus sozialen aber insbesondere rechtlichen Erwägungen nicht angebracht ist, wird in der Regel ein Standardschreiben versandt. Um den Nutzen für den Bewerber zu erhöhen, können aber auch nach dem Grad der Eignungslücke modularisierte Absagen eingesetzt werden (z. B. bei starker Abweichung, bei geringer Abweichung und bei eigentlicher Übereinstimmung, aber noch besserer Konkurrenz).

Dagegen kann eine Einladung interessanter Kandidaten zum nächsten Auswahlschritt wie folgt aussehen: „… Ihre Bewerbung hat unser Interesse geweckt und wir möchten Sie gerne persönlich kennenlernen. Als Termin für ein Vorstellungsgespräch schlagen wir Montag, den 16. Juli um 16 Uhr vor. Ihre Gesprächspartner werden die zuständige Führungskraft, Frau Bauer, sowie Herr Huber, als Vertreter des Personalbereichs, sein. Zudem werden Sie im Anschluss die Gelegenheit haben das Team informell kennenzulernen. Anbei finden Sie eine Anfahrtsskizze, wir empfehlen jedoch die Anreise mit der Bahn. Die Fahrtkosten werden wir Ihnen selbstverständlich erstatten. Wir freuen uns auf Ihren Besuch und danken für eine kurze Terminbestätigung…".

4.7 Vertragsschluss und Integration neuer Mitarbeiter

Der Prozess der Gewinnung eines leistungsstarken Mitarbeiters, der zur Wertschöpfung des Unternehmens langfristig beiträgt, ist mit der Auswahlentscheidung auf Seiten des Unternehmens noch nicht zu Ende. Es geht nun darum, sich auf die konkreten Bedingungen zu einigen bzw. diese festzuhalten und außerdem den Einstieg so zu gestalten, dass das Können und Wollen des Kandidaten auch auf ein Dürfen und entsprechende Bedingungen zur Entfaltung treffen. Daher werden abschließend Arbeitsvertragschließung und Integration neuer Mitarbeiter betrachtet.

4.7.1 Arbeitsvertrag

Der Arbeitsvertrag, ein Dienstvertrag, bildet die rechtliche Grundlage des Rechtsverhältnisses zwischen Arbeitgeber und Arbeitnehmer. Durch ihn werden die wechselseitigen Rechte und Pflichten der Vertragsparteien begründet und geregelt. Ein Arbeitsvertrag kann, soweit keine tariflichen oder betrieblichen Regelungen anderes vorsehen, grundsätzlich schriftlich, mündlich, ausdrücklich oder durch schlüssiges Verhalten geschlossen werden. Nach Vorgaben des Nachweisgesetzes hat jeder Arbeitgeber dem Arbeitnehmer jedoch binnen eines Monats nach Aufnahme der Arbeit eine unterschriebene Niederschrift über die wesentlichen Arbeitsbedingungen auszuhändigen. Wie für alle Rechtsgeschäfte empfiehlt sich sowieso die schriftliche Form.

Untenstehend sind wesentliche Regelungstatbestände für Verträge leitender Angestellte aufgeführt (vgl. Kienbaum (2002)):

- Name/Kontaktdaten,
- Eintrittsdatum,
- Funktion/Organisationseinheit,
- Arbeitsort/Dienstsitz,
- Status LA,
- Urlaub (Arbeitszeit),
- Vergütung,
- Betriebliche Altersversorgung,
- Dienstwagen,
- Aufwendungsersatz bei Dienstreisen,
- Unfallversicherung,
- Bestimmungen für den/Leistungen im Krankheitsfall,
- Ärztliche Untersuchung,
- Jubiläen und Ehrungen,
- Sonstige Leistungen des Arbeitgebers,
- Sonstige Ergänzungen, z. B. zu Führungsinstrumenten,
- Beendigung des Arbeitsverhältnisses,
- Wettbewerbsklausel,

- Mobilität,
- Vertraulichkeit/Datenschutz,
- Ausschlussfrist,
- Einverständnis gemäß BDSG,
- Schlussbestimmungen.

Auch in Verträgen mit leitenden Angestellten können ggf. Verweise auf tarifliche und betriebliche Regelungen angezeigt sein. Für (tarifgebundene) Mitarbeiter, die unter die betriebliche Mitbestimmung fallen, sind vertragliche Grundlagen überwiegend auf tariflicher, teilweise auch auf betrieblicher Ebene festgelegt. Dazu gehören neben dem Entgelt und den Arbeitszeiten auch Vorgaben zu Probezeit und Kündigungsfristen, wie in untenstehendem Beispiel ersichtlich.

Neben den in Deutschland üblichen unbefristeten Einstellungen finden sich nicht erst seit den Bestimmungen des Teilzeit- und Befristungsgesetzes von 2001 (TzBfG) zunehmend befristete Arbeitsverhältnisse. Ein solches endet mit Ablauf einer vereinbarten Zeit, ohne Kündigung. Dabei werden Befristungen mit sachlichem Grund, häufigster Fall ist die Vertretung eines anderen Arbeitnehmers während Mutterschutz oder Elternzeit, sowie Befristungen ohne sachlichen Grund unterschieden. Letztere bedingen zwangsläufig eine Neueinstellung und sind rechtlich auf maximal zwei Jahre beschränkt. Der Arbeitgeber muss in allen Fällen gemäß § 18 TzBfG die befristet Beschäftigten über unbefristete Arbeitsplätze auf dem Laufenden halten sowie nach § 20 TzBfG den Betriebsrat über die Anzahl der befristet beschäftigten Arbeitnehmer und ihren Anteil an der Gesamtbelegschaft des Betriebs und des Unternehmens informieren.

Unabhängig von der rechtlichen Grundlage ist die Integration eines neuen Mitarbeiters wesentlich, damit der Prozess der Personalauswahl für beide Seiten einen guten Abschluss finden kann.

Beispiel 27: Arbeitsvertragsvorlage des Arbeitgeberverbandes Südwestmetall
Der Verband der Metall- und Elektroindustrie Baden-Württemberg e. V., Hauptgeschäftsstelle in Stuttgart, vertritt seine über 1000 Mitgliedsbetriebe mit insgesamt fast 500 000 Mitarbeitern als Arbeitgeberverband gegenüber der Gewerkschaft und bietet darüber hinaus verschiedene Dienste. Darunter bspw. auch Vorlagen für Arbeitsverträge, wie hier ein Arbeitsvertrag für das Tarifgebiet Nordwürttemberg/Nordbaden (vgl. Südwestmetall (2007)).

Arbeitsvertrag
zwischen Herrn/Frau ___ (im Folgenden: Arbeitnehmer/Arbeitnehmerin), Wohnort:___ und der Firma ___ (im Folgenden: Arbeitgeber) in ___.

§ 1 Beginn und Art der Tätigkeit
Der Arbeitnehmer/die Arbeitnehmerin wird ab dem ___ als ___ für den Bereich ___ im Betrieb ___ tätig. Dem Arbeitnehmer/der Arbeitnehmerin können, ohne dass es einer Kündigung bedarf, andere zumutbare Tätigkeiten – auch z. B. in einem anderen Vergütungssystem – übertragen werden.
Der Arbeitnehmer/die Arbeitnehmerin kann an einen anderen zumutbaren Arbeitsplatz versetzt werden.
Der Arbeitnehmer/die Arbeitnehmerin kann an einen anderen Betriebsort im Inland versetzt werden.
Der Arbeitnehmer/die Arbeitnehmerin kann auch außerhalb des Betriebes, z. B. auf Montagestellen und Messen beschäftigt werden.

§ 2 Arbeitszeit
Die Dauer der Arbeitszeit entspricht der tarifvertraglichen regelmäßigen wöchentlichen Arbeitszeit. Sie beträgt derzeit ohne Pausen ___ Stunden. Lage und Verteilung der Arbeitszeit richten sich nach den jeweiligen betrieblichen Bestimmungen. Die Tätigkeit erfolgt in Normal- und Schichtarbeit.
Der Arbeitnehmer/die Arbeitnehmerin ist zu Spät- und Nachtarbeit, einschließlich Arbeit in Wechselschicht, sowie Sonn- und Feiertagsarbeit verpflichtet.
Der Arbeitnehmer/die Arbeitnehmerin ist zur Verrichtung von Mehrarbeit im Rahmen der gesetzlichen und tariflichen Bestimmungen verpflichtet.
Der Arbeitgeber ist berechtigt, im Rahmen der tariflichen Bestimmungen bei einem Arbeitsausfall aus wirtschaftlichen Gründen oder in Folge eines unabwendbaren Ereignisses oder von Strukturveränderungen Kurzarbeit anzuordnen.
Der Arbeitgeber ist ferner berechtigt, nach Maßgabe anderer gesetzlicher oder tarifvertraglicher Bestimmungen eine vorübergehende Absenkung der Arbeitszeit anzuordnen.
In den beiden vorgenannten Fällen vermindern sich Arbeitszeit und Arbeitsentgelt des Arbeitnehmers/der Arbeitnehmerin entsprechend.

§ 3 Vergütung
Die Höhe der Vergütung richtet sich nach der für die ausgeübte Tätigkeit tarifvertraglich maßgeblichen Entgeltgruppe. Dies ist derzeit die Entgeltgruppe … gemäß ERA.
Die monatliche Vergütung – ohne Leistungszulage gemäß der Anlage 1 zum MTV – setzt sich für die vereinbarte Wochenstundenzahl demnach derzeit wie folgt zusammen:

Tarifgehalt ___ €
Sonstige tarifliche Zulage ___ €
Freiwillige übertarifliche Zulage ___ €
Bruttomonatsentgelt ___ €

Der Arbeitnehmer/die Arbeitnehmerin erhält außerdem eine zusätzliche Urlaubsvergütung, eine Sonderzahlung und altersvorsorgewirksame Leistungen entsprechend den tariflichen Bestimmungen.
Der Arbeitnehmer/die Arbeitnehmerin hat die Entgeltabrechnung und -zahlung unverzüglich zu überprüfen sowie zuviel gezahlte Bezüge anzuzeigen und zurückzuzahlen. Er/sie kann sich auf den Einwand der Entreicherung nicht berufen, wenn er/sie die Überzahlung erkannt hat oder hätte erkennen müssen oder wenn die Überzahlung auf Umständen beruht, die er/sie zu vertreten hat.
Die Entgelte sind jeweils zu den tariflich oder betrieblich festgelegten Zeiten fällig.

§ 4 Widerrufbarkeit, Anrechenbarkeit und Freiwilligkeit übertariflicher Verdienstbestandteile
Die übertarifliche Zulage und etwaig weitere übertarifliche Verdienstbestandteile, die zusätzlich zum monatlich laufenden tariflichen Entgelt gewährt werden, können bei Vorliegen eines sachlichen Grundes (z. B. wirtschaftliche Gründe, Gründe im Verhalten oder in der Person des Arbeitnehmers) jederzeit widerrufen werden. Auf diese Leistungen sind ferner tariflich festgelegte Entgelterhöhungen – unabhängig von Grund und Art – sowie Erhöhungen des Tarifentgelts durch andere tarifliche Veränderungen (z. B. in Folge tariflicher Umgruppierungen) ganz oder teilweise anrechenbar. Bei rückwirkenden Tariferhöhungen oder Tarifänderungen kann die Anrechnung auch rückwirkend erfolgen.
Auf außertarifliche Verdienstbestandteile, die dem Arbeitnehmer/der Arbeitnehmerin aus einem bestimmten Grund, z. B. wegen besonderer Arbeitsbedingungen, gewährt werden, hat der Arbeitnehmer/die Arbeitnehmerin keinen Anspruch mehr, wenn der Grund für die Gewährung dieser Verdienstbestandteile entfällt.
Bei nicht tariflich geschuldeten Gratifikationen, Prämien und anderen Einmalzahlungen, betrieblichen Sonderleistungen des Arbeitgebers oder sonstigen Vergünstigungen, die aus sozialen Gründen gewährt werden, handelt es sich um freiwillige Leistungen des Arbeitgebers, auf die auch bei wiederholter Gewährung kein Rechtsanspruch für die Zukunft besteht.

§ 5 Urlaub
Der tarifliche Urlaub beträgt derzeit 30 Arbeitstage je Kalenderjahr.

§ 6 Probezeit
Die Probezeit beträgt drei Monate.
Bei Erkrankung des Arbeitnehmers/der Arbeitnehmerin von mindestens einem Monat während der Probezeit kann diese um die Dauer der Krankheit verlängert werden.
Für eine Kündigung während der Probezeit gelten die Fristen des § 2.6 MTV.

§ 7 Beendigung und Ruhen des Arbeitsverhältnisses
Es gelten die tarifvertraglichen Kündigungsfristen.
Eine ordentliche Kündigung vor Dienstantritt ist ausgeschlossen.
Der Arbeitgeber ist berechtigt, den Arbeitnehmer/die Arbeitnehmerin ab Ausspruch der Kündigung bis zum Ablauf der Kündigungsfrist und gegebenenfalls bis zum rechtskräftigen Abschluss eines etwaigen Rechtsstreits über die Wirksamkeit der Kündigung ganz oder teilweise un- oder widerruflich von der Arbeit freizustellen.
Das Arbeitsverhältnis endet ohne Kündigung mit Ablauf des Monats, in dem der Arbeitnehmer/die Arbeitnehmerin die Altersgrenze für eine ungekürzte Regelaltersrente in der gesetzlichen Rentenversicherung (derzeit § 35 SGB VI) erreicht hat, oder in dem Zeitpunkt, ab dem er/sie eine Altersrente, gleich aus welchem Rechtsgrund, bezieht. Ist der Arbeitnehmer/die Arbeitnehmerin nicht Mitglied der gesetzlichen Rentenversicherung, endet das Arbeitsverhältnis mit Ablauf des Monats, in dem er/sie aus einer an die Stelle der gesetzlichen Rentenversicherung getretenen Versicherung (z. B. Versorgungswerk, Lebensversicherung) Anspruch auf Bezug einer ungekürzten Altersrente hat, oder in dem er/sie eine Altersrente, gleich aus welchem Rechtsgrund, bezieht. Die vorstehenden Sätze berühren nicht das Recht zur ordentlichen Kündigung des Vertrages.

§ 8 Arbeitsverhinderung, Arbeitsunfähigkeit
Jede Arbeitsverhinderung ist, sobald sie dem Arbeitnehmer/der Arbeitnehmerin bekannt ist, dem Arbeitgeber unter Angabe der Gründe und der voraussichtlichen Dauer sowie ggf. der Adresse eines vom Wohnsitz abweichenden Aufenthaltsortes unverzüglich mitzuteilen. Gleiches gilt, wenn sich die Arbeitsverhinderung verlängert.
Im Falle der Arbeitsunfähigkeit hat der Arbeitnehmer/die Arbeitnehmerin außerdem auch die hierfür geltenden besonderen gesetzlichen und tarifvertraglichen Mitteilungs- und Nachweispflichten zu erfüllen. Solange der Arbeitnehmer/die Arbeitnehmerin seinen/ihren Mitteilungs- und Nachweispflichten nicht nachkommt, ist der Arbeitgeber unter den Voraussetzungen des § 7 Abs. 2 EFZG berechtigt, die Fortzahlung des Arbeitsentgeltes zu verweigern.

§ 9 Ärztliche Untersuchung
Der Arbeitnehmer/die Arbeitnehmerin ist verpflichtet, sich auf Verlangen des Arbeitgebers einer ärztlichen Untersuchung zu unterziehen, wenn Zweifel an der gesundheitlichen Eignung des Arbeitnehmers/der Arbeitnehmerin für die ihm/ihr obliegenden Tätigkeiten bestehen. Der Arbeitgeber trägt die Kosten dieser Untersuchung, wenn diese nicht von einem Dritten übernommen werden.

§ 10 Verschwiegenheits- und Herausgabepflichten
Der Arbeitnehmer/die Arbeitnehmerin hat über die ihm/ihr zur Kenntnis gelangenden Angelegenheiten des Arbeitgebers Stillschweigen zu bewahren, soweit es sich um Betriebs- und Geschäftsgeheimnisse handelt. Dies gilt auch für solche Tatsachen, die der Arbeitgeber als vertraulich bezeichnet oder bei denen aus den Umständen ersichtlich ist, dass sie gegenüber Dritten nicht offenbart werden dürfen.
Die Verschwiegenheitspflicht umfasst auch den Inhalt dieses Vertrages, soweit der Arbeitnehmer/die Arbeitnehmerin nicht aufgrund gesetzlicher Vorschriften zu entsprechenden Angaben verpflichtet ist.
Die Verschwiegenheitspflicht des Arbeitnehmers/der Arbeitnehmerin über die in Absatz 1 bis 3 bezeichneten Umstände besteht – unbeschadet weitergehender gesetzlicher Vorschriften – auch nach Beendigung des Arbeitsverhältnisses fort; der Arbeitnehmer/die Arbeitnehmerin darf die geheim zu haltenden Tatsachen nicht durch Weitergabe an Dritte verwerten.
Der Arbeitnehmer/die Arbeitnehmerin ist verpflichtet, alle seine/ihre dienstliche Tätigkeit betreffenden Schriftstücke, Informationsträger und sonstige Unterlagen, auch soweit es sich um persönliche Aufzeichnungen, die Geschäftsvorgänge betreffen, handelt, als ihm/ihr anvertrautes Eigentum des Arbeitgebers sorgfältig zu behandeln und aufzubewahren und sie dem Arbeitgeber auf dessen Verlangen jederzeit, spätestens aber bei Beendigung des Arbeitsverhältnisses zurückzugeben. Das gilt auch für Abschriften, Vervielfältigungen, gespeicherte Daten und Gegenstände.

§ 11 Rechte an Arbeitsergebnissen, Erfindungen
Alle Arbeitsergebnisse stehen dem Arbeitgeber zu. Dies gilt unabhängig davon, ob sie von dem Arbeitnehmer/der Arbeitnehmerin allein oder zusammen mit anderen Arbeitnehmern erarbeitet wurden. Gleiches gilt für Ergebnisse, die zwar nicht auf einen unmittelbaren Arbeitsauftrag zurückzuführen sind, aber mit dem Tätigkeitsbereich des Arbeitnehmers zusammenhängen.
Soweit der Arbeitnehmer/die Arbeitnehmerin Urheberrechte oder andere nicht übertragbare Schutzrechte an Arbeitsergebnissen erwirbt, wird dem Arbeitgeber hinsichtlich aller Nutzungsarten das ausschließliche Nutzungsrecht ohne räumliche, zeitliche oder inhaltliche Beschränkung eingeräumt. Dies schließt die Befugnis des Arbeitgebers ein, ohne gesonderte Zustimmung für jeden Einzelfall Nutzungsrechte ganz oder teilweise auf andere zu übertragen oder andere Nutzungsrechte einzuräumen. Ansprüche des Arbeitnehmers/der Arbeitnehmerin für die Übertragung dieser Rechte auf den Arbeitgeber sind durch das Gehalt abgegolten.
Im Übrigen gelten die gesetzlichen Bestimmungen über Arbeitnehmererfindungen.

§ 12 Nebentätigkeit
Solange das Arbeitsverhältnis besteht, ist jede Wettbewerbstätigkeit untersagt. Im Übrigen dürfen Nebentätigkeiten nur mit vorheriger schriftlicher Zustimmung des Arbeitgebers ausgeübt werden. Der Arbeitgeber kann die Zustimmung verweigern, wenn durch die Nebentätigkeit die vertraglich geschuldeten Leistungen des Arbeitnehmers/der Arbeitnehmerin oder sonstige Interessen des Arbeitgebers beeinträchtigt werden können.

§ 13 Abtretung und Verpfändung
Die Abtretung oder Verpfändung von Gehaltsansprüchen an Dritte ist dem Arbeitnehmer nur nach vorheriger schriftlicher Zustimmung des Arbeitgebers gestattet.

§ 14 Persönliche Daten
Änderungen persönlicher Daten, die für das Arbeitsverhältnis von Bedeutung sein können, insbesondere Änderungen der Anschrift und des Familienstandes, die Beantragung oder Anerkennung der Schwerbehinderteneigenschaft oder eine Schwangerschaft sind unverzüglich mitzuteilen.

§ 15 Geltung von Tarifverträgen und Betriebsvereinbarungen
Soweit und solange der Arbeitgeber tarifgebunden ist, finden auf das Arbeitsverhältnis die für den Betrieb räumlich und fachlich geltenden Tarifverträge (derzeit für die Metall- und Elektroindustrie in Baden-Württemberg – Tarifgebiet Nordwürttemberg/Nordbaden) in der jeweils gültigen Fassung Anwendung, soweit im Einzelfall nicht ausdrücklich etwas anderes zwischen dem Arbeitgeber und dem Arbeitnehmer/der Arbeitnehmerin vereinbart worden ist. Weiterhin finden die jeweils gültigen Betriebsvereinbarungen Anwendung, soweit der Arbeitnehmer/die Arbeitnehmerin unter den persönlichen Geltungsbereich fällt und im Einzelfall nicht ausdrücklich etwas anderes zwischen dem Arbeitgeber und dem Arbeitnehmer/der Arbeitnehmerin vereinbart worden ist.
Die Rechte aus diesem Vertrag oder anderen einzelvertraglichen Absprachen (z. B. aus betrieblicher Einheitsregelung bzw. Gesamtzusage oder betrieblicher Übung) können durch Betriebsvereinbarungen abgelöst oder geändert werden.

§ 16 Ausschlussfristen
Ansprüche aus dem Arbeitsverhältnis sind innerhalb der Fristen, die der nach § 15 dieses Arbeitsvertrages anwendbare Tarifvertrag regelt, geltend zu machen. Die Ausschlussfristen richten sich derzeit nach § 18 MTV.

§ 17 Einstellungsvorbehalt
Der Arbeitsvertrag wird vorbehaltlich der betriebsärztlich festzustellenden gesundheitlichen Eignung sowie der Zustimmung des Betriebsrats zur Einstellung abgeschlossen.

§ 18 Vertragsänderungen
Änderungen und Ergänzungen dieses Vertrages bedürfen, um rechtsverbindlich zu sein, der Schriftform. Dies gilt auch für die Aufhebung der Schriftformerforderniss. Mündliche Nebenabreden sind nicht getroffen worden.

§ 19 Teilunwirksamkeit
Sollten einzelne Bestimmungen dieses Vertrages unwirksam sein, wird hierdurch die Wirksamkeit des übrigen Vertrages nicht berührt.

_____   _____   _____
(Ort, Datum)   (Arbeitgeber)   (Arbeitnehmer/in)

Empfangsbestätigung
Der Arbeitnehmer/die Arbeitnehmerin bestätigt, dass ihm/ihr ein vom Arbeitgeber unterzeichnetes Exemplar des Arbeitsvertrages ausgehändigt worden ist.

_____   _____
(Ort, Datum)   (Arbeitnehmer/in)

4.7.2 Integration neuer Mitarbeiter

Wenn sich zentrale Erwartungen einer oder gar beider Seiten nicht erfüllen, kann dies bis zur Kündigung führen (vgl. Kieser, A. (2008)). Bei einem Austritt im ersten Jahr wird auch von Frühfluktuation gesprochen. Neben der realistischen Darstellung des Unternehmens im Personalmarketing und der Position in der Gewinnung und Auswahl sind bei der Integration eines neuen Mitarbeiters insbesondere zwei Aspekte zu beachten:

- Administration: Hierzu zählen Bereitstellung von Schreibtisch, Telefon, Büromaterial, Organigramm, PC, Parkkarte genauso wie die Aufnahme im Telefon- und E-Mailregister oder das Drucken der Visitenkarten. Als erste Hilfestellung bieten sich schriftliche oder elektronische Checklisten, Handreichungen u.Ä. an. Noch professioneller können diese Dinge auf Basis von Workflows abgebildet werden. Während die administrativen Komponenten Hygienefaktoren darstellen und damit Unzufriedenheit vermeiden, ist im Hinblick auf eine erfolgreiche Eingliederung insbesondere auf soziale Faktoren zu achten.
- Soziale Interaktion: Hier geht darum, dass dem neuen Mitarbeiter (von der Führungskraft, wie von den Kollegen) Wertschätzung entgegengebracht wird. Kontraproduktiv sind folgende Strategien: Bei der „Schonstrategie" tendieren Führungskräfte dazu, den Mitarbeiter zu schonen, indem zu Anfang die Qualität und Quantität der Arbeit stark reduziert wird. Der neue Mitarbeiter kann sich weder bewähren noch realistisch einschätzen, ebenfalls führt die Unterforderung sehr schnell zu Demotivation und Frustration. Demgegenüber wird bei der „Wirf-ins-kalte-Wasser-Strategie" der neue Mitarbeiter von Anfang an mit schwierigen Aufgaben überhäuft, nach dem Motto „wer das nicht durchhält, ist sowieso nichts für uns". Auch diese Methode ermöglicht es dem Neuen nicht, die Erwartungen des Vorgesetzten zu entschlüsseln. Zudem ist die Gefahr groß, dass durch frühe Misserfolge Demotivation entsteht.

Unterstützend kann in beiden Punkten ein Patenschaftssystem wirken. Ein Kollege wird dem neuen Mitarbeiter zur Seite gestellt und weist ihn in die formalen aber auch informellen Regeln im Betrieb ein. Demgegenüber ist ein Mentor eine erfahrene Person, die den Mentee in der beruflichen (und persönlichen) Entwicklung fördert. Mentoren können auch einem neuen Mitarbeiter zur Seite gestellt werden, das System empfiehlt sich noch mehr für potenzielle (Spitzen) Kandidaten oder mit Blick auf Nachwuchskräfte im Unternehmen.

Ab einem gewissen Einstellungsumfang bietet sich die Durchführung von Einführungsseminaren an. Neben der Vermittlung von Fakten, z. B. Kennenlernen der Produkte und Strukturen, stehen hier die Unternehmenskultur, allgemeine Werte und Führungsstil im Mittelpunkt. Den neuen Mitarbeitern wird darüber hinaus die Möglichkeit gegeben erste Netzwerke zu knüpfen.

Neben diesen flankierenden Maßnahmen kommt die größte Bedeutung im Rahmen der Eingliederung dem direkten Vorgesetzten zu. Denn gerade in der Anfangszeit benötigt der neue Mitarbeiter ausreichendes Feedback, um die Rollenerwartungen kennen zu lernen und sich selbst innerhalb seiner Tätigkeit einschätzen zu können. Obligatorisch ist daher ein Einstiegsgespräch in den ersten Tagen sowie vor Ablauf der Probezeit ein ausführliches wechselseitiges Feedbackgespräch (vgl. Eisele, D., Horender, U. (2000)).

> **Beispiel 28: Onboarding bei IBM**
> Die IBM Deutschland GmbH ist mit ca. 20 000 Mitarbeitern ein Unternehmen des amerikanischen IT-Konzerns IBM mit weltweit ca. 380 000 Mitarbeitern (2007).
> Bei IBM werden Abteilungen mit neuen Mitarbeitern in der administrativen und sozialen Integration dieser durch das Programm des „Global Onboarding" unterstützt. In diesem Rahmen wird bspw. ein zweitägiger Kurs „Becoming One Voice", bestehend aus länderübergreifenden Standardmodulen und landesspezifischen Ergänzungen durchgeführt. Die Teilnahme ist obligatorisch, damit alle neuen Mitarbeiter so früh wie möglich u. a. die Unternehmenskultur, Organisation, Strategie, Programme und die wichtigsten internen Informationsquellen kennenlernen. In jedem Kurs erhalten die Teilnehmer auch die Gelegenheit, mit einem hochrangigen Manager zu diskutieren. Wichtiger Bestandteil des Integrationsprogramm sind auch die weltweiten „New Hire Webpages" im firmeneigenen Intranet, die für den neuen Mitarbeiter wertvolle Informationen bereitstellen und dazu jeweils länderspezifisch ergänzt sind (vgl. Eisele, D., Horender, U. (1999)).

4.8 Rechtliche Aspekte der Gewinnung und Auswahl von Personal

Neben dem AGG werden hier einige Aspekte der betrieblichen Mitbestimmung besonders relevant, sofern ein Betriebsrat gewählt ist und sich beteiligt:

Bei der internen Personalgewinnung sind bei der Anordnung von Überstunden neben den Vorschriften des Arbeitszeitgesetzes auch die Mitbestimmungsrechte gemäß § 87 1 Abs. 3 BetrVG zu beachten. Außerdem wird ein bestehender Betriebsrat regelmäßig die interne Ausschreibung nach § 93 BetrVG einfordern. Wird trotz Verlangen des Betriebsrats eine innerbetriebliche Stellenausschreibung unterlassen, so kann der Betriebsrat allein aus diesem Grund seine Zustimmung zur geplanten Einstellung nach § 99 BetrVG wirksam verweigern. Der Arbeitgeber ist dennoch nicht verpflichtet, unter allen Umständen zunächst den betrieblichen Arbeitsmarkt auszuschöpfen. Auszuschreiben ist zunächst intern, die Auswahlentscheidung bleibt aber letztlich eine unternehmerische Entscheidung.

Bereits vor dem AGG musste eine Stellenausschreibung geschlechtsneutral formuliert werden. Ausnahmen waren und sind nur sehr begrenzt zulässig, z. B. bei Bikinimodels. Im Rahmen des AGG sind des Weiteren konkret Benachteiligung aus Gründen der Rasse oder der ethnischen Herkunft, der Religion oder Weltanschauung, einer Behinderung, des Alters oder der sexuellen Identität von vornherein zu verhindern oder aber zu beseitigen. So darf beispielsweise für die Stellenausschreibung wie im weiteren Prozess das Alter, die Hautfarbe und ähnliches keine Rolle spielen. Auch hier gibt es nur wenige Ausnahmen, beispielsweise bei Tendenzbetrieben. Besondere Brisanz hat dies für die Arbeitgeber erst durch die sog. Beweislastumkehr mit sich gebracht. Dies bedeutet, dass Indizien für eine Anklage genügen und der Beklagte aufgefordert ist, diese zu entkräften. Dies ist regelmäßig schwierig. Als Indizien gelten bspw. eine Stellenausschreibung, die nicht den Anforderungen des § 11 AGG genügt, eine diskriminierende Formulierung im Ablehnungsschreiben, die Tatsache, dass die merkmalsrelevante Gruppe im Unternehmen deutlich unterrepräsentiert ist oder alleine Äußerungen oder Handlungen des Arbeitgebers oder seines Vertreters sowie sein (diskriminierendes) Verhalten in der Vergangenheit. Empfohlen wird daher nicht nur alle Unterlagen auf AGG-Sicherheit zu überprüfen und die Mitarbeiter entsprechend zu schulen, sondern auch alle Schritte im Bewerbungsprozess zu dokumentieren (vgl. Göhler, J. (2009), S. 185).

Ein Arbeitsplatz muss zudem nach dem TzBfG auch als Teilzeitarbeitsplatz ausgeschrieben werden, außer er ist nach objektiven Gründen für Teilzeitkräfte nicht eignet. Es ist daher sinnvoll die Eignung direkt im Anforderungsprofil mit aufzunehmen.

Bei der Auswahl hat der Arbeitgeber ein umfassendes Informationsinteresse, um eine fundierte Auswahl treffen zu können. Neben dem Diskriminierungsverbot ist er darin durch das allgemeine Persönlichkeitsrecht der Bewerber eingeschränkt. Werden vom Arbeitgeber unzulässige Fragen gestellt (z.B. nach der Abstammung, Schwangerschaft, Kinderwunsch, Religionszugehörigkeit etc.) bleibt eine unwahre Antwort rechtlich folgenlos; werden dagegen zulässige Fragen (wie nach Arbeits- und Fahrerlaubnis, Qualifikation etc.) unwahr beantwortet, kann der Arbeitgeber das Arbeitsverhältnis wegen Irrtum oder Täuschung nach BGB §§ 119, 123 anfechten. Zudem sind wiederum Mitbestimmungsrechte des Betriebsrates zu berücksichtigen:

- Bei der Aufstellung von allgemeinen Auswahlrichtlinien gem. § 95 Abs. 1 BetrVG.
- Nach § 94 BetrVG vor dem Einsatz von von Beurteilungsgrundsätzen.

4.9 Fragen/Übungsaufgaben zur Personalgewinnung und -auswahl

- Welche Profile bilden die Basis für die Personalgewinnung und -auswahl?
- Der Personalleiter eines Mittelständlers verfolgt eine Strategie der internen Stellenbesetzung. Wie überzeugen Sie ihn davon, auch des Öfteren externe Stellenbesetzungen anzustreben?
- Welche Informationen sollte eine Stellenanzeige enthalten?
- Welche Punkte sollten vor der Wahl einer Jobbörse geprüft werden?
- Warum ist Personalleasing (aus gesellschaftlicher sowie aus unternehmerischer Sicht und aus Sicht des Zeitarbeiters) ein umstrittenes Thema?
- Was spricht für den Einsatz von Online-Bewerbungssystemen und -formularen?
- Personen welcher Zielgruppen finden sich regelmäßig in Talent-Relationship Pools?
- Der Personalleiter eines Mittelständlers bezweifelt die Eignung von Assessment Centern für die Personalauswahl. Für welche Bewerbergruppen wollen Sie ihn dennoch vom Einsatz überzeugen und mit welchen Argumenten?
- Warum ist neben den psychologischen Gütekriterien die Akzeptanz in der Eignungsdiagnostik wichtig?
- Wie würden Sie den Ablauf eines Feedback-Gespräches im Rahmen eines Assessment Centers gestalten?
- Wie kann das Unternehmen neue Mitarbeiter in der Eingewöhnungsphase unterstützen?
- Was unterscheidet einen Mentor von einem Paten?

4.10 Literaturhinweise

Achouri, C. (2007): Recruiting und Placement – Methoden und Instrumente der Personalauswahl und -platzierung, Wiesbaden 2007

Arbeitgeberverband Mittelständischer Personaldienstleister e. V.; Bundesverband Zeitarbeit Personal-Dienstleistungen e. V., Interessenverband Deutscher Zeitarbeitsunternehmen e. V. (Hrsg.): www.alle-achtung.info.de, abgerufen am 20.05.2008

Beck, C. (2002): Professionelles E-Recruitment, Neuwied 2002

Berger, M. (1992): Rechtliche Aspekte des Assessment Center Verfahrens, Baden-Baden 1992

Brenner, D. (1999): Assessment Center, in: Sattelberger, T. (Hrsg.): Handbuch der Personalberatung, München 1999, S. 245–266

Bruckner, C. (2008): Talent Relationship Management: ein innovatives Instrument der Beziehungspflege zu High Potentials im Personalmarketing, Saarbrücken 2008

Buchner, U. G. et al. (2008): Potenzialbeurteilung – Diagnostische Kompetenz entwickeln und Personalauswahl optimieren, Heidelberg 2008

Dewitz, A. (2006): Die Gestaltung eines leistungsstarken Arbeitsverhältnisses durch „Talent Relationship Management": ein praxisorientiertes Konzept für mittelständische Unternehmen, Aachen 2006

Dichler, R., Gaugler, E. (2000): Personalvermittlung, in: Personal, 06/2000, S. 281–284

Dick, J. (2001): Auswirkungen der Web-Technologie auf den Recruitment-and-Selection-Prozess, in: Hünningshausen, L. (Hrsg.): Die Besten gehen ins Netz, Report E-Recruitment: Innovative Wege bei der Personalauswahl, Düsseldorf 2001, S. 107–135

DIN 33430 (2002): Anforderungen an Verfahren und deren Einsatz bei berufsbezogenen Eigungsbeurteilungen, Berlin 2002

Eisele, D., Horender, U. (2000): Getting on Board, in: FAZ Newsletter, Oktober 2000, S. 13–14

Eisele, D. (2003): Online-Bewerbungssysteme in der Personalbeschaffung, Wiesbaden 2003

Eisele, D., Emrich, M. (2005): Handbuch zum Auswahlverfahren zur Erfassung persönlicher und sozialer Kompetenzen von Auszubildenden, in: U-Form Verlag (Hrsg.): Testmappe EpsKA, Sohlingen 2005

Eisele, D., Hurst, J. (2005): Das Traineeprogramm der EnBW AG, in: Speck, P. (Hrsg.): Employability – Herausforderungen für die strategische Personalentwicklung, 2. Aufl., Wiesbaden 2005 , S. 63–74

Egle, F., Nagy, M. (Hrsg.): Arbeitsmarktintegration: Grundsicherung – Fallmanagement – Zeitarbeit – Arbeitsvermittlung, Wiesbaden 2009

Emrich, M. (2004): Schauspielerei oder Authentizität? Der Einfluss des Self-Monitoring auf das Verhalten der Teilnehmer im Assessment Center, Tübingen 2004

Endörfer, A., Walch, D. (2007): Schlüssel zur Flexibilität, in: Logistik heute, 05/2007, S. 42–43

Flanagan, J. (1954): The Critical Incident Technique, in: Psychological Bulletin, 1954, S. 327–358

Flintrup, A. (2002): Online-Personalauswahl bei Credit Suisse Financial Services, in: Personal, 05/2002, S. 28

Frieling, E., Buch, M. (2003): Arbeitsanalyse, in: Gaugler, E., Oechsler, W., Weber, W. (Hrsg.): Handwörterbuch des Personalwesens, 3. Aufl., Stuttgart 2003, Sp. 178–298

Giesen, B., Bischoff, E. (2002): Rekrutierungstools auf der Homepage, in: Personalwirtschaft, 06/2002, S. 65–71

Göhler, J. (2009): Diskriminierung bei der Einstellung, in: Arbeit und Arbeitsrecht, 03/2009, S. 185

Graf, T. M. (2006): Kompetenzmodelle, in: DGFP e. V. (Hrsg.), Erfa-Gruppe GP2, 09./10.11.2006, Unterföhring

Interessenverband Deutscher Zeitarbeitsunternehmen (Hrsg.): Zeitarbeit, http://www.ig-zeitarbeit.de/download/statistiken/BA-Statistik-Bericht_Zeitarbeit-30-06-2008.pdf, abgerufen am 06.05.2009

Grumbach, M., Fuß, S. (2009): Auf das Ziel konzentrieren, in: Personalwirtschaft, 05/2009, S. 50–52

Hünninghausen, L. (Hrsg.): Die Besten gehen ins Netz, Report E-Recruitment: Innovative Wege bei der Personalauswahl, Düsseldorf 2001

Jankisz, E., Moosbrugger, H. (2007): Planung und Entwicklung von psychologischen Tests und Fragebogen, in: Moosbrugger, H., Kelava, A. (Hrsg.): Testtheorie und Fragebogenkonstruktion, Stuttgart 2007, S. 27–72

Jochmann, W. (2007): Breaking the Rules, in: Kienbaum (Hrsg): Kienbaum Jahrestagung 2007, Ehreshoven am 31.05.07, Tagungsunterlagen

Kay, R. (1998): Diskriminierung von Frauen bei der Personalauswahl: Problemanalyse und Gestaltungsempfehlungen, Wiesbaden 1998

Kenk, G. (2005): Unternehmen setzen auf E-Recruiting, in: Personalwirtschaft, 09/2005, S. 4–6

Kersting, M., Püttner, I. (2006): Personalauswahl: Qualitätsstandards und rechtliche Aspekte, in: Schuler, H. (Hrsg.): Lehrbuch der Personalpsychologie, Göttingen 2006, S. 841–861

Kleb, T. (2007): Recruiting Trends 2007, in: CoPers, 03/2007, S. 24–27

Kompa, A. (1984): Personalbeschaffung und Personalauswahl, Stuttgart 1984

Krause, D. E., Meyer zu Kniedorf, C., Gebert, D. (2001): Das Assessment Center in der deutschsprachigen Wirtschaft, in: Personal, 11/2001, S. 638–642

Kupka, K., Diercks, J., Kopping, N. (2004): Webbasierte Personalvorauswahl durch E-Assessment bei Unilever Deutschland, in: Wirtschaftspsychologie, 03/2004, S. 24–28

Laske, S., Habich, J. (2003): Kompetenz und Kompetenzmanagement, in: Gaugler, E., Oechsler, W., Weber, W. (Hrsg.): Handwörterbuch des Personalwesens, 3. Aufl., Stuttgart 2003, Sp. 1006–1014

Lichius, W. (1999): Anzeigengestützte Suche, in: Sattelberger, T. (Hrsg.): Handbuch der Personalberatung – Realität und Mythos einer Profession, München 1999, S. 136–146

Middendorf, B. (2006): Gezielt auswählen, in: Personal, 06/2006, S. 52–54

Moosbrugger, H., Kelava, A. (Hrsg.): Testtheorie und Fragebogenkonstruktion, Stuttgart 2007

Moser, K. (1995): Vergleich unterschiedlicher Wege der Gewinnung neuer Mitarbeiter, in: Zeitschrift für Arbeits- und Organisationspsychologie, 03/1995, S. 105–114

Mulitze, C. (2007) Börsen in der Nische, in: Personal Zeitschrift für Human Resource Management, 02/2007, S. 6–7

Murmann, J. (1999): Personalberatung in Deutschland – Die Entwicklung einer Dienstleistung, in: Sattelberger, T. (Hrsg.): Handbuch der Personalberatung: Realität und Mythos einer Profession, München 1999, S. 37–48

Pakalski, N. (2009): Textmonster gehen unter, in: HORIZONT, 13/2009, S. 52

Pollert, D., Spieler, S. (2005): Die Arbeitnehmerüberlassung in der betrieblichen Praxis, Heidelberg et al. 2005

Rastetter, D. (1996): Personalmarketing, Bewerberauswahl und Arbeitsplatzsuche, Stuttgart 1996

Rastetter, D. (1999): Berwerbungsunterlagenscreening: Analyse eines hochselektiven, kaum erforschten Auswahlinstrumentes, in: Zeitschrift für Arbeitswissenschaft, 01/1999, S. 37–44

Rettig, K., Hornke, L. F. (2000): Adaptives Testen, in: Sarges, W. (Hrsg.): Managementdiagnostik, 3. Aufl., Göttingen et al. 2000, S. 557–564

Sarges, W. (Hrsg.): Managementdiagnostik, 3. Aufl., Göttingen et al. 2000

Sarges, W. (2000): Interviews, in: Sarges, W. (Hrsg.): Managementdiagnostik, 3. Aufl., Göttingen et al. 2000, S. 475–489

Sarges, W., Wottawa, H. (2001): Handbuch wirtschaftspsychologischer Testverfahren, Lengerich et al. 2001

Sattelberger, T. (Hrsg.): Handbuch der Personalberatung – Realität und Mythos einer Profession, München 1999

Scheller, C. (2009): Arbeitsvermittlung, Profiling und Matching, in: Egle, F., Nagy, M. (Hrsg.): Arbeitsmarktintegration: Grundsicherung – Fallmanagement – Zeitarbeit – Arbeitsvermittlung, Wiesbaden 2009, S. 260–189

Schneider, B. (1995): Personalbeschaffung: Eine vergleichende Betrachtung von Theorie und Praxis, Berlin, Bern, New York 1995

Schuler, H. (1990): Personenauswahl aus der Sicht der Bewerber: Zum Erleben eignungsdiagnostischer Situationen, in: Zeitschrift für Arbeits- und Organisations-psychologie, 08/1990, S. 184–191

Schuler, H. (1992): Das Multimodale Einstellungsinterview, in: Diagnostica, 04/1992, S. 281–300

Schuler, H. (2000): Psychologische Personalauswahl: Einführung in die Berufseignungsdiagnostik, 3. Aufl., Göttingen 2000

Schuler; H. Karlheinz, S. (Hrsg.): Handbuch der Arbeits- und Organisationspsychologie, Göttingen 2007

Schuhmacher, F. (2009): Mythos Assessment Center – Risikomanagement bei Personalentscheidungen und Leitfaden zur Anwendung, Stuttgart 2009

Schwarb, T. M. (1996): Die wissenschaftliche Konstruktion der Personalauswahl, München 1996

Simon, H. et al. (1995): Effektives Personalmarketing: Strategien, Instrumente, Fallstudien, Wiesbaden 1995

Spitznagel, A. (2000): Projektive Verfahren, in: Sarges, W. (Hrsg.): Managementdiagnostik, 3. Aufl., Göttingen 2000, S. 515–525

Steinmetz, F. (1997): Erfolgsfaktoren der Akquisition von Führungsnachwuchskräften. Eine empirische Untersuchung, Berlin 1997

Sudar, B. (2008): Der Nutzer im Fokus, in: Personalwirtschaft, Heft e-recruiting 2008, S. 16–17

Südwestmetall (Hrsg.): Muster Arbeitsvertrag Tarifgebiet Nordwürttemberg/Nordbaden, Juni 2007

Staufenbiel, J. (1999): Quo vadis Personalberatung? In: Sattelberger, T. (Hrsg.): Handbuch der Pewrsonalberatung – Realität und Mythos einer Profession, München 1999, S. 96–108

Steiner, H. (Hrsg.): Online-Assessment – Grundlagen und Anwendung von Online-Tests in der Unternehmenspraxis, Stuttgart 2009

Teetz, T. (2002): Kontrolle der Recruitingkanäle, in: Personalwirtschaft, Sonderheft 06/2002, S. 22–25

Teufer, S. (1999): Die Bedeutung des Arbeitgeberimages bei der Arbeitgeberwahl: Theoretische Analyse und empirische Untersuchung bei High Potentials, Wiesbaden 1999

Wandel, M. (2007): Zeitarbeit in Deutschland und Frankreich, Saarbrücken 2007

Wolf, C. (2001): Stellenbeschreibungen – Muster, in: Praxishandbuch Personalauswahl von A-Z, 03/2001, S. 120-S. 150

Wottawa, H. (2002): DIN 33430 und ihre Konsequenzen für die Bewerberauswahl im Unternehmen: Was nützt die neue Norm der Praxis? In: Wirtschaftspsychologie, 11/2002, S. 33–38

www.arbeitskreis-ac.de

www.crosswater-systems.com

www.jobrobot.de

www.jobturbo.de

5. Arbeitszeitmanagement

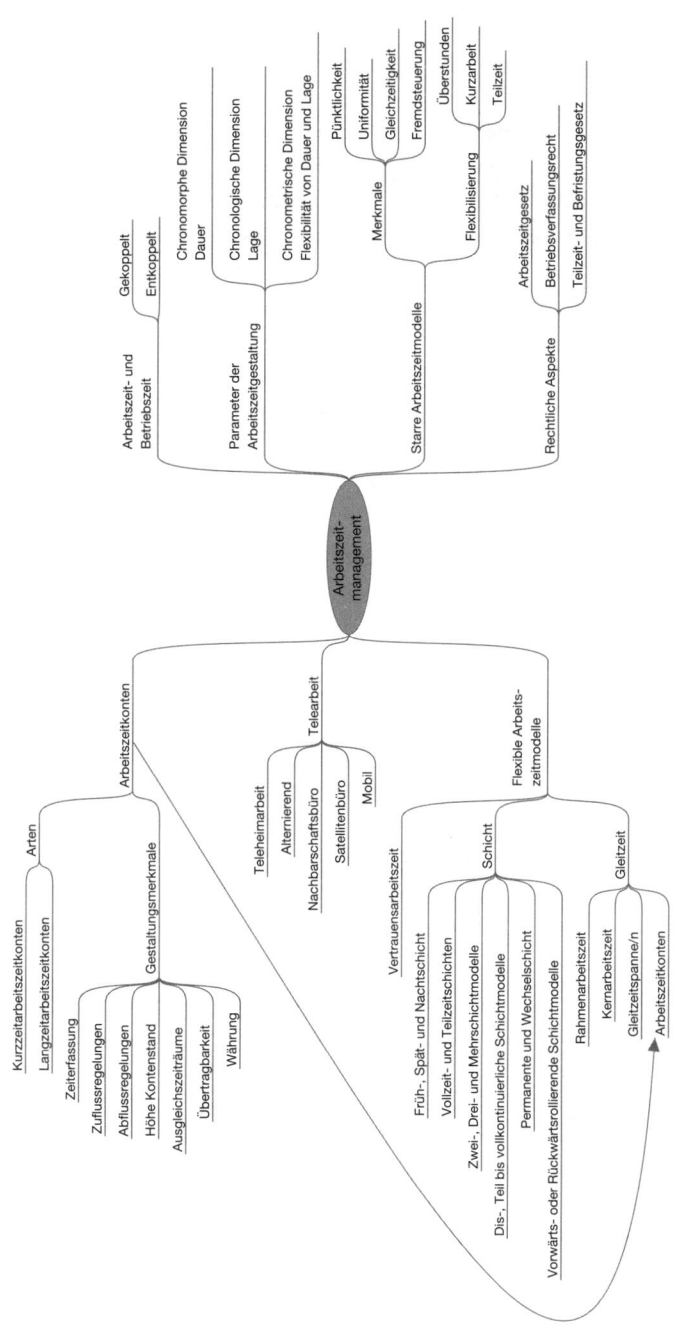

5.1 Zum Einstieg

Auf dem Weg zu unserer Arbeitszeitausschusssitzung treffe ich unseren Montageleiter Herr Nagel. Als zuständige Personalreferentin bin ich erst seit kurzem Mitglied in besagtem Ausschuss. Weitere Mitglieder sind unsere Personalleiterin und unsere Betriebsärztin. Die Arbeitnehmerseite ist durch vier Betriebsräte vertreten. Herr Nagel erzählt mir von den Sitzungen im letzten Jahr: Da ging es noch um Überstunden und deren Ausbezahlung, um Wochenendarbeit und um zu hohe Zeitkontenstände. Während im letzten Jahr noch um Lösungen zu deren Abbau gerungen wurde, ist dieses Problem zwischenzeitlich Vergangenheit. Mittlerweile ist mehr oder weniger alles abgebaut und mit dem momentanen Auftragsstand füllen wir unsere Kapazitäten lange nicht. Daher werden wir uns wohl heute über die Beantragung und Einführung von Kurzarbeit unterhalten. So hat es auch die Geschäftsleitung bereits angekündigt. Ob Kurzarbeit oder nicht, das wird nicht mehr zur Debatte stehen. Dagegen gibt es mit Blick auf die Umsetzung sicherlich noch mehr als genug zu diskutieren. Nachdem ich mich im letzten Jahr vertieft mit den Höchstgrenzen des Arbeitszeitgesetzes und den tariflichen Regelungen auseinandergesetzt habe und bei der Verhandlung und Einführung von neuen Schichtmodellen zur höheren Betriebsnutzung maßgeblich beteiligt war, habe ich mich nun in den neusten Stand der Regelungen zum Thema Kurzarbeit eingearbeitet. Ich denke, dass ich damit ganz gut vorbereitet bin. Spannend wird es allemal, trotz schlechter Stimmung. So lange wir nicht in Sozialplanverhandlungen treten müssen, ist alles noch im grünen Bereich…".

5.2 Einleitung

Beim Management von Arbeitszeiten steht unter Kostengesichtspunkten (zumindest in wirtschaftlich erfolgreichen Zeiten) die Auslastung von kapitalintensiven Anlagen im Vordergrund. Optimale Betriebszeiten müssen durch geeignete (individuelle) Arbeitszeitmodelle abgedeckt werden. Zudem werden Qualitätsaspekte mittels Arbeitszeitmanagement verwirklicht. Dies z. B. durch eine Verkürzung von Lieferzeiten sowie eine Anpassung an geänderte Kundenbedürfnisse über Verlängerung von Ansprech- und Servicezeiten. Daneben spielen mitarbeiterorientierte und gesellschaftliche Ziele eine Rolle. Die mitarbeiterorientierten Zielsetzungen des Arbeitszeitmanagements beziehen sich auf die Erhöhung der Zeitsouveränität, die bessere Vereinbarkeit von Beruf und Karriere mit Freizeit und Familie. Nicht zuletzt ist das Arbeitszeitmanagement ein wichtiges Kriterium bei der Wahl des Arbeitgebers. Darüber hinaus wirkt sich Arbeitszeitmanagement auf die Bindung der Mitarbeiter und deren Produktivität aus. Diese wiederum resultiert aus einer gesteigerten Motivation und geringeren Fehlzeiten. Die gesellschaftlichen Ziele in diesem Zusammenhang sind die gerechte Aufteilung des verfügbaren Arbeitsvolumens auf möglichst viele Erwerbstätige, ein Beitrag zur Humanisierung der Arbeit sowie die Entlastung der Verkehrsinfrastruktur.

Nachfolgend werden zunächst grundlegende Begriffe und Dimensionen (Dauer/Lage/Flexibilität) der Arbeitszeit dargestellt. Ausgehend von starren Modellen hinsichtlich aller drei Dimensionen ist eine zunehmende Flexibilisierung festzustellen. Es wird daher zunächst auf starre Arbeitszeitmodelle und dann auf Ansätze der Variabillisierung des Umfangs, darunter Überstunden, Kurzarbeit und Teilzeitarbeit, eingegangen. Danach werden Arbeitszeitmodelle mit Fokus auf eine veränderte Lage aufgegriffen, besonderes Augenmerk wird hier Schicht- und Gleitzeitmodellen gewidmet. Grundlage für viele flexible Modelle bilden Arbeitszeitkonten in verschiedenen Ausprägungen und mit verschiedenen Fristigkeiten nach deren Betrachtung folgen Vor- und Nachteile von Vertrauensarbeitszeit (als Beispiel für ein vollflexibles Modell) sowie ein kurzer Blick auf die Ausprägungen und Besonderheiten von Telearbeit. Nach einigen wesentlichen Aspekten zur Zeitwirtschaft wird das Kapitel mit zentralen rechtlichen Aspekten zur Arbeitszeit abgeschlossen.

5.3 Arbeits- und Betriebszeit

Die Betriebszeit umfasst die Dauer (und Lage) der erforderlichen Betriebsbereitschaft

- des Betriebes,
- bestimmter Betriebsteile, wie Rechenzentrum, Telefonzentrale, Versandabteilung, Schalterdienst oder
- einzelner Anlagen, z. B. ein Produktionsaggregat.

Betriebszeiten werden häufig auch als Betriebsnutzungs-, Anlagennutzungs- oder (Laden-)Öffnungszeiten bezeichnet. Die Beziehungen zwischen Arbeitszeit und Betriebszeit kann folgende Formen annehmen:

- Gekoppelte Arbeits-und Betriebszeit, d. h. hier folgt die Arbeits- der Betriebszeit, beide sind identisch.
- Entkoppelte Arbeits-und Betriebszeit, wobei die Arbeits- meist kleiner als die Betriebszeit ist.

In größeren Betrieben findet sich meist eine Entkopplung von Arbeits- und Betriebszeiten. So beträgt beispielsweise im 2-Schicht-Betrieb mit achtstündigen Schichten die Betriebszeit 16 Stunden am Tag und damit 80 Stunden bei einer 5-Tage-Woche. Die Wochenarbeitszeit eines Vollzeitmitarbeiters beträgt dagegen bei einer 5-Tage-Woche 5 x 8 Stunden, also 40 Stunden (zu Betriebszeiten vgl. Krause, D. (1996), S. 41 ff.).

Als tägliche Arbeitszeit wird vom Arbeitszeitgesetz die Zeit vom Beginn bis zum Ende der Arbeitstätigkeit ohne Ruhepausen definiert. Nicht entscheidend ist, inwiefern die Arbeitnehmer dabei auch tatsächlich Leistung erbringen. Zu beachten ist auch, dass sich die Zeiten, für die Entgelt geleistet wird, von der Definition der Arbeitszeit im Sinne des Arbeitszeitgesetzes unterscheiden kann. Dies kann bspw. der Fall sein bei

- Wege-, Umkleide und Waschzeiten,
- bezahlte Pausen während der Nachtarbeit oder
- Rufbereitschaft ohne Arbeitseinsatz.

Mit Arbeitszeitmanagement ist die Gestaltung und Regelung der Arbeitszeit auf betrieblicher Ebene unter Beachtung der geltenden, durch Gesetz und ggf. Tarifvertrag konkretisierten Rahmenvorschriften gemeint (vgl. Vollmer, S. (2001), S. 32). Zentrale Gestaltungsparameter des Arbeitszeitmanagements sind Dauer, Lage sowie deren Flexibilität (vgl. Kleiminger, K. (2001), S. 40). Mit Zeitwirtschaft ist dagegen die (IT-basierte) Erfassung, Verwaltung, Verarbeitung und Weitergabe der Zeitdaten gemeint.

5.4 Parameter der Arbeitszeitgestaltung

Die Arbeitszeit kann, wie im Folgenden abgebildet, anhand der Dauer, der Lage und der Flexibilität dieser beiden Merkmale ausgestaltet werden (vgl. Schuh, S., Schultes-Jaskolla, G., Stitzel, M. (2001), S. 117ff.).

Mit Blick auf die Dauer bzw. den Umfang wird auch von Chronometrie gesprochen. Während Mitte des 19. Jahrhunderts, zu Zeiten der frühen Industrialisierung, die Arbeitszeiten bei 14 bis 16 Stunden täglich bzw. 80 bis 85 Stunden in der Woche lagen, wurde die Arbeitszeit auf Grund von gewerkschaftlichen Forderungen immer weiter verkürzt. So waren Ende der siebziger Jahre des 20. Jahrhunderts alle wichtigen Industrie- und Wirtschaftszweige bei einer tariflichen Normalarbeitszeit von 40 Stunden in der Woche angekommen. Diese wurden teilweise weiter auf 35-Stunden-Woche verkürzt (vgl. Vollmer, S. (2001), S. 23). Erst in jüngerer Zeit sind wieder gegenläufige Tendenzen hin zu einer Verlängerung der Arbeitszeiten festzustellen. Die Lage bzw. Verteilung der Arbeitszeiten wird auch Chronologie genannt. Umfang und Lage der Arbeitszeit können auf einen Tag, eine Woche, einen Monat, ein Jahr oder das gesamte (Arbeits-)Leben bezogen werden. Der Grad der Flexibilisierung wird auch als Chronomorphie bezeichnet (vgl. Kleiminger, K. (2001), S. 40).

Weitere Gestaltungsparameter des Arbeitszeitmanagements sind Geltungsbereich, Reversibilität und Detaillierung der Arbeitszeitregelung. Mit Blick auf den Geltungsbereich sollte eine möglichst hohe Einheitlichkeit im Betrieb erreicht werden und wo notwendig spezifische Modelle zum Einsatz kommen. Wenn etwa ein eigenes Callcenter für den Geschäftskundenbereich betrieben wird und 24 Stunden erreichbar sein soll, dann ist hier ein Schichtmodell einzuführen, dass weitgehend autonom von anderen Verwaltungsbereichen betrieben wird. Zu vermeiden wäre dagegen, dass in den übrigen Bereichen ohne zwingenden Grund verschiedene Modelle existieren. Diese Situation ist allerdings in der Praxis manchmal, z. B. durch Fusionen, bedingt, zu finden.

Denn ist ein Arbeitszeitmodell eingeführt und akzeptiert, ist ein starkes Beharrungsvermögen aller Akteure festzustellen. Oftmals lohnt es sich daher, im Rahmen der Entwicklung von neuen Modellen nicht nur den Betriebsrat, sondern auch Mitarbeiter direkt einzubeziehen. Außerdem

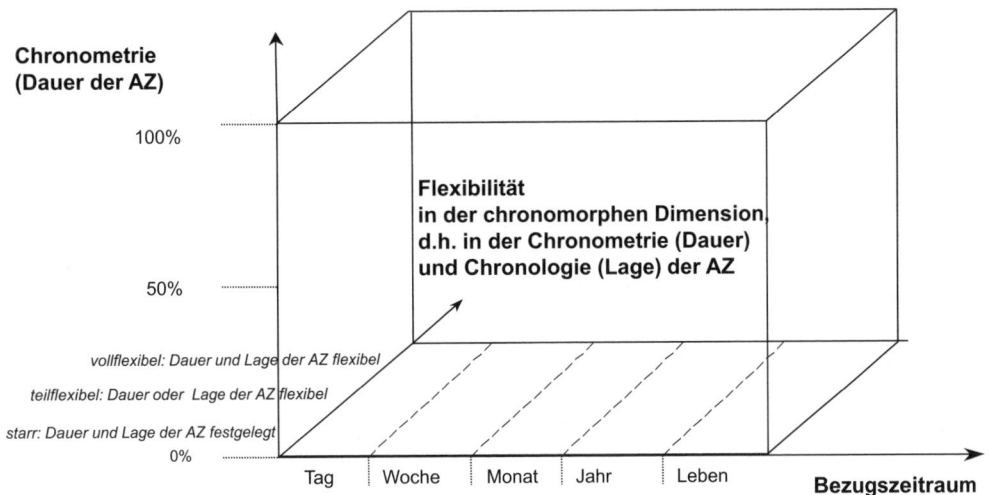

Abbildung 30: Parameter der Arbeitszeitgestaltung

werden Modelle zunächst regelmäßig in Piloten getestet oder befristet angelegt, bevor sie nach einer Evaluation im Detail festgezurrt werden (vgl. Kutscher, J., Weidinger, M., Hoff, A. (1996), S. 219).

Als weiterer Parameter kann der Ort der Leistungserbringung in die Gestaltung einbezogen werden. Unter diesem Gesichtspunkt wird ergänzend zu den Arbeitszeitmodellen die Telearbeit angesprochen.

5.5 Arbeitszeitmodelle

Starre Arbeitszeitmodelle sind durch Uniformität, Gleichzeitigkeit, Pünktlichkeit und Fremdsteuerung gekennzeichnet. Damit entsprechen sie kaum noch den Vorstellungen der Arbeitnehmer nach Individualität und Flexibilität. Für den Unternehmer dagegen ist eine (schwankende) Kapazitätsoptimierung damit ausgeschlossen. Auch wenn starre Modelle in der Handhabung einfach sind, finden sie sich aus den genanntenGründen heute nur noch selten. Ansätze der Flexibilisierung mit Fokus auf den Umfang liefern vor Allem folgende Möglichkeiten:

- Überstunden,
- Kurzarbeit und
- Teilzeitarbeit (inkl. Altersteilzeit).

Auf diese Punkte wird in den folgenden Unterkapiteln eingegangen. Daneben gibt es weitere Formen der Verlängerung, z. B. individualvertragliche Verlängerung, oder Verkürzung von Arbeitszeiten wie Sabbaticals. Mit Sabbatical oder auch Sabbatical leave wird die (unbezahlte) Freistellung über mehrere Monate unter Aufrechterhaltung des Arbeitsvertrages und mit einer

Rückkehrvereinbarung bezeichnet. Sabbaticals bieten Arbeitnehmern die Möglichkeit, sich längere Zeiten anderen Dingen zu widmen. Auf Unternehmensseite wird es auch als Instrument in Krisenzeiten genutzt (vgl. Baumeister, S., Hühnerfeld, R. (2009), S. 24ff.). Teilweise wird das Angebot von Sabbaticals auf bestimmte Zwecke, z. B. zur Weiterbildung, beschränkt. Mit Blick auf die Flexibilisierung, hauptsächlich bezogen auf die Lage, wird im Folgenden auf

- Schichtarbeit sowie
- Gleitzeitmodelle (mit/ohne Kernzeiten oder Funktionszeiten) eingegangen.

Jobsharing und zeitautonome Arbeitsgruppen sind weitere Möglichkeiten der Variabilisierung der Lage, wobei Vollzeitarbeitsplätze durch eine übersteigende Anzahl von Arbeitnehmern besetzt werden. Unter Jobsharing wird eine sachliche Aufteilung der Arbeit gemäß persönlichen Neigungen, Fähigkeiten, Erfahrungen und Kenntnissen verstanden oder eine rein zeitliche Aufteilung der Arbeit einer (Vollzeit-)Stelle bei identischen Aufgabenprofilen. In diesem Fall wird auch von Job Splitting gesprochen. Eine Aufteilung kann über Tage, Wochen, Monate und Jahre (un-)gleich erfolgen. Außerdem können Mischformen der zeitlichen und sachlichen Aufteilung auftreten (vgl. Vollmer, S. (2001), S. 36). Im Rahmen von zeitautonomen Arbeitsgruppen übernehmen Mitarbeiter gemeinsam die Verantwortung zur Erfüllung der Aufgaben. Die Mitarbeiter einer zeitautonomen Gruppe steuern eigenverantwortlich die jeweiligen Anwesenheitszeiten unter Beachtung der betrieblichen Erfordernisse und planen die Vertretung während der Abwesenheitszeiten (z. B. bei Urlaub, Krankheit u. a.). In einer zeitautonomen Gruppe können wiederum individuell unterschiedliche Arbeitszeiten vereinbart sein (vgl. Kutscher, J., Weidinger, M., Hoff, A. (1996), S. 26f.).

Für die genannten Formen der Flexibilisierung konnte in Untersuchungen bereits eine Erhöhung von Unternehmensrentabilität einerseits und Mitarbeiterzufriedenheit andererseits belegt werden. Dabei punkten Überstunden, Kurz- und Schichtarbeit hauptsächlich bei erstem Kriterium, Teilzeit- und Gleitzeitmodelle dagegen bei zweitem (vgl. Krause, D. (1996), S. 93).

Eine Flexibilisierung hinsichtlich Lage und Dauer bringen Vertrauensarbeitszeit und KAPOVAZ (kapazitätsorientierte variable Arbeitszeit). Bei letzterem wird auch von Arbeit auf Abruf gesprochen. Die Arbeitskraft bzw. der Arbeitseinsatz wird in Abhängigkeit vom Arbeitsanfall kurzfristig abgefragt. Die Arbeitnehmer erhalten (im ursprünglichen Modell) nur bei Arbeitseinsatz eine Entlohnung. Das Modell wird daher oft kritisch gesehen und ist in Deutschland nur angepasst umsetzbar (vgl. Kutscher, J., Weidinger, M., Hoff, A. (1996), S. 216). Vertrauensarbeitszeit wird ebenfalls untenstehend aufgegriffen.

Allgemein werden den verschiedenen Formen der Arbeitszeitflexibilisierung folgende Effekte zugesprochen, wobei das Ausmaß mit Modell und Situation teilweise erheblich schwankt (vgl. Plank, O. (2001), S. 645):

Tabelle 22: Generelle Vorteile flexibler Arbeitszeitmodelle

Arbeitgebersicht	Mitarbeiterperspektive
Flexibilität hinsichtlich schwankender Kapazitätserfordernisse	Flexibilität hinsichtlich sich verändernder Lebensphasen und -erfordernisse
Kostensenkung, z. B. durch geringere Zuschlagszahlungen	Höhere Zeitsouveränität
Höhere Attraktivität am Arbeitsmarkt	Individualisierung von Leistungen, z. B. Wahl zwischen Freizeit oder Geld
Steigerung der Mitarbeiterbindung und -motivation	Bei Lebensarbeitszeitmodellen als Alternative Kapital- oder Rentenleistung im Härtefall

5.5.1 Überstunden

Überstunden entstehen meist dadurch, dass kurzfristig mehr Kapazität als geplant benötigt wird, weil der Auftragsbestand unerwartet hoch ist oder Schwierigkeiten, z. B. in Form eines überdurchschnittlich hohen Krankenstandes, auftreten.

Als Überstunden werden die Arbeitsstunden eines Mitarbeiters bezeichnet, die über die betriebsübliche Arbeitszeit hinausgehen und vom Vorgesetzten angeordnet sind. Sie sind gem. § 87 Abs. 1 Nr. 3 BetrVG betriebsverfassungsrechtlich genehmigungspflichtig. Unter Mehrarbeit dagegen wird gemeinhin die Arbeitszeit verstanden, die über die regelmäßige werktägliche Arbeitszeit der Arbeitnehmer hinausgeht (vgl. Stechl, H.-A. (1995), S. 48). Im Umgang mit Überstunden und Mehrarbeit finden sich drei Formen:

- Keine Kompensation (geleistete Mehrarbeit wird nicht bezahlt).
- Bezahlung (die Stunden werden monetär ausgeglichen, bei Überstunden mit oder ohne Zuschläge).
- Freizeitausgleich (die Stunden werden in einem bestimmten Zeitraum mit Freizeit ausgeglichen).

Die ersten beiden Arten der Abgeltung werden auch definitive Überstunden genannt. Diese Formen wirken beschäftigungsmindernd. Im Falle des Freizeitausgleichs spricht man von transitorischen Überstunden. (vgl. Vollmer, S. (2001), S. 47).

Trotz vielfältiger Kritik an Mehrarbeit und Überstunden sind sie in der betrieblichen Realität oftmals an der Tagesordnung. Gründe dafür werden mit dem „Überstunden Eisberg" erläutert (vgl. Kutscher, J., Weidinger, M., Hoff, A. (1996), S. 8): Während oberflächlich Konflikte zu sehen sind, finden sich unter der Oberfläche verschiedene Punkt, die die Akteure von Überstunden profitieren lassen:

- Zusätzliche Vergütung für den Arbeitnehmer,
- Unersetzlichkeit als Mitarbeiter kann „bewiesen" werden,
- kein Zwang zum Zeitmanagement und zur Optimierung von Prozessen für alle Beteiligten,
- mit einer offiziell schlanken Organisation wird viel geleistet,
- Führung ad-hoc wird möglich: „Könnten Sie noch kurz…",

- im Gegenzug zur Genehmigung von Überstunden kann sich der Betriebsrat in anderen Themen Entgegenkommen versichern.

Ein gewichtiges Argument ist zudem die kurzfristige Flexibilität, da Überstunden reversibel sind. Wenn die Kapazität nicht mehr benötigt wird, sind keine zusätzlichen Maßnahmen zu ergreifen.

Dies führt dazu, dass Überstunden selbst dann gemacht werden, wenn sie mit teuren Zuschlägen versehen sind. Denn auf der anderen Seite werden Stückkosten durch Leerlauf noch viel stärker in die Höhe getrieben, wie das nachstehende Beispiel veranschaulicht. Hierbei handelt es sich um ein Metallunternehmen mit festem Arbeitszeitmodell in Baden-Württemberg. Tariflich wird in diesem Fall bereits ab der 8. Stunde ein Zuschlag von 25 % und ab der 10. Stunde ein Zuschlag von 50 % fällig. Annahmegemäß wird ein Stück pro Stunde produziert. D. h. bei kontinuierlicher Leistungserbringung in sieben Stunden werden sieben Stück und in zehn Stunden im Maximum zehn Stück pro Tag produziert. Die Arbeitskosten belaufen sich auf 25 € pro Stunde für die ersten sieben Stunden, wobei auf Grund der arbeitsvertraglichen Regelung in jedem Fall die Kosten für sieben Stunden, also 175 €, anfallen. Sollte also bspw. nur ein Stück produziert werden, lastet dies nicht einmal 15 % der eigentlichen Kapazität aus. Es entstehen damit Kosten von 175 € pro Stück und damit 700 % im Vergleich zu einer Regelproduktion von sieben Stück in sieben Stunden. Mit Zuschlag steigen die Kosten in der 8. und 9. Stunde auf 31,25 €. Die 10. Stunde kostet 37,50 €. D. h. die Stückkosten steigen gegenüber der Regelproduktion bis auf 27,50 € und damit auf 110 % bei zehn Stück in zehn Stunden. Dem Gegenüber steht aber auch eine erhöhte Produktionsmenge.

5.5.2 Kurzarbeit

In konjunkturell guten Zeiten wird Kurzarbeit nur vereinzelt eingesetzt, so waren bspw. im April 2008 rund 30 000 Kurzarbeiter bei der Bundesagentur für Arbeit gemeldet. In einer wirtschaftlichen Krise kann Kurzarbeit als Instrument dienen, um die Kapazitäten zeitweise nach unten anzupassen. Trotz der Änderungen im Rahmen des Konjunkturpaketes März 2009 ist es allerdings kein billiges Instrument. Dennoch waren im April 2009 über 450 000 Mitarbeiter in Kurzarbeit gemeldet. Die Schritte zur Beantragung von Kurzarbeit, wie nachstehend beschrieben, sind auch nach den Änderungen weitgehend gleich geblieben:

- Vorprüfung der rechtlichen Voraussetzungen nach §§ 169ff. Sozialgesetzbuch (SGB) III mit den zentralen Fragen: Ist die Kurzarbeit unvermeidbar und von erheblichem Gewicht? Stehen wirtschaftliche Gründe oder ein unabwendbares Ereignis dahinter? Kann zukünftig mit einer Verbesserung der Lage gerechnet werden?
- Information des Wirtschaftsausschusses gem. § 106 BetrVG und Information des Betriebsrates gem. § 92 sowie ggf. Betriebsversammlung nach § 43 BetrVG (oder Information der Mitarbeiter, wenn keine Arbeitnehmervertretung vorhanden ist).
- Vorabklärung mit der Agentur für Arbeit, ob mit Kurzarbeitergeld (KuG) gerechnet werden kann.
- Abschluss einer Betriebsvereinbarung gem. § 87 I, 3 BetrVG (oder Einholung der Zustimmung aller Mitarbeiter, wenn kein Betriebsrat gewählt ist).

- Anzeige der Kurzarbeit und Entscheidung über die Gewährung von KuG bei der Agentur für Arbeit.
- Bekanntmachung und Beginn der Kurzarbeit im Betrieb, ggf. nach Ablauf der tariflichen Ankündigungsfristen.

Die Bedingungen zur Genehmigung allerdings wurden erheblich gesenkt: So ist nicht (mehr) zwingend notwendig, dass mehr als 33 % der Belegschaft von einem Entgeltausfall mit mehr als 10 % betroffen ist. Der Zwang zur vollen Ausnutzung von eventuellen Arbeitszeitkonten ist komplett ausgesetzt. Auch der Zeitraum der Förderung wurde von 12, über 18 auf 24 Monate verlängert, wenn der Anspruch bis Ende 2009 entsteht. Zudem wird der Arbeitgeber durch die (hälftige) Übernahme der zu zahlenden Sozialversicherungsbeiträge durch die Bundesagentur für Arbeit finanziell entlastet (vgl. Bauer, J.-H., Günther, J. (2009), S. 48f. und Bundesministerium für Arbeit und Soziales (2009a)).

5.5.3 Teilzeitarbeit

Nach § 2 Teilzeit- und Befristungsgesetz (TzBfG) ist teilzeitbeschäftigt ein Arbeitnehmer, dessen regelmäßige Wochenarbeitszeit kürzer ist als die eines vergleichbaren Vollzeitbeschäftigten (vgl. Kleiminger, K. (2001), S. 44).

Mit dem TzBfG wurde 2001 ein gesetzlicher Anspruch auf und Regelungen zur Teilzeitarbeit eingeführt. Arbeitnehmer deren Arbeitsverhältnis länger als sechs Monate besteht und deren Arbeitgeber mehr als 15 Arbeitnehmer beschäftigt, können (drei Monate im Voraus) die Verkürzung ihrer Arbeitszeit beantragen. Der Arbeitgeber sollte den Wunsch auf Verringerung und Verteilung erörtern, kann aber aus betrieblichen Gründen (bis einen Monat vor Beginn) widersprechen. Zudem muss ein Arbeitsplatz, der von einem Betrieb ausgeschrieben wird, auch als Teilzeitarbeitsplatz angeboten werden, wenn er dafür geeignet ist (vgl. Bundesministerium für Arbeit und Soziales (2008)). Das kontinuierliche Wachstum des Anteils an Teilzeitarbeitsverhältnissen ist von der Gesetzgebung relativ wenig beeinflusst. So stieg zwischen 1991 und 2004 der Anteil der Teilzeitbeschäftigten von 14 % auf 23 %. Bei der Einführung des TzBfG lag die Quote bereits bei 21 % (vgl. Vogel, C. (2009), S. 170ff.). Dabei schwanken die Zahlen mit der Definition von Teilzeit (absolute Stundenzahl oder relative Stundenzahl, inklusive oder exklusive geringfügiger Beschäftigungsverhältnisse) und der Stichprobe (Branche, Unternehmensgröße und Hierarchieebene) teilweise erheblich. Auch nicht geändert hat sich das Verbot der Diskriminierung. Arbeitsentgelt oder andere geldwerte Leistungen müssen mindestens der geleisteten Arbeitszeit entsprechen, Aus- und Weiterbildungen und weitere Angebote sind Teilzeitarbeitern zugänglich zu machen. Der betrieblichen Realität entspricht dies allerdings nach wie vor nicht. Eingeschränkte Karrierechancen sind daher auch einer der Punkte, die aus Mitarbeitersicht gegen die Teilzeit sprechen (vgl. Kleiminger, K. (2001), S. 51). Weitere Vor- und Nachteile sind der folgenden Tabelle zu entnehmen (vgl. Vollmer, S. (2001), S. 115ff.).

Tabelle 23: Pro und Contra Teilzeitarbeit

	Arbeitgebersicht	Mitarbeiterperspektive	
Pro	In Abhängigkeit vom gewählten Modell größere Flexibilität	Möglichkeit überhaupt am Arbeitsleben teilzunehmen	Pro
	Mitarbeiterpotenzial erhalten und vergrößern	Relativ ggf. mehr Geld (auf Grund von Steuerprogression)	
	Höhere Leistungsbereitschaft und -fähigkeit (insb. Steigerung der Effizienz und weniger Fehlzeiten)	Bessere Work-Life-Balance	
Contra	Mehraufwand, durch Ausstattung und Administration	Eingeschränkte Karrierechancen	Contra
	Höhere laufende Personalnebenkosten durch Weiterbildung, Sozialversicherungsleistungen u.Ä.	Absolut weniger Geld	
	Schwierigkeiten beim Informationsfluss/ der Einbindung	Eingeschränkte/r Informationsfluss und Einbindung	

Insgesamt wird in der Mehrzahl der bislang durchgeführten Studien eine positive Bilanz von Teilzeitarbeit gezogen. Die Produktivitätszuwächse übersteigen demnach die in-/direkten Kosten (teilweise erheblich) (vgl. Kleiminger, K. (2001), S. 80ff. und S. 211ff.). Dies gilt umso mehr, desto eher Länge und Lage an den Vorstellungen des Mitarbeiters ausgerichtet werden. Daher ist es nicht verwunderlich, dass über die Jahre eine Erhöhung der Variantenvielfalt der Teilzeitmodelle festzustellen ist. Klassisch sind die täglich verkürzte Tagesarbeitszeit, in Form von Halbtagsarbeit, und die verkürzte Wochenarbeitszeit, als 3 oder 4-Tage-Woche. Flexibilisierung wird durch Kombination der Variabilisierung von Dauer und Lage sowie eine Ausweitung des Bezugszeitraums erreicht.

Beispiel 29: Teilzeit für Führungskräfte bei der Huk-Coburg
Die Versicherungsgesellschaft mit Hauptsitz in Coburg hatte 2008 rund 7500 Mitarbeiter.
Die HUKCoburg verfügt über mehr als 700 Teilzeitmodelle. Vor 2008 richtete sich jedoch kein einziges davon an Führungskräfte. Es galt lange der (ungeschriebene) Grundsatz, dass der Führungsstil des Hauses unter anderem durch eine konstante Ansprechbarkeit und Alleinverantwortung gekennzeichnet ist. In Organisationseinheiten mit einer Servicebereitschaft von bis zu zwölf Stunden kann dieser Anspruch allerdings sowieso rein rechtlich nicht erfüllt werden. Auch die Anforderungen der Führungskräfte ändern sich sowie die Organisation der Arbeit. Auf Grund einer detaillierten Analyse wurde Delegationspotenzial erfasst und das Angebot „Führung in reduzierter Vollzeit" entwickelt. 2008 wurde dies zunächst beschränkt auf die Gruppenleiterebene eingeführt. Gruppenleiter können ihre wöchentliche Arbeitszeit bis zu einer Untergrenze von mindestens 25 Arbeitsstunden (65 %) reduzieren. Ein Teil der Aufgaben wird an Vertreter übertragen. Als Ausgleich erhält die Gruppe entsprechend der Stundenreduzierung des Gruppenleiters zusätzliche Mitarbeiterkapazitäten.
Einige Führungskräfte haben das Angebot kurzfristig auf befristeter Basis angenommen. Trotz Unterstützung der Unternehmensleitung sind auch noch Vorbehalte im Unternehmen vorhanden, die sich wenige Monate später bereits spürbar verringert haben. So hat sich bspw. der zu Beginn auch für die Kollegen entstandene Absprache- und Mehraufwand fast wieder normalisiert. Anfänge für eine Ausweitung und Akzeptanz sind damit gemacht. (Vgl. Servill, C. (2008), S. 56ff.)

Teilzeitbeispiele mit Blick auf (mehrere) Jahre oder gar das gesamte Erwerbsleben sind Jahresarbeitszeitmodelle mit starken saisonalen Schwankungen, Sabbaticals und Blockteilzeitmodell – mit Vollzeitarbeit über mehrere Monate und Nichtarbeit während der restlichen Monate – sowie Altersteilzeit. Altersteilzeit wurde mit dem Altersteilzeitgesetz (AltersTG) 1996 eingeführt. Dies vorrangig mit dem Ziel einen gleitenden Übergang in den Ruhestand zu ermöglichen und die Einstellung von Nachwuchskräften und Arbeitslosen zu fördern. Ende 2009 läuft die finanzielle Förderung durch die Bundesagentur für Arbeit aus. Altersteilzeitmodelle kann es aber weiterhin geben. Gegenüber dem ursprünglichen Gedanken wird das Modell allerdings überwiegend genutzt, um sich von älteren Arbeitnehmern vor dem Erreichen der Regelaltersgrenze zu trennen. Dies erscheint vor dem Hintergrund der bereits erörterten demografischen Entwicklungen begrenzt nachhaltig (vgl. o. V. (2009), S. 10ff.).

5.5.4 Schichtarbeit

Schichtarbeit umfasst alle Arbeitszeitformen, bei denen Arbeit entweder zu wechselnden (z. B. Wechselschicht) oder zu konstanten, aber ungewöhnlichen Zeiten (z. B. Dauernachtschicht) verrichtet wird. Unterscheidungsmerkmale und Ausprägungen sind nachfolgenden aufgeführt (in Anlehnung an Kutscher, J. et al. (1998), S. 33ff. und Gärtner, J. et al. (1998), S. 9ff.).

Tabelle 24: Typen der Schichtarbeit

Unterscheidungskriterien	Typen der Schichtarbeit
Schichtarten	Frühschicht Tagschicht Spätschicht Nachtschicht
Dauer der Schichten	Vollzeit- und Teilzeitschichten
Zahl der Schichten	Zwei-Schicht-Systeme Drei-Schicht-Systeme Mehr-Schicht-Systeme (mehr als drei Schichten)
Abgedeckte Bruttobetriebszeiten	Diskontinuierlich, d. h. montags bis freitags ohne Nachtarbeit Teilkontinuierlich, d. h. montags bis freitags mit Nachtarbeit Fast kontinuierlich, d. h. nur kurze Unterbrechung/en in der Woche Vollkontinuierlich (Vollkonti), d. h. montags bis sonntags 24 Stunden am Tag
Schichtgruppen	Anzahl der Gruppen, die nach Plan gemeinsam eine Schicht belegen
Besetzungsstärken	Gleichbleibende oder unterschiedliche Anzahl an Personen, die einer bestimmten Schicht zugeteilt sind
Zuordnung der Schichtarbeiter zu den Schichten	Permanente Schichtsysteme in Dauerfrüh-, Dauerspät-, Dauernachtschicht Wechselschichten mit einem Wechsel zwischen Früh-, Spät- und Nachtschicht (nach bestehendem Schichtplan)
Schichtfolge/n bei Wechselschichten	Vorwärtsrollierend (von Früh- über Spät- zur Nachtschicht) Rückwärtsrollierend (von der Nacht- zur Spät- zur Frühschicht) über x Tage/Wochen Unregelmäßig, wobei jeweils x Tage/Wochen eine Schichtart zugeteilt ist
Schichtzyklus oder -turnus bei Wechselschichten	Zyklus- bzw. Turnuslänge, nach der der Schichtplan für alle Schichtgruppen wieder anfängt

Sollen beispielsweise 168 Stunden Betriebszeit abgedeckt werden, könnte ein vollkontinuierlicher Schichtplan mit vier Gruppen folgende Form annehmen (in Anlehnung an Gärtner, J. (1998), S. 42):

Tabelle 25: Beispiel für einen Vollkonti Schichtplan

Tag	Montag	Dienstag	Mittwoch	Donnerstag	Freitag	Samstag	Sonntag
Woche 1	F	F	F	S	S	N	N
Woche 2				F	F	S	S
Woche 3	N	N	N			F	F
Woche 4	S	S	S	N	N		

F: Frühschicht von 5–13 Uhr   S: Spätschicht von 13–21 Uhr   N: Nachtschicht von 21–5 Uhr

Schichtarbeit wird aus verschiedenen Gründen notwendig:

- Soziale Gründe, wie die Gewährleistung von Versorgung und Sicherheit der Bürger, z. B. in Krankenhäusern oder bei der Polizei, aber auch zur Sicherung von Arbeitsplätzen.
- Wirtschaftliche Gründe, zur Verwirklichung ausgedehnter Betriebszeiten und Erhaltung der Wettbewerbsfähigkeit, z. B. bei kostenintensiven Fertigungsanlagen und -prozessen.
- Technologische Gründe, auf Grund von Bedingungen im Fertigungsprozess, die über die Dauer einer Schichtlänge hinaus gehen, z. B. in der Stahl- und chemischen Industrie, oder bei denen aus verfahrenstechnischen Gründen das An- und Abschalten der Maschinen nicht möglich ist, wie bei einem Hochofen.

Es sprechen allerdings auch einige Punkte gegen Schichtarbeit. Insbesondere die Nachtschicht wirkt sich belastend auf den Organismus aus und birgt daher mit einer älter werdenden Belegschaft ein zunehmendes Risiko. Als gesundheitskritische Faktoren werden von Schichtarbeitern selbst Schlafstörungen und Biorhythmus sowie Essverhalten erachtet. Höhere Belastungen können darüber hinaus mit weiteren spezifischen Bedingungen (klimatische Verhältnisse und Lichtverhältnisse) und/oder Tätigkeiten einhergehen, die in der Nachtschicht gegebenenfalls ausgeübt werden (vgl. Prezewowsky, M. (2007), S. 133). Aus arbeitswissenschaftlicher und arbeitsmedizinischer Sicht ergeben sich die folgenden zentralen Anforderungen an die Gestaltung von Schichtarbeit:

- Ungünstige Schichtfolgen sind zu vermeiden. Besondern ungünstig sind Rückwärtswechsel, wobei die Frühschicht der Spätschicht, der Nachschicht folgt.
- Die Schichtdauer sollte abhängig von der Arbeitsschwere festgelegt werden, ggf. sind die Nachtschichten zu kürzen.
- Frühschichten sollten nicht zu früh beginnen, evtl. können die Schichtwechselzeiten auch flexibel gestaltet werden.
- Wenn Nachtschicht unvermeidbar ist, dann sollte die Anzahl der hintereinander liegenden Nachtschichten möglichst klein, im Maximum 3, sein.
- Freizeit, insbesondere Wochenendfreizeit sollte geblockt werden.
- Freizeit sollte planbar sein. Gefordert ist daher ein übersichtlicher (längerfristiger) Schichtplan, kurzfristige Änderungen sind zu vermeiden.

- Keine Massierung von Arbeitstagen, d. h. möglichst keine 10 Tage oder gar mehr hintereinander ohne Pause.

In obigem Beispielplan sind einige der Anforderungen eingehalten, so werden die empfohlene Vorwärtsrotation, kurze Schichtwechsel, maximal sieben Arbeitstage am Stück und Planbarkeit umgesetzt. Anderen Empfehlungen wird dagegen nicht entsprochen. Die Schichtarbeiter haben jeweils nur einmal alle vier Wochen am Wochenende geblockte Freizeit und die Schichten sind mit acht Stunden (für die Nacht) eher lang. Im Allgemeinen müssen Schichtpläne vielen Anforderungen gerecht werden. Die Ziele des Unternehmens im Hinblick auf Kosten, Qualifikationen und betriebliche Abläufe sind möglichst optimal mit den Wünschen der Beteiligten und den oben aufgestellten Gestaltungshinweisen zu verbinden.

„Den" optimalen Schichtplan gibt es nicht, sondern es stehen häufig mehrere interessante Varianten zur Verfügung (die Entwicklung von Schichtplänen wird bspw. bei Gärtner, J. (1998) beschrieben). Zur Auswahl eines Planes bietet sich eine Partizipation der Mitarbeiter an, wie in nachstehendem Beispiel umgesetzt. Eine Einbindung kann über Vertreter im Projektteam, Mitarbeiterinterviews oder Mitarbeiterbefragungen umgesetzt werden. Zudem empfiehlt sich, wenn zeitlicher Spielraum vorhanden ist, die Vereinbarung einer Probezeit bzw. die Durchführung eines Pilotprojektes. Nach bspw. sechs Monaten kann dann eine Evaluation und ggf. Anpassung vorgenommen werden (vgl. Gärtner, J. (2000), S. 392).

Beispiel 30: Entwicklung und Einführung eines neuen Schichtmodells bei einem Großbetrieb der chemischen Industrie

Das Unternehmen der chemischen Industrie hat seinen Sitz in Österreich.

Ziel der Neugestaltung der Schichtpläne war es, unter dem Titel „Productive Ageing" eine Verbesserung der altersgerechten Gestaltung der Arbeitszeit unter Beachtung der wirtschaftlichen Anforderungen zu erreichen.

Vor Projektbeginn verwendete das Unternehmen im vollkontinuierlichen Betrieb (Vollkonti) die Basisfolge zweimal Frühschicht, zweimal Spätschicht, zweimal Nachtschicht und zwei freie Tage. Dies führte zu einer durchschnittlich Wochenarbeitszeit von 42 Stunden und nach den Nachtschichten zu zwei freien Tagen. Um die Sollarbeitszeit von 38 Stunden zu erreichen, wurden individuelle Freischichten gewährt.

Ergebnis der Neuentwicklung war ein Schichtplan mit meist 5-tägigen Arbeitsblöcken und 3-tägigen Freizeitblöcke. Dies führt zu einer durchschnittlichen Wochenarbeitszeit von 33,6 Stunden und kann durch individuell vereinbarte Zusatzschichten auf bis zu 37,6 Stunden aufgestockt werden. Das System ist auf der einen Seite mit einer entsprechenden Vergütungsanpassung verbunden. Auf der anderen Seite wurden Neueinstellungen vorgenommen. Durch 2,5 Schulungsschichten pro Jahr steigt die Wochenarbeitszeit ohne individuell vereinbarte Zusatzschichten auf 34 Stunden, die die Basis für die Vergütung sind.

Entwickelt wurde das Angebot durch ein Projektteam, bestehend aus Schichtarbeitern und Führungskräften aus verschiedenen Teilbereichen des Unternehmens sowie einem Belegschaftsvertreter, der Personalleitung und einem Vorstandsmitglied. Um die ersten Entwürfe zu validieren, wurden ergänzend eine Befragung und vertiefende qualitative Interviews im betroffenen Mitarbeiterkreis durchgeführt. Um den Mitarbeitern das Modell zu vermitteln und die Möglichkeit zur Aufstockung zu veranschaulichen, wurden vom Personalbereich sämtliche Vorschläge um Vergütungsmodellrechnungen ergänzt (vgl. Gärtner, J. (2000), S. 392).

5.5.5 Gleitzeit

Bei der qualifizierten Gleitzeitarbeit werden das tägliche Arbeitszeitvolumen und die Lage der Arbeitszeit am Tag, in der Woche bzw. im Monat durch den Mitarbeiter unter Beachtung der betrieblichen Erfordernisse bestimmt. Ist dagegen nur die Lage, nicht aber der Umfang durch den Mitarbeiter zu wählen, wird auch von einfacher Gleitzeit gesprochen, die aber kaum (mehr) verbreitet ist. Vom Unternehmen werden folgende Punkte fest vorgegeben:

- Rahmenarbeitszeit, innerhalb derer täglich gearbeitet werden kann.
- Regelmäßig Kernzeiten, innerhalb derer Anwesenheitsplicht für alle Mitarbeiter besteht.
- Gleitzeitspannen, innerhalb denen der Beginn, das Ende der Arbeitszeit sowie die Pausen gelegt werden können.

Das Flexibilitätspotenzial des Gleitzeitmodells wird durch die genannten Festlegungen beeinflusst. Durch die Abschaffung der Kernzeit kann etwa die Arbeitszeit in vielen Fällen optimaler an abteilungsspezifische Anforderungen angepasst werden. Dies insbesondere, wenn stattdessen Funktions- bzw. Servicezeiten festgelegt werden. Während dieser Zeitfenster muss die betriebliche Funktion der Abteilung durchgehend sichergestellt sein. Zu regeln ist in diesem Zusammenhang die Länge der Service- bzw. Funktionszeiten, die Besetzungsstärke (Anzahl der Mitarbeiter) während dieser Zeit sowie die notwendigen Qualifikationen. (Vgl. Vollmer, S. (2001), S. 45f.). Gleitzeit ohne Kernzeit wird auch unter den Begriff der variablen Arbeitszeit gefasst (vgl. Kutscher, J., Weidinger, M., Hoff, A. (1998), S. 152).

Außerdem wird die Flexibilität durch die Ausgestaltung des Zeitkontos bedingt. Im obigen Fall können bspw. 100 Plusstunden bzw. 50 Minusstunden im Konto in einem Jahreszeitraum ausgeglichen werden.

Beispiel 31: Gleitzeit ohne Kernzeit bei einer Volksbank

Die Volksbank Siegerland eG in Siegen hat im Finanzgeschäft mit ungefähr 300 Mitarbeitern eine Bilanzsumme von rund 950 Mio. € (2008).

Die Volksbank Siegerland hatte seit geraumer Zeit ein Gleitzeitmodell im Einsatz. Die alten Kernarbeitszeiten gerieten unter den Beschäftigten allerdings zunehmend in die Kritik. Sie wünschten sich Jahresarbeitszeitkonten und mehr Flexibilität, um den Kunden, aber auch eigenen Interessen besser gerecht werden zu können: Flexiblere und kundengerechtere Beratungszeiten, bessere Vereinbarkeit von Beruf und Freizeit für die Beschäftigten sowie die Ausrichtung der Arbeitszeit nach dem tatsächlichen Arbeitsanfall und Abbau von Überstundenvergütungen waren dann auch zentrale Ziele der Überarbeitung des bestehenden Arbeitszeitmodells.

Der Rahmen nach der Neugestaltung ist sehr weit gesteckt. Die Rahmenarbeitszeit erstreckt sich von 7 bis 20 Uhr. Anstatt Kernzeiten gibt es Funktionszeiten, deren Erfüllung in der Bereichsverantwortung liegt. Privatkundenberaterinnen und -berater haben eine Hauptfunktionszeit, d. h. in dieser Zeit steht in jedem Fall ein Berater oder eine Beraterin zur Verfügung (9 bis 16.30 Uhr). Wenn sich jedoch ein Kunde nach 18.30 Uhr über neue Anlagemöglichkeiten informieren will, dann ist auch dieser Wunsch ohne bürokratischen Aufwand zu realisieren. Die Beschäftigten bestimmen alleine, welches der beste Termin für die Kunden ist und wann dieser (im vorgegeben Rahmen) stattfindet. Die Stunden werden auf dem Arbeitszeitkonto verrechnet. In dem derzeitigen Ampelkonto dürfen bis zu 40 Plus- und 20 Minusstunden von den Volksbankangestellten angesammelt werden (vgl. Ministerium für Arbeit, Gesundheit und Soziales des Landes Nordrhein-Westfalen (2009)).

5.5.6 Vertrauensarbeitszeit

Ein stark diskutierter Ansatz der Arbeitszeitflexibilisierung ist die Vertrauensarbeitszeit. Vertrauensarbeitszeit bedeutet Kontrollverzicht des Arbeitgebers mit Blick auf die Anwesenheitszeit der Arbeitnehmer. In den Vordergrund rückt dann die Ergebnisorientierung. Vertrauensarbeitszeit ist dann auch in Aufgabenfeldern sinnvoll einzusetzen, in denen Ergebnisse zählen, insbesondere im Vertriebsbereich. Dagegen ist sie für Bereiche, in denen die (reine) Anwesenheit vorrangig ist, nicht zielführend. Beispiele hierfür sind Pförtner- oder Sicherheitsdienste.

Vertrauensarbeitszeit kann auch nur in einer entsprechenden Vertrauenskultur funktionieren. Ein vollständiger Verzicht auf jegliche Art der Zeiterfassung bedeutet Vertrauensarbeitszeit nicht bzw. ist dies rechtlich nicht zulässig. Wenn Arbeitnehmer an Werktagen länger als die durchschnittlich acht Stunden arbeiten, muss dies gem. § 16 Abs. 2 ArbZG aufgezeichnet und mindestens zwei Jahre aufbewahrt werden. Zur Prüfung der Einhaltung des Arbeitszeitgesetzes können die Aufsichtsbehörden der Länder Einsicht in diese Unterlagen verlangen (vgl. Bundesministerium für Arbeit und Soziales (2009b)). Diese sog. Aufzeichnungspflicht wird im Modell der Vertrauensarbeitszeit regelmäßig an den Mitarbeiter delegiert und allenfalls hinsichtlich der Form, nicht mit Blick auf die Inhalte überprüft. Damit sind Vertrauensarbeitszeitmodell als rechtsunsicher einzustufen. Das ist, neben den vielen Vorteilen, wie Ergebnisorientierung, Eigenverantwortung, Flexibilität und einfache Handhabung, nicht der einzige Nachteil (vgl. Plank, O. (2001), S. 644):

- Es fehlt an der Basis für innovative Zeitmodelle, da Zeitdaten fehlen.
- Der Wegfall der allgemein anerkannten Bezugsgröße Zeit kann zu Konflikten führen.
- Extremfälle können schlechter erkannt werden. Das betrifft die Fälle mit exzessiver Mehrarbeit und in Folge ggf. Überlastung ebenso wie mögliche „Trittbrettfahrer" mit unterproportionalem Arbeitseinsatz und/oder Ergebnisbeitrag.

Inwiefern Unternehmen wie Arbeitnehmer langfristig von einem solchen Modell profitieren, hängt daher stark von der Organisation der Arbeit und dem Zeitmanagement des einzelnen Mitarbeiters ab (vgl. Laudenbach, P. (2009), S. 92).

5.6 Telearbeit

Telearbeit umfasst alle Arbeitsformen, bei denen Tätigkeiten regelmäßig unabhängig vom Unternehmensstandort mit Hilfe von Informations- und Kommunikationstechniken erbracht werden. Wie in der Abbildung dargestellt, werden verschiedene Formen unterschieden (vgl. Schat, H.-D. (2002), S. 21):

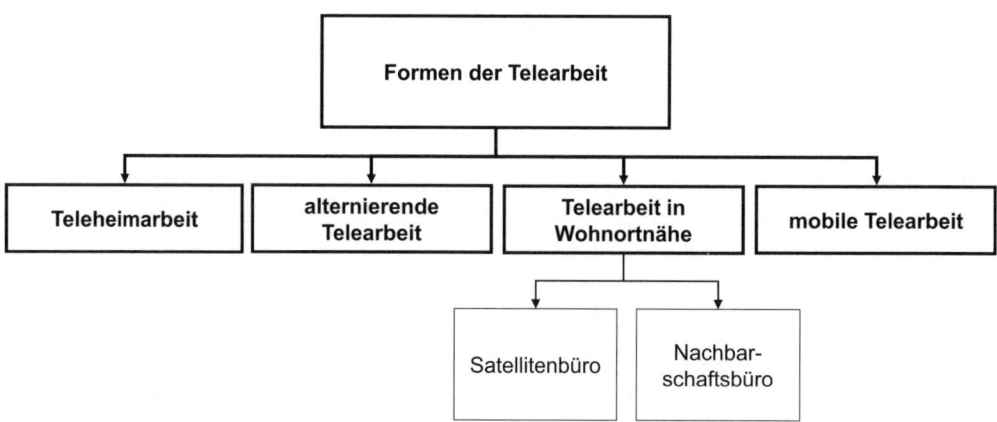

Abbildung 31: Formen der Telearbeit

Von Tele-Heimarbeit spricht man, wenn der Telearbeiter seine komplette Arbeitszeit zu Hause verbringt. Alternierende Telearbeit heißt, dass der Telearbeiter teils in seiner Arbeitsstätte und teils zu Hause tätig ist. Diese Form der Telearbeit ist derzeit am weitesten verbreitet (vgl. Krieg, R. (2003), S. 123f.). Das ist nicht verwunderlich: Viele der nachfolgend genannten Nachteile können mit dieser Form vermieden werden, während die Vorteile, zumindest in wesentlichen Punkten dennoch erreicht werden. In einem Nachbarschaftsbüro arbeiten mehrere Telearbeiter unterschiedlicher Unternehmen, während Satellitenbüros von nur einem Unternehmen unterhalten werden. Beide Formen haben in der Praxis (bislang) geringe Relevanz. Anders als die mobile Telearbeit, die nach der alternierenden die zweithäufigste Form ist (vgl. Krieg, R. (2003), S. 123). Die mobile Telearbeit ist eine Form der Telearbeit, die es dem Telearbeiter ermöglicht, an unterschiedlichen Orten zu arbeiten, bspw. beim Kunden oder auf Geschäftsreisen (vgl. Schwarzbach, M. (2002), S. 15).

Hat der Telearbeiter den Arbeitnehmerstatus, ergeben sich neben sozialen auch rechtliche Problemstellungen: Ein Punkt, der im Rahmen der Telearbeit zu klären ist, ist das Zutritts- oder Zugangsrecht zum häuslichen Arbeitsplatz des Telearbeiters. Ebenso können Haftungsfragen im Streitfall schwierig werden. Auch die Einhaltung der Arbeitnehmerschutzrechte, z. B. Gesundheitsschutz oder Arbeitszeitgesetz, ist erschwert. In Abhängigkeit von der Tätigkeit kommt darüber hinaus dem Datenschutz besonderes Augenmerk zu. Denn alle Arbeitgeberrechte und -pflichten sowie Arbeitnehmerrechte und -pflichten sind auch auf Telearbeitsverhältnisse anzuwenden. Keine rechtlichen Vorgaben gibt es dagegen bezüglich der Übernahme der Ausstattungs- und laufenden Kosten bis hin zu Mietzuschüssen. Eine Klärung ist zwischen Arbeitgeber und Arbeitnehmer vorzunehmen. Regelmäßig beruht die Einzelvereinbarung dann auf einer Betriebsvereinbarung zur Telearbeit, da es sich um einen mitbestimmungspflichtigen Tatbestand handelt.

Die (unternehmens)individuelle Ausgestaltung der Telarbeit ist wichtig, um Zielsetzungen beider Seiten realisieren zu können und Schwächen weitgehend zu vermeiden. Einen komprimierten Überblick über wesentliche Vor- und Nachteile der Telearbeit bietet die nachstehende Tabelle (vgl. Krieg, R. (2003), S. 86 und S. 95):

Tabelle 26: Vor- und Nachteile von Telearbeit aus Sicht von Arbeitgeber- und Arbeitnehmer

	Arbeitgebersicht	Mitarbeiterperspektive	
Pro	Kostenreduktion, z. B. Parkplätze, Büroarbeitsplätze und Zuschläge	Zeiteinsparung: Wegfall der Pendelzeit	Pro
	Imagegewinn, Gewinnung/Erhaltung von Fachkräften und erhöhte Eigenverantwortung, Steigerung der Zufriedenheit und Motivation der Mitarbeiter	höhere örtliche und zeitliche Souveränität, Erwerbschancen für nicht mobile Arbeitnehmer und Erhöhung der Arbeitszufriedenheit	
	Flexibilitäts- und Produktivitätssteigerungen sowie geringere Fehlzeiten	Konzentriertes Arbeiten und bessere Vereinbarkeit von Arbeit und Familie	
Contra	erhöhter Koordinierungsbedarf, Verschlechterung der Kommunikation und Fragen der Datensicherheit	Rückgang der sozialen Kontakte im Arbeitsumfeld, Verlust an organisatorischer Bindung sowie fehlende Trennung von Familie und Beruf	Contra
	Kosten für Einrichtung des Telearbeitsplatzes	unzulängliche Arbeitsplatzausstattung und Abhängigkeit von der Technik	
	Verlust des Einflusses von Führungskräften und erschwerte Teamarbeit	geringere Aufstiegschancen und weniger Weiterbildung	

5.7 Arbeitszeitkonten

Die Basis der meisten flexiblen Arbeitszeitmodelle sind Arbeitszeitkonten. Folgende Fragen sind bei der Konzeption und Einführung von Arbeitszeitkonten jeder Art zu beantworten:

- Erfolgt die Zeiterfassung elektronisch oder manuell?
- Werden die Zeiten durch den jeweiligen Mitarbeiter selbst oder durch andere erfasst?
- Welche Mitarbeiter erhalten ein Arbeitszeitkonto?
- Welche Stunden werden als Zeitguthaben erfasst?
- Wie hoch kann das Zeitguthaben maximal werden?
- Unter welchen Vorgaben können Zeiten entnommen werden?
- Wie hoch kann die Zeitschuld maximal sein?
- Gibt es Ausgleichszeiträume, in denen die Salden ausgeglichen sein müssen?
- Inwieweit können Salden in andere Zeiträume übertragen werden?
- Werden die Arbeitszeitkonten in Zeit- oder in Geldeinheiten geführt?

Zudem ist zu entscheiden ob es ein oder mehrere Konten gibt. So kann anhand der Stunden, die auf das Konto gehen, z. B. das Gleitzeitkonto vom Überstundenkonto getrennt laufen. Mit Blick auf die Fristigkeit der Entnahme kann neben einem Kurzzeitarbeitszeitkonto auch ein Langzeitarbeitszeitkonto geführt werden.

5.7.1 Kurzzeitarbeitszeitkonto

Zeitkonten im Rahmen eines Gleitzeitmodells müssen gesteuert werden. Ansonsten besteht die Gefahr, dass übermäßig und evtl. auch unnötig Zeitguthaben (oder auf der anderen Seite auch Zeitschulden) aufgebaut werden (vgl. Kutscher, J., Weidinger, M., Hoff, A. (1996), S. 158ff.). Ein Instrument zur Steuerung bietet das Ampelkonto. Das Ampelkonto signalisiert die Höhe der Abweichungen von der vertraglichen Arbeitszeit:

- Grün bedeut eine geringe Abweichung und daher eine eigenverantwortliche Disposition des Mitarbeiters seiner Arbeitszeit. Im Gleitzeitbeispiel mit 100 Plus- und 50 Minusstunden könnte dies z. B. bis 70 Stunden im Plus oder bis 30 Stunden im Minus sein.
- Gelb bedeutet eine stärkere Abweichung und ist ein Warnsignal, dass der Mitarbeiter keine weiteren Zeitguthaben/-schulden ansammeln sollte. Im Gleitzeitbeispiel wären dies dann Spannen von 70 bis 100 Plusstunden und 30 bis 50 Minusstunden.
- Rot bedeutet eine sehr starke Abweichung und zieht ein Eingreifen des Vorgesetzten nach sich, dieser ist verpflichtet, gemeinsam Maßnahmen zum Abbau der Zeitguthaben/-schulden mit dem Mitarbeiter zu erarbeiten. Im Gleitzeitbeispiel wäre mit den 100 Plus- und 50 Minusstunden die rote Phase erreicht.

Zeitbudgetkonten haben einen umgekehrten Ansatz. Hier wird eine Überschreitung der regelmäßigen Tagesarbeitszeit, der Sollzeit, als Überschreitung des gegebenen Zeitbudgets und damit negativ gewertet. Wer also kürzer arbeitet oder einen freien Tag nimmt geht ins Plus, wer länger arbeitet dagegen ins Minus. Das Zeitbudgetkonto kann wiederum als Ampel ausgestaltet werden. Wie auch für das Ampelkonto wird darüber hinaus empfohlen, Schulden- und Guthabengrenze gleichzuziehen, was allerdings in der Praxis eher selten umgesetzt ist.

5.7.2 Langzeitarbeitszeitkonto

Eine direkte Verknüpfung von Kurzzeit- und Langzeitarbeitszeitkonten ist unter dem oben genannten Steuerungsaspekt ebenfalls zu vermeiden. Wie nachstehend abgebildet, gibt es dennoch genügend Möglichkeiten, Langzeitarbeitszeitkonten zu befüllen (vgl. Kroll, O. (2004), S. 81ff.). Auch die Entnahmemöglichkeiten sind vielfältig und können sich auf unterschiedlich lange Zeiträume zu unterschiedlichen Zeitpunkten der Berufstätigkeit beziehen. Prinzipiell erfolgt die Freistellung bei weiterhin bestehendem Arbeitsverhältnis. Wie der Name bereits impliziert, sind diese Konten auf lange Zeiträume ausgelegt. Wird die Entnahme auf die Zeit vor dem Rentenübergang fokussiert, wird auch von Lebensarbeitszeitkonten gesprochen. Dieser Form kommt mit Blick auf die demografische Entwicklung zukünftig voraussichtlich verstärkt Relevanz zu (vgl. Kutscher, J., Weidinger, M., Hoff, A. (1996), S. 163f.).

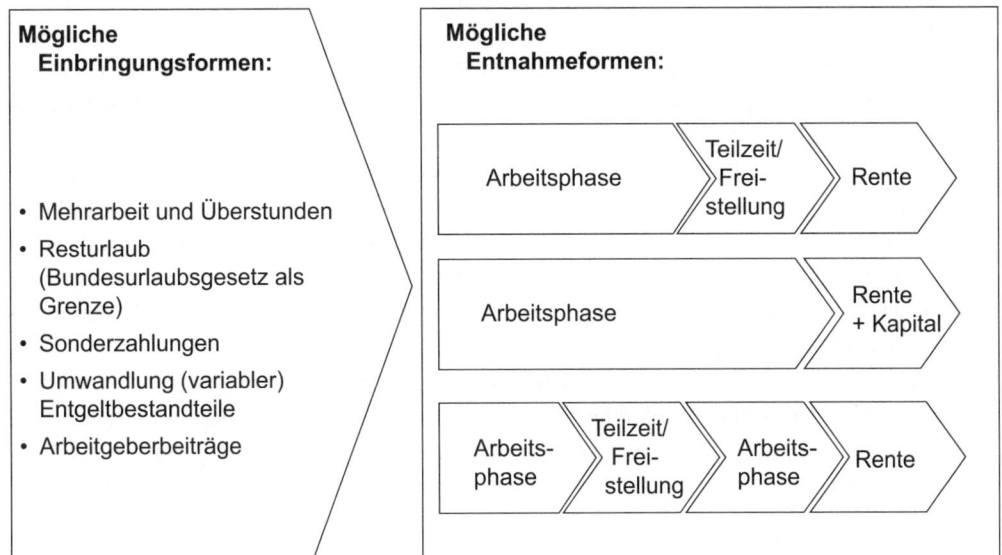

Abbildung 32: Einbringungs- und Verwendungsmöglichkeiten eines Langzeitarbeitszeitkontos

Bei der Konzeption und Implementierung von Langzeitarbeitszeitkonten sind zahlreiche Aspekte zu beachten (vgl. Kümmerle, K., Buttler, A., Keller, M. (2006)).

Bei Arbeitszeitkonten, die erst langfristig ausgeglichen sein müssen, ergibt sich die Notwendigkeit der Bilanzierung der Mitarbeiterguthaben zur Sicherung im Insolvenzfall. Hierbei ist zu klären, wie Zeitguthaben während der Laufzeit bewertet werden. Spätesten am Ende der Laufzeit sowie bei möglichen Entnahmen ist dadurch die Länge der Freistellung bzw. die Höhe der Auszahlung bestimmt. Zur Auswahl steht die Bewertung

- mit dem jeweils gültigen Stundensatz des Mitarbeiters.
- mit dem Stundensatz des Zuflusszeitpunktes, der gemäß vom Unternehmen entwickelter Regelungen fest oder variabel verzinst wird.

Seit der Einführung des Flexi-II Gesetzes zum 01.01.2009 kann in neuen Vereinbarungen nur noch die Führung in Geldeinheiten vorgesehen werden (vgl. Böker, K. H. (2009), S. 2). Bereits davor wurde dies empfohlen, zumal meist nicht nur Zeitguthaben, sondern auch finanzielle Mittel zugeführt werden (können). In diesem Fall wird das Konto auch Zeitwertkonto genannt. In jedem Fall ist damit für den Mitarbeiter bis zum Zeitpunkt der Auszahlung ein steuer- und sozialversicherungsfreies Ansparen von Teilen der Vergütung möglich. Der Arbeitgeber hat die Wertguthaben einschließlich des darauf entfallenden Arbeitgeberanteils am Gesamtsozialversicherungsbeitrag (SV-Luft) zu führen. Auszahlungsrelevant werden die Mittel jedoch ebenfalls erst zum Zeitpunkt der Entnahme, der in Abhängigkeit von den Entnahmemöglichkeiten mehr oder weniger gut planbar ist.

Weitere Fragen, die bei der Entwicklung und Einführung von Langzeitarbeitszeitkonten zu klären sind (vgl. Kümmerle, K., Buttler, A., Keller, M. (2006)):

- Rechtlicher Rahmen: Für tarifgebundene Unternehmen ist Grundlage entweder die tarifvertragliche Regelung oder der entsprechende Tarifvertrag enthält eine Öffnungsklausel um eigene Vereinbarungen zu treffen. Ist beides nicht gegeben, kann evtl. mit dem Sozialpartner gemeinsam ein entsprechender Haustarifvertrag verhandelt werden. Ist ein Betriebsrat gewählt sind zumindest in den ersten beiden Fällen genaue Bestimmungen in einer Betriebsvereinbarung festzuhalten. Analog kann eine Sprecherausschussvereinbarung geschlossen werden, die Details einer Anwendung für Leitende Angestellte enthält. Ein Langzeitarbeitszeitkonto ist (anders als andere Konten) grundsätzlich einzelvertraglichen umzusetzen. Daher sind entsprechende Vertragstexte zu gestalten und von den Mitarbeitern zu unterzeichnen.
- Bilanzielle Fragen: Es ist die Erteilung einer lohn- und ertragssteuerlichen Anerkennung des Kontos einzuholen.
- Kapitalanlage: Zu entscheiden ist, ob das Kapital im Unternehmen eingesetzt wird, eine Rückdeckung in Zusammenarbeit mit einem Partner erfolgt, eine Kapitalanlage am Markt stattfindet oder eine Kombination verschiedener Anlagemodelle vorgenommen werden soll. Mit dem Flexi-II Gesetz wurde die maximale Höhe der in Aktien oder -fonds angelegten Mittel auf 20 % festgelegt, wobei dies durch eine tarifvertragliche oder betriebliche Regelung sowie die Fokussierung auf eine Freistellung vor Erreichen des Rentenalters umgangen werden kann. Ebenfalls durch das Gesetz umgesetzt wurde mittlerweile die Wertsicherung. Eine solche ist auch notwendig, um das Konto für Arbeitnehmer interessant zu machen. Hinreichende Attraktivität wird das Konto allerdings erst mit einer Garantieverzinsung und evtl. Zugewinn erhalten. Zu beachten sind bei der Wahl einer Anlageform auch der Aufwand von Einrichtung und laufender Abwicklung sowie insbesondere die Mitarbeiterstruktur im Unternehmen. Mitarbeiter eines im Schnitt jüngeren Versicherungsunternehmens werden gegenüber im Schnitt älteren gewerblichen Mitarbeitern eines Produktionsbetriebes andere Präferenzen zeigen.
- Administration: Zu beachten sind Schnittstellen zur Zeitwirtschaft und Entgeltabrechnung des Unternehmens sowie ggf. zum Kapitalanleger. Unter Beachtung des Implementierungsaufwandes und der laufenden Betreuung ist festzulegen, ob ein eigenes Tool genutzt werden soll oder eine Marktlösung Anwendung findet.

Auf Grund der Komplexität, der Langfristigkeit und individuellen Zustimmungserfordernis ist zudem die Kommunikation ganz entscheidend, um ein Langzeitkonto erfolgreich einzuführen und zu etablieren. Wie eine gelungene Kommunikation aussehen kann, zeigt nachstehenden Beispiel (in Anlehnung an Walz, A. (2007)).

Beispiel 32: Zeitwertkonten bei der Michelin Reifenwerk AG & Co. KGaA
In den deutschen Reifenwerken von Michelin mit Zentrale in Karlsruhe sind ca. 5600 Mitarbeiter beschäftigt. Weltweit erzielen rund 177 000 Mitarbeiter bei der Michelin Gruppe fast 16 Mrd. € Umsatz.
Grundlage für die Einführung von Zeitwertkonten bei Michelin war die Ergänzung des Tarifvertrages der chemischen Industrie um die Möglichkeit der Bildung von Langzeitkonten ab 2004. Zielsetzung war und ist es den demografischen Herausforderungen entgegenzutreten. Mitglieder der interdisziplinären Projektgruppe waren ein Spezialist für Arbeitszeit, verschiedene Personalverantwortliche der Produktionsstätten und des Vertriebs, ein Betriebsratsmitglied und zeitweise Finanzwirtschafter. Das FlexiPlusKonto wird in Zusammenarbeit mit der Allianz angeboten.
Auf freiwilliger Basis können Zeit und Geld auf Bruttowertbasis eingebracht werden, darunter angeordnete Mehrarbeit, maximal 5 Urlaubstage pro Jahr, übertarifliche Zulagen, Schichtzulagen, Leistungsentgelte, und ein maximal 10 %iger Anteil eines außertariflichen Gehalts sowie Entgeltdifferenzen von Vollzeitarbeit zu einem Teilzeitvertrag. Die angesparten Mittel können für den vorzeitigen Übergang in den Ruhestand oder die berufliche Qualifizierung verwendet werden.
Die Kommunikation für das FlexiPlusKonto erfolgte ebenfalls in Zusammenarbeit mit dem Partner Allianz und wurde gegliedert in unternehmensweite Kommunikation, Medieneinsatz und persönliche Beratung für Gruppen, in Einzelgesprächen und am Telefon: Vorträge der Unternehmensleitung und Informationsveranstaltungen für die Führungskräfte wurden durch Informationsstände in der Kantine, bei Betriebsversammlungen und in der Produktion ergänzt. Es wurden Flyer und Plakate gedruckt, über Aushänge, das Intranet und die Werkszeitschriften informiert.
Als zentrales Motto galt: „Sparen für den Sprung in die Freistellung." In allen Varianten wurden die folgenden Botschaften transportiert: „Einfach in die Zukunft investieren. Stellen Sie sich vor…

- … Sie könnten früher in den Ruhestand gehen!
- … Sie müssten dabei keine finanziellen Einbußen hinnehmen!
- … Sie könnten flexibel während Ihres Arbeitslebens darauf sparen!

Sie haben diese Möglichkeit! Mit dem FlexiPlusKonto bei Michelin!"
Daneben wurden aber auch Fakten geliefert, z. B. ein Berechnungsbeispiel mit folgenden Annahmen: Ansparen bis zum 63. Lebensjahr, aktuelles Monatsentgelt 2800 € und eine durchschnittliche Verzinsung mit 4 %.

Tabelle 27: Berechnungsbeispiel FlexiPlusKonto bei Michelin

Ansparen ab dem	Einbringung von	Mögliche Freistellung von
… 30. Lebensjahr	… 5 Tagen Urlaub pro Jahr	… einem Jahr und einem Monat
… 40. Lebensjahr	… 150 € im Monat	… einem Jahr und acht Monaten
… 50. Lebensjahr	… 200 € im Monat	… einem Jahr und zwei Monaten
… 55. Lebensjahr	… 80 % Teilzeitvertrag mit Vollzeitarbeit	… zwei Jahren

5.8 Rechtliche Aspekte des Arbeitszeitmanagements

Der Freiheitsgrad der Arbeitszeitgestaltung wird vorrangig vom Arbeitszeitgesetz (ArbZG) begrenzt. Der Geltungsbereich des Arbeitszeitgesetzes erstreckt sich nach § 18 I ArbZG über alle Arbeitnehmer, die älter als 18 Jahre sind, mit Ausnahme z. B. der leitenden Angestellten. Für die Beschäftigung von Personen unter 18 Jahren gilt nach § 18 II ArbZG das Jugendarbeitsschutzgesetz. Geregelt werden im Arbeitszeitgesetz maximales Arbeitszeitvolumen, Ruhepausen und -zeiten, Nacht- und Schichtarbeit sowie Sonn- und Feiertagsruhe.

Die Höchstdauer der Arbeitszeit darf gem. § 3 S. 1 ArbZG werktäglich (Montag bis Samstag) 8 Stunden nicht überschreiten. Es ist jedoch eine Verlängerung auf 10 Stunden pro Tag möglich, wenn innerhalb eines Ausgleichszeitraumes von 6 Monaten oder 24 Wochen, im Durchschnitt 8 Stunden täglich nicht überschritten werden (Urlaubs- und Krankheitstage sind hierbei nicht einzubeziehen). Daraus folgt, dass der gesetzliche Höchstrahmen für die Arbeitszeit wöchentlich grundsätzlich 48 Stunden (6 x 8 Stunden) beträgt. Dieser Höchstrahmen kann jedoch auf bis zu 60 Stunden pro Woche (6 x 10 Stunden) erhöht werden, wenn innerhalb des gesetzlichen Ausgleichszeitraumes von 6 Monaten bzw. 24 Wochen die Arbeitszeit von 8 Stunden werktäglich nicht überschritten wird. Bei Arbeitnehmern in Nachtarbeit verringert sich der Ausgleichzeitraum auf einen Monat. Zu beachten ist zudem, dass Sonntagsarbeit auf die werktägliche Arbeitszeit angerechnet wird und der Werktag vom Wochentag (Montag bis Freitag) zu unterscheiden ist. Der Werktag beginnt mit der Arbeitsaufnahme und endet 24 Stunden später. Nur in folgenden Fällen kann von diesen Vorgaben abgewichen werden:

- Durch einen Tarifvertrag und/oder eine zulässige Betriebsvereinbarung kann § 7 ArbZG eine Verlängerung auf 10 Stunden auch ohne Ausgleich oder eine Verlängerung auf über 10 Stunden mit längerem Ausgleichszeitraum festgeschrieben werden, wenn regelmäßig oder in erheblichem Umfang Rufbereitschaft enthalten ist und die Arbeitszeit 48 Stunden pro Woche im Durchschnitt von 12 Kalendermonaten nicht übersteigt.
- Andere Regelungen können nach § 7 Abs. 2–4 ArbZG in bestimmten Bereichen getroffen, werden, z. B. in der Landwirtschaft, in der Behandlung, Pflege und Betreuung von Personen oder in kirchlichen Einrichtungen.
- In außergewöhnlichen Fällen darf gem. § 14 ArbZG von der Regelung des § 3 ArbZG abweichen werden, wenn vorübergehende Arbeiten in Notfällen oder außergewöhnliche Fälle vorliegen, die unabhängig vom Willen des Betroffenen eintreten und deren Folgen nicht auf andere Weise zu beseitigen sind.
- Nach § 15 BetrVG kann durch die jeweils zuständige Landes-Aufsichtsbehörde (meist das Gewerbeaufsichtsamt) eine Verlängerung ohne Höchstgrenze mit/ohne Ausgleich unter bestimmten Bedingungen bewilligt werden.

Die Ruhepausen (§ 4 ArbZG) der Arbeitnehmer müssen im Voraus feststehen und die Arbeitszeit unterbrechen, d. h. sie dürfen nicht zu Beginn oder am Ende der Arbeitszeit liegen. Bei einer Arbeitszeit von mehr als 6 bis zu 9 Stunden sind dem Arbeitnehmer mindestens 30 Minuten Ruhepause in Abschnitten von mindestens 15 Minuten Länge zu gewähren. Die erste Ruhepause ist spätestens nach 6 Stunden ununterbrochener Arbeit zu gewähren. Bei einer Arbeitszeit von über 9 Stunden sind dem Arbeitnehmer mindestens 45 Minuten Ruhepause zu gewähren. Nach dem Ende der werktäglichen Arbeit muss eine Ruhezeit (§ 5 ArbZG) von mindestens 11 Stunden eingehalten werden. In dieser Zeit darf der Arbeitnehmer nicht arbeiten. Gerade bei der Genehmigung von Nebentätigkeiten ist zu prüfen, ob durch die Nebentätigkeit die 11-stündige Ruhezeit unterbrochen wird. Rufbereitschaft unterbricht solange nicht die Ruhezeit, wie kein Einsatz erfolgt. Die Unterbrechung der Ruhezeit durch einen Rufbereitschaftseinsatz führt zu einer erneuten Ruhezeit von weiteren 11 Stunden.

Die Dienstreisezeit ist im Gegensatz zur Wegezeit (Weg von der Wohnung zum Betrieb) diejenige Zeit, die der Arbeitnehmer benötigt, um von seinem Betriebs- oder Wohnort an einen vom Arbeitgeber bestimmten Ort außerhalb des Betriebs- oder Wohnortes zu gelangen, an dem Dienstgeschäfte zu erledigen sind. Die Dienstreisezeit gehört arbeitsrechtlich nur dann zur Arbeitszeit, wenn der Arbeitnehmer zwingend aktiv ist, d. h. z. B. mit dem Auto fahren muss, um Werkzeuge etc. mitzunehmen. Auch zur Arbeitszeit gehören Dienstreisezeiten, wenn sonstige Aufgaben für den Arbeitgeber zu erledigen sind, z. B. Fertigstellung einer Präsentation nach Weisung des Vorgesetzten. Kann sich der Arbeitnehmer jedoch in dieser Zeit prinzipiell entspannen, zählt die Dienstreise nicht zur Arbeitszeit.

Die vergütungsrechtliche Behandlung hängt dagegen von anderen Umständen ab: Gehört die Dienstreise zur arbeitsvertraglichen Hauptleistung, wie bei Kraftfahrern oder Vertretern, stellt sie vergütungspflichtige Arbeitszeit dar. Gehört sie nicht zur arbeitsvertraglichen Hauptleistung ist zu unterscheiden: Wird die Dienstreise während der Arbeitszeit zurückgelegt, so ist sie normal vergütungspflichtig. Wird die Dienstreise außerhalb der Arbeitszeit zurückgelegt, so wird wiederum differenziert: Bei Reise- und Aufenthaltszeiten, die keine besondere Belastung mit sich bringen (z. B. Mitfahrt in einem Bus), soll keine Vergütungspflicht bestehen. Bringt dagegen die Reise- und Aufenthaltszeit eine Belastung mit sich, wie Lenkung eines Pkw, so beinhaltet dieses eine arbeitsvertragliche Nebenleistung, die auch vergütet werden soll. Muss der Arbeitnehmer, etwa bei Auslandsreisen, freie Tage außerhalb seines Wohnortes verbringen, so wird die gleiche Unterscheidung wie bei Dienstreisen außerhalb der Arbeitszeit gemacht.

Die Regelung zur Lage der Arbeitszeit unterliegt gemäß § 87 BetrVG der Mitbestimmung durch den Betriebsrat:

- Beginn und Ende der täglichen Arbeitszeit,
- Pausenregelungen,
- Verteilung der Arbeitszeit auf die Wochentage.

Der Arbeitszeitumfang hingegen bleibt grundsätzlich mitbestimmungsfrei, da er durch den Arbeitsvertrag oder Tarifvertrag geregelt ist. Allerdings hat der Betriebsrat ein Mitbestimmungsrecht bei der vorübergehenden Verkürzung (Kurzarbeit) oder Verlängerung (Überstunden) der betriebsüblichen Arbeitszeit. Ebenso ist die Mitbestimmung bei der Aufstellung von Urlaubsgrundsätzen und -planung sowie für den Bereitschaftsdienst umfangreich.

Wird im Unternehmen geschichtet, wird durch § 87 I Nr. 2 BetrVG nicht nur die Lage der einzelnen Schichten und die Abgrenzung der Schichtarbeitnehmer mitbestimmungspflichtig. Mitbestimmungspflichtig sind darüber hinaus der Schichtplan und dessen nähere Ausgestaltung bis hin zur Zuordnung der Arbeitnehmer zu den einzelnen Schichten. Allerdings können die Betriebsparteien frei vereinbaren, dass sie sich auf eine Regelung über die Grundsätze der

Schichtplanung beschränken. Die Aufstellung von Einzelschichtplänen nach diesen Vorgaben bleibt dann dem Arbeitgeber überlassen. Durch eine solche Regelung darf das Mitbestimmungsrecht allerdings nicht in seiner Substanz beeinträchtigt werden. Generell gilt nach § 6 ArbZG eine Festlegung von Nacht- und Schichtarbeit nach gesicherten arbeitswissenschaftlichen Erkenntnissen.

Der Rechtschutz für Teilzeitbeschäftigte befindet sich wie bereits angesprochen seit 2001 im TzBfG. Die betreffenden Teile des TzBfG beinhalten, neben einem Diskriminierungs-, Benachteiligung- und Kündigungsverbot bei Wechselweigerung von Voll- zu Teilzeittätigkeit (§§ 4 I, 5, 11 TzBfG), vor allem einen Rechtsanspruch auf die Verringerung der Arbeitszeit (§ 8 TzBfG). Wer allerdings einmal in Teilzeit arbeitet, kann die Verlängerung seiner Arbeitszeit nur verlangen, wenn ein entsprechender Arbeitsplatz frei ist (§ 9 TzBfG), d. h. ein Anspruch auf eine nur vorübergehende Reduzierung begründet sich nicht.

Der Arbeitnehmer muss eine gewünschte Verringerung spätestens 3 Monate vor Beginn geltend machen, seine Gründe sind dabei unerheblich. Möchte der Arbeitnehmer nur unter der Bedingung einer bestimmten Verteilung der Arbeitszeit eine Verringerung umsetzen, gilt dies nach dem BAG (Bundesarbeitsgericht) als Gesamtangebot und ist als solches zu behandeln. Eine mögliche Ablehnung hat rechtzeitig, spätestens 1 Monat vor dem gewünschten Beginn der Arbeitszeitverringerung zu erfolgen. Dabei sollte der Arbeitgeber den Antrag mit dem Arbeitnehmer vorher erörtert haben. Eine Ablehnung kann erfolgen, wenn der Verringerung betriebliche Gründe entgegenstehen. Das BAG (Bundesarbeitsgericht) prüft eine Ablehnung in drei Stufen:

1. Stufe: Liegt der Begründung ein Organisationskonzept zu Grunde?
    Beispiel: Während eine durchgängige pädagogische Betreuung anerkannt wurde, wurde eine durchgängige Kundenbetreuung in einem Handelsunternehmen abgelehnt.
2. Stufe: Stehen, basierend auf dem Organisationskonzept, die vereinbarten Arbeitszeitregelungen dem Verringerungswunsch entgegen?
3. Stufe: Wird das Organisationskonzept, wenn die Verringerung dennoch umgesetzt werden würde, wesentlich beeinträchtigt?

Eine berechtigte Ablehnung wird zudem laut BAG-Urteil in dem Fall angenommen, wenn diese in einer Betriebsvereinbarung festgehalten wurden.

5.9 Fragen/Übungsaufgaben zum Arbeitszeitmanagement

- Warum werden so viele Überstunden gemacht? Was spricht aus Sicht (vier) verschiedener Interessenträger dafür und was spricht dagegen?
- Was spricht für und was gegen Teilzeitarbeit? Nennen Sie aus der Sicht von Führungskräften, Arbeitnehmer und Gesellschaft jeweils ein Pro- und ein Contra-Argument.
- Harry Hastig ist seit dem 01.01.2006 bei Wilbärs Kleintierzoo in Vollzeit als Tierpfleger tätig. Im Zoo sind derzeit 20 Arbeitnehmer beschäftigt. Harry Hastig hat sich ein Pferd gekauft und

möchte den Reitsport aktiver betreiben als bisher. Er hat gehört, dass er einen Anspruch auf Teilzeitarbeit hat. Er fragt Sie, ob dies stimmt und was er tun muss, um diesen Anspruch durchzusetzen.
- Benennen Sie wesentliche arbeitswissenschaftlichen Erkenntnisse, die bei der Gestaltung von Schichtarbeit beachtet werden sollen.
- Welche Gründe gibt es für ein Unternehmen die Einführung von Vertrauensarbeitszeit zu forcieren? Welche Zielsetzungen werden damit verfolgt? Welche Gründe hindern ein Unternehmen an der Einführung von Vertrauensarbeitszeit? Stellen Sie zunächst klar, was unter Vertrauensarbeitszeit zu verstehen ist, bevor sie Gründe, Zielsetzungen und Hindernisse erörtern.
- In welchem Arbeitszeitmodell würden Sie am liebsten arbeiten und in welchem nur sehr ungern? Begründen Sie ihre Wahl jeweils.
- Die Gleitzeitkonten bei einem Produktionsunternehmen sind im Schnitt bei 30 Stunden angelangt. Der maximale Übertrag ist auf 60 Stunden festgelegt. Sehen Sie Handlungsbedarf? Zu welcher Vorgehensweise raten Sie ggf.?
- Welche Parameter müssen bei einem Arbeitszeitkonto gestaltet werden? Listen Sie die Gestaltungsparameter auf und nennen sie jeweils eine beispielhafte Ausprägung.

5.10 Literaturhinweise

Ackermann, K.-F. (1986): Arbeitszeitmanagement – Planungskonzepte für flexible Arbeitszeitregelungen, in: Personalführung, 09/1986, S. 328–335

Ackermann, K.-F., Hofmann, M. (Hrsg.): Innovatives Arbeits- und Betriebszeitmanagement, Frankfurt, New York 1990

Bauer, J.-H., Günther, J. (2009): Arbeitsrecht in Zeiten der Krise: Aktuelle Entwicklungen und Reformbedarf, in: Personalführung, 07/2009, S. 48–52

Baumeister, S., Hühnerfeld, R. (2009): Kursbestimmung auf hoher See, in: Personalwirtschaft, 06/2009, S. 24–26

Böker, K. H. (2009): Insolvenzschutz von Langzeitkonten, 2. Aufl., o. O. 2009

Bundesanstalt für Arbeitsschutz und Arbeitsmedizin (Hrsg.): Im Takt: Gestaltung flexibler Arbeitszeitmodelle, 3. Aufl., Dortmund 2008

Bundesministerium für Arbeit und Soziales (Hrsg.): Teilzeit – alles was Recht ist, Bonn 2008

Bundesministerium für Arbeit und Soziales (Hrsg.): Mit Kurzarbeit die Krise meistern, 3. Aufl., Berlin 2009a

Bundesministerium für Arbeit und Soziales (Hrsg.): Das Arbeitszeitgesetz, Berlin 2009b

Gärtner, J. et al. (1998): Handbuch Schichtpläne: Planungstechniken, Entwicklung, Ergonomie, Umfeld, Zürich 1998

Gärtner, J. (1998): Partizipative Entwicklung von Schichtplänen im Großbetrieb, in: Personal, 08/1998, S. 392

Herrmann, L. (2004): Zeitgemäße Schichtpläne: Maßgeschneiderte Arbeitszeitsysteme für die Produktion, 3. Aufl., Renningen 2004

Hoff, A. (1983): Betriebliche Arbeitszeitpolitik zwischen Arbeitszeitverkürzung und Arbeitszeitflexibilisierung, München 1983

Hoff, A. (1995): Betriebliche Wahlarbeitszeit – Königsweg zur Aktivierung des Potentials individueller Arbeitszeitverkürzungen, in: Personalführung, 01/1995, S. 18–23

Kleiminger, K. (2001): Arbeitszeit und Arbeitsverhalten – Eine empirische Untersuchung bei Fach- und Führungskräften, Wiesbaden 2001

Krause, D. (1996): Betriebs- und Arbeitszeiten als Faktor des Unternehmenserfolgs, Berlin 1996

Krieg, R. (2003): Realisierung von Telearbeit: Erfolgsfaktoren und Gestaltung der Organisationsstruktur, Wiesbaden 2003

Kroll, O. (2004): Arbeitszeitkonten und ihre Abwicklung, Berlin 2004

Kümmerle, K., Buttler, A., Keller, M. (2006): Betriebliche Zeitwertkonten – Einführung und Gestaltung in der Praxis, Heidelberg et al. 2006

Kutscher, J., Weidinger, M., Hoff, A. (Hrsg.): Flexible Arbeitszeitgestaltung – Praxis-Handbuch zur Einführung innovativer Arbeitszeitmodelle, Wiesbaden 1998

Laudenbach, P. (2009): Die Freiheit und ihr Preis, in: brand eins, 01/2009, S. 90–94

Marr, R. (Hrsg.), Arbeitszeitmanagement – Grundlagen und Perspektiven der Gestaltung flexibler Arbeitszeitsysteme, Berlin 1993

Ministerium für Arbeit, Gesundheit und Soziales des Landes Nordrhein-Westfalen (Hrsg.): Arbeitszeitkonto und Funktionszeiten Volksbank im Siegerland eG in Siegen, in: Ministerium für Arbeit, Gesundheit und Soziales des Landes Nordrhein-Westfalen (Hrsg.): Praxisbeispiele, www. http://www.arbeitszeiten.nrw.de/b1-3-5f_Volksbank_im_Siegerland_eG.htm, abgerufen am 03.07.2009

o. V. (2009): Förderung der Altersteilzeit läuft aus: Trotzdem wird weiter geblockt, in: Personalführung, 07/2009, S. 10–12

Plank, O. (2001): Innovative Arbeitszeitmodelle, in: Personal, 11/2001, S. 644

Reiß, M. (1995): Flexible Arbeitszeitregelungen – Inhalte und Ausgestaltung, Freiburg 1995

Schat, H.-D. (2002): Soziologie der Telearbeit: warum Telearbeit so häufig angepriesen und so selten realisiert wird und wie Telearbeit trotzdem funktioniert, Frankfurt am Main 2002

Schuh, S., Schultes-Jaskolla, G., Stitzel, M. (2001): Alternative Arbeitszeitstrukturen, in: Marr, R. (Hrsg.): Arbeitszeitmanagement: Grundlagen und Perspektiven der Gestaltung flexibler Arbeitszeitsysteme, 3. Aufl., Berlin 2001, S. 117–141

Schwarzbach, M. (2002): Telearbeit gestalten, Frankfurt am Main 2002

Servill, C. (2008): Weniger arbeiten und doch viel leisten, in: Personalwirtschaft, 08/2008, S. 56–58

Stechl, H.-A. (1995): Teilzeit- und Aushilfskräfte, 3. Aufl., Freiburg 1995

Vogel, C. (2009): Teilzeitbeschäftigung – Ausmaß und Bestimmungsgründe der Erwerbsübergänge von Frauen, in: Zeitschrift für ArbeitsmarktForschung, 02/2009, S. 170–181

Vollmer, S. (2001): Planung und Steuerung der Teilzeitarbeit: Einflussfaktoren auf die Arbeitsproduktivität, Wiesbaden 2001

Wagner, D. (1995): Arbeitszeitmodelle – Flexibilisierung und Individualisierung, Göttingen u. a. 1995

Walz, A. (2007): Einfach in die Zukunft investieren, in: IQPC (Hrsg.), Tagungsband der 3. Jahrestagung – Betriebliche Zeitwertkonten, 21.02.2007 in Berlin

www.arbeitszeiten.nrw.de
www.arbeitszeitberatung.de
www.baua.de
www.bmas.de
www.inqa.de
www.mittelstand-und-familie.de

6. Vergütungsmanagement

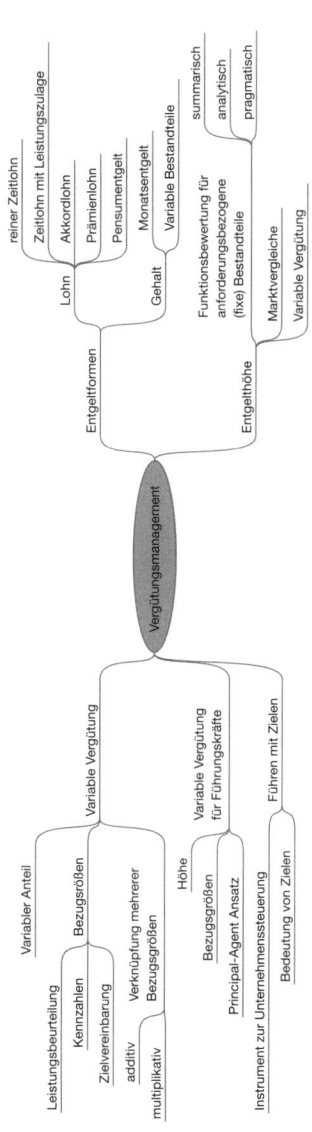

6.1 Zum Einstieg

Frau Hoffmann, die jetzt seit drei Jahren im Unternehmen ist, zieht ihren Kollegen, mit dem sie ein gutes Arbeitsverhältnis hat, ins Vertrauen. Sie hat ein Angebot von einem anderen Unternehmen vorliegen, das wirklich verlockend klingt und das sie eigentlich unterschreiben will. Reizvoll erscheint ihr vor allem die Vergütung. Das andere Unternehmen bietet ihr ein Zieljahreseinkommen von 80 000 €. Das ist schon erheblich mehr als die 5000 € Monatsgehalt, die sie aktuell bekommt. Ihr Kollege fragt, wie sich die 80 000 € zusammen setzen würden. Na ja, das Monatsgehalt sei auch dort das Gleiche, aber zusätzlich würde sie einen variablen Anteil von 20 000 € erhalten. Der Kollege hakt nach, wie denn der variable Anteil ermittelt würde. So genau weiß das Frau Hoffmann auch nicht, aber sie hat schon herausgehört, dass das der Maximalwert sei, der eigentlich nie zur Auszahlung kommt. Die meisten der dortigen Mitarbeiter würden wohl so zwischen 50–75 % davon erhalten, aber 10 000 bis 15 000 € seien ja auch noch ein Batzen Geld. Der Kollege ist inzwischen stutzig geworden. Er fragt Frau Hoffmann, ob sie schon mal zusammengerechnet habe, was sie heute eigentlich im Jahr verdient. Nachdem sie das verneint, rechnen sie gleich einmal gemeinsam. Die zwölf Monatsgehälter ergeben 60 000 €. Zusätzlich erhalten beide Urlaubs- und Weihnachtsgeld in Höhe von je einem Monatsgehalt, macht weitere 10 000 €. Und in den vergangenen Jahren hat das Unternehmen regelmäßig einen Erfolgsbonus in der Größenordnung zwischen 4000 und 7000 € bezahlt. Der Kollege rechnet vor, dass sie damit zwischen 74 000 und 77 000 € verdient hat. Jetzt ist Frau Hoffmann erstaunt, dass sie insgesamt so viel verdient und davon 70 000 € fix sind, war ihr gar nicht bewusst. Verglichen damit erscheinen ihr die 70 000 bis 75 000 € des anderen Unternehmen lang nicht mehr so attraktiv. So gesehen macht der Wechsel aus finanziellen Gesichtspunkten ja überhaupt keinen Sinn.

6.2 Einleitung

Lohn und Gehalt sind die zwei grundsätzlichen Vergütungsformen der Arbeitnehmer für die erbrachte Arbeitsleistung. Lohn erhalten die Arbeiter, berechnet auf der Basis der tatsächlich geleisteten Stunden. Der monatlich gezahlte Lohn variiert also von Monat zu Monat je nach Anzahl der Arbeitstage und ggf. der Lage der Arbeitsschichten. Inzwischen bezahlt eine Vielzahl von Unternehmen einen gleichbleibenden durchschnittlichen Monatslohn, wobei der Durchschnitt der monatlichen Stunden auf einer Jahres- oder Mehrjahresbasis errechnet wird. Hingegen beziehen die Angestellten ein Monatsgehalt. In einzelnen Tarifsystemen (z. B. im Metalltarifvertrag im Rahmen des Entgeltrahmenabkommens (ERA)) wurde die Unterscheidung zwischen Lohn und Gehalt mittlerweile aufgehoben. Es wird dort stattdessen ein „Entgelt" bezahlt und es ist auch nicht mehr von Arbeitern und Angestellten die Rede, sondern von „Arbeitnehmern".

Das Vergütungsmanagement verfolgt folgende Ziele:

- Anforderungsgerechte Vergütung,
- marktgerechte Vergütung,
- leistungsgerechte Vergütung,
- Grundsatz der Gleichbehandlung,
- Anreize für Arbeitsleistung und -zufriedenheit,
- Beteiligung der Mitarbeiter am Unternehmenserfolg,
- Transparenz bei der Entgeltfindung.

Vergütung ist die wesentliche Hauptleistungspflicht des Unternehmens aus dem Arbeitsvertrag und hat für die meisten Mitarbeiter nach wie vor eine hohe Bedeutung bei der Wahl des Arbeitgebers. Insofern muss das Vergütungspaket nicht nur den Anforderungen der jeweiligen Funktion entsprechen, sondern auch marktgerecht und branchenüblich sein. Funktionsadäquat heißt dabei, dass die Vergütung sich am Schwierigkeitsgrad und Umfang der jeweiligen Aufgabe orientiert. Das Vergütungsniveau unterscheidet sich in den verschiedenen Branchen deutlich. Die Automobilbranche zahlt beispielsweise deutlich besser als etwa Gastronomiebetriebe. Marktgerechte Vergütung kann sowohl regionale Märkte betreffen als auch bestimmte Zielgruppen. Hochschulabsolventen sind häufig weder regional, noch bezüglich einer bestimmten Branche, noch eines bestimmten Funktionsbereiches festgelegt. Sind die Aufgabenstellungen vergleichbar interessant, spielt das Gehalt immer noch eine wesentliche Rolle bei der Arbeitgeberwahl.

Bei Vergütungsmodellen ist zwischen der fixen und variablen Vergütung zu differenzieren. Bei der variablen Vergütung werden für den Führungsbereich und sonstige Mitarbeiter üblicherweise unterschiedliche Formen verwendet. Die Fixvergütung wird in Form von Monatslohn oder Monatsgehalt ausbezahlt. Hinzu kommen – außerhalb des Führungsbereichs – die weiteren fixen Bestandteile wie Urlaubsgeld, Weihnachtsgeld etc. Der variable Teil wird in der Regel leistungs- und/oder erfolgsbezogen gewährt. Für die fixen und die variablen Entgeltbestandteile sind unterschiedliche Instrumente erforderlich. Das Gesamtentgelt setzt sich typischerweise zusammen aus:

- der monatlichen Vergütung,
- sonstigen Entgeltbestandteilen, wie Zulagen, Gratifikationen, Prämien etc.,
- weiteren nicht-monetären Leistungen.

Tabelle 28: Differenzierung in monetäre und nicht-monetäre Leistungen

Monetäre Leistungen:	Nicht-monetäre Leistungen:
Der Arbeitnehmer erhält für seine erbrachte Leistung Geld in Form von Entgelt, Zulagen, Prämien etc. Die Zahlungen werden in der Regel als Bruttoentgelt festgelegt.	Bei den „nicht-monetären" Leistungen handelt es sich um Sach- bzw. Naturalvergütung. Darunter fallen z. B. privat genutzte Dienstfahrzeuge, mietfreie Dienstwohnungen, Arbeitskleidung, etc. Also Leistungen, die der Arbeitnehmer auf Basis seines Arbeitsvertrages als Gegenleistung erhält, aber eben nicht monetär.

Mit der Wahl einer geeigneten Entgeltform soll dem Teilaspekt des allgemeinen Äquivalenzprinzips von Entgelt und Leistung Rechnung getragen werden. Unter Entgelt wird die geldliche und geldwerte Leistung verstanden, die der Arbeitnehmer für seine erbrachte Leistung erhält. Hauptbestandteil ist der Monatslohn bzw. das Monatsgehalt als Grundvergütung, daneben erhalten die Beschäftigten in der Regel weitere Leistungen. Dies sind zum einen leistungsunabhängige Zahlungen wie Urlaubs- und Weihnachtsgeld, zum anderen leistungsabhängige Vergütung, wie Erfolgsbeteiligung, leistungsabhängiger variabler Anteil sowie die Honorierung von Mitarbeiterideen.

6.3 Entgeltformen

Durch die Einführung des neuen Tarifsystems ERA (Entgeltrahmentarifvertrag bzw. -abkommen) in der Metall- und Elektroindustrie wurde die Unterscheidung zwischen Lohn und Gehalt in diesen Branchen aufgehoben und der allgemeine Begriff „Entgelt" eingeführt. Da viele Branchen noch zwischen Lohn und Gehalt unterscheiden, werden im Folgenden beide Entgeltformen mit ihren Unterschieden dargestellt.

Typische Unterscheidungen sind die unterschiedlichen Bezeichnungen der Arbeitnehmer als *Arbeiter* und *Angestellte*. Arbeiter werden üblicherweise leistungsbezogen vergütet, deswegen ist auch die tatsächlich geleistete Anzahl der Arbeitsstunden seit jeher Basis für die monatliche (früher wöchentliche) Lohnbemessung. Soweit ein Tarifvertrag vorliegt, sind sämtliche Arbeiter einbezogen, die Angestellten dagegen nur dann, soweit sie dem tariflichen Bereich zuzuordnen sind. Der Führungsbereich ist in der Regel vom Geltungsbereich des Tarifvertrages ausgenommen, jedenfalls ab dem mittleren Management (oft Abteilungsleiter genannt). Bei den unteren Führungsebenen, also Teamleiter und Gruppenleiter, hängt es vom jeweiligen Tarifbezirk ab. Bspw. sind diese in der Metall- und Elektroindustrie in Bayern außerhalb des Geltungsbereichs, in Baden-Württemberg dagegen sind sie davon erfasst. Das heißt, dass Unternehmen wie Audi für die unteren Führungsebenen regional unterschiedliche Regelungen treffen müssen.

Tabelle 29: Typische Unterschiede zwischen Lohn und Gehalt

Lohn	Gehalt
Arbeiter	Angestellte
Stundenlohn	Monatsgehalt
„Handarbeit"	„Kopfarbeit"
seit jeher Leistungsbezug	traditionell wenig Leistungsbezug
oft Schichtarbeit	regelmäßige Arbeitszeit
Tarifgruppen	abhängig von Funktionsbewertung/Tarifvertrag

Löhne setzen sich meistens aus tariflich festgelegten Grundlöhnen zusammen sowie aus zusätzlich gewährten Entgeltteilen in verschiedenster Form, beispielsweise als Zulage, Prämie, Gratifikationen. Je nach Bemessungsgrundlage werden folgende Formen des Lohns unterschieden:

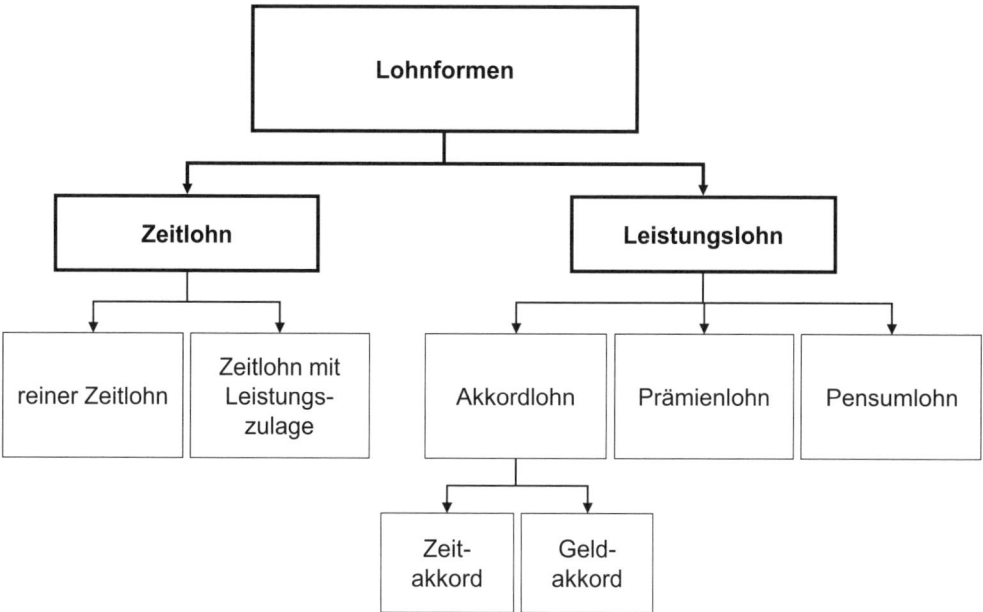

Abbildung 33: Übersicht der verschiedenen Lohnformen

6.3.1 Zeitlohn

Beim Zeitlohn wird der Verdienst des Arbeitnehmers nach der erbrachten Arbeitszeit berechnet. Der Zeitlohn ist durch einen bestimmten Entgeltsatz pro Zeiteinheit (Stunde, Tag, Woche, Monat oder Jahr) gekennzeichnet. Eine unmittelbare Beziehung zwischen Lohnhöhe und Arbeitsleistung besteht nicht. Jedoch wird vom Arbeitnehmer eine konkrete Arbeitsleistung erwartet, die aus der Festlegung des Lohnsatzes resultiert und sich an der Normalleistung orientiert. Der Zeitlohn ergibt sich aus der Zuordnung zur jeweiligen Lohngruppe.

6.3.1.1 Reiner Zeitlohn

Bei dieser Lohnform wird als Bemessungsgrundlage die Arbeitszeit herangezogen – ohne Berücksichtigung des tatsächlichen Arbeitsoutputs. Der Arbeitnehmer wird für seine Anwesenheit abzüglich der unbezahlten Pausen vergütet. Unter Anwesenheitszeit ist die regelmäßige Arbeitszeit zu verstehen, d. h. die vertraglich festgelegte (Wochen-) Arbeitszeit. Bezieht sich der Lohnsatz auf die Zeiteinheit Stunde, so ist die Rede von einem Stundenlohn. Im Grunde genommen ist das Gehalt für Angestellte eine Sonderform des Zeitlohns, das monatlich ausbezahlt wird. Der Zeitlohn ergibt sich aus der Anzahl der Zeiteinheiten multipliziert mit dem Lohnsatz je Zeiteinheit.

> **Beispiel 33: Berrechnung der Lohnstückkosten am Beispiel**
> War ein Arbeiter 40 Stunden in der Woche anwesend und sein Stundenlohn beträgt laut Tarifvertrag 15 Euro, so errechnet sich folgender Wochenlohn: Bruttoverdienst pro Woche = 40 Stunden zu 15 €/Stunde = 600 €.
> Die Entlohnung hat über den Personalkostenanteil an der Produktion direkten Einfluss auf die Produktionskosten. Im gewählten Beispiel entstehen folgende Lohnstückkosten:

Tabelle 30: Berechnung der Lohnstückkosten

Lohnkosten pro Std.	15	15	15	15	15	Euro
Arbeitsleistung pro Std.	10	15	20	25	30	Stück
Lohnkosten pro Stück	1,50	1,00	0,75	0,60	0,50	Euro/Stück

Zeitlohn wird vor allem dort angewendet, wo das Arbeitsergebnis nicht oder nur schwer messbar ist (z. B. Büro-, Entwicklungsarbeiten, geistig-schöpferische Arbeiten) und ein hoher Grad an Genauigkeit, Sorgfalt und Qualität der Arbeit gefordert ist (z. B. Präzisionsarbeit) oder das Arbeitstempo aufgrund der angewandten Technik vorgegeben ist (z. B. Fließband) und wo die Arbeit nach Art und Umfang nicht exakt vorausgeplant werden kann (z. B. Reparaturarbeiten). Ist eine erhöhte Aufmerksamkeit wegen Unfallgefahr notwendig (beispielsweise Arbeiten in Kernkraftwerken) ist diese Entgeltform ebenfalls üblich (vgl. Holtbrügge, D. (2007), S. 150). Vorteile bei reinem Zeitlohn (vgl. Olfert, K., Steinbuch, P. A. (1999), S. 350):

- Einfachheit der Berechnung,
- Schonung von Mensch und Betriebsmitteln,
- keine Qualitätseinbußen durch zu schnelles Arbeitstempo,
- sinkende Lohnkosten pro Stück bei Mehrleistung,
- sicherer und gleich bleibender Verdienst,
- Unfallgefahr sinkt.

Allerdings birgt der reine Zeitlohn auch erhebliche Nachteile:

- Einseitige Risikoverteilung bei Minderleistung,
- geringer Motivationsanreiz für Mehrleistung,
- erhöhte Lohnkosten pro Stück bei Minderleistung,
- verstärkte Unzufriedenheit bei leistungsstarken Arbeitskräften.

6.3.1.2 Zeitlohn mit Leistungszulage

Um einen Leistungsanreiz zu schaffen, gehen immer mehr Betriebe dazu über, mit den einzelnen Arbeitnehmern oder Arbeitnehmergruppen Ziele zu vereinbaren. Die Zielerreichungen werden (meistens) am Jahresende vom Vorgesetzten beurteilt, woraus die Höhe der Zulage ermittelt wird. Durch die Zulage soll der Zeitlohn jedoch keinen Leistungslohn darstellen. Bei den Lohnformen des Leistungslohnes wie beispielsweise der Prämienlohn, wird die vergütete Prämie an objektiv messbaren Bezugsgrößen ausgerichtet, während die Leistungszulage in einer relativen Abstufung ermittelt wird. Die gewährte Zulage kann im Tarifvertrag festgelegt sein oder auf freiwilliger Basis vom Unternehmen vergütet werden. Für letzteren Fall ist gemäß § 94 Abs. 2 BetrVG die Aufstellung allgemeiner Beurteilungsgrundsätze die Zustimmung des Betriebsrates notwendig (vgl. Rohleder, N. E. (2003), S. 101). Der Bruttoverdienst ergibt sich dann aus dem Zeitlohn plus Leistungszulage.

Die Unternehmen führen die Leistungszulagen ein, damit ihre Arbeitnehmer einen Anreiz zu Mehrleistung erhalten. Diese Motivationssteigerung gelingt Arbeitgebern jedoch nur bedingt, sofern die Zulagen nur periodenbezogen und nicht unmittelbar nach Eintritt der Leistungssteigerung gezahlt werden. Die Mitarbeiterbeurteilungen werden üblicherweise halbjährlich bzw. jährlich durchgeführt. Die Auszahlung erfolgt entweder daran gekoppelt in einem Einmalbetrag oder wird auf die kommenden (6 bzw. 12) Monate umgelegt.

6.3.2 Leistungslohn

Im Mittelpunkt dieser Entgeltform steht der Grundsatz der Leistungsgerechtigkeit. Beim Zeitlohn stehen die Dauer sowie Schwere bzw. Wert der ausgeübten Tätigkeit im Blick. Der unterschiedliche Schwierigkeitsgrad bzw. die verschiedenen Wertigkeiten von Tätigkeiten werden differenziert. Diese sog. anforderungsabhängige Entgeltdifferenzierung erfolgt durch die Funktionsbewertung, auf die an späterer Stelle noch eingegangen wird. Beim Leistungslohn wird das Augenmerk auf die erzielte Arbeitsleistung gerichtet. Mit dieser Variante soll den einzelnen Mitarbeitern ein Anreiz gegeben werden, die Ausbringungsmenge pro Zeiteinheit zu steigern (vgl. Rohleder, N. E. (2003), S. 102).

Beim Leistungsentgelt wird differenziert in:

- Akkordlohn,
- Prämienlohn und
- Pensumlohn.

6.3.2.1 Akkordlohn

Der Akkordlohn steht zur tatsächlichen Leistung in unmittelbarer Beziehung (=Leistungslohn). Der Lohn entwickelt sich proportional zu den hergestellten Mengeneinheiten. Das mengenmäßige Ergebnis der Arbeit ist Grundlage der Entlohnung, nicht die Anwesenheit im Betrieb. Beispielsweise wird eine um zehn Prozent höhere Mengenleistung je Stunde mit einem 10 % höheren Lohn je Stunde vergütet. Dabei wird davon ausgegangen, dass die Mengensteigerung von der Arbeitskraft selbst erwirtschaftet wurde. Voraussetzungen für die Einführung der Akkordentlohnung sind:

- Akkordfähigkeit: Der Arbeitsablauf muss im Voraus zeitlich und inhaltlich bekannt sein, gleichartig und regelmäßig wiederkehrend, sowie die Arbeitsleistung leicht und genau mess-

bar sein. Die zu verrichtende Arbeit soll menschengerecht gestaltet sein und sicherstellen, dass Qualitätseinbußen, Unfälle und Gesundheitsschäden ausgeschlossen sind.
- Akkordreife: Die Arbeit muss von allen Mängeln befreit sein, d. h. der Ablauf muss so geplant und gesteuert sein, dass keine Störungen eintreten können und der Arbeitnehmer nach einer Einarbeitungs- und Übungsphase den Arbeitsablauf beherrscht.
- Beeinflussbarkeit: Die Arbeitsgeschwindigkeit und die damit verbundene Leistungsmenge sollen vom Mitarbeiter beeinflussbar sein und nicht durch technisch-organisatorische Bedingungen (z. B. Fließband) vorgegeben sein (vgl. Holtbrügge, D. (2007), S. 151).

Die Basis des Akkordlohns stellt die Leistungsbeurteilung dar, die das Entgelt leistungsabhängig differenziert. Mit dieser anforderungsabhängigen Unterscheidung werden die Basiswerte (Akkordrichtsätze) für die unterschiedlichen Schwierigkeitsgrade der Akkordarbeiten angesetzt. Notwendig ist dies, um die Mengenleistung eines Arbeitnehmers in Relation zu diesem Basiswert zu setzen (vgl. Bröckermann, R. (2001), S. 231).

Der Akkordrichtsatz setzt sich aus dem Mindestlohn, der meist tariflich garantiert ist, und einem Akkordzuschlag zusammen. Dieser beträgt tariflich üblicherweise zwischen 15–25 % des Mindestlohnes.

Der Akkordrichtsatz ist der Lohn den ein Arbeitnehmer bei Normalleistung (Leistungsgrad von 100 %) erhält plus den festgelegten Akkordzuschlag. Das Akkordentgelt kann als Zeit- oder Stückakkord berechnet bzw. vergütet werden (vgl. Olfert, K., Steinbuch, P. A. (1999), S. 353). Auch der Akkord bietet einige Vorteile:

- Gefühl leistungsgerecht entlohnt zu werden,
- kein betriebliches Risiko für Minderleistungen (Ausnahme: der Mindestlohn wird nicht erreicht),
- Mehrverdienst bei steigender Leistung,
- leichte Berechnung des Lohnes.

Allerdings stehen dem wesentlichen Nachteile des Akkordlohns entgegen:

- Gefahr der Überanstrengung,
- umfangreiche Vorarbeiten zur Ermittlung von Vorgabezeiten und Stücklohnsätzen,
- Gefahr der oberflächlichen Arbeit, die sich in Qualitätseinbußen und Ausschuss niederschlägt,
- hoher Ermittlungs-, Kontroll- und Anpassungsaufwand der Daten und der dazu benötigten Fachkräfte,
- aufwendige Anpassung an den technischen Fortschritt.

6.3.2.2 Prämienlohn

Ist das Arbeitsergebnis vom Arbeitnehmer beeinflussbar, jedoch die Anwendung genauer Akkordvorgaben nicht möglich, etwa durch fehlende Arbeitsstudienfachkräfte oder unwirtschaftlich durch zu geringe Auftragsgrößen, wird der Prämienlohn als Entgeltform herangezogen. Im Gegensatz zum Akkordlohn, welcher nur auf die Mengenleistung fixiert ist, versucht man beim Prämienlohn eine optimale Leistung zwischen Mensch, Maschine und Material zu erreichen, um dadurch wirtschaftliche oder sonstige Verbesserungen im Unternehmen zu generieren. Der Prämienlohn ergibt sich aus einem anforderungsabhängigen Grundlohn zuzüglich der leistungsabhängigen Prämie.

Der Grundlohn stellt einen Zeitlohn dar, welcher tariflich garantiert wurde. Die Prämie wird also auf das Grundentgelt aufgestockt, z. B. als:

- Mengenprämie,
- Qualitätsprämie,
- Pünktlichkeitsprämie,
- Anwesenheitsprämie,
- Ersparnisprämie.

Ihre Höhe wird durch eine Leistungsbeurteilung anhand von Leistungsziffern ermittelt. Dies bedeutet, dass durch Messen oder Zählen die benötigten Kennzahlen gewonnen werden. Mittels Vergleich von Sollvorgaben für Zeiten, Mengen und Qualitäten und den tatsächlichen Ist-Daten werden individuelle oder auch kollektive Leistungen bewertet. Die Prämie wird in jeder Periode neu festgelegt (vgl. Bröckermann, R. (2001), S. 244). Die Vorteile die dem Prämienelohn zugesprochen werden:

- Leistungsanreiz des Arbeitnehmers,
- Berücksichtigung von qualitativen und quantitativen Merkmalen,
- geistige Leistungen werden mit entlohnt,
- Kombinationsmöglichkeit von mehreren Bezugsgrößen.

Dagegen werden folgende Nachteile des Prämienlohns genannt:

- Erhöhter Arbeitsaufwand bei der Abrechnung,
- in der Regel begrenzte Lohnhöhe.

6.3.2.3 Pensumentgelt

Im Unterschied zu den zuvor dargestellten Entgeltformen, wird beim Pensumlohn nicht die erbrachte, sondern die erwartete (Mengen-) Leistung eines Arbeitnehmers vergütet. Ähnlich wie der Prämienlohn besteht der Pensumlohn aus einem anforderungsbezogenen Grundlohn und einem leistungsabhängigen Pensumentgelt. Die Entgeltform wird auch als überwachter Zeitlohn, Kontraktlohn und Programmlohn bezeichnet.

Im Gegensatz zum Akkord- oder Prämienlohn, bei denen die erbrachte Arbeitsleistung erst am Ende einer Abrechnungsperiode festgestellt und vergütet wird, bezieht sich der Pensumlohn auf ein festgelegtes Arbeitsvolumen. Der leistungsabhängige Pensumlohn wird, entsprechend dem vereinbarten Arbeitsergebnis, mit Hilfe von Leistungsziffern für die künftige Abrechnungsperiode festgelegt. Wird nun die Soll-Leistung innerhalb der periodischen Überwachung unter- bzw. überschritten, wirkt sich dies nicht direkt auf den leistungsabhängigen Pensumlohn aus, sondern auf dessen Festlegung in der Folgeperiode.

Grundannahme beim Pensumlohn ist, dass das vorher festgelegte Arbeitsergebnis erreicht wird. Trotz der (mittelbaren) Abhängigkeit zwischen Leistungsergebnis und Lohnhöhe, besitzt der Pensumlohn gleichzeitig einen „Festlohncharakter". Damit ergeben sich folgende Vorteile:

- Garantierter Lohn für Arbeitnehmer,
- keine Streitigkeiten über Leistungsvorgaben,
- vereinfachte Lohnabrechnung, da Auswertung der Lohnscheine wegfällt,
- keine Motivation zu steter Ergebnissteigerung, wenn dies unzweckmäßig ist.

Als nachteilig werden folgende zwei Punkte genannt:

- Direkter finanzieller Leistungsanreiz fehlt,
- Führungsaufgaben werden verstärkt in Anspruch genommen.

6.4 Fixvergütung

6.4.1 Monatsentgelt

In kleineren Unternehmen wird das Monatsentgelt oft noch individuell pro Mitarbeiter festgelegt. Größere Unternehmen legen hierfür eine Entgeltsystematik zu Grunde. Hierfür sind zwei unterschiedliche Instrumente erforderlich: eine Entgeltstruktur sowie eine Funktionsbewertung (siehe Kapitel 6.4.1.2).

6.4.1.1 Entgeltstruktur

Entsprechend dem unterschiedlichen Schwierigkeitsgrad ihrer jeweiligen Aufgaben in einem Unternehmen, werden die Mitarbeiter unterschiedlich vergütet. Hierfür werden unterschiedliche Entgeltgruppen definiert. Im gewählten Beispiel sind dies acht unterschiedliche Gehaltsgruppen. Für jede der Gehaltsgruppen ist ein Minimumgehalt definiert. In der Regel erfolgt das in der Form, dass eine bestimmte Gehaltsgruppe als Eckwert definiert wird (meist die unterste oder die mittlere) und die anderen Gehaltsgruppen dazu in Bezug gesetzt werden – so z. B. üblicherweise auch in den Tarifsystemen. Im dargestellten Beispiel ist die Gehaltsgruppe 1 als Eckwert mit 100 % definiert. Von einer Gehaltsgruppe zur nächsten besteht im gewählten Beispiel ein Abstand von jeweils 15 %, so dass bei der Gehaltsgruppe 2 das Minimumgehalt 115 % des Minimums der Gruppe 1 beträgt. Bei der Gehaltsgruppe 3 beträgt die Differenz zur Gruppe 2 wiederum 15 %, also 132 % des Minimums der Gehaltsgruppe 1 usw. Mit diesen 15 %-Schritten wird der Abstand zwischen den Gehaltsgruppen festgelegt. Sie entsprechen den zusätzlichen Ansprüchen, wie sie von einer Gehaltsgruppe zur nächsten steigen. Damit ist die Untergrenze der Entgeltstruktur definiert.

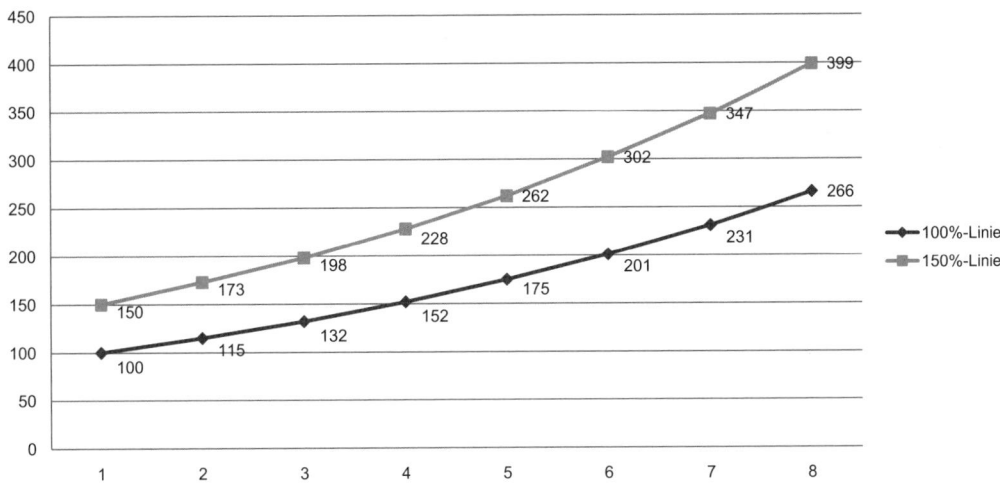

Abbildung 34: Beispiel einer Gehaltsstruktur

Mit der Festlegung der Bandbreite werden die Obergrenzen gesetzt. Im dargestellten Beispiel wurde als Bandbreite 50 % gewählt. Das heißt in der jeweiligen Bandbreite kann der Maximalverdienst das 1,5fache des Minimums betragen.

In dieser Gehaltsstruktur sind bewusst nur Prozentwerte und keine festen Eurobeträge festgelegt. Damit erhält das Unternehmen eine einheitliche Gehaltssystematik, die aber auf verschiedene Niveaus angepasst werden kann. Dies kann bspw. eine Rolle spielen, sofern das Unternehmen mehrere Werke/Standorte hat und die unterschiedlichen Marktniveaus und Lebenshaltungskosten in den verschiedenen Gebieten Deutschlands berücksichtigen möchte. In einem Werk in der Uckermark ist dann das Gehaltsniveau voraussichtlich niedriger als im Stuttgarter Raum. Es kann aber trotz unterschiedlicher Niveaus dennoch die gleiche Gehaltssystematik angewendet werden. Gleiches gilt für unterschiedliche Branchen in denen ein Konzern u. U. tätig ist. Auch hier können unterschiedliche Branchenniveaus berücksichtigt werden. Wird diese Differenzierung nicht vorgenommen und stattdessen ein mittleres Niveau für alle zu Grunde gelegt, schadet das beiden Konzerngesellschaften. Die Gesellschaft im Niedrigpreissegment läuft Gefahr, aufgrund der im Vergleich zum Wettbewerb unüblich hohen Personalkosten nicht wettbewerbsfähig zu sein. Und das Konzernunternehmen in dessen Branche höhere Gehälter gezahlt werden, hat Probleme gute Mitarbeiter zu bekommen bzw. zu halten. Die Möglichkeit bei einer einheitlichen Systematik nach unterschiedlichen Niveaus differenzieren zu können, hilft beiden Konzerngesellschaften.

Die Positionierung im Gehaltsband erfolgt in Abhängigkeit von der konkreten Aufgabenstellung, der Wertigkeit und der Zielsetzung der jeweiligen Funktion. Obwohl jede Aufgabe einer Gehaltsgruppe zugeordnet ist, kann sich die Wertigkeit eher am oberen oder unteren Ende der Wertigkeitsskala der jeweiligen Gehaltsgruppe bewegen. Diese Unterschiede können in die Gehaltsfindung einfließen. Weitere Bemessungskriterien für das Fixgehalt sind das bisher langfristig gezeigte Leistungsverhalten sowie das erkennbare Potenzial des Mitarbeiters. Die gehaltliche Berücksichtigung des Potenzials ist aus zwei Gründen sinnvoll. Potenzialträger sind permanent abwanderungsgefährdet. Die frühzeitige gehaltliche Entwicklung mindert dieses Risiko. Außerdem wird sich dieser Mitarbeiter bei der absehbaren Beförderung ohnehin gehaltlich entwickeln. Durch rechtzeitige Anpassung sind die Gehaltssprünge nicht so groß. Zusätzlich berücksichtigen manche Unternehmen den Marktwert des Mitarbeiters. Damit ist nicht gemeint, wie hoch dessen Gehalt in anderen Unternehmen wäre, sondern zu welchem Preis dieser Mitarbeiter bei Kunden fakturiert werden kann. D. h. je mehr das Unternehmen für den Einsatz des jeweiligen Mitarbeiters beim Kunden erlösen kann, umso höher kann dessen Gehalt sein. Das spielt vor allem bei Unternehmen eine Rolle, die ihre Mitarbeiter auf Basis von Stunden- oder Tagessätzen bei den Kunden einsetzen, wie z. B. in der Beratung oder in der kundenspezifischen Software-Entwicklung.

6.4.1.2 Funktionsbewertung

Die Höhe des Entgelts, welches der Arbeitnehmer für seine erbrachte Arbeit erhält, soll gerecht sein. Um eine anforderungsbezogene Entgeltfindung sicherzustellen, müssen vom Management geeignete Verfahren und Kriterien ausgewählt werden, um die Entgeltgerechtigkeit zu sichern.

Nach welchen Kriterien werden nun die verschiedenen Aufgaben, auch Funktionen genannt, den Gehaltsgruppen zugeordnet. Überwiegend wird dies nach dem Schwierigkeitsgrad der verschiedenen Aufgaben vorgenommen. Um also gerecht festlegen zu können, welche Aufgaben in einem Unternehmen welcher Gehaltsgruppe zuzuordnen sind, ist eine Bewertung dieser Funktionen erforderlich. Die Funktionsbewertung – oder auch Arbeitsbewertung genannt – bildet die Grundlage zur Bestimmung des Entgelts. Mit der Funktionsbewertung wird das Ziel verfolgt, gleich schwierige Arbeiten gleich zu vergüten – unabhängig von der persönlichen Leistung der einzelnen Mitarbeiter.

Im Rahmen der Funktionsbewertung werden die unterschiedlichen Schwierigkeitsgrade und Anforderungen der zu verrichtenden Arbeiten objektiv ermittelt und quantifiziert. Die Funktionsbewertung ist keine Beurteilung der persönlichen Leistung des Einzelnen. Es wird vielmehr die Arbeitsschwierigkeit als solche, ohne Berücksichtigung der individuellen Leistung, beurteilt. Das Ergebnis ist der sog. Arbeitswert, also eine Kennzahl für den Schwierigkeitsgrad der auf dieser Stelle zu verrichtenden Arbeit (vgl. ausführlich Holtbrügge, D. (2007), S. 146ff.). Dieser Schwierigkeitsgrad ist maßgeblich für die Zuordnung der Stelle zur richtigen Entgeltgruppe.

Die Methoden zur Bewertung lassen sich in summarische und analytische Funktionsbewertung unterteilen:

Tabelle 31: Typische Verfahren der summarischen und analytischen Funktionsbewertung

	analytisch	summarisch
Reihung	Rangreihenverfahren	Rangfolgeverfahren
Stufung	Stufenwertzahlverfahren	Lohngruppenverfahren

In der Tabelle werden jeweils zusätzlich bei der summarischen und analytischen Bewertung die beiden gängigsten Verfahren genannt.

Wird die Schwierigkeit einer Arbeit als Ganzes bewertet, dann liegt eine summarische Arbeitsbewertung vor. Sie verzichtet auf die eingehende Analyse der einzelnen Arbeitsanforderungen.

Beim einfachen Verfahren der summarischen Funktionsbewertung, dem Rangfolgeverfahren, werden alle unterschiedlichen Arbeitsplätze des Unternehmens hinsichtlich ihrer Arbeitsschwierigkeit beschrieben und ihr jeweiliger „Arbeitswert" bzw. Schwierigkeitsgrad (= Summe aller Anforderungen) eingeschätzt. Anschließend werden die Arbeitsplätze untereinander verglichen und in eine Reihenfolge gebracht. Die Aufgabe mit der höchsten Anforderung steht dabei an erster Stelle.

> **Beispiel 34: Rangfolgeverfahren**
> Fünf verschiedene Arbeitsplätze mit unterschiedlichen Qualifikationen werden mit jedem anderen der vier weiteren Arbeitsplätze verglichen.
>
> **Tabelle 32:** Ermittlung der Rangreihe
>
> | Vergleichsplatz | 1 | 2 | 3 | 4 | 5 | Ergebnis |
> |---|---|---|---|---|---|---|
> | 1. Bilanzbuchhalter | | + | + | + | + | 4 |
> | 2. Schreibkraft | − | | − | − | − | 0 |
> | 3. Entgeltabrechner | − | + | | + | + | 3 |
> | 4. Fahrer | − | + | − | | − | 1 |
> | 5. Sekretärin | − | + | − | + | | 2 |
>
> Das Ergebnis führt zu einer Rangfolge der fünf Arbeitsplätze: 1. Bilanzbuchhalter, 2. Entgeltabrechner, 3. Sekretärin, 4. Fahrer, 5. Schreibkraft. Der Arbeitsplatz Schreibkraft hat im Vergleich zu den anderen Arbeitsplätzen die geringsten Anforderungen.

Das Rangfolgeverfahren ist einfach durchzuführen und kostengünstig. Es lässt sich leicht nachvollziehen und benötigt keine größere Einarbeitungszeit. Es fehlt jedoch eine Gewichtung der einzelnen Anforderungsarten. Dementsprechend ist aus der Rangfolge allein nicht ersichtlich, wie groß der Abstand zwischen den Rängen ist. Damit lässt sich auch nicht feststellen wo in der Rangreihe jeweils der Sprung in die Gehaltsgruppe liegt. Und damit ist auch die Höhe der Lohnsätze für die einzelnen Aufgaben problematisch.

Einige dieser Mängel des Rangfolgeverfahrens werden durch das Lohn- bzw. Gehaltsgruppenverfahren vermieden. Das Lohngruppenverfahren findet häufig Anwendung in Tarifverträgen. Die verschiedenen Entgeltgruppen, welche nach unterschiedlichen Schwierigkeitsstufen gebildet und durch Richt- oder Tarifbeispiele ergänzt sind, bilden die Grundlage für die Einstufung der einzelnen Stellenanforderungen im Unternehmen. Jede Stufe stellt demnach eine Entgeltgruppe dar. Die Gruppe mit dem Lohnschlüssel 100 % wird als Ecklohngruppe bezeichnet, bei der erstmals Facharbeiten ausgewiesen werden. Die verschiedenen Lohnschlüssel geben die Beziehung zwischen den Gruppen und der ausgewählten Ecklohngruppe wider. Mit dem Ecklohnsatz kann der Lohnsatz je Gruppe festgelegt werden.

Tabelle 33: Auszug aus dem Entgeltrahmenabkommen der Eisen-Metall und Elektroindustrie Nordrhein-Westfalen

Gruppe	Tätigkeitsmerkmal	Lohnschlüssel
1	Tätigkeiten einfacher Art, die ohne vorherige Arbeitskenntnisse nach kurzer Anweisung ausgeführt werden können und mit geringen körperlichen Belastungen verbunden sind.	75 %
2	Arbeiten, die ein Anlernen von 4 Wochen erfordern und mit geringen körperlichen Belastungen verbunden sind.	80 %
3	Tätigkeiten einfacher Art, die ohne vorherige Arbeitskenntnisse nach kurzer Anweisung ausgeführt werden können.	85 %
4	Arbeiten, die ein Anlernen von 4 Wochen erfordern.	90 %
5	Arbeiten, die ein Anlernen von 3 Monaten erfordern.	95 %
6	Tätigkeiten, die eine abgeschlossene Berufsausbildung in einem anerkannten Berufsbild oder eine gleichwertige Ausbildung erfordern.	100 %
7	Arbeiten, deren Ausführung ein Können voraussetzt, das erreicht wird durch eine entsprechende Ausbildung (Facharbeiten). Tätigkeiten, deren Ausführung Fertigkeiten und Kenntnisse erfordern, die Facharbeiten gleichzusetzen sind.	108 %
8	Arbeiten hochwertiger Art, deren Ausführung Fertigkeiten und Kenntnisse erfordern, die über jene der Gruppe 7 wegen der notwendigen mehrjährigen Erfahrung hinausgehen.	118 %
9	Tätigkeiten hochwertiger Art, deren Ausführungen an Können, Selbständigkeit und Verantwortung im Rahmen des gegebenen Arbeitsauftrages hohe Anforderungen stellen, die über Gruppe 8 hinausgehen.	125 %
10	Arbeiten höchstwertiger Art, die hervorragendes Können mit zusätzlichen theoretischen Kenntnissen, selbständige Arbeitsausführungen und Dispositionsbefugnis im Rahmen des gegebenen Arbeitsauftrages bei besonders hoher Verantwortung erfordern.	130 %

Das Lohn- und Gehaltsgruppenverfahren ist zwar leicht verständlich und kostengünstig, bezieht sich jedoch auf die Verhältnisse eines ganzen Wirtschaftszweigs, wovon individuelle Gegebenheiten des einzelnen Betriebs wesentlich abweichen können (vgl. Bröckermann, R. (2001), S. 224ff.).

Bei der analytischen Bewertung werden einzelne Anforderungsarten, wie Können, Erfahrung, geistige und körperliche Belastung sowie Verantwortung getrennt bewertet und gewichtet. Die sich daraus ergebenen Kennzahlen werden anschließend zusammengefasst und ergeben somit den Gesamtwert der Arbeit.

Als Orientierungshilfe wird das „Genfer Schema" herangezogen, welches vier Hauptanforderungsarten mit unterschiedlichen Anforderungsstufen umfasst. Das Genfer Schema wurde im Jahre 1950 entwickelt. In Anlehnung an dieses Schema hat der Verband für Arbeitsstudien (REFA) einen eigenen Anforderungskatalog entwickelt, der auch ergonomische Gesichtspunkte berücksichtigt. Zu beachten ist, dass nur diejenigen Anforderungsarten bewertet werden, die zur Ausübung der Tätigkeit erforderlich sind. Welche dies sind, ergibt sich aus der Stellenbeschreibung. Es wird nicht der Mensch bzw. seine Leistung bewertet, sondern die Schwierigkeit der Tätigkeit des betrachteten Arbeitsplatzes.

Tabelle 34: Vergleich der Anforderungsarten nach Genfer Schema und REFA

Hauptanforderungsart nach Genfer Schema	REFA-Anforderungsart	Definition
I. Können	1. Kenntnisse 2. Geschicklichkeit	Ausbildung, Erfahrung, Denkfähigkeit, Fachkenntnisse; Handfertigkeit, Körpergewandtheit
II. Belastung	3. Geistige Belastung 4. Muskelmäßige Belastung	Aufmerksamkeit, Nachdenken; Dynamische und statische Belastung von Muskeln
III. Verantwortung	5. Verantwortung	Verantwortungsbewusstes Arbeiten, um persönliche und sachliche Schäden zu vermeiden
IV. Arbeitsbedingungen	6. Umgebungseinflüsse	Temperatur, Lärm, Nässe, etc.

Beim Rangreihenverfahren wird für jede Anforderungsart durch Vergleich der einzelnen Arbeitsplätze eine Rangreihe gebildet. Dabei nimmt der Arbeitsplatz mit der niedrigsten bzw. höchsten Anforderungsart den unteren bzw. obersten Platz in der Rangreihe ein. Alle anderen werden entsprechend ihrer Wertigkeit für diese Anforderungsart dazwischen eingereiht. Hier unterscheidet sich das analytische Rangreihenverfahren vom summarischen Rangfolgeverfahren insoweit, dass jede einzelne Anforderungsart (z. B. Verantwortung) einer bestimmten Tätigkeit einem Rangplatz zugewiesen wird.

Tabelle 35: Beispiel für Rangreihe bzgl. Anforderung „Verantwortung"

Rangstufenzahl	Position
100	Leiter Zentrales Personalmanagement
90	Leiter Personalbetreuung
70	Personalreferent
40	Personalsachbearbeiter
10	Teamassistent

In der analytischen Arbeitsbewertung hat sich überwiegend das Stufenwertzahlverfahren durchgesetzt. Hierbei sind innerhalb der einzelnen Anforderungsarten Stufen vorgegeben, denen neben der Arbeitsbeschreibung ein Punktwert/Wertzahl zugeordnet ist. Die einzelnen Merkmale haben eine unterschiedliche Stufenzahl. Zwischen und innerhalb der Anforderungsart erfolgt weiterhin eine Gewichtung.

In der Praxis hat sich eine Kombination aus beiden Ansätzen, also analytischem und summarischem Ansatz bewährt. Dazu werden in einem ersten Schritt sog. Eckpositionen ausgewählt, die analytisch bewertet werden. Eckpositionen sind solche, die entweder häufig im Unternehmen vorkommen oder derart typische Funktionen, von deren Arbeitsschwierigkeit jeder eine treffende Vorstellung hat. Diese Eckpositionen werden anhand eines der geschilderten analytischen Verfahren detailliert bewertet und damit den verschiedenen Gehaltsgruppen zugeordnet. In einem zweiten Schritt werden die restlichen Funktionen in einem summarischen Vergleich den bewerteten Eckpositionen zugeordnet. Dies geschieht in der Weise, dass jede weitere Funktion bezüglich ihrer Arbeitsschwierigkeit in ihrer Gesamtheit mit den bewerteten Eckpositionen verglichen und damit der passenden Gehaltsgruppe zugeordnet wird.

Tabelle 36: Gehaltsgruppendefinition und Eckpositionen am Beispiel eines IT-Systemhauses

Gehalts-gruppe	Definition	Eckposition
1	Tätigkeiten die eine Anlernausbildung erfordern.	Datentypist Druck-Operating und Nachbearbeitung Kontoristin, die nach Anweisung arbeitet
2	Tätigkeiten, die eine Berufsausbildung und Erfahrung erfordern.	Peripherie-Operating Kontoristin, die nach allgemeiner Anweisung arbeitet Rechtsanwalts-Gehilfen Sachbearbeiter Zahlungsverkehr
3	Tätigkeiten, die eine drei jährige Berufsausbildung und längere Erfahrung erfordern. Es sind begrenzte Entscheidungen auf der Grundlage von genauen Richtlinien und/oder Anweisungen zu treffen.	Konsol-Operator (User Help Desk) Programmierung nach konkreten Vorgaben Sachbearbeiter Rechnungswesen (Rechnungserstellung, -prüfung, Buchhaltung, Gehaltsabrechnung) Sachbearbeiter Versicherungen 1 (KFZ+PKW)
4	Tätigkeiten, die vertiefte, gründliche Kenntnisse (z. B. Ausbildung als Fachwirt) und längere Erfahrung erfordern. Es sind in begrenztem Umfang eigene Entscheidungen zu treffen.	Systemoperation Programmierung nach vorgegebenen DV-Systemfunktionen Systemanalysen für Aufgaben mit wenigen Schnittstellen Arbeitsvorbereitung im Rechenzentrum Kreditsachbearbeiter Fahrzeugfinanzierung Sachbearbeiter Bilanzbuchhaltung Sachbearbeiter Versicherungen 2 (Industrie)
5	Tätigkeiten, die umfassende Fachkenntnisse und eine längere Erfahrung erfordern. Es sind überwiegend eigene Entscheidungen bei entsprechender Verantwortung zu treffen.	Systemanalyse für Aufgaben mit begrenzten Schnittstellen, Systemprogrammierung einzelner Host- oder Netzsysteme im Rechenzentrum Produktsteuerer im Rechenzentrum Leasing- und Finanzberater Kundenberater Versicherungen 1 Risk Consultant
6	Tätigkeiten, die besondere Anforderungen an das fachliche Können und längere Erfahrung erfordern. Es sind eigene Entscheidungen mit erhöhter Verantwortung im Rahmen entsprechender Handlungsfreiheiten zu treffen.	Systemanalyse für Aufgaben mit vielen Schnittstellen Projektleitung Systemanalyse für Projekte mit begrenzter Komplexität Systemplanung und -programmierung kompletter Host-/Netzsysteme im Rechenzentrum Controller einer kleineren Gesellschaft Bilanzanalyse und Planung Kundenbetreuer Versicherungen 2 Senior Risk Consultant

Gehalts-gruppe	Definition	Eckposition
7	Tätigkeiten, wie in Gruppe 6, aber mit zusätzlicher Komplexität und Verantwortung.	Projektleitung Systemanalyse für komplexe Systeme mit mehreren zuarbeitenden Projektmitarbeitern Branche Quality Manager Anwendungsübergreifende Datenbankkonzeptionen entwickeln, festlegen und die Bereiche beraten und unterstützen DV-Berater über alle Module der betrieblichen Prozesskette
8	Sondergruppe (unterhalb leitende Führungskräfte)	

6.4.2 Weitere Fixvergütungen

Sonstige Fixvergütungen sind z. B. Urlaubsgeld, Weihnachtsgeld, teilweise auch 13. Monatsgehalt genannt, bzw. fixe Boni etc. Der Bezugsrahmen für solche Fixvergütungen liegt entweder in einer definierten Anzahl von Tagen oder einem bestimmten Prozentsatz vom Monatsgehalt.

6.5 Variable Vergütung für Mitarbeiter

6.5.1 Anreizwirkung

Viele Unternehmen kommunizieren in der Darstellung gegenüber Bewerbern immer noch primär das bloße „Monatsgehalt", anstatt das „Jahreseinkommen" in den Vordergrund zu stellen, also die Summe der monetären Leistungen, d. h. inkl. Tantieme, Bonus, Weihnachtsgeld, Urlaubsgeld etc. 4000 € Monatsgehalt wirken auf den ersten Blick einfach weniger, als 56 000 € Jahreseinkommen, obwohl inkl. Urlaubs- und Weihnachtsgeld das Gleiche gemeint ist. Einige Unternehmen fokussieren sogar auf den „Gesamtzufluss", beziehen also nicht nur die monetären Leistungen, sondern auch den Wert der unbaren Leistungen in die Betrachtung ein, z. B. Dienstwagen, betriebliche Altersversorgung etc. Dies praktizieren vor allem Beratungsunternehmen unter dem Begriff „Total Compensation". Wenn Unternehmen von Jahreszieleinkommen sprechen, ist ein Teil der Vergütung variabel gestaltet. Bei Erreichen der zu Grunde liegenden Ziele zu 100 % wird das Zieleinkommen bezahlt. Ansonsten je nach Zielerreichung entsprechend mehr oder weniger.

Aus Unternehmenssicht haben die Vergütungsbestandteile vor allem eine motivatorische Aufgabe. Sie sollen Anreize zu einer höheren Leistungsorientierung beziehungsweise verstärkten Zielerreichung erzeugen. Der Anreiz soll dazu führen, schneller, effizienter oder auch mit einer höheren Qualität zu arbeiten und dadurch die vereinbarten Ziele mit einer höheren Erfolgsquote erreichen. Die verschiedenen Formen der variablen Vergütung versuchen diese Zielsetzung zu unterstützen, nicht alle mit dem gleichen Erfolg.

Unternehmen, die nicht nach Leistung differenzieren, landen in der Mittelmäßigkeit. Warum sollte ein überdurchschnittlicher Leistungsträger auf Dauer deutlich mehr Stunden pro Woche zusätzlich arbeiten, wenn sein Kollege mit viel schlechteren Ergebnissen die gleiche Vergütung erhält? Die meisten entscheiden sich in solchen Fällen zwischen zwei Alternativen: Entweder sie reduzieren ihre Leistung deutlich oder sie suchen sich ein Unternehmen, in dem ihre herausragende Leistung auch entsprechend honoriert wird. In beiden Fällen geht die herausragende Leistung für das Unternehmen verloren.

6.5.2 Variabler Anteil

Variable Vergütung ist zunehmend auch für untere Führungsebenen eingeführt worden. Und nicht nur für Führungskräfte ist die variable Vergütung zum Standard geworden. Eine steigende Anzahl von Unternehmen setzt diese Vergütung inzwischen auch auf Ebene des „normalen Mitarbeiters" ein. Variable Vergütung bedeutet, dass zusätzlich zum fixen Monatsentgelt und ggf. weiteren Fixbestandteilen, wie Urlaubs- und Weihnachtsgeld, ein Gehaltsbestandteil in Abhängigkeit von der Leistung des einzelnen Mitarbeiters oder vom Erfolg des Unternehmens gezahlt wird, also von Jahr zu Jahr variiert. Neben dem Monatsentgelt wird also ein leistungs- und/oder erfolgsabhängiger Anteil gezahlt. Dies erfolgt meist einmal jährlich nach Ermittlung der zu Grunde liegenden Leistung bzw. des relevanten Unternehmensergebnisses, also meist mit dem Februar- oder März-Gehalt, oder als monatlicher Anteil für die nächsten Monate bzw. das nächste Jahr.

Basis der variablen Vergütung ist das Jahreszieleinkommen, das sich aus der fixen Vergütung und der variablen Vergütung zusammensetzt. Der Anteil der variablen Vergütung am Jahreszieleinkommen liegt im Mitarbeiterbereich typischerweise zwischen 10 bis 20 % des Jahreseinkommens, im Vertrieb entsprechend höher und bei Führungskräften sowie insbesondere bei Vorständen und Geschäftsführern noch deutlich darüber.

6.5.3 Überleitung von fixer zu variabler Vergütung

Problematisch bei der Einführung einer variablen Vergütung ist regelmäßig die Überleitung von fix auf variabel, da die fixen Vergütungsbestandteile überwiegend tariflich abgesichert sind und damit nicht ohne Weiteres flexibel gestaltet werden können. Die einfachste Lösung, den variablen Teil einfach „on top" zu bezahlen, scheidet aus Kostengründen aus. Einer Ausnahme von der Tarifregelung werden gewöhnlich weder Gewerkschaft noch Betriebsrat zustimmen. Bleibt meist nur der Weg, die nicht tariflich abgesicherten Entgeltbestandteile – wie hier die ATZ (außertarifliche Zulage, oft auch ÜTZ, übertarifliche Zulage genannt) in den variablen Anteil einzubeziehen sowie die künftigen Entgelterhöhungen dafür zu verwenden. In der Regel sind allerdings auch die Entgelterhöhungen tariflich fixiert und sind damit für die Flexibilisierung nicht verwendbar.

Bei diesem Vorgehen steht der variable Anteil erst nach mehreren Schritten im angestrebten Umfang zur Verfügung. Ein zusätzlicher Anreiz kann bei diesem Vorgehen geschaffen werden, indem der variable Anteil – im dargestellten Beispiel 10 % – von Anfang an fiktiv in voller Höhe angesetzt wird. Das bedeutet, dass bei Übererfüllung der Ziele zusätzlich bis zu 10 % variabler Anteil bezahlt werden. Bei Nicht-Erfüllung der Ziele besteht dagegen eine Absicherung nach unten durch die fix garantierten Entgeltbestandteile.

Im nachstehend dargestellten Beispiel bedeutet dies, dass die Mitarbeiter zwar maximal 110 % verdienen können, aber im schlechtesten Fall auf 96 % des Zieleinkommens „herunterfallen" können, was zugleich ihrem bisher tariflich garantierten Entgelt entspricht. Durch diese einseitige Risikoverteilung zu Lasten der Unternehmen laufen diese zwar Gefahr, bei deutlicher Minderleistung „zu viel" zu bezahlen, doch das Modell ist dennoch sinnvoll, da erstens der wesentliche Zweck von variabler Vergütung darin besteht, Anreize zur Übererfüllung der Ziele zu erzeugen und nicht primär darin, Kosten zu sparen. Zweitens wird sich das Unternehmen von Mitarbeitern mit wiederholter Minderleistung in diesem Umfang mittelfristig ohnehin trennen. Und drittens hätte das Unternehmen die Vergütung in dieser Höhe auch nach der alten Regelung zahlen müssen. Die dargestellte Absicherung kann über die folgenden Jahre abgebaut werden, indem jeweils nicht tarifliche gebundene Bestandteile der Entgelterhöhung in den variablen Anteil umgewandelt werden

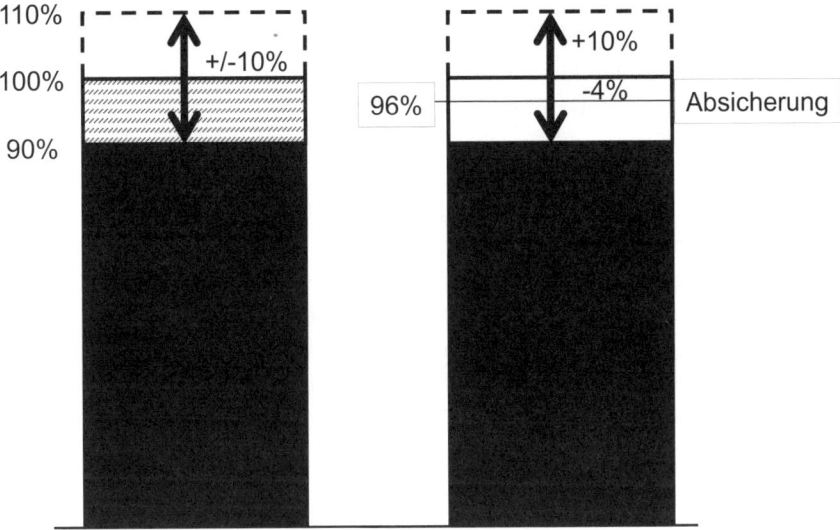

Abbildung 35: Überleitung von fixer zu variabler Vergütung

Bei der variablen Vergütung sind zwei unterschiedliche Komponenten zur Bestimmung des variablen Anteils zu unterscheiden. Der variable Anteil kann bemessen werden an der individuellen Leistung des Mitarbeiters, dann handelt es sich um leistungsabhängige Vergütung. Die Bemessungsgrundlage kann aber auch der Unternehmenserfolg sein. Dies wird als erfolgsabhängige Vergütung bezeichnet.

6.5.4 Messen der Leistung

Die leistungsabhängige Vergütung lässt sich wiederum in drei unterschiedliche Bemessungsformen unterscheiden. Die einfachste kennt keine vorherigen Absprachen und der Vorgesetzte entscheidet am Jahresende über den Leistungsgrad der einzelnen Mitarbeiter. Bei dieser Vergütung nach „Gutsherrenart" legt der Vorgesetzte den variablen Teil nach seinem eigenen Eindruck fest, d. h. es werden vorab keine festen Ziele festgelegt und am Jahresende bestimmt der Vorgesetzte für jeden Mitarbeiter den jeweiligen Leistungsgrad. Aufgrund der Unsicherheit und der Abhängigkeit von der subjektiven Einschätzung des Vorgesetzten ist diese Form der Vergütung weder besonders motivierend noch zeitgemäß. Außerdem fehlt die Orientierung an klar definierten Zielen oder Beurteilungskriterien. Auf diese Art der Leistungsbemessung wird deswegen nicht weiter eingegangen.

Weit verbreitet ist die Bemessung durch Leistungsbeurteilung, insbesondere in den tariflichen Regelungen. Daneben wird zunehmend mit individuellen Zielvereinbarungen (siehe Kapitel 6.7) gearbeitet.

6.5.4.1 Leistungsbeurteilung

In vielen Unternehmen erfolgt die individuelle Leistungsbeurteilung auf Basis einer definierten und transparenten Systematik. Dafür gibt es unterschiedliche Formen. Die wichtigsten werden im Folgenden dargestellt.

Gegenstand der Leistungsbewertung ist das in der betrachteten Periode erbrachte Arbeitsergebnis bzw. auch Arbeitsverhalten eines Arbeitnehmers. Die Hauptaufgabe der Leistungsbeurteilungen besteht darin, festzustellen, in welchem Maße der einzelne Mitarbeiter die Anforderungen seines Arbeitsplatzes tatsächlich erfüllt hat (Leistungsgrad). Es wird das vorgegebene Soll-Arbeitsergebnis mit dem erbrachten (Ist-)Arbeitsergebnis verglichen. Dazu werden in der Regel einheitliche Kriterien definiert, anhand derer die tatsächliche Leistung bemessen wird (siehe Beispiel in Tab. 37). Der Betrachtungshorizont bezieht sich meistens auf einen bestimmten Zeitraum, wobei nicht nur quantitative Kriterien, wie Arbeitsergebnis oder fachliches Können bewertet werden, sondern auch qualitative Kriterien, wie Teamarbeit, Kundenorientierung etc. Die Leistungsbeurteilung sollte in einem ausführlichen Mitarbeitergespräch besprochen werden.

Zusätzlich zu den beschriebenen Kriterien der Leistungsbeurteilung ist eine Verknüpfung zum Entgelt erforderlich. Dies erfolgt in der Regel durch definierte Faktoren. In dem in Tabelle 37 dargestellten Beispiel könnte bspw. für jede Bewertungsstufe ein bestimmter Prozentsatz vom Grundentgelt festgelegt werden. Also etwa 12 % für Mitarbeiter, deren Leistungen mit A bewertet wurden, 10 % für B, 8 % für C, 6 % für D, 4 % für E und 2 % für F. Der Mitarbeiter, der seine Ziele nur unzureichend erfüllt hat bzw. kein zufriedenstellendes Verhalten gezeigt hat, bekäme nach diesem Vorschlag keinen leistungsbezogenen Anteil (0 % für G). Die tariflichen Leistungszulagen werden überwiegend nach ähnlichen Bewertungsschlüsseln vergeben. Die tariflichen Leistungszulagen sind allerdings Bestandteil des Monatsentgelts, das auch in der Folge monatlich ausbezahlt wird. Das gesamte Monatsentgelt besteht demnach aus der Grundvergütung, die auf Basis der Arbeitsschwierigkeit der Aufgabe gezahlt wird, also unabhängig davon, wie gut die

Aufgaben bewältigt werden. Die Leistungszulage wird demgegenüber in Abhängigkeit von der tatsächlich gezeigten Leistung gewährt.

Viele Tarifregelungen sehen einen Arbeitnehmerschutz dergestalt vor, dass höhere Leistungsbewertungen bei jeder Regelüberprüfung möglich sind. Vor Herabstufungen in der Leistungsbeurteilung sind die Mitarbeiter dagegen insofern geschützt, als bei einer Schlechterbewertung nicht sofort das Entgelt entsprechend gekürzt wird, sondern die Leistung des Mitarbeiters nach drei Monaten (manche Tarifverträge sehen auch sechs Monate vor) erneut zu beurteilen ist. In der Regel erhöht der Mitarbeiter während dieser drei Monate seine Leistung entsprechend, und das Entgelt wird unverändert fortgezahlt. In der Praxis führt diese Regelung aus zwei Gründen zu Leistungsreduzierungen. Der Minderleister kann nach der Karenzzeit seine Leistung ohne Gefahr wieder drosseln. Und sein Vorgesetzter hatte mit dem Korrekturversuch derart viel Umstände und Ärger, dass die wenigsten Führungskräfte solche Herabstufungen mehrmals vornehmen, selbst wenn sie gerechtfertigt wären.

Tabelle 37: Beispiel für einen Kriterienkatalog einer Leistungsbeurteilung

	A im höchsten Maße übererfüllt	B deutlich übererfüllt	C übererfüllt	D Ziele voll erreicht	E im Wesentlichen erfüllt	F zum Teil erreicht	G nur unzureichend erfüllt
I. Allgemeine Inhalte des Aufgabengebiets							
Arbeitsergebnis Arbeitsweise Arbeitseinsatz	z. B. Ergebnisbeitrag; vollständig; richtig; kreativ; selbstständig; zweckmäßig; schnell; termingerecht; kostenbewusst; initiativ; einsatzbereit						
Kommunikation Teamarbeit	z. B. Ausdrucksvermögen; Überzeugungsfähigkeit; Zusammenarbeit; Kontaktpflege; soziale Kompetenz						
Kundenorientierung	z. B. auf Kundenbelange eingehend; schnelle Problemlösung; flexibel						
Verantwortung Unternehmerisches Denken	z. B. Risikoeinschätzung; Entscheidungstreue im eigenen Kompetenzbereich; Kostenbewusstsein						
Mitarbeiterführung	z. B. motivierend; delegierend; anleitend; fördernd						
II. Schwerpunktaufgaben aus Zielvereinbarung	Besondere Aufgaben, Projekte usw. z. B. termingerechtes Erstellen von Monatsberichten (Controlling), Organisation der Ablage (Sekretärin)						
Gesamtbewertung:	A–G Der Vorgesetzte erläutert dem Mitarbeiter dessen Stärken und Schwächen sowohl bei der Erfüllung der einzelnen Kriterien, der allgemeinen Inhalte des Aufgabengebietes als auch der Schwerpunktaufgaben						

Wie bei der Funktionsbewertung wird bei der Leistungsbeurteilung zwischen analytischer und summarischer Methode unterschieden. Analytisch heißt bei der Leistungsbeurteilung, dass jedes Beurteilungskriterium einzeln beurteilt und bewertet wird. Die Addition der Einzelbewertungen bildet dabei die Grundlage für die Ermittlung des leistungsbezogenen Entgeltbestandteils. Summarisch bedeutet demgegenüber, dass der Vorgesetzte sich einen Gesamteindruck bildet. Beide Verfahren haben ihre Vor- und Nachteile und beide finden Anwendung in den Unternehmen.

Das in Tabelle 37 dargestellte Beispiel zeigt ein summarisches Vorgehen. Der Vorgesetzte bildet sich anhand der definierten Kriterien einen Gesamteindruck von der Leistung eines jeden Mitarbeiters. In seinem Feedback-Gespräch ist er allerdings aufgefordert, dem Mitarbeiter zu den einzelnen Kriterien eine differenzierte Einschätzung bezüglich des jeweiligen Leistungsgrades zu geben. Eine summarische Leistungsbeurteilung ist einfacher in der Erhebung und nicht zwingend schlechter in ihrer Aussagekraft.

Jede Führungskraft hat eine Vorstellung von der Leistungskraft seiner Mitarbeiter. Diese hat sich über einen langen Beobachtungszeitraum aus einer Fülle von Eindrücken gebildet. Mit einer analytischen Beurteilung werden lediglich die Einzelteile des Gesamtbildes abgerufen – und eventuell gar nicht alle vollständig. Allerdings bezogen auf das, was im Unternehmen für besonders wichtig erachtet wird.

6.5.4.2 Zielvereinbarungen

Im Beispiel ist eine Kombination von standardisierten Kriterien dargestellt und der Möglichkeit, einzelne wichtige Ziele zusätzlich mit jedem Mitarbeiter individuell zu vereinbaren. Dabei werden Anleihen aus der Systematik für Führungskräfte genommen. Der Vorgesetzte hat damit die Möglichkeit, wichtige Einzelziele mit aufzunehmen. Hierbei sollte allerdings die Gewichtung der allgemeinen Kriterien zu den individuellen Zielen auch vorab festgelegt werden.

Das Unternehmen kann aber auch auf standardisierte Kriterien ganz verzichten und analog zu Führungskräften Zielvereinbarungen auch für Mitarbeiter vorsehen.

6.5.5 Leistung und Erfolg als Bemessungsgrößen

Nachdem die Leistung systematisch erfasst ist, muss zusätzlich festgelegt werden, wie diese individuelle Leistung gehaltswirksam wird. Die variable Vergütung setzt sich typischerweise aus individuellen Zielen und Unternehmenszielen zusammen. Im Folgenden wird die Zusammensetzung der variablen Vergütung genauer erläutert (vgl. Doyé, T. (2005), S. 3 f.).

Dabei wird der variable Teil der Vergütung am Erreichen der individuellen Ziele sowie am Erreichen der Unternehmensziele bemessen. Die individuellen Ziele werden mit dem Vorgesetzten vereinbart, die Unternehmensziele sind vorgegeben. Je stärker die Unternehmensziele vom Mitarbeiter beeinflussbar sind, desto höher ist deren Anreizwirkung. Dies ist der Fall bei Zielen der nächstgrößeren Einheit, also Abteilung oder Bereich etc. Je mehr es sich dabei um Ziele des Gesamtkonzerns handelt, umso geringer ist der direkte Leistungsanreiz für den einzelnen Mitarbeiter. Hiermit wird eher die Orientierung an der gemeinsamen Unternehmenskultur unterstützt. Und es soll dadurch ein Zusammengehörigkeitsgefühl erzeugt werden, miteinander für die Unternehmensergebnisse verantwortlich zu sein.

Sinnvoll ist es, bei den Zielvereinbarungen einen Soll/Ist-Vergleich zu Grunde zu legen, d. h. es zählt nicht der absolut erreichte Wert, sondern der in Relation zum vereinbarten Sollwert. Im Mittelpunkt stehen die Ergebnisziele, die in den Planungen des Unternehmens festgelegt sind.

Bezugsgrundlage hierfür sollte die Steuerungsgröße sein, mit der das Unternehmen gesteuert wird, z. B. Operating Profit oder EVA (Economic Value Added). Die Erfolgsbeteiligung ergibt sich folglich aus dem Vergleich von geplantem und tatsächlichem Operating Profit. Der Plan/Ist-Vergleich unterstreicht den relativen Erfolgsbegriff, also das Messen an vereinbarten Zielen. Ein Plan/Ist-Vergleich bietet den Mitarbeitern in allen Geschäftsbereichen – trotz unterschiedlicher Geschäftsvoraussetzungen – eine vergleichbare Chance, ihr variables Einkommen zu realisieren, da in der Soll-Vorgabe die unterschiedlichen Voraussetzungen der jeweiligen Geschäftsbereiche berücksichtigt werden können. Der Operating Profit stellt die tatsächlichen Gegebenheiten dar und ermöglicht ein klares Bild über die Situation des Unternehmens. Es sollte immer diejenige Steuerungsgröße verwendet werden, die für alle rechtlichen Einheiten und Geschäftsbereiche relevant ist.

Neben der 100 %-Zielgröße ist zusätzlich eine Bandbreite zu definieren. Dem Mitarbeiter muss bewusst sein, welche Zielerreichung als völlig unzureichend (=0 %) beurteilt wird und welche als herausragend (=200 %). Diese Definition der Bandbreite ist erforderlich, um nicht auch noch schlechte Ergebnisse mit variabler Vergütung bezahlen zu müssen. Wenn das Unternehmen einen Gewinn von 20 Mio. € geplant hat und in diesem Jahr nur 5 Mio. € erreicht, wäre das ein schlechtes Ergebnis. Eine variable Vergütung hierfür wäre nicht zielführend. Mit einer entsprechenden Bandbreite, etwa von 16 Mio. € (=0 %) und 24 Mio. € n (=200 %) wird eine sinnvolle Eingrenzung geschaffen (vgl. Abbildung 36). Wenn in diesem Beispiel der erreichte Gewinn 21 Mio. € wäre, würde dies bei der zu Grunde gelegten linearen Kurvenfunktion einer Zielerreichung von 125 % entsprechen.

In vergleichbarer Weise werden die Ziele und deren Bandbreiten für jeden einzelnen Mitarbeiter festgelegt. Jede Zielerreichung innerhalb der Bandbreite wird linear errechnet und mit diesem Prozentsatz variabel vergütet. Wenn der variable Anteil für das betrachtete Ziel beispielsweise 5000 € beträgt und der Mitarbeiter diese Ziel zu 125 % erreicht hat, erhält er dafür 6250 €. Entsprechend erfolgt die Berechnung für die weiteren individuellen Ziele.

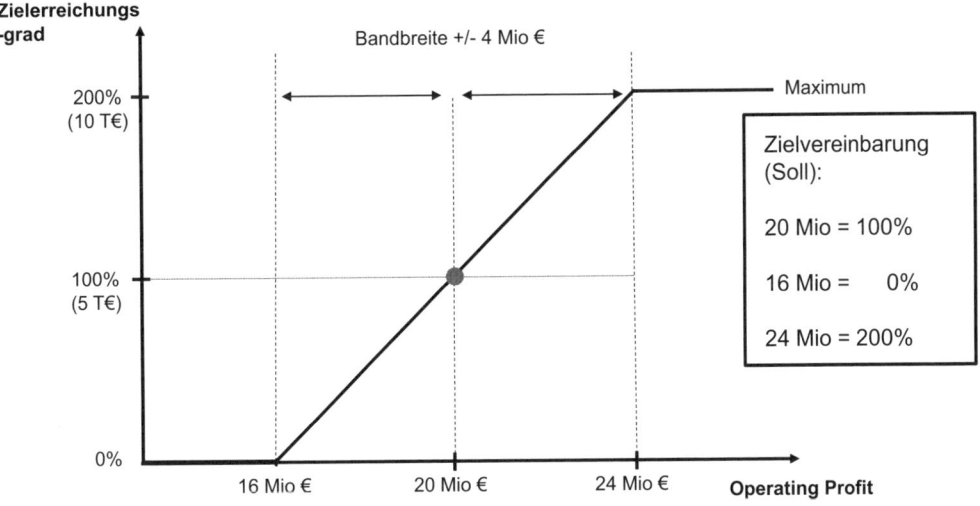

Abbildung 36: Struktur der variablen Vergütung mit Soll/Ist-Vergleich

Der Verlauf der Kurve der variablen Vergütung sollte linear erfolgen. Hier gilt das „Kiss"-Prinzip (**k**eep **i**t **s**imple and **s**mall). Jede Veränderung des Kurvenverlaufs, sei es gekrümmt oder mit einer geänderten Steigung, macht die Berechnung der Vergütung komplizierter – und reduziert damit die Anreizwirkung ganz erheblich. Variable Vergütung muss primär als Motivationsinstrument gesehen werden und nicht als Instrument, um Kosten zu sparen. Natürlich reduzieren sich – quasi als schöner Nebeneffekt – in Jahren, in denen die Ziele nicht zu 100 % erreicht werden auch die Kosten. Aber der eigentliche Zweck der variablen Vergütung liegt darin, Anreize für die Mitarbeiter und Führungskräfte zu schaffen, die Ziele zu übertreffen. Bei einer geschickten Gestaltung sind die daraus resultierenden Mehrkosten für die variablen Anteile nur ein Bruchteil des zusätzlich erwirtschafteten Mehrgewinns.

Die übliche Obergrenze von 200 % hat einen doppelten Zweck. Zum einen soll sie sog. Windfall-Profits vermeiden. Damit sind externe Einflüsse gemeint, die die Unternehmensergebnisse deutlich gepusht haben, die aber nicht auf der Leistung der Mitarbeiter oder Führungskräfte beruhen. Dies sind bspw. Währungsschwankungen, wodurch ein Unternehmen plötzlich wesentlich höhere Erlöse in der Heimatwährung erzielt, oder aber eine gesetzliche Änderung, die etwa zu einem Boom in einer bestimmten Branche führt. Beide Beispiele beschreiben externe Einflüsse, die zwar die jeweiligen Unternehmensergebnisse in die Höhe treiben, aber nicht aufgrund besonderer Leistungen der eigenen Mannschaft. Deswegen soll diese dafür auch nicht übermäßig belohnt werden. Des Weiteren sollen damit Fehler in der Zielformulierung vermieden werden. Bei den häufigen Wechseln in Führungsfunktionen besteht die Gefahr, dass sich neue Führungskräfte bei der Zielvereinbarung „über den Tisch ziehen lassen". Sollte das herausragende Ergebnis tatsächlich auf der besonderen Leistung des Einzelnen beruhen, steht es dem Unternehmen frei, diese Leistung dennoch außerordentlich zu entlohnen. Das „Cap" verhindert lediglich ungerechtfertigte Zahlungen, verbietet aber nicht herausragende Leistungen trotzdem darüber hinaus zu honorieren.

Anhand des nachfolgenden Zahlenbeispiels wird die Berechnung einer Erfolgsbeteiligung verdeutlicht.

Beispiel 36: Berechnung der Erfolgsbeteiligung

Der Geschäftsbereich X hat einen geplanten Umsatz von 50 Mrd. Euro. Die Bandbreite ist jeweils auf 1 % des Umsatzes festgelegt, d. h. auf je –/+ 0,5 Mrd. Euro.
Der geplante Operating Profit beträgt 2,5 Mrd. Euro (= 100 %). Der tatsächlich erreichte Operating Profit beträgt 2,7 Mrd. Euro.
Gemäß der vorab festgelegten Bandbreite wird eine Erfolgsbeteiligung im Rahmen 2,0 Mrd. Euro (= 0 %) bis 3,0 Mrd. Euro (= 200 %) gezahlt.
Der Ist-Wert liegt um 0,2 Mrd. € oberhalb des 100 %-Wertes. Bei einer Bandbreite von 0,5 Mrd. entspricht eine Übererfüllung von 0,2 Mrd. einer Zielerreichung von 140 %.
Dies lässt sich auch leicht mit der Dreisatz-Methode errechnen: die Bandbreite von 0,5 Mrd. entspricht 100 %. Der tatsächlich oberhalb der Untergrenze erreichte Wert entspricht 0,7 Mrd. (2,7 Mrd. minus 2,0 Mrd.).
Um die Erfolgsbeteiligung zu ermitteln, bedarf es folgender Rechnung:

- 0,5 Mrd. Euro = 100 %
- 0,7 Mrd. Euro = x %
- x = 0,7 Mrd.: 0,5 Mrd. x 100 % = 1,4 x 100 % = 140 %

Bei einem Ist-Operating Profit von 2,7 Mrd. Euro ergibt sich eine Erfolgsbeteiligung von 140 %.

6.5.6 Additive und multiplikative Verknüpfung

6.5.6.1 Additive Verknüpfung

Die dargestellte variable Vergütung betrachtet die beiden Bestandteile des variablen Anteils getrennt voneinander. Der Gehaltsanteil, der sich aus dem Erreichen der individuellen Ziele ergibt, wird unabhängig davon errechnet, wie gut die Unternehmensziele erreicht wurden und umgekehrt. Selbst wenn die Unternehmensziele nicht erreicht wurden, erhält der Top-Leister einen entsprechend hohen variablen Anteil hieraus. Und der Minderleister erhält zwar nur eine geringe variable Vergütung für den individuellen Anteil, aber partizipiert unabhängig davon von einem übererfüllten Unternehmensziel, das die Kollegen mit ihrer überdurchschnittlichen Leistung erarbeitet haben.

6.5.6.2 Multiplikative Verknüpfung

Neben dieser additiven Verknüpfung ist auch im unteren Führungs- und im Mitarbeiterbereich eine multiplikative Verknüpfung möglich. Dies erfolgt in der Form, dass beide Ziele zueinander in Bezug gesetzt werden. Das Erreichen des Ergebnisziels definiert den Gesamttopf, der zur Ausschüttung für die variable Vergütung zur Verfügung steht. Entsprechend der unterschiedlichen individuellen Zielerreichungen wird dieser Topf auf die einzelnen Mitarbeiter verteilt. Dies in der Form, dass zunächst in Abhängigkeit davon, wie gut das Unternehmen das gesetzte Ergebnisziel erreicht hat, das Volumen für die variablen Zahlungen definiert wird. Notwendig ist dabei, im Vornherein die jeweiligen Bandbreiten für hier gewählten fünf Ergebniskategorien festzulegen. Z. B. „Ergebnis erfüllt" entspricht einem Unternehmensgewinn von 500 Mio. € +/− 30 Mio. €. „Ergebnis übererfüllt" einer Bandbreite von 530–590 Mio. € und „Ergebnis deutlich übererfüllt" einer Bandbreite von über 590 Mio. €. Die Bandbreiten für Untererfüllung wären dann analog für „Ergebnis verfehlt" 410–470 Mio. € und für „Ergebnis deutlich verfehlt" weniger als 410 Mio. €. Diese Bandbreiten wird das Unternehmen von Jahr zu Jahr neu festlegen, je nach den konkreten Erwartungen an das Geschäftsergebnis. Die Bandbreiten sollten nur bereits zu Beginn des jeweiligen Geschäftsjahres den Mitarbeitern bekannt gegeben werden. Um die Ausrichtung der Mitarbeiter an den richtigen Kennzahlen zu gewährleisten, sollte das Unternehmen die Kennzahlen zu Grunde legen, mit denen das Unternehmen gesteuert wird, also z. B. Operating Profit, EVA, EBIT (Earnings before Interest and Tax) etc.

Individuelle Zielerreichung	Erreichung der Ergebnisse durch das Gesamtunternehmen				
		Ergebnis deutlich verfehlt	Ergebnis verfehlt	Ergebnis erfüllt	Ergebnis übererfüllt	Ergebnis deutlich übererfüllt
	Ziele im höchsten Maße übererfüllt	2,0	2,25	2,5	2,75	3,0
	Ziele deutlich übererfüllt	1,5	1,75	2	2,25	2,5
	Ziele übererfüllt	1,25	1,5	1,75	2	2,25
	Ziele voll erreicht	1,0	1,25	1,5	1,75	2
	Zeile im wesentlichen erfüllt	0,75	1,0	1,25	1,5	1,75
	Ziele zum Teil erreicht	0,5	0,75	1	1,25	1,5
	Ziele nur unzureichen erfüllt	0	0	0	0	0

Abbildung 37: Multiplikative Verknüpfung gestufter Unternehmensergebnis und individueller Zielerreichung

Die Verteilung des Gesamttopfes auf die einzelnen Mitarbeiter erfolgt in Abhängigkeit der individuellen Zielerreichung. Im gewählten Beispiel wurde dabei keine lineare Verteilung gewählt, sondern eine gestufte Leistungsbewertung. Der Mitarbeiter, der seine Ziele voll erreicht hat, erhält einen variablen Anteil entsprechend der mittleren Zeile. Sofern auch das Unternehmen die Ziele voll erfüllt hat, sieht die Tabelle eine zusätzliche Vergütung von 1,5 Monatsgehältern vor. Diese variable Vergütung steigt bei besseren Unternehmensergebnissen auf 1,75 Monatsgehälter, sofern die Unternehmensziele übererfüllt wurden und auf zwei Gehälter, für den Fall, dass diese Ziele deutlich übertroffen wurden. Analog errechnet sich eine geringere variable Vergütung für diesen Mitarbeiter bei schlechteren Unternehmensergebnissen. Die zusätzliche Vergütung für Kollegen mit einer höheren oder schlechteren Leistungsbewertung ergibt sich aus der Tabelle wie soeben beschrieben. Dem Unternehmen steht es frei, die Anteile der Monatsgehälter für die Tabelle festzulegen, auch in welcher Abstufung dies erfolgt (sofern es im Unternehmen eine Arbeitnehmervertretung gibt, ist die Mitbestimmung zu beachten). Aus dem Aspekt des höheren Anreizes sollte die Tabelle aber vor dem jeweiligen Betrachtungsjahr festliegen und den Mitarbeitern bekannt sein.

6.6 Variable Vergütung für Führungskräfte

Kernbestandteile der Vergütungspakete für Führungskräfte sind nach wie vor Monatsgehalt, variable Vergütung, zunehmend Formen der langfristigen Vergütung sowie ausgewählte betriebliche Zusatzleistungen. Das Monatsgehalt wird als Grundeinkommen gesehen und dient der Liquiditätsabsicherung. Variable Vergütung wird typischerweise auf das Erreichen von Jahreszielen abgestellt, ist also kurzfristig ausgerichtet. Die langfristige Orientierung mit Hilfe von Aktienoptionen, spielt in der klassischen Form nur noch eine geringfügige Rolle. Stattdessen sind Alternativformen üblich geworden, die den Aktienerwerb vermeiden und die Führungskraft lediglich virtuell und finanziell an der Aktienkursentwicklung beteiligen. Dies wird bei einigen Unternehmen ersetzt durch langfristige variable Vergütung, die sich an der langfristigen Aktienkursentwicklung orientiert, aber auch Kennzahlen miteinbezieht, wie Kapitalrendite und Umsatzrendite, teilweise sogar im Vergleich zum Wettbewerb. Weitere Ansätze dabei sind, einen Teil der variablen Vergütung zurückzuhalten und nur bei langfristigem Erfolg in voller Höhe auszubezahlen. Zusätzlich zu diesen monetären Vergütungsformen werden nach wie vor die bekannten werthaltigen Zusatzleistungen gewährt.

Die vier wesentlichen Formen der Vergütung umfassen

- Monatsgehalt,
- variables Gehalt,
- langfristige Vergütungsformen und
- geldwerte Zusatzleistungen (die mehr oder minder fix sind und damit zusammen mit dem Monatsgehalt dem fixen Anteil zugerechnet werden können).

Durch variable Vergütung soll der Erfolg der Führungskraft honoriert werden. Die Delegation von Verantwortung erfordert qualifizierte Steuerung und Koordination. Bei Führungskräften ist es sinnvoll, Anreize für unternehmerisches Handeln zu setzen durch eine Verringerung des Festgehalts bei gleichzeitiger Erhöhung der Erfolgsanteile (vgl. Bühner, R. (1997), S. 170).

6.6.1 Verbreitete Formen und deren Anreizwirkung

6.6.1.1 Aktuelle Verbreitung

In den letzten Jahren ist eine deutliche Steigerung der variablen Vergütungsbestandteile im internationalen Vergleich zu beobachten. Ca. 80 % der Geschäftsführer in Deutschland erhalten variable Vergütung, auf der zweiten Hierarchieebene sind es ca. 70 %. Bei leitenden Angestellten wird der variable Anteil am Zieleinkommen auf 25 bis 35 % geschätzt, bei Führungskräften unterhalb der Vorstandsebene in DAX notierten Unternehmen auf etwa 60 %, bei mittelgroßen Unternehmen etwa 30 % (vgl. Nicolai, C. (2003). S. 150). Formen der variablen Vergütung sind mittlerweile weit verbreitet in deutschen Unternehmen, allerdings mit völlig unterschiedlicher Handhabung. Selbst manche DAX 30-Unternehmen haben bis vor wenigen Jahren variable Vergütung nicht an das Erreichen von vorweg definierten Zielen geknüpft, sondern den Umfang der tatsächlichen Zahlungen ins Belieben der Vorgesetzten gelegt. Diese Vergütung nach „Gutsherrenart" erreicht nicht die gewünschte Motivationskraft, vorab definierte Ziele zielstrebig zu verfolgen. Im Übrigen wird damit der Subjektivität bei der Verteilung der Boni zu viel Raum gegeben.

Mittlerweile hat sich weitgehend das Führen mit Zielen (MbO – Management by Objectives) durchgesetzt (dazu ausführlich Kapitel 6.7). Zu Beginn der jeweiligen Periode – in der Regel das Kalenderjahr – werden mit jedem Vorgesetzten die Ziele vereinbart, die zu erreichen sind, um den variablen Anteil in voller Höhe ausbezahlt zu bekommen. Allerdings besteht zwischen der variablen Managementvergütung und dem Unternehmenserfolg immer noch zu wenig direkter Bezug. Am Beispiel der Dax 30-Unternehmen lässt sich im vergangenen Jahr erkennen, dass bei rund einem Drittel trotz signifikant gesunkenem Ergebnis und Aktienkurs die Vorstandsbezüge nur minimal gesunken oder gar gestiegen sind. Überwiegend war der Vorsitzende von Kürzungen weniger betroffen als seine Vorstandskollegen. In einem Fall ist der Aktienkurs um 75 % gesunken, während gleichzeitig die Vorstandsbezüge um 54 % gestiegen sind (vgl. Studie Managergehälter (2008)). Welche vertragliche Regelung auch immer dies regelt, zur Orientierung an einer nachhaltigen Wertsteigerung trägt sie nicht bei.

6.6.1.2 Motivationswirkung

Die klassische variable Vergütung hat lediglich eine kurzfristige Orientierung entsprechend der zu Grunde liegenden Zielperiode – meist das Geschäftsjahr. Verwerfungen, indem Ziele zu Lasten von Folgejahren gepusht werden, sind keine Ausnahme. Das können unterlassene Investitionen sein, die im betrachteten Jahr lediglich Kosten verursachen und damit das Ergebnisziel reduzieren. Die positiven Auswirkungen einer Investition sind häufig erst in späteren Jahren bemerkbar, wenn der Manager längst eine andere Funktion innehat. Auch die negativen Auswirkungen unterlassener Investitionen spürt meist erst der Nachfolger. Eine typische Maßnahme von Nachfolgern ist, die Ergebnisziele des Vorgängers nach unten zu korrigieren. Welchen Anreiz hat also der aktuell verantwortliche Manager, die Investition zulasten seines Ergebnisziels vorzunehmen, von der er gehaltsmäßig voraussichtlich nie profitieren wird. Ein Ausweg aus diesem Dilemma wäre beispielsweise nur einen Teil des Bonus sofort auszubezahlen, der Rest fließt auf ein Sperrkonto. Entsteht im Folgejahr ein Verlust, wird ein entsprechender Malus errechnet, der vom Sperrkonto abgeführt wird. Problematisch ist dies bei einem Jobwechsel, weil der Betreffende dann vom Geschick seines Nachfolgers abhängig ist. Dennoch wird dies in ähnlicher Form wird dies von UBS und Deutscher Bank praktiziert.

Typisch kontinentaleuropäisch ist es, das Erreichen individueller Ziele und der Unternehmensziele unabhängig voneinander zu betrachten, das heißt jedes dieser Ziele unabhängig von der Erreichung der anderen Ziele zu vergüten. Ein Top-Leistungsträger bekommt einen höheren variablen Anteil aus dem überdurchschnittlichen Erreichen seiner individuellen Ziele, auch wenn die Unternehmensziele weit verfehlt wurden. Und auch der Minderleister bekommt einen hohen variablen Anteil aus überdurchschnittlicher Erreichung der Unternehmensziele, obwohl er seine individuellen Ziele bei weitem nicht erreicht und damit auch nicht zum Unternehmenserfolg beigetragen hat. Der angloamerikanische Ansatz ist stärker von dem Ansatz geprägt: In einem schlechten Unternehmensjahr gibt es auch wenig zu verteilen. Das, was es zu verteilen gibt – ob viel oder wenig – wird dann primär nach Leistung verteilt.

Es wird allerdings immer noch zu wenig nach Leistung differenziert. Die meisten Beurteilungen liegen zwischen 95 % und 110 %, mit einem Durchschnittswert der individuellen Zielerreichungen von deutlich über 100 % – und das auch in Jahren, in denen das jeweilige Unternehmen seine Ziele deutlich verfehlt hat. Wenn die Unternehmensziele konsequent auf die einzelnen Führungskräfte heruntergebrochen werden, müsste eine überdurchschnittliche individuelle Zielerreichung allerdings auch zu überdurchschnittlichen Unternehmensergebnissen führen. Dieser Nachteil ist nicht systemimmanent, d. h. nicht strukturell bedingt, sondern resultiert aus der typischen Führungsschwäche, selbst schlechtere Mitarbeiter als zumindest durchschnittlich bewerten zu wollen. Das wiederum verringert das zur Verfügung stehende Budget, um Leistungsträger überdurchschnittlich bezahlen zu können. Daher ist bei der Einführung von variablen Vergütungsbestandteilen die Information und Schulung der Führungskräfte im Umgang mit dem Instrument wichtig für den Umsetzungserfolg.

6.6.1.3 Höhe des variablen Anteils

Bei der Bemessung der Höhe des variablen Anteils sollte dessen Signifikanz für die Anreizwirkung berücksichtigt werden. Ebenso wie ein zu geringer variabler Anteil kaum die gewünschte Anreizwirkung erzielt, kann ein zu hoher keinen zusätzlichen Anreiz mehr bewirken. Wenn z. B. der Manager mit 50 000 € variablem Anteil sich bereits voll engagiert, wird er das trotz 100 000 € nicht noch weiter können. Hier gilt es die Anreizgröße mit der größten Motivationssignifikanz zu finden.

6.6.2 Principal-Agent-Ansatz

Ein grundsätzliches Dilemma in der Unternehmenssteuerung liegt darin, dass Shareholder und Führungskräfte oft unterschiedliche Interessen verfolgen. Ziel der variablen Vergütung ist es, den finanziellen Anreiz so zu definieren, dass die Manager Strategien und Ziele wählen, die den Unternehmenswert nachhaltig maximieren. Es gilt also die Führungskräfte so zu motivieren, dass sie sich im Sinne der Eigentümer verhalten. Aufgegriffen wird dieses Thema von der Principal-Agent-Theorie.

Von einer Principal-Agent-Beziehung wird dann gesprochen, wenn Entscheidungen des Agenten (hier Vorstand) Auswirkungen auf den Principal (hier Aktionär) haben. Die grundlegenden Entscheidungen des Vorstands sind relevant für die Wertentwicklung des Unternehmens und damit relevant für den Aktionär. Das Management ist über die Situation des Unternehmens besser informiert als die Shareholder. Diesen Informationsvorsprung könnte das Management zur Verfolgung eigener Ziele nutzen, die nicht im primären Interesse der Shareholder liegen. Empirische Studien belegen, dass das Management eher kurzfristige als langfristige Ziele verfolgt. Die aktuell verwendeten Vergütungsinstrumente sehen auch überwiegend kurzfristig wirkende Anreize vor (zur Verknüpfung von Vergütungspolitik mit Shareholderinteressen, vgl. Siegert, T. (1999), S. 28). Die Vergütungsinstrumente sind so zu gestalten, dass zwischen

Principal und Agent eine angemessene Risikoverteilung erreicht wird (dazu Spreman, K. (1987), S. 3ff.). Die Analyse der Ursachen für die 2008 eingetretene Finanzkrise hat gezeigt, dass die üblichen Anreizsysteme dazu beigetragen haben. Eine Vielzahl der verwendeten erfolgsorientierten Gehaltssysteme hat Anreize für risikobehaftetes Verhalten geschaffen. Bei Erfolg des Geschäftes war der Gehaltszuwachs für den handelnden Manager weitaus größer als die Gehaltseinbuße bei Nichterfolg. Im letzten Fall war der Verlust auf Shareholderseite dafür umso größer. Ein Beleg für eine unangemessene Risikoverteilung.

Der Principal-Agent-Ansatz hat in der betrieblichen Anreizsteuerung handfeste Ansätze. In einem DAX 30-Unternehmen war die Vergütung des Top-Managements derart geregelt, dass die variablen Bezüge der Vorstände am Umfang der ausgeschütteten Dividenden bemessen wurden. Die variablen Vergütungen der nächsten Ebene waren dagegen an Kriterien wie Umsatzrendite und Marktanteil orientiert. Dass diese Art der Vergütung beide Gruppen unterschiedliche Ziele verfolgen lässt, ist offensichtlich und für eine zielorientierte Unternehmenssteuerung schädlich. Die konsequente Berücksichtigung des Principal-Agent-Gedankens bedeutet mithin, dass das komplette Management einheitlich an derselben Zielpyramide zu orientieren und das Erreichen dieser Ziele mit Anreizen zu versehen. Dies müssen dieselben Ziele sein, mit denen das Unternehmen seine strategische und operative Planung steuert.

Die im Jahr 2009 beschlossene gesetzliche Neuregelung zur Vorstandsvergütung, das Gesetz zur Angemessenheit der Vergütung des Vorstandes einer Aktiengesellschaft, verstärkt das Principal-Agent-Dilemma zwischen Vorstand und Shareholdern als auch zwischen nachgeordneten Führungsebenen mehr, als dass es zur Lösung beiträgt. Die Auslegung des Gesetzes wird in den Unternehmen noch diskutiert. Es ist nicht klar, inwieweit die Neuregelung eine mehrjährige Zielorientierung vorschreibt und jährliche Ziele als Bemessungsgrundlage für Vergütung untersagt. Auch weiterhin werden Unternehmen ihre langfristigen strategischen Ziele in kurzfristig umsetzbare operative Ziele herunterbrechen und das Unternehmen auch damit operativ steuern. Sofern die kurzfristigen Ziele und damit die gezeigte Leistung des Einzelnen aber nicht mehr vergütungsrelevant sind, fehlt ein entsprechender monetärer Anreiz zur Zielerreichung. Eine ausschließliche Orientierung der variablen Vergütung an den langfristigen Zielen würde folglich eine durchgängige einheitliche Steuerung erschweren.

6.6.3 Verknüpfung der Zielebenen

Bei unterschiedlichen Zielebenen, wie Team-, Bereichs-, oder Unternehmenszielen, die oft in Kombination die Grundlage zur variablen Vergütung bilden, muss festgelegt werden, in welcher Weise diese Ebenen für die Ermittlung ihrer Höhe miteinander verknüpft werden. Man unterscheidet dabei zwischen der additiven und der multiplikativen Verknüpfung. Bei der additiven Methode werden die Ergebnisse aus der individuellen Zielerreichung und dem Erreichen der Unternehmensziele addiert. Beim multiplikativen Ansatz werden die Ergebnisse aus den individuellen Zielen mit den Ergebnissen der Unternehmensziele multipliziert. In Europa sind additive Modelle üblich, multinationale Unternehmen verwenden zunehmend multiplikative Modelle.

6.6.3.1 Additive Verknüpfung

Die additive Verknüpfung ist die einfachste Art der Verknüpfung. Die einzelnen Bestandteile der variablen Vergütung werden unabhängig voneinander ermittelt und ausbezahlt.

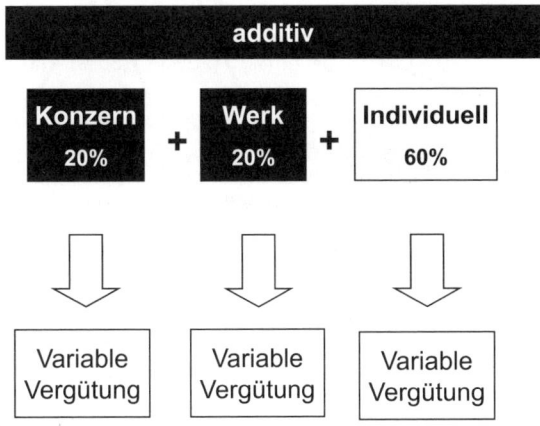

Abbildung 38: Additives Modell

Vorteile des additiven Modells sind, dass sie einfach, leicht verständlich und gut kommunizierbar ist. Außerdem ist es unwahrscheinlich, dass alle drei Komponenten gleichzeitig auf null fallen. Selbst wenn der Unternehmens- bzw. Bereichserfolg ausbleibt, erhalten zumindest die Leistungsträger eine variable Vergütung aus dem Erfüllen ihrer individuellen Ziele, da diese unabhängig vom Unternehmens- und Bereichserfolg gezahlt wird. Nachteilig dabei ist, dass auch bei schlechter Unternehmensleistung eine variable Vergütung ausbezahlt werden muss.

> **Beispiel 37: Berechnung der variablen Vergütung einer Werksleitung**
> Der Leiter eines Werkes hat ein Jahreszieleinkommen von 150 T€, wovon 50 T€ variabel sind. Der tatsächliche variable Anteil ist abhängig von der Erreichung seiner individuellen Ziele (die einen Anteil von 60 % haben, wobei jedes individuelle Ziel gleich gewichtet ist) und der Ziele seines Werks (30 %) und des Gesamtunternehmens (10 %). Die für letztes Jahr vereinbarten Ziele waren 400 Mio € Gewinn für sein eigenes Werk sowie 2 Mrd € für das Gesamtunternehmen (die Bandbreite zwischen 0–100 % und 100–200 % beträgt jeweils 10 % von diesen Gewinnzielen). Er hatte ein Produktionsvolumen von 22 000 Einheiten zu erreichen (Bandbreite 20 000 = 0 % und 24 000 = 200 %) bei einer Qualitätsrate von 500 ppm (parts per million = schadhafte Teile) (Bandbreite 800 = 0 % und 200 = 200 %). Außerdem hatte er die Fluktuation der Mitarbeiter auf 5 % zu reduzieren (Bandbreite 7 % = 0 % und 3 % = 200 %).
> Diese Ziele wurden wie folgt umgesetzt:
>
> - Profit Gesamt-Unternehmen 1,95 Mrd €
> - Profit eigenes Werk 450 Mio €
> - Individuelle Ziele:
>   Produktionsvolumen 22 600 Einheiten
>   Qualitätsrate 650 ppm
>   Fluktuation 4 %

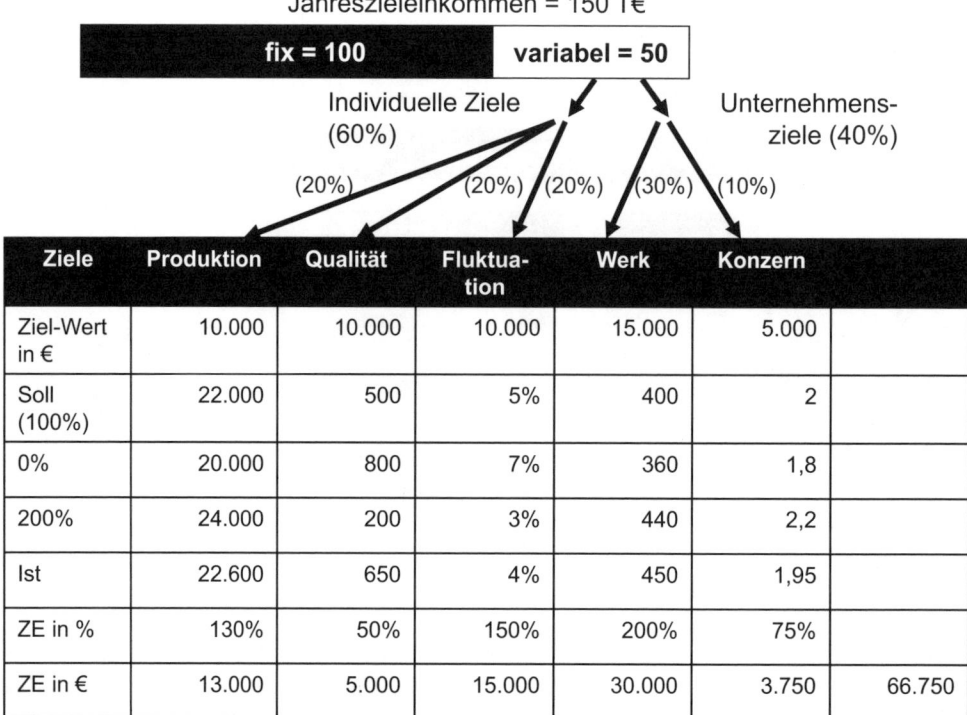

Abbildung 39: Struktur zur Berechnung variabler Vergütung

Im Lösungsansatz besteht der erste wesentliche Schritt darin, die Prozentwerte auf die einzelnen Ziele herunter zu brechen und die jeweiligen Zielbeträge bei 100 %-Zielerreichung zu berechnen (Ziel-Wert in €). Die Übertragung der Soll-Ziele (100 %) sowie der Ober- und Untergrenzen der Bandbreite (0 % und 200 %) ist eine leichte Übung, im gewählten Beispiel sind dabei lediglich die Ober- und Untergrenzen für die Unternehmensziele zu berechnen (10 % von 400 Mio. sind +/– 40 Mio. sowie 10 % von 2 Mrd. sind +/– 0,2 Mrd.). Die restlichen Werte ergeben sich aus der Angabe ebenso wie die tatsächlich erreichten Werte. Die eigentliche Berechnung liegt nun darin, zu ermitteln, wie der tatsächlich erreichte Wert in der Bandbreite liegt und welcher prozentualen Zielerreichung dies entspricht. Bei einigen Zielen ist das sofort erkennbar, wie bei der Fluktuation, bei der der erreichte Wert genau zwischen der 100 %- und der 200 %-Vorgabe liegt und damit 150 % beträgt.

> Der Manager erhält somit einen variablen Anteil von 66 750 €, sein gesamtes Jahreseinkommen beträgt damit 166 750 €.

6.6.3.2 Multiplikative Verknüpfung

Bei der multiplikativen Methode ist die individuelle Leistung nicht direkt Grundlage für die variable Vergütung, sondern bildet den Multiplikator, mit dem der Unternehmenserfolg (also ggf. das Erreichen der Unternehmes-, der Werks-, der Bereichsziele etc.) multipliziert werden. Die individuelle Zielerreichung wird also nicht als eigener Vergütungsbaustein ausbezahlt, sondern dient als Gradmesser für die Verteilung des Gesamttopfes an variablen Zahlungen an die einzelnen Führungskräfte je nach dem individuellen Leistungsgrad. Dahinter steckt die Idee, dass der Unternehmenserfolg die Größe des zu verteilenden Topfes bestimmt und die individuelle Zielerfüllung die Verteilung dieses Topfes auf die einzelnen Führungskräfte.

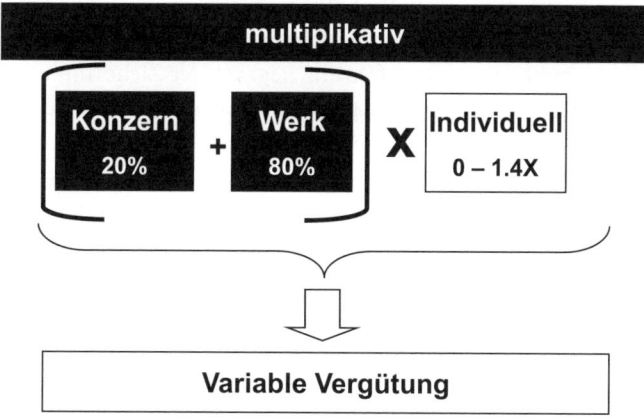

Abbildung 40: Multiplikatives Modell

Der Vorteil einer multiplikativen Verknüpfung liegt darin, dass es zu einer stärkeren Verknüpfung mit dem Unternehmensergebnis kommt. In wirtschaftlich schlechten Jahren sinkt auch die Belastung durch variable Vergütung (entsprechend dem Grundsatz: wenn wenig in der Kasse ist, kann wenig ausgegeben werden) und steigt entsprechend in guten Jahren. Dieser Ansatz belohnt Leistungsträger und bestraft Minderleister, da sie ihren Anteil aus dem Unternehmenserfolg nur in Abhängigkeit von ihrer individuellen Leistung erhalten. Wenn die individuellen Ziele also nur teilweise erreicht werden, so reduziert sich auch die zu zahlende Vergütung. Wird das individuelle Ziel völlig verfehlt, liegt der Multiplikator bei null und trotz guten Unternehmenserfolgs wird kein variabler Anteil gezahlt. Der multiplikative Ansatz verknüpft also den Unternehmenserfolg mit dem Individualerfolg.

Der Nachteil liegt in der Gefahr, Top-Leistungsträger zu frustrieren, wenn sie bei schlechtem Unternehmenserfolg trotz ihrer hohen individuellen Leistung nur geringe oder keine variable Vergütung erhalten. Zudem ist die multiplikative Verknüpfung komplexer und schwieriger zu kommunizieren als die additive Verknüpfung.

6.7 Führen mit Zielen

6.7.1 Ziele als Instrument der Unternehmenssteuerung

Mit zunehmender Globalisierung, leistungsfähiger Technologie und der Werteveränderung hin zu Selbstbestimmung und Individualität verändern sich die Anforderungen an Manager gravierend. Die alten Managementkonzepte wie Anweisen und Kontrollieren werden von jungen Leistungsträgern nicht mehr akzeptiert und verhindern zudem schnelles Agieren, welches auf den dynamischen Märkten wichtig ist.

Die Führungstechnik, die mit Zielen als Führungsmittel arbeitet, wird als Management by Objectives (MbO) bezeichnet. Anstelle von einzelnen Aufgaben werden Ziele besprochen und vereinbart. Der Schwerpunkt der Personalführung liegt auf der Zielformulierung, dem Coachen des Mitarbeiters bei der Verfolgung der Ziele und der Kontrolle der Zielerreichung. Es erfolgt ein Wechsel in der Führungsphilosophie vom *Push* zum *Pull*. Die Führungskräfte beaufsichtigen nicht mehr alles, sondern bewerten die Zielerreichung und lassen den Mitarbeitern Freiraum, auf welche Weise sie die Ergebnisse erreichen wollen (vgl. Nicolai, C. (2003), S. 194).

Führungskräfte sind dabei aufgefordert, Ziele für den von ihnen geführten Bereich zu formulieren und mit den Vorgesetzen abzustimmen sowie Ziele mit ihren Mitarbeitern zu vereinbaren. Aus den übergeordneten Unternehmenszielen werden Bereichs- und Abteilungsziele abgeleitet. Anforderungen vom Kunden und vom Markt werden in Ziele formuliert. Jede Abteilung und jeder Bereich trägt damit verstärkt dazu bei, die spezifischen Kundenwünsche zu erfüllen (vgl. Eyer, E., Haussmann, T. (2009), S. 9 ff.).

Deutliche Unterschiede gibt es dabei insbesondere zwischen dem kontinentaleuropäischen und dem angloamerikanischen Ansatz:

- Viele angloamerikanische Unternehmen definieren den 100 %-Wert als Maximum, der folglich im Regelfall auch nicht erreicht wird.
- Bei den meisten kontinentaleuropäischen Unternehmen werden die 100 % als Normalwert definiert, der bei Erreichen der vereinbarten Ziele bezahlt wird. Im Gegensatz zum angloamerikanischen Ansatz wird hier bei Übererfüllung der Ziele ein entsprechend höherer variabler Anteil vergütet. Hier liegt ein besonderer Anreiz darin, die Ziele über zu erfüllen. Üblicherweise liegt die Obergrenze bei 200 %.

6.7.2 Die Bedeutung von Zielen und Zielvereinbarungen

Führungskräfte haben durch „Führen mit Zielen" Nutzen auf folgenden Gebieten (vgl. Mutafoff, A., Glatz, I. (2008), S. 26 ff.):

Tabelle 38: Nutzen von Zielvereinbarungen für Vorgesetzte

Verantwortung	Durch Ziele werden Verantwortungen eindeutig geklärt und können von dem Mitarbeiter erwartet und verlangt werden.
Vergütung	Es besteht Transparenz über Art und Umfang der leistungsbezogenen Vergütung. Variable Anteile werden aufgrund des Erreichens von Zielen gezahlt.
Steuerung	Die Steuerung von Aktivitäten wird erheblich vereinfacht. Zielüberschneidungen, Widersprüche und Zielkonflikte werden schneller offensichtlich.
Ressourcen	Mitarbeiter können stärker entsprechend ihren Fähigkeiten eingesetzt werden. Unterschiedliche Potenziale von Personen, Teams oder Abteilungen lassen sich sinnvoll ergänzen.
Vertrauen	In den Zielvereinbarungsgesprächen erhält der Vorgesetzte ein klareres Bild über die individuellen Ziele, Bedürfnisse und Wünsche seiner Mitarbeiter.

Mitarbeiter streben in ihrem Aufgabenbereich zunehmend nach Eigenverantwortung, da dies letztendlich Leistung und Engagement maßgeblich beeinflusst. Mitarbeiter profitieren von Zielvereinbarungssystemen in unterschiedlicher Weise (vgl. Mutafoff, A., Glatz, I. (2008), S. 31f.):

Tabelle 39: Nutzen von Zielvereinbarungen für Mitarbeiter

Selbstmanagement	Mitarbeiter können ihre Aktionen eigenständig planen und gestalten, da sie selbst den Beitrag ihrer Arbeit zur Zielerreichung bestimmen.
Eigenverantwortung	Der monetäre und persönliche Erfolg hängt vom eigenen Engagement der Mitarbeiter und den dadurch erreichten Zielen ab.
Eigenmotivation	Die individuelle Motivation ist umso größer, je größer die Selbstbestimmung in der Ausführung ist.

In einer Zielvereinbarung sollten nur Ziele vereinbart werden, die vom jeweiligen Mitarbeiter auch direkt beeinflusst und erreicht werden können. Allerdings spielt das Erreichen von Zielen aus übergeordneten Dimensionen wie Team, Bereich oder Unternehmen in zahlreichen variablen Vergütungssystemen eine wichtige Rolle und ist somit auch Bestandteil der zugehörigen Zielvereinbarung. Mit einem einzelnen Mitarbeiter können aber immer nur Individualziele vereinbart werden, nicht aber Team-, Bereichs- oder Unternehmensziele.

Führen mit Zielen oder Management by Objectives (MbO) heißt nichts anderes als:

- Was nehmen wir uns vor?
- Wie wollen wir es schaffen?
- Was ist mein Beitrag?

Das gemeinsame Erarbeiten und Vereinbaren von Zielen – und nicht die einseitige Vorgabe oder eine detaillierte Wegbeschreibung – verkörpern bereits ein Stück neue Kultur. Das Beschränken auf das verbindliche „Soll" als gemeinsam vereinbartes Ziel stärkt die Eigenverantwortlichkeit der Teammitglieder. Und das Vereinbaren der Ziele als solches schafft „Commitment" bei den Mitarbeiterinnen und Mitarbeitern.

Diese Methode hilft, sich die wesentlichen Ziele und den eigenen Beitrag zur Zielerreichung bewusst zu machen. Dies motiviert, sich dafür auch einzusetzen. Dazu werden die Ziele diskutiert, konkret vereinbart und untereinander gewichtet. Diese Fokussierung der Ziele erhöht den Zielerreichungsgrad.

Wesentlich für den Erfolg einer Zielvereinbarung sind die richtige Auswahl und die richtige Formulierung der Ziele. Ein Hilfsmittel ist das sog. SMART-Prinzip (vgl. Tabelle 40), das fünf Anforderungen an Zielformulierungen stellt (vgl. Eyer, E., Haussmann, T. (2009), S. 30ff.):

Tabelle 40: Das SMART-Prinzip der Zielformulierung

S	Spezifisch	Es ist klar formuliert, was erreicht werden soll.
M	Messbar	Es sind Kriterien vorhanden, an denen die Zielerreichung genau festgestellt werden kann.
A	Aktiv beeinflussbar	Die Mitarbeiter bzw. Führungskraft haben die Möglichkeit und Mittel, das Ziel zu erreichen.
R	Realistisch	Die Zielerreichung stellt keine Überforderung dar, aber ist herausfordernd.
T	Terminiert	Der Zeitpunkt der Zielerreichung sowie Zwischenschritte sind genau definiert und dokumentiert.

Zielvereinbarungen sind ein zentraler und erfolgskritischer Punkt bei der Steuerung eines Unternehmens über ein Zielsystem. Jeder Manager muss sich vor dem Gespräch darüber klar werden, welche Ziele für seinen Aufgabenbereich relevant sind und welche Ziele sich daraus für den einzelnen Mitarbeiter ableiten lassen. Das klingt banal, aber in vielen Unternehmen, die nicht mit MbO steuern, werden die jährlichen Ziele nicht explizit besprochen – mit dem entsprechenden Ergebnis.

Führen durch Ziele gliedert sich in drei Phasen:

1) Position bestimmen und Vereinbaren der Ziele,
2) den Leistungsprozess unterstützen, Meilensteine setzen und überprüfen,
3) erreichte Ziele besprechen und neue Ziele vereinbaren.

Aus dem Zielvereinbarungsprozess resultiert eine verbesserte Orientierung für alle Beteiligten:

- Jeder Mitarbeiter kennt seine persönlichen Ziele ... und was von ihm verlangt wird.
- Jeder Mitarbeiter kennt die Ziele seines Bereiches ... und was er dazu beitragen kann.
- Jeder Mitarbeiter kennt die wesentlichen Ziele seines Produktbereiches ... und was sein Bereich dazu beiträgt.

Bei der Zielvereinbarung findet ein Dialog zwischen dem Vorgesetzten und dem Mitarbeiter statt, in dem sowohl die Beschreibung der Ziele und der Messkriterien erfolgt, als auch das Besprechen wie sich diese Ziele erreichen lassen. Es geht um das Setzen von Zielen, die der Mitarbeiter während des Jahres eigenverantwortlich verfolgt und nicht um eine detaillierte Wegbeschreibung durch den Vorgesetzten, in der er jeden einzelnen Schritt detailliert vorgibt. Der Vorgesetzte gibt Unterstützung, er fungiert als Berater und Coach. Dadurch entsteht eine Eigenverantwortung des Mitarbeiters: Er hat rechtzeitig auf wesentliche Zielabweichungen hinzuweisen, sobald diese erkennbar sind – und nicht damit zu warten, bis auch mit Unterstützung des Vorgesetzten nichts mehr zu retten ist. Dem Vereinbaren im Sinne von Aushandeln sind Grenzen gesetzt, denn alle Ziele sind von den Unternehmenszielen abzuleiten. Diese übergeordneten Ziele sind auf die Bereichs-, Abteilungs- und Mitarbeiterebene herunter zu brechen und als individuell zugeschnittene Ziele zu vereinbaren. Die Summe der Einzelziele müssen als Ergebnis die Unternehmensziele abbilden. In den bilateralen Vereinbarungen ist zu klären, wie groß die unterschiedlichen Aufgabenpakete für die einzelnen Mitarbeiter sind. Bei der Formulierung der Ziele ist auf ein ausgewogenes Verhältnis von quantitativen Zielen (objektiv messbar) und qualitativen Zielen (beschreibbar, subjektiv messbar) zu achten.

Zielvereinbarungen sind erfolgreich, wenn sie folgende Grundannahmen über menschliches Verhalten berücksichtigen (vgl. Mutafoff, A., Glatz, I. (2008), S. 41f.):

- Menschen arbeiten wirksamer, wenn sie die Ziele, die sie erreichen sollen, kennen, verstehen und sich mit ihnen identifizieren.
- Ziele werden eher akzeptiert, wenn sie von den Betroffenen selbst vorgeschlagen werden oder wenigstens mit ihrer Zustimmung vereinbart werden (Commitment schaffen).
- Menschen arbeiten wirksamer und sind zufriedener, wenn sie regelmäßig Feedback über ihre Leistung erhalten, das ihnen den Stand der Zielerreichung aufzeigt.
- Mitarbeiter sind engagierter und zufriedener, wenn ihre Leistungen objektiv und gerecht gewürdigt werden und unzureichende Leistungen zum Anlass für individuelle Förderung genommen werden.

Am Ende des Zielvereinbarungszeitraumes (normalerweise das Kalenderjahr) geht es darum, über das Jahr Bilanz zu ziehen und eine Basis für das Setzen neuer Ziele zu schaffen. Dazu wird ein erneutes Zielvereinbarungsgespräch geführt, in dem der Grad der Zielerreichung besprochen wird und darauf aufbauend die Ziele für das folgende Jahr vereinbart werden.

Meist sind Zielvereinbarungssysteme an ein variables Vergütungssystem gekoppelt. Zielvereinbarungen können allerdings auch ohne die Verbindung zu variabler Vergütung praktiziert werden. Ein Zielvereinbarungssystem ist ein Führungsinstrument, das dazu dienen soll, Leistungserwartungen zu kommunizieren, zur Leistung zu motivieren, Leistung zu beurteilen und Leistung zu differenzieren. Das geht mit oder ohne monetäre Belohnung.

Kommunikation ist ein wichtiger Baustein für erfolgreiches Führen mit Zielen. Nicht alles Gesagte wird als Auftrag verstanden, nicht mit allem Verstandenen sind die Mitarbeiter auch einverstanden. Echte Verbindlichkeit wird erreicht, indem die Ziele schriftlich fixiert werden und Commitment wird erzeugt, indem das Einverständnis der Mitarbeiter mit den besprochenen Zielen hergestellt wird (vgl. dazu die Kommunikationskaskade im Kapitel Personalführung).

Bei Zielvereinbarungen geht es nicht darum leicht messbare Ziele zu vereinbaren. Es geht darum, die wichtigen, für den Unternehmenserfolg wesentlichen Ziele bewusst zu machen und diese in konkrete Ziele zu fassen, auch wenn dies teilweise nur schwer möglich sein sollte. Es geht nicht darum, irgendetwas zu messen, sondern das Erreichen der wichtigen Ziele zu steuern. Es gilt der Grundsatz: Was ich nicht messen kann, kann ich nicht steuern.

Tabelle 41 zeigt Beispiele für die Formulierung eigener Ziele. Die Wahl der Zielfestlegung erfolgt anhand der konkreten Aufgabenstellung und der Notwendigkeit im jeweiligen Bereich. Die dargestellten Beispiele zeigen, dass auch für qualitative Ziele geeignete Kriterien gefunden werden können.

Tabelle 41: Beispiele für Ziele

Betriebswirtschaftlich orientiert Deckungsbeitrag Betriebsergebnis Rendite Cash Flow Kosten Budget Stundensatz Mengenziel	Marktorientiert Marktanteil Auftragsvolumen Angestrebter Marktpreis Angestrebter Umsatz Globalisierung Fusionen	Kundenorientiert (auch intern!) Reklamation Kundenzufriedenheit Kundenbedürfnisse Termintreue
Produktivitätsorientiert: Kapazitätssteuerung Personalplanung und -einsatz Maschienenlaufzeiten Entwicklungs- und Fertigungszeiten Technologieeinsatz	Zielspektrum	Prozessorientiert Benchmarking/Best practice Pojektführung Total Quality Management etc.
Teamorientiert: Teambildung Organisationsentwicklung Gruppenarbeit Kontinuierliche Verbesserung Bereichsübergreifende Zusammenarbeit	Mitarbeiterorientiert Qualifikationsstruktur Fluktuation Krankenstand Ausbildungsplatz Mitarbeiterförderung Führungskräftepotenzial Kommunikation	Persönliche Ziele … … …

6.8 Rechtliche Aspekte des Vergütungsmanagements

Die Vergütung wird von den folgenden Rechtsgrundlagen beeinflusst: Auf gesetzlicher Ebene sind insbesondere Betriebsverfassungsgesetz (BetrVG), Entgeltfortzahlungsgesetz (EntgeltFZG), Bundesurlaubsgesetz (BUG) und Bürgerliches Gesetzesbuch (BGB) sowie die Sozialgesetzgebung zu beachten.

Auf tariflicher Ebene regeln Manteltarifverträge, teilweise auch Entgeltrahmentarifverträge: Allgemeine Entlohnungsbestimmungen, Zeitlohnarbeit, Akkordlohnarbeit, Einstufung, Zuschläge, Lohngarantie bei Krankheit und Versetzung. Lohn- und Gehalts- bzw. Entgelttarifverträge beinhalten: Lohn- und Gehaltsgruppen, Lohn- und Gehaltssätze, Ortsklassen, Leistungszulagen.

Auf betrieblicher Ebene befinden sich Betriebs- oder Dienstvereinbarungen. Hier kommt insbesondere nach § 87 Abs. 1 BetrVG dem Betriebsrat ein weitgehendes Mitbestimmungsrecht bei Fragen der betrieblichen Entgeltgestaltung oder bei der Festsetzung der Akkord- und Prämiensätze zu.

Die Zulässigkeit von Betriebsvereinbarungen wird gemäß § 77 Abs. 3 BetrVG eingeschränkt, der festlegt, dass die in Tarifverträgen geregelten Arbeitsentgelte und sonstige Arbeitsbedingungen nicht Gegenstand von Betriebsvereinbarungen sein können, es sei denn, es besteht eine Ausnahmeregelung.

Auf individualarbeitsrechtlicher Ebene wird mit dem Arbeitsvertrag die konkrete Eingruppierung festgehalten. Außerdem werden Art, Höhe, Auszahlungsweise und Fälligkeit des Entgelts, Vergütung von Mehr-, Schicht-, Nacht-, Feiertags- und Sonntagsarbeit und ggf. außertarifliche Zulagen vereinbart.

Einzelvereinbarungen sind immer dann relevant, wenn keine Tarifverträge oder Betriebs- bzw. Dienstvereinbarungen zur Anwendung kommen bzw. sachlich nicht entgegenstehen bzw. wenn der Arbeitsvertrag eine Besserstellung des Arbeitnehmers regelt.

6.9 Fragen/Übungsaufgaben zum Vergütungsmanagement

- Ein Dreher erhält in einer Stunde einen Mindestlohn von 15 €, der Akkordzuschlag beträgt 20 % und als Normalleistung wurden sechs Stück pro Stunde ermittelt. Als Vorgabezeit wurden zehn Minuten pro Stück berechnet. Der Arbeiter hat in der Woche 300 Teile gefertigt und war 40 Stunden im Unternehmen anwesend. Welchen Bruttoverdienst erhält der Dreher?
- Ein Arbeitnehmer erhält einen Stundenlohn von 15 €. Die ermittelte Vorgabezeit pro Stück beträgt 10 Minuten. Um dem Mitarbeiter einen Anreiz zu verschaffen, wurde vom Management entschieden, dass bei einer Unterschreitung der Vorgabezeit der Arbeitnehmer die Hälfte des ersparten Zeitlohns als Mengenprämie erhält. Berechnen Sie den effektiven Stundenlohn (Prämienlohn) bei den folgenden Zeiten pro Stück: 10 Minuten, 9 Minuten, 8 Minuten, 7 Minuten und 6 Minuten!
- Nennen Sie Vor- und Nachteile des reinen Zeitlohnes!
- Nennen Sie wichtige Voraussetzungen für die Akkordentlohnung!
- Diskutieren Sie die unterschiedlichen Methoden zur Funktionsbewertung!
- Welche Bedeutung hat Zielvereinbarung für Führungskräfte und Mitarbeiter?
- In welche drei Phasen gliedert sich das Führen durch Ziele?
- In welchen Schritten erfolgt die Herleitung individueller Ziele?
- Welche Voraussetzungen benötigt ein Zielvereinbarungssystem?
- Der Abteilungsleiter Meier hat ein Jahreszieleinkommen von 60 000 €, wovon 10 % variabel sind. Der variable Anteil ist abhängig von der Erreichung seiner individuellen Ziele mit einem Anteil von 7 % und der Ziele seines Unternehmens mit einem Anteil von 3 %. Bezüglich seiner individuellen Ziele hat er die „Ziele übertroffen". Das maßgebliche Unternehmensziel für letztes Jahr war 2 Mrd. Euro Operating Profit. Die Zielerreichung betrug 1,8 Mrd. €. Die

Bandbreite wurde mit 20 % vom Ziel festgelegt.
Wie hoch sind seine Tantieme und die Erfolgsbeteiligung? Welche Vergütung erhält Meier für das vergangene Jahr insgesamt?

6.10 Literaturhinweise

Bamberg, G., Spreman, K. (Hrsg.): Agency Theory, Information and Incentives, Berlin 1987
Bröckermann, R. (2001): Personalwirtschaft, Köln 2001
Bühler, W., Siegert, S. (Hrsg.): Unternehmenssteuerung und Anreizsysteme, Stuttgart 1999
Bühner, R. (1997): Personalmanagement, Landsberg und Lech 1997
Chahed, Y., Müller, H. E. (2006): Unternehmenserfolg und Managervergütung, München und Mering 2006
Doyé, T. (2005): Vergütung, die ankommt; in: Personal, 12/2005, S. 14–18
Eyer, E., Haussmann, T. (2009): Zielvereinbarung und variable Vergütung, Wiesbaden 2009
Holtbrügge, D. (2007): Personalmanagement, Berlin 2007
Kuhner, C. (2008): Studie Managergehälter 2008, Köln 2008
Mutafoff, A., Glatz, I. (2008): Ziele vereinbaren und Strategien realisieren, München 2008
Nicolai, C. (2006): Personalmanagement, Regensburg 2006
Olfert, K., Steinbuch, P. A. (1999): Personalwirtschaft, Kiehl 1999
Rohleder, N. E. (2003): Grundlagen der betrieblichen Personalwirtschaft, Marburg 2003
Siegert, T. (1999): Humankapital; in: Bühler, W., Siegert, S. (Hrsg.): Unternehmenssteuerung und Anreizsysteme, Stuttgart 1999, S. 17–46
Spreman, K. (1987): Principal and Agent, in: Bamberg, G., Spreman, K. (Hrsg.), Agency Theory, Information and Incentives, Berlin 1987, S. 3–38

7. Betriebliche Zusatzleistungen

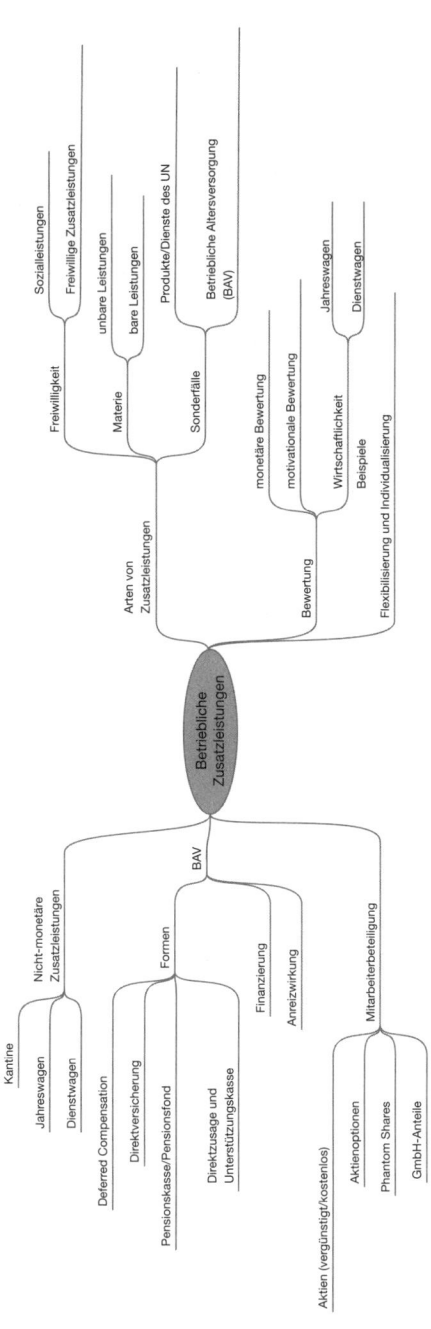

7.1 Zum Einstieg

Meine Tischnachbarinnen in der Kantine unterhalten sich, wohl in Folge einer Trennung vom Partner der einen Kollegin, über Versicherungen. Als neuer Personaler im Unternehmen bin ich zwar äußerst um Diskretion bemüht, aber auf Grund der regen Diskussion komme ich nicht umhin, Teile des Gesprächs zu verfolgen. Daher weiß ich, dass die zwei aus dem Bereich Öffentlichkeitsarbeit sind. Und als es um den Neuabschluss einer Unfallversicherung geht, die dringend empfohlen wird, kann ich mich nicht mehr zurückhalten: „Entschuldigung, Sie wissen schon, dass wir im Unternehmen eine Unfallversicherung für alle Mitarbeiter haben?" Die beiden schauen mich etwas verwundert an und eine meint: „Die Unfallversicherung im Unternehmen ist doch schon gesetzlich vorgeschrieben, oder?" „Jaja", sage ich, „aber unser Unternehmen hat eine Gruppenunfallversicherung auch für Unfälle im Freizeitbereich abgeschlossen". Nun scheinen die zwei wirklich verdutzt. „Was bringt das denn, insbesondere wenn niemand davon weiß?", fragt die Andere. Ich antworte: „Wenn wirklich keiner davon weiß, alle privat versichert sind und über unsere Versicherung gar kein Versicherungsfall zum Tragen kommt, bringt das nur Kosten und keinen Nutzen. Ansonsten haben die Mitarbeiter aber einen direkten Vorteil durch deutlich vergünstigte Tarife, und außerdem bringt es indirekt Abgabenvorteile, da keine Sozialversicherungsbeiträge zu leisten sind und die Leistung nicht vom Nettolohn bezahlt werden muss. Das Unternehmen kann die Leistungen günstiger pauschal mit 20 % versteuern". Die Kollegin schließt auf jeden Fall keine Versicherung ab, ohne sich nicht zuvor die Leistungen des Unternehmens genau angeschaut zu haben. Damit es anderen nicht geht wie ihr, hat sie mir außerdem zugesagt, mich bei einem Vorschlag für ein Kommunikationskonzept mit Blick auf Nebenleistungen zu unterstützen. Ich hoffe, dieser Vorschlag kommt an, notwendig wäre er sicher, was das „Kantinenerlebnis" unterstreicht.

7.2 Einleitung

Der Standort Deutschland hat an wirtschaftlicher Attraktivität eingebüßt. Die im internationalen Vergleich sehr hohen Personalkosten sind ein wesentlicher Teil des Standortproblems. Die Personalzusatzkosten liegen international in der Spitzengruppe (vgl. Hemmer, E., Salowsky, H. (1991), S. 19f.). Neben den gesetzlichen Abgaben zur Renten-, Kranken-, Pflege- und Unfallversicherung werden die Personalzusatzkosten bestimmt durch tarifliche Regelungen, Betriebsvereinbarungen und freiwillige Sozial- und Zusatzleistungen der Arbeitgeber. Sie liegen, je nach Branche, zwischen 60 % und 110 % der direkten Personalzusatzkosten in Form von monatlichem Lohn und Gehalt. Bei der Telekom lagen sie 1994 sogar noch bei 125 % (vgl. Wichmann, S. (1994), S. 42). Zur Definition der Personalzusatzkosten finden sich Ausführungen im Kapitel Personalplanung (vgl. auch Hemmer, E., Salowsky, H. (1991), S. 4ff.). Im internationalen Vergleich stellen derart hohe Nebenkosten einen deutlichen Wettbewerbsnachteil dar. Einen zusätzlichen Nachteil bringen die im Vergleich zu den großen Industrienationen kurzen Arbeitszeiten. Dies gilt sowohl für die Wochen-, Jahres- als auch Lebensarbeitszeit, lediglich bei Streiktagen fällt der Vergleich günstiger aus.

In fast allen Unternehmen schlummert Potenzial, die Personalkosten weiter zu reduzieren. Allerdings kennen lang nicht alle Unternehmen die Kostenstruktur ihrer Sozial- und Zusatzleistungen in genügender Differenziertheit. Oftmals sind verschiedenartige Zusatzleistungen in einer Kostenart gebündelt bzw. sind administrative Aufwendungen nicht aufgegliedert. Unternehmen gewähren in vielfacher Hinsicht ineffiziente Zusatzleistungen, sei es, dass die Wertschätzung auf Seiten des Mitarbeiters (inzwischen) fehlt (vgl. Wagner, D. (1986) S. 234), sei es, dass der Mitarbeiter dieselbe Leistung anderswo günstiger beziehen könnte. Der mit verschiedenen Leistungen verbundene Verwaltungsaufwand ist teilweise stärker gestiegen als ihr Vorteil für den Empfänger (vgl. Grünefeld, H. G. (1983), S. 61ff.). Im Folgenden werden Ziele, Arten und einzelne Zusatzkosten sowie Ansätze zur Optimierung des Einsatzes vorgestellt.

7.3 Zielsetzung der Gewährung von Zusatzleistungen

Die Leistungsbereitschaft des Mitarbeiters wird von einer Vielzahl von Faktoren (acht Hauptinteressen im Beruf sind zusammengestellt von Butler, T., Waldroop, J. (2000), S. 74f. Zur Abgrenzung von Leistungsfähigkeit und -bereitschaft sowie den Elementen letzterer, vgl. Wagner, D. (2003), S. 346) beeinflusst, von denen das betriebliche Anreizsystem nur einer ist, wenn auch ein wesentlicher. Anreizsysteme sollen das Verhalten von Mitarbeitern beeinflussen, um das Erreichen der Unternehmensziele zu verbessern. Im besonderen Interesse stehen dabei Führungskräfte, da diese maßgeblich den Unternehmenserfolg gestalten. Nicht mehr der Fürsorgegedanke wie in den Anfängen der Beteiligung von Arbeitnehmern am ökonomischen Erfolg des Unternehmens (Beginn des 19. Jahrhunderts in England und ein halbes Jahrhundert später auch in Deutschland), sondern motivationstheoretische Überlagerungen prägen inzwischen die betriebliche Sozialpolitik (dazu näher, Cisek, G. (1986), S. 42). Damit werden die Zusatzleistungen nicht länger fürsorglich von Firmenpatriarchen verteilt, sondern mehr oder weniger ziel- und mitarbeiterbezogen zugeschnitten. Durch die Einbindung der Zusatzleistungen in ein strategisch ausgerichtetes Anreizsystem haben sich die Ziele gewandelt. Zur Motivation der Mitarbeiter eignen sich allerdings fast ausschließlich die freiwilligen Zusatzleistungen, nur sie sind anreizorientiert gestaltbar. Insgesamt sind nur 10 % der Zusatzleistungen kurzfristig disponibel (vgl. Freimuth, J. (1988), S. 602). Den Mitarbeitern ist nur ein Bruchteil der ihnen gewährten betrieblichen Zusatzleistungen bewusst. Den Wert der Benefits schätzen selbst Führungskräfte nur auf rund die Hälfte des tatsächlichen Werts.

Kompetentes Management der betrieblichen Zusatzleistungen dient der Profilierung des Unternehmens bei den eigenen und potenziellen Arbeitnehmern sowie der Steuerung des Verhaltens von Mitarbeitern. Die personalpolitische Zielsetzung angesichts abnehmender Spielräume bei Entgelterhöhungen liegt darin, den zusätzlichen Entgeltbestandteilen eine höhere Effizienz und (subjektive) Werthaltigkeit zu verschaffen. Insbesondere Zusatzleistungen bieten hierfür noch ausreichend Potenzial. Dabei steht nicht deren Ausweitung, sondern ihre optimierte Gewährung im Vordergrund. Durch stärkere Individualisierung erhält der Einzelne die Möglichkeit, diejenigen Leistungen zu wählen, die seiner Bedarfssituation am besten entsprechen – und gleichzeitig auf diejenigen zu verzichten, die für ihn weniger bedeutend sind. Und es geht verstärkt darum, wie das Verhalten von Mitarbeitern durch Zusatzleistungen gezielt beeinflusst werden kann (Wagner, D., Grawert, A., Langemeyer, H. (2002), S. 271; Grawert, A. (1989); Knoll, L., Raasche, K. (1996): S. 17), etwa bezüglich der Reduzierung von Fluktuation und Fehlzeiten, der Attraktivität der Arbeitgeber etc. Ein weiterer Aspekt ist das Erzielen von Steuer- und Finanzierungsvorteilen.

Betriebliche Zusatzleistungen haben folglich motivationale und monetäre Aspekte, die sich auf Mitarbeiter- und Unternehmensseite unterschiedlich darstellen (vgl. Tabelle 42). Das Unternehmen möchte mit der jeweiligen Zusatzleistung eine bestimmte Anreizwirkung erreichen. Inwieweit dies gelingt, entscheidet sich aus der Mitarbeiterperspektive. Die Anreizwirkung der verschiedenen Zusatzleistungen ist auf die einzelnen Mitarbeiter unterschiedlich hoch. Im Hinblick auf die monetäre Komponente ist für das Unternehmen maßgeblich, wie viel die jeweilige Zusatzleistung kostet. Für den Mitarbeiter hingegen ist relevant, welchen monetären Wert die Leistung für ihn hat. Maßgeblich ist dabei nicht, was er selber für die vergünstigte Zusatzleistung zu zahlen hat, sondern was ein externer Dritter dafür aufwenden müsste, der nicht in den Genuss dieser Zusatzleistung kommt.

Tabelle 42: Matrix der motivationalen und monetären Aspekte aus Mitarbeiter- und Unternehmensperspektive

	Unternehmen	**Mitarbeiter**
motivational	Welchen Anreiz möchte ich mit der Zusatzleistung erreichen?	Welchen Anreiz bietet die Zusatzleistung für mich?
monetär	Was kostet die Zusatzleistung?	Welchen monetären Wert hat die Zusatzleistung (für einen externen Dritten)?

7.4 Arten von Zusatzleistungen

Betriebliche Sozial- und Zusatzleistungen umfassen alle über das direkte monatliche Gehalt (bzw. Lohn) hinausgehenden zusätzlichen Leistungen, unabhängig davon, ob sie als Geld- oder Sachleistung erbracht werden (vgl. die „Bestandteile des Arbeitsentgelts" bei Jung, H. (1999), S. 554. Nach Hax, A. (1998) umfasst dies alle Vorteile materieller und ideeller Art).

7.4.1 Begriffsklärung Sozialleistungen und Zusatzleistung

Mit der Differenzierung in Sozialleistungen (vgl. Cisek, G. (1998), S. 53; Cisek, G. (1986), S. 42) und Zusatzleistungen soll unterschieden werden in Leistungen des Arbeitgebers, zu denen er insbesondere gesetzlich verpflichtet ist, wie etwa die Sozialversicherungsabgaben, und weiteren Zusatzleistungen, die das Unternehmen freiwillig erbringt.

Ein Großteil der unbaren Leistungen, die dem Mitarbeiter zukommen, sind gesetzlich oder tariflich vorgegeben, im Gegensatz zu den vom Unternehmen freiwillig gewährten Zusatzleistungen. Gesetzliche bzw. tarifliche Sozialleistungen sind diejenigen, zu deren Erbringung der Arbeitgeber aufgrund von Gesetz oder Tarifvertrag verpflichtet ist. Entweder zu einem Teilbetrag, wobei der Mitarbeiter den anderen Teil zu zahlen hat, wie die Arbeitgeberbeiträge zur gesetzlichen Rentenversicherung, oder das Unternehmen allein, z. B. die Beiträge zur gesetzlichen Unfallversicherung. Beispiel für tarifliche Regelungen sind Aufwendungen für bezahlte Ausfallzeiten, wie Sonderurlaub für Hochzeit und sonstige tarifvertragliche Sozialleistungen, wie Entgeltfortzahlung im Sterbefall. Die Sozialleistungen gehen also über die Sozialversicherungsbeiträge hinaus. Die Beeinflussbarkeit (der Kosten und des Umfangs) dieser Sozialleistungen liegt regelmäßig nicht beim Unternehmen. Kostenmäßig zu Buche schlagen dabei insbesondere die Arbeitgeberanteile zur Renten-, Kranken-, Arbeitslosen- und Pflegeversicherung. Daneben gibt es eine Vielzahl von Leistungen, die der Arbeitgeber zwar nicht zwingend gewähren muss, bei denen aber – für den Fall, dass er sie gewährt – die Ausgestaltung geregelt ist. Dies gilt z. B. für den gesetzlich geregelten Vorruhestand oder für vermögenswirksame Leistungen. Die gesetzlich und tariflich vorgegebenen Sozialleistungen unterliegen weder der unmittelbaren Gestaltbarkeit des Unternehmens noch unterscheiden sich die Unternehmen in der Ausgestaltung der Sozialleistung (von den Wettbewerbern in der Branche). Abgesehen von der fehlenden Differenzierungsmöglichkeit, geht von diesen Leistungen auch keine besondere Motivationswirkung aus. Als Zusatzleistungen werden im Weiteren die Leistungen bezeichnet, die weder gesetzlich noch tariflich vorgegeben sind.

7.4.1.1 Freiwillige Zusatzleistungen

Das Gegenstück zu den gesetzlich bzw. tariflich vorgegebenen Sozialleistungen bilden die freiwilligen Zusatzleistungen, die das Unternehmen auf Grund eines eigenständig gefassten Entschlusses gewährt. Diese können weiter differenziert werden in (vgl. Haberkorn, K. (1978), S. 37f. und S. 44f.):

- Betriebsnotwendige, also zum Ablauf des Betriebs erforderliche Zusatzleistungen,
- zusätzlich betriebsbedingte, deren Gewährung in der Branche üblich ist, und
- (weitere) freiwillige Zusatzleistungen.

Auch die Regelung in Form einer Betriebsvereinbarung ändert daran nichts, da das Unternehmen frei war in seiner Entscheidung, die zu Grunde liegende Zusatzleistung überhaupt einzuführen. In der Betriebsvereinbarung ist regelmäßig nur das „Wie" der Zusatzleistungen, also deren Ausgestaltung geregelt, nicht dagegen das „Ob". Im Gegensatz zu den gesetzlich bzw. tariflich vorgegebenen Sozialleistungen hat hier das Unternehmen die Möglichkeit, die jeweilige

Regelung zusammen mit dem Betriebsrat nach den spezifischen Prämissen des Unternehmens und den speziellen Interessen der Mitarbeiter auszugestalten. Auch wenn die jeweiligen Interessen des Unternehmens und des Betriebsrats zum Teil gegensätzlich sein werden, wird der von beiden Seiten gefundene Kompromiss in aller Regel den Anforderungen der jeweiligen Situation weitaus besser entsprechen, als zwangsläufig sehr allgemein formulierte Tarifverträge oder gesetzliche Regelungen.

Automatisch übernommen werden Zusatzleistungen im Rahmen von Unternehmensakquisitionen, von Unternehmenszusammenschlüssen und gesellschaftsrechtlichen Umstrukturierungen. Aufgrund des rechtlichen Zwanges beim Betriebsübergang von Betriebsteilen, dessen rechtliche Folgen in § 613a BGB geregelt sind, müssen die im Herkunftsunternehmen gewährten Zusatzleistungen den übernommenen Mitarbeitern (zunächst) auch im aufnehmenden Unternehmen gewährt werden. Auch wenn diese Leistungen vom aufnehmenden Unternehmen nicht freiwillig eingeräumt werden, geschah dies doch zunächst im Herkunftsunternehmen. Diese per Betriebsübergang geltenden Leistungen zu modifizieren bzw. wieder abzuschaffen richtet sich (auch längerfristig) nach der Form wie die Leistung vom Herkunfts-Arbeitgeber vergeben wurde. Soweit die per Betriebsvereinbarung gewährte Leistung in einem aufgrund des Betriebsübergangs abgeschlossenen Interessenausgleichs/Sozialplans erfasst wurde, entsteht durch den Interessensausgleich eine eigenständige Betriebsvereinbarung, die wiederum eigenständig abzuändern bzw. zu kündigen ist.

Gleiches gilt für Zusatzleistungen, auf die der Mitarbeiter Anspruch aufgrund sog. „betrieblicher Übung" hat. Auch diese betriebliche Übung hat der Arbeitgeber einmal freiwillig begonnen. Weitere Informationen zu Inhalten und Form von Betriebsvereinbarungen sowie zur betrieblichen Übung finden sich im Unterkapitel Partner auf tariflicher und betrieblicher Ebene.

7.4.1.2 Abgrenzung barer und unbarer Leistungen

Zunächst ist zwischen baren und unbaren Zusatzleistungen zu unterscheiden (vgl. Becker, F. G. (1995), S. 36 und Grünefeld, H-G. (1983); S. 29ff.). Barzusatzleistungen sind solche, die zusätzlich zum monatlichen Entgelt in Geldform ausgezahlt werden. Darunter fallen insbesondere das Weihnachtsgeld (oft als 13. Monatsgehalt oder prozentualer Anteil davon gewährt), Urlaubsgeld und auch variable leistungs- und erfolgsorientierte Bestandteile. Letztgenannte wurden bereits im vorangegangenen Kapitel erläutert und werden im Folgenden nicht mehr betrachtet. In der Praxis wird eine Vielzahl ähnlicher Bezeichnungen für diese zusätzlichen Barleistungen verwendet. Es handelt sich dabei im Wesentlichen um die aufgezählten Grundformen. Trotz des Begriffs „bare" Zusatzleistung ist damit nicht gemeint, dass diese auch tatsächlich bar bezahlt wird. Die Unterscheidung bar/unbar stellt vielmehr darauf ab, ob die Leistung monetär oder nicht monetär erfolgt.

Nicht zu den Barleistungen gehören Formen der betrieblichen Altersversorgung, denn dabei erfolgt der Geldzufluss an den Mitarbeiter in Form einer Rente oder Kapitalleistung erst später. Zwar werden bereits zum Zeitpunkt, in dem der Mitarbeiter die Zusage auf eine Altersversorgung erhält, Pensionsrückstellungen vorgenommen oder Prämien an die Lebensversicherung bezahlt. Doch ist die Zusage aus Sicht des aktiven Mitarbeiters unbar, da bei ihm zunächst kein Mittelzufluss erfolgt, sondern erst zu einem späteren Zeitpunkt. Während der ersten fünf Jahre der sog. Verfallbarkeit hat er nicht einmal einen gesicherten Anspruch auf diese Betriebsrente. Nicht zu solchen Zusatzleistungen zählt auch die vom Mitarbeiter eigenfinanzierte Direktversicherung, bei der das Unternehmen lediglich als Quasi-Versicherungsnehmer auftritt, um dem Mitarbeiter zum Vorteil der reduzierten Pauschalversteuerung zu verhelfen. Hier erfolgt überhaupt kein Mittelzufluss seitens des Arbeitgebers (im Unterschied zur arbeitgeberfinanzierten Form der Direktversicherung). Diese Versicherung ist in vollem Umfang vom Mitarbeiter selbstfinanziert (ausführlich bei Wagner, D. (1986)).

Ebenso wenig zu den Barleistungen zählen sonstige Versicherungen, die der Arbeitgeber dem Arbeitnehmer gewährt. Dies ist unabhängig davon, ob der Arbeitgeber die Versicherung „zukauft" oder selbst anbietet, entweder in der Sonderform, dass der Arbeitgeber ein Versicherungsunternehmen ist oder dass er in Notfällen wie ein Versicherer einspringt, indem er z. B. Entgeltfortzahlung über die gesetzliche Frist hinaus selbst oder per Rückdeckung garantiert. Bei allen diesen Versicherungsalternativen erfolgt die eigentliche Absicherung des Risikos aus Sicht des Mitarbeiters in unbarer Form. Erst die Versicherungsleistung im Falle des Risikoeintritts ist bar.

7.4.1.3 Entgeltkomponente unbarer Zusatzleistungen

Auch unbare Zusatzleistungen haben aus Mitarbeitersicht monetären Wert, manche nennen diese auch Zweitlohn (so z. B. Cisek, G. (1986), S. 295). Ein Dienstwagen ist definitiv eine Leistung des Unternehmens in nicht monetärer Form, die dennoch aus Sicht des Mitarbeiters nicht nur eine hohe subjektive Wertschätzung hat, sondern für den Mitarbeiter eine umfangreiche monetäre Einsparung bedeutet. Ähnliches gilt bezüglich der monetären Dimension für die betriebliche Altersversorgung. Bei den übrigen typischen Zusatzleistungen ist der monetäre Vorteil für den Mitarbeiter im Regelfall nicht so hoch, nichtsdestoweniger besitzen sie aus Sicht des Mitarbeiters einen monetären Wert. Einen solchen hat jede Zusatzleistung, für die der Mitarbeiter bei Eigenbeschaffung Geld aufwenden müsste.

Der subjektive Wert einer Zusatzleistung ergibt sich aus der subjektiven Anreizwirkung, die er auf den Nutzer – hier den einzelnen Mitarbeiter – hat. Wenn zwei Mitarbeitern die gleiche Zusatzleistung gewährt wird, kann der subjektive Wert, der von beiden Mitarbeitern individuell wahrgenommen wird, höchst unterschiedlich sein. Die Absicherung des Todesfallrisikos im Rahmen der Gruppenunfallversicherung ist aus Sicht des alleinstehenden Junggesellen so gut wie unnütz; für den alleinverdienenden Familienvater ist dies jedoch eine höchst wertvolle Zusatzabsicherung. Diese individuelle Betrachtung eignet sich allerdings nicht für eine einheitliche Wertermittlung. Es wird deswegen von einem typischen Nutzer ausgegangen und zu Grunde gelegt, was dieser für den Erwerb der jeweiligen Zusatzleistung aufwenden müsste. Dabei ist maßgeblich, was ein externer Dritter für die jeweilige Leistung aufwenden müsste. Beim Beispiel eines Jahreswagens wird nicht der um den Nachlass von z. B. 20 % reduzierte Bruttolistenpreis zu Grunde gelegt, sondern der Kaufpreis, den ein Nachbar, der nicht bei diesem Automobilhersteller arbeitet, beim Händler zahlen müsste. Von dieser typisierenden Betrachtungsweise wird im Folgenden bei den Wertermittlungen ausgegangen.

7.4.2 Formen unbarer Zusatzleistungen

Die unbaren Zusatzleistungen lassen sich in drei Grundformen unterscheiden (vgl. Sadowski, D., Pull, K. (1997)), auf die im folgenden Abschnitt eingegangen wird:

- Eigene Produkte und eigene Dienstleistungen des Unternehmens,
- „zugekaufte" Zusatzleistungen,
- Sonderfall: Betriebliche Altersversorgung.

7.4.2.1 Eigene Produkte und eigene Dienstleistungen des Unternehmens

Sofern sich die von Unternehmen erzeugten Produkte bzw. Dienstleistungen auch für den Konsum durch die Mitarbeiter eignen, werden für diese oftmals Vergünstigungen eingeräumt. Hierzu zählen das kostenlose monatliche Bierkontingent für Brauereimitarbeiter, der sog. „Haustrunk", Mitarbeiter eines Energieunternehmens erhalten eine Strompreisermäßigung, Bankangestellte profitieren von vergünstigten Darlehenskonditionen, Mitarbeiter der Automobilindustrie kommen in den Genuss von Jahreswagen und Mitarbeiter eines Kaufhauses erhalten Rabatt auf die Handelswaren. Neben anderen Effekten steht bei diesen sog. Mitarbeiterrabatten auch noch die gesteigerte Identifikation der Mitarbeiter mit dem Unternehmen auf der positiven Seite der Bilanz von Zusatzleistungen.

7.4.2.2 „Zugekaufte" Zusatzleistungen

Darüber hinaus sind manche Zusatzleistungen branchenübergreifend üblich geworden, müssen also von den Branchen, die die jeweilige Zusatzleistung nicht herstellt, zugekauft werden. Darunter fällt der Abschluss einer Unfallversicherung für bestimmte Mitarbeitergruppen, der Dienstwagen für Führungskräfte oder die Übernahme der Grundgebühr bei Kreditkarten.

7.4.2.3 Sonderfall: Betriebliche Altersversorgung

Betriebliche Altersversorgung gibt es in sechs verschiedenen Grundformen (vgl. dazu Moderegger, H. A. (1994), S. 140ff.), die nur teilweise zugekauft sind. Für das Unternehmen besteht der wesentliche Unterschied in der Finanzierungsform. Bei der sog. Direktzusage erfolgt die Finanzierung in Form von Pensionsrückstellungen. Die Finanzierungsmittel bleiben im Unternehmen, der Abfluss erfolgt erst im Zeitpunkt der Auszahlung der betrieblichen Rente an den pensionieren Mitarbeiter. Ähnliches gilt für die Zusage durch Unterstützungskassen. Dagegen fließen bei der betrieblichen Altersversorgung in Form einer Lebensversicherung die Finanzierungsmittel in Form von Beitragsprämien sofort ab.

Auch bei der Finanzierung über Pensionskassen werden die Beiträge in einen unternehmensexternen Fond eingebracht, aus dem bei Fälligkeit die Betriebsrenten gezahlt werden (vgl. Moderegger, H. A. (1995), S. 141). Dadurch stehen dem Unternehmen die Mittel nicht mehr für weitere Finanzierungszwecke zur Verfügung. Für den Mitarbeiter ergibt sich trotz der unterschiedlichen Finanzierungsformen kaum ein Unterschied bezüglich der Sicherheit der Rente.

Der ihm zugesagte Anspruch auf betriebliche Altersversorgung ist in jedem der dargestellten Fälle abgesichert – wenn auch auf unterschiedliche Weise. Allerdings ergeben sich aufgrund der unterschiedlichen Steuer- und Finanzierungseffekte unterschiedliche Rentenniveaus bei identischem Mitteleinsatz seitens des Unternehmens.

7.4.3 Statussymbole

Eine Vielzahl von Zusatzleistungen ist allgegenwärtig in jedem Unternehmen und wird trotzdem erst bei näherer Betrachtung als solche identifiziert. Statussymbole (ausführlich dazu Wagner, D., Grawert, A. (1993), 60ff.) gibt es in den unterschiedlichsten Ausprägungen. Bereits das Büro lässt in vielen Unternehmen Rückschlüsse auf den Status des Benutzers zu. Bedeutsam können dabei etwa sein, Raumgröße, Anzahl der Fenster, Höhe des Stockwerks, Farbe des Teppichs oder Bilder, um nur einige gängige Kriterien zu nennen. Weitere Signale geben die Größe des Firmenwagens (vgl. Rullkötter, S. (1999), S. 191; Cisek, G. (1998)), ein zugeteilter Firmenparkplatz, verschiedenfarbige Plaketten am Dienstwagen, die hierarchische Titulierung oder die Befreiung von der Arbeitszeiterfassung. Bei einer Vielzahl dieser hierarchisch gestaffelten Statussymbole entstehen für das Unternehmen keine zusätzlichen Kosten. Im Gegenteil, die Verwendung derartiger Statuskennzeichen hilft dem Unternehmen teilweise Kosten einzusparen (vgl. z. B. Sadowski, D., Pull, K. (1997), S. 152). Dennoch wird in den Unternehmen immer mehr Abstand von derartigen hierarchieverkörpernden Statussymbolen genommen.

Davon zu unterscheiden ist der Statuscharakter, den manche geldwerten Zusatzleistungen, wie beispielsweise Dienstwagen, aufweisen. Neben ihrem monetären Wert sind solche Leistungen besonders geschätzt, weil sie einen bestimmten hierarchischen Status deutlich sichtbar nach außen verkörpern.

Das Gesellschaftsbewusstsein, die Unternehmenskulturen, die Bedürfnisstruktur einzelner Mitarbeiter sind immer noch überwiegend von dem Wunsch nach Abgrenzung und Hervorhebung geprägt. Wenn eingeführte Statussymbole ohne Not oder gar gegen den Widerstand der dadurch Privilegierten abgeschafft werden, muss in aller Regel eine Kompensation durch andere Leistungen geschaffen werden. Die Gefahr des Statusverlustes von bislang hierarchisch vergebenen Zusatzleistungen entsteht durch den Wegfall des Symbolcharakters (Grawert, A. (1996), S. 26). Kompensiert wird dann meist durch entsprechend höhere Barvergütung oder nicht sichtbare, aber mit Kosten verbundenen Zusatzleistungen (beispielsweise resultierte in einem Unternehmen der Wegfall der hierarchisch verschiedenfarbigen Plaketten am Dienstwagen in der Forderung nach unbegrenztem Freibenzin für das Dienstfahrzeug). Der eigentliche Wert dieser Vergünstigungen liegt für die Führungskräfte nicht im monetären Bereich. Das typische Statussymbol hat seine Wertschätzung nur aufgrund der Beschränkung auf einzelne Personengruppen, wodurch deren besondere Bedeutung gekennzeichnet wird. Da die Bedeutung des Status individuell völlig unterschiedlich bewertet wird und der externe Dritte diesen Status auch nicht „kaufen" kann, wird im Weiteren auf die monetäre Bewertung der reinen Statussymbole nicht eingegangen.

7.4.4 „Vermittelte" Zusatzleistungen

Unter „vermittelten" Zusatzleistungen werden Vergünstigungen und Rabatte zusammengefasst, die dem Mitarbeiter allein in Folge seiner Arbeitnehmereigenschaft bei einem bestimmten Unternehmen von einem weiteren Unternehmen eingeräumt werden. Beispielsweise bieten verschiedene Autovermieter den Mitarbeitern von Automobilunternehmen einen Rabatt auf den Mietpreis, Beamte erhalten bei einer Vielzahl von Firmen Nachlass auf deren Produkte. Der jeweilige Arbeitgeber hat dabei keine aktive Rolle. Auf diese vermittelten Vergünstigungen wird nicht weiter eingegangen.

7.5 Darstellung einzelner nicht-monetärer betrieblicher Zusatzleistungen

7.5.1 Kantine

Viele Unternehmen führen ihre Mitarbeiter-Kantinen in eigener Regie. Die Mitarbeiter erhalten verschiedene Hauptspeisen und Beilagen zur Auswahl. Der vom Arbeitgeber bezuschusste Essenspreis, den der Mitarbeiter zu zahlen hat, ist abhängig von der konkreten Zusammenstellung des Menüs. Sofern keine eigene Kantine vorhanden ist, erhalten Mitarbeiter teilweise Barzuschüsse oder Essensbons für bestimmte Restaurantketten.

Auch der geldwerte Vorteil aus der unentgeltlichen oder verbilligten Gewährung von Mahlzeiten, Essensbons etc. bildet grundsätzlich steuerpflichtigen Arbeitslohn. Solche arbeitstäglich gewährten Mahlzeiten sind mit den sog. Sachbezugswerten zu bewerten. Für die Besteuerung gelten Freigrenzen, die in aller Regel durch die Vergünstigungen nicht überschritten werden. D. h. im Regelfall fällt keine Steuer an (ausführlich dazu Doyé, T. (2000), S. 188ff.).

7.5.2 Jahreswagen

Mitarbeiter von deutschen Fahrzeugherstellern erhalten beim Kauf eines Jahreswagens Rabatte zwischen 18 und 22 % je nach Hersteller und Fahrzeugtyp. Das ist für die Hersteller nicht nur ein zusätzlicher Absatzmarkt, sondern v. a. auch eine Möglichkeit, dass sich die Mitarbeiter stärker mit „ihrem" Produkt identifizieren.

Gemäß § 8 I EStG sind Einnahmen alle Güter, die dem Mitarbeiter in Geld oder geldwertem Vorteil zufließen. Danach sind grundsätzlich alle Vergünstigungen, die der Mitarbeiter vom Unternehmen erhält, steuerlich relevant. Den Nachlass auf den Jahreswagen hat der Mitarbeiter deswegen als geldwerten Vorteil zu versteuern (ausführlich dazu Doyé, T. (2000), S. 92ff.). Ein Berechnungsbeispiel wird später dargestellt (vgl. Kap. 7.7).

7.5.3 Dienstwagen

Ein Großteil der Unternehmen stellt ihren Führungskräften ab einer definierten Ebene einen Dienstwagen zur Verfügung. Dies umfasst häufig auch die Betankung, Wartung, Reparaturen etc. Das Fahrzeug kann im Regelfall auch privat genutzt werden. Zum Teil wird der Dienstwagen dem Nutzer kostenlos zur Verfügung gestellt, bei anderen Unternehmen muss der Nutzer dagegen eine monatliche Gebühr entrichten (ausführlich dazu Doyé, T. (2000), S. 223ff.). Die Zurverfügungstellung eines Dienstwagens ist wiederum steuerlich relevant. Ein Berechnungsbeispiel folgt ebenfalls später (vgl. Kap. 7.7).

7.5.4 Formen und Wirkung der Betrieblichen Altersversorgung

Die betriebliche Altersversorgung ist eine der wertvollsten Zusatzleistungen und gleichzeitig eine der teuersten für das Unternehmen (vgl. Sadowski, D., Pull, K. (1997), S. 154f. mit Zahlenbeispielen). Im 3-Säulen-Prinzip der Altersversorgung bekommt die betriebliche Altersversorgung neben der gesetzlichen Rente und der privaten Eigenvorsorge eine immer stärkere Bedeutung. Insbesondere Großunternehmen gewähren ihren Mitarbeitern eine Betriebsrente.

Bei der Ausgestaltung der betrieblichen Altersversorgung werden sechs unterschiedliche Formen unterschieden:

- Direktzusage,
- Unterstützungskasse,
- Pensionskasse,
- Pensionsfond,
- Direktversicherung,
- Deferred Compensation.

Direktzusage, Unterstützungskasse, Pensionskasse, Pensionsfond, die vom Arbeitgeber finanziert werden, zählen zur Säule betriebliche Altersversorgung ebenso wie die vom Arbeitgeber gezahlte Direktversicherung. Dagegen sind die Direktversicherung, die durch Gehaltsumwandlung erfolgt, sowie Deferred Compensation (aufgeschobene Vergütung) durch den Mitarbeiter selber finanziert und vom Arbeitgeber lediglich indirekt unterstützte Formen der Eigenvorsorge.

7.5.4.1 Direktzusage und Unterstützungskasse

Die Direktzusage ist seit langem die am meist verbreitete Form. Dabei geht das Unternehmen dem Mitarbeiter gegenüber die Verpflichtung ein, ihm ab der Pensionierung eine betriebliche Rente zu zahlen. Die entstehenden Verpflichtungen werden als Pensionsrückstellungen in der Bilanz bewertet und auch ausgewiesen. Bei diesem sog. internal funding bleiben die Gelder bis zur Rentenzahlung im Unternehmen. Die Unterstützungskasse ist eine der Direktzusage weitgehend identische Form, sie unterscheidet sich im Wesentlichen nur in der Art der Finanzierung.

Die Rente wird bei der Direktzusage entweder als Fixbetrag festgelegt oder in einer dynamischen Form ermittelt.

Fixbetrag im Monat: z. B. 500 € als Betriebsrente (Unternehmen hat die Möglichkeit, den Betrag anzupassen). Dynamische Formen:

- halbdynamisch
  z. B. 20 €/Dienstjahr
  (automatische Steigerung durch Betriebszugehörigkeit, Unternehmen hat die Möglichkeit, den jährlichen Betrag anzupassen)
- dynamisch
  z. B. 10 % vom letzten Monatsgehalt
  (automatische Steigerung durch Gehaltsentwicklung)
- doppelt dynamisch
  z. B. 5 % vom letzten Monatsgehalt, weitere 0.2 %/Dienstjahr ab dem 6. Dienstjahr
  (automatische Steigerung durch Gehaltsentwicklung und durch Betriebszugehörigkeit)
- Versorgungsgrad
  z. B. 75 % vom letzten Monatsgehalt unter Berücksichtigung der gesetzlichen Rente
  (automatische Steigerung durch Gehaltsentwicklung und durch Absinken des gesetzlichen Rentenniveaus)

7.5.4.2 Pensionskasse/Pensionsfond

Eine Pensionskasse ist eine externe Versorgungseinrichtung, die dem Arbeitnehmer einen Rechtsanspruch auf die zugesagten Leistungen einräumt. Sie fungiert wie eine firmeneigene Versicherungsgesellschaft. Die vom Unternehmen aufgewendeten Mittel fließen dabei an die externe Pensionskasse, es handelt sich um ein sog. external funding.

7.5.4.3 Direktversicherung

Die Direktversicherung ist eine Form der betrieblichen Altersversorgung bei der die Beiträge in Form von Lebensversicherungsprämien an eine Lebensversicherung abgeführt werden. Der Mitarbeiter erwirbt hierbei einen Anspruch auf eine Kapitalleistung seitens der Versicherung, den er aber nur über den Arbeitgeber geltend machen kann. Es entsteht ein Dreiecksverhältnis. Die Direktversicherung kommt in zwei Alternativen zur Anwendung. In Form der Gehaltsumwandlung, wobei der Mitarbeiter die Beiträge durch den Gehaltsverzicht selber entrichtet oder der Direktversicherung als echter Arbeitgeberleistung, wobei das Unternehmen die Beiträge für den Mitarbeiter zahlt. Diese Form der Gehaltsumwandlung wird vom Staat durch Steuervorteile in Form einer Pauschalsteuer gefördert.

Grundlage für diese Form der Direktversicherung ist eine Vereinbarung zwischen dem Mitarbeiter und dem Unternehmen, das sich verpflichtet, eine Lebensversicherung für den Mitarbeiter abzuschließen. Im Gegenzug verzichtet der Mitarbeiter auf einen Teil seines Gehalts, das der Arbeitgeber in die Versicherung einzahlt.

7.5.4.4 Deferred Compensation

Deferred Compensation ist im Grunde keine echte Zusatzleistung, da der Arbeitnehmer hierbei lediglich auf sofortige Auszahlung eines Bonusanteils verzichtet, um diesen mit Rentenbeginn vom Unternehmen verzinst zu erhalten. Es entsteht ein beidseitiger Vorteil. Die Führungskraft hat neben der zeitlichen Verzögerung der Steuerzahlung den Vorteil der in der Regel niedrigeren Besteuerung im Rentenalter. Der Vorteil fürs Unternehmen liegt im zusätzlichen Fremdkapital, welches es zu günstigeren Konditionen als von Kreditinstituten erhält.

7.5.4.5 Finanzierungsformen der betrieblichen Altersversorgung

Neben der Innenfinanzierung bei der Direktzusage durch Pensionsrückstellungen (internal funding) fließen bei den anderen Formen die Beiträge zur Finanzierung der Betriebsrenten nach außen ab (external funding).

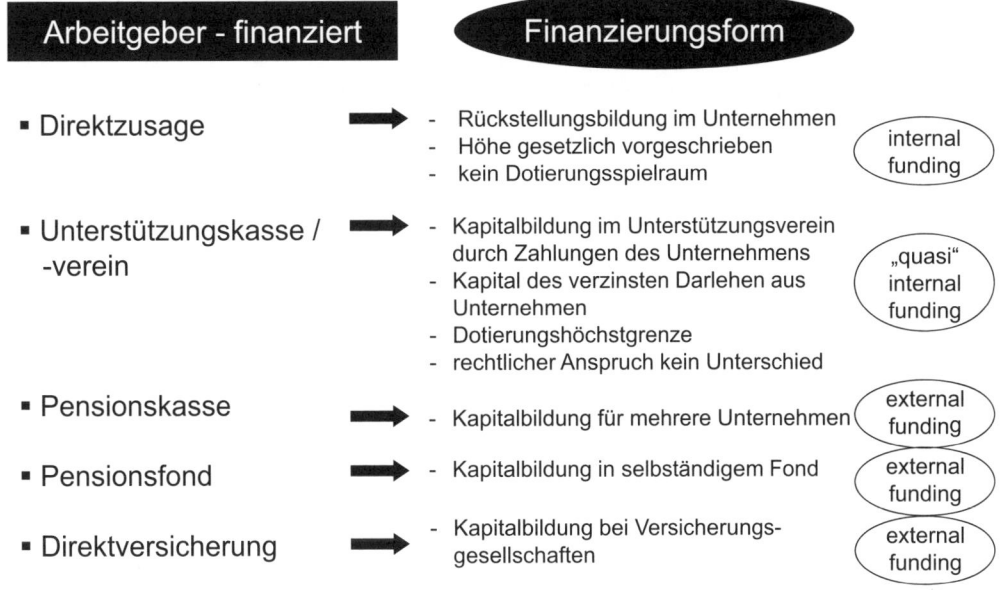

Abbildung 41: Finanzierungsformen der unterschiedlichen Arten der betrieblichen Altersversorgung

Viele Unternehmen haben ihre betriebliche Altersversorgung mittlerweile von der Leistungsorientierung auf Beitragsorientierung umgestellt – oder sind dabei. D. h. es wird dem Arbeitnehmer nicht mehr ein bestimmter Rentenbetrag, also eine vorweg vereinbarte Leistung zugesagt (sei es als Fixbetrag oder als Prozentsatz vom Gehalt). Vielmehr beinhaltet die Zusage einen definierten Betrag, welchen das Unternehmen jährlich für den einzelnen Mitarbeiter zur Bildung von dessen betrieblicher Altersversorgung aufwendet, z. B. den Versicherungsbeitrag, den das Unternehmen an den externen Versicherer abführt. Die daraus resultierenden betrieblichen Renten unterscheiden sich je nach Eintrittsalter des Mitarbeiters.

7.5.4.6 Anreizwirkung der betrieblichen Altersversorgung

Die wesentlichen Anreize dieser Zusatzleistungen liegen primär auf der Arbeitgeberattraktivität und Retention, sie haben dagegen so gut wie keine Leistungsmotivation. Diese ließe sich allerdings bei einigen Formen der betrieblichen Altersversorgung erzeugen. Während es bei der leistungsorientierten betrieblichen Altersversorgung schwierig ist, individuelle Leistungen gesondert zu berücksichtigen – da sich dies immer auf die Gesamtrente bezogen hätte – ist dies bei der beitragsorientierten Form leichter möglich. Für besonders herausragende Leistungen kann der Mitarbeiter auch mit einer einmaligen zusätzlichen Beitragszahlung belohnt werden. Diese Absicherung der steigenden Rentenlücke kann als eigenständige Motivation genutzt werden. Außerdem sind die späteren Rentenzahlungen steuerlich wesentlich attraktiver.

7.5.5 Mitarbeiter-Beteiligung durch Aktien oder ähnliche Formen

Mittlerweile haben sich verschiedene Arten der Mitarbeiter-Beteiligung in Form von Aktien oder ähnlichen Formen am Markt durchgesetzt:

- Vergünstigte Aktien (weit verbreitet für Mitarbeiter von Aktiengesellschaften).
- Kostenlose Aktien (in Deutschland vereinzelt für Vorstände und noch seltener für weitere Führungsebenen).
- Aktienoptionen, sog. Stock Options (als echte Aktienoption nur noch in weniger als 10 % der Unternehmen).
- Phantom Shares und ähnliche Formen (inzwischen übliche Form anstelle echter Aktienoptionen).
- Sonstige Anteile an der Gesellschaft, in der Regel GmbH-Anteile (vereinzelt und meist für die Geschäftsführer).

All diese Formen der Mitarbeiter-Beteiligung sind Maßnahmen der langfristig orientierten Vergütung, da sie alle begünstigten Mitarbeiter an der nachhaltigen Wertentwicklung ihres Unternehmens interessiert (vgl. Kramarsch (2009), S. 15). Mitarbeiter-Aktien sind eine Form der Mitarbeiterbeteiligung. Diese schafft eine Orientierung an den Aktionärsinteressen und sie nimmt der Shareholder-Orientierung ihre negative Wirkung (vgl. Lezius, M. (2000), S. 95). Drucker bezeichnet Mitarbeiter-Beteiligung als eine moderne Form des Sozialismus, denn Sozialismus bedeutet Eigentum von Produktionsmitteln in Arbeitnehmerhand. Bei der Mitarbeiterbeteiligung ist zu unterscheiden zwischen Erfolgsbeteiligung und Kapitalbeteiligung. Der wesentliche Unterschied liegt darin, dass dem Mitarbeiter bei der Erfolgsbeteiligung mittelbar der Erfolg seiner Arbeitsleistung honoriert wird, während er bei der Kapitalbeteiligung am Gewinn des Risikokapitals partizipiert. Bei der Erfolgsbeteiligung wird der Mitarbeiter vertraglich am Unternehmenserfolg beteiligt (Formen davon sind im Kapitel Vergütungsmanagement dargestellt). Bei der Kapitalbeteiligung fungiert der Mitarbeiter als Fremd- bzw. Eigenkapitalgeber. Bei der Fremdkapitalvergabe handelt es sich meist um Darlehen des Mitarbeiters ans Unternehmen, für das gewöhnlich ein Festzins vereinbart wird. Mitarbeiteraktien sind eine Form der direkten Eigenkapitalbeteiligung (ausführlich dazu Doyé, T. (2000), S. 120ff.). Die stärkere Umsetzung der Eigenkapitalbeteiligung von Mitarbeitern liegt auch im öffentlichen Interesse. Darauf deutet zumindest das 2009 verabschiedete Gesetzes zur steuerlichen Förderung der Mitarbeiterkapitalbeteiligung, kurz Mitarbeiterkapitalbeteiligungsgesetz, hin. Auf dieser Basis können unter bestimmten Voraussetzungen (das Angebot muss an alle Mitarbeiter gleichermaßen gehen und die Leistungen müssen zusätzlich erfolgen) bis zu derzeit 360 € steuerfrei vergeben werden.

7.5.5.1 Vergünstigte Aktien

In der Regel bieten die Unternehmen ihren Mitarbeitern und auch Führungskräften nur eine geringe Anzahl von Aktien zu vergünstigten Konditionen an – die meisten Unternehmen begrenzen die individuell mögliche Anzahl entsprechend der steuerlichen Regelung. Diese Mitarbeiter-Aktien entfalten schon aufgrund der geringen Anzahl und auch sonst keine besondere Bindungswirkung, da sie beim Unternehmenswechsel ohne zusätzliche Einschränkung mitgenommen werden. Rein theoretisch wäre zu vermuten, dass sie demzufolge auch keine besondere Leistungsmotivation erzeugen, da die Vergünstigung völlig leistungsunabhängig erfolgt. Die Wirksamkeit in der Praxis ist dagegen eine deutlich höhere.

Eine Analyse von Unternehmen mit hohen Anteilen von Aktien in Mitarbeiterbesitz hat ergeben, dass sich deren Unternehmenswert deutlich besser entwickelt hat, als von Unternehmen mit herkömmlicher Streuung von Mitarbeiteraktien. Dazu wurde ein fiktiver Index von europäischen Unternehmen mit mehr als 5 % Mitarbeiteraktien in großen Unternehmen (wie z. B. Lufthansa) gebildet und mit mehr als 10 % in mittleren (wie seinerzeit SAP). Dieser Index hat sich signifikant besser entwickelt, als die der sonstigen europäischen Börsen-Indices. Dies ist zwar kein empirischer Nachweis, aber doch ein deutlicher Hinweis auf die motivatorische Wirkung von Mitarbeiteraktien.

7.5.5.2 Kostenlose Aktien

Bei der Vergabe von kostenlosen Aktien hat eine Verpflichtung zur längeren Haltepflicht Sinn. Die gesetzliche Neuregelung gilt allerdings lediglich für Aktienoptionen. Es liegt am Unternehmen, selbst entsprechend längere Haltepflichten zu vereinbaren. Motivationswirkung entsteht bereits durch den Aktienbesitz, ist aber bei kostenlosen Aktien tendenziell stärker risikogeprägt, da seitens der Begünstigten kein eigenes Kapital eingesetzt wird. Dies ist damit die schlechtere Form gegenüber vergünstigten Aktien. Eine Steigerung der Langfristorientierung wäre möglich, indem ein Teil der Bezüge in Aktien ausgegeben wird, die über mehrere Jahre gehalten werden müssen.

7.5.5.3 Aktienoptionen

Aktienoptionen, sog. Stock Options, verbriefen Mitarbeitern das Recht zum Kauf von Aktien des eigenen Unternehmens zu im Voraus festgelegten Konditionen. Der Anreiz für die Manager besteht darin, den Kurs nach oben zu treiben, um die Optionen mit möglichst hohem Gewinn veräußern zu können. Bezugsberechtigt ist in der Regel das Top-Management, in manchen

Unternehmen auch das mittlere Management und vereinzelt alle Mitarbeiter. Für die Einführung von Stock Options sprechen drei Gründe:

- Sie verringern das Principal-Agent-Dilemma,
- sie setzen Anreize für das Management, sich für die Unternehmenswertsteigerung zu engagieren,
- sie orientieren das Management an längerfristigen Zielen.

Zunächst waren Stock Options ausschließlich an die prozentuale Entwicklung des Börsenkurses gekoppelt, z. B. 15 % in 5 Jahren – was in Zeiten allgemeinen Aufschwungs leicht erreicht werden konnte. Um solche Windfall-Profits zu reduzieren, wird die Entwicklung relativiert, indem oftmals an den Branchenindex gekoppelt wird, d. h. es wird lediglich eine überproportionale Entwicklung in der jeweiligen Branche belohnt.

7.5.5.4 Phantom Shares und ähnliche Formen

Phantom Shares sind reine Kursgewinnrechte, ohne dass je Aktien vom Phantom Share Inhaber erworben werden, sie werden auch als Stock Appreciation Rights bezeichnet. Die typischen Phantom Shares unterscheiden sich von Stock Options im Wesentlichen darin, dass keine Aktien erworben werden, der Berechtigte aber finanziell so gestellt wird, als hätte er sie erworben. Die Kursgewinnrechte errechnen sich dabei analog zum finanziellen Vorteil bei Stock Options. Phantom Shares sind leichter handhabbar, da keine aktienrechtlichen Regelungen zu beachten sind. Es werden vor allem Mitbestimmungsrechte vermieden und es gibt keine besonderen steuerrechtlichen Probleme wie bei echten Aktienoptionen. Die Motivationswirkung ist rein finanziell, ohne die Wirkung echter Aktionär des Unternehmens zu sein.

7.5.5.5 GmbH-Anteile

Wie oben erwähnt, werden GmbH-Anteile, und damit Eigentum am Unternehmen, meist nur dem oberen Management zur Zeichnung angeboten. Das Unternehmen kann auf diesem Weg langfristiges Eigenkapital und ebenso seine Führungsriege binden. Eine Beteiligung der Belegschaft ist damit aber nur zu einem sehr geringen Prozentsatz zu erreichen, da eine geringe Flexibilität und hohe formale Anforderungen entgegenstehen.

Die rechtlichen Grundlagen ergeben sich aus dem GmbH-Gesetz, die Beteiligungsform ist auf die Gesellschaft mit beschränkter Haftung beschränkt. Die Haftung der Gesellschafter beschränkt sich auch hier auf die Einlagenhöhe, eine Beteiligung an der Geschäftsführung ergibt sich aus den Stimmrechten in der Gesellschafterversammlung. Sind die Hürden überwunden, kann aber gerade eine Beteiligung der Mitarbeiter erfolgversprechend sein, wie nachstehendes Beispiel einer Umstrukturierung der Hoch-, Tief-, und Montagebau GmbH (HTM-GmbH) verdeutlicht (vgl. Oechsler, W. A. (1997), S. 408f.).

> **Beispiel 38: Indirekte GmbH-Beteiligung bei der Hoch-, Tief- und Montagebau GmbH**
> Die HTM-GmbH gehörte als ehemaliger VEB (Volkseigener Betrieb) einem Wohnungsbaukombinat an und war für alle Bauleistungen des Bezirks Plauen zuständig. Nach der Wende wurde ein Konzept entworfen, das die Bildung eines Bauhauptbetriebs und die Ausgliederung anderer Bausparten vorsah, um Arbeitsplätze zu erhalten. Nach einigen ergebnislosen Verhandlungen mit westdeutschen Firmen wurde von einer neu eingesetzten Geschäftsleitung in Zusammenarbeit mit einem Unternehmensberater und dem Betriebsrat ein Privatisierungskonzept entworfen, wonach der Betrieb zunächst mit 51 % durch die Belegschaft übernommen werden sollte. Die damals ca. 300 Beschäftigten zeigten jedoch nur geringes Interesse an diesem Beteiligungsangebot. Folgende Lösung wurde schließlich mit der Treuhand zusammen erarbeitet: 13 investitionsbereite Mitarbeiter gründeten mit Eigenmitteln eine „Investitions-Beteiligungs-GmbH", mit vier Geschäftsführern, die zusammen 48 % des Stammkapitals halten. Sechs dem mittleren Management zugehörige Mitarbeiter sind mit 36 %, drei weitere Belegschaftsmitglieder mit 16 % am Stammkapital beteiligt. Diese Beteiligungsgesellschaft übernahm rückwirkend die HTM-GmbH. 1991 gründeten die Gesellschafter der Beteiligungsgesellschaft zwei weitere Gesellschaften: eine Hoch-, Tief- und Sanierungsbau GmbH und die HTM-Baustoffvertriebs GmbH, die bisher als Betriebsteil der HTM-GmbH angegliedert waren. Um sich gegenüber der westdeutschen Konkurrenz behaupten zu können, wurden zunächst hohe Modernisierungsinvestitionen eingeleitet. Sodann wurde den Belegschaftsmitgliedern die Möglichkeit einer Kapitalbeteiligung als stille Gesellschafter angeboten, um eine Mitverantwortung zu erwirken. Die Mindesteinlage betrug 1000 DM, und die Verzinsung der Kapitaleinlage lag bei 10 % p. a. Die HTM-GmbH steuert ihrerseits 156 DM p. a. bei. Eine Begrenzung lag nicht vor. Ca. 30 Betriebsangehörige aus allen betrieblichen Ebenen und Altersgruppen beteiligten sich als stille Gesellschafter. Zusätzlich wurden noch weitere Ansätze für eine Leistungssteigerung durch eine Erfolgsbeteiligung für Mitarbeiter, die eine besondere Verantwortung tragen, z. B. Bauleiter und Poliere, geschaffen. Die Entwicklung des Unternehmens zeigte daraufhin einen günstigen Verlauf. Die erzielten Gewinne wurden zur Tilgung der durch den Unternehmenskauf entstandenen Schulden verwendet. Das Unternehmen konnte sich so am Markt behaupten.

7.6 Motivationale Bewertung von Zusatzleistungen

Aus Unternehmenssicht lassen sich hinsichtlich der betrieblichen Zusatzleistungen drei unterschiedliche motivationale Aspekte unterscheiden. Sie sollen dazu beitragen, das Unternehmen für potenzielle Mitarbeiter attraktiv erscheinen zu lassen. Ähnliches gilt für die derzeitigen Mitarbeiter, sie sollen mit einem attraktiven Zusatzleistungspaket ans Unternehmen gebunden werden. Gleichzeitig sollen die gleichen Mitarbeiter durch diese Leistungen zusätzliche Leistungsanreize verspüren.

- Gewinnen → attraction (Arbeitgeberattraktivität)
- Leisten → performance (Leistungsmotivation)
- Halten → retention (Loyalität)

Inwieweit sich diese drei unterschiedlichen Anreizziele mit den typischen Zusatzleistungen erreichen lassen, zeigt die folgende Untersuchung. Dabei wird jede der betrachteten Leistungen hinsichtlich der drei genannten Anreizziele analysiert. Die Bewertung erfolgt anhand der Kategorien hohe, mittlere oder niedrige Motivationswirkung.

Zum besseren Vergleich erfolgt die Analyse zunächst auch für typische Formen der baren Vergütung. Das Gehalt ist nach wie vor eine wichtige Entscheidungsgröße für Bewerber. Mit dem Wertewandel in der Gesellschaft haben Kriterien wie Entwicklungsmöglichkeiten, selbständiges Arbeiten etc. zwar einen hohen Stellenwert bekommen und fließen auch ein in die Auswahl des richtigen Arbeitgebers. Dazu muss aber das Gehalt „stimmen", d. h. in der erwarteten Größenordnung liegen. Es hat somit einen hohen Einfluss für das „Gewinnen" von Bewerbern. Gleiches gilt für das „Halten", da bei alternativen Angeboten das bisherige Gehalt mit dem Angebotenen verglichen wird. Der Einfluss auf die Leistung ist differenziert zu sehen.

> **Beispiel 39: Gehaltsrunde in einem Großunternehmen**
> Es ist wieder Gehaltsrunde in den großen Unternehmen. Die Gehaltsbudgets wurden verteilt und die Mitarbeiter haben ihre Gehaltsbriefe bekommen. Susanne kommt nach Hause und ist total happy. Ganz stolz erzählt sie ihrem Freund Michael, dass sie eine Gehaltserhöhung von 300 € bekommen hat. Bei ihrem Gehalt von 6000 € sind das immerhin 5 %, und das in dieser schwierigen Zeit. Noch mehr hat sie sich gefreut, als sie erfahren hat, dass ihr Unternehmen in diesem Jahr bei der Gehaltsrunde ziemlich sparen musste und nur vereinzelt überhaupt nennenswerte Erhöhungen vorgenommen hat. Und sie hat gleich 5 % bekommen. Toll! Da geht sie die nächsten Wochen doch gleich mit noch mehr Begeisterung an die Arbeit. Ihr Freund dagegen ist sauer. Er hat zwar auch 300 € bekommen, was immerhin auch bei ihm eine Erhöhung von fast 4 % ausmacht. Aber in seinem Unternehmen ist die Situation umgekehrt. Nach zwei Jahren mit einer Nullrunde bei den Gehältern konnte sein Unternehmen in diesem Jahr wieder aus dem Vollen schöpfen und den entstandenen Nachholbedarf ausgleichen. Das bedeutet, dass die Kollegen von Michael im Durchschnitt eine Erhöhung von 7 % bekamen, einzelne sogar 10 %. Seine 300 € kommen ihm im Vergleich dazu richtig mickrig vor. Entsprechend demotiviert denkt er eher mit Widerwillen an die Aufgaben der nächsten Wochen.

Das Beispiel zeigt, dass der Einfluss vom Monatsgehalt auf die Leistungsbereitschaft ein relativer ist. Es zählt nicht primär die absolute Erhöhung, sondern der Vergleich zu den Kollegen. Und selbst der Motivationsschub aus einer sehr positiv wahrgenommenen Erhöhung wird nur ein paar Wochen anhalten. Dann tritt der Gewöhnungseffekt ein und das Bewusstsein für Leistung und Können gerecht bezahlt zu werden. Der Effekt des Monatsgehalts auf die Motivation ist demzufolge nicht nur ein relativer, sondern auch nur von begrenzter Dauer. Beim Urlaubs- und Weihnachtsgeld treten bzgl. Gewinnen und Halten die gleichen Effekte ein wie beim Monatsgehalt, nur in abgeschwächter Form. Eine Leistungsmotivation hat diese Art der Vergütung nicht, wie aus Tabelle 43 ersichtlich ist.

Bei der variablen Vergütung hängt es davon ab, für wie beeinflussbar der betroffene Mitarbeiter diese Vergütungsbausteine hält. Bei individuellen Zielen ist dies direkt gegeben. Deswegen haben diese auch eine hohe Leistungsmotivation. Wenn bei Unternehmenszielen übergeordnete Konzernziele zu erreichen sind, dann ist der Einfluss des einzelnen Mitarbeiters nicht erkennbar. Entsprechend gering ist deswegen ein daraus resultierender Leistungsanreiz. Sind dies dagegen die Ziele der eigenen Abteilung, kann der Einzelne diese sehr wohl beeinflussen. Entsprechend höher sind die entsprechenden Leistungsanreize.

Die hier vorgenommene Beurteilung der Wirkung der verschiedenen Vergütungsbausteine ist stark typisierend. Die individuelle Sicht divergiert durchaus und ist deswegen nicht falsch, sondern so, wie jeder persönlich die resultierende Motivation subjektiv empfindet. Gerade im Hinblick auf die variable Vergütung gibt es große individuelle Unterschiede – hier wurde eine typisierende Anreizwirkung bei Leistungsträgern dargestellt.

Tabelle 43: Anreizwirkung von monetären Vergütungsbestandteilen

	Gewinnen	Leisten	Halten
Monatsgehalt	++	+/0	++
Variable Vergütung (individuelle Ziele)	++	++	++
Variable Vergütung (Unternehmens-Ziele)	+	+	+
Urlaubs-/Weihnachtsgeld	+	0	+
Jubiläumsgeld	0	0	+

Bei den typischen Zusatzleistungen ergibt die Analyse folgendes Ergebnis. Die aus Unternehmenssicht teuren und aus Mitarbeitersicht wertvollen Zusatzleistungen Dienstwagen und betriebliche Altersversorgung haben eine hohe Anreizwirkung, um Mitarbeiter zu gewinnen und zu halten. Ein Anreiz zu höherer Leistung geht auch von ihnen nicht aus. Der Unterschied beim Dienstwagen zwischen Gewinnen und Halten resultiert daraus, dass ab einer bestimmten Führungsebene Dienstwagen in allen mittleren und großen Unternehmen üblich sind, der Halteeffekt also entfällt, weil das neue Unternehmen auch wieder einen Dienstwagen anbietet. Der Aspekt des Gewinnens greift also auch nur beim erstmaligen Wechsel in eine solche Führungsebene. Der Aspekt des Haltens greift nur bei den Automobilherstellern länger, da diese schon auf unteren Führungsebenen Dienstwagen zur Verfügung stellen und die Gruppenleiter selbst bei einem Karrieresprung als Abteilungsleiter in einem anderen Unternehmen auf den Dienstwagen verzichten müssten. Das hat nicht nur erhebliche finanzielle Auswirkungen, sondern auch solche auf den wahrgenommenen Status (ausführlich dazu Doyé, T. (2005), S. 314). Mit Ausnahme der Kapitalbeteiligung und der betrieblichen Altersversorgung sind die restlichen Zusatzleistungen eigentlich für keines der drei grundsätzlichen Anreizziele des Unternehmens geeignet.

Tabelle 44: Anreizwirkung von unbaren Zusatzleistungen

	Gewinnen	Leisten	Halten
Dienstwagen	++	o	+
Unfallversicherung	o/+	o	o
Verbilligtes Darlehen	o	o	o
Kantine	o	o	o
Mitarbeiter-Aktien	o/+	o/+	o
Betriebliche Altersversorgung	+/++	o	+/++
Deferred Compensation	+	o	o
Stock Options	++	++	++

Das Ergebnis ist insofern ernüchternd, als dass so gut wie keine der typischen Zusatzleistungen (Stock Options ausgenommen, die in der Regel nur dem Top-Management gewährt werden und aufgrund der bei anderen Mitarbeitern fehlenden Beeinflussbarkeit auch nur dort diese Wirkung entfalten) einen Anreiz zu höherer Leistung bieten. Zumindest nicht in der Form wie sie derzeit typischerweise ausgestaltet werden. Neben den Formen der monetären Vergütung stellen gerade bei Führungskräften die betrieblichen Zusatzleistungen einen maßgeblichen Geldwert dar. Für die Unternehmen sind sie entsprechend kostenträchtig (vgl. dazu ausführlich unten die monetäre Bewertung). Schon dies ist Grund genug, die Anreizwirkung dieser Zusatzleistungen zu optimieren.

Die üblichen betrieblichen Zusatzleistungen bieten verschiedene Potenziale, um ihren Nutzen zu erhöhen. Optimierungen können durch verstärkte Flexibilisierung und Individualisierung erreicht werden. Am Beispiel von Mitarbeiteraktien wird kurz darauf eingegangen, wie sich Zusatzleistungen modifizieren lassen, um deren Leistungsanreiz zu steigern. Die dargestellte Motivationswirkung von Mitarbeiter-Beteiligung (ausführlich dazu Doyé, T. (2000), S. 314) spricht dafür, vergünstigte Mitarbeiteraktien in deutlich größerem Umfang zu gewähren. Entsprechende Ansätze wurden vor Jahren als „Investivlohn" diskutiert. Bislang werden Mitarbeiteraktien pauschal allen Mitarbeitern angeboten. Kaum ein Unternehmen nutzt die Möglichkeit, seine Leistungsträger zusätzlich mit kostenlosen bzw. vergünstigten Aktien zu belohnen. Der Effekt wäre ein doppelter: Der Leistungsanreiz, aufgrund der Aussicht zusätzliche Aktien zu erhalten und zusätzlich der Leistungsanreiz, der aus der Aktionärseigenschaft resultiert. Angesichts der schrumpfenden Bedeutung der ersten und zweiten Säule der Altersversorgung ließe sich damit zusätzlich die dritte Säule der Eigenversorgung stärken. Die Motivationskraft von Aktien, für deren Erwerb eigenes Geld eingesetzt wurde, ist deutlich höher als die von kostenlosen Aktien. Dieser Effekt sollte stärker genutzt werden, bis hin zu Vorständen, indem entweder ein Teil der Barvergütung durch Aktien ersetzt bzw. indem bei Verwendung des Bonus für größere Aktienpakete ein Nachlass gewährt wird. Es sollte im Interesse der Aktionäre sein, dass diejenigen, die den Unternehmenswert und damit den Aktienwert maßgeblich steuern, ein gewichtiges, eigenes finanzielles Interesse an der positiven Entwicklung haben.

Insgesamt ist zu überlegen, inwieweit die üblichen Formen der betrieblichen Zusatzleistungen noch zum neuen Werteverständnis der Leistungsträger passen. Die typischen Instrumente, egal, ob bare oder unbare Zusatzleistungen, bedienen die zweite Ebene der Maslowschen Bedürfnispyramide (dazu Kapitel Personalführung). Sie stammen aus der Phase der Absicherung des materiellen Lebensstandards. Die intrinsischen Elemente haben mittlerweile mehr Gewicht, deren Motivationswirkung hat noch deutliches Optimierungspotential. Im Zuge des in den letzten Jahrzehnten vollzogenen Wertewandels haben sich die Erwartungen der Mitarbeiter erkennbar auf die vierte und fünfte Ebene verlagert. Sie wollen Anerkennung für ihre Arbeit und Gestaltungsspielraum sowie die Möglichkeit, ihre Fähigkeiten in der Arbeit verwirklichen zu können. Dem können Unternehmen nur ansatzweise mit Zusatzleistungen gerecht werden, die Anerkennung ausdrücken. Sei es, dass der Sonderbonus deutlich höher war als bei anderen oder die Zusatzleistung einen bestimmten Status verkörpert. Insgesamt sind diese Erwartungen aber im Wesentlichen durch andere Formen der Führung und Einräumen von mehr Selbständigkeit, Entwicklungsmöglichkeiten etc. zu erreichen.

7.7 Monetäre Bewertung von Zusatzleistungen

7.7.1 Gründe für die monetäre Bewertung

Aus Sicht der Unternehmen gibt es eine Vielzahl von Gründen, den monetären Wert der gewährten Zusatzleistung zu ermitteln.

7.7.1.1 Wirtschaftlichkeit der Zusatzleistungen und Bewusstmachen der Kosten

Viele Mitarbeiter wären erstaunt, wie viel ihr Unternehmen für eine Vielzahl von Zusatzleistungen ausgibt. Die Personalnebenkosten liegen inzwischen ja nach Branche zwischen 60 % und 110 %, für die Mehrheit der Arbeitnehmer in einer Größenordnung von rund 80 % der Gehaltskosten (bezogen auf 12 Monatsgehälter). Zwischen dem tatsächlichen Wert von Zusatzleistungen und den von Arbeitnehmern geschätzten Werten bestehen starke Diskrepanzen. Selbst Führungskräften ist weder die Vielzahl dieser Zusatzleistungen bewusst noch deren monetärer Wert. Die Schätzung der Führungskräfte liegen in der Größenordnung von lediglich 30–60 % des objektiven Wertes. (Nach einer Untersuchung des Instituts für Finanz- und Management an der European Business School in Oestrich-Winkel beträgt der durchschnittliche Aufwand für betriebliche Altersversorgung pro Führungskraft ca. 18 000 € jährlich; er wurde selbst von den begünstigten Oberen Führungskräften auf lediglich 5000 € jährlich geschätzt; Schulte, C. (1990), S. 18; Rößler, N. (1992), S. 30). Im Umfang dieses fehlenden Bewusstseins verfehlen damit diese Leistungen die ihnen zugedachte Anreizwirkung (vgl. Grawert, A. (1996), S. 5) und das Unternehmen verschwendet damit Geld, da der Anreizwert der Leistung nur reduziert wahrgenommen wird. Allein eine Bewusstseinsbildung bezüglich des tatsächlichen Wertes würde die Zusatzleistungen aus Sicht der Mitarbeiter „wertvoller" machen, ohne dass dadurch zusätzliche Kosten entstehen.

7.7.1.2 Kostenermittlung

Um die Kosten für den einzelnen Mitarbeiter erfassen zu können, ist es notwendig, nicht nur sämtliche Gehaltszahlungen zu addieren, sondern auch die Kosten der ihm gewährten unbaren Leistungen einzubeziehen. Ohne die Kenntnis der gesamten Personalkosten für jeden Mitarbeiter lässt sich keine Aussagen machen, ob der einzelne Mitarbeiter betriebswirtschaftlich rentabel eingesetzt ist.

7.7.1.3 Neuausrichtung der Zusatzleistungen

Ein wesentlicher Grund für das fehlende Kostenbewusstsein der Mitarbeiter ist der Umstand, dass die meisten Zusatzleistungen im „Gießkannen-Prinzip" verteilt werden. Dabei wird nicht hinreichend berücksichtigt, ob der einzelne Mitarbeiter tatsächlich ein spezielles Bedürfnis für diese Zusatzleistung hat. Insbesondere nicht mehr zeitgemäße Leistungen haben aus Sicht vieler

Mitarbeiter einen vergleichsweisen geringen Nutzen, deren Bedeutung erst bewusst wahrgenommen wird, wenn sie reduziert oder abgeschafft werden sollen. Ziel ist es, bei gleichbleibender Kostenbelastung einen höheren individuellen Nutzen für den Mitarbeiter aus den Zusatzleistungen zu erzielen.

7.7.1.4 Überprüfen der Zusatzleistungen

Die meisten dieser (althergebrachten) Leistungen wurden aus einem sinnvollen Grund, seien es Notlagensituationen, sei es Steuerersparnis, sei es Zeitgeist o.Ä. eingeführt. Sie wurden in aller Regel fortgeführt, ohne zu überprüfen, ob der seinerzeitige Grund noch trägt. Die einschlägigen Steuergesetze wurden mehrfach geändert, so dass auch die Steuervorteile teilweise weggefallen sind. Und Zusatzleistungen, die auf Grund ihres Zeitgeistes begehrt waren, sind im Zweifel längst wieder von geringerer Bedeutung für die Mitarbeiter, werden aber nichts desto weniger weiter gewährt.

Das nur wenig praktizierte Abschneiden alter Zöpfe hängt mit zweierlei zusammen:

- Es ist schwierig, einmal zugesagte Zusatzleistungen – die den Mitarbeitern noch dazu nichts kosten – wieder abzuschaffen. Der Widerstand der betroffenen Mitarbeiter oder des Betriebsrats ist meist hoch.
- Wenn schon eine Zusatzleistung abgeschafft wird, soll sie wenigstens in irgendeiner Form kompensiert werden. Durch eine Kompensation, sei es monetär oder durch andere Zusatzleistungen, wird aber das Bewusstsein bezüglich der durch die jeweilige Zusatzleistung verursachten Kosten gefördert, sowohl auf Unternehmens- als auch auf Mitarbeiterseite.

7.7.1.5 Straffen der Zusatzleistungen

Im Rahmen der allgemeinen Kostenreduzierungsmaßnahmen lassen sich auf Basis einer Bewertung ineffiziente Zusatzleistungen abbauen und so die Personalnebenkosten reduzieren. Dabei sind allerdings arbeitsrechtliche Restriktionen unterschiedlicher Art zu berücksichtigen: Tarifvertragliche Leistungen, wie beispielsweise das Urlaubsgeld, können nur durch Änderungen (Kündigungen) der zu Grunde liegenden Tarifverträge reduziert werden; bei Betriebsvereinbarungen ist eine Einigung mit dem Betriebsrat notwendig; bei individuellen Zusagen ist das Einverständnis jedes einzelnen betroffenen Mitarbeiters einzuholen. Bei Individualzusagen – aber auch nur dort – bleibt als letztes Mittel zur Durchsetzung der Reduzierungsmaßnahmen die Änderungskündigung, also die Kündigung des Arbeitsvertrages. Dazu bedarf es einer Rechtfertigung, also eines personen-, verhaltens- oder betriebsbedingten Grundes. Bei Bestrebungen zu allgemeinen Kostenreduzierungen wird regelmäßig lediglich ein betriebsbedingter Grund (wirtschaftliche Notlage) einschlägig sein. Abgesehen von der rechtlichen Unsicherheit der tatsächlichen Durchsetzbarkeit trägt eine Änderungskündigung nicht sonderlich zur Motivation der Mitarbeiter bei, sich beim „Wiederflottmachen" der angeschlagenen Gesellschaft besonders zu engagieren. Die Zielsetzung, eine Vielzahl von teilweise überholten Zusatzleistungen auf einige wenige zeitgemäße zu straffen, erfordert auf Seiten des Unternehmens das Bewusstsein, welche Zusatzleistungen effizient sind. Wesentlich ist dabei einerseits, welche Kosten bei der jeweiligen

Zusatzleistung für das Unternehmen entstehen und welchen Aufwand der Mitarbeiter hätte, wenn er sich diese Leistungen selbst beschaffen würden, d. h., welche Hebelwirkung hat die einzelne Zusatzleistung. Wenn bereits die Kosten des Unternehmens höher sind als die des Mitarbeiters, dann ist die Zusatzleistung in Frage zu stellen. Dann könnte der Mitarbeiter sich diese Zusatzleistung selbst günstiger kaufen. Der Wert aus Sicht des externen Dritten ist ein zusätzlicher Aspekt bei der Wertermittlung. Andererseits ist maßgeblich, welche Motivationswirkung die einzelnen Zusatzleistung in ihrer jeweiligen Ausgestaltung auf die Mitarbeiter hat, was im Rahmen einer Mitarbeiterbefragung ermittelt werden kann. Das Unternehmen sollte sich auf solche Leistungen konzentrieren, die eine optimale Kosten-Nutzen-Relation aufweisen. Dazu wird zunächst die monetäre Seite genauer beleuchtet.

7.7.2 Monetäre Betrachtung am Beispiel ausgewählter betrieblicher Zusatzleistungen

Die monetäre Betrachtung erfasst beide Seiten, sowohl die auf Unternehmensseite entstehenden Kosten für die Gewährung der jeweiligen Zusatzleistung als auch den auf Mitarbeiterseite entstehenden Wert. Betriebliche Zusatzleistungen mit der höchsten Werthaltigkeit sind typischerweise Dienstwagen und betriebliche Altersversorgung. Diese sind gleichzeitig für das Unternehmen mit den höchsten Kosten verbunden. Dienstwagen bei Automobilherstellern sind dabei die Ausnahme, diese erwirtschaften mit Dienstwagen vielmehr Gewinn.

7.7.2.1 Jahreswagen

Der Wert für den Mitarbeiter liegt zunächst im eingeräumten Rabatt. Er wird sich aber damit vergleichen, wenn das gleiche Fahrzeug von einem Privaten gekauft worden wäre (Sicht des externen Dritten).

> **Beispiel 40: Betrachtung von Wert und Kosten anhand eines Jahreswagens**
> Im gewählten Beispiel kauft der Mitarbeiter einen Jahreswagen mit einem Bruttolistenpreis von 40 000 €. Auf diesen erhält er 18 % Rabatt, also einen Nachlass von 7200 €. Dies stellt gleichzeitig seinen geldwerten Vorteil dar. Für die Wertermittlung ist maßgeblich, was ein externer Dritter für das gleiche Fahrzeug aufwenden müsste. Es wurde unterstellt, dass dieser beim Händler einen Rabatt von 5 % erzielen kann. Der Kaufpreis des externen Dritten ist damit 38 000 €, dies ist gleichzeitig der Wert des Jahreswagens für den Mitarbeiter. Dadurch, dass der Mitarbeiter einen geringeren Kaufpreis von 5200 € hat, spart er sich entweder in dieser Höhe Finanzierungszinsen oder er kann diesen Betrag zusätzlich zinswirksam anlegen. Im gewählten Beispiel wurde der Finanzierungsfall zu Grunde gelegt. Die ersparten Zinskosten betragen damit 416 €. Die fiktiven Einnahmen des Mitarbeiters betragen damit insgesamt 38 416 €.
> Den Jahreswagenrabatt hat der Mitarbeiter als geldwerten Vorteil zu versteuern (ausführlich dazu Doyé, T. (2000), S. 92ff.). Dies ist in § 8 EStG geregelt. Bei allen derartigen Mitarbeiterrabatten werden zwei unterschiedliche Freibeträge eingeräumt. Vom gewährten Preisnachlass werden zunächst 4 % vom Bruttolistenpreis des Fahrzeugs abgezogen (§ 8 III 1 EStG). Zusätzlich reduziert sich der geldwerte Vorteil um

> den Pauschalbetrag von 1080 € (§ 8 III 2 EStG). Lediglich der verbleibende Betrag ist zu versteuern. Im gewählten Beispiel ist dies ein verbleibender zu versteuernder geldwerter Vorteil von 4520 €. Bei dem unterstellten Grenzsteuersatz von 40 % ergibt sich eine Steuerlast von 1808 €. Zusammen mit dem reduzierten Kaufpreis betragen die Ausgaben des Mitarbeiters 34 608 €. Dem Mitarbeiter verbleibt damit ein Wertzuwachs (Gewinn) von 3808 €.
> Auf Unternehmensseite gestaltet sich die Berechnung einfacher. Die Herstellungskosten (inkl. anteilige Entwicklungskosten, Overhead etc.) wurden mit 75 % angesetzt, also 30 000 €. Diesen stehen die Einnahmen aus dem reduzierten Kaufpreis mit 32 800 € gegenüber. Der Gewinn des Unternehmens beträgt damit 2800 €.

Es besteht die seltene, aber für die rabattierte Überlassung von eigenen Produkten an Mitarbeiter typische Situation, dass beide Seiten profitieren. Das Unternehmen gewährt den Mitarbeitern eine nach wie vor hochgeschätzte Zusatzleistung mit einem hohen materiellen Wert und verdient auch selber noch daran. Eine echte Win-Win-Situation. Diese vorteilhafte Situation wird von Unternehmen viel zu zurückhaltend genutzt.

7.7.2.2 Dienstwagen

Auch die Vergabe eines Dienstwagens ist steuerlich relevant. Die Nutzungsüberlassung eines betriebseigenen Fahrzeugs zu privaten Zwecken bildet einen geldwerten Vorteil, der als Sachbezug der Einkommensteuer unterliegt. Der Steuergesetzgeber geht grundsätzlich von der Versteuerung des geldwerten Vorteils durch den Dienstwagen-Nutzer aus. Sofern der Arbeitgeber diese Steuer trägt (wie noch bei manchen Vorständen üblich), stellt diese Steuerübernahme einen weiteren geldwerten Vorteil dar, der wiederum zu versteuern ist. Eine Versteuerung fällt in zweifacher Hinsicht an. Aufgrund der Überlassung zu Privatzwecken ist der daraus resultierende geldwerte Vorteil zu versteuern. Hierfür sieht das Einkommensteuergesetz (§ 8 II 2 EStG) vier verschiedene Möglichkeiten vor. Die gebräuchlichste ist die Ermittlung des geldwerten Vorteils mit 1 % vom Bruttolistenpreis des Fahrzeugs (inkl. aller Sonderaustattungen, vgl. § 6 I Nr. 4 Satz 2 EStG). Teilweise wird stattdessen ein Fahrtenbuch geführt (§ 8 II 4 EStG). Der geldwerte Vorteil besteht darin, dass der für dienstliche Zwecke zur Verfügung gestellte Dienstwagen auch privat genutzt werden darf. In dem Umfang, in dem die Führungskraft für die Überlassung eine Nutzungsgebühr bezahlt, reduziert sich der geldwerte Vorteil. Zusätzlich entsteht gemäß § 8 II EStG ein geldwerter Vorteil aus der Nutzung des Dienstwagens für die Fahrten zwischen Wohnung und Arbeitsstätte. Dieser errechnet sich aus den Entfernungskilometern multipliziert mit 0,03 % des Bruttolistenpreises.

Der Wert des Dienstwagens liegt für den Mitarbeiter darin, dass er sich die Aufwendungen für ein eigenes Fahrzeug spart. Dies wird hier zu Vergleichszwecken mit den entsprechenden Leasingkosten angesetzt, die ein externer Dritter hätte. Hinzu kommen die eingesparten Kosten für Benzin, Reparatur etc.

Monetäre Bewertung von Zusatzleistungen   257

> **Beispiel 41: Kosten und Wert am Beispiel eines Dienstwagens**
> Im dargestellten Beispiel belaufen sich die Ersparnisse insgesamt auf 1164 € monatlich. Neben der Rate von 200 € ans Unternehmen muss für die Versteuerung bei den zu Grunde gelegten Beispieldaten monatlich 180 € aufgewendet werden. Als Wertzuwachs verbleiben also 784 € monatlich bzw. 9408 € jährlich.
> Das Unternehmen hat entsprechende Ausgaben in Höhe von 1064 €. Dem ist die Rate von 200 € gegen zu rechnen, so dass monatliche Kosten von 864 € verbleiben, damit jährlich 10 368 €. Das bedeutet, dass das Unternehmen höhere Kosten hat, als beim Mitarbeiter als monetärer Wert ankommt.

Ausgangssituation Dienstwagen			Mitarbeiter			Nebenrechnungen
Bruttolistenpreis	50.000 €	Einnahmen (Aufwendungen des Dritter)		Leasing	1.000 €	
Weg zur Arbeit (FWA)	10 km			Benzin	64 €	
Monatsrate	200 €			Reparatur	100 €	
Preis für Leasingfahrzeug -privat -Unternehmen	1.000 € 900 €			Rate	-200 €	
Zinsen für einen Kredit	8 %	Ausgaben		- Steuer auf den geldwerten Vorteil	-180 €	Gelwerter Vorteil f. private Fahrten: 1 % BLP: 500 € FWA: 0,03 % / E-KM: 150 € Gesamt: 650 € - Rate: -200 € zu versteuern: 450 € ➔ Steuerlast: 180€
Grenzsteuersatz d. MA	40 %					
Unternehmen						
Einnahmen	200 €					
			mtl.		784 €	
			Gewinn p.a.		9.408 €	
mtl.	-864 €					
Verlust p.a.	10.368 €	**Wertdifferenz:**	-960 € (9.408 € - 10.368 €)			

Abbildung 42: Monetäre Bewertung Dienstwagen

7.7.3 Monetäre Bewertung in der Gesamtschau

Die für beide Seiten sinnvollsten Zusatzleistungen erzeugen sowohl für das Unternehmen als auch für den Mitarbeiter einen Mehrwert. D. h. der Mitarbeiter hat einen möglichst hohen Wert aus der Zusatzleistung und auch das Unternehmen erzielt einen Gewinn mit der Vergabe der Leistung. Dies ist sicher ein Idealfall, wie er aber ganz typisch für die kostenlose oder vergünstigte Gewährung von eigenen Produkten und Dienstleistungen ist.

In Abbildung 43 ist dargestellt, wie sich die typischen Zusatzleistungen in diese Matrix einordnen lassen. Den Idealfall decken eigentlich nur die eigenen Produkte ab. Die Unfallversicherung ist für das Unternehmen vergleichsweise kostengünstig, bietet dem Mitarbeiter im Vergleich dazu einen hohen Nutzen. Die hochgelobte Deferred Compensation hat unter Berücksichtigung der damit einhergehenden Risikoaspekte nur einen geringen Nutzen für den

Mitarbeiter, dafür einen hohen für das Unternehmen. Die Mitarbeiter-Aktien haben für den Mitarbeiter nur einen geringen monetären Wert, kosten das Unternehmen nicht viel, haben aber gleichzeitig als eine der wenigen Zusatzleistungen den Effekt der Leistungsmotivation. In einem nächsten Schritt sind die Ergebnisse der monetären Bewertung mit den Ergebnissen der motivationalen Betrachtung zu kombinieren (ausführlich dazu Doyé, T. (2000), S. 316ff.). Positive Auswirkungen auf den Motivationsaspekt haben generell eine Flexibilisierung und Individualisierung von Leistungen. Dies nicht nur, weil sie dann spezifisch optimiert werden können, sondern auch, weil damit die Aufmerksamkeit für Kosten und Wert der Leistungen erhöht wird. Daher wird abschließend auf diesen Punkt eingegangen.

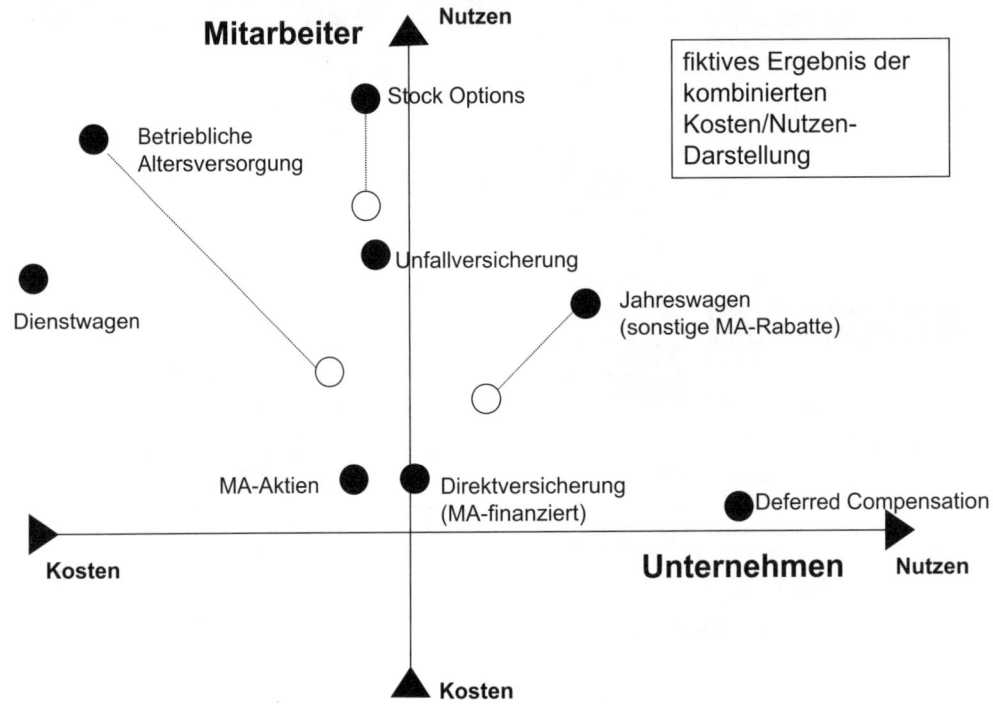

Abbildung 43: Typische Zusatzleistungen in der Kosten-Nutzen-Bewertung

7.8 Flexibilisierung und Individualisierung von Zusatzleistungen

Seit den 1980er Jahren werden Arbeitszeiten stärker flexibilisiert, was auch mit einer besseren Anpassung an individuelle Bedürfnisse einhergehen kann. Andere Möglichkeiten, Beschäftigungsverhältnisse flexibler und individueller zu gestalten, wurden zunächst weniger häufig in Betracht gezogen. Ein wesentliches Ziel einer derartigen Neuorientierung von Zusatzleistungen ist, bei gleichbleibender Kostenbelastung, einen höheren Nutzen des Leistungspakets zu erreichen (vgl. Grawert, A. (1996), S. 26). Bekannt geworden sind diese Ansätze auch unter dem Begriff Cafeteria-Systeme (vgl. Schuster, L. (1991), S. 36; Wagner, D. (1986), S. 19f.; Wolf, C. (1993), S. 204; vgl. auch Oechsler, W. A. (1997), S. 399f.). Diese stellen für den Mitarbeiter die Möglichkeit dar, zwischen Entgelt und Zusatzleistungen bzw. zwischen verschiedenen Zusatzleistungen wählen zu können. Den Mitarbeitern werden hier, wie an einer Theke einzelne Menübestandteile, verschiedene Entgeltelemente angeboten, die sie nach ihren persönlichen Bedürfnissen und Präferenzen zusammenstellen können. Durch die restriktiven Bedingungen sind die Wahlmöglichkeiten der hierzulande eingesetzten Cafeteria-Systeme weitgehend auf die beschriebenen Zusatzleistungen beschränkt und oft auf Führungskräfte begrenzt.

Die Gestaltungsmöglichkeiten müssen sich aber nicht auf finanzielle Absicherungen beschränken, sog. „flexible benefits" können zusätzlich angeboten werden. Als Gestaltungselemente sind neben den Arten der austauschbaren Leistungen, Verrechnungsmodi, Wahlfreiheit, Wahlturnus, Periodenfixierung und der Umgang mit Restsummen bzw. Zusatzbedarf zu bestimmen. Wahlmöglichkeiten im Rahmen des Cafeteria-Ansatzes können sich z. B. beziehen auf (vgl. Oechsler, W. A. (1997), S. 128):

- Barleistungen, (z. B. Urlaubsgeld, Weihnachtsgeld, Arbeitgeberdarlehen, höhere Altersversorgung, Deferred-Compensation),
- Zeitangebote (z. B. Zusatzurlaub, kürzere Wochen- oder Jahresarbeitszeit, Frühpensionierung, Langzeiturlaub, Sabbatical),
- Versicherungsleistungen (z. B. Lebens-, Unfall-, Berufsunfähigkeits-, Krankenzusatzversicherung),
- Bildungsangebote (z. B. Sprachkurse, Bildungsurlaub, EDV-Kurse, MBA- und Promotionsprogramme),
- Sachleistungen (z. B. Werkswohnung, Dienstwagen, Sportmöglichkeiten),
- Vorsorge/Beratung (z. B. Medizinische Betreuung, Rechtsberatung, Steuer- und Finanzberatung),
- Beteiligungen (z. B. Belegschaftsaktien, Genussscheine).

In Abhängigkeit vom Umfang der Wahlmöglichkeiten wird unterschieden zwischen (vgl. Wagner, D. (1991), S. 93):

- Flexible-Benefit-System: Wahlmöglichkeiten auf Sozialleistungen beschränkt (insbesondere Versicherungsleistungen),
- Flexible-Compensation-System: Wahlmöglichkeiten umfassen neben Sozialleistungen auch Komponenten wie Einkommen, Arbeitszeit und Urlaub,
- Flexible-Human-Resources-System: Umfassende Wahlmöglichkeiten, die zusätzlich zu den oben genannten Komponenten auch Elemente wie Lebensarbeitszeit, Ausbildungsgänge und Aufstiegschancen mit einbeziehen.

Bei der Festlegung der Verrechnungsmodi sollten Verständlichkeit und Transparenz für die Mitarbeiter im Mittelpunkt stehen. Die Wahlfreiheit pendelt sich meist zwischen den Extremen der beliebigen Auswahl und der Wahl unter zwei oder mehr Standardpaketen bei einem Angebot bestimmter Kernpakete ein. Dabei sollte eine Festlegung nicht auf Dauer, sondern gemäß sich verändernder Präferenzstrukturen turnusgemäß erfolgen. Ebenso sind Übertragungsmöglichkeiten der Periodenfixierung aus Mitarbeitersicht vorzuziehen. Dagegen spricht auf Unternehmensseite jedoch ein erhöhter Verwaltungsaufwand.

Als Ziele von Cafeteria-Systemen werden genannt:

- Individualisierung der Sozialleistungen,
- größere Transparenz von Höhe und Struktur der Entgelte,
- erweiterte Selbstbestimmung am Arbeitsplatz,
- Förderung des Unternehmensimage und damit höhere Attraktivität der Arbeitsplätze sowie
- eine bessere Steuerung der Kosten für Sozialleistungen.

Diese Ziele lassen sich sicherlich nur verwirklichen, wenn folgende Voraussetzungen für die Implementierung eines Cafeteria-Systems beachtet werden:

- Unterstützung durch die Unternehmensleitung,
- Existenz eines Personalinformationssystems,
- Kenntnis der Mitarbeiterbedürfnisse und -wünsche, durch eine vorherige Befragung der Zielgruppe,
- ständige Information der Beteiligten,
- Entscheidungsbeteiligung der Zielgruppe bei der Implementierung des Systems,
- Abstimmung und Anpassung an interne Interdependenzen,
- Genehmigung eines ausreichenden Zeitrahmens,
- Lockerung der Tarifstrukturen für weitere Ausdehnungen auf den tarfilichen Bereich,
- Berücksichtigung von Attraktivitätsfaktoren, wie Entscheidungsfreiheit, Wahlturnus, Budgetfestlegung und Steuervorteile.

Als mögliche Vorteile aus der Sicht der Unternehmensleitung ergeben sich eine Steigerung der Attraktivität, die Erhöhung der Mitarbeiterzufriedenheit und -motivation sowie eine stärkere Bindung der Mitarbeiter an das Unternehmen. Der Hauptvorteil von Cafeteria-Systemen liegt in einer differenzierten Zuteilung freiwilliger Sozialleistungen. Dadurch werden diese nicht mehr als selbstverständlich betrachtet, es entsteht eine positive Anreizwirkung, da Mitarbeiter selbst die angebotenen Leistungen bewusst auswählen. Ferner wird eine verbesserte Ressourcenallokation erreicht, da keine Leistungen in Anspruch genommen werden, in denen Mitarbeiter keinen Nutzen sehen. Cafeteria-Systeme gewähren durch ihr breites Angebot ein hohes Maß an Flexibilität und ermöglichen eine Anpassung des Belohnungssystems an veränderte Wertsysteme der Mitarbeiter (vgl. Wagner, D. (1991), S. 97; Oechsler, W. A. (1996), S. 128). Nachteile bei Cafeteria-Systemen entstehen durch die zeitliche Bindung bestimmter Leistungen und einen höheren Verwaltungsaufwand. Hinzu kommen Probleme bei der Verrechnung von Geld- und Zeiteinheiten oder von Zeiteinheiten untereinander (vgl. Zander, E. (1990), S. 414; Drumm, H. J. (2005), S. 148). Aus Mitarbeitersicht können sich durch Steuervorteile eine Verbesserung der Nettorendite, ein Stück Selbstbestimmung durch die Wahlmöglichkeiten und dadurch auch eine höhere Bedürfnisgerechtigkeit ergeben (vgl. auch Ackermann, K.-F., Eisele, D. (2000)).

Für das Unternehmen stehen in der ökonomischen Betrachtung die flexiblen Personalkosten im Vordergrund. Mitarbeitern geht es um Optionen, die den individuellen Präferenzen in besonderer Weise entgegenkommen sollen. Durch komplexe leistungsfähige IT-Systeme ist in den Unternehmen inzwischen auch die technische Basis für eine stärkere Individualisierung der

Zusatzleistungen geschaffen. Dies bedeutet, dass der einzelne Mitarbeiter die Ausgestaltung der einzelnen Zusatzleistung auf seine Bedürfnisse zuschneiden kann, beispielsweise durch die Zusammenstellung seines Dienstwagens, wie er es bei seinem Privatwagen täte oder durch Aufteilung der Gesamtversicherungssumme bei der Gruppenunfallversicherung auf die Risiken Tod und Invalidität entsprechend seiner persönlichen Risikosituation (vgl. Beyer, H. T. (1999), S. 777).

Der Individualisierungsdrang der Mitarbeiter ist unterschiedlich stark ausgeprägt. Nicht nur branchen- und unternehmensspezifisch, sondern auch ressortspezifisch. Nach einer Untersuchung von Trompenaars u. a. ((1998), S. 244) ist der Individualisierungsdrang am stärksten ausgeprägt bei Mitarbeitern im Marketing und in der Öffentlichkeitsarbeit, am wenigsten im Personalbereich und in der Produktion. Die meisten Zusatzleistungen sind auf einen bestimmten Mitarbeitertyp zugeschnitten und vernachlässigen somit die konkrete Bedarfssituation und Interessen einer Vielzahl von Mitarbeitern, die diesem Normtypus nicht entsprechen. Durch die Individualisierung der Zusatzleistungen erzielen die Unternehmen ein besseres „Matching" von Angebot und Nachfrage, da nun die nachfragenden Mitarbeiter ausschlaggebend für die Gestaltung der angebotenen Zusatzleistungen sind. Für den einzelnen Mitarbeiter entsteht ein Nutzenzuwachs und entsprechend höher ist die Motivationswirkung (vgl. Evers, H. (1992), S. 395). Im Sinne einer optimalen Ressourcenallokation werden suboptimale Leistungen zu Gunsten von Leistungen mit höherem persönlichem Nutzen reduziert oder ganz gestrichen. Andere Optionen als Barvergütung sind für den Mitarbeiter nur dann attraktiv, wenn sich dadurch entweder ein höheres Nettoeinkommen ergibt oder sich der individuelle Nutzen in anderer Form erhöht. Erstes wird beispielsweise durch die Ausnutzung von Steuervorteilen erreicht (das deutsche Steuerrecht beschneidet (im Gegensatz zu den USA) die Wahlmöglichkeit zwischen verschiedenen Vergütungs- und Zusatzleistungsbestandteilen, wie etwa bei der Direktversicherung oder beim Firmenwagen. Vorteile im immateriellen Bereich liegen oft im Statusnutzen, wenn die gewährte Leistung, wie der Firmenwagen oder die Größe des Büros, etwas über die hierarchische Position aussagt.

Die Wahl zwischen verschiedenen Optionen wird aus Sicht des Mitarbeiters von unterschiedlichen Aspekten geprägt:

- Preisvorteile gegenüber externem Bezug (beispielsweise beim Jahreswagen)
- Rabatte des Arbeitgebers (beispielsweise inwieweit vergleichbare Rabatte auch von Dritten gewährt werden)
- Rabatte von Dritten (beispielsweise aufgrund der gebündelten Nachfrage des Unternehmens, insbesondere bei Versicherungsleistungen)
- Steuervorteile (beispielsweise bei Pauschalbesteuerung durch den Arbeitgeber bei Direktversicherung)
- Statusnutzen (beispielsweise bei hierarchisch gestuften Dienstwagenkategorien)
- Verfügbarkeit (beispielsweise der Umfang, in dem von Banken aufgrund bestehenden Sicherheiten Baudarlehen gewährt werden, die durch Wohnbaudarlehen des Arbeitgebers ergänzt bzw. überhaupt erst ermöglicht werden)
- Selbstbestimmung (beispielsweise bei gleitender Arbeitszeit)
- Selbstaktualisierung (beispielsweise durch Weiterbildung, die die eigene Karriere unterstützt).

Die Personalkosten bleiben bei der Wahl unterschiedlicher Leistungen konstant, da durch den ohnehin entstehenden Nutzenzuwachs nicht die Erhöhung der Personalkosten, sondern ihre optimale Aufteilung im Vordergrund steht. Für den Arbeitgeber führt die Flexibilisierung der Leistungen zu einer verbesserten Plan- und Steuerbarkeit der Kosten, indem die Entscheidung über die Art der Zusatzleistung und das zur Verfügung stehende Kostenbudget getrennt werden (Dycke, A., Schulte, C. (1986), S. 579). Zusatzleistungen lassen sich durch solche Flexibilisierung viel stärker unternehmensstrategisch einsetzen, als dies in der Praxis genutzt wird. Übergreifende Cafeteria-Systeme haben sich in Deutschland nicht durchgesetzt. Aber der Grundgedanke der Wahlfreiheit wird vielfach innerhalb der einzelnen Zusatzleistungen angewandt. Beim Dienstwagen ist es üblich, dass der Begünstigte sich das Fahrzeug innerhalb eines bestimmten Budgets selber zusammenstellen darf, was die Ausstattung, Motorisierung, Farbe etc. betrifft. Ähnliches gilt für die Unfallversicherung, bei der viele Unternehmen die Aufteilung zwischen Todesfall- und Invaliditätsrisiko dem Mitarbeiter überlassen.

Personalpolitische Individualisierung als Gegensatz zur überwiegend praktizierten kollektiven Vergabe der betrieblichen Zusatzleistungen verlangt nicht zwingend die Bezugnahme auf jeden einzelnen Mitarbeiter, sondern ist auch gegeben, wenn homogene Gruppen eine spezifische Bezugnahme erfahren. Differentielle Personalwirtschaft in diesem Sinne heißt, eine Vielzahl von Alternativen zu schaffen, unter denen sich der einzelne Mitarbeiter für die für ihn optimale Alternativen-Kombination entscheiden kann.

7.9 Rechtliche Aspekte des Managements betrieblicher Zusatzleistungen

Die unterschiedlichen Rechtsgrundlagen betrieblicher Zusatzleistungen wurden bereits eingangs dieses Kapitels erläutert. Die Veränderung von betrieblichen Zusatzleistungen, insbesondere deren Verschlechterung, ist eng an diese Rechtsgrundlagen geknüpft. Änderungen richten sich immer nach den Möglichkeiten der jeweiligen Rechtsgrundlage. Ist eine Zusatzleistung tariflich geregelt, bedarf es im Regelfall einer einvernehmlichen Änderung beider Tarifvertragsparteien, so z. B. bei einer Reduzierung des Weihnachtsgeldes. Zahlt ein einzelnes Unternehmen einseitig freiwillig mehr, bedarf dies keiner erneuten Tarifregelung, da diese Mindestansprüche regelt, die Arbeitgeber also freiwillig ohne Einbeziehung des Tarifpartners besser vergüten können. Analog gilt dies auf Unternehmensebene. Soll etwa die in einer Betriebsvereinbarung geregelte betriebliche Altersversorgung gekürzt werden, ist dies mit dem Betriebsrat zu verhandeln. Der wird im Regelfall das eingesparte Geld gern in andere Vergünstigungen für die Mitarbeiter investiert sehen. Auch Vereinbarungen in den Arbeitsverträgen können vom Arbeitgeber nicht einseitig verschlechtert werden. Ist bspw. der Führungskraft arbeitsvertraglich ein bestimmtes Budget für einen Dienstwagen zugesichert, sind Verschlechterungen mit der jeweiligen Führungskraft zu vereinbaren. Auch diese wird regelmäßig nach einer anderweitigen Kompensation fragen. Im Übrigen teilen diese Zusatzleistungen das Schicksal des Arbeitsvertrages. Wird ein leitender Mitarbeiter von seiner Arbeitsverpflichtung bei noch laufendem Arbeitsvertrag freigestellt, weil z. B. eine Kündigungsklage läuft, so darf er auch seinen Dienstwagen weiter nutzen, außer der Arbeitsvertrag regelt ausdrücklich etwas anderes. Auch für die klageweise Durchsetzung von Verschlechterungen bei Zusatzleistungen gelten die üblichen Kündigungsregeln. In Frage kommt nur eine Änderungskündigung, also der Arbeitgeber kündigt und bietet gleichzeitig einen neuen Vertrag zu geänderten Bedingungen an, in diesem Fall mit schlechteren Zustleistungen. Diese arbeitgeberseitige Kündigung kann nur ordentlich erfolgen und somit muss eine der drei Kündigungsarten gegeben sein: verhaltensbedingt (bloßes Verhalten des Mitarbeiters rechtfertigt keine Verschlechterung der Zusatzleistung) und personenbedingt (der typische Krankheitsfall rechtfertigt ebenfalls keine Reduzierung) scheiden aus. Es können also im Regelfall nur betriebsbedingte (drastische Verschlechterung der wirtschaftlichen Situation) Gründe sein.

7.10 Fragen/Übungsaufgaben zum Management betrieblicher Zusatzleistungen

- Erläutern sie die Matrix der motivationalen und monetären Aspekte von Zusatzleistungen aus Mitarbeiter- und Unternehmensperspektive
- Wie lassen sich die betrieblichen Zusatzleistungen systematisch differenzieren?
- Beschreiben sie die unterschiedlichen Formen der Betrieblichen Altersversorgung?
- Welche Formen der Betrieblichen Altersversorgung können sowohl Arbeitgeber- als auch Arbeitnehmerfinanziert sein?
- Erläutern sie die drei unterschiedlichen Anreizwirkungen von Zusatzleistungen!
- Was versteht man unter Flexibilisierung und was unter Individualisierung von Zusatzleistungen?

7.11 Literaturhinweise

Ackermann, K. F., Eisele, D. (2000): Arbeitsentgeltsysteme, in: AKAD (Hrsg.): Lehrheft für den Fernunterricht im Lernmodul Personalmanagement, Stuttgart 2000
AKAD (Hrsg.): Lehrheft für Fernunterricht im Lernmodul Personalmanagement, Stuttgart 2000
Becker, F. G. (1995): Anreizsysteme als Führungsinstrumente; in: Kieser, A., Reber, G., Wunderer, R. (Hrsg.): Handwörterbuch der Führung, 2. Aufl., Stuttgart 1995, S. 34–46
Beyer, H-T. (1990): Leistungs- und erfolgsorientierte Benefits; in: Personalführung, 11/1990, S. 776–777
Bröckermann, R. (1997): Personalwirtschaft; Arbeitsbuch für das praxisorientierte Studium, Köln 1997
Bühner, R. (Hrsg.): Management-Lexikon, München 2001
Butler, T., Waldroop, J. (2000): Wie Unternehmen ihre besten Mitarbeiter an sich binden; in: Harvard Business Manager, 02/2000, S. 70–78
Cisek, G. (1998): Sozialleistungen für Führungskräfte; in: Personal, 02/1998, S. 53–55

Cisek, G. (1986): Umdenken in den betrieblichen Sozialleistungen; in: Personalführung, 02/1986, S. 42–44
Doyé, T. (2005): Dienstwagen, in: Wagner, D., Zander, E. (Hrsg.): Handbuch des Entgeltmanagements, München 2005, S. 268–298
Doyé, T. (2000): Analyse und Bewertung von betrieblichen Zusatzleistungen: Hochschulschriften zum Personalwesen, München und Mering 2000
Drumm, H. J. (2005): Personalwirtschaftslehre, 5. Aufl., Berlin 2005
Düsing, A. (1994): Erfahrungsbericht Cafeteria-System, auf der Tagung „Betriebliche Sozialleistungen" des Euroforums am 3./4. Mai 1994 in Köln
Dycke, A., Schulte, C. (1986): Cafeteria-Systeme; in: DBW, 1986, S. 577–589
Evers, H. (1992): Zukunftsweisende Anreizsysteme für Führungskräfte; in: Kienbaum (Hrsg.): Visionäres Personalmanagement, Stuttgart 1992
Freimuth, J. (1988): Cafeteria-Systeme; in: Personalführung, 09/1988; S. 600–604
Grawert, A. (1996): Cafeteria-Systeme kein kalter Kaffee; in: Personalwirtschaft, Sonderheft 1996, S. 25–28
Grawert, A. (1996): Die Kommunikation betrieblicher Sozialleistungen und ihre Beurteilung durch die Arbeitnehmer; in: Berthel, J., Groenewald, H. (Hrsg.): Handbuch Personalmanagement, München 1996
Grawert, A. (1989): Die Motivation der Arbeitnehmer durch betrieblich beeinflussbare Sozialleistungen, München und Mering 1989
Grünefeld, H-G. (1983): Steuerung und Kontrolle des Personalaufwandes, Wiesbaden 1983
Haberkorn, K. (1978): Betriebliche Sozialpolitik, München 1978
Hax, A. (1998): ROBI – Eine Methode personalwirtschaftlicher Rentabilitätsrechnung für den Zweitlohn; in: Personalführung, 02/1986; S. 44–52
Hemmer, E., Salowsky, H. (1991): Personalkosten im nationalen und internationalen Vergleich; in: Personalreport 1991, S. 19–21
Jung, H. (1999): Personalwirtschaft, München, Wien 1999
Kieser, A., Reber, G., Wunderer, R. (Hrsg.): Handwörterbuch der Führung, 2. Aufl., Stuttgart 1995
Knoll, L., Raasche, K. (1996): Sozialleistungsmanagement im Spiegel der Praxis; in: Personal 01/1996, S. 14–20
Kramarsch, TowersPerrin, FAZ, 6.3.09, S. 15
Lezius, M. (1999): Kapitalbeteiligung als Zukunftsmodell; in: Personalwirtschaft, 01/1999, S. 34–35
Lezius, M. (2000): Kapitalbeteiligung als Zukunftsmodell; in: Personal, 02/2000; S. 95–97
Moderegger, H. A. (1994): Redesign der Sozialleistungen; auf der Tagung Betriebliche Sozialleistungen am 3./4. Mai 1994 in Köln
Moderegger, H. A. (1994): Betriebliche Sozialleistungen; Erfolgs- und Leistungsorientierung als Strategie; Wirtschaftsverlag Bachem, Köln 1995
Niejahr, E. (2000): Sozialismus auf Raten; in: Die Zeit vom 30.3.2000; S. 25
Oechsler, W. A. (1997): Personal und Arbeit; Einführung in die Personalarbeit, München und Wien 1997
Rößler, N. (1992): Sozialleistungen kritisch unter die Lupe nehmen; in: Personalwirtschaft, 03/1992; S. 27–32
Rullkötter, S. (1999): Dienstwagen oder Gehaltserhöhung? in: Finanzen, 11/1999; S. 191–192
Sadowski, D., Pull, K. (1997): Betriebliche Sozialpolitik politisch gesehen; in: Der Betriebswirt, 1997, S. 149–166
Schulte, K.W. (1990): Einstellung von Führungskräften zu Nebenleistungen, in: Personalwirtschaft, 05/1990, S. 16–17
Schuster, L. (1991): Gestaltungsformen eines Cafeteria-Systems; in: WISU, 05/1991; S. 363–365
Trompenaars, F., Hampden-Turner, C. (1998): Riding the Waves of Culture, New York 1998
Wagner, D. (1982): Cafeteria-Systeme in Deutschland; in: Personal, 06/1982, S. 234–238
Wagner, D. (1986): Möglichkeiten und Grenzen des Cafeteria-Ansatzes in Deutschland; in: BFuP, 01/1986, S. 16–27
Wagner, D. (1997): Flexibilisierung und Individualisierung der Arbeitszeit als personalpolitische Herausforderung, in: Leo Montada (Hrsg.): Beschäftigungspolitik zwischen Effizienz und Gerechtigkeit, Frankfurt am Main 1997, S. 178–194
Wagner, D. (1998): Flexibilisierung und Individualisierung des Personalmanagements, in: Jahrbuch Personalentwicklung und Weiterbildung 1998, S. 235–239
Wagner, D. (2003): Cafeteria-Systeme, in: Gaugler, E. u. a. (Hrsg.), Handwörterbuch des Personalwesens, 2.Aufl., Stuttgart 2003
Wagner, D., Grawert, A. (2001): Cafeteria-Systeme; in: Bühner, R. (Hrsg.): Management-Lexikon, München 2001, S. 464–467
Wagner, D., Grawert, A., (1993): Sozialleistungsmanagement – Mitarbeitermotivation mit geringem Aufwand, München 1993

Wagner, D., Grawert, A., Langemeyer, H. (1992): Cafeteria-Systeme als Möglichkeit der Flexibilisierung und Individualisierung von Entgeltbestandteilen für Führungskräfte; in: BFuP, 03/1992, S. 255–271
Wichmann, S. (1994): Letzte Schlacht; in Wirtschaftswoche vom 16.6.94, S. 42–47
Wolf, C. (1993): Variable Vergütung in Form eines Cafeteria-Plans; in: Personal, 03/1993, S. 201–210
Zander, E., Wagner, D. (Hrsg.): Handbuch des Entgeltmanagements, Berlin 2005

8. Personal- und Organisationsentwicklung

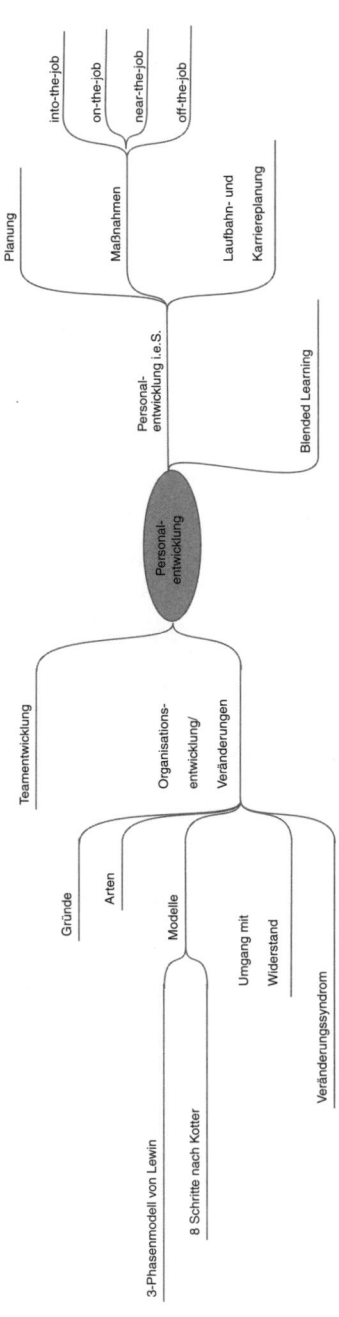

8.1 Zum Einstieg

Die Abfüllanlagen AG beschließt, in ihrer strategischen Neuausrichtung den chinesischen Markt nicht mehr länger durch Vertragshändler zu bedienen, sondern durch ein eigenes Vertriebsnetz stärker und eigenständiger zu erobern. Der Aufbau des eigenen Vertriebsnetzes soll durch den zentralen Vertriebsbereich vorangetrieben werden. In den ersten Jahren sollen diese Vertriebsbüros von Expatriates geleitet werden, die auch für den Auf- und Ausbau vor Ort verantwortlich sein werden und von Beginn an lokale Nachfolger aufbauen sollen. Dem Vorstand ist bewusst, dass ein wesentlicher Erfolgsfaktor solide Grundkenntnisse der chinesischen Kultur und Sprache sind. Deswegen soll kurzfristig ein entsprechendes Bildungsprogramm durchgeführt werden.

Für Karl Kaufmann, einen der ausgewählten Expatriates, ist der Chinesischkurs eine Personalentwicklungsmaßnahme. Gleichzeitig ist der Chinesischkurs, an dem noch weitere Mitarbeiter teilnehmen, eine Organisationsentwicklungsmaßnahme, da hierdurch eine strategische Neuausrichtung des Unternehmens maßgeblich unterstützt wird. Mithilfe dieser Maßnahme wird das Unternehmen in einer wesentlichen Veränderung gezielt unterstützt.

8.2 Einleitung

Organisationsentwicklung (OE) und Personalentwicklung (PE) werden oft in einen Topf geworfen und undifferenziert verwendet. Dabei ergibt sich der Unterschied schon aus den Begriffen: Die eine Entwicklung ist bezogen auf die Organisation als solche, die andere auf die einzelnen Personen. Aber so einfach ist die Differenzierung in vielen Situationen dann doch wieder nicht. Wie ist beispielsweise ein Sprachkurs einzuordnen? Sicher eine Maßnahme der Personalentwicklung, da einzelne Mitarbeiter in ihrer Sprachkompetenz geschult werden. Der gleiche Sprachkurs kann aber zusätzlich eine OE-Maßnahme sein, wenn dadurch übergeordnete Zielsetzungen erreicht werden sollen.

8.3 Personalentwicklung

8.3.1 Personalentwicklungsplanung

Primäres Ziel betrieblicher Personalentwicklungsmaßnahmen ist es, die Mitarbeiter für die aktuellen und künftigen Anforderungen zu qualifizieren. In diesem Sinn sind unter Personalentwicklung alle Formen der Aus-, Fort- und Weiterbildung zu verstehen.

Die Personalentwicklungsplanung hat das Ziel, mittels Bildungsbedarfsanalyse diejenigen Qualifizierungsmaßnahmen zu identifizieren und zu planen, die im Rahmen der strategischen

Ausrichtung des Unternehmens notwendig sind, um die künftig erforderlichen Kompetenzen zur richtigen Zeit und im passenden Umfang zur Verfügung zu haben. Dies erfolgt durch gezielte Entwicklungsmaßnahmen für die bereits vorhandenen Mitarbeiter, aber auch durch die Ausbildung von Schulabgängern in den zukunftsträchtigen Kompetenzfeldern.

Aus Sicht des Unternehmens sollen durch die Kompetenzerweiterung die notwendigen Ressourcen und der bestmögliche Einsatz der Mitarbeiter sichergestellt werden. Ein Einsatzoptimum besteht dann, wenn das Profil des Mitarbeiters dem Anforderungsprofil der Stelle entspricht. Vorausschauend erfordert dies, dass für derzeitige und künftige freie Arbeitsplätze eine ausreichende Anzahl von qualifizierten Nachwuchskräften vorhanden ist.

Aus der Perspektive der individuellen Personalentwicklung geht es um die Behebung von aktuellen, berufsrelevanten Defiziten. Außerdem um die Qualifizierung in Themen, die zur langfristigen Erfüllung der Aufgaben und Zielerreichung erforderlich sind. Diese Entwicklungsbedarfe werden im Rahmen der Personalbeurteilung offensichtlich. Im Rahmen der Personalbeurteilung wird das Fähigkeitsprofil des Mitarbeiters eingeschätzt und Interessen des Mitarbeiters aufgenommen, um diese Fähigkeiten und Interessen den Anforderungen gegenüberzustellen. So werden Entwicklungsbedarfe aufgedeckt sowie darauf aufbauend Entwicklungsmaßnahmen abgeleitet. Dabei ist der Qualifizierungsbedarf konkret zu definieren: Geht es um die Erweiterung des Wissens auf der aktuellen Stelle, um Verhaltensänderungen oder um die Entwicklung in eine andere Aufgabe?

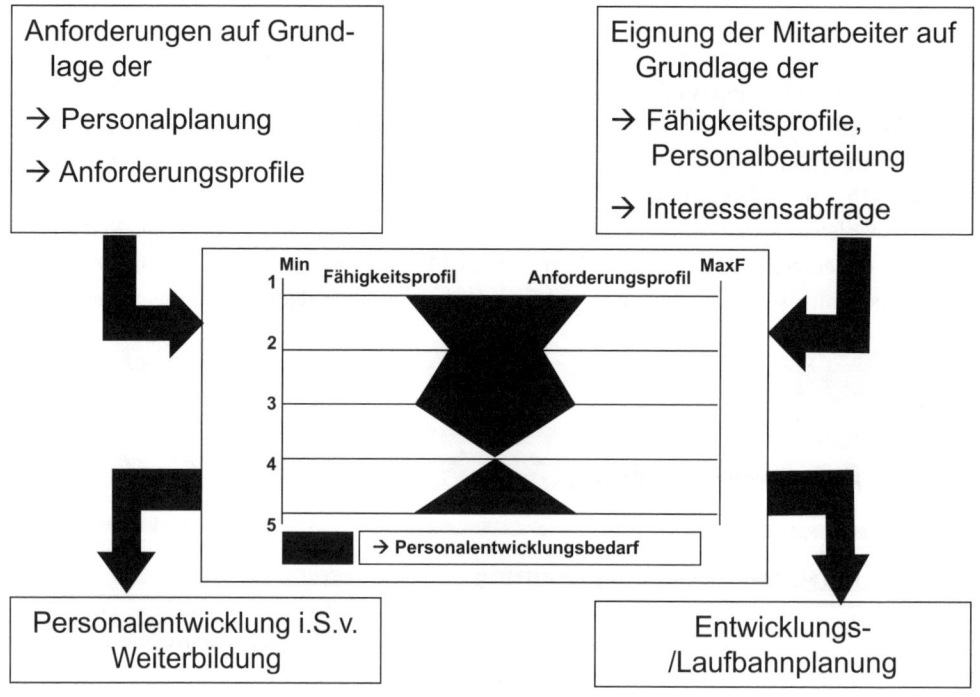

Abbildung 44: Profilvergleiche

Im Gegensatz zu diesen kurzfristigen Entwicklungsplanungen sind geplante Neuausrichtungen des Unternehmens auch bezüglich der Entwicklung der Humanressourcen langfristig einzuleiten. Geplante Veränderungen etwa im technischen Bereich werden antizipativ vorbereitet. Mit der Einführung von CAD-Systemen wurden technische Zeichner beispielweise in großem Umfang überflüssig. Dagegen waren zur Nutzung dieser neuen Systeme ganz andere Fähigkeiten gefordert. Schulungsmaßnahmen hierfür mussten so rechtzeitig greifen, dass sie mit Einsatz der neuen Systeme anwendungsbereit verfügbar waren.

Die Personalentwicklungsplanung umfasst also neben der individuellen Perspektive auch die bezüglich bestimmter Job-Families oder ganzer Unternehmensteile. Mit Job-Families werden in einer Organisation vergleichbare Jobs zusammengefasst, die ähnliche Aufgabenprofile haben und für die ähnliche Kompetenzen benötigt werden. Beispiele für Job-Families sind Vertrieb, Personal, Informationstechnologie, Finanzen, Recht usw. Wenn von solchen Qualifizierungsmaßnahmen nicht nur einzelne Teile, sondern die ganze Belegschaft betroffen sind, geht es darum, die gesamte Organisation auf eine Veränderung vorzubereiten. Hier überlappen sich Personal- und Organisationsentwicklung.

Mit der sich laufend verkürzenden Halbwertszeit des Wissens steigt die Notwendigkeit zu beruflicher Weiterqualifizierung. Während das Schulwissen noch 20 Jahre Gültigkeit hat, reicht die Halbwertszeit von IT-Fachwissen nur ein Jahr. Danach ist es zur Hälfte veraltet. In dem Umfang wie sich die Marktbedingungen und Anforderungen für Unternehmen ändern, aber auch für Produkte und Produktionstechnologien, ändern sich auch die Anforderungen an die Mitarbeiter. Technische Zeichner, die noch vor 30 Jahren in großem Umfang ausgebildet wurden, werden heute kaum mehr gebraucht. Die einfachen Handgriffe am Fließband sind längst von Robotern übernommen worden, dafür benötigen heute die Mitarbeiter das Know-how, diese Automatisierungsanlagen zu bedienen, zu warten und zu steuern – also völlig andere Kompetenzen. Aus dieser strategisch unternehmensorientierten Betrachtung lassen sich bestimmte Qualifizierungsbedarfe ableiten, z. B. der Chinesisch-Kurs für 20 Mitarbeiter aus dem vorherigen Beispiel. Aber auch die Notwendigkeit, die Kompetenz für eine neue Fertigungstechnologie aufzubauen, wie dies bspw. vor der Einführung der Aluminiumverarbeitung für Fahrzeugkarossen bei Audi der Fall war. Beim Aufbau solcher für das Unternehmen völlig neuer Technologien bestehen nur zwei Möglichkeiten: Die Qualifizierung eigener Mitarbeiter bzw. das Einstellen neuer Mitarbeiter mit eben dieser Kompetenz. In der Regel wird das Unternehmen in solchen Fällen die beiden Möglichkeiten kombinieren: Mitarbeiter mit diesem speziellen Know-how gezielt vom Markt einstellen und mit deren Unterstützung die zusätzlich notwendige Anzahl eigener Mitarbeiter in dieser Kompetenz qualifizieren. Die richtige Mischung aus beiden Möglichkeiten ist abhängig von der Verfügbarkeit am Markt und den Vorkenntnissen der eigenen Mitarbeiter. Beide Wege haben eine Auswirkung auf Zeit und Kosten. Durch die Rekrutierung neuer Mitarbeiter ist das Wissen schneller verfügbar, ist aber teurer. Die Qualifizierung eigener Mitarbeiter ist auch kostenintensiv und dauert vor allem länger. Beides hat Auswirkungen auf den Businessplan sowohl bezüglich der Kosten, als auch bzgl. der zusätzlich erforderlichen Zeit.

8.3.2 Personalentwicklungsmaßnahmen

Neben dieser unternehmensbezogenen oder strategieorientierten Personalentwicklung hat nach wie vor die mitarbeiterorientierte Personalentwicklung eine wesentliche Bedeutung. Individuelle Personalentwicklung erfolgt typischerweise in zwei Formen:

- durch Qualifizierung im Sinne des Kompetenzaufbaus und
- durch gezielte Karriereentwicklung im Rahmen des beruflichen Aufstiegs.

Die beiden Formen überschneiden sich. Der Besuch des ersten Management-Seminars ist nicht nur gezielte Vorbereitung auf die erste Führungsaufgabe, sondern gleichzeitig Kompetenzaufbau und -erweiterung. Zusätzliche Projektaufgaben im Rahmen von Off-the-job-Maßnahmen erweitern die Kompetenzen des Betreffenden und sind gleichzeitig geplante Schritte zur Vorbereitung auf größere Verantwortung.

Leistungsdefizite beim Mitarbeiter haben typischerweise drei Ursachen: mangelnde Motivation, fehlende Ressourcen oder fehlende Kompetenzen. Ersteres ist vorrangig ein Führungsthema, auch wenn die Möglichkeiten zur persönlichen und beruflichen Entwicklung Einfluss darauf nehmen. Fällt der überaltete PC laufend aus oder ist quälend langsam, werden dadurch unnötig Mitarbeiterressourcen verbraucht. Personalentwicklungsmaßnahmen wären hier der falsche Ansatz. Nur die echten Kompetenzlücken lassen sich mit Qualifizierungsmaßnahmen beseitigen. Personalentwicklungsmaßnahmen sind dann sinnvoll, wenn Wissenslücken in der Mitarbeiterqualifikation festgestellt werden. Trainingsmaßnahmen sind auch dann sinnvoll, wenn methodische oder soziale Kompetenzen oder die Persönlichkeitsentwicklung eines Mitarbeiters verbessert werden soll. Wie lässt sich der ermittelte Entwicklungsbedarf decken? Zur Schließung der Leistungslücke steht eine Vielzahl von Methoden zur Verfügung. Diese lassen sich wie aus nachstehender Abbildung ersichtlich unterscheiden.

- On-the-job Maßnahmen erfolgen direkt am Arbeitsplatz, z. B. die Einweisung in ein neues Softwaresystem, das der Mitarbeiter für seine tägliche Arbeit benötigt oder auch die Urlaubsvertretung, um langsam an eine verantwortungsvollere Aufgabe herangeführt zu werden.
- Off-the-job Maßnahmen erfolgen in räumlicher oder inhaltlicher Distanz zur Arbeit. Die Wissensvermittlung oder Verhaltensschulung erfolgt in Form von Seminaren, Planspielen, aber auch von jobübergreifenden zusätzlichen Projekten.
- Trainingsmaßnahmen, wie etwa Qualitätszirkel, die in räumlicher oder inhaltlicher Nähe zur derzeitigen Arbeitsaufgabe stattfinden, werden als Near-the-job bezeichnet.
- Into-the-job umfasst alle vorbereitenden Maßnahmen, die einen Mitarbeiter auf eine neue Aufgabenstellung vorbereiten sollen.

On-the-job Maßnahmen können weiter unterschieden werden in Job rotation, Job enlargement, Job enrichment:

- Job rotation meint das gezielte Durchlaufen hierarchisch gleichrangiger Stellen, mit dem Ziel verschiedene Arbeitsbereiche kennen zu lernen, in der Regel mit dem Ziel, den Mitarbeiter auf eine größere und umfassendere Aufgabe im Unternehmen vorzubereiten. So implementierte bspw. Continental das Programm „Cross Moves", speziell zur Anregung und Steuerung

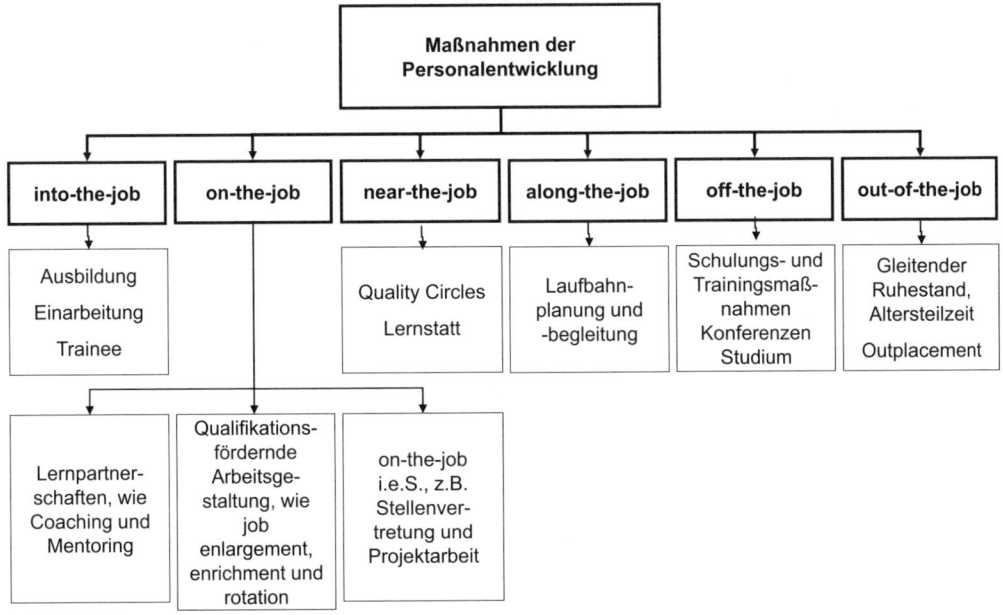

Abbildung 45: Systematisierung von Personalentwicklungsmaßnahmen

von Jobwechseln, über verschiedene Tätigkeiten und Bereiche hinweg, aber insbesondere auch mit Blick auf den internationalen Ortswechsel.
- Beim Job enlargement werden den derzeitigen Aufgaben qualitativ gleichwertige Aufgaben hinzugefügt (horizontale Erweiterung). Es wird dann z. B. durch den Personalsachbearbeiter nicht mehr nur die Datenerfassung für den gewerblichen Bereich, sondern auch für den Verwaltungsbereich übernommen.
- Das Job enrichment erweitert die bisherige Tätigkeit um Tätigkeiten auf höherem Anforderungsniveau, z. B. die Übernahme der Konzeption oder Planung bei einer bislang ausführenden Tätigkeit. Der Mitarbeiter wird in die Lage versetzt, in höherem Maße eigenverantwortlich zu arbeiten (vertikale Erweiterung).

Jede Form der Qualifizierung muss sich für das Unternehmen rechnen. Weiterbildungskosten lassen sich in drei Arten unterscheiden: Kosten der Programmentwicklung und -planung, der eigentlichen Durchführung der Qualifizierung und Evaluierungskosten. Der größte Kostenblock sind in der Regel die Durchführungskosten. Neben den Trainerhonoraren sind dies v. a. Raumkosten, Reisekosten sowie der Ausfall der Arbeitszeit während der Trainingsmaßnahme. Diese häufig vierstelligen Beträge sind in der Folge vom Mitarbeiter wieder „hereinzuspielen" durch höhere Effizienz, bessere Auslastung, höherer Stundensatz beim Kunden etc. Weiterbildung ist dann eine geeignete Maßnahme, wenn sich durch die Qualifizierung Leistung und Ergebnis verbessern lassen und die dafür anfallenden Kosten geringer sind als der darauf zurückzuführende Zusatzertrag. Da dieser Rückschluss entsprechend schwierig ist, bezieht sich die Evaluation der Personalentwicklung meist auf alle Phasen, also die Bedarfsermittlung, Zielformulierung, Konzeption und Umsetzung der Maßnahmen, ebenso wie auf deren kurz- wie langfristigen Erfolg (mehr zum Bildungscontrolling bei Wunderer, R., Jaritz, A. (2002), S. 206ff. oder Kolb, M. (2009), S. 502ff.). Gerade wegen des steigenden Rechtfertigungs- und insbesondere Kostendrucks haben sich neben der klassischen Qualifizierung in Präsenztrainings mittlerweile verschiedene Formen des E-Learning und Blended Learning etabliert.

8.3.3 E-Learning und Blended Learning

Beim E-Learning werden verschiedene elektronische Medien genutzt, um den Mitarbeitern ein eigenständiges Lernen zu ermöglichen, das meist nicht in einer gemeinsam anwesenden Lerngruppe stattfindet. Das können CDs sein, um etwa dem Kundenberater in einer Bank die neuesten Bankprodukte zu erläutern und ihm die nötigen, guten Argumente für die Kundenansprache zu vermitteln. Die Vorteile liegen in der schnellen Verfügbarkeit der Inhalte, z. B. kurz vor dem Kundengespräch, und im modularen Aufbau. Der Mitarbeiter vermeidet dadurch „Lernen auf Vorrat" und muss nicht umfangreiche Informationen auf einmal verarbeiten und speichern (wie dies regelmäßig bei Präsenzseminaren der Fall ist). E-Learning unterstützt allerdings bei der Umsetzung nur bedingt und standardisiert, Themen der Verhaltensänderung lassen sich damit kaum wirksam adressieren. Dies lässt sich kombinieren bei den verschiedenen Formen des Blended Learning (wie Abbildung 46 zeigt).

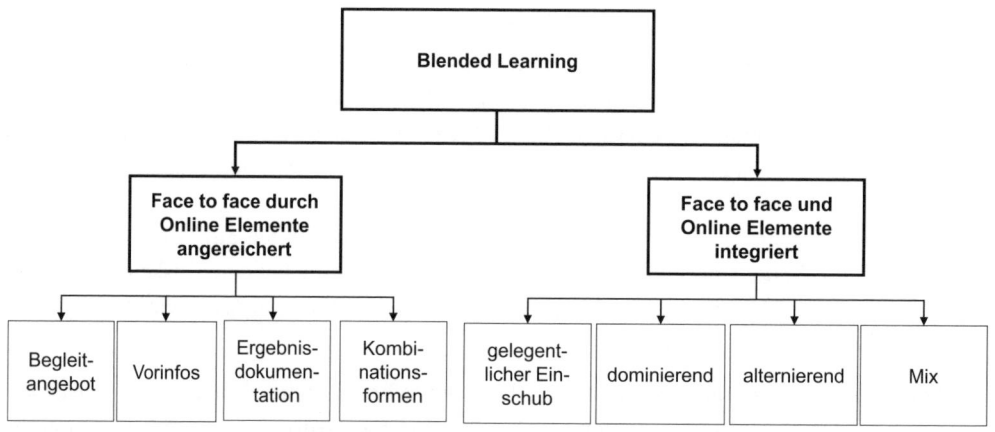

Abbildung 46: Formen des Blended Learning

Typischerweise erfolgt die eigentliche Vermittlung der Informationen in Formen des E-Learning. Gemeinsame Präsenzphasen dienen dazu, das Gelernte umsetzungswirksam zu verankern, also um Anwendungsmöglichkeiten und deren typische Schwierigkeiten bei der Umsetzung in der Lerngruppe zu besprechen. Die Fragen, die ein Teilnehmer stellt, helfen auch den anderen, bei denen dieses Problem nur noch nicht aufgetaucht ist.

Durch den laufenden Wechsel von Eigenlernen und Präsenzphasen in der Gruppe wird das reine „Vorlesen" in den Präsenzeinheiten vermieden. Diese gemeinsamen Phasen werden genutzt, um das Gelernte zu verankern, indem die gelernten Methoden, Instrumente etc. auf

Situationen im eigenen beruflichen Umfeld angewendet und die dabei auftauchenden Schwierigkeiten gemeinsam besprochen werden. Die kostenintensiven Präsenzphasen lassen sich damit verkürzen bzw. intensiver für den Transfer des Gelernten in den beruflichen Alltag nutzen.

8.3.4 Laufbahn- und Karriereplanung

Ebenfalls zur Personalentwicklung auf individueller Ebene gehören die Laufbahn- und Karriereplanung. Traditionell wird unter Karriere zuerst die Führungslaufbahn oder Managementlaufbahn verstanden. Gemeint sind damit Aufwärtsbewegungen in der Organisationshierarchie, z. B. vom Sachbearbeiter zum Gruppenleiter oder vom Gruppenleiter zum Abteilungsleiter etc. Verbunden ist diese Entwicklung mit zunehmender Entscheidungsbefugniss und Führungsverantwortung.

Daneben bzw. oft auch als Vorstufe zum vertikalen Aufstieg etabliert sich zunehmend die Projektlaufbahn. In deren Rahmen wird ein Mitarbeiter einer Projektgruppe zugeordnet, in der er verschiedene Rollen, z. B. Projektassistenz, Projektmitglied, Leitung eines Teilprojekts, Projektleitung eines bereichsbezogenen Projektes bis hin zu konzernweiter oder gar unternehmensübergreifender Projektleitung, übernimmt. Die Projektarbeit kann parallel zur eigentlichen Tätigkeit laufen oder auch eine komplette Freistellung erfordern. Dann kehrt der Mitarbeiter nach Projektabschluss zu seiner Stammeinheit zurück oder wird zu einer anderen Projektgruppe zugeordnet.

Schon lange im Gespräch, aber nach wie vor nur ansatzweise zu finden, sind gute Konzepte der Fachblaufbahn, auch als Spezialistenlaufbahn bezeichnet. Dabei handelt es sich um den Aufstieg von einer Fachposition (z. B. „Assistent") in eine andere (z. B. „Experte" oder „Berater"), die nicht mit mehr Führungsverantwortung verbunden ist. (Vgl. Lehnert, C. (1996))

8.4 Teamentwicklung

Zwischen den dargestellten Maßnahmen für einzelne Mitarbeiter einerseits und solchen für das Gesamtunternehmen andererseits gibt es eine Vielzahl von Maßnahmen, die Teile des Unternehmens wie Geschäftsbereiche, Business Units, Abteilungen oder auch Teams betreffen, also weder das Unternehmen als Ganzes noch lediglich den einzelnen Mitarbeiter. Diese Maßnahmen sind in Abbildung 47 als Teamentwicklung zusammengefasst.

Die Veränderungsmaßnahmen für die einzelnen Ebenen unterscheiden sich teilweise stark. Für die größeren Einheiten gelten die Prinzipien der OE nahezu uneingeschränkt. Für kleinere Abteilungen oder Teams dagegen sind ganz andere Vorgehensweisen Erfolg versprechend. Und selbst bei diesen ist der richtige Ansatz vom eigentlichen Anlass abhängig. Auch wenn eine teambezogene Problemstellung bearbeitet werden soll, gelten nicht automatisch die Regeln der Teamentwicklung. Wenn das Problem etwa vorwiegend in der Unfähigkeit des Teamleiters liegt,

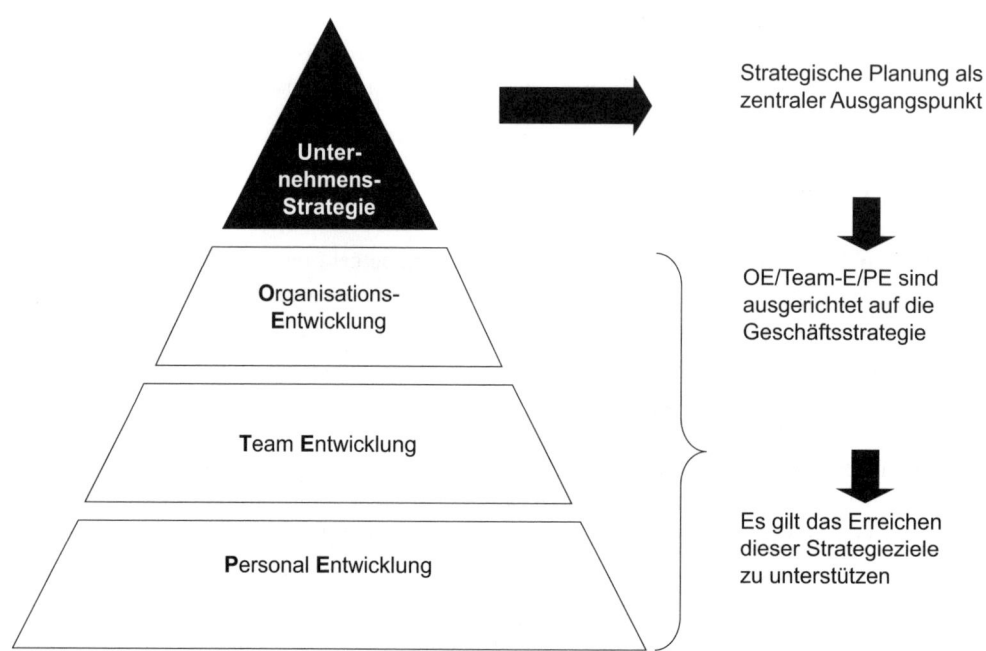

Abbildung 47: Einflussebenen in einem Unternehmen

ist dessen Kompetenzdefizit mit einer Einzelmaßnahme, also einer Maßnahme der Personalentwicklung, zu beheben.

Die verschiedenen Modelle der Gruppenphasen versuchen, Gesetzmäßigkeiten in Gruppen in unterschiedlichen Phasen zu beschreiben. Dies ermöglicht die Unterscheidung und Einteilung von Gruppenprozessen, was wiederum wichtig für den gezielten Maßnahmeneinsatz ist. Mit dieser typisierenden Beschreibung läuft man freilich Gefahr, die Phasen als festgeschriebene Abfolge zu verstehen, die man in der Folge auch prognostizieren kann. Dafür eignen sich die Gruppenphasenmodelle aber nur bedingt. Ihr eigentlicher Zweck ist, die in Gruppen ablaufenden Gruppenprozesse besser zu verstehen. Am bekanntesten ist das Modell der Teamuhr von Tuckmann, B. W. (1965). Er unterscheidet folgende Phasen der Gruppenbildung:

- Forming (Orientierungsphase): Die Gruppe ist neu zusammen gesetzt; da sich die Mitglieder noch nicht kennen, werden sie sich zunächst abwartend verhalten, eher vorsichtig agieren.
- Storming (Machtkampfphase): Nachdem die ersten Erwartungen formuliert sind, die in der Gruppe eben auch unterschiedlich sind, laufen die ersten Auseinandersetzungen zur Durchsetzung der eigenen Interessen.
- Norming (Vertrautheitsphase): Diese Phase ist geprägt von der Vereinbarung von Regeln und Abmachungen zur Vermeidung künftiger Konflikte.
- Performing (Differenzierungs- und Leistungsphase): Die Vereinbarungen greifen und das Team kann störungsfrei zu hoher Leistung auflaufen.

Teamentwicklung

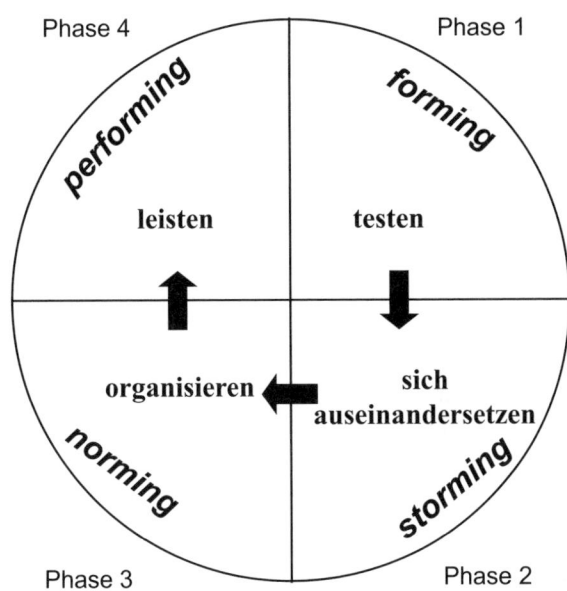

Abbildung 48: Phasen der Teamentwicklung (in Anlehnung an Tuckmann, B. W. (1965), S. 384–399)

Die Prozesse in Teams sind zwar typisch, werden aber von den Teammitgliedern so nicht wahrgenommen und in der Regel auch nicht systematisch gesteuert. Deswegen hilft die Unterstützung durch einen Moderator, diese Phasen gezielt zu durchlaufen. Gerade in Konfliktfällen vermischen sich häufig Sach- und Beziehungsebene, wobei ein neutraler Dritter höhere Akzeptanz hat. Dieses Phasenmodell greift nicht nur für neue Gruppen: Es gilt genauso, wenn in einer etablierten Gruppe Veränderungen auftreten.

> **Beispiel 42: Konfliktfeld im Team**
> In der Sparkasse Bankenhausen wird ein neues Arbeitszeitmodell eingeführt, das die Flexibilität erhöhen soll, um Leerzeiten zu reduzieren und stärker auf Schwankungen in der Kundennachfrage reagieren zu können. Die Arbeitszeiten sind künftig stärker über den Tag verteilt. Es müssen zum Beispiel nicht mehr alle Mitarbeiter gleich um 8 Uhr beginnen, was Anne und Hubert gleichermaßen freut. Anne kann endlich in Ruhe ihre Kinder zum Kindergarten bringen und Hubert länger ausschlafen. Nachdem nur einer später kommen kann, sind beide bald im Streit über das höhere Anrecht.

Derartige Konfliktfelder sind typisch. Wenn hier die Storming-Phase nicht gezielt von einem Moderator begleitet wird, wird sie sich über Tage und Wochen erstrecken oder nie richtig geklärt. Durch gezielte Moderation kann dagegen die Storming-Phase bereits in einem halbtägigen Workshop besprochen und zur Norming-Phase übergeleitet werden.

8.5 Organisationsentwicklung und Change Management

Veränderungen in und von Organisationen gehören heute zum Alltag. Die Globalisierung der Märkte, die beschleunigten Entwicklungen, vor allem im Bereich der Informations- und Kommunikations- sowie Produktionstechnologien, erfordern von den Unternehmen ein hohes Ausmaß an Flexibilität und die nachhaltige Sicherung und Entwicklung von Potenzialen. Die meisten Unternehmen sind, parallel zu den beständig geforderten Veränderungen im betrieblichen Alltag, alle fünf bis zehn Jahre mit der Notwendigkeit eines umfassenden unternehmensweiten Wandels konfrontiert. Um dauerhaft erfolgreich zu sein, muss dieser ständig erforderliche Veränderungsprozess als fester Bestandteil unternehmerischen Denkens und Handelns begriffen und professionell gestaltet werden.

Organisationsentwicklung ist ein Prozess, um eine Organisation vom bestehenden Status hin zu einem besseren Status zu entwickeln. Dieses Change Management umfasst die Gesamtheit der bewusst gesteuerten Maßnahmen einer Organisation zum Zwecke der Initiierung und Umsetzung neuer Strukturen, Systeme, Strategien, Prozesse, Verhaltensweisen und Kulturen auf der Basis eines richtungsweisenden Soll-Konzeptes. Als eine Form sowohl methodischer als auch sozialer Kompetenz bedeutet Change Management also die kontrollierte Handhabung organisatorischer Veränderungsprozesse.

Unabhängig davon, ob Organisations-, Team- oder Personalentwicklung, alle diese Maßnahmen müssen die Unternehmensstrategie als zentralen Ausgangspunkt haben. Generell ist die Frage zu stellen, welche Veränderung mit dieser OE bewirkt werden soll und was dies mit den Zielen des Unternehmens zu tun hat. Ähnlich wie die Zielvereinbarungen eines einzelnen Managers immer von den Zielen der übergeordneten Einheit abzuleiten sind und des Verantwortlichen dieser Einheit wieder von der nächstgrößeren, so müssen auch Entwicklungsmaßnahmen immer das Erreichen von strategischen Zielsetzungen unterstützen: Warum sollte das Unternehmen einem einzelnen Mitarbeiter einen Chinesischkurs finanzieren, wenn es keinerlei Ambitionen hat, auf diesem Markt tätig zu werden? Stattdessen wäre es viel sinnvoller die Energie des Mitarbeiters in eine Sprachkompetenz zu lenken, die relevant für das Unternehmen ist.

Was heißt das konkret für das Unternehmen? Zuerst sollten keine Maßnahmen in Angriff genommen werden, nur weil es andere Unternehmen auch tun. Immer wieder gibt es bestimmte Maßnahmen, die wie Wellen durch Unternehmen laufen. Wenn z. B. „variable, erfolgsabhängige Vergütung" eingeführt wird, dann soll dadurch eine Verhaltensänderung beim betroffenen Personenkreis erzielt werden – zumindest, wenn die neue Vergütungsform entsprechend geplant und eingeführt wird. Dies ist dann sinnvoll, wenn das Unternehmen bei seinen Führungskräften eine stärkere Zielorientierung erreichen bzw. bestimmte Ziele vorrangig erreicht wissen möchte. Ein Beispiel: Entwickler sollen nicht nur am Innovationsgrad ihrer Entwicklung gemessen werden, sondern verstärkt am Einhalten der Budgetziele und der Zeitlimits. Damit wird eine Veränderung der zu Grunde liegenden Denkweise dieser Entwickler bezweckt. Dies ist genau dann sinnvoll, wenn das Unternehmen die Kosten- oder Ergebnissituation verbessern möchte oder die Kunden ständig verzögerte Entwicklungszeiten reklamieren.

> **Beispiel 43: Veränderungen in Folge von Marktentwicklungen bei MBB**
> Die MBB Messerschmidt-Bölkow-Blohm hatte vor Zusammenschluss mit weiteren Traditionsfirmen zur DASA, die später in der EADS aufging, einen wesentlichen Großkunden, der ihr Geschäft dominierte. Der Staat war zu mehr als 90 % Auftragnehmer für deren Verteidigungsgüter. Die Verteidigung des Vaterlandes war zu Zeiten des Kalten Krieges ein so hohes Gut, dass die Entwickler aufgefordert waren, jeweils das technologisch bestmögliche Verteidigungsgerät herzustellen. Budget- und Termineinhaltung waren gegenüber dem technologisch höchstmöglichen Standard sekundäre Ziele. Die Bezahlung der Verteidigungsgüter war dem angepasst. Vereinfacht ausgedrückt: Kostenerstattung plus 5 % Gewinnaufschlag. Eine komfortable Situation für das Unternehmen. Je höher die Kosten, umso höher der Gewinnzuschlag. Mit Beendigung des kalten Krieges war der Staat nicht länger bereit, Produkte zu bestellen, von denen er erst bei Auslieferung den Preis erfuhr. Er begann zu Festpreisen zu ordern und vereinbarte dafür auch noch den Liefertermin. Das änderte die Situation für die inzwischen gegründete DASA erheblich. Budgetziele und Termineinhaltung waren plötzlich primäre Unternehmensziele. Aber weder für die Entwickler noch für das Management waren in den letzten Jahrzehnten diese Kategorien von wesentlicher Bedeutung gewesen. Wenn es nicht gelungen wäre, dieses Verhalten deutlich und nachhaltig zu ändern, wäre das Unternehmen existenziell bedroht gewesen. Eine Vielzahl von Maßnahmen wurde ergriffen. Darunter bspw. die Stärkung der kaufmännischen Kompetenz im Management durch Einstellen von Controlling- und Finanzexperten, ebenso wie die Einführung einer variablen Vergütung verknüpft mit Zielvereinbarungen. Das Bewusstmachen der geänderten Priorität von Zielen gekoppelt mit dem Risiko bei Nichterreichen nennenswerte Gehaltsbestandteile zu verlieren, hat deutliche Verhaltensänderungen bewirkt.

Viele Unternehmen haben mittlerweile „Führen mit Zielen" eingeführt, ohne dass jeweils bewusst war, dass dies eine Intervention im Sinne der Organisationsentwicklung ist. Mit dieser Maßnahme stärkt das Unternehmen die Eigenverantwortlichkeit jedes Mitarbeiters. Da dies zumindest prinzipiell für alle Führungskräfte gilt, entwickelt sich die Gesamtorganisation entsprechend – sofern dieses Instrument erfolgreich, also geplant und gesteuert umgesetzt wird. Die Veränderung tritt dadurch ein, dass mit den betroffenen Mitarbeitern verbindliche Ziele vereinbart werden. Dabei wird in der Regel auch schon besprochen, wie der Betroffene diese Ziele erreichen will. Es geht aber nicht mehr darum, dem Mitarbeiter den Weg zur Zielerreichung im Detail vorzugeben. Der Vorgesetzte übernimmt eher die Rolle des Begleiters und Coaches. Die erfolgreiche Umsetzung führt also zu einer deutlichen Verhaltensänderung sowohl beim Mitarbeiter als auch beim Vorgesetzten. Wenn etwa eine stärkere Kundenorientierung die wesentliche strategische Zielsetzung des Unternehmens ist, können Kundenbefragung oder die Einführung eines Beschwerdemanagements wirksame Instrumente dafür sein, um den eigenen Mitarbeitern die zentralen Kundenwünsche überhaupt bewusst zu machen. Dies ist der erste Schritt, um stärkere Kundenorientierung zu erreichen.

Die meisten Veränderungsmaßnahmen in Unternehmen werden als solche nicht erkannt bzw. nicht als solche geplant und gezielt gesteuert. So ist nahezu jedes IT-Projekt aufgrund seiner Größe oder funktionsübergreifenden Dimension bzw. Eingriffs in Abläufe ein Veränderungsprozess. Viele der IT-Projekte würden schon dadurch erfolgreicher verlaufen, dass dabei Grundsätze des Veränderungsmanagements berücksichtigt würden.

8.5.1 Gründe für Veränderungen

Die Ursachen für die Notwendigkeit einer Veränderung sind vielfältig. Sie liegen oft im wirtschaftlichen Misserfolg, aber auch an sich ändernden technologischen Entwicklungen, also neuer Produktionstechnologie, höherer Automatisierung oder etwa der Verwendung neuer Materialien. Auch die Erwartung neuer Shareholder nach höherer Gewinnausschüttung erfordert meist deutliche Veränderungen. Auslöser von Wandlungsprozessen (Change Prozess) (in Anlehnung an Keller, L., Luecke, J. R. (2005), S. 2f.):

- Wirtschaftlicher Miss-/Erfolg des Unternehmens,
- Technologische Entwicklung,
- Business Trends,
- Veränderte Erwartungen der Stakeholder,
- Soziale, demografische und politische Veränderungen.

8.5.2 Arten von Change-Prozessen

Change Management Prozesse lassen sich nach dem Umfang der Veränderung und nach der Dauer der Veränderung differenzieren. Dadurch können sie in vier verschiedene Cluster klassifiziert werden.

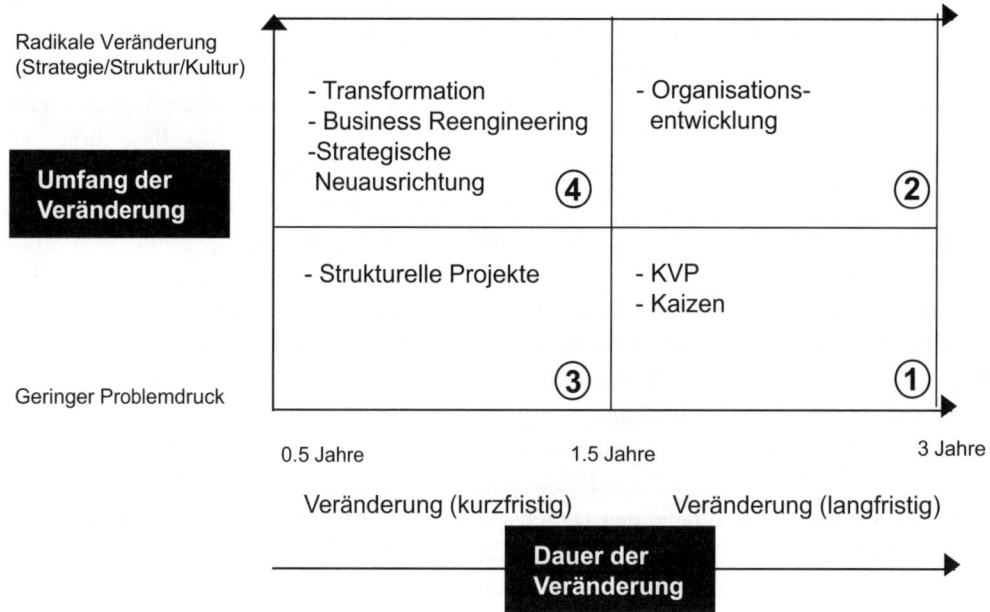

Abbildung 49: Typisierung von Veränderungsmaßnahmen

Rein strukturelle Projekte, wie etwa die Neugliederung der Referate in einem Unternehmensbereich, können relativ schnell erfolgen und greifen auch nicht tief in die Gesamtstruktur ein. Die Einführung von KVP (kontinuierlicher Verbesserungsprozess) erfordert ein grundsätzliches Umdenken und wird deswegen nur längerfristig nachhaltig wirksam werden. Die strategische Neuausrichtung des Unternehmens kann schnell entschieden werden, aber der Umfang der Veränderung ist entsprechend groß. Nachhaltige Veränderungen, wie stärkere Kunden- oder Ergebnisorientierung der Mitarbeiter, stellen nicht nur eine umfangreiche Veränderung dar, sondern sind auch erst langfristig erreichbar.

8.5.3 Modelle der Organisationsentwicklung

Veränderungen in Unternehmen sind etwas ganz Natürliches, sie erfolgen aber immer häufiger und laufen schneller ab. Besser ist es freilich, diese Veränderungen selbst zu gestalten, als sie zufällig passieren zu lassen. Dafür ist es notwendig, diese Veränderungen zu beschreiben und zu steuern, wozu die in Veränderungsprozessen wirksamen Kräfte bewusst erkannt werden müssen. Dies ist Voraussetzung, um Veränderungen vorherzusehen und die Organisation entsprechend neu auszurichten. Um die Phänomene der Entwicklung von Organisationen erklären zu können, wurden unterschiedliche Modelle entwickelt. Es werden exemplarisch für Großorganisationen das 3-Phasenmodell der Organisationsentwicklung von Lewin und das 8-Schritte Konzept des Change Managements von Kotter erläutert.

8.5.3.1 3-Phasenmodell der Organisationsentwicklung von Lewin

Veränderungen geschehen nicht von heute auf morgen, sondern benötigen eine gewisse Zeit. Der Prozess verläuft in einzelnen Phasen. Lewin hat dafür ein 3-Phasen-Modell mit den drei Stufen „unfreeze, move, refreeze" entwickelt (vgl. Abbildung 50). Der gruppendynamische Ansatz von Lewin (Lewin; K. (1947), S. 5ff.) ist von zwei zentralen Aussagen geprägt. Um Verhaltensweisen in einer Organisation zu ändern, müssen zunächst die bestehenden Normen aufgebrochen werden. Erst dann sind Ansätze, die Verhalten verändern sollen, überhaupt Erfolg versprechend. Wenn dies tatsächlich gelungen ist – die Organisationsmitglieder haben sich auf neue Normen eingelassen – ist es wichtig, diese neuen Normen zu verankern. Wird diese Fixierung unterlassen, ist die Gefahr groß, dass die Mitarbeiter in alte Verhaltensmuster zurück fallen. Wenn dieses Zurückfallen in alte Muster nur einmal passiert, der Veränderungsprozess also scheitert, ist es immens schwieriger, Akzeptanz für weitere Veränderungen zu schaffen.

Lewin bezeichnet diese 3 Phasen anschaulich als „Auftauen – Verändern – Einfrieren". Dieser Change Prozess wird unterstützt durch die systemverändernden Kräfte und gebremst durch die systembewahrenden Kräfte (vgl. Abbildung 50). Bremsend wirken vor allem mangelnde Information sowie die Unsicherheit, wie das Unternehmen nach der Veränderung aussehen wird. Die meisten Menschen haben im Grunde Angst vor Veränderungen. Schon wegen der Tatsache, dass in der Regel nicht vorhersehbar ist, wie der veränderte Zustand konkret aussehen wird und welche Auswirkungen dies für sie persönlich haben wird. Bei einer Veränderung ist nur eines sicher, dass es nachher anders sein wird. Nur selten lässt sich der nach der Veränderung erreichte

Zustand zu Beginn des Veränderungsprozesses genau beschreiben. Dies verunsichert viele Menschen und macht ihnen Angst. Sie neigen deswegen dazu, lieber im alten, unter Umständen noch so schlechten Zustand zu verharren, als sich auf die scheinbare Gefahr einzulassen. Damit wird auch klar, warum umfassende und nachhaltige Information der Betroffenen so wichtig ist. Je mehr über den Prozess der Veränderung und wie diese aussehen soll informiert wird, desto geringer ist die Unsicherheit und damit auch die Ablehnung. Dies sind die systemverändernden Kräfte.

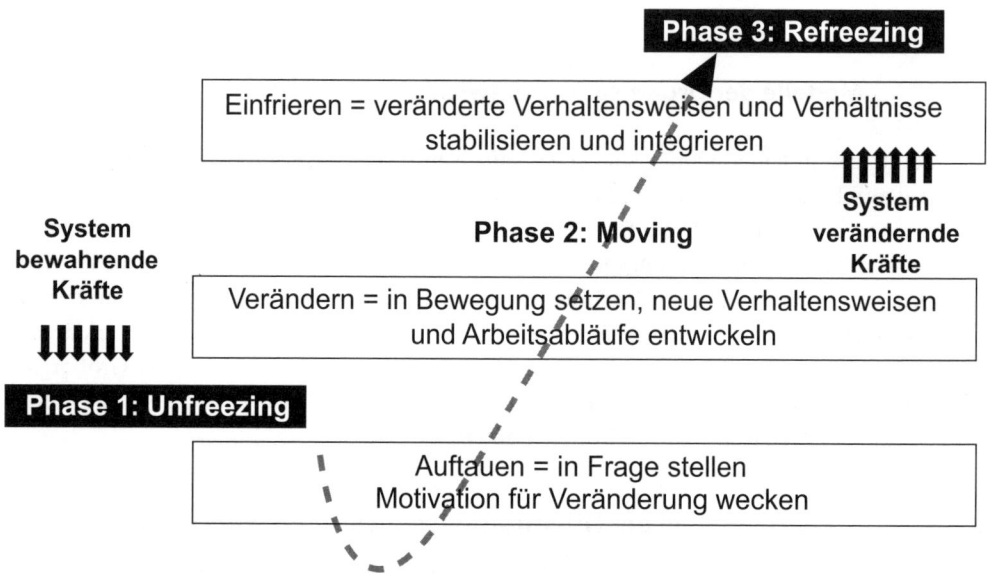

Abbildung 50: Das 3 Phasenmodell der Organisationsentwicklung von Lewin

Phase 1: Unfreezing
In der ersten Phase gilt es ein Bewusstsein für das zu Grunde liegende Problem sowie eine Akzeptanz für Veränderung zu schaffen. Die bisherige Situation muss „aufgetaut" werden. Die Organisation muss ihr bisheriges Verhalten, ihre Ziele, Strategien und Maßnahmen hinterfragen und loslassen können. Mit Hilfe strategischer Planung kann versucht werden, die Zusammenhänge in der Problemsituation zu verstehen und sich auf erfolgreiche Geschäftssysteme zu konzentrieren. Dabei darf nicht außer Acht gelassen werden, dass es Emotionen sind, die maßgeblich unsere Veränderungsbereitschaft bestimmen.

Phase 2: Moving
Die zweite Phase ist davon geprägt, das Neue einzuführen, neue Verhaltensweisen aufzubauen. Es geht darum, Lösungen zu generieren und neue Verhaltensweisen auszuprobieren. Ausgehend von der Problemsituation „bewegt" sich die Organisation hin zu einem neuen Zustand. Dabei spielen insbesondere die Führungskräfte eine wichtige Rolle. Sie müssen ihren Mitarbeitern Sicherheit und Vertrauen in die Zukunft des Unternehmens vermitteln. Ihre Aufgabe ist es, den Mitarbeitern die strategische Orientierung des Unternehmens zu kommunizieren. Sie brauchen

eine Vision, aus der sich Strategien ableiten lassen. Die Mitarbeiter müssen den Sinn hinter dem Veränderungsprozess erkennen können. Je mehr Charisma eine Führungskraft besitzt, umso leichter wird sie ihre Mitarbeiter mitreißen können.

Phase 3: Refreezing
In der abschließenden Phase des Veränderungsprozesses sind die gefundenen Problemlösungen zu implementieren. Die nachhaltige Fixierung von neuem Verhalten ist eine zentrale Aufgabe des Change Managements. Das Prinzip „Unfreeze – Move – Refreeze" kann gut am Verformen eines Eiswürfels dargestellt werden. Ein Eiswürfel kann nur zu einer Pyramide mit gleichem Inhalt umgeformt werden, wenn der Würfel geschmolzen, neu geformt und wieder eingefroren wird. Ähnlich verläuft wirksame Veränderung in Organisationen.

Derartige Change Prozesse haben eine weitere Besonderheit: Wenn die Veränderung erst einmal losgetreten ist, wird der Zustand in der Regel schlechter als zuvor. Die Veränderung zum angestrebten besseren Zustand läuft in der Regel nicht graduell und Schritt für Schritt ein bisschen besser. Vielmehr verschlechtert sich das Leistungsniveau zunächst. Das ist zwar nicht ermutigend, aber eben typisch. Warum ist das so? Wenn Grundnormen einer Organisation in Frage gestellt werden, gelten diese Normen zunächst nicht mehr oder nicht mehr so zwingend. Die neuen Normen sind aber noch nicht entwickelt, zumindest noch nicht eingeführt und damit quasi in Kraft gesetzt. Die daraus resultierende Unsicherheit verschlechtert den Zustand aus Sicht der Betroffenen.

Eine weitere Erläuterung liefert das Veränderungs-Syndrom, auf das später noch eingegangen wird. Gravierende Veränderungen lösen beim Mitarbeiter zunächst Ablehnung aus, die in der Folgezeit umschlägt in Verärgerung und Furcht. Dies wiederum reduziert die Leistungsfähigkeit zum Teil gravierend. Durch die Veränderungsmaßnahme ist jedoch letztlich ein höheres Leistungsniveau angestrebt. Aber der Weg durch diese Talsohle ist ganz typisch.

Das Erreichen des angestrebten neuen und besseren Zustandsniveaus läuft dagegen keineswegs automatisch. Das ist die harte Arbeit für die Verantwortlichen des Change Prozesses.

8.5.3.2 8 Schritte des Change Managements nach Kotter

Kotter unterscheidet acht Schritte bei Veränderungsprozessen (vgl. Abbildung 51). Jeder für sich ist dabei erfolgskritisch. Besonders wichtig ist Kotter, dass die Mitarbeiter zu Beginn von der Notwendigkeit der Veränderung überzeugt werden. Dazu reicht es eben nicht, dass der Finanzvorstand erklärt, die Rendite müsse verbessert werden und deswegen harte Einschnitte ankündigt. Das wird die Begeisterung der Belegschaft für diese Veränderungen nicht großartig fördern. Die Bereitschaft, sich zu verändern, entsteht nicht primär rational, sondern emotional. Für einen erfolgreichen Start des Change Prozesses ist es deswegen erforderlich, die Mitarbeiter von der Notwendigkeit zu überzeugen, dass sich etwas verändern muss. Der Druck, der aus der schlechten Situation herrührt, muss von den Betroffenen als stärker wahrgenommen werden als die aus der Angst resultierende Ablehnung der Veränderung. Dabei können sowohl positive als auch negative Ereignisse den Anstoß geben. Die Sensibilisierung soll im Resultat die Notwendigkeit einer Veränderung begründen und einen Leidensdruck erzeugen, der den Veränderungsprozess begründet und unumstößlich macht.

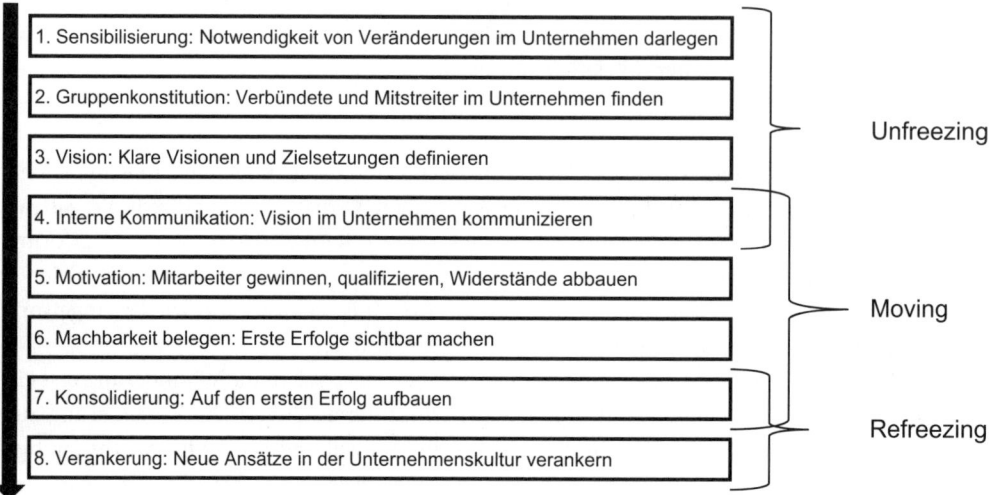

Abbildung 51: Das 8 Schritte Konzept nach Kotter

Die acht Schritte von Kotter im Einzelnen:

Schritt 1: Erzeuge das Bewusstsein für die Notwendigkeit von Veränderung im Unternehmen
Dieser Schritt der Sensibilisierung ist notwendig, um Gleichgültigkeit zu bekämpfen und die nötige Beteiligung zu gewinnen, um den Wechsel durchzuführen. Um bereits vor möglichen Krisen den Veränderungsbedarf eines Unternehmens rechtzeitig zu erkennen, rät Kotter, die Markt- und Wettbewerbssituation stetig zu untersuchen und zu bewerten. Ziel ist es, Chancen und Risiken zu erkennen, Konsequenzen abzuleiten und damit potenzielle Krisen zu antizipieren. Das Problembewusstsein für den dringenden Veränderungsbedarf soll geweckt werden. Das folgende „Handschuh"-Beispiel zeigt eindrucksvoll, wie Manager und Mitarbeiter nachdrücklich von der Veränderungsnotwendigkeit überzeugt werden.

> **Beispiel 44: Handschuhe in der Vorstandsetage**
> Wir hatten ein Problem mit unserem gesamten Beschaffungsprozess. Ich war überzeugt, dass dabei ein hoher Geldbetrag verschwendet wurde. Ich glaubte, dass die Möglichkeit bestand, die Beschaffungskosten um mehrere Mrd. Dollar senken zu können. Eine Veränderung in dieser Größenordnung erfordert eine große Änderung innerhalb des gesamten Beschaffungsprozesses. Das wäre aber nur möglich, wenn viele Führungskräfte, besonders die im Top Management, die Chance erkennen würden, was sie aber zum Großteil nicht taten. Deshalb passierte nichts.
> Ich beauftragte eine Studentin eine Studie zu erstellen, wie viel Geld wir für die verschiedenen Arten von Arbeitshandschuhen zahlen, die in unseren Werken verwendet werden, und wie viele verschiedene Arten von Handschuhen wir nutzen. Als die Studentin das Projekt abgeschlossen hatte, berichtete sie, dass unsere Werke 424 verschiedene Arten von Handschuhen einkaufen! Vierhundertvierundzwanzig! Jedes Werk hatte seine eigenen Bestellprozesse und selbst ausgehandelte Einkaufspreise. Der gleiche Handschuh kostete $ 5 in dem einen Werk, während in einem anderen $ 17 zu bezahlen waren. Wobei in allen Werken nur zwei unterschiedliche Arten von Handschuhen verwendet wurden: leichte und schwere.

> Die Studentin besorgte ein Exemplar von jedem der 424 Handschuhe und beschriftete diese mit Einkaufspreis und Werk. All diese Handschuhe nagelte sie auf ein großes Brett. Dieses Brett stellten wir vor der nächsten Bereichsleitersitzung in den Sitzungssaal. In der Sitzung starrte jeder der Bereichsleiter für einige Zeit auf das Brett. Danach sagte jeder etwas, wie „Kaufen wir wirklich all diese verschiedenen Arten von Handschuhen?". Es ist Fakt, dass wir das tun. „Wirklich?" Ja, wirklich. Ich glaube, dass die meisten nach Handschuhen suchten, die in ihren Werken verwendet werden. Sie konnten die Preise sehen. Sie schauten zwei Handschuhe an, die exakt gleichwertig waren. Einer kostete $ 3,22, der andere 10,55. Es ist ein seltener Augenblick, wenn Bereichsleiter mit offenen Mündern herum stehen.
> Diese Präsentation wurde schnell bekannt. Die Handschuhe wurden Teil einer mobilen Informationsveranstaltung. Sie wurden in jedem Unternehmensbereich und einem Dutzend Werke gezeigt. Viele Mitarbeiter hatten die Gelegenheit, die Handschuhe zu sehen. Diese Roadshow führte jedem das tatsächliche Ausmaß des Problems deutlich vor Augen. Wenn schon bei einem so einfachen Produkt wie Handschuhen der Einkaufsprozess so schlecht ist, wie groß muss dann erst das Verbesserungspotenzial insgesamt sein. Es brauchte keiner großen Überzeugung mehr, die Veränderung zu starten (nach Jon Stegner).

Schritt 2: Schaffe ein Change-Team
Die Mitarbeiter brauchen Glaubwürdigkeit und Autorität. Die effektivsten Führungsgemeinschaften umfassen sowohl Führungskräfte als auch Mitarbeiter unterhalb der Führungsebene. Dazu gilt es Verbündete und Mitstreiter im Unternehmen zu finden. Erst wenn das höhere Management eines Unternehmens hinter der Veränderung steht, kann sie auch gelingen. Dafür ist erforderlich, eine Gruppe von Führungspersönlichkeiten zusammenzustellen, die genügend Überzeugung, Kompetenz und Macht besitzt, den Wandel zu gestalten. Dies sind meist Führungskräfte aus unterschiedlichen Bereichen und auch Hierarchieebenen. Wenn alle im Top-Management für dieses Change-Team geeignet wären, bräuchte es meist die Veränderung nicht – denn dann könnte diese Veränderung in der bisherigen Organisation durchgeführt werden – was ja anscheinend nicht der Fall war. Diese ausgewählte Gruppe gilt es zur erfolgreichen Zusammenarbeit im Team zu ermutigen. Wenn nur ein Mitglied aus dem Top-Management sich klar erkennbar gegen die erläuterten Veränderungen stellt, ist die Überzeugungskraft des gesamten Veränderungsansatzes deutlich erschüttert.

Schritt 3: Entwickle eine Vision
Durch Mitwirkung der Führungskoalition muss nach Kotter eine Vision geschaffen werden, die für die Veränderungsbestrebungen richtungsweisend ist. Darüber hinaus ist eine Strategie zur Realisierung der Vision zu entwickeln, die Kennzahlen, Zielerreichungsgrade und Aktionsprogramme beinhaltet.
   Kotter beschreibt die 6 Eigenschaften einer zielführenden Vision wie folgt:

- Sie zeigt eine erstrebenswerte Zukunft,
- sie ist zwingend,
- sie ist realistisch,
- sie bildet einen Schwerpunkt,
- sie ist flexibel,
- sie ist einfach zu kommunizieren.

Schritt 4: Kommuniziere die Vision
Die Vorteile der Veränderungen, die sich für das Unternehmen aber vor allem für die Beschäftigten ergeben, sind klar und nachvollziehbar zu kommunizieren. Jeder Kommunikationsweg und jedes Mittel ist nach Kotter zu nutzen, die Vision und Strategie kontinuierlich an die Betroffenen weiterzugeben. Die Führungskräfte müssen dabei als Vorbild fungieren und vorleben, was sie von den Mitarbeitern erwarten.

> **Beispiel 45: Kommunikation über den Veränderungsprozess bei MTU**
> Vor Jahren wurde bei der MTU ein großer Veränderungsprozess mit verschiedenen Einzelmaßnahmen durchgeführt. Der damalige Vorsitzende der Geschäftsführung war ein starker Unterstützer dieses Change Prozesses und hat stets nach Wegen gesucht, den Prozess weiter voranzutreiben. Auf den Hinweis, er müsse noch stärker über die zentralen Kernelemente der Veränderung und deren Begründung informieren, hat er eingewendet, er habe das doch schon fünfmal erzählt. Der Hinweis an ihn: Erzählen Sie es noch fünfzigmal.

Schritt 5: Befähige Andere, den Visionen zu folgen
In diesem Schritt geht es darum, Mitarbeiter zu gewinnen, zu qualifizieren und Widerstände abzubauen. Hier reicht es oft schon Hindernisse zu beseitigen, wie enge Arbeitsvorgaben oder Vorgesetzte, die Forderungen aufstellen, die im Widerspruch zu den Bemühungen um die Veränderung stehen. Hindernisse, die dem Veränderungsvorhaben im Wege stehen, sind konsequent aus dem Weg zu räumen. Auch Systeme und Strukturen im Unternehmen, die ernsthaft die Vision des Wandels gefährden, sind anzupassen. Je mehr die Mitarbeiter des Unternehmens an der Neugestaltung beteiligt und zu Eigeninitiative, konkreten Handlungen und zu Risikobereitschaft ermutigt werden, umso höher sind die Realisierungschancen der Veränderung.

Schritt 6: Generiere Short-Term Wins
Es sind Rahmenbedingungen zu schaffen, die das Erreichen von kurzfristigen Zielen erleichtern, um so die Veränderungsenergie aufrecht zu erhalten. Das Sichtbarmachen von ersten Teilerfolgen muss geplant werden, indem große Veränderungsprozesse in kleine Pakete bzw. Aktivitäten zerlegt werden. Wenn diese kurzfristigen Ziele erreicht werden, muss dies entsprechend kommuniziert werden. Dabei ist es wichtig, die Leistungen der beteiligten Mitarbeiter offen anzuerkennen und Erfolge auch zu belohnen. Das Feiern von Zwischenerfolgen ist ein gutes Mittel, um die Veränderungsenergie hochzuhalten.

Schritt 7: Konsolidiere die Erfolge und produziere noch mehr Change
Trotz der Zwischenerfolge ist ein zu frühes Feiern des Sieges zu vermeiden. Mitarbeiter nehmen das als Gelegenheit, weitere Veränderung einzustellen, insbesondere diejenigen, die ohnehin gegen die Veränderungen waren. Im Gegenteil sollte das Selbstvertrauen genutzt werden, das solche ersten Erfolge geben, um noch größere Probleme anzupacken. Das Langfristziel muss immer im Auge behalten werden. Der sich durch Erfolge einstellende wachsende Glaube an Veränderungen kann genutzt werden, um alle Strukturen und Verfahren, die nicht zur Verwirklichung der Vision beitragen, auch zu verändern. Mitarbeiter, die in der Lage sind, die Vision zu verankern und den Wandel zu realisieren, müssen entwickelt und gefördert oder soweit nicht

vorhanden, neu eingestellt werden. Dadurch kann der Veränderungsprozess mit neuen Projekten, Themen und Impulsen in Gang gehalten werden.

Schritt 8: Verankere die neuen Ansätze in der Unternehmenskultur
Der Zusammenhang zwischen neuen Strukturen, Prozessen und Verhaltensweisen und dem durch die Veränderung erzielten Unternehmenserfolg sollte deutlich kommuniziert werden. Es ist wichtig, rechtzeitig geeignete Nachfolgemanager zu entwickeln, um dadurch eine Basis für die Nachhaltigkeit der Veränderungsprozesse zu schaffen. Nach Kotter kann es 5 bis 10 Jahre dauern, bis Veränderungen nachhaltig in der Unternehmenskultur verankert sind. Das endgültige Ziel ist die Schaffung einer lernenden Organisation.

Die 8 Schritte des Change Management nach Kotter machen deutlich, dass eine aktive Einbeziehung der Mitarbeiter im Vordergrund steht und ein kooperativer Führungsstil entscheidend für die erfolgreiche Umsetzung von Veränderungskonzepten ist. Kotter stellt weniger kognitive Elemente wie etwa die reine Wissensvermittlung von neuen Strategien in den Fokus. Vielmehr hebt er auf „weiche" Faktoren wie Überzeugung und Motivation ab. Zwar beginnt Change Management an der Spitze eines Unternehmens, in der Planungs- und Umsetzungsphase sind allerdings die Mitarbeiter aller Hierarchiestufen eines Unternehmens eingebunden.

Das 8 Schritte Modell von Kotter kann auf das 3 Phasen Modell von Lewin übertragen werden (vgl. Abbildung 51). Die Schritte „Sensibilisierung", „Gruppenkonstitution", „Vision" und „interne Kommunikation" entsprechen der Unfreezing Phase. Lewins Moving Phase setzt sich aus den Schritten „Interne Kommunikation", „Motivation", „Machbarkeit belegen" und „Konsolidierung" zusammen. Die abschließende Refreezing Phase besteht aus der „Konsolidierung" und der „Verankerungsphase" von Kotter (ausführlich dazu Keller, L., Luecke, J. R. (2005)).

8.5.4 Umgang mit Widerständen

Bei jedem Veränderungsprozess treten Widerstände auf. Das ist typisch und nichts grundsätzliches Schlechtes. Der Prozess des effektiven Umgangs mit Widerständen gliedert sich in drei Schritte. Der erste und grundlegende Schritt ist das Erkennen eines Widerstands. Darauf folgt die Analyse der genauen Gründe für den Widerstand. Im letzten Schritt gilt es, auf die spezifische Art des Widerstandes differenziert zu reagieren.

Widerstände lassen sich unterscheiden auf der Ebene Individuum, Gruppe bzw. Organisation, nach den Phasen des Veränderungsprozesses und den damit verbundenen typischen Verhaltensmustern sowie nach spezifischen Widerstandsursachen, in konstruktiven, destruktiven bzw. neutralen Widerstand (vgl. Tabelle 45).

Hilfreich beim Umgang mit Widerstand ist es, zwischen Willensbarrieren und Wissensbarrieren zu unterscheiden. Wissensbarrieren (neutraler Widerstand) beruhen entweder auf einem grundsätzlichen Informationsdefizit über das Ausmaß bevorstehender Veränderungen oder in der mangelnden Fähigkeit, geplante Veränderungen intellektuell nachzuvollziehen und zu verstehen. Dem kann ein tatsächlicher oder ein nur wahrgenommener Mangel an Wissen, Erfah-

Tabelle 45: Arten des Widerstands in Anlehnung an Martin, Organisation

Willensbarrieren		Wissensbarrieren
Konstruktiver Widerstand	Destruktiver Widerstand	Neutraler Widerstand
Sichtweisen:		
Innovation = Chancen Positive Einstellung Wollen Verbesserung Zeigen Schwachstellen und Potenzial	Innovation = Bedrohung Sicherheit und Status sind gefährdet Abwehr oder Behinderung	Mangelndes Fachwissen = Wissensbarrieren Unkenntnis
Erkennungsmerkmale der einzelnen Widerstands-Typen		
Widerstand… äußert sich offen ist in die Tiefe gerichtet auf zentrale Kritikpunkte konzentriert Ziel: Veränderung der Innovation	Widerstand… agiert aus dem Verborgenen auf breiter Front Ziel: Verzögerung, Verhinderung der Innovation	Widerstand… überwiegend nicht durch Verhaltensdispositionen getragen

rung oder Ausbildung zu Grunde liegen. Wissensbarrieren sind folglich meist leicht durch entsprechende Information zu beseitigen.

Willensbarrieren, also der fehlende Wille die Innovation mitzutragen, entstehen oft aus einem Bedürfnis heraus, am „Status quo" und „Altbewährtem" festzuhalten. Es wird als Bedrohung empfunden, dass bisher beherrschte Routinehandlungen wegfallen sollen und neue Anforderungen bewältigt werden müssen. Auch die Angst durch die Veränderungen Macht, Einfluss oder Privilegien einzubüßen, können zu Willensbarrieren führen. Aus Sicht des Unternehmens oder von Führungskräften, die Veränderungsprozesse vorantreiben wollen, handelt es sich bei dieser Art von Willensbarriere eher um destruktiven Widerstand.

Es gibt aber auch Willensbarrieren, die einen konstruktiven Widerstand darstellen. Von konstruktivem Widerstand spricht man, falls eine positive Einstellung gegenüber Innovationen und Veränderungen vorherrscht, aber noch Zweifel an der Machbarkeit oder am Kosten-Nutzen-Verhältnis der geplanten Veränderungen bestehen. Auch der Hinweis auf Schwachstellen und nicht genutzte Potenziale der Veränderungskonzepte wäre konstruktiver Widerstand in diesem Sinne. Hier gilt es, konstruktiven von überwiegend destruktivem Widerstand deutlich zu unterscheiden.

Problematisch bei Willensbarrieren ist, dass der destruktive Widerstand meist verborgen, über Dritte oder über Scheinargumente erfolgt. Er ist damit schwer greifbar und entsprechend schwierig zu „bekämpfen". Der konstruktive Widerstand wird dagegen zumeist offen und aktiv in die Diskussion eingebracht. Diese Mitarbeiter sind grundsätzlich für die Veränderung, wollen sie aber in einer optimierten Form. Darum dreht sich ihr scheinbarer Widerstand. Sie haben ein Interesse an der Veränderung, ihr Widerstand ist Ausdruck ihres aktiven Engagements. Viele Führungskräfte und Veränderungsmanager greifen diese „Widerständler" an – und die destruktiven Widerständler bleiben unbehelligt. Als Ergebnis bleiben die destruktiven Kräfte weiter am Werk und den konstruktiven Mitarbeitern wird das Engagement genommen, weiter aktiv an der Veränderung mitzugestalten. Um nicht in diese Falle zu tappen, hilft es, sich bewusst zu machen, dass Widerstand bei Veränderung etwas völlig Normales ist und zu unterscheiden, welches letztendlich die destruktiven und welches die konstruktiven „Widerständler" sind.

Professionelle Strategien zum effektiven Umgang mit Widerstand müssen differenziert und situationsspezifisch angelegt sein. Die Spanne möglicher Strategien orientiert sich nach Widerstandsebenen, Hintergrund des Widerstandes, nach der Akzeptanz der Veränderung sowie nach dem Beteiligungsgrad der Mitarbeiter.

8.5.5 Veränderungs-Syndrom

Emotionale Reaktionen der Mitarbeiter laufen bei größeren Veränderungen nach einem typischen Schema ab, das auch als Veränderungs-Syndrom bezeichnet wird.

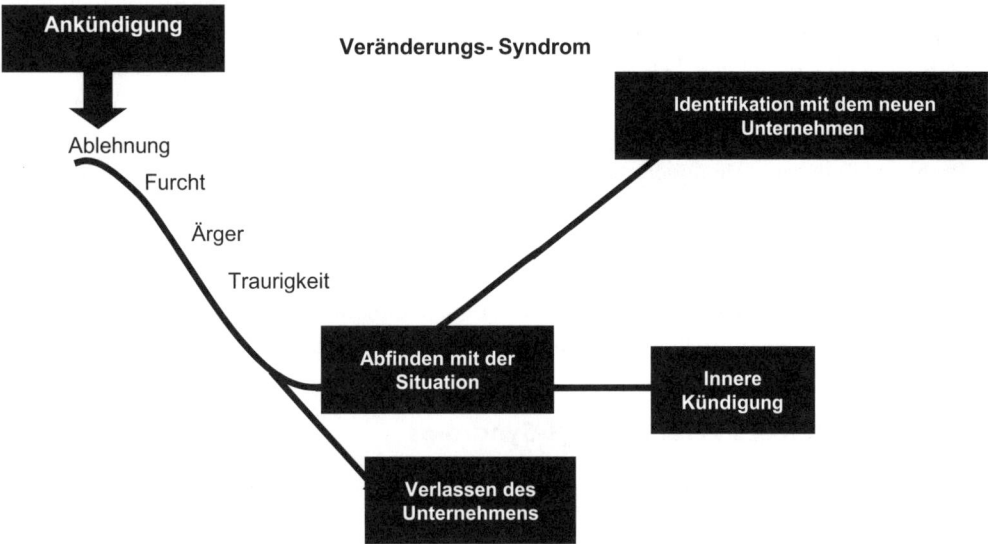

Abbildung 52: Emotionale Reaktionen der Arbeitnehmer nach der Bekanntgabe der Veränderung

Abbildung 52 zeigt die verschiedenen emotionalen Reaktionen der Arbeitnehmer nach der Bekanntgabe der Change Management Maßnahmen auf. Die Mitarbeiter reagieren mit einer Ablehnung gegenüber den Veränderungen, die in Angst um den eigenen Arbeitsplatz bis hin zu Wut und Traurigkeit über die Situation mündet. Bei einigen Mitarbeitern kann es sein, dass diese Traurigkeit in Resignation endet. Im extremsten Fall führt dies zum Verlassen der Firma. Nach den Wechselbädern der Gefühle bilden sich unter den Mitarbeitern drei Gruppen heraus:

- Diejenigen, die für sich entscheiden, dass das angestrebte neue Unternehmen nicht mehr das ihre ist und das Unternehmen verlassen. Das gilt analog für die Mitarbeiter, denen die Unsicherheit zu groß ist und in dieser Situation eine interessante Alternative ergreifen.

- Die Gruppe, die ebenso wenig einverstanden ist, aber sich mit der Situation auf Grund von Bequemlichkeit oder mangels Alternativen abfindet. Getragen von dem Motto: Warum das warme Nest verlassen?
- Die wertvolle Gruppe, die sich mit dem neuen Unternehmen identifiziert. Wie groß diese ist, hängt vor allem auch von der Qualität des Change Prozesses ab.

Durch geeignete umfassende Kommunikation im Wandlungsprozess lassen sich diese negativen Emotionen auffangen. Wenn erreicht wird, dass sich die Arbeitnehmer in der neuen Situation einfinden, führt dies zu einer Verbesserung der Situation. Wenn die Mitarbeiter über Gründe und geplante Change-Maßnahmen informiert werden, führt dies zu Erleichterung und die Widerstände gegen die Veränderung reduzieren sich. Die Mitarbeiter verstehen in größerem Maße, dass der Wandel notwendig ist und die Auswirkungen nicht so gravierend sind, wie in den Gerüchten dargestellt. Dies führt bei vielen sogar zu einem Interesse an dem Change Prozess. Wenn es gelingt das Interesse der Mitarbeiter zu wecken, führt dies zur nächsten Stufe der Akzeptanz. Diejenigen, die sich mit dem neuen Unternehmen identifizieren, sind deswegen so wichtig, weil dies zu höherer Leistungsbereitschaft führt. Mit ihnen werden die geplanten Verbesserungspotentiale besser realisiert, die Wertsteigerung wird höher und damit auch die Veränderung erfolgreicher.

Problematisch beim Veränderungs-Syndrom ist, dass die Phasen je nach Hierarchieebene zeitlich verschoben auftreten. Dies liegt vor allem an der zeitlich gestreckten Information. Die oberen Führungskräfte sind regelmäßig als erste eingebunden und die allgemeine Belegschaft als letztes. Wenn der Top-Manager sich schon mit dem neuen Unternehmen identifiziert, ist die Stimmung des Mitarbeiters noch gar nicht auf dem Tiefpunkt. Allein diese Fehleinschätzung kann schon zu falschen Entscheidungen führen und ist daher zu berücksichtigen.

8.5.5.1 Kosten des Veränderungs-Syndroms

Auch die Kosten des Veränderungs-Syndroms werden meist unterschätzt. Die Mitarbeiter sind besorgt und nutzen Arbeitszeit, um mit Kollegen die Auswirkungen der Veränderung auf sie selber zu diskutieren. In ihrer Besorgnis sind sie längst nicht so konzentriert und effizient wie sonst, von notwendiger Sorgfalt und Kreativität ganz zu schweigen. Solche Beschäftigung mit sich selbst ist teuer. Das Delta in dem Kurvenbogen ist verschwendeter Wert: Die Mitarbeiter werden normal weiter bezahlt, bringen aufgrund ihrer Sorgen aber nicht mehr die Normalleistung.

> **Beispiel 46: Kosten des Widerstands im Veränderungsprozess**
> Ein Unternehmen mit 40 000 Mitarbeitern wurde von einem Wettbewerber übernommen. Und die Hälfte der Mitarbeiter des übernommenen Unternehmens wendet pro Tag nur eine Stunde für die „Verarbeitung" von Gerüchten während der geplanten Fusion auf (das ist eine eher konservative Berechnung). Bei einem 6 Monate andauernden Merger-Prozess und durchschnittlichen Personalkosten (inklusive Personalnebenkosten) von 50 € pro Stunde belaufen sich die Kosten auf rund 110 Mio. €.

8.5.5.2 Kostenreduzierung im Veränderungs-Syndrom

Ein wesentlicher Ansatz zielt dann auf die Reduktion des Leistungsabfalls. Durch eine verbesserte Kommunikations- und Informationspolitik und die Einbeziehung der Arbeitnehmer können Ängste abgebaut werden. Als Folge sinkt die Leistungsfähigkeit weniger deutlich und die Retention-Quote der Mitarbeiter verbessert sich. Die verringerte Unsicherheit schafft weniger Bedürfnis für Diskussion der Szenarien mit den Kollegen während der Arbeitszeit. Gleichzeitig erhöhen sich Konzentration, Effizienz, Kreativität etc. Daraus resultieren Leistungssteigerungen und eine niedrigere Fluktuationsrate.

Die zweite Möglichkeit zur Kostensenkung ist die Reduzierung der benötigten Zeit im Veränderungsprozess durch Zwang zu schnelleren Entscheidungen. Die Zeit der Unsicherheit lässt sich verkürzen, indem die Entscheidungen durch die 80:20-Regel beschleunigt werden. Das heißt die Entscheidungen werden mit einer gewissen Unsicherheit getroffen. Neben der Zeitersparnis führt dies auch bei großen Veränderungsprozessen, wie bspw. Mergers & Acquisition-Prozessen keineswegs zu schlechteren Entscheidungen. Bei den wichtigen Entscheidungen im frühen Merger-Stadium sind die meisten Top-Manager von eigenen „Me-issues" geplagt: Was bedeutet die Veränderung für meinen eigenen Job, steigt mein Gehalt, habe ich mehr oder weniger Mitarbeiter, muss ich umziehen etc. Je länger ein Manager Zeit für seine Entscheidungen hat, umso mehr beeinflussen diese persönlichen Aspekte seine Entscheidung. Das heißt, sie wird nicht zwangsläufig besser. Deswegen ist es für den Gesamtprozess besser, auf schnelle Entscheidungen zu drängen, auch wenn dies nur 80 %-Lösungen sind; beeinflusst durch Me-issues werden sie eher noch schlechter. Wenn in der Folge schnelle 80 %-Entscheidungen modifiziert werden, ist dies verständlich, sie mussten ja schnell getroffen werden. Wenn eine langwierige Entscheidung, die doch keine gute war, nach längerer Zeit noch mal geändert wird, hat dafür freilich kaum jemand Verständnis. Langwierige Entscheidungen verlängern zusätzlich die Unsicherheit für die Gesamtbelegschaft. Die negativen Folgen wurden bereits beschrieben.

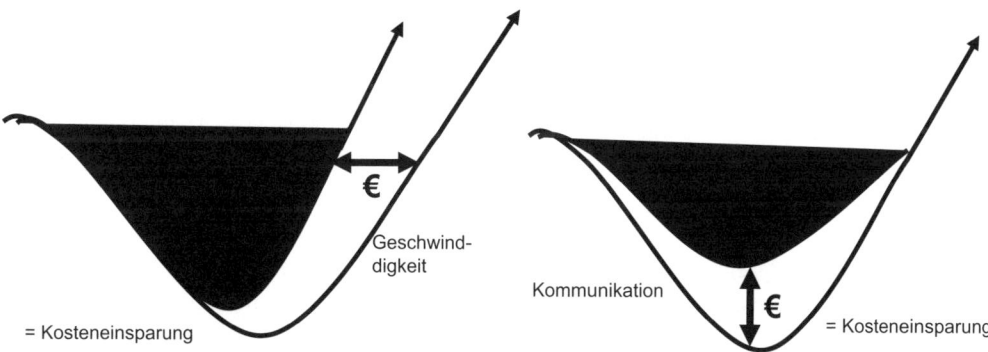

Abbildung 53: Maßnahmen zur Kostenreduzierung bei Veränderungsprozessen

Die Kosten sind in der Abbildung 53 dargestellt. Durch die oben genannten Maßnahmen können die Kosten reduziert werden. Hierfür bietet die Kurve des Veränderungs-Syndroms zwei Ansatzpunkte: durch Verkürzung der Integrationszeit und durch Reduzierung des Leistungsabfalls (vgl. Abbildung 54).

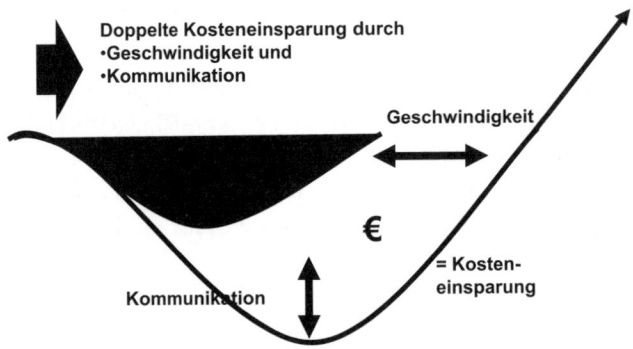

Abbildung 54: Reduzierung der Kosten des Veränderungs-Syndroms

8.5.6 Tempo oder Zeit

Was ist nun wichtiger im Rahmen eines Veränderungsprozesses: Tempo oder Zeit zur Anpassung? Beides! Man braucht

- ... Tempo für Strukturentscheidungen und für Besetzungsentscheidungen. Man bekommt nie bessere Ergebnisse als die 80 %-Ergebnisse zu Beginn; bei schnellen Entscheidungen hat man die „Erlaubnis", diese im weiteren Prozess zu modifizieren/korrigieren.
- ... Zeit für die Mitarbeiter, damit diese sich einleben in die neue Struktur, Prozesse, Kultur etc.
- ...ein Verständnis dafür, dass Mitarbeiter einige Unterstützung bei diesem Einleben benötigen!

8.5.7 Hürden für Change

Um einen erfolgreichen Veränderungsprozess durchzuführen, müssen verschiedene Aspekte vorhanden sein. Das Fehlen einzelner Kriterien gefährdet den Erfolg des Change Management Projektes und hat die in Abbildung 19 ersichtlichen Auswirkungen.

Es ist die Aufgabe des Projektteams sicherzustellen, dass alle Aspekte erfüllt werden bzw. vorhanden sind. Ein erfolgreicher Change Prozess beinhaltet eine klare Zielvorgabe, einen Aktionsplan, wie diese Ziele erreicht werden sollen, ausreichend zur Verfügung stehende Ressourcen, sowohl finanziell, als auch zeitlich und in Form von genügend mit einbezogenen Mitarbeitern. Außerdem muss Know-how in verschiedenen Bereichen vorhanden sein. Dies ist eine hohe Fach- und Sozialkompetenz des Projektteams, aber auch Know-how bei der Durchführung von Change Management-Projekten. Das Schaffen von Anreizen für die Mitarbeiter motiviert diese zusätzlich und führt zu einem schnelleren Vorankommen im Change Prozess. Um die Akzeptanz unter den Angestellten zu erhöhen und um das Entstehen von Gerüchten zu verhindern ist es wichtig, dass ausreichend Informationen zur Verfügung gestellt werden.

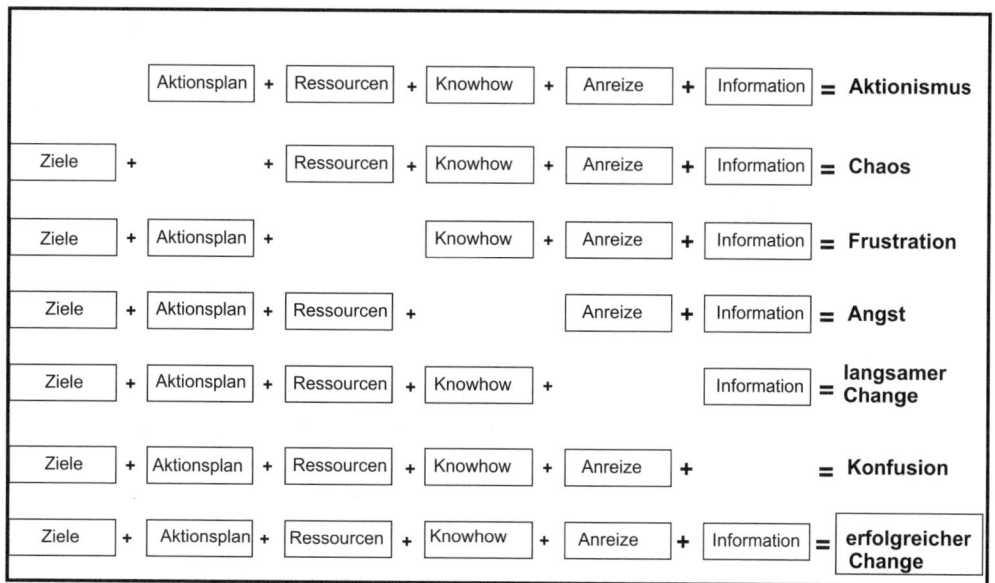

Abbildung 55: Hürden für einen Veränderungsprozess

8.6 Rechtliche Aspekte der Personalentwicklung

Auf gesetzlicher Ebene ist neben dem Allgemeinen Gleichbehandlungsgesetz (AGG) insbesondere das Teilzeit- und Befristungsgesetzt (TzBfG) zu beachten. Demzufolge darf keine Mitarbeitergruppe systematisch benachteiligt werden. Nach § 84 Abs. 1 Betriebsverfassungsgesetz (BetrVG) und § 13 Allgemeines Gleichbehandlungsgesetz (AGG) kann sich jeder Arbeitnehmer beschweren, wenn er sich ungerecht behandelt, beeinträchtigt und/oder benachteiligt fühlt. Ein Betriebsrat kann hinzugezogen werden (§§ 81 BetrVG; 17 Abs. 2 AGG).

Ein Betriebsrat hat zudem gemäß

- § 87 BetrVG Mitbestimmungsrecht bei der betrieblichen Entgeltgestaltung (was mit Blick auf die Kompetenzen der Stelle und Person auch im Rahmen der Personalentwicklung zu beachten ist).
- § 92 Abs. 1 BetrVG Informationsrecht bezüglich der Personalplanung und personelle Einzelmaßnahmen sowie Beratungsrechte.
- § 94 BetrVG Mitbestimmungsrechte bei der Aufstellung von Personalfragebogen und allgemeinen Beurteilungsgrundsätzen, also entscheidenden Einfluss auf die Personalbeurteilung.
- § 95 BetrVG Mitbestimmungsrechte bei der Aufstellung von Auswahlrichtlinien, z. B. mit Blick auf Führungsnachwuchskräfte.
- § 96 bis 98 BetrVG Mitbestimmungsrechte bezüglich Aus- und Weiterbildung und bei der Ermittlung von Berufsbildungsbedarf sogar Initiativrecht.

8.7 Fragen/Übungsaufgaben zur Personalentwicklung

- Nennen Sie konkrete Beispiele für die verschiedenen Gründe für Veränderungen in Unternehmen.
- Worin liegt der Unterschied zwischen Personal- und Organisationsentwicklung?
- Erläutern sie Notwendigkeit und Prinzipien der Personalentwicklungsplanung.
- Stellen Sie den Unterschied zwischen E-Learning und Blended Learning dar.
- Erläutern Sie die Grundprinzipien des 3 Phasen Veränderungsprozesses nach Lewin.
- Geben Sie kurze Beispiele wie die 8 Schritte des Change Management nach Kotter in der Praxis aussehen könnten.
- Welche Kriterien machen Change Management Projekte erfolgreich?
- Welche Hürden müssen bewältigt werden, um ein Change Management erfolgreich zu gestalten?
- Erläutern sie die unterschiedlichen Formen von Widerstand. Wie gehen sie damit um?
- Erklären Sie das Veränderungs-Syndrom. Was kann unternommen werden, um die Kosten zu senken und um die Identifikation der Mitarbeiter mit der Firma zu verbessern?

8.8 Literaturhinweise

Bartscher, T., Huber, A. (2007): Praktische Personalwirtschaft, Wiesbaden 2007
Keller, L., Luecke, J. R. (2005): Business Literacy for HR Professionals: The Essentials of Managing Change and Transition. Boston, Massachusetts 2005.
Kolb, M. (2009): Personalmanagement: Grundlagen – Konzepte – Praxis, Wiesbaden 2009
Lehnert, C. (1996): Neuorientierung der betrieblichen Karriereplanung: Auswirkungen struktureller Veränderungen, Wiesbaden 1996
Lewin, K. (1947): Frontiers in group dynamics: Human Relations, 1947
Tuckmann, B. W. (1963): Developmental sequence in small groups. Psychological Bulletin 63
Wunderer, R., Jaritz, A. (2002): Unternehmerisches Personalcontrolling: Evaluation der Wertschöpfung im Personalmanagement, Neuwied, Krieftel 2002

9. Personalführung

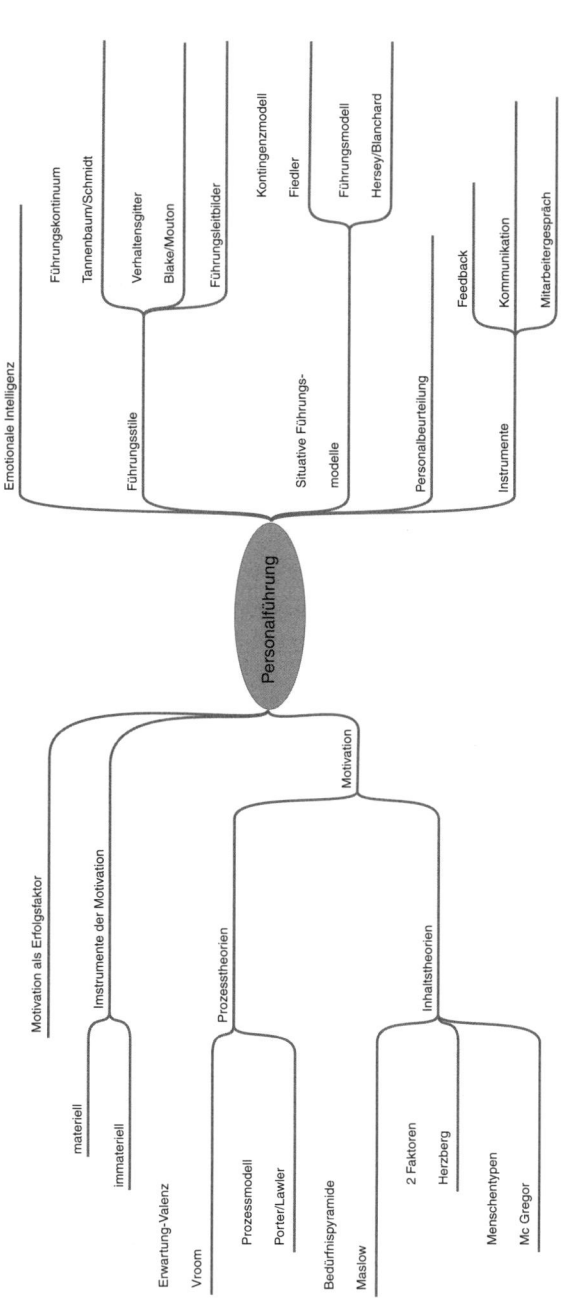

9.1 Zum Einstieg

In einer Papierfabrik sind Stichproben erforderlich, ob jede Verpackung die richtige Blattzahl enthält. Dazu werden pro Palette jeweils fünf Packen Papier mit einem Inhalt von 500 Blatt von Hand nachgezählt. Die Aufgabe wird von den Mitarbeitern als stupide betrachtet und ist deswegen nicht besonders geschätzt. Der Auftrag hierfür lässt sich ganz unterschiedlich vergeben:
Alternative 1:
Herr Meier, zählen sie bitte die zehn Packen Papier von Hand nach und notieren sie die jeweilige Anzahl der Blätter.
Alternative 2:
Herr Meier, wir müssen ab und zu unsere Qualität überprüfen. Von dem Ergebnis hängt es mit ab, ob wir in eine neue Verpackungsanlage investieren oder ob wir hier Geld sparen können. Deswegen brauchen wir aussagefähige Grunddaten. Wir machen dazu Stichproben in jeder Palette. Ich schlage vor, dass sie aus jeder Palette fünf Packen Papier nachzählen und so überprüfen, ob die Blattzahl korrekt ist.

Auch in der 2. Alternative wird sich kein Mitarbeiter um diese Aufgabe reißen. Aber hier ist wenigstens der Sinn der Aktion plausibel, während es in der 1. Alternative eher nach Beschäftigungstherapie wirkt. Dem ersten Mitarbeiter wird die Tragweite der Aktion nicht erläutert. Es ist nicht auszuschließen, dass er die Aufgabe nachlässig macht oder einfach schätzt. Der zweite wird viel eher genau arbeiten, da ihm die Relevanz seines Tuns einleuchtend ist (in Anlehnung an Niermeyer, Motivation, S. 89).

9.2 Führung

Führungskräfte stehen inmitten eines komplexen Netzwerks unterschiedlicher Beziehungen. Führungskräfte werden nicht geboren, sie entwickeln sich. Dies geschieht in der Regel durch Anstrengung, Fleiß und Disziplin. Das ist der Preis, um die jeweiligen Ziele zu erreichen. Leadership ist der Prozess, die Aktivitäten anderer Personen so zu beeinflussen, dass diese ihre Energie auf das Erreichen spezifischer Ziele ausrichten. Leadership ist der besondere Ansatz, mit Mitarbeitern zu arbeiten, anstatt Untergebenen Befehle zu erteilen. Eine Führungskraft agiert dann im Sinne des Leadership, wenn man ihre Führung und ihre Entscheidungen aus dem Respekt vor ihren besonderen Fähigkeiten akzeptiert und nicht nur wegen der verliehenen (hierarchischen) Autorität.

9.2.1 Führungsmodelle

Ein zentrales Produkt der Führungsforschung sind Führungsmodelle. Führungsmodelle beruhen auf

- **verhaltenstheoretischen Ansätzen**, wie dem eindimensionalen Führungsstilansatz von Tannenbaum und Schmidt oder dem zweidimensionalen Verhaltensgitter von Blake und Mouton, welche nachstehend erläutert werden. Die Grundannahme der verhaltenstheoretischen Ansätze ist, dass bestimmte Verhaltensweisen der Führungskraft mit dem Führungserfolg in Beziehung stehen. Der (gewünschte) Führungsstil in einem Unternehmen kann durch Führungsleitbilder oder Führungsgrundsätze dokumentiert werden.
- **situationstheoretischen Ansätzen**, wie dem Kontingenzmodell von Fiedler, dem Modell von Reddin und dem situativen Führungsmodell von Hersey und Blanchard, die ebenfalls dargestellt werden. Basis hierbei ist die Annahme, dass Führungsverhalten und Führungserfolg stark von situativen Gegebenheiten abhängen.

Werden beide Aspekte einbezogen, wird von interaktionstheoretischen Ansätzen gesprochen. Es wird die Annahme zu Grunde gelegt, dass Führungserfolg sowohl von der Führungskraft (Merkmale, Verhalten) und der Interaktionen von Führer und Geführten als auch von situativen Bedingungen abhängt. Die Darstellung wird dann aber schnell sehr komplex.

Ihren Ursprung hat die Führungsforschung dagegen mit Blick auf die Eigenschaften der Führungskraft, mit eigenschaftstheoretischen Ansätzen, genommen: Ob jemand Führungskraft wird und wie groß der Führungserfolg ist, hängt demnach von den Persönlichkeitseigenschaften ab, Eigenschaften sind Konstrukte, die zeitlich stabil, übersituativ und universell vorhanden sind. Es gibt zwar durchaus Hinweise auf Zusammenhänge, z. B. weisen Führungskräfte einen höheren Anpassungsgrad und einen höheren Intelligenzquotienten (sowie ein höheres Alter und größere Körpermaße) auf, diese (Zusammenhänge) sind aber kritisch zu sehen (vgl. Neuberger, O. (2002), S. 231):

- In den meisten Studien werden Führungskräfte mit einer Stichprobe ohne Leitungsfunktion verglichen, d. h. es können keine Kausalzusammenhänge erkannt werden.
- Zudem kann keine Aussage zum Führungserfolg getroffen werden, der zudem auch sehr schwer zu operationalisieren ist.
- Die Zusammenhänge sind eher schwach ausgeprägt. Die Streuung der Ausprägungen unter den Führungskräften selbst ist sehr hoch und in der Vergleichsgruppe (der Mitarbeiter ohne Führungsfunktion) meist noch höher.
- Die Eigenschaften sind so zahlreich, dass kein einheitliches Bild entsteht und zudem das Zusammenspiel nicht klar ist.

Dass es keine universale Führungskraft gibt, bedeutet allerdings nicht, dass den Eigenschaften der Führungskraft keine Bedeutung zukommt. Insbesondere unter bestimmten Bedingungen können sehr wohl Eigenschaften ausgemacht werden, die Erfolg oder Misserfolg beeinflussen. Dies wird auch in der Eignungsdiagnostik entsprechend genutzt.

Als eine Art Revival der sog. „Great man theory", mit situativen Anteilen, kann die Diskussion zur emotionalen Führung gesehen werden. Diese geht davon aus, dass der Führungserfolg von der emotionalen Intelligenz der Führungskraft abhängt, den einzelnen Mitarbeitern und seinen Emotionen sowie zur Situation passenden Führungsstil auszuführen.

9.2.1.1 Emotionale Intelligenz

Emotionale Intelligenz ist ein Sammelbegriff für Persönlichkeitseigenschaften und Fähigkeiten, welche den Umgang mit eigenen und fremden Gefühlen betreffen. Der Begriff „emotionale Intelligenz" ist durch den amerikanischen Psychologen Daniel Goleman (1995) populär geworden. Er beschreibt die emotionale Intelligenz als eine übergeordnete Fähigkeit, von der es abhängt, wie gut Menschen ihre Fähigkeiten zu nutzen verstehen. Diese lassen sich in vier Felder klassifizieren:

- Soziale Kompetenz,
- Selbstbewusstsein,
- Selbststeuerung,
- Beziehungsmanagement.

Diese Fähigkeiten bauen aufeinander auf und können von jedem erlernt und ausgebaut werden. Nicht das bloße Vorhandensein von Gefühlen, Emotionen, Stimmungen und Affekten, sondern der bewusste Umgang mit ihnen macht eine hohe emotionale Intelligenz aus. Darüber hinaus zählen hierzu Eigenschaften wie Vertrauenswürdigkeit und Innovationsfreude oder Motivationsfähigkeit und das Vermögen, Gefühle und Bedürfnisse anderer wahrzunehmen. Dabei werden Befähigungen wie Teamführung, Selbstvertrauen, die Fähigkeit, sich selbst und andere aufzubauen sowie politisches Bewusstsein betrachtet. Emotionale Intelligenz hat einen signifikanten Einfluss auf Arbeitsergebnisse, auf Managementebene wird der Einfluss auf bis zu 90 % angesetzt. Emotionale Intelligenz ist nicht nur angeboren, sondern kann auch signifikant verbessert werden.

Soziale Kompetenz meint die Fähigkeit, Kontakte zu knüpfen und tragfähige Beziehungen aufzubauen, emotionale Befindlichkeiten anderer Menschen zu verstehen und angemessen darauf zu reagieren. Es umfasst die Fähigkeit, Strömungen im Unternehmen zu erkennen und in die eigenen Entscheidungen einzubeziehen sowie politisch geschickt zu navigieren. Dazu zählt auch die Serviceorientierung, also Kenntnis der Erwartungen von internen und externen Kunden und deren (bestmögliche) Erfüllung.

Selbstbewusstsein meint die Fähigkeit eines Menschen, seine Stimmungen, Gefühle und Bedürfnisse zu akzeptieren und zu verstehen und die Fähigkeit, deren Wirkung auf andere einzuschätzen sowie dies als Basis für gute Entscheidungen zu nutzen. Dies umfasst auch die Fähigkeit, sich selber treffend einzuschätzen im Hinblick auf die eigenen Stärken und Grenzen. Und es meint das Selbstbewusstsein im Sinn eines starken und positiven Selbstwertgefühls.

Selbststeuerung bedeutet planvolles Handeln in Bezug auf Zeit und Ressourcen. Es beinhaltet auch Glaubwürdigkeit (hinsichtlich Ehrlichkeit und Integrität), Anpassungsfähigkeit (an wechselnde Situationen und zur Überwindung von Schwierigkeiten), Erfolgsorientierung (der Antrieb, exzellent zu sein) und Initiative (die Bereitschaft, Gelegenheiten zu ergreifen). Dazu zählt auch Selbstkontrolle im Sinne der Kontrolle der eigenen Emotionen und Selbstmotivation

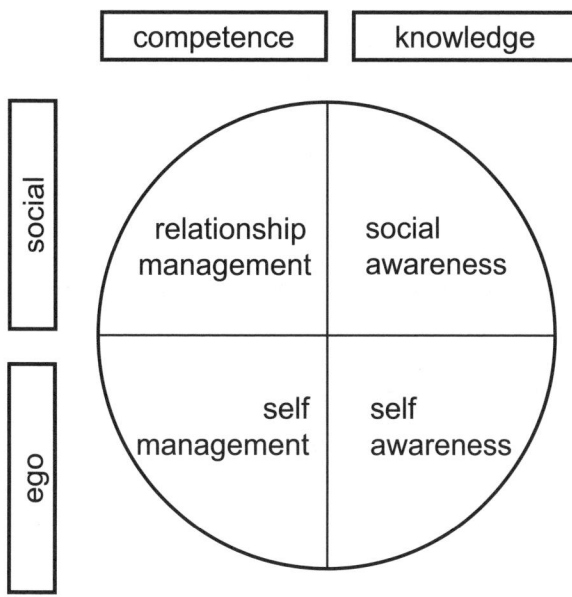

Abbildung 56: Emotionale Intelligenz nach Goleman

im Sinne der Begeisterungsfähigkeit für die Arbeit, sich selbst unabhängig von finanziellen Anreizen oder Status motivieren zu können.

Beziehungsmanagement ist die Fähigkeit andere zu inspirieren, zu beeinflussen und zu entwickeln (durch Feedback und Lenken). Leadership heißt Verantwortung zu übernehmen und andere mit Visionen zu inspirieren. Dazu zählt, neue Ideen zu initiieren und die Mitarbeiter in diese Richtung zu führen. Zusammenarbeit und Teamwork meinen die Fähigkeit, Kooperationen zu entwickeln, Teams aufzubauen sowie Netzwerke zu entwickeln. Zu Konfliktmanagement gehört, Meinungsverschiedenheiten zu deeskalieren sowie in solchen Situationen Lösungen herbeizuführen.

9.2.1.2 Führungskontinuum von Tannenbaum und Schmidt

Eine Übersicht über verschiedene Führungsstile bietet das Führungskontinuum von Tannenbaum und Schmidt. Fokussiert wird dabei auf den Entscheidungsprozess, weitere Kriterien werden nicht einbezogen. Auch werden damit keine Aussagen zum Führungserfolg verknüpft. Bereits in den 1930er Jahren wurden im Rahmen der sog. Iowa-Studien ein

- autokratischer (Richtlinienvorgabe, schrittweise Erklärungen und persönliche Anerkennung bzw. Kritik),
- demokratischer (Ermutigung der Gruppe, Arbeitsteilung der Gruppe und Objektivierung der Anerkennung bzw. Kritik) und
- Laissez-faire- (kein Informationsfluss und keine Anerkennung bzw. Kritik)

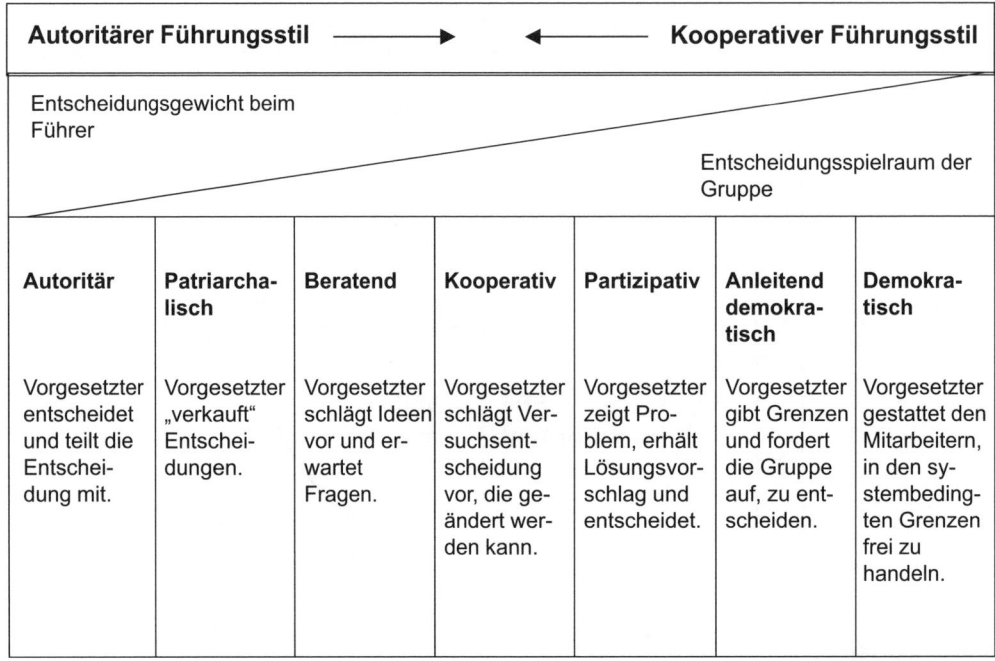

Abbildung 57: Führungskontinuum anhand von Entscheidungsprozessen

Führungsstil unterschieden und mit Schulkindern auf Konsequenzen für Leistung und Zufriedenheit hin untersucht. Dabei hat der letztgenannte „Nicht-Führungsstil" in beiden Bereichen schlecht abgeschnitten, während bei der Zufriedenheit das erwartete Ergebnis die Überlegenheit des demokratischen Stils bestätigte. Bei der Leistung ergab sich ein differenzierteres Bild: Während die demokratisch Geführten auch ohne Anwesenheit des Führers ihre Aufgaben erledigten, waren die autokratisch Geführten bei Anwesenheit des Leiters leistungsstärker.

9.2.1.3 Verhaltensgitter von Blake und Mouton

Das Verhaltensgitter nach Blake und Mouton beruht auf den sog. Ohio-Studien. Hier wurden zwei unabhängige Verhaltensdimensionen ermittelt, die als Aufgabenorientierung (Planen, Organisierung, Koordinieren und Kontrollieren stehen im Fokus) und Mitarbeiterorientierung (Beziehungen und persönliche Bedürfnisse und Erwartungen werden berücksichtigt) bezeichnet sind. Da die Verhaltensdimensionen unabhängig voneinander sind, wurden sie von Blake und Mouton als Matrix dargestellt. Die Skalenwerte auf beiden Achsen reichen jeweils von 1 bis 9. Als prägnante Konstellationen wurden die folgenden vier Extremkombinationen (1.1, 1.9, 9.1 und 9.9) und eine Mittelposition (5.5) erfasst:

- 1.1: Minimaler Einsatz sowohl für die Arbeitsziele als auch für die Mitarbeiter; wird auch als Überlebensmanagement bezeichnet. Die Führungskraft ist Drückeberger, Schläfer oder Privatmensch.

- 1.9: Hier steht die rücksichtsvolle Aufmerksamkeit gegenüber den Bedürfnissen der Mitarbeiter im Vordergrund, die Aufgabenorientierung ist gering. Die Kombination ist auch als Vereinsmanagement und „Samthandschuh-Management" bekannt. Die Führungskraft ist Freund und Helfer oder Kumpeltyp.
- 5.5: Hier findet sich eine mittlere Orientierung an Mitarbeitern und Aufgabe. Es handelt sich um ein humanes Organisationsmanagement, wie die Kombination auch manchmal bezeichnet wird. Die Führungskraft ist ein Kompromissler.
- 9.1: In dieser Kombination wird auf Planung und Festlegung der Arbeitsbedingungen fokussiert, ohne Beachtung der Mitarbeiter. Die Kombination wird teilweise auch als Befehlsmanagement beschrieben. Die Führungskraft ist ein Antreiber und Schinderhannes.
- 9.9: Die Führungskraft fördert und fordert den gemeinsamen Einsatz im Hinblick auf die zu leistende Arbeit, es wird auch von Team-Management gesprochen. Die Führungskraft ist Integrationsfigur.

Später wurden diese Kombinationen noch um den patriarchalischen Ansatz (9.1 + 1.9) und den opportunistischen Ansatz (einzelne oder alle Stile werden vertreten) ergänzt.

Blake und Mouton proklamieren die 9.9-Kombination, d. h. eine hohe Betonung des Menschen und hohe Betonung der Produktion als „idealen Führungsstil". Außerdem wird die Auffassung vertreten, dass sich jede Führungskraft dahin entwickeln kann. Das Instrument wird daher auch im Rahmen von Führungskräftetrainings zur Standortbestimmung und Kontrolle eingesetzt. Selbst wenn die Möglichkeiten der Identifikation des Führungsstils (anhand strukturierter Befragung) umstritten sind, ergibt sich so ein anschaulicher Einstieg in weitere Diskussionen (vgl. Hentze, J., Kammel, A., Lindert, K., Graf, A. (2005), S. 227ff.). Von Blake und Mouton selbst wurden daher sog. Grid-Trainings entwickelt, die neben der Führungskräfteentwicklung, in der Teamentwicklung und Organisationsentwicklung Einsatz finden.

> **Beispiel 47: Grid-Schulungen bei der ehemaligen Kamps AG**
> Die heutige Lieken AG (ehemals Kamps AG) mit Sitz in Düsseldorf beschäftigt mit der Herstellung und dem Vertrieb von Bachwaren rund 8000 Mitarbeiter und erzielte 2008 einen Umsatz von ca. 1,2 Mrd. €.
> Die Kamps AG setzte nach einer extremen Wachstumsphase Grid-Seminare ein, um die Zusammenarbeit von Führungskräften untereinander und mit ihren Mitarbeitern zu verbessern. Damit dient das Konzept der persönlichen Kompetenzentwicklung, der Teamentwicklung sowie der Organisationentwickelung. Ziel von Kamps war es,
>
> - ein gemeinsames Führungsverständnis zu erreichen. In diesem Rahmen wurden auch Führungsgrundsätze erarbeitet.
> - alle Führungskräfte und Mitarbeiter auf ein gemeinschaftliches Erreichen der Unternehmensziele einzustimmen.
>
> Erreicht wurden diese Zielsetzungen, indem zunächst einige obere Führungskräfte das Seminar direkt beim Anbieter besuchten, um es dann an ihre internen Führungsmannschaften weiterzugeben. Das Seminarkonzept basiert dabei auf Teamarbeit. Direkt vor Ort wurde das Miteinander weniger gelehrt oder an Beispielen geübt, sondern direkt gelebt.
> Für einige der Führungskräfte und Mitarbeiter war der Prozess des Umdenkens dann auch ein langer Weg. Aber nur, wenn man sich auf den Weg macht, kann ein gemeinsames Ziel erreicht werden. Grundlage ist dabei eine Veränderung des Führungsverhaltens, das Produktivität und Partizipation gleichermaßen stimuliert. (in Anlehnung an Fiedler-Winter, R. (2000), S. 55.)

9.2.1.4 Führungsleitbilder

Führungsleitbilder oder auch Führungsgrundsätze sind als generalisierende Gestaltungsanweisungen für Führungskräfte zu verstehen. Zugleich dienen sie den Mitarbeitern als Orientierung, wie die Führungskraft führen „soll" und welches Menschenbild im Unternehmen vorherrscht. Führungsleitbilder prägen den Führungsstil und den Umgang miteinander im Unternehmen mit. Zudem erfüllen Führungsleitbilder eine Signalfunktion nach außen, insbesondere natürlich gegenüber potenziellen Mitarbeitern (vgl. Niermeyer, R., Postall, N. (2007), S. 59). Führungsleitbilder bauen in der Regel auf Unternehmensleitbildern bzw. -grundsätzen auf. Sie reflektieren die Wertebasis eines Unternehmens und liefern allgemeine Verhaltensrichtlinien mit Blick auf das Unternehmen selbst, aber auch für den Umgang mit externen Partnern und der Öffentlichkeit im Allgemeinen. Ihr Konkretisierungsgrad ist meist gering und wird durch Ergänzungen, wie z. B. eben durch Führungsgrundsätze oder einen Code of Conduct, präzisiert. Als Codes of Conducts werden Verhaltenskodices bezeichnet, mit denen gegenüber den Organisationsmitgliedern Verhaltensvorgaben konkretisiert und verbindlich vorgeben werden. Unternehmensleitbilder müssen nicht notwendigerweise schriftlich formuliert sein, sondern können auch informell institutionalisiert sein, allerdings steigern formulierte Leitbilder die Wirksamkeit in der Öffentlichkeit. Eher kontraproduktiv wirken dagegen realitätsferne Schriftstücke. Das gilt auch für Führungsgrundsätze. Diese konzentrieren sich auf das Verhältnis zwischen Unternehmen und Führungskraft einerseits und Mitarbeiter andererseits. Sie umfassen typischerweise Aussagen zu folgenden Themen (vgl. Bea, F. X., Dichtl, E., Schweizer, M. (1991), S. 557):

- Übertragung von Aufgaben,
- Befugnisse und Verantwortung,
- Information,
- Kontrolle,
- Beurteilung sowie Weiterbildung
- und Förderung.

Beispiel 48: Die Führungsgrundsätze bei Bosch
Die Robert Bosch GmbH mit Hauptsitz auf der Schillerhöhe bei Stuttgart hat 2008 mit rund 280 000 Mitarbeitern weltweit einen Umsatz von über 45 Mrd. € erzielt. Dabei wird der Bereich Automotive durch Industrietechnik sowie Haus- und Gebrauchsgeräte ergänzt.
Die Führungsgrundsätze von Bosch spiegeln Erwartungen an die Führungskräfte und insbesondere ihren Umgang mit den Mitarbeitern wider.

1. Zielen Sie auf Erfolg: Ertrag, Wachstum, Qualität, Kunden- und Prozessorientierung – das sind die Größen, an denen sich unsere Ziele ausrichten. Vermitteln Sie Ihren Mitarbeitern laufend die Unternehmensziele und machen Sie deutlich, was jeder Einzelne zu deren Erreichung beitragen kann.
2. Zeigen Sie Initiative: Entwickeln Sie mit Ihren Mitarbeitern neue Ideen und Strategien, die das Unternehmen voran bringen. Ermutigen Sie Ihre Mitarbeiter zu Veränderungen und Eigeninitiative und unterstützen Sie sie bei der Umsetzung.
3. Zeigen Sie Mut: Stehen Sie zu Ihren Mitarbeitern. Treffen Sie klare Entscheidungen und setzen Sie diese konsequent um. Seien Sie Vorbild und leben Sie die Bosch-Werte vor.
4. Setzen Sie Ihre Mitarbeiter ins Bild: Sachinformationen sind eine Selbstverständlichkeit. Aber Ihre Mitarbeiter sollten auch betriebliche Zusammenhänge und Hintergründe kennen – sie sind eine wichtige Voraussetzung für die Identifikation mit dem Unternehmen.

5. Führen Sie über Ziele: Übertragen Sie Aufgaben und Kompetenzen. Vereinbaren Sie klare Ziele und schaffen Sie Freiräume, damit sich Kreativität, Selbstvertrauen und Verantwortungsbewusstsein entwickeln können. So führen Sie Ihre Mitarbeiter zum Erfolg.
6. Geben Sie Feedback: Sehen Sie bei Ihren Mitarbeitern die Stärken und helfen Sie, diese zu nutzen und weiter auszubauen. Schauen Sie genau hin: Loben Sie – aber üben Sie auch faire, konstruktive Kritik. Fehler passieren auf allen Seiten; sprechen Sie diese sofort und offen an.
7. Schenken Sie Vertrauen: Ihre Mitarbeiter sind leistungsfähig und leistungsbereit. Wagen Sie es, mit wenig Kontrolle auszukommen. Ihr Vertrauen wird den unternehmerischen Schwung auslösen, den wir alle wollen.
8. Wechseln Sie die Perspektive. Versetzen Sie sich in die Lage Ihrer Mitarbeiter und betrachten Sie Situationen auch aus deren Perspektive. Wie würden Sie Ihre Entscheidungen aufnehmen – und welche Begründung würden Sie erwarten?
9. Gestalten Sie gemeinsam: Ihre Mitarbeiter denken mit. Beteiligen Sie sie an der Vorbereitung von Entscheidungen und nutzen Sie die Ideen und das Potenzial, das sich Ihnen durch die kulturelle Vielfalt im Unternehmen bietet. Arbeiten Sie mit Ihren Mitarbeitern daran, Schnittstellen in Kontaktstellen und Barrieren in neue Möglichkeiten zu verwandeln.
10. Fördern Sie Ihre Mitarbeiter: Beraten Sie Ihre Mitarbeiter in der beruflichen Entwicklung und begleiten Sie diese systematisch. Unterstützen Sie sie, wenn sie sich an anderer Stelle im Unternehmen weiter entwickeln können oder wollen.

Weitere Führungsmodelle versuchen, den optimalen Führungsstil zu beschreiben, mit dem in einer bestimmten Situation und unter spezifischen Bedingungen der größtmögliche Führungserfolg erreicht werden kann. Diese situationsorientierten Ansätze gehen davon aus, dass verschiedene Situationen unterschiedliche Arten von Führung erfordern. Es gibt damit weder gute noch schlechte Führer und Führungsstile, sondern Führungskräfte, deren Führungsstile in den jeweiligen Situationen effizient sind. Die Art der Führung, die in der einen Situation effektiv ist, mag in einer anderen völlig ineffektiv sein. Die Unterschiede können im Reifegrad der einzelnen Mitarbeiter liegen, aber auch in den Aufgaben oder in der Organisation.

9.2.1.5 Kontingenzmodell von Fiedler

Fiedler betrachtet mit seinem Kontingenzmodell den Führungserfolg in Abhängigkeit von der Günstigkeit der Situation und dem Führungsstil. Die Situation wird dabei neben der Güte der Führer-Mitarbeiter-Beziehung über den Strukturierungsgrad der Aufgabe und die Stärke der Positionsmacht jeweils dichotom eingeschätzt. Die Führer-Mitarbeiter-Beziehung wird durch Befragung der Führungskraft erfasst, die anderen zwei Kriterien werden jeweils durch eine dritte Person beurteilt. Die Ableitung der Günstigkeit der Situation ergibt sich dann aus nachstehender Abbildung (vgl. Kabst, R., Weber, W. (2008), S. 256).

Der Führungsstil wird, wie in den bereits erwähnten Ohio-Studien, als eher mitarbeiterorientiert oder eher aufgabenorientiert beschrieben. Zur Ermittlung des Stils wird allerdings das Verhältnis der Führungskraft zu seinem Least Preferred Coworker (LPC), also dem schlechtesten Mitarbeiter, erfasst: Sieht die Führungskraft auch positive Seiten an diesem Mitarbeiter, ergibt sich ein eher mitarbeiterorientierter Führungsstil. Wird der LPC als durchweg schlecht eingestuft, wird ein eher aufgabenorientierter Führungsstil konstatiert. Der Zusammenhang mit dem Führungserfolg wurde von Fiedler an vielen, wenn auch nicht immer repräsentativen Gruppen

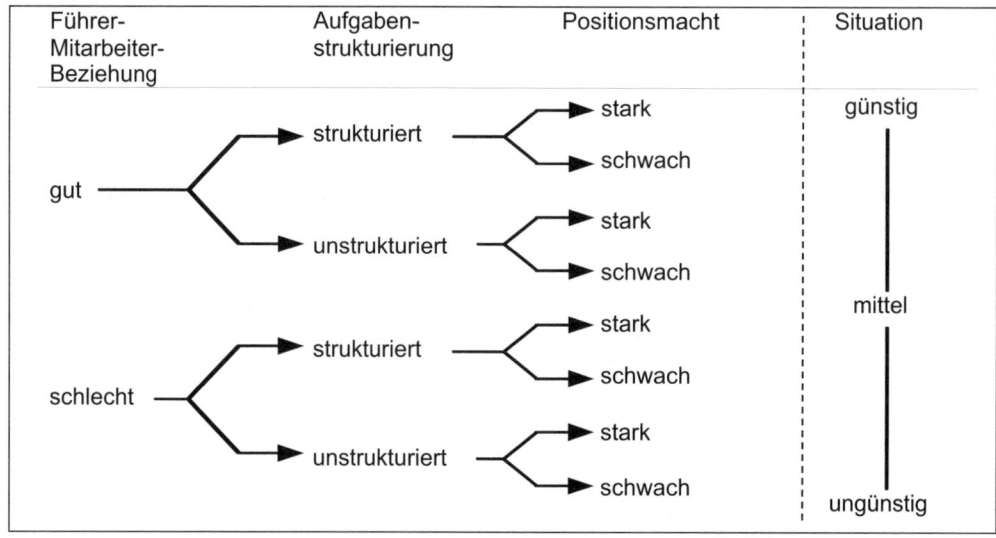

Abbildung 58: Situationen im Kontingenzmodell

gemessen. Darunter etwa Panzerbataillone (als Erfolgskriterium wurde hier die Treffergenauigkeit festgehalten), Basketballmannschaften (hier wurde das Korbverhältnis als Erfolgskriterium verwendet) und Filialen des Einzelhandels (wobei der Umsatz pro qm als Erfolgsgröße herangezogen wurde). Die meist kleinen Stichproben zeigten sehr unterschiedliche Ergebnisse. Der von Fiedler schlussendlich aufgestellte schematische Zusammenhang (vgl. Kabst, R., Weber, W. (2009), S. 257) ist nur mittelbar daraus abzuleiten, aber sehr anschaulich. Prinzipiell gilt damit, dass in Situationen, in denen sehr ungünstige oder aber sehr günstige Bedingungen für Gruppe und Führer vorliegen, ein eher an den Aufgaben orientierter Führungsstil Erfolg versprechend ist, während bei Situationen „mittlerer" Günstigkeit ein eher an den Mitarbeitern orientierter Stil zu höherer Leistung führt (vgl. Henze, J., Kammel, A., Lindert, K., Graf, A. (2005), S. 302ff.).

Anders als bei Blake und Mouton vertritt Fiedler die Ansicht, dass der Führungsstil kaum zu verändern ist. Die bedeutet, dass ein Unternehmen eher die Situation modifizieren als die Führungskraft entwickeln kann.

9.2.1.6 Situatives Führungsmodell von Hersey und Blanchard

Basis des situativen Führungsmodells von Hersey und Blanchard ist wieder das Modell der Aufgaben- und Personenorientierung. Auch diese Autoren behaupten nicht, dass ein einziger ihrer vier Führungsstile, der optimale sei. Sie machen die Wahl einer „effektiven Führung", vom Reifegrad der einzelnen Mitarbeiter abhängig. Die Reife der Mitarbeiter wird hierbei in zwei Kategorien unterteilt. Zum einen in die psychologische Reife (Faktoren des Wollens, z. B. Selbstvertrauen und Verantwortungsbereitschaft) und zum anderen in die Funktionsreife (Faktoren des Könnens, z. B. Wissen und Erfahrung). Dabei unterscheiden sie vier Reifestadien (die vier Quadranten in Abbildung 59) und ordnen sie den vier Führungsstilen zu.

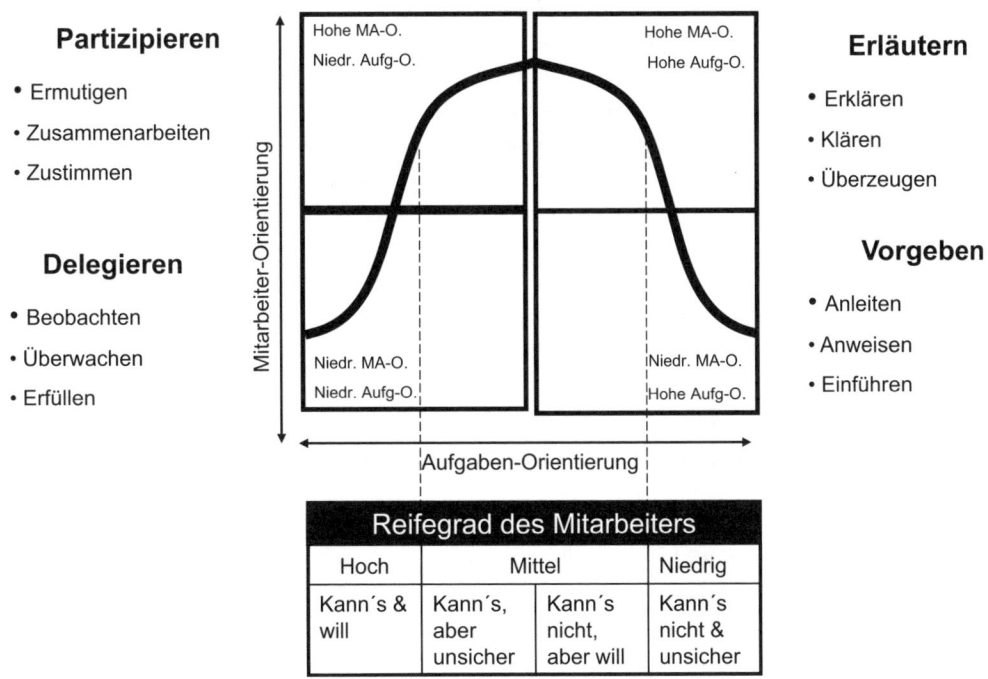

Abbildung 59: Situatives Führungsmodell nach Hersey und Blanchard

Bei einem niedrigen Reifegrad des Mitarbeiters führt die Anwendung autoritärer Führung zu höherer Effektivität. Zunehmende Reife der Mitarbeiter macht die Aufgabenorientierung immer entbehrlicher, dafür die Personenorientierung umso wichtiger, bis im höchsten Reifestadium eine weitgehende Delegation vorgeschlagen wird. Die Glockenkurve („bell curve") veranschaulicht die empfohlene Verknüpfung zwischen Reifegrad und Führungsstil. Der Vorgesetzte soll nach Hersey/Blanchard mit Hilfe gezielter Belohnung und Förderung Personalentwicklung betreiben und den Reifegrad seiner Mitarbeiter ständig erhöhen. Damit soll der Vorgesetzte nicht nur passiv auf die Reife seiner Mitarbeiter reagieren, sondern diese auch aktiv beeinflussen.

Um Mitarbeiter differenziert und individuell angepasst führen und motivieren zu können, ist es für den Vorgesetzten erforderlich zu erkennen, wodurch sich seine Mitarbeiter unterscheiden. Wie unterscheiden sie sich in ihren Persönlichkeiten? Welches sind ihre unterschiedlichen Bedürfnisse? Wie lassen sie sich unterschiedlich motivieren? Was demotiviert sie jeweils?

Dieses Vorgehen setzt voraus, dass der Vorgesetzte in der Lage ist, seinen Führungsstil an die unterschiedlichen Situationen auch anzupassen. Für die Mitarbeiter wiederum ist es schwierig zu akzeptieren, dass sie unterschiedlich geführt werden, einer mehr direkt, der andere mit einem hohen Grad an Freiraum. Auch das gehört zu den Aufgaben der Führungskraft, dies verständlich und akzeptabel zu vermitteln.

Der verwendete Führungsstil und das Führungsverhalten gegenüber den Mitarbeitern wirken sich auch auf ihre Motivation und damit auf die Leistung und Zufriedenheit aus. Ein kooperativer Führungsstil ist wesentlich umgänglicher und akzeptierter als ein autoritärer Führungsstil.

Als Motivationsinstrument für kooperative Manager dient z. B. die frühzeitige Einbeziehung der Mitarbeiter in den Zielbestimmungsprozess und Vorgabe anspruchsvoller jedoch realistischer Ziele. Bei der Zielsetzung ist auf präzise und eindeutige Formulierungen zu achten. Im Anschluss muss eine Rückmeldung über den Grad der Zielerreichung gegeben werden. Hierzu sind Anerkennungs- und Kritikgespräche nötig. Es ist wichtig, Anerkennung auszusprechen, wenn Vereinbartes erreicht worden ist. Ebenso sollte unmittelbar ein kritisches Feedback erfolgen, wenn Vereinbarungen nicht eingehalten werden. Durch die Einbeziehung der Mitarbeiter in die Zielfindung ist zu erwarten, dass die Arbeitszufriedenheit steigt und auf diese Weise, als positiver Effekt, auch die Qualität der geleisteten Arbeit. Ein weiterer, wichtiger positiver Effekt dabei ist, dass durch diese regelmäßigen Gespräche das vorhandene Potenzial der Mitarbeiter besser erkannt und ausgeschöpft werden kann.

9.2.2 Führung unterschiedlicher Mitarbeitergruppen

Mit älter werdenden Belegschaften wächst die Herausforderung, diese entsprechend ihrer Stärken adäquat einzusetzen. Gleichzeitig ist die Entwicklung zu beobachten, dass geeigneten Nachwuchskräften früher Führungsverantwortung übertragen wird, was auch die Führung älterer Mitarbeiter umfasst. Für beide Seiten entstehen dadurch neue Herausforderungen. Das Arbeitsverhalten von älteren Mitarbeitern unterscheidet sich von jüngeren. Ältere Mitarbeiter verfügen über

- mehr Erfahrungswissen,
- Arbeitsdisziplin,
- Loyalität und
- bessere Einstellung zur Qualität.

Die Stärken der jüngeren Mitarbeiter liegen dagegen in

- höherer körperlicher Belastbarkeit,
- Lernfähigkeit und
- Lernbereitschaft.

Situatives Führen bedeutet auch mit Blick auf diese Aspekte die Unterschiede zunächst individuell wahrzunehmen und dann entsprechend angepasst zu führen.

Die zunehmend schnelle Entwicklung der Technologisierung bedeutet gleichzeitig, dass das Wissen schneller veraltet. Die Halbwertszeit des Wissens ist in fast allen Bereichen kürzer als die Lebensarbeitszeit des Einzelnen.

Das bedeutet, dass berufsbegleitendes Lernen zunehmend Bedeutung gewinnt, um das veraltete Wissen durch aktuelles aufzufrischen. Das ist aber gerade die Stärke der Jüngeren. Die Unternehmen, die bislang hauptsächlich in die berufsbegleitende Qualifizierung der jüngeren Mitarbeiter investiert haben, müssen dabei umdenken und stärker in die älteren Mitarbeiter investieren, um deren Qualifikation dem technologischen Fortschritt laufend anzupassen. Berufsbegleitendes Lernen kann sowohl innerbetrieblich als auch durch externe Maßnahmen erfolgen. Es wird bislang von den Mitarbeitern allerdings nur vereinzelt in Eigenverantwortung angepackt.

Für eine stärkere Akzeptanz muss berufsbegleitendes Lernen folgenden Herausforderungen begegnen:

- Dessen Bedeutung muss stärker im Bewusstsein der Mitarbeiter verankert werden.
- Es müssen kundengerechtere Angebote geschaffen werden.
- Die Eigenverantwortung des Einzelnen muss stärker bewusst gemacht werden im Sinne der Absicherung der eigenen Employability. Employability kann als die Aufgabe, die Arbeitsmarktfähigkeit oder Arbeitsmarktfitness zu erhalten oder herzustellen, definiert werden (vgl. Speck, P. (2008)).
- Es muss eine bessere Transparenz über die verschiedenen Angebote und deren Relevanz für die verschiedenen Berufsstadien hergestellt werden.

9.2.3 Führungsinstrumente

9.2.3.1 Feedback

Die Zusammenarbeit im Team klappt umso besser, je besser sich die Teammitglieder, aber auch Vorgesetzter und Mitarbeiter gegenseitig einschätzen können, ihr Verhalten verstehen und auch vorausschauen können. D. h. je besser jeder den anderen kennt, umso konfliktfreier kann miteinander umgegangen werden. Der Umgang wird zudem wertschätzender, da das Gegenüber erkennt, dass auf seine Vorlieben eingegangen wird und seine Schwachpunkte respektiert werden. Das sog. „Johari-Fenster" stellt dies anschaulich dar.

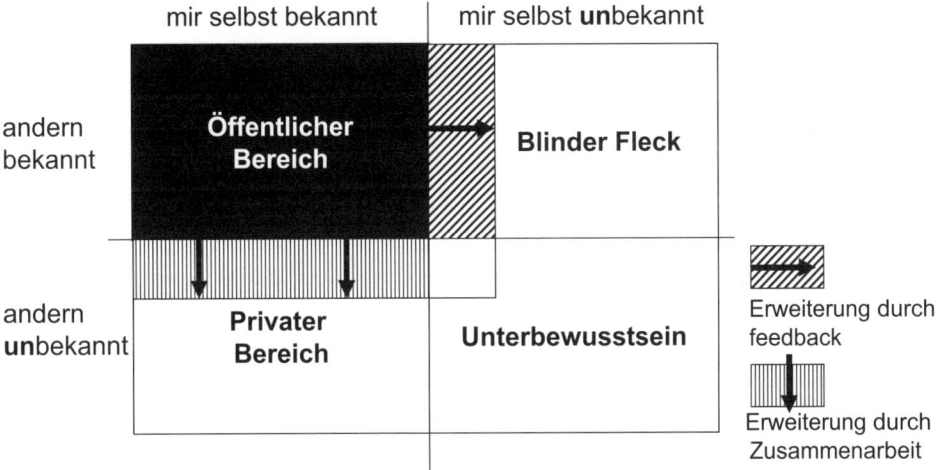

Abbildung 60: Johari-Fenster des Feedbacks

Dabei wird unterschieden in Sachverhalte, die anderen Personen bekannt bzw. unbekannt sind und andererseits in das, was mir selber bekannt bzw. unbekannt ist. Aus der Verknüpfung der Alternativen ergeben sich vier Felder. Das was sowohl der Person selber als auch anderen über die Person bekannt ist, wird als der „öffentliche Bereich" bezeichnet. Hier geht es um offensichtliche Dinge (trägt eine Hornbrille) oder bereits bekannte Sachverhalte (verheiratet, zwei kleine Kinder). Je mehr der Einzelne von sich erzählt, umso größer wird dieser öffentliche Bereich, indem er etwa Privates preisgibt und damit den Bereich verkleinert, der anderen Personen unbekannt ist.

Die Vergrößerung dieses öffentlichen Bereichs durch Reduzierung des eigenen „blinden Flecks" (anderen bekannt, aber der Person selbst unbekannt) erfolgt durch Feedback. Je mehr die Kollegen Rückmeldung zu konkretem Verhalten geben (z. B. nervöses Schnipsen mit dem Kugelschreiber), umso bewusster wird dem Einzelnen sein typisches Verhalten und wie es auf Andere wirkt.

Die wesentlichen Zielsetzungen von Feedback lassen sich folgendermaßen beschreiben:

- Ich lerne mehr darüber, wie Andere mich und mein Verhalten erleben.
- Ich lerne und übe, mich und mein Verhalten zu reflektieren.
- Ich lerne und übe, Anderen positives und kritisches Feedback zu ihrem Verhalten zu geben.

Die wenigsten Menschen sind es gewohnt, ein Feedback zu geben. Selbst unter Freunden und in der Familie ist es für viele unangenehm, kritische Rückmeldung zu geben. Diese Scheu ist auch in Unternehmen zwischen Kollegen verbreitet, selbst viele Vorgesetzte scheuen kritisches Feedback gegenüber ihren Mitarbeitern – genauso erfolgt aber auch das positive Feedback zu selten. Wie aber soll der Einzelne sein Verhalten ändern (können), wenn ihm nicht bewusst gemacht wird, dass es stört bzw. optimierbar wäre. Gleichermaßen haben viele ein unangenehmes Gefühl bei dem Gedanken, Feedback zu bekommen. Deswegen ist es sinnvoll, Feedbackgespräche gut vorzubereiten. Die folgenden Grundregeln sind elementar für ein gelungenes Feedback:

- Ich bin ok – Du bist ok (bei einer negativen Grundeinstellung dem Anderen gegenüber ist ein konstruktives Feedback nicht möglich).
- Beschreibe – und (ver)urteile nicht (das fragliche Verhalten beschreiben und erläutern, was stört).
- Positive Rückmeldungen zuerst (danach sind kritische Rückmeldungen viel leichter akzeptierbar).
- Sei genau und bringe Beispiele für Deine Erläuterungen (nicht abstrakt, sondern konkret).
- Du kannst nur für Dich selber sprechen (verallgemeinere nicht: „Ich habe den Eindruck, dass…" anstelle von „man"; Keiner weiß, ob andere den gleichen Eindruck haben).
- Gib Bescheid, wenn Du Dich verletzt fühlst und kein weiteres Feedback mehr möchtest.
- Jeder ist für sich selbst verantwortlich: Du entscheidest ob Du Dein Verhalten aufgrund von Rückmeldungen ändern möchtest (die Hinweise sind ein Angebot, ein Geschenk – Jeder entscheidet selber, ob er es nutzen möchte).
- Alles was im Feedback gesagt wurde, bleibt streng vertraulich.

Feedback ist nicht nur eine wertvolle Information für den Feedback-Empfänger, wie sein Verhalten auf andere wirkt. Unmittelbares Feedback hilft auch Konflikte zu vermeiden. Wenn der

Betroffene keine Rückmeldung erhält, dass sein Verhalten andere stört oder gar verärgert, wird er dieses Verhalten auch nicht ändern. Die Verärgerung dagegen kann sich bei fortgesetztem Verhalten derart aufschaukeln, dass überzogen reagiert wird. Solche Konflikte lassen sich bei rechtzeitigen Hinweisen vermeiden.

Teams, die keine Erfahrung im gegenseitigen Feedbackgeben haben, sollten dies in strukturierter Form einführen, am Besten begleitet durch einen gruppenexternen Moderator. Dies stellt sicher, dass die Grundregeln beachtet werden und gibt den Gruppenmitgliedern zugleich Sicherheit im Vorgehen. Bei Wiederholungen wird der Strukturierungsgrad automatisch abnehmen. Ziel ist, dass die Gruppe einen Umgang miteinander erreicht, bei dem spontanes, individuelles Feedback in direktem Zusammenhang mit dem Grund des Feedbacks erfolgt.

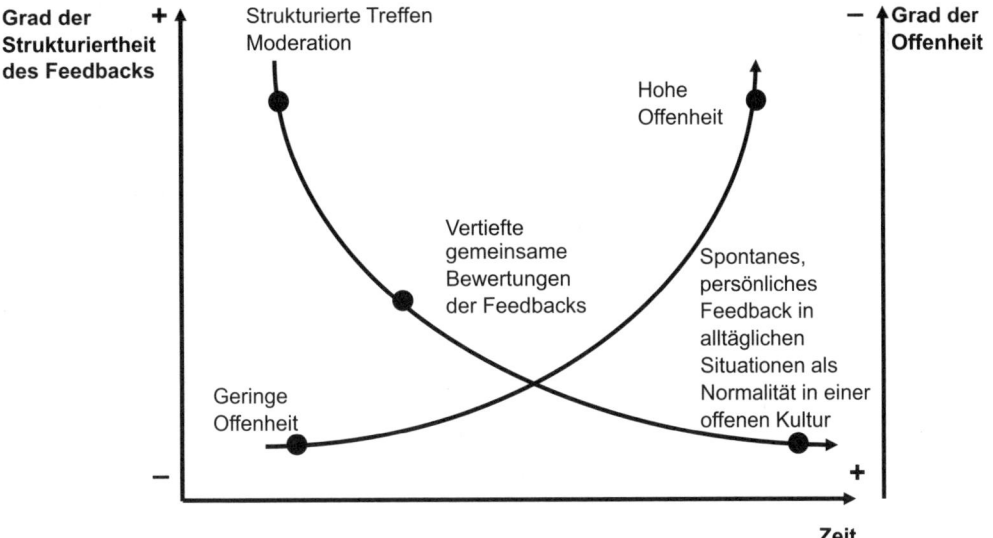

Abbildung 61: Training und Erfahrung mit Feedback

Gleichzeitig wird bei Einführung von Feedback der Grad der Offenheit noch gering sein, die Rückmeldungen sind also zu Beginn noch recht vorsichtig, um zu testen, wie der andere denn reagiert. Bereits im Verlauf der ersten Feedback-Sitzung werden die Rückmeldungen gewöhnlich mutiger, aufgrund der Erkenntnis, dass die Betroffenen nicht verärgert reagieren, sondern sogar froh sind über die Reduzierung ihres „blinden Flecks". In dem Umfang, in dem die Strukturiertheit abnimmt, steigt im Regelfall die Offenheit.

9.2.3.2 Kommunikation

Ein weiteres wichtiges Führungsinstrument ist die gezielte und umfassende Kommunikation. Bei Mitarbeiterbefragungen ist regelmäßig ein kritischer Punkt, dass die Führungskräfte zu wenig bzw. zu wenig gezielt informieren. Hierbei ist das sog. „Sender-Empfänger-Modell" (vgl. Abbildung 62) zu berücksichtigen. Die Äußerungen des Senders kommen beim Empfänger teilweise anders an, als der Sender es wollte. Das kann auf missverständlicher Erläuterung beruhen oder auf Missverständnissen, wie sie z. B. bei unterschiedlichen Landeskulturen vorkommen. Störungen können sowohl bei der Codierung als auch bei der Decodierung auftreten: unterschiedliche Sprache und Übersetzungsfehler, Mehrdeutigkeit, kulturelle Unterschiede, mangelnde Aufmerksamkeit, eingegrenzte Wahrnehmung etc. Auf dem Übertragungsweg entstehen weitere Störungen: verfälschende oder verfremdende „stille Post", übertönender Lärm, unterschiedliche Wahrnehmungskanäle und andere Filter- oder Veränderungseinflüsse.

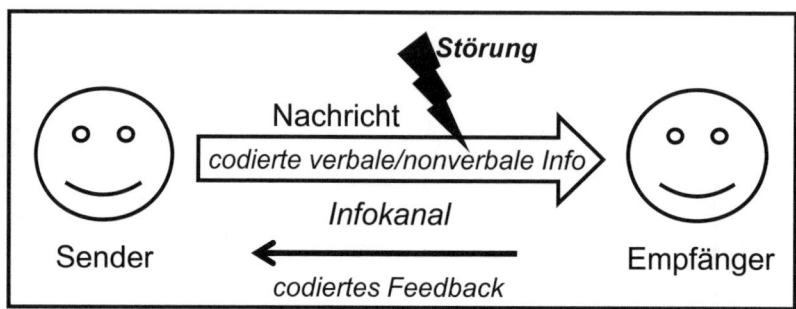

Abbildung 62: Sender-Empfänger-Modell in Anlehnung an Shannon und Weaver

Selbst wenn der Empfänger das Gesagte richtig versteht, kann eine Missdeutung erfolgen, die auf Mimik, Gestik, Tonfall etc. des Senders beruhen, die dem Gesagten eine andere Deutung geben. Um das zu vermeiden, sollte der Sender darauf achten, dass er nonverbal nichts anderes zum Ausdruck bringt, als er gesagt hat bzw. sagen wollte. Zum Anderen kann er bei wichtigen Inhalten nachhaken, ob die gewünschte Information auch so angekommen ist.

Abbildung 63 setzt diese Kommunikationskaskade fort. Führungskräfte sollten darauf achten, dass das Gesagte nicht nur verstanden wurde, sondern der Mitarbeiter auch einverstanden ist. Erst dann wird er ausreichend Anstrengungen und Engagement in die Umsetzung einbringen.

Kommunikation, also das gesprochene Wort, ist allerdings die schwächste Form, andere Personen zu überzeugen. Aber sie bildet auch immer den Ausgangspunkt. Konfuzius hat es treffend formuliert:

- Sag' es mir und ich werde es vergessen.
- Zeig' es mir und ich werde mich erinnern.
- Beteilige mich und ich werde es verstehen.

9.2.3.3   Mitarbeitergespräch

Eine wichtige Form der institutionaliserten Kommunikation stellen Mitarbeitergespräche dar. Gespräche zwischen Führungskraft und Mitarbeiter beschränken sich nicht auf das Mitarbeitergespräch im engeren Sinne. Neben der un-/regelmäßigen Kommunikation auf informeller Ebene, wie dem Austausch nach dem morgendlichen Gruß, oder auf formeller Ebene, z. B. dem Jour Fix im Team, gibt es konkrete Anlässe für Gespräche. Nachstehend sind einige wesentliche

Führung 309

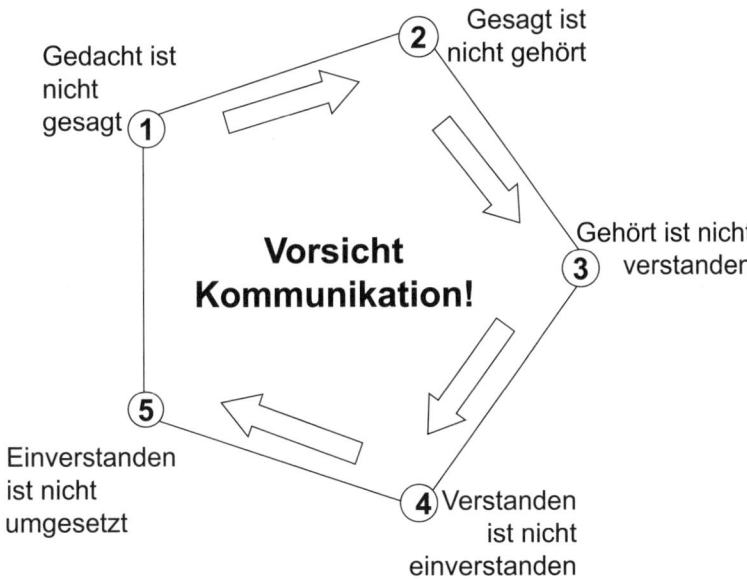

Abbildung 63: Kommunikationskaskade

Beispiele im Überblick genannt (weitere schematische und konkrete Beispiele auch von anderen Gesprächstypen z. B. bei Geißler; H., Bökenheide, T., Schlünkes, H., Geißler-Gruber, B. (2007)):

- Das Mitarbeitergespräch i. e. S.
  dient im Rahmen der kooperativen Führung, dem Austausch von Informationen, der Einweisung und Beratung.
- Das Beurteilungsgespräch
  wird nach der (meist schriftlichen) Beurteilung des Mitarbeiters geführt, um ihm diese darzulegen und zu erläutern. Für gewöhnlich erhält der Mitarbeiter die Gelegenheit zur Stellungnahme.
- Das Konfliktgespräch
  wird durch Probleme zwischen den Mitarbeitern oder Probleme zwischen Mitarbeitern und Dritten (in und außerhalb des Unternehmens) ausgelöst.
- Das Kritikgespräch
  enthält Kritik der Führungskraft gegenüber dem Mitarbeiter, z. B. bei Fehlverhalten.
- Das Rückkehrgespräch
  ist zu führen, wenn der Mitarbeiter häufig oder längere Zeit (insbesondere krankheitsbedingt) abwesend war.
- Das Versetzungsgespräch
  wird notwendig, wenn der Mitarbeiter auf eine Versetzung vorzubereiten ist.
- Das Laufbahngespräch
  steht an, wenn der Mitarbeiter speziell gefördert werden soll.

In der betrieblichen Realität treten die Gesprächstypen oft in Mischformen auf. Im Mitarbeitergespräch wird sowohl die Beurteilung der gezeigten Leistung und erzielten Ergebnisse vorgenommen als auch die zukünftige Entwicklung angesprochen. Das Mitarbeitergespräch erfüllt damit auch meist viele Funktionen. So sollen die Beziehungen zwischen Mitarbeiter und Führungskraft verbessert werden, Informationen zu Zielen und Aufgaben übermittelt sowie individuelle Ziele vereinbart werden. Weitere Zielsetzungen sind die Leistungen des Mitarbeiters zu analysieren und zu beurteilen sowie ggf. Hilfestellung zur Leistungsverbesserung anzubieten. Dazu gehört auch die Durchsprache der Weiterqualifizierung des Mitarbeiters und die Vereinbarung konkreter Förderungs- und Schulungsmaßnahmen sowie ggf. die Besprechung und Planung der Laufbahnentwicklung des Mitarbeiters.

Gut vorbereitete und regelmäßig geführte Mitarbeitergespräche sind für Mitarbeiter und Führungskraft von Vorteil. Mit ihrer Hilfe lassen sich die Zusammenarbeit verbessern sowie Arbeitsergebnisse und Arbeitsqualität steigern. Zentrale Punkte einer gelungenen Vorbereitung, Durchführung und Nachbereitung von Mitarbeitergesprächen sind der nachfolgenden Tabelle zu entnehmen (in Anlehnung an Berthel, J., Becker, F. G. (2007), S. 456):

Tabelle 46: Mitarbeitergespräche richtig durchführen sowie vor- und nachbereiten

Vorbereitung	Durchführung	Nachbereitung
Gesprächstermin und Zeitrahmen festlegen, Raum + Sitzordnung, Einladung, Einschätzung seitens der Beurteilten anregen, Gesprächsatmosphäre, Beurteilung vergegenwärtigen	unter vier Augen; offene, konzentrierte, gezielte Kommunikation und Fragen; Zuhören; Ablenkungen fernhalten und auf den Gesprächspartner einstellen, Abschnitte: – Ermunterung – Vergangene Periode betrachten und (gemeinsamen) Befund festhalten, Erläuterung von Stärken, aber auch von Verbesserungspotenzial, Motivation für die kommende Periode – Ggf. Zielvereinbarungen – Rückäußerungen und Fragen – Zusammenfassen der Ergebnisse und Festhalten von Vereinbarungen	Ergebnisse festhalten; eigene Zusagen umsetzen; Kontrolle der Zusage des Gesprächspartners

Um über die genannten Vorteile hinaus ggf. auch folgende Funktionen erfüllen zu können, ist eine Personalbeurteilung in das Mitarbeitergespräch aufzunehmen oder separat durchzuführen:

- Laufbahn- bzw. Nachfolgeplanung,
- Förderung und Entwicklung auf der derzeitigen Stelle,
- Kontrollfunktion,
- Ermittlung von variablen Entgeltbestandteilen.

9.2.4 Personalbeurteilung

Bei Beurteilungssystemen sind mehrere Dimensionen zu differenzieren:

- Für wen gilt das Beurteilungssystem: Tarifliche Mitarbeiter, außertarifliche Mitarbeiter, leitende Angestellte, Auszubildende, Praktikanten oder (auch) andere Gruppen?
- Wann wird beurteilt: Anlassbezogen oder periodisch und wann?
- Welche zeitliche Perspektive steht im Vordergrund: Leistung bzw. Verhalten in der Vergangenheit und/oder zukünftiges Potenzial?
- Was wird beurteilt: Eigenschaften, Qualifikationen, Kompetenzspektrum, Leistungsverhalten (in bestimmten Situationen) oder Leistungsergebnisse, weiterführendes Potenzial?
- Wer beurteilt: Vorgesetzter (top down), Kollegen (peer group), Externe (z. B. Kunden), Mitarbeiter (bottom up) oder die Person selbst (Selbstbeurteilung)?
- Wie wird beurteilt: Offen/frei oder systematisch/gebunden?

Angelehnt an die obige Zweiteilung in freie und gebundene Verfahren gibt es eine Vielzahl möglicher Beurteilungssystematiken, die einzeln oder auch in Kombination verwendet werden (vgl. Abbildung 64).

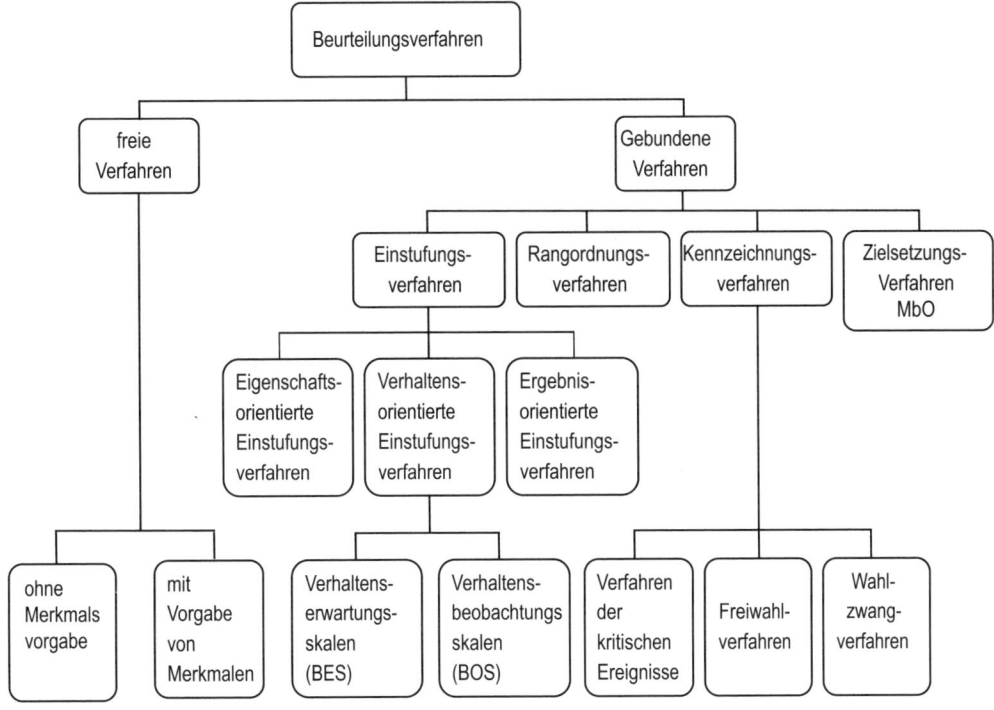

Abbildung 64: Überblick über die Verfahren der Personalbeurteilung

Um eine Vergleichbarkeit zwischen beurteilten Mitarbeitern zu gewährleisten und den subjektiven Einfluss des Beurteilers zu reduzieren, sind sowohl die Festlegung von Beurteilungskriterien als auch ein vorgegebener Beurteilungsmaßstab hilfreich. Freie Eindrucksschilderungen des Beurteilers sollten allenfalls zur Ergänzung herangezogen werden.

Häufig zur Anwendung kommen Einstufungsverfahren. Methodisches Prinzip ist hier die Zuordnung von Verhaltensbeobachtungen, Ergebnis- oder Merkmalseinschätzungen zu einer mehrstufigen Skala. Bei der Verhaltenserwartungsskala werden Ausprägungen auf einer Skala durch konkrete Verhaltensbeispiele präzisiert. So kann eine hohe Ausprägung auf der Skala „Kooperation/Teamfähigkeit" über folgendes Arbeitsverhalten definiert sein:

- Der Mitarbeiter bietet seine Hilfe an, wenn ein Kollege unter Zeitdruck einen Arbeitsvorgang durchführen muss.
- Der Mitarbeiter schlägt alternative Verhaltensmöglichkeiten vor, wenn er Kritik an Kollegen/Mitarbeitern übt.
- Der Mitarbeiter entwickelt gemeinsame Strategien und Vorgehensweisen mit seinen Kollegen/Mitarbeitern, um die Arbeit des Teams voranzubringen.
- Der Mitarbeiter vertritt seine Position überzeugend, wenn seine Meinung ohne triftige Argumente kritisiert wird.

Dagegen wird bei Verhaltensbeobachtungsskalen die gezeigte Häufigkeit mit Blick auf ein konkretes Arbeitsverhalten angegeben. Anhand des genannten Beispiels würde hier also eine Aussage stehen, die entsprechend zu beurteilen ist:

„Der Mitarbeiter bietet seine Hilfe an, wenn ein Kollege unter Zeitdruck einen Arbeitsvorgang durchführen muss: Nie, fast nie, selten, manchmal, meistens, fast immer, immer". Solche Skalen können wie hier verbal, durch Zahlenwerte oder grafisch dargestellt werden.

Rangordnungsverfahren werden weniger häufig eingesetzt, weil sie recht schnell komplex werden. Rangreihen können wiederum global aufgestellt werden oder differenziert nach Leistungsmerkmalen für eine gesamte Gruppe oder im Paarvergleich.

Kennzeichnungs- und Auswahlverfahren umfassen drei unterschiedliche Ansätze: die gruppierte Aussagenliste mit Wahlzwang, die gemischte Aussagenliste mit freier Wahl sowie die Methode der kritischen Ereignisse[5] (CIT, critical incident theory). Bei ersterer wird geprüft, inwieweit bestimmte Aussagen auf eine Person zu treffen, im zweiten Fall muss jeweils das am ehesten zutreffende Merkmal gewählt werden und im dritten Fall wird die beobachtete kritische Verhaltensweise beschrieben.

Erläuterungen zum Management by Objectives (MBO), auch Zielvereinbarungsverfahren genannt, finden sich bereits im Kapitel Vergütungsmanagement.

---

5 Die Methode der kritischen Ereignisse geht auf Flanagan (1954) zurück. Dabei wird zunächst das kritische Ereignis, eine Situation in der das Verhalten eines Stelleninhabers zu wesentlichem Erfolg oder Misserfolg führt, beschrieben und dann das Verhalten des Mitarbeiters und das Resultat dokumentiert.

> **Beispiel 49: Das Leistungsbeurteilungssystem der Sparkassen-Finanzgruppe**
> Die über 600 Mitgliedsunternehmen der Sparkassen-Finanzgruppe beschäftigen rund 377 000 Mitarbeiter und weisen eine kumulierte Bilanzsumme von ca. 3,6 Bio. € auf.
>
> Die Sparkassen-Finanzgruppe bietet mit dem Angebot eines Leistungsbeurteilungssystems den Mitgliedsinstituten diese bei der Leistungsoptimierung zu unterstützen. Mit der Umsetzung des Beurteilungssystems soll Klarheit über Anforderungen an den Mitarbeiter geschaffen und deren Motivation und Lernbereitschaft gesteigert werden können. Außerdem können auf dieser Basis Maßnahmen der Personalentwicklung gezielter eingesetzt und Potenzialaussagen validiert werden. Das System der Leistungsbeurteilung sollte dabei hohen Ansprüchen genügen:
>
> - Integration in die Unternehmens- und Führungskultur,
> - Kompatibilität mit anderen Methoden der Personalentwicklung,
> - Erfüllung hoher methodischer Standards sowie
> - Nutzung aller möglichen Informationsquellen der Fremd- und Selbsteinschätzung.
>
> Das hierfür entwickelte multimodale Leistungsbeurteilungssystem besteht aus den Individualbeurteilungen von Mitarbeitern und Führungskraft selbst sowie wechselseitig von Führungskraft und Mitarbeiter. Diese Beurteilungsmodule können um Gruppenbeurteilungen ergänzt werden. Diese wiederum umfassen eine „Selbsteinschätzung" mit Blick auf die Gruppenarbeit und eine „Fremdeinschätzung", also der Beurteilung der Zusammenarbeit zwischen der eigenen Gruppe und anderen Gruppen. Die Idee der Einbeziehung von Kunden-Feedbacks wurde dagegen nach einigen Probeläufen wieder verworfen, da sich keine relevanten Zusatzinformationen ergaben.
>
> In der Selbstbeurteilung des Mitarbeiters und der Fremdbeurteilung der Führungskraft werden sieben Anforderungsdimensionen beurteilt. Hat der Mitarbeiter Führungsaufgaben, kommen drei Führungsdimensionen hinzu, die durch die Führungskraft selbst und den jeweiligen Vorgesetzen sowie durch die Mitarbeiter eingeschätzt werden:
>
> - Kundenorientierung/verkäuferische Fähigkeiten bzw. interne Kundenorientierung (für Mitarbeiter und Führungskräfte im Stabs- und Betriebsbereich),
> - Kooperation und Teamfähigkeit,
> - Planung und Organisation,
> - Fachkompetenz,
> - Qualitätsorientierung/Selbstkontrolle/Arbeitssorgfalt,
> - Soziale Belastbarkeit,
> - Initiative und Erfolgsorientierung,
> - Mitarbeiterorientierung (nur für Führungskräfte),
> - Leistungsförderung,
> - Steuerung und Koordination.
>
> Zur vergleichenden Beurteilung von Mitarbeitern und Führungskräften kann entweder eine verhaltensverankerte Skala oder eine Verhaltensbeobachtungsskala verwendet werden. Ein ergänzendes Verhaltensrangprofil zeigt darüber hinaus die relativen Stärken und Schwächen der einzelnen Mitarbeiter im Vergleich zu den aktuellen Anforderungen der Stelle (vgl. Becker, K., Diemand, A. (2001), S. 251 und Schuler, H., Hell, B., Muck, P., Becker, K, Diemand, A. (2003), S. 29ff.)

Auch wenn mit dem Einbezug vieler Informationsquellen und der Wahl der relevanten sowie beobachtbaren und beeinflussbaren Kriterien die Beurteilungsgüte gesteigert wird, lassen sich Beurteilungsfehler nicht gänzlich vermeiden. Allerdings können sie durch eine geeignete Systematik minimiert werden, sofern das Verfahren auch richtig angewendet wird. Dies wird unterstützt durch regelmäßige und umfassende Informationen und Trainings für die Beurteiler. (Ein informatives E-Learningprogramm findet sich im Internet unter www.personalbeurteilung.de.)

Am schwersten vermeidbar sind Fehler als Folge sozialer Wahrnehmungstäuschung. Dies ist den Beurteilern kaum bewusst und daher auch nur begrenzt steuerbar. Dazu zählen u. a.:

- Der erste Eindruck, d. h. der Beurteiler bildet sich (vor-)schnell einen Eindruck und revidiert diesen später nur noch schwer.
- Der Selbst-Bezug, womit die Tendenz des Beurteilers beschrieben ist, sich selbst als Maßstab zu nehmen und nicht (nur) die konkreten Anforderungen der Stelle.
- Die Tendenz zur Mitte, die meist auf Unsicherheit und damit auf die Scheu vor zu starken Differenzierungen zurückzuführen ist.
- Der Kontrast-Effekt, bei dem der gleiche Beurteilte unterschiedlich gut oder schlecht abschneidet, je nachdem, ob der Beurteiler davor einen schlechteren oder besseren Kandidaten zu beurteilen hatte.
- Der Halo-Effekt, womit gemeint ist, dass ein besonders hervorstechendes Merkmal die gesamte Einschätzung (in positiver oder negativer Weise) überstrahlt.
- Der Konformitätsdruck, der die Neigung beschreibt, sich der Mehrheitsmeinung anzuschließen.
- Der Nikolaus-Effekt, der bewirkt dass (neben dem ersten Eindruck) insbesondere auch die letzten Eindrücke die Beurteilung prägen und nicht das Verhalten bzw. die Leistung während des gesamten Betrachtungszeitraums einfließen.
- Die Stereotypisierung, d. h. Menschen werden vom Beurteiler (vorschnell) einem bestimmten Typ und den entsprechenden Merkmalen zugeordnet, also in eine Schublade gesteckt. Abweichende Merkmale werden dann kaum noch wahrgenommen.

Daneben sind weitere Beurteilungsverzerrungen typisch:

- Der Milde-Effekt, damit ist die Verharmlosung negativer Punkte und durchgehend positive Färbung der Beurteilung gemeint bzw. umgekehrt der Strenge-Effekt.
- Der Nähe-Effekt tritt auf, wenn sich die Personen gut kennen. Die Beurteilung der anderen Person ist dann immer ein Stück weit auch eine Selbstbeurteilung.
- Der Hierarchie-Effekt, der den Effekt beschreibt, dass höher eingestufte Mitarbeiter im Durchschnitt besser als Mitarbeiter der unteren Hierarchie-Ebenen beurteilt werden.
- Der Benjamin-Effekt, der dazu führt, dass jüngere Mitarbeiter (noch) keine gute Beurteilung erhalten.
- Der Klebe-Effekt, der besagt, dass eine einmal getroffene Beurteilung nur noch selten signifikant verändert wird.

Solche Beurteilungsfehler lassen sich vermeiden, indem sich die Beobachter ihre persönlichen Tendenzen bewusst machen, um künftig gezielter darauf zu achten, die Beurteilungen objektiver vorzunehmen.

Davon zu unterscheiden sind bewusste Beurteilungsverzerrungen. Hierzu zählt die bewusst zu positive Beurteilung eines mittelmäßigen oder gar schlechten Mitarbeiters, um diesen wegzuloben. Mit einer zutreffenden schlechten Beurteilung wird kaum eine andere Führungskraft diesen Mitarbeiter in seinen Bereich holen. Die zu positive Beurteilung kann auch dazu dienen, die unvorsichtigerweise versprochene Gehaltszulage durchzusetzen. Im umgekehrten Fall werden häufig Leistungsträger oder Mitarbeiter mit weiterführendem Potenzial bewusst zu schlecht beurteilt, um die Kollegen nicht unnötigerweise aufmerksam zu machen und um auf diese Weise diese Mitarbeiter länger im eigenen Bereich halten zu können. Solche Beurteilungen schädigen das Unternehmen in besonderem Maße. Entweder wird der von der zu schlechten Beurteilung enttäuschte Leistungsträger seine Leistung mittelfristig reduzieren – warum sollte er sich auch besonders anstrengen, wenn diese Extraleistung vom Unternehmen nicht honoriert wird. Oder er sucht sich ein anderes Unternehmen, das seinen besonderen Einsatz anerkennt. Beide Reaktionen schädigen das Unternehmen, die außergewöhnliche Leistung geht in beiden Fällen verloren. Zusätzlich gibt es Situationen, in denen vom Beurteiler gänzlich andere Kriterien als vorgesehen verwendet werden. Beispielsweise wird in einer Bank eine Auszubildende ohne Abitur eingestellt, weil sie als Kuki (Kundenkind) einer vermögenden Familie dem Unternehmen „empfohlen wurde". Oder in einem Produktionsbetrieb wird ein Auszubildender trotz schlechter Noten angenommen, weil er als Miki (Mitarbeiterkind) einer seit Generationen im Unternehmen tätigen Familie „als geeignet eingeschätzt wird".

Beurteilungsversagen lässt sich mit entsprechendem Vorbildverhalten in der Organisation sowie eindeutigen Signalen, z. B. durch Verhaltensrichtlinien, und, wo notwendig sanktionierenden Maßnahmen, unterbinden.

9.2.5 Das Flow-Prinzip

Traditionell investieren die Führungskräfte in Trainings, um die Schwächen ihrer Mitarbeiter zu beheben, getreu dem Motto: Jeder kann alles lernen. Dem liegt das Verständnis zu Grunde, dass das größte Potenzial für die Entwicklung in der Bearbeitung der Schwächen liegt. Indikatoren hierfür sind, dass die meisten Qualifizierungsmaßnahmen darauf ausgerichtet sind, Schwächen zu beheben und dass mehr in Trainings investiert wird, als in gute Diagnose bei der Personalauswahl. Damit berücksichtigen sie das Flow-Prinzip nur unzureichend.

Die sog. Flow-Theorie wurde von Mihaly Csikszentmihalyi (2000) entwickelt. Flow bedeutet das Gefühl des völligen Aufgehens in einer Tätigkeit. Die Tätigkeit, die man gerade ausführt, geht wie von selbst von der Hand. Flow kann entstehen bei anspruchsvollen Tätigkeiten, die im Bereich zwischen Überforderung (Angst) und Unterforderung (Langeweile) liegen (vgl. Abbildung 65). In der Regel entsteht der Flow bei Tätigkeiten, die man gern macht und bei denen der Einzelne seine Stärken nutzen kann. Durch das Eintreten in eine solche Phase entsteht eine Selbstvergessenheit, da die Aufgabe die ganze Aufmerksamkeit erfordert. Flow ist ein Zustand und keine Technik. Um bei einer Aufgabe in den Zustand des Flows zu kommen, muss einem die Tätigkeit gefallen und die Anforderung so hoch sein, dass sie hohe Konzentration erfordert. Ist die Anforderung zu hoch, tritt Überfordung ein. Der Flow-Zugang und das Flow-Erleben sind individuell.

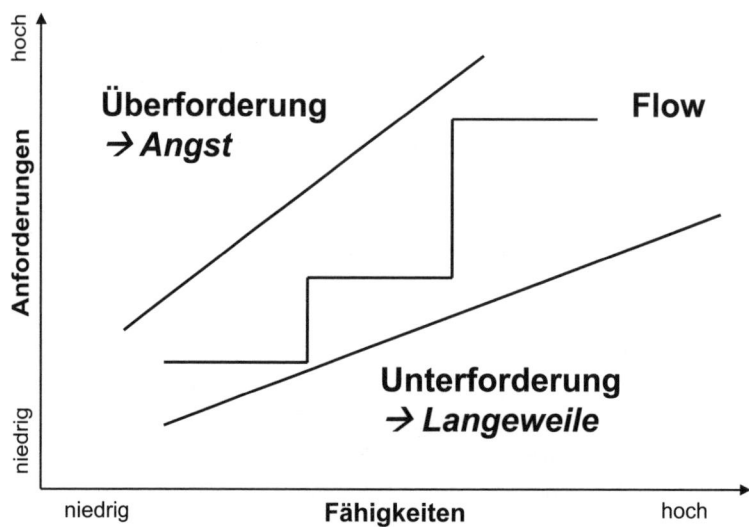

Abbildung 65: Das Flow-Prinzip

Besser ist es also in die Stärken der Mitarbeiter zu investieren. Hier liegt das größere Potenzial für das Wachstum des Einzelnen. Die meisten sind dann am erfolgreichsten, wenn sie die Arbeit tun können, die am besten ihren Stärken entspricht. Und aufbauend auf diesen Stärken können sie sich auch am besten entwickeln. Die Talente eines jeden Einzelnen sind ganz individuell. Es liegt an den Führungskräften, diese Stärken zu erkennen und die einzelnen Mitarbeiter entsprechend dieser Stärken einzusetzen und zu fördern.

9.3 Motivation

Für eine erfolgreiche Unternehmensführung bedarf es mehr als die Beachtung der betriebswirtschaftlichen Kriterien. Ein Betrieb ist einerseits eine technische Organisation, zum anderen eine soziale Organisation. Hier finden sich Menschen zusammen, um gemeinsam Produkte bzw. Dienstleistungen herzustellen und anzubieten. Das betriebswirtschaftliche Ziel der Gewinnmaximierung lässt sich nur mit dem Engagement der Mitarbeiter erreichen. Leistungsmotivation der Mitarbeiter ist dafür ein zentraler Schlüsselfaktor. Der Mensch verhält sich nicht völlig grundlos zielorientiert – es steht immer ein Anreiz, ein Motiv hinter dem Verhalten.

9.3.1 Begriffsdefinition

Der Begriff Motivation ist umstritten und komplex. Es hat sich bis heute noch keine einheitliche oder allgemeingültige Definition herauskristallisiert. Nach Rosenstiel, ist die Frage nach der Motivation, die Frage nach dem „Warum" des menschlichen Verhaltens und Erlebens (vgl. Rosenstiel, L. v., Regnet, E., Domsch, M. (2001), S. 174). Dabei wird allerdings vorausgesetzt, dass dieses Verhalten aktiv vom Menschen ausgeht – die Verhaltensgründe also im Menschen liegen und nicht unmittelbar von außen kommen.

Motivation ist ein doppeldeutiger Begriff. Er dient zur Erklärung von Verhalten. Das Verhalten anderer Menschen kann man beobachten, ihre Motive kann man nicht unmittelbar sehen. Man erklärt jedoch das beobachtbare Verhalten, indem man bestimmte Motive dafür angibt. „Er dient auch als Begriff für direkt Erlebtes. Eigenen Hunger kann man selbst unmittelbar erleben und benennen. Bezeichnet man das Erlebte allerdings, so abstrahiert man gleichzeitig. Das sprachlich gefasste Motiv ist somit eine Abstraktion aus dem jeweils konkreten und individuellen Erlebens- und Verhaltenskontinuum" (vgl. Rosenstiel, L. v., Regnet, E., Domsch, M. (2001)). Hierbei ist festzuhalten, dass Motivation nicht beobachtbar, sondern ein wissenschaftlicher Begriff ist.

Motive sind hypothetische Konstrukte, d. h. sie sind ausgedachte Konstruktionen zur Erklärung von Verhalten. Aufgrund dieser Tatsache können die damit umschriebenen Sachverhalte niemals direkt beobachtet oder gemessen werden, da sich nur konkretes Handeln beobachten lässt. „Motivieren ist die Tätigkeit eines Menschen, einen oder mehrere andere zu einem bestimmten Verhalten zu veranlassen. Um jemanden gezielt in einen Zustand der Motiviertheit zu versetzen, ist die Kenntnis seiner Motive, die Kenntnis darüber, wie er seine Fähigkeiten und Fertigkeiten einschätzt, und die Kenntnis seines Wertesystems unabdingbare Voraussetzung" (vgl. Gabele E., Liebel H. J., Oechsler W. A. (1992), S. 139).

9.3.2 Motivationstheorien

Motivationstheorien sind theoretische Aussagensysteme, die beobachtbares Verhalten zu erklären versuchen. Es gibt eine Vielzahl von Motivationstheorien. Im Personalmanagement dienen Motivationstheorien zur Erklärung und Prognose von Arbeitnehmerverhalten (Motivation zur Arbeit). Die grundlegende Annahme ist hierbei, dass die Motivation gemeinsam mit den Fähigkeiten und situativen Einflüssen das Arbeitsergebnis bestimmt. Im Folgenden werden die bekanntesten Motivationstheorien im Überblick dargestellt. Dabei wird zwischen Inhalts- und Prozesstheorien unterschieden (vgl. auch Staehle,W. H. (1994), S. 206):

- „Inhaltstheorien (substantielle Theorien) versuchen zu erklären, **was** im Individuum oder in seiner Umwelt Verhalten erzeugt und aufrechterhält." Was motiviert Mitarbeiter?
- „Prozesstheorien (mechanistische Theorien) versuchen zu erklären, wie ein bestimmtes Verhalten hervorgebracht, gelenkt, erhalten und abgebrochen wird." Wie verläuft der Motivationsprozess?

9.3.2.1 Inhaltstheorien: Maslow'sche Bedürfnispyramide

Der klassische Versuch die Vielzahl menschlicher Motive zu ordnen und ihre Wirkungsmechanismen zu konkretisieren stammt von Maslow, ein aus der klinischen Psychologie stammender Wissenschaftler. Er entwickelte die sog. Bedürfnispyramide. Als einer der Begründer der „Humanistischen Psychologie" stellt er Fragen der Wertorientierung und des Lebenssinns in den Mittelpunkt seiner Untersuchungen.

Menschliches Handeln wird nach Maslow durch zwei Arten von Motiven bestimmt, die Defizit- und Wachstumsmotive. Bei den Defizitmotiven wird durch Erfüllung des konkreten Bedürfnisses das Defizit beseitigt – jedenfalls zeitweilig. Zusätzliche Motivation kann durch Anreize, die auf das konkrete (erfüllte) Defizit ausgerichtet sind, nicht mehr erreicht werden. Nach zwei Schnitzeln ist der Hunger gestillt. Mit dem Versprechen eines weiteren Schnitzels lässt sich keiner zu zusätzlicher Leistung anspornen. Demgegenüber lassen sich die Wachstumsmotive nicht endgültig sättigen. Unser Bestreben nach Selbstverwirklichung lässt immer weitere Steigerungen zu.

Die so entstandenen fünf Motivebenen wurden von Maslow entsprechend ihrer hypothetischen Funktion für die Persönlichkeitsentwicklung geordnet. Dabei müssen immer zuerst die Motive der jeweils niedrigeren Klasse befriedigt sein, bevor eine höhere Motivklasse aktiviert wird und das Handeln bestimmen kann. Über diesen Punkt besteht allerdings Uneinigkeit, was mit dem Bild des hungernden Künstlers manifestiert ist. Die hierarchische Bedürfniseinteilung von Maslow ergibt folgendes Bild (vgl. Abbildung 66):

Abbildung 66: Die Maslow-Pyramide

- Die physiologischen Bedürfnisse: Der Mensch hat, was sich aus seiner Natur ergibt, den Drang zu leben. Somit hat er das Bedürfnis nach Nahrung, Kleidung, Wohnung, Temperatur und Luft.

- Das Sicherheitsbedürfnis: Der Mensch strebt nach Sicherheit und versucht sich gegen physische Gefahren (Unfall, Beraubung etc.) abzusichern. Gleichzeitig strebt er aber auch ökonomische (Sicherheit des Arbeitsplatzes, Sparverhalten etc.) und psychologische Sicherheit (Präferenz für das Gewohnte und Vertraute) an.
- Die sozialen Bedürfnisse: Der Mensch versucht seine eigene Isolierung zu überwinden und sucht mitmenschliche Beziehungen der unterschiedlichsten Art. Er hat das Bedürfnis der Zugehörigkeit zu bestimmten sozialen Gruppen sowie nach passiver und aktiver Freundschaft.
- Die Wertschätzungsbedürfnisse: Der Mensch sucht in dieser Bedürfniskategorie nach Selbstbestätigung und sozialer Anerkennung. Das Prestigestreben und der Wille nach Macht äußern sich in entsprechenden Leistungen. Lob, aber auch Statussymbole können entsprechende Anreize setzen.
- Die Selbstverwirklichungsbedürfnisse: Die Spitze der Bedürfnishierarchie stellen die Selbstverwirklichungsbedürfnisse dar. Der Mensch verwirklicht Ziele, die ihm wichtig erscheinen und identifiziert sich sowohl damit als auch mit den Ergebnissen seiner Leistungen. Entwicklungsmöglichkeiten und Freiraum sind geeignete Antriebe auf dieser Ebene.

Auf Basis des Maslow'schen Motivationskonzepts sollte der jeweilige Vorgesetzte versuchen, diejenigen Bedürfnisse seiner Mitarbeiter zu befriedigen, die diesen wichtig und bislang noch unzureichend befriedigt sind. So lässt sich über gezielte Motivation eine entsprechende Leistungssteigerung der einzelnen Mitarbeiter erzielen. Schwierigkeiten bei der Umsetzung ergeben sich dadurch, dass die Bedürfnisstrukturen der einzelnen Mitarbeiter durchaus unterschiedlich sind. So führen Maßnahmen, die den einen Mitarbeiter motivieren, beim anderen nicht zum gewünschten Motivationserfolg. Da die Maslow'sche Motivationstheorie die tatsächlichen Gegebenheiten stark vereinfacht, ergeben sich erhebliche Umsetzungsschwierigkeiten. Dennoch ist sie aufgrund ihrer Logik und Einfachheit in der Wirtschaft anerkannt.

9.3.2.2 Die Zweifaktoren-Theorie von Herzberg als weitere Inhaltstheorie

Eine Weiterentwicklung der Bedürfnispyramide nahm Herzberg mit seiner Zwei-Faktoren-Theorie vor, welche von Maslow inspiriert wurde. Herzberg und andere haben festgestellt, dass nicht alle betrieblichen Anreize geeignet sind, Motivation zu erzeugen. Einige eignen sich lediglich, um Unzufriedenheit bei den Mitarbeitern abzubauen oder zu vermeiden. Nur durch bestimmte Instrumente ist es möglich, Zufriedenheit zu erzeugen (vgl. Rosenstiel, L. v. (1991), S. 53ff.). Dementsprechend unterscheidet er in seiner Theorie zwischen Hygienefaktoren und Motivatoren. Die Hygienefaktoren resultieren nicht aus der Arbeit selbst, sondern werden durch die Arbeitsumwelt bestimmt. Sind die Hygienefaktoren nicht erfüllt, so bewirkt dies Unzufriedenheit bei den Mitarbeitern. Anderseits führt ihr Vorhandensein nicht zur Zufriedenheit, sondern lediglich zu einer neutralen Einstellung des Mitarbeiters.

Typische Hygienefaktoren sind:

- Firmenpolitik,
- physische Arbeitsbedingungen,
- Sicherheit des Arbeitsplatzes,

- Vergütung (teilweise – zur Differenzierung vgl. Kapitel Betriebliche Zusatzleistungen Motivationale Bewertung von Zusatzleistungen),
- Kantine – oder aus studentischer Sicht die Mensa.

Am Beispiel einer Kantine lässt sich die Wirkung der Hygienefaktoren anschaulich beschreiben. Die meisten Mitarbeiter sind froh, wenn das Essen in der Kantine einigermaßen geschmeckt hat und ihnen hinterher nicht „im Magen liegt". War es tatsächlich schlecht, ist die Unzufriedenheit hinterher entsprechend hoch – und die daraus resultierende Arbeitsmoral entsprechend niedrig. War das Essen dagegen einmal gut, entsteht dadurch keine besondere Zufriedenheit, schließlich hat man ja dafür auch bezahlt. Es wird lediglich die Unzufriedenheit reduziert. Im betrieblichen Kontext kann also mit Hygienefaktoren kein Leistungsanreiz erzielt werden.

Zufriedenheit hingegen erzeugen die Motivatoren, welche überwiegend innere Aspekte der Tätigkeit zum Inhalt haben. Demnach handelt es sich bei den Motivatoren vielfach um „Belohnungen", die in der Arbeit selbst begründet liegen. Die Befriedigung der Mitarbeiter entspringt dem Arbeitsvollzug, so dass die entsprechenden Motive einen „arbeitsintrinsischen Bezug" aufweisen. Werden diese Variablen erfüllt, dann schafft dies Zufriedenheit bei den Mitarbeitern, während ihre Nichterfüllung ein Fehlen der Zufriedenheit nach sich zieht. Die Motivatoren lassen sich weiter unterscheiden:

Tabelle 47: Intrinsische und extrinisische Motive

Intrinsische Motive, wie	Extrinsische Motive, z. B.
Leistungserfolg	Anerkennung
die Arbeit selbst	Karrierechance
Verantwortung	leistungsorientierte Vergütung
Entfaltungsmöglichkeiten	flexible Arbeitszeitgestaltung

Führungskräfte können die intrinsische Motivation verstärkt nutzen, indem sie darauf achten, dass die Arbeitstätigkeiten der Mitarbeiter bestimmte Eigenschaften beinhalten:

- Anforderungsvielfalt der Arbeitsaufgabe: Die Aufgabe sollte nicht nur eine einzelne bzw. wenige Fähigkeiten der Mitarbeiter beanspruchen, sondern möglichst die jeweiligen Fähigkeiten des Einzelnen nutzen.
- Ganzheitlichkeit der Aufgabe: Wo immer möglich, sollten die Mitarbeiter ihre Aufgaben in größeren Zusammenhängen erledigen können, im Gegensatz zu reduzierten Teilaufgaben, wie sie z. B. in der Fließbandfertigung dominieren.
- Autonomie im Sinne von Kontroll- und Entscheidungsspielräumen: Die Mitarbeiter sollen selbst die Mittel und die Teilziele ihrer Arbeit wählen können und erhalten damit Kontrolle über die Arbeitssituation (vgl. Neuberger, O. (1985), S. 75ff.).

Als extrinsisch motiviert werden Tätigkeiten bezeichnet, die nicht „um ihrer selbst willen" ausgeübt werden (Selbstzweck), sondern z. B. für Geld oder Anerkennung (Mittel zum Zweck). Intrinsische und extrinsische Motivation schließen sich nicht notwendigerweise gegenseitig aus. Berufstätige können eine hohe intrinsische Motivation haben, obwohl ihnen gleichzeitig die Vergütung dafür auch wichtig ist. Dies gilt insbesondere dann, wenn sie einer Tätigkeit nachgehen, die für sie verantwortungsvoll oder bedeutsam ist und mit der sie sich identifizieren können.

9.3.2.3 Die Motivationstheorie von McGregor

McGregor hat in seinen Theorien X und Y zwei gegensätzliche Menschenbilder und damit einhergehende Extreme im Führungsverhalten dargestellt (vgl. dazu auch Olfert, K. (1987), S. 35).

Theorie X

- Der Durchschnittsmensch hat eine angeborene Abneigung gegen jede Arbeit und geht ihr aus dem Wege, wo er nur kann.
- Weil der Mensch durch Arbeitsunlust gekennzeichnet ist, muss er geführt, gelenkt, überwacht und gezwungen werden, damit er eine bestimmte Leistung erbringt und ein Arbeitsziel erreicht.
- Der Durchschnittsmensch besitzt verhältnismäßig wenig Ehrgeiz und möchte sich vor Verantwortung drücken. Er möchte an die Hand genommen werden und ist vor allem auf persönliche Sicherheit und hohe Bezahlung aus.

Bei der Theorie X handelt es sich um ein Bündel von Vorurteilen, die dem Menschen gegenüber aufgebaut werden. Geprägt wurde diese Haltung zu Beginn der Industrialisierung. Die ersten Fließbänder waren ein probates Mittel, um die Mitarbeiter zur erwarteten Leistung anzuhalten. Oberstes Führungsprinzip ist hier die Kontrolle. So lange Vorgesetzte an den Vorstellungen der Theorie X festhalten, wird es nicht möglich sein, Mitarbeiter zu motivieren sowie das in ihnen steckende Potenzial zu nutzen.

Theorie Y

Das andere Extrem des Führungsverhaltens wird in Theorie Y dargestellt, bei der das Management eine bejahende Einstellung zum Menschen und dessen Bemühungen zur Arbeit einnimmt.

- Körperliche und geistige Arbeit ist so natürlich wie Spiel und Ruhe. Von Natur aus ist dem Menschen Arbeitsscheu nicht angeboren.
- Unter geeigneten Bedingungen ist der Mensch bereit, Verantwortung zu übernehmen und sich voll für eine Aufgabe einzusetzen. Zugunsten von Zielen, denen er sich verpflichtet fühlt, wird sich der Mensch Selbstkontrolle und Selbstdisziplin auferlegen.
- Kontrolle und Zwang sind auf Dauer ungeeignete Mittel, um den Menschen zu einer Leistung zu bringen. Die wesentlichste Belohnung für den Menschen ist die Befriedigung der natürlichen Bedürfnisse nach Selbstachtung und persönlicher Entfaltung.

Die von den einzelnen Führungskräften praktizierten Managementregeln sind irgendwo innerhalb der Bandbreite zwischen Theorie X und Theorie Y angesiedelt.

Tabelle 48: Vergleich der Theorie X und Y

Theorie Y: Menschen sind von Natur aus…	Theorie X: Menschen sind von Natur aus…
Engagiert Eigenmotiviert Interessiert Verantwortungsorientiert	Passiv Antriebsarm Desinteressiert Kontrollbedürftig
Dieser Modell-Typus erfordert einen kommunikativen, partizipativen und delegierenden Führungsstil	Dieser Modell-Typus erfordert einen autoritären, kontrollierenden Führungsstil

9.3.2.4 Prozesstheorie: Vrooms Erwartungs-Valenz-Modell der Motivation

Ein bis heute zentraler Ansatz, der dazu geeignet ist, das Verständnis motivationspsychologischer Aspekte von Entscheidungen voranzubringen, stammt von Vroom (vgl. Kleinbeck, U. (2004), S. 41). Ziel seiner Arbeit war die Bestimmung von möglichen Erklärungsmustern, warum Arbeitnehmer in bestimmten Situationen eine positive (aktive) Haltung gegenüber ihrem Beruf einnehmen, in anderen Situationen dagegen eine negative (passive). Diese Überlegung führte zu der inzwischen klassischen Annahme, dass Leistung letztlich nur durch Verknüpfung von Fähigkeiten und Motivation zustande kommt (vgl. Scholz, C. (2000) S. 433). Vroom definiert bei seinem Ansatz drei Begriffe, die einerseits die Präferenzen für bestimmte Handlungsalternativen erklären und andererseits eine Aussage über konkretes Verhalten im Bereich des Arbeitshandelns gestatten sollen:

- Die Valenz (Wert des Ergebnisses),
- die Instrumentalität (Geeignetheit des Mittels),
- die Erwartung (Wahrscheinlichkeit, dass eine Handlung zu einem bestimmten Ergebnis führt).

Die Valenz beschreibt, wie wünschenswert ein bestimmtes Ziel aus der Sicht des Mitarbeiters ist. Die Instrumentalität erläutert, inwieweit ein bestimmtes Mittel geeignet ist, das erwünschte Ergebnis zu erreichen.

> **Beispiel 50: Motivation für „Hau den Lukas"**
> Der junge Student geht mit seiner Freundin aufs Volksfest. Diese macht ihn auf den „Hau den Lukas" aufmerksam, bei dem viele gleichaltrige junge Burschen den Hammer schwingen. Es denen gleichzutun, um seiner Freundin zu imponieren, wäre für unseren Studenten schon erstrebenswert (hohe Valenz). Dieser „Hau den Lukas" wäre in der feuchtfröhlichen Stimmung auch geeignet, ihr zu imponieren (Instrumentalität gegeben). Aber die Gefahr, dass er es nicht schafft, ist ihm zu groß (Wahrscheinlichkeit niedrig). Deswegen unterlässt er den Versuch lieber und lenkt stattdessen die Freundin zur Schiffsschaukel, bei der er sie mit einem Überschlag zwar nicht so eindrucksvoll beeindrucken kann, er aber sicher ist, dass er es schafft.

Basierend auf einem gegebenen Zusammenhang kam Vroom zu dem Ergebnis, dass sich die Anstrengungsbereitschaft aus der Wertigkeit des Ziels und seiner Realisierbarkeit zusammensetzt. Eine Person strebt ein bestimmtes Ziel an und bildet sich zunächst ein Urteil darüber, wie wünschenswert dieses Ziel ist (Valenz). Danach wird überprüft, inwieweit das zur Verfügung stehende Mittel geeignet ist, das Ziel zu erreichen (Abschätzung der Instrumentalität). Die Person bildet sich zusätzlich ein Urteil über die Wahrscheinlichkeit, dass die Handlung zum angestrebten Ziel führt. Dieses Urteil ist ausschlaggebend für die Anstrengungsbereitschaft.

> **Beispiel 51: Berufsneigung und Berufseignung als Aspekte der Motivation**
> Amerikanische High School-Schüler sollten zunächst den für sie jeweils interessantesten Beruf beurteilen. Auf diese Weise wurde die Valenz der verschiedenen Berufe aus Sicht der Versuchspersonen bestimmt. Die Schüler wurden dann – ohne dass dies für die Versuchspersonen transparent wurde – in zwei Gruppen aufgeteilt: Eine Gruppe enthielt die Schüler, die dem letztlich ausgewählten Beruf eine hohe Valenz entgegenbrachten, die andere Schüler, die sich selbst für den Wunschberuf nur schwach erwärmen konnten (niedrige Valenz). Quer über beide Gruppen wurden nun scheinbare Berufseignungstests durchgeführt. Im Anschluss daran erhielten die Versuchspersonen Informationen darüber, inwieweit sie für den betreffenden Beruf geeignet sind, wie hoch also die Wahrscheinlichkeit für das Erreichen der Berufsziel ausfielen (bei Vroom Instrumentalität). Alle Schüler wurden zu weiteren Berufseignungstests eingeladen. Es zeigte sich, dass der Teilnahmeanteil je Gruppe davon abhing, wie hoch die verspürte Valenz und wie hoch die mitgeteilte Wahrscheinlichkeit (Erwartung) ausgefallen waren: Bei hoher Valenz und hoher Instrumentalität erschienen die meisten Schüler (86 %) wieder, bei niedriger Valenz die wenigsten (35 %).

Der entscheidende Beitrag den Vroom zur Motivationstheorie und damit zum Personalmanagement leistet, besteht im Hinweis darauf, dass Individuen nicht nur Ziele mit individuellen Wertigkeiten versehen, sondern auch Urteile über instrumentale Relationen und Wahrscheinlichkeiten bilden. Es genügt damit nicht, dem Mitarbeiter einen für ihn interessanten Anreiz zu bieten. Ihm muss auch gezeigt werden, dass es Mittel zur Erreichung dieses Zieles gibt (Instrumentalität).

9.3.2.5 Prozessmodel von Porter und Lawler

Das Prozessmodell von Porter und Lawler (1968) versucht alle relevanten Komponenten der Leistungsmotivation im Zusammenhang darzustellen (vgl. Abbildung 67). Das Modell ist eine Weiterentwicklung von Vroom. Porter und Lawler erklären Leistung und Zufriedenheit als ein mehrfach rückgekoppeltes System. Deswegen sind Kausalitäten kaum aufdeckbar. Trotzdem sind alle Bestandteile dieses Systems mögliche Ansatzpunkte zur Veränderung von Motivation und Leistung. Durch die Fülle der beteiligten Komponenten erhält das Modell einen hohen Komplexitätsgrad und gibt eine gute Übersicht über die vielfältigen Interdependenzen menschlicher Motivation (vgl. Scholz, C. (2000), S. 436).

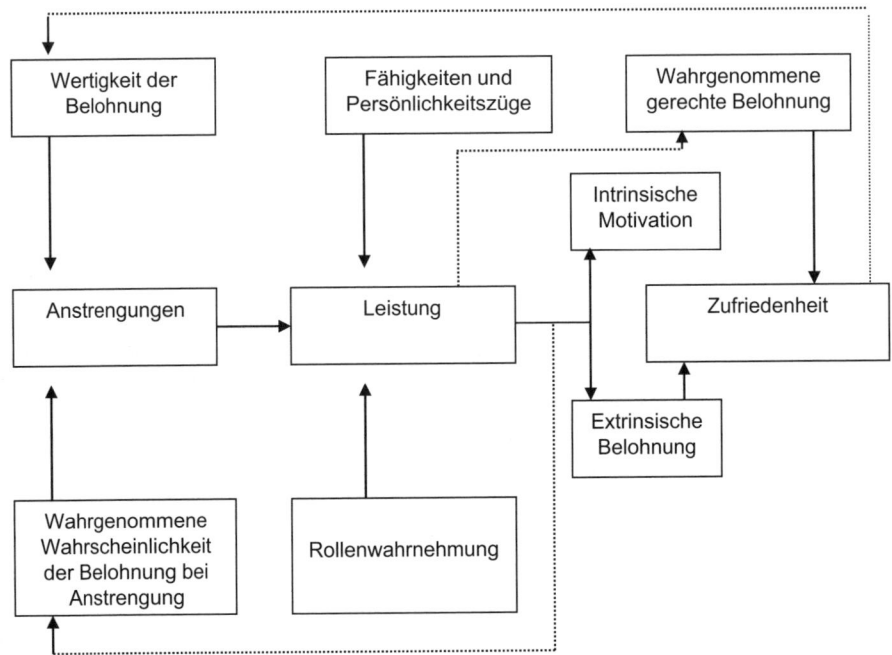

Abbildung 67: Prozessmodell

9.3.3 Instrumente der Mitarbeitermotivation

Um Mitarbeiter zu motivieren, stehen Führungskräften verschiedene Möglichkeiten zur Verfügung. Voraussetzung für ein „richtiges" Motivieren ist die Kenntnis der Bedürfnisse und Motive der Mitarbeiter. Mit dieser Kenntnis können die Mitarbeiter nach ihren Bedürfnissen gefördert werden, ohne dieses Wissen kann eine versuchte Motivation in die falsche Richtung wirken. Regelmäßige Mitarbeitergespräche sind eine gute Quelle für derartige Informationen. Die Vorgesetzten müssen dabei Einfühlungsvermögen besitzen oder entwickeln, damit sie mehr über die Motiv- und Persönlichkeitsstruktur ihrer Gesprächspartner erfahren (vgl. Comelli, G., Rosenstiel, L. (2009), S. 92). Grundsätzlich jedoch wird zwischen materiellen und immateriellen Instrumenten der Mitarbeitermotivation unterschieden.

Tabelle 49: Materielle und immaterielle Instrumente zur Mitarbeitermotivation

Materielle Instrumente	Immaterielle Instrumente
Wichtig für die Motivation der Mitarbeiter ist es, ihnen materielle Anreize zu bieten, darunter versteht man eine befriedigende Vergütungspolitik, aber auch andere materielle Vergünstigungen, beispielsweise Arbeitskleidung und kostenlose oder günstige Verpflegung am Arbeitsplatz. Das Einkommen hat in vielerlei Hinsicht Bedeutung. Es sichert den Lebensunterhalt und ist somit ein Anreiz zum Arbeiten. Die Höhe des Einkommens misst den Status eines Mitarbeiters sowohl in der innerbetrieblichen Hierarchie als auch im Verhältnis zu Nachbarn, Freunden und anderen gesellschaftlichen Gruppen. Eine Vergütungserhöhung ist eine Bestätigung des beruflichen Erfolgs.	Als wirksame immaterielle Instrumente der Mitarbeitermotivation eignen sich v. a. kompetente Führung, wirksame Kommunikation, Entwicklungsmöglichkeiten, Arbeitsinhalte und das Arbeitsumfeld.

9.3.4 Motivation als Erfolgsfaktor

Motivation hat eine zentrale Bedeutung für den Erfolg: Wenn sie vorhanden ist, entsteht eine Win-Win-Situation: Der Mitarbeiter arbeitet ohne auf die Uhr zu schauen, denkt mit, entwickelt kreative Lösungen, leistet 120 % und er hat auch noch Spaß dabei. Die Motivation der Mitarbeiter ist eine wesentliche Säule im Leistungsprozess. Die Leistungsbereitschaft der Mitarbeiter ist direkt verknüpft mit ihrem Können und Dürfen.

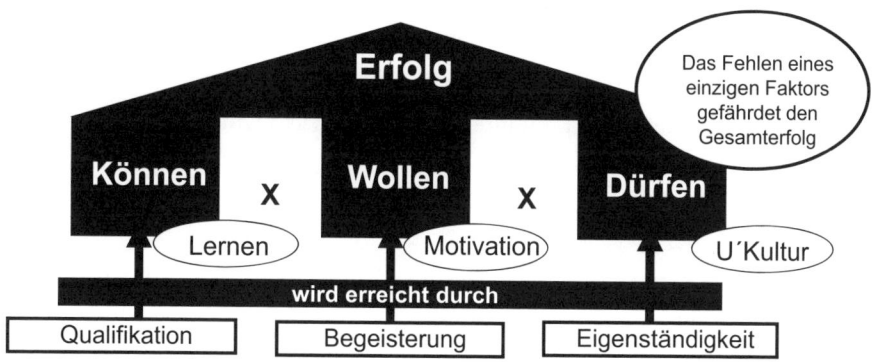

Abbildung 68: Personale Einflussfaktoren für unternehmerischen Erfolg

All diese drei Faktoren haben einen direkten Einfluss auf den Leistungserfolg. Das Wesentliche daran ist: Sie sind nicht additiv, sondern multiplikativ miteinander verknüpft. D. h. das verminderte Vorhandensein oder gar das Fehlen eines einzelnen Faktors gefährdet den Erfolg massiv. Wenn ein Mitarbeiter qualifiziert ist, aber keine Lust hat, seine Aufgaben zu erfüllen, wird der Erfolg entsprechend gering sein. Er kann noch so motiviert sein, wenn er fachlich nicht in der Lage ist, die Aufgabe zu meistern, wird der Erfolg auch ausbleiben. Und der qualifizierte und motivierte Mitarbeiter, der von seinem Vorgesetzten ständig gebremst oder unterfordert eingesetzt wird, kann sein Erfolgspotenzial auch nicht ausschöpfen. D. h. wenn nur einer der drei Faktoren reduziert wird, können die beiden anderen Faktoren im gleichen Umfang nicht wirksam werden und der gewünschte Leistungserfolg bleibt aus.

> **Beispiel 52: Dürfen, Wollen und Können im Fussballclub**
> Ein renommierter bayerischer Fußballclub hat ein entscheidendes Spiel. Der Trainer versucht die besten Spieler auf dem Platz zu haben. Er hat dabei aber mit einigen Problemen zu kämpfen. Luca T. würde er gern aufstellen, der aber ist noch gesperrt (darf nicht). Damit fällt ein wichtiger Stürmer aus. Frank R. lässt er spielen, aber der ist mit Gedanken schon bei seinem neuen Verein, weswegen er keine große Lust hat und sein Leistungspotenzial nicht nutzt (will nicht). Damit bleibt das Mittelfeld ohne Wirkung. Nachdem sein verfügbarer Kader an Verteidigern während der kräftezehrenden Saison geschrumpft ist, setzt er einen jungen Spieler aus dem eigenen Nachwuchs ein, der sich aber während des Spiels nicht als große Stütze für die Mannschaft herausstellt (kann´s noch nicht). Deswegen klafft in der Abwehr eine große Lücke. Das Spiel geht verloren, nicht zuletzt weil die drei unterschiedlichen Leistungskomponenten nicht genutzt werden konnten.

Beim Können (Excellence) bzw. der Qualifikation der Mitarbeiter geht es darum, inwieweit alle Mitarbeiter für ihre jeweilige Aufgabe bestens qualifiziert sind:

- Wo liegen die Qualifikationsdefizite?
- Welche Qualifikationen haben den größten Einfluss auf den Erfolg?
- Wie lassen sie sich beheben?

Es geht nicht nur um ausreichende Qualifikation, sondern auch darum, inwieweit das vorhandene Wissen jedes einzelnen Mitarbeiters sowie das der gesamten Organisation durch gezieltes Wissensmanagement ausgeschöpft ist, um zu verhindern, dass im eigenen Unternehmen das Rad jeweils mehrmals erfunden wird (vgl. Niermeyer, R. (2001), S. 84). Hinsichtlich des Wollens (Energy) bzw. der Begeisterung der Mitarbeiter ist zu prüfen:

- Sind alle Mitarbeiter identifiziert mit ihrer Aufgabe und dem Unternehmen? Lieben sie ihren Job?
- Wo liegen die Motivations-Defizite?
- Wie behebe ich sie?

Dabei sind sowohl die extrinsischen wie intrinsischen Motivationsansätze zu nutzen. Extrinsisch durch die geeigneten monetären Vergütungselemente, aber auch die nicht-monetären wie Anerkennung etc. Demgegenüber werden die intrinsischen Instrumente wie persönliche Entwicklungsmöglichkeit, Freiraum in der eigenen Arbeit etc. meist wenig gezielt genutzt. Die Führungskraft muss überlegen, wie sie Loyalität und Commitment der Mitarbeiter verstärken können. Mittel hierfür sind bspw. Führen mit Zielen (vgl. Kapitel Vergütungsmanagement), Anerkennung und offenes und ehrliches Feedback. Dabei sind die persönlichen Erwartungen und Wünsche des Mitarbeiters einzubeziehen.

Zudem ist zu klären, inwieweit Eigenständigkeit tatsächlich gewünscht bzw. zugelassen wird:

- Ist der Entscheidungsspielraum für alle Mitarbeiter groß genug?
- Wo könnte/sollte er größer sein?
- Wie lässt sich der Spielraum für welchen Mitarbeiter durch situative Führung vergrößern?

Diesbezüglich ist zu klären, wie die Rahmenbedingungen der Unternehmenskultur (z. B. hinsichtlich Leistungsorientierung, Fehlerkultur, Eigenständigkeit der Mitarbeiter etc.), aber auch bspw. die Arbeitszeitregelungen angepasst werden müssen, um das Könnens- und Wollenspotenzial der Mitarbeiter auch tatsächlich in vollem Umfang realisieren zu können. Selbstverantwortung kann ausgebaut werden durch gezielte Delegation und Schaffen von Handlungsspielräumen im Rahmen der situativen Führung. Eine unterschiedliche Auffassung bzgl. des möglichen und des seitens des Mitarbeiters gewünschtem Handlungsspielraum ist zu besprechen und ggf. auszuhandeln (vgl. Niermeyer, R. (2001), S. 133).

Das Potenzial des Humankapitals im Unternehmen lässt sich vereinfacht mit folgender Formal ausdrücken:

$HC = E^3 = E1$ (Excellence) x $E2$ (Energy) x $E3$ (Empowerment)

9.4 Fragen/Übungsaufgaben zur Personalführung

- Beschreiben sie die vier Felder der emotionalen Intelligenz.
- Analysieren Sie die Führungsleitlinien (auch Führungsgrundsätze, -leitfaden, Werte (in) der Zusammenarbeit etc.) eines für Sie interessanten Unternehmens. Welche Punkte werden in den Führungsleitlinien angesprochen? Welche gefallen Ihnen besonders und warum?
- Ein Bekannter von Ihnen hat ein kleines Unternehmen mit 16 Mitarbeitern, das weiter auf Wachstumskurs ist. Er kommt mit folgender Frage zu Ihnen: „Ich kann meinen Mitarbeitern, die bislang alle mir direkt unterstellt waren, nicht mehr gerecht werden. Daher möchte ich eine Hierarchieebene einziehen und zwei Führungskräfte einsetzen. Auf welche Faktoren muss ich dabei besonders achten?"
- Nach dem Gespräch hat sich Ihr Bekannter unter anderem auch das Kontingenzmodell angeschaut. Dabei ist er auf die Abkürzung LPC gestoßen, hat jedoch keine weiteren Informationen darüber gefunden. Erklären Sie ihm die Abkürzung und was ein hoher bzw. geringer Ausprägungsgrad bedeutet!
- Erläutern sie die verschiedenen Phasen des Situativen Führungsmodells nach Hersey und Blanchard.
- Erläutern sie das Johari-Fenster.
- Was erwarten Sie sich von einem Beurteilungsgespräch?
- Erläutern sie die Prinzipien des Einstufungsverfahrens.
- Schildern sie typische Fehler bei Personalbeurteilungen.
- Beschreiben sie die Ebenen der Maslow-Pyramide.
- Erläutern sie den Unterschied zwischen intrinsischer und extrinsischer Motivation anhand von Beispielen.
- Welche zwei weiteren personalen Einflussfaktoren spielen neben der Motivation der Mitarbeiter für den Unternehmenserfolg eine wesentliche Rolle?

9.5 Literaturhinweise

Bea, F. X., Dichtl, E., Schweizer, M. (1991): Allgemeine Betriebswirtschaftslehre Band 2: Führung, 5. Aufl., Wittlich 1991
Becker, K., Diemand, A. (2001): MLB Multimodal – das Leistungsbeurteilungssystem, in: Betriebswirtschaftliche Blätter, 05/2001, S. 251
Berthel, J., Becker, F. G. (2007): Personal-Management: Grundzüge für Konzeptionen betrieblicher Personalarbeit, 8. Aufl., Stuttgart 2007
Comelli, G., Rosenstiel, L. (2009): Führung durch Motivation, München 2009
Csikszentmihalyi, M. (2000): Das Flow-Erlebnis: Jenseits von Angst und Langeweile im Tun aufgehen, 8. Aufl., Stuttgart 2000
Fiedler-Winter, R. (2000): Mit Brezel und Seminaren zusammengeschweißt – Kamps AG nutzt GRID-Methode für mehr Effizienz, in: Lebensmittel Zeitung, 19/2000, S. 55
Fröhlich, W. (1996): Führung und Personalmanagement, München und Mering 1996
Gabele, E., Liebel, Oechsler, W. (1992). Führungsgrundsätze und Mitarbeiterführung, Wiesbaden 1992
Geißler, H., Bökenheide, T., Schlünkes, H., Geißler-Gruber, B. (2007): Faktor Anerkennung – Betriebliche Erfahrungen mit wertschätzenden Dialogen, Frankfurt 2007
Golemen, D. (1995); Emotional Intelligence, New Yorrk 1995
Hentze, J., Kammel, A., Lindert, K., Graf, A. (2005): Personalführungslehre – Grundlagen, Funktionen und Modelle der Führung, 4. Aufl., Bern, Stuttgart, Wien 2005
Kabst, R., Weber, W. (2008): Einführung in die Betriebswirtschaftslehre, 7. Aufl., Wiesbaden 2008
Kleinbeck, U. (2004): Arbeitsmotivation, Weinheim 2004
Krallmann, D., Ziemann, A. (2001): „Die Informationstheorie von Claude E. Shannon", in: ders.: Grundkurs Kommunikationswissenschaft : mit einem Hypertext-Vertiefungsprogramm im Internet, München, 2001. S. 21–34.
Lorenz, M., Rohrschneider, M. (2009): Praxishandbuch Mitarbeiterführung, München, 2009
Neuberger, O. (1985): Arbeit, Begriff, Gestaltung, Motivation, Zufriedenheit, Stuttgart 1985
Neuberger, O. (2002): Führen und führen lassen, 6. Aufl., Stuttgart 2002
Niermeyer, R. (2001): Motivation, Freiburg 2001
Niermeyer, R., Postall, N. (2007): Binden Sie Ihre Mitarbeiter ein, in: Kienbaum (Hrsg.): Führen – Die erfolgreichsten Instrumente und Techniken, 2. Aufl., Gummersbach 2007, S. 41–78
Olfert, K. (1997): Personalwirtschaft, Ludwigshafen 1997
Rosenstiel, L. (2001): Motivation im Betrieb, Leonberg 2001
Rosenstiel, L., Regnet, E., Domsch, M. (2001): Motivation von Mitarbeitern, Stuttgart 2001
Scholz, C. (2000): Personalmanagement, München 2000
Schuler, H., Hell, B., Muck, P., Becker, K., Diemand, A. (2003): Konzeption und Prüfung eines multimodalen Systems der Leistungsbeurteilung: Individualmodul, in: Zeitschrift für Personalpsychologie, 02/2003, S. 29–39
Shannon, C. E., Weaver, W. (1949): The mathematical theory of communication, University of Illinois Press, Urbana 1949
Speck, P. (Hrsg.): Employability – Herausforderungen für die strategische Personalentwicklung, 2. Aufl. Wiesbaden 2008
Staehle, W. H. (1994): Management – Eine Verhaltenswissenschaftliche Einführung, München 1994

10. Personalaustritt

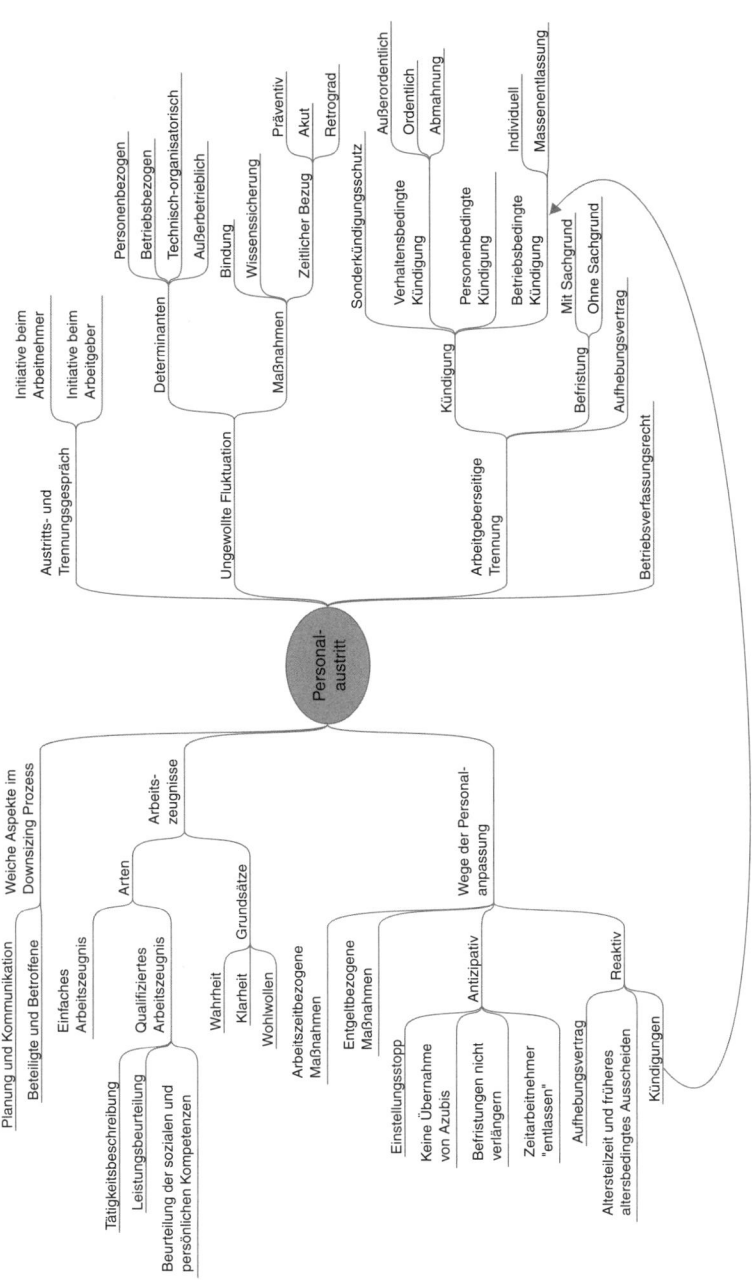

10.1 Zum Einstieg

„Mit meinem Dienstwagen bin ich, Sabine Ehrgeiz, auf dem Weg zur Arbeit. Eigentlich ein gutes Gefühl, aber heute habe ich schlecht geschlafen. Erst seit zwei Monaten bin ich für einige Fillialen eines Discounters verantwortlich und schon muss ich eine Kündigung aussprechen. Das beschäftigt mich… Zum Glück ist Herr Ruhig, unser Personaler, im Gespräch mit dabei. Er ist schon etliche Jahre da und hat so etwas, wie er mir sagte, leider schon das ein oder andere Mal gemacht. Und in diesem Fall müssen wir auf jeden Fall aktiv werden, eine verhaltensbedingten Kündigung steh an: Zu oft ist Herr Nap schon zu spät gekommen und zudem macht er im Lager regelmäßig ein Nickerchen, auch außerhalb der Pausen. Seine Kollegen und Kolleginnen haben dadurch Mehrarbeit und haben sich auch schon beschwert. Erst stand wohl die Vermutung im Raum, er hat einen zweiten Job. Aber das ist es anscheinend nicht. Ein Kollege hatte neulich erzählt, dass Naps Lebensgefährte eine Diskothek betreibt und er dort Stammgast ist. Naja, was auch immer die Gründe sind. Die Konsequenz steht nun fest. Von meinem Vorgänger wurde Herr Nap bereits zweimal abgemahnt. Eine dritte Abmahnung soll laut Herrn Ruhig nicht erfolgen, da sonst zu befürchten ist, dass diese intern nicht mehr ernst genommen werden und auch gerichtlich an Wert verlieren. Das kann ich gut nachvollziehen, trotzdem ist mir das Ganze unangenehm. Ich selbst habe den Mitarbeiter erst einmal auf das Thema angesprochen. Und er macht ansonsten einen ganz pfiffigen Eindruckt. Immerhin, er ist noch recht jung und ansonsten macht er einen ganz guten Job bei uns, insbesondere mit Kunden kann er gut umgehen und auch im Team kommt er prinzipiell zurecht. Genau deswegen wird aber auch das Gespräch schwer werden. Herr Nap wird versuchen seine Redekünste einzusetzen, um uns mit blumigen Argumenten umzustimmen. Ich werde dem Rat von Herrn Ruhig folgen, das Thema direkt ansprechen und deutlich machen, dass Diskussionen zwecklos sind. Unser Personaler hat mir hier auch seine volle Unterstützung zugesagt. Außerdem wird Herr Ruhig die Formalien des weiteren Prozesses aufzeigen. Da bin ich froh, das ist nämlich ganz schön kompliziert, an was da alles zu denken ist…"

10.2 Einleitung

Das Arbeitsverhältnis ist ein auf Dauer angelegtes Schuldverhältnis. Es kann also nicht durch einmaligen Austausch von Leistungen (wie z. B. beim Kaufvertrag) beendet werden, sondern erst beim Vorliegen besonderer Beendigungsgründe. An diese sowie an die Form der Beendigung werden zumindest bei arbeitgeberseitiger Beendigung besondere Ansprüche gestellt, die in der nachstehenden Tabelle im Überblick und im Anschluss näher betrachtet werden.

Einleitung

Tabelle 50: Möglichkeiten der Beendigung eines Arbeitsverhältnisses

Beendigung			
	Kündigung		Sonstige
Arbeitnehmerseitige Kündigung Überwiegend persönliche Gründe (kaum beeinflussbar) Überwiegend betrieblich Gründe (bedingt beeinflussbar)	Arbeitgeberseitige Kündigung		Einseitig Arbeitgeber oder -nehmer: Anfechtung (§§ 119, 123 BGB) Tod des Arbeitnehmers (§ 613 S. 1 BGB)
	Ordentlich	Außerordentlich	
	Voraussetzungen		
	§ 626 BGB	§ 620–625 BGB	
	Kündigungserklärung (Zugang nach §§ 130ff BGB) Kein Kündigungsverbot (z. B. §§ 9 MuSchG, 15 KSchG, 15ff SchwbG, 18 BEEG) Anhörung des Betriebsrates (§ 102 BetrVG)		Im Einvernehmen: Aufhebungsvertrag (§§ 397 Abs. 2, 305 BGB) Befristeter Arbeitsvertrag (§ 620 BGB und TzBfG) Mit Erreichen der Altersgrenze, wenn vereinbart
	Rechtsschutz, Kündigungsschutzklage		Dritte Instanz: Gerichtsentscheidung (§§ 9, 12, 16 KSchG)
	§ 13 Abs. 1, S. 2 KSchG	§ 4 KSchG	

Altersgrenze: sozialversicherungsrechtliche Regelaltersgrenze
BEEG: Bundeselterngeld und Elternzeitgesetz
BetrVG: Betriebsverfassungsgesetz
BGB: Bürgerliches Gesetzbuch
KSchG: Kündigungsschutzgesetz
MSchG: Mutterschutzgesetz
SchwbG: Schwerbehindertengesetz
TzBfG: Teilzeit-und Befristungsgesetz

Zunächst wird die arbeitnehmerseitige Fluktuation, deren Höhe und Gründe betrachtet. Anschließend werden Ansatzpunkte der Reduktion einer als zu hoch empfundenen Fluktuationsquote erörtert.

Der zweite Abschnitt ist der arbeitgeberseitigen Kündigung gewidmet, wobei nach der personen- und verhaltensbedingten Kündigung der betrieblich bedingten Kündigung Augenmerk geschenkt wird. Da bei der arbeitgeberseitigen Kündigung insbesondere auch rechtliche Bedingungen zu berücksichtigen sind, werden hier arbeitsrechtliche Hinweise direkt aufgegriffen.

Sowohl bei der freiwilligen, wie auch der arbeitgeberseitig initiierten Kündigung kommen dem Arbeitgeber im Trennungsprozess Aufgaben zu, die dann betrachtet werden. Darunter Austritts- bzw. Trennungsgespräch sowie die Ausstellung von Arbeitszeugnissen. Ein Mittel, um betrieblich bedingte Kündigungen für beide Seiten erträglicher zu gestalten, bietet das Outplacement. Die Entlassung, die arbeitgeberseitige Kündigung, stellt vor sozialem, betrieblichem und rechtlichen Hintergrund die Ultima Ratio-Lösung dar. Daher umfasst der Begriff der Personalfreistellung bzw. -setzung nicht nur die Verminderung einer mittels Personalbedarfsplanung festgestellten Personalüberdeckung, sondern ebenso alle Aktivitäten zur Vermeidung von Personalfreistellung (vgl. Kammel, A. (2003), Sp. 1344, Böckly, W. (1999)). Als weitere Wege der Personalreduktion werden daher, nach einem kurzen Abriss zu Befristungsmöglichkeiten und

Aufhebungsverträgen, Altersteilzeit und vorzeitiger Ruhestand aufgezeigt. Das Thema Leiharbeit wurde bereits bei der Personalgewinnung erörtert und wird daher in diesem Kapitel ausgeklammert. Auf die Personalkostenreduktion unter Vermeidung von Abbau zielen Maßnahmen wie Einstellungsstopps, arbeitszeitbezogene Maßnahmen, darunter Kurzarbeit, Sabbaticals und Arbeitszeitverkürzung, sowie entgeltbezogene Maßnahmen, z. B. Streichung von Zusatzleistungen, kollektiver Entgelt(steigerungs)verzicht und das Angebot von Mitarbeiterkapitalbeteiligungsmaßnahmen. Diese Möglichkeiten werden anhand wesentlicher Kriterien in einer vergleichenden Gegenüberstellung bewertet.

Abbauprozesse sind schwierig für die gesamte Organisation und deren Individuen. Daher werden Auswirkungen für die Betroffenen, die die Organisation verlassen (müssen), aber auch die weitere Entwicklung der Organisation selbst abschließend noch einmal aufgegriffen.

Unter den rechtlichen Hinweisen findet sich dann ergänzend die Einbindung der Arbeitnehmervertretung.

10.3 Ungewollte Fluktuation

Unter Fluktuation können grundsätzlich alle Formen von Personalabgängen verstanden werden. Die Formulierung „alle Formen" umfasst die Initiative des Arbeitnehmers und des Arbeitgebers sowie weitere Begründungen, wie Erreichen der Regelaltersrente oder Tod (vgl. Führung, M. (2006), S. 189).

Unter dem Begriff der ungewollten Fluktuation wird hier auf die arbeitnehmerseitige Kündigung fokussiert. Dieser Wert kann durch die BDA-Formel, die Berechnungsweise des Bundesverbandes der Deutschen Arbeitgeberverbände (BDA), ermittelt werden, die sich neben anderen Kennziffern durchgesetzt hat (vgl. Schulte, C. (2002), S. 182). Mit der BDA-Formel werden freiwillig ausgeschiedene Beschäftige zum durchschnittlichen Personalbestand in Beziehung gesetzt, das Ergebnis wird als Prozentzahl angegeben.

Während die grundsätzliche Bereitschaft für berufliche Veränderungen mit 40 % (bei einer zufällig gewählten Stichprobe von 3000 Befragten) recht hoch ist, nehmen sich die tatsächlichen Abgänge eher gering aus (vgl. Reppesgaard, L., Bialluch, M. (2008), S. 22).

Ein großer Anteil an Kündigungen erfolgt bereits während der Probezeit und in den folgenden 2–3 Jahren. Danach nimmt die arbeitnehmerseitige Fluktuation stark ab. Diese sog. Frühfluktuation kann zum einen Optimierungspotenzial bei der Personalgewinnung und der -auswahl indizieren: Das Unternehmen wird auf dem Arbeitsmarkt anders dargestellt bzw. wahrgenommen, als es den tatsächlichen Gegebenheiten entspricht. Es erscheint daher für Mitarbeiter/-gruppen attraktiv, die sich in der Unternehmensrealität nicht wiederfinden. Oder/und die Eignung wird in der Auswahl nicht korrekt diagnostiziert, weil beispielsweise der spezifische Bezug zur Tätigkeit und zum Unternehmen zu gering ausgeprägt ist. Zum anderen kann eine hohe Frühfluktuation darauf hinweisen, dass der Integrationsprozess nicht optimal begleitet wird. Notwendige Bedingung einer erfolgreichen Integration ist dabei die administrativ/organisatorische Seite, hinreichend ist dagegen nur die soziale Einbindung, wie unter Personalgewinnung und -auswahl beschrieben. (Vgl. Eisele, D., Horender, U. (2000), S. 14).

Die Höhe der Fluktuation variiert außerdem mit folgenden außer- und innerbetrieblichen und individuellen Faktoren (in Anlehnung an Türk, (1978), S. 173):

- Personalabhangige Determinanten: Höher sind die Fluktuationsraten mit geringem Dienst- und Lebensalter, bei (verheirateten) Frauen und ledigen Männern, instabilen Wohnverhältnissen und ungünstiger Verkehrsanbindung sowie bei (ungelernten) Arbeitern.
- Betriebsabhangige Determinanten: Die Fluktuationsrate steigt in Ballungsgebieten, großen Betrieben, mit wenig Weiterbildungsmöglichkeiten und fehlenden Aufstiegschancen sowie einem als schlecht empfundenem Betriebsklima.
- Technisch-organisatorische Bedingungen: Zunehmende Fluktuationsraten finden sich mit höherer Belastung durch den Arbeitsprozess und die Arbeitsumgebung sowie im Schichtbetrieb.
- Außerberbetriebliche Determinanten: Die Fluktuation ist im Frühjahr und Herbst höher, während eines Konjunkturhochs, und bei geringen Arbeitslosenzahlen.

Um Fluktuation effektiv handhaben zu können, ist es für das Unternehmen erforderlich, die wesentlichen Einflussfaktoren auf deren Höhe zu ermitteln und ggf. entsprechend zu beeinflussen.

> **Beispiel 53: Fluktuationsquote/n eines Versicherers**
> Das Versicherungsunternehmen mit insgesamt rund 1000 festangestellten Mitarbeitern im Außen- und Innendienst ist vorwiegend im Lebensversicherungsgeschäft tätig.
> Die Fluktuationsrate für das letzte Jahr ergibt sich durch folgende Rechnung: Von den 1002 Mitarbeitern zum Jahresanfang wird der Endbestand (922 Mitarbeiter) abezogen. Damit ergibt sich ein durchschnittlicher Personalbestand von 960 Mitarbeitern.
> Freiwillig ausgeschieden sind im ganzen Jahr 48 Mitarbeiter. Ins Verhältnis gesetzt bedeutet das eine Fluktuationsrate von 5 %. Dabei ist die Fluktuation im Außendienstbereich deutlich höher als im Innendienst. Die Quote wird als unbedenklich gesehen. Sie war die letzten Jahre recht stabil und hat sich nur unwesentlich erhöht. Dies verwundert allerdings vor dem Hintergrund der konjunkturellen Bedingungen. Daher soll die Entwicklung im Auge behalten werden. Zudem werden Abgangsgespräche eingeführt, um die Gründe der Kündigenden zukünftig strukturiert zu erfassen. Diese Möglichkeit gab es bislang nicht. Außerdem gibt es einzelne Bereiche in denen genauer hingeschaut werden soll.

Zur Visualisierung der Fluktuationsgründe und Einflussmöglichkeiten des Betriebes kann ein spezifisches Portfolio dienen. In Abbildung 69 ist, angelehnt an den Fluktuationsbericht der damaligen Karstadt AG (1990), eine fiktive Verteilung veranschaulicht.

Um ein solches Portfolio aufstellen zu können, sind die Gründe für die Fluktuation jeweils zu erfragen, festzuhalten und dann deren Beeinflussbarkeit einzuschätzen. Zur Ermittlung der Gründe für die Fluktuation bieten sich Austrittgespräche an. Ablauf und Inhalte eines solchen Austrittgesprächs werden nach der Betrachtung der arbeitgeberseitigen Kündigung aufgegriffen.

Außerdem sind Konsequenzen, die die spezifische Fluktuation nach sich zieht, in die Überlegungen einzubeziehen. Denn der Abgang von Schlüsselpersonen kann für ein Unternehmen dramatische Folgen haben. Die Identifikation von diesem Personenkreis ist daher ein Ansatz-

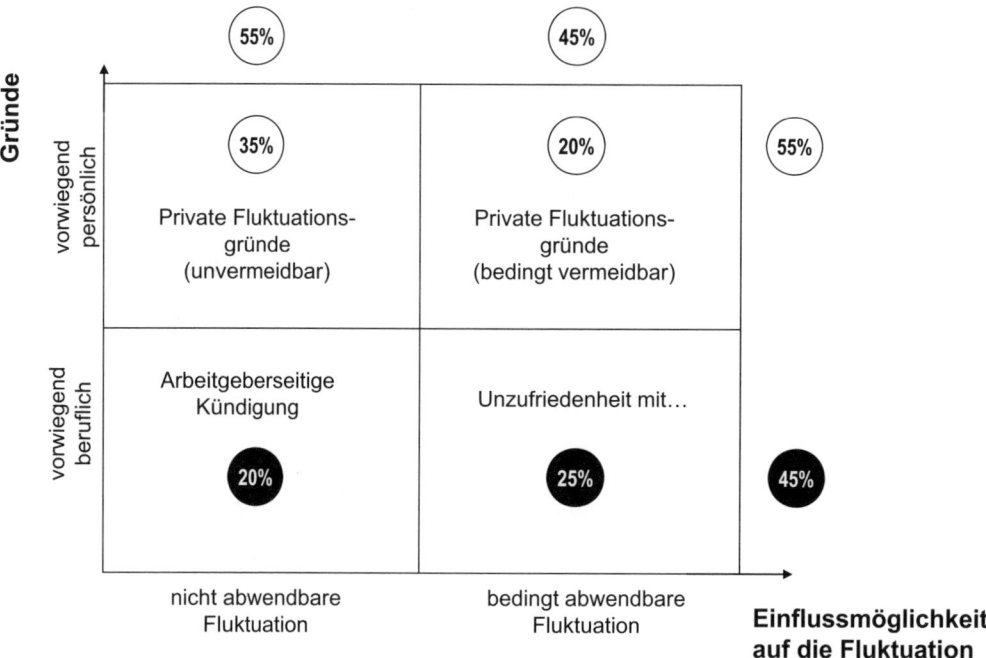

Abbildung 69: Portfolio der Fluktuationsgründe

punkt der Vorbeugung (vgl. Führing, M. (2006), S. 184ff.). Mit Blick auf die Nachhaltigkeit und Risikominimierung sollte ein weiterer Ansatzpunkt verfolgt werden: Ziel ist es, die Abhängigkeit organisatorischer Prozesse von bestimmten Personen zu verringern und weitere Maßnahmen zur Schadensreduktion bei drohender oder erfolgter Fluktuation einzuführen.

Empfehlungen mit Blick auf geeignete Maßnahmen im Umgang mit der Fluktuation betreffen daher zum einen die präventive Vermeidung und zum anderen geeignete Reaktionen (vgl. Führing, M. (2006), S. 295):

- In der Prävention steht zunächst ein allgemeiner Verweis auf die Mitarbeiterbindung: Mögliche Maßnahmenbereiche betreffen die Entgeltgestaltung im Sinne von wettbewerbsfähigen Strukturen und Höhen sowie Angebote von (betriebszugehörigkeitsabhängigen) Erfolgs- und Kapitalbeteiligungen, betrieblicher Altersversorgung etc. Weitere Felder sind Personalentwicklung und Karrieremanagement, mit einem attraktiven Angebot der Weiterbildung und Möglichkeiten der Potenzialentfaltung sowie die Gestaltung der Arbeits- und Führungssituation, also Arbeitszeitmodelle, Arbeitsumfang und Arbeitsinhalt, die eine optimale Belastung bieten, aber auch gesunde Arbeitsbeziehungen und eine intakte Führungskultur. Um nicht dem Gießkannenprinzip zu unterliegen, sind eine offene Feedbackkultur, regelmäßige Feedbackgespräche und Mitarbeiterbefragungen zur stetigen Rückkoppelung Pflicht (vgl. Reppesgaard, L. Bialluch, M. (2008), S. 24). Mehr dazu findet sich im Kapitel Personalcontrolling.
- Ebenfalls bereits antizipativ können Maßnahmen zur Reduktion des Schadens im Fluktuationsfall gestaltet sein. So können Arbeitsverträge durch die Aufnahmen von Rückzahlungs-

klauseln bei Personalentwicklungsmaßnahmen, Wettbewerbsverbote, Kündigungsfristen oder Nachfluktuationskooperation, entsprechend ausgestaltet werden. Längere Kündigungsfristen können auch für den Arbeitnehmer vertraglich vereinbart werden. Die Fristen dürfen allerdings nie länger sein als für den Arbeitgeber.
- Zudem kann die Organisation durch Vorhalten von Flexibilitatsreserven und Substitutionspotenzialen, z. B. über Tandemkonzepte, Job Rotation und Vertretungsstrukturen, und den Aufbau eines Wissensmanagements, also Transfer des individuellen Wissens in kollektives Wissen, Explizierung impliziten Wissens usw., sowie durch Nachfolgeregelungen entsprechend gerüstet werden.
- Wichtig sind darüber hinaus in beiden Fällen eine stabile Kommunikationskultur, das betrifft zum einen die allgemeine Personalkommunikation und Information der Mitarbeiter und insbesondere auch Führungsinstrumente in Form von regelmäßigen Mitarbeitergesprächen: Neben Einstellungs-, Beratungs-, Beurteilungs-, Konflikt(lösungs)gesprächen gehört auch das Austrittsgesprach zu einem vollständigen Gesprächskonzept.

In der Tabelle 51 finden sich diese Ansätze und weitere wesentliche Strukturierungsmerkmale wieder. Zum einen sind die Maßnahmen in die drei Kategorien präventiv, akut und retrograd eingeteilt. Zum anderen wird unterschieden, ob die Maßnahme primär auf die Bindung oder auf die Wissenssicherung (Schadensvermeidung) ausgerichtet ist (in Anlehnung an Steinle, C., Behse, M., Hoffmeister, S. (2009), S. 37ff.).

Tabelle 51: Maßnahmen zur Mitarbeiterbindung und Wissenssicherung

Art der Maßnahme	Erhöhung der Mitarbeiterbindung und -zufriedenheit	Wissenssicherung und -transfer	
		Implizites Wissen	Explizites Wissen
Präventiv	Positives Betriebsklima, vertrauensvolle Unternehmenskultur, Personalentwicklungsmöglichkeiten und finanzielle Attraktivität	Job rotation, Teamarbeit, Nachfolgemanagement, Web 2.0 (Weblogs, Communities, Wikis u. a.)	Datenbanken, Dokumentationen, Ablagesysteme, Austauschrunden und Web 2.0
Akut	Finanzielle Anreize, Karriereschritte, Outplacement-Beratung	Tandembesetzung, intensive Einarbeitungsphase, Storytelling, CIT	Interviews, Dokumentationen, Wissensprofile und Übergabegespräche
Retrograd	Kontaktpflege zu Ehemaligen durch Alumni-Netzwerke)	Ehemalige als Berater, Einkauf neuen Wissens, interne Rekonstruktion	Rekonstruktion anhand von Dokumentationen

10.4 Durch den Arbeitgeber initiierter Austritt

Eine Trennung vom Mitarbeiter kann auch eine betriebliche Notwendigkeit werden. Dies auf Grund von betrieblichen Entwicklungen, z. B. Einbruch der Auftragslage, aber auch aus persönlichen oder verhaltensbedingten Gründen, die in der Sphäre des Mitarbeiters liegen. Neben dem letzten Mittel, der Kündigung, werden hier Austritte dargestellt, die auf Initiative des Arbeitgebers einvernehmlich umgesetzt werden. Darunter fallen einmal die Nicht-Verlängerung bzw. Übernahme von Arbeitnehmern mit befristeten Arbeitsverträgen. Zudem wird dazu der Abschluss eines Aufhebungsvertrages gezählt, an den eine Abfindung gekoppelt ist.

Bei einer Kündigung sind die Bestimmungen des Kündigungsschutzgesetzes zu beachten. Dieses greift nach sechsmonatiger Zugehörigkeit bei Unternehmens mit mehr als zehn Mitarbeitern (§§ 1 und 23 KSchG). Danach ist zur Wirksamkeit einer Kündigung erforderlich, dass einer der bereits benannten und in § 1 Abs. 2 KSchG genannten Kündigungsgründe besteht:

- Personenbedingte Kündigungsgründe (insbesondere Krankheit: lang andauernde Krankheit oder häufige Kurzerkrankungen, Wegfall der Arbeitserlaubnis, Haft),
- verhaltensbedingte Kündigungsgründe (z. B. Straftaten gegen Arbeitgeber oder Kollegen, häufige Verspätungen) oder
- dringende betriebliche Erfordernisse (bspw. Schließung einer Abteilung, Wegfall einer bestimmten Position durch unternehmerische Entscheidung, Betriebsstilllegung).

Auf diese drei Aspekte wird nachfolgend eingegangen (vgl. Lippertheide, P. J. (2005), S. 129ff.). Einen weiteren Punkt bildet die außerordentliche Kündigung. Diese ist nur wirksam, wenn dem Kündigenden nicht zumutbar ist, das Arbeitsverhältnis bis zum Ablauf der Kündigungsfrist aufrechtzuerhalten (vgl. § 626 Abs. 1 BGB). Dieser Fall tritt praktisch fast ausschließlich durch das Verhalten des Arbeitnehmers bedingt ein und wird daher an dieser Stelle aufgegriffen.

10.4.1 Ordentliche Kündigung

Formaljuristisch ist die Kündigung eine einseitige empfangsbedürftige Willenserklärung, die die rechtliche Beendigung des Arbeitsverhältnisses bewirken soll. Die Kündigung muss wirksam unterzeichnet sein. Die Kündigung wird wirksam mit ihrem Zugang beim Empfänger. Eine Annahme durch den Gekündigten ist nicht erforderlich. Bei der ordentlichen Kündigung sind von beiden Arbeitsvertragsparteien Kündigungsfristen einzuhalten. § 622 I BGB bestimmt eine Grundkündigungsfrist von 4 Wochen zum Fünfzehnten oder zum Monatsende. Hat das Beschäftigungsverhältnis länger bestanden, so verlängert sich die Frist für eine Kündigung durch den Arbeitgeber je nach Beschäftigungsdauer des Arbeitnehmers gem. § 622 II BGB auf bis zu 7 Monate zum Ende eines Kalendermonats. Von diesen Vorschriften kann nach § 622 IV BGB (auch zu Ungunsten der Arbeitnehmer) durch Tarifverträge abgewichen werden.

Der Kündigung eines Arbeitsverhältnisses muss immer eine Prognoseentscheidung zu Grunde liegen:

- Bei der krankheitsbedingten Kündigung ist eine Prognoseentscheidung dahingehend notwendig, ob aus den krankheitsbedingten Ausfallzeiten in der Vergangenheit die Schlussfolgerung gezogen werden kann, dass auch in der Zukunft mit ähnlichen Ausfallzeiten und Entgeltfortzahlungsbelastungen zu rechnen ist.
- Bei der verhaltensbedingten Kündigung kommt es nicht in erster Linie darauf an, wie gravierend das Fehlverhalten war, sondern, inwieweit mit einer Wiederholung eines solchen Fehlverhaltens zu rechnen ist.

- Bei der betriebsbedingten Kündigung ist die Dauerhaftigkeit des Wegfalls der Stelle anzunehmen.

In der nachstehenden Tabelle ist die Prüfungsreihenfolge im Überblick dargestellt (mit Änderungen entnommen aus Hromadka, W., Maschmann, F. (2006), S. 391):

Tabelle 52: Prüfungsreihenfolge von Personen-, verhaltens- und betriebsbedingten Kündigungen

	Personenbedingte Kündigung	**Verhaltensbedingte Kündigung**	**Betriebsbedingte Kündigung**
Kündigungsgrund	Erhebliche Beeinträchtigung der betrieblichen Interessen durch dem Arbeitnehmer nicht vorwerfbare Vertragsstörungen.	Dem Arbeitnehmer vorwerfbare Vertragsverletzungen.	Unternehmerische Entscheidung, in deren Folge der Arbeitnehmer nicht mehr vertragsgerecht eingesetzt werden kann.
Prognose	Von zukünftigen Vertragsstörungen ist auszugehen.	Die Wiederholungsgefahr ist hoch.	Einsatzmöglichkeiten entfallen auf Dauer bzw. auf nicht vorhersehbare Zeit.
Ultima Ratio	Versetzung auf einen Arbeitsplatz, auf dem nicht mit den Vertragsstörungen zu rechnen ist (ggf. auch nach zumutbarer Umschulung/Weiterbildung) ist nicht möglich.	Eine vorherige Abmahnung ist erfolgt, außer der Arbeitnehmer konnte nicht mit Hinnahme der Vertragsverletzung rechnen. Kürzung von Leistungen und Versetzung sind nicht möglich oder nicht zumutbar.	Überstunden und ggf. Leiharbeiter im betreffenden Bereich sind abgebaut. Versetzung ist (ggf. auch nach zumutbarer Umschulung/Weiterbildung oder zu geänderten Bedingungen) nicht möglich.
Interessenabwägung bzw. Sozialauswahl	Ursache und Ausmaß der Störung.	Ursache und Ausmaß sowie Folgen, z. B. Betriebsablaufstörungen, der Vertragsverletzung.	Sozialauswahl mit 1. Vergleichsgruppenbildung, 2. Herausnahme von Arbeitnehmern, deren Weiterbeschäftigung im berechtigten betrieblichen Interesse liegt und 3. merkmalsgestützte Auswahl.
	Verlauf des Arbeitsverhältnisses.		Schwerbehinderung
	Dienst-, Lebensalter und Unterhaltsverpflichtungen.		

Das Ultima Ratio-Prinzip des Kündigungsrechtes bedeutet, dass die Beendigungskündigung nur als letztes Mittel eingesetzt werden darf, und zuvor alle anderen Mittel ausgeschöpft worden sein müssen.

Dazu kann auch eine Änderungskündigung gehören, wenn alleine durch die geänderten Vertragsbedingungen damit zu rechnen ist, dass

- der Arbeitnehmer keine erheblichen krankheitsbedingten Ausfallzeiten mehr haben wird (personenbedingt),

- der Arbeitnehmer in Zukunft keine Verhaltensverstöße mehr begehen wird (verhaltensbedingt) oder
- Auftragsrückgänge keine Entlassungen erfordert, sondern eine Reduzierung der Arbeitszeit aller Arbeitnehmer eines bestimmten Bereiches ausreicht (betriebsbedingt).

Kommt kein Einvernehmen zustande, ist die Änderungskündigung der einzige Weg für den Arbeitgeber, um (vertragliche oder aus betrieblicher Übung resultierende) Arbeitsbedingungen abzuändern. Sie wird überall dort nicht gebraucht, wo dem Arbeitgeber Direktionsrecht zukommt. Ein Beispiel hierfür sind Versetzungsklauseln im Vertrag, auf deren Grundlage dem Arbeitnehmer eine andere Tätigkeit oder/und ein anderer Arbeitsort zugewiesen werden kann.

Eine Änderungskündigung beinhaltet eine Kündigung des Arbeitsvertrages, verbunden mit dem Angebot, das Arbeitsverhältnis zu geänderten Bedingungen fortzusetzen. Der Arbeitnehmer hat mehrere Möglichkeiten auf eine Änderungskündigung zu reagieren. Nimmt der Arbeitnehmer ohne Vorbehalte an, besteht die Beschäftigung zu den geänderten Bedingungen fort. Er kann aber auch die Änderung der Arbeitsbedingungen ablehnen und gegen die Kündigung klagen. Die Wirksamkeit der Kündigung wird dann allerdings nur danach beurteilt, ob die vom Arbeitgeber beabsichtigte Änderung der Arbeitsbedingungen sozial gerechtfertigt war. Wenn dies bejaht wird, ist das Arbeitsverhältnis wirksam durch die Änderungskündigung beendet worden. Daher wird meist das Änderungsangebot des Arbeitgebers unter dem Vorbehalt der Überprüfung der sozialen Rechtfertigung akzeptiert. In einem juristischen Prozess wird dann nur die Wirksamkeit der Änderung überprüft. Falls diese vom Gericht bestätigt wird, besteht das Arbeitsverhältnis zu den geänderten Bedingungen fort, ansonsten zu den bisherigen Bedingungen. Das Arbeitsverhältnis bleibt in beiden Fällen grundsätzlich bestehen (vgl. Horsch, J. (1996), S. 151).

10.4.1.1 Personen- bzw. krankheitsbedingte Kündigung

Personenbedingte Gründe, die eine ordentliche Kündigung rechtfertigen können, sind solche, die auf persönlichen Eigenschaften und Fähigkeiten des Arbeitnehmers beruhen. Hierzu zählen vor allem mangelnde körperliche und geistige Eignung, Erkrankungen, die die Verwendbarkeit des Arbeitnehmers erheblich herabsetzen usw. Die Grenzziehung zur verhaltensbedingten Kündigung kann im Einzelfall schwierig sein. Üblich ist, die Abgrenzung so vorzunehmen, dass eine personenbedingte Kündigung vorliegt, wenn die Quelle der kündigungsrechtlich relevanten Störung vom Arbeitnehmer nicht gesteuert werden kann. Soll eine Kündigung auf einen „in der Person des Arbeitnehmers liegenden Umstand" gestützt werden, bedarf sie einer ordentlichen Abwägung der Interessen des Arbeitnehmers und des Betriebes.

Die personenbedingte Kündigung ist meist eine krankheitsbedingte Kündigung, die wiederum in vier Arten vorkommen kann: bei häufigen Kurzerkrankungen, lang andauernder Erkrankung, dauerhafter Leistungsunfähigkeit und erheblicher krankheitsbedingter Leistungsminderung.

Wie in der Tabelle 52 bereits aufgezeigt, erfolgt die Prüfung, ob eine krankheitsbedingte Kündigung sozial gerechtfertigt ist, nach Auffassung des BAG (Bundesarbeitsgericht) grundsätzlich in drei Stufen:

- Es liegt eine negative Prognose hinsichtlich des künftigen Gesundheitszustandes vor: Der Arbeitnehmer ist aufgrund seiner persönlichen Fähigkeiten und Eigenschaften nicht in der Lage, künftig seine arbeitsvertraglichen Pflichten zu erfüllen. Prüfung, ob die entstandenen und prognostizierten Fehlzeiten zu einer konkreten und erheblichen Beeinträchtigung betrieblicher Interessen führen.
- Es gibt keine Weiterbeschäftigungsmöglichkeit des Arbeitnehmers auf einem anderen freien Arbeitsplatz in dem Betrieb oder dem Unternehmen des Arbeitgebers, auf dem sich die mangelnde Eignung des Arbeitnehmers nicht oder kaum bemerkbar machen würde.
- Interessenabwägung, ob die konkrete und erhebliche Beeinträchtigung betrieblicher Interessen zu einer unzumutbaren Beeinträchtigung des Arbeitgebers führt.

Die Anforderungen der Rechtsprechung an eine krankheitsbedingte Kündigung sind hoch. Bei einer lang andauernden Erkrankung wird mittlerweile gefordert, dass für einen Zeitraum von mehr als zwei Jahren eine negative Gesundheitsprognose gestellt werden kann. Bei häufigen Kurzerkrankungen vertritt das BAG die Auffassung, dass eine krankheitsbedingte Ausfallzeit von sechs Wochen in jedem Jahr noch zumutbar sei, da sich dies bereits aus der sechswöchigen Entgeltfortzahlungspflicht nach dem Entgeltfortzahlungsgesetz ergibt. Allgemein wird in der Rechtsprechung der Landesarbeitsgerichte (LAG) zur Kündigung wegen häufiger Kurzerkrankungen darauf abgestellt, dass der Mitarbeiter über einen Zeitraum von mindestens drei Jahren Ausfallzeiten von ca. 25 % der gesamten Arbeitstage gehabt hat. Einige Landesarbeitsgerichte setzten diese Grenzen teilweise höher an.

Zur Begründung einer krankheitsbedingten Kündigung und in der Anhörung des Betriebsrates müssen die Krankheitszeiten der letzten Jahre dokumentiert werden. Darüber hinaus sind die Dauer und Aufwendungen der Lohnfortzahlung, die Aufwendungen für eventuell eingesetztes Ersatzpersonal (befristete Arbeitsverträge, Ferienkräfte etc.) und die daraus resultierenden Betriebsablaufstörungen darzulegen. Es wird dann auf einer dritten Stufe eine Abwägung vorgenommen, ob eine Weiterbeschäftigung des Mitarbeiters für den Arbeitgeber zumutbar ist. Dabei wird nicht darauf abgestellt, ob es dem einzelnen Arbeitgeber wirtschaftlich besonders gut oder eher schlecht geht, sondern darauf, ob die Kosten für den häufig erkrankten Mitarbeiter noch in einem zumutbaren Verhältnis zu den Kosten für vergleichbare Mitarbeiter mit durchschnittlichen krankheitsbedingten Fehlzeiten stehen (vgl. Kunz, P. (2002), S. 29).

10.4.1.2 Verhaltensbedingte Kündigung

Als verhaltensbedingte Gründe kommen insbesondere in Betracht: Verspätung, Verletzung der Anzeigepflicht im Krankheitsfall, unentschuldigtes Fehlen, Selbstbeurlaubung, Arbeitsverweigerung, Nebentätigkeit trotz Vorlage einer ärztlichen Arbeitsunfähigkeitsbescheinigung, private Telefongespräche auf Kosten des Arbeitgebers, Rauchen oder Alkoholkonsum auf dem Betriebsgelände trotz Verbot, Alkoholmissbrauch ohne Abhängigkeit, ausländerfeindliche Äußerungen im Betrieb, Beleidigung von Vorgesetzten oder Arbeitgebern, sexuelle Belästigung, Straftaten, Tätlichkeiten im Betrieb usw. (vgl. Hromadka, W., Maschmann, F. (2006), S. 403).

Auch hier ist zu beachten, dass der Pflichtverstoß allein nicht genügt. Vielmehr muss nach dem Prognoseprinzip auch die zukünftige Vertragspflichtverletzung zu befürchten sein oder aber die Vertragsstörung muss so schwerwiegend sein, dass sie sich auch künftig belastend auswirkt und deshalb eine vertrauensvolle Fortführung des Arbeitsverhältnisses als ausgeschlossen erscheinen lässt.

Liegt ein Sachverhalt vor, der eine verhaltensbedingte Kündigung rechtfertigt, steht auch hier als nächster Prüfungsschritt das Ultima Ratio-Prinzip an. Vor einer Kündigung wegen eines Verstoßes im Leistungsbereich, also dem Bereich, den der Arbeitnehmer selbst beeinflussen und steuern kann, muss regelmäßig zuvor wegen eines gleichartigen Verhaltensverstoßes abgemahnt worden sein. Grundsätzlich gibt es keine Frist, aber die Abmahnung verliert bei einem zwischenzeitlich unbelasteten Arbeitsverhältnis nach 2–3 Jahren an Wirkung. Sie sollte dann aus der Personalakte entfernt werden. Dass der Mitarbeiter einen bestimmten Verhaltensverstoß begangen hat, deswegen abgemahnt wurde, und erneut einen gleichartigen Verhaltensverstoß begeht, legt nahe, dass der Mitarbeiter auch in Zukunft auffällig werden wird. Die Formulierung der Abmahnung und die exakte Beschreibung des Verhaltens sind für den Erfolg in einem möglichen Kündigungsschutzprozess ausschlaggebend. Eine Abmahnung muss generell eine Hinweis- und eine Warnfunktion erfüllen.

Der Mitarbeiter soll auf ein konkretes, räumlich und zeitlich definiertes Fehlverhalten aufmerksam gemacht werden. Weiterhin muss die Abmahnung die Aufforderung enthalten, ein solches Fehlverhalten künftig zu unterlassen, und die Kündigung ist für den Wiederholungsfall ausdrücklich anzudrohen. Da die Abmahnung nicht nur für den Mitarbeiter selbst gedacht ist, sondern auch vor dem Arbeitsgericht entscheidende Bedeutung hat, muss der Sachverhalt für einen Außenstehenden verständlich dargelegt werden. Nachfolgend ist anhand eines Beispiels einer möglichen Formulierung einer Abmahnung wegen Verstoß gegen arbeitsvertragliche Pflichten angeführt.

> **Beispiel 54: Abmahnungsschreiben beim Modehaus Marlies GmbH & Co. KG (Phantasiename)**
> Das Familienunternehmen mit drei Verkaufshäusern im Nordwesten Deutschlands beschäftigt fast 200 Mitarbeiter und erzielt rund 20 Mio. € Umsatz. Folgendes Schreiben erging an Susanne Party, Haus 1, Damenoberbekleidung:
> „Bedauerlicherweise müssen wir Sie darauf hinweisen, dass Sie Ihre arbeitsvertraglichen Pflichten einzuhalten haben. Folgende Sachverhalte liegen dieser Abmahnung zu Grunde:
> Sie kamen im letzten Monat jeweils an allen Montagen sowie teilweise auch an den Freitagen mehr als 30 Minuten zu spät zur Arbeit. Ihre Vorgesetzte Frau Pingel hat uns zudem mitgeteilt, dass Sie an diesen sowie an weiteren Tagen des Öfteren Kunden mit dem Hinweis auf Zeitmangel abgewiesen haben, obwohl Sie im Anschluss Kaffe tranken oder im Gespräch mit Kollegen waren und keiner anderen erforderlichen Tätigkeit im Rahmen Ihrer Arbeit nachgegangen sind.
> Jede einzelne dieser Verhaltensweisen kann von uns nicht hingenommen werden. Wir bitten Sie hiermit eindringlich, sich an Ihre Verpflichtungen aus dem Arbeitsvertrag zu halten und weisen Sie nachdrücklich darauf hin, dass wir uns vorbehalten, Ihr Arbeitsverhältnis im Wiederholungsfall zu kündigen. Dies gilt für jede einzelne Verfehlung, wie Zuspätkommen, Ablehnung oder grobe Unhöflichkeit gegenüber Kunden.
> Wir bitten Sie, uns den Erhalt dieser Abmahnung auf dem beigefügten Zweitexemplar zu bestätigen. Diese Kopie wird zu Ihrer Personalakte genommen, eine weitere erhält der Betriebsrat zur Kenntnis.
> Mit freundlichen Grüßen"

Wird wie im Beispiel eine Verkäuferin abgemahnt, weil sie an bestimmten Tagen zu spät zur Arbeit kam und/oder nach Beobachtungen (des Vorgesetzten/von Kollegen) zu bestimmten Zeiten Kunden ohne Grund abgewiesen hat, dann ist anhand dieser Tatsachen zu erkennen, dass zu Recht abgemahnt wurde. Wenn die Geschäftsleitung eines Warenhauses dagegen einem Mitarbeiter einen Hinweis erteilt, er bediene Kunden schlecht und sei darüber hinaus unpünktlich, so wird sich dieser höchstwahrscheinlich mit Erfolg gegen eine Kündigung wehren können, wenn nicht konkrete Vorfälle nachgewiesen werden können, die diese Behauptungen belegen. Da jede Abmahnung die Drohung mit einer Kündigung im Wiederholungsfall enthält, sind Abmahnungen sparsam einzusetzen. Wenn sich in der Personalakte eines Mitarbeiters drei oder vier Abmahnungen zu gleichartigen Verhaltensverstößen befinden, kann die Drohung als „leer" angenommen werden. Die Abmahnungen verlieren dann an Verwertbarkeit für einen Kündigungsschutzprozess. Gleichzeitig ist zu beachten, dass der Ausspruch einer Abmahnung ein Verzeihen des abgemahnten Verhaltens beinhaltet. Es ist also nicht möglich, zunächst eine Abmahnung auszusprechen und dann auf denselben Sachverhalt noch eine Kündigung zu stützen. Der Sachverhalt ist in einem solchen Fall für eine Kündigung nicht mehr verwertbar.

Eine Abmahnung ist entbehrlich bei Verstößen, die das notwendige Vertrauensverhältnis zwischen Arbeitgeber und Arbeitnehmer unwiderruflich zerstören. Beispiele für derart schwere Pflichtverletzungen sind insbesondere Eigentums- bzw. Vermögensdelikte (Diebstahl, Unterschlagung oder Betrug). Regelmäßig wird hier dann auch die außerordentliche Kündigung ausgesprochen.

10.4.1.3 Außerordentliche Kündigung

Maßgebliche für die außerordentliche Kündigung ist § 626 BGB. Auf das Recht jeder Vertragspartei zur fristlosen Kündigung eines Dauerschuldverhältnisses aus wichtigem Grund kann nicht verzichtet werden. Es kann auch nicht durch kollektive Regelungen (Tarifvertrag oder Betriebsvereinbarung) eingeschränkt werden. Die außerordentliche Kündigung muss nicht zwingend fristlos sein, in der Praxis wird sie jedoch meist als fristlose Kündigung ausgesprochen. Statt von außerordentlicher wird daher synonym von fristloser Kündigung gesprochen.

Eine außerordentliche Kündigung ist immer dann möglich, wenn ein wichtiger Grund vorliegt, d. h. wenn die Weiterführung des Arbeitsverhältnisses bis zum Ablauf der ordentlichen Kündigungsfrist für die kündigende Vertragspartei unzumutbar ist. Wichtig ist dabei die Beachtung der Zwei-Wochen-Frist des § 626 Abs. 2 BGB: Die fristlose Kündigung kann nur innerhalb von zwei Wochen nach dem Zeitpunkt erfolgen, in dem der Kündigungsberechtigte (i. d. R. die Geschäftsleitung, der Personalleiter oder auch der zuständige Personalverantwortliche) vom Kündigungssachverhalt Kenntnis erlangt hat. Es ist dabei zu beachten, dass innerhalb dieser Frist ggf. auch noch der Betriebsrat angehört werden muss (vgl. Teschke-Bährle, U. (2006), S. 143ff.).

10.4.1.4 Betriebsbedingte Kündigung

Bei der betriebsbedingten Kündigung müssen dringende betriebliche Erfordernisse die Kündigung bedingen. Diese können sich sowohl aus innerbetrieblichen Umständen (Umstellung/Einstellung der Produktion, geänderte Produktpalette etc.) als auch aus außerbetrieblichen Umständen (Auftragsrückgang etc.) ergeben und müssen den Wegfall eines oder mehrerer Arbeitsplätze zur Folge haben. Zudem darf keine anderweitige Beschäftigungsmöglichkeit in demselben Betrieb oder einem anderen Betrieb des Unternehmens bestehen. Eine unternehmerische Entscheidung geht dem Wegfall des Arbeitsplatzes bzw. der Arbeitsplätze voraus. Der Arbeitgeber entscheidet beispielsweise, dass er den Auftragsrückgang mit der Schließung eines bestimmten Betriebes auffangen will. Dieses bedingt wiederum die Entlassung einer bestimmten Anzahl von Mitarbeitern.

Die unternehmerische Entscheidung wird grundsätzlich vor Gericht nicht überprüft. Es findet allenfalls eine Willkürkontrolle statt. Anerkannt ist mittlerweile sogar (im Vergleich zu früher) eine Leistungsverdichtung bei gleichzeitiger Entlassung eines Teils der Mitarbeiter als Grundlage.

Dass gerade der Arbeitsplatz des entlassenen Arbeitnehmers wegfällt, ist nicht erforderlich. Die hinter der Kündigung stehenden Ursachen müssen sich lediglich auf die Einsatzmöglichkeiten der gekündigten Arbeitnehmer auswirken.

Bei jeder betriebsbedingten Kündigung hat nach § 1 III KSchG eine sog. Sozialauswahl zwischen den betroffenen Arbeitnehmern und den mit ihnen vergleichbaren Kollegen des Betriebes stattzufinden. Vergleichbar sind alle Mitarbeiter, die direkt oder nach einer kurzen Einarbeitungszeit (bis etwa 3 Monate) dieselben Tätigkeiten ausüben können. Es gilt der Grundsatz der betriebsbezogenen Sozialauswahl, was jedoch durch eine Versetzungklausel im Arbeitsvertrag aufgehoben werden kann. Ebenfalls seit 2004 können aus dieser Sozialauswahl (ca. 10 %) Leistungsträger ausgeschlossen werden, die unentbehrlich sind. Die Sozialauswahl selbst ist seit 2004 laut § 1 Abs. 3 KSchG zwingend an der Dauer der Betriebszugehörigkeit, Lebensalter, Unterhaltspflichten und eine vorliegende Schwerbehinderung festzumachen. Die Mitglieder des oben definierten Personenkreises werden dann anhand der Kriterien verglichen. Gegenüber den sozial weniger schutzwürdigen Mitarbeitern ist dann die betriebsbedingte Kündigung auszusprechen.

In der Praxis kommt es nach betriebsbedingten Kündigungen in sich möglicherweise anschließenden Arbeitsgerichtsprozessen meist zu einvernehmlichen Beendigungen der Arbeitsverhältnisse gegen Zahlung von Abfindungen. Für die Abfindungshöhe wird im Allgemeinen eine „Faustformel" von rund einem halben Monatsgehalt pro Beschäftigungsjahr zu Grunde gelegt, wobei die Erfolgsaussichten einer Kündigungsklage einkalkuliert werden. Eine direkte Klagemöglichkeit auf die Zahlung einer Abfindung besteht nicht.

10.4.1.5 Massenentlassungen

Sind von den Auswirkungen der betrieblichen Entscheidung nicht nur einzelne oder kleinere Teile der Belegschaft betroffen, sind weitere Vorgaben zu beachten. Die folgenden Ausführungen beziehen sich auf Massenentlassungen im Sinne von § 17 KSchG. Arbeitgeber und, sofern existent, Betriebsrat sollen dann einen Interessenausgleich und einen Sozialplan aufstellen (§ 112 BetrVG). Außerdem verpflichten die §§ 17, 18 KSchG den Arbeitgeber, vor Aussprache der Kündigungen die Agentur für Arbeit zu kontaktieren. Dieses geschieht über eine Massenentlassungsanzeige, der ggf. eine Stellungnahme des Betriebsrates beizufügen ist.

Im Interessenausgleich geht es um die Form und die Ausgestaltung der Änderungen. Seine Erstellung ist nicht erzwingbar. Im Gegensatz dazu kann der Sozialplan kraft Gesetz erzwungen werden. Dabei handelt es sich um die Einigung über einen Ausgleich und eine Milderung der, aus dem Personalabbau resultierenden wirtschaftlichen Nachteile für die Mitarbeiter. Mögliche Inhalte umfassen:

- Geltungsbereich (räumlich, persönlich, zeitlich),
- Vorgehen im Rahmen der Sozialauswahl,
- Versetzungs- und Umsetzungsregelungen, insbesondere Zumutbarkeitskriterien und ggf. Erstattungsansprüche,
- Abfindungsregelungen und ggf. ergänzende finanzielle Ausgleichsansprüche,
- Regelungen zu Betriebsrenten,
- Regelungen für ältere Arbeitnehmer, z. B. Altersteilzeit,
- Beschäftigungssichernde Maßnahmen wie freiwillige Teilzeitarbeit,
- Qualifizierungsmaßnahmen,
- Weitere Regelungen, wie bevorzugte Einstellung, sollten Arbeitsplätze wieder zu besetzen sein,
- Beratung der Arbeitnehmer durch Outplacement, wie im separaten Unterkapitel erläutert, oder auch in Transferagenturen oder -gesellschaften (vgl. Dilger, A. (2004), Sp. 1771ff.).

Werden viele Mitarbeiter in relativ kurzer Zeit freigesetzt, werden Qualifizierungs- und Vermittlungsaufgaben durch Transfergesellschaften oder -agenturen wahrgenommen. Bei der Transferagentur (TA) werden diese Leistungen innerhalb der Kündigungsfrist durch einen externen Dienstleister durchgeführt, der eine Qualitätssicherung nachweisen muss. Die Arbeitnehmer sind weiterhin beim Unternehmen beschäftigt. Allerdings kann die Agentur für Arbeit anfallende Kosten anteilig und in vorgegebenem Rahmen übernehmen. Transfergesellschaften (TG) können sich an eine Transferagentur anschließen oder aber auch unabhängig davon eingerichtet werden. Bei der TG wird den Betroffenen ein auf maximal 12 Monate befristetes Beschäftigungsverhältnis angeboten. Diese Zeit ist mittels Beratung, Qualifizierung und Vermittlung der beruflichen Neuorientierung zu widmen. Die Beschäftigten beziehen in dieser Zeit Transferkurzarbeitergeld gemäß § 216 b SGB III aus Mitteln der Agentur für Arbeit, das häufig vom alten Arbeitgeber (z. B. auf 80 % des letzten Nettoentgelts) aufgestockt wird. Zudem fallen darüber hinaus Kosten für Einzelmaßnahmen, z. B. das Profiling, an. Das Profiling dient der Feststellung der Eingliederungsaussichten und umfasst die Standortbestimmung, Kompetenzbeurteilung und Ermittlung von Qualifizierungsbedarf einzelner Mitarbeiter. Das Profiling ist dann auch eine persönliche Voraussetzung für eine Förderung im Rahmen einer TG. In beiden Fällen muss der Mitarbeiter von Arbeitslosigkeit bedroht sein und die Stellen müssen wegfallen, um eine Unterstützung der Agentur für Arbeit zu ermöglichen. Werden alle Unterstützungsmöglichkeiten genutzt, bergen die Transferleistungen gegenüber „normalen Entlassungen" kaum Mehrkosten. Sie ermöglichen jedoch den Arbeitnehmern einen sozial verträglicheren Ausstieg und dem Arbeitgeber damit weniger Kündigungsschutzklagen und geringeren Imageschaden. Die Ausgestaltung von Transferagentur oder -gesellschaft ist Bestandteil eines sog. Transfersozialplanes, wie nachstehend im Beispiel auszugsweise verdeutlicht.

> **Beispiel 55: Transfergesellschaft eines Metallbetriebs**
> Der Metallbetrieb mit 650 Mitarbeitern am Standort muss 150 Kräfte entlassen und überführt diese in eine Transfergesellschaft. Neben den üblichen Punkten sind in dem Transfersozialplan der Übertritt in die Transfergesellschaft, Annahmefrist und Verweildauern, Höhe des Aufstockungsbetrags und andere Leistungen geregelt:
> Nr. N: Transfergesellschaft
> I. Allen Arbeitnehmern, die in einem sozialversicherungspflichtigen Beschäftigungsverhältnis gestanden haben, wird angeboten, zur Förderung der individuellen Arbeitsmarktaussichten in eine Transfergesellschaft (TG) einzutreten.
> II. Der Eintritt in die TG erfolgt frühestens am 01.10.2009 bis spätestens 31.03.2010. Der Eintritt erfolgt aufgrund eines dreiseitigen Vertrages, mit dem das gegenwärtige Arbeitsverhältnis beendet und ein neues befristetes Arbeitsverhältnis mit der TG begründet wird.
> III. In der TG erhält der Arbeitnehmer Transferkurzarbeitergeld (KUG) in gesetzlicher Höhe. Der Arbeitgeber wird der TG finanzielle Mittel zur Verfügung stellen, damit der Arbeitnehmer einen Zuschuss zum KUG erhalten kann, der so bemessen ist, dass der Arbeitnehmer insgesamt 85 % des durchschnittlichen pauschalierten Nettoentgeltes aus dem Sollentgelt im Sinne des § 179 SGB III erhält.
> IV. Die maximale individuelle Verweildauer in der Transfergesellschaft beträgt die zweifache individuelle Kündigungsfrist, höchstens jedoch 12 Monate.
> V. Die näheren Einzelheiten werden in einer Vereinbarung zwischen dem Arbeitgeber und der TG geregelt. Diese Vereinbarung ist als Anlage Bestandteil dieses Sozialplans. (In Anlehnung an Brachmann, C. (2009), S. 150ff.)

10.4.1.6 Sonderkündigungsschutz

Bei allen Formen der Kündigung ist der Sonderkündigungsschutz bestimmter Personengruppen zu beachten:

- Nach § 15 KSchG ist eine ordentliche Kündigung der Mitglieder eines Betriebsrates, der Jugend- und Auszubildendenvertretung u. a. ausgeschlossen. Gleiches gilt für Mitglieder entsprechender Wahlvorstände und Wahlbewerber für die Zeit ab Bestellung des Wahlvorstandes bzw. Aufstellung des Wahlvorschlags, bis 6 Monate nach Bekanntgabe des Wahlergebnisses. Während der Dauer des Kündigungsschutzes ist jede ordentliche Kündigung, Ausnahme Betriebsstilllegung nach § 15 IV, V KSchG, also auch die Änderungskündigung oder Massenentlassung ausgeschlossen. Die Vertrauensperson der Schwerbehinderten hat gem. § 96 III SGB IX den gleichen Kündigungsschutz wie Betriebsratsmitglieder.
- § 9 MuSchG enthält ein absolutes Kündigungsverbot. Während einer Schwangerschaft und bis zum Ablauf von vier Monaten nach der Entbindung ist der Ausspruch einer Kündigung absolut unzulässig, wenn dem Arbeitgeber zur Zeit der Kündigung die Schwangerschaft oder Entbindung bekannt war oder innerhalb von 2 Wochen nach Zugang der Kündigung mitgeteilt wird. Dies ganz unabhängig davon, welches Fehlverhalten sich die werdende Mutter hat zu Schulden kommen lassen. Einzige Ausnahme bildet eine Betriebsstilllegung, bei der mit Zustimmung der zuständigen Behörde auch in Mutterschutz befindliche Frauen gekündigt werden können.
- Ähnlich wie während Schwangerschaft und Mutterschutzfristen gibt es nach dem Bundeselterngeld und Elternzeitgesetz während der Elternzeit ein Kündigungsverbot für den Arbeitgeber (§ 18 BEEG). Der Kündigungsschutz gilt, anders als das Mutterschutzgesetz, gleicher-

maßen zu Gunsten von Männern und Frauen. Verboten ist dem Arbeitgeber die Kündigung ab dem Zeitpunkt des Antrags auf Elternzeit, höchstens jedoch ab 8 Wochen vor Beginn der Elternzeit. Er endet mit dem Ende der Elternzeit. Er besteht auch für Arbeitnehmerinnen und Arbeitnehmer, die während der Elternzeit bei ihrem bisherigen Arbeitgeber eine Teilzeitbeschäftigung ausüben.

- Für Schwerbehinderte besteht ein Sonderkündigungsschutz nur hinsichtlich ihrer Schwerbehinderung. Das Integrationsamt (früher Hauptfürsorgestelle) muss aber jeder Kündigung – gleichgültig aus welchem Grund – gem. § 85 SGB IX vorher zustimmen. Die Zustimmung wird in aller Regel nur verweigert, wenn sich die Kündigung auf die Schwerbehinderung oder auf Folgen der Schwerbehinderung (verminderte Leistungsfähigkeit, häufige Erkrankungen) bezieht. Davor soll nämlich der schwerbehinderte Mitarbeiter geschützt werden. Bei Verhaltensverstößen eines schwerbehinderten Mitarbeiters ist eine Kündigung – unter Beachtung der Formalitäten des SGB IX – möglich. Auch eine fristlose Kündigung, die in aller Regel verhaltensbedingt ist, ist möglich. Zu beachten ist, dass die Schwerbehindertenvertretung und das Integrationsamt (Präventionsverfahren § 84 SGB IX) bereits zu einem möglichst frühen Zeitpunkt (z. B. bei Ausspruch einer Abmahnung) eingeschaltet werden müssen.

10.4.1.7 Befristete Arbeitsverträge

Eine Möglichkeit Arbeitsverhältnisse von vorneherein im Einvernehmen zeitlich zu begrenzen, ergibt sich mit der Befristung. In den §§ 14 ff TzBfG finden sich Regelungen zur Zulässigkeit von befristeten Arbeitsverträgen und in den §§ 1, 4, 5 TzBfG Regelungen, durch die befristet Beschäftigte vor Diskriminierung sowie Benachteiligung geschützt werden. Darüber hinaus sollen die Chancen der Arbeitnehmer auf einen Dauerarbeitsplatz erhöht und eine Umgehung der Befristungsvorschriften durch aufeinander folgende befristete Arbeitsverträge (Kettenarbeitsverträge) eingeschränkt werden. Befristet beschäftigt ist ein Arbeitnehmer mit einem auf bestimmte Zeit geschlossenen Arbeitsvertrag. Ein auf bestimmte Zeit geschlossener Arbeitsvertrag liegt nach § 3 I TzBfG vor, wenn seine Dauer kalendermäßig bestimmt ist oder sich aus Art, Zweck oder Beschaffenheit der Arbeitsleistung ergibt.

In § 14 TzBfG ist die Befristung eines Arbeitsverhältnisses grundsätzlich nur beim Vorliegen eines sachlichen Grundes zulässig. Dabei muss der Sachgrund nicht Vertragsinhalt sein, es reicht aus, dass er im Zeitpunkt des Vertragsschlusses objektiv vorlag. Neben Saisonarbeit, wissenschaftlicher Tätigkeit und anderen vom Gesetz nicht abschließend genannten Gründen, werden Befristungen vor allem für die vorübergehende Vertretung eines anderen Arbeitnehmers eingesetzt. Die Vertretung im Fall der Elternzeit wird gesondert in § 21 Abs. 1 BEEG geregelt. Demnach ist nicht notwendig, dass die Vertretungskraft gerade auf dem Arbeitsplatz des Arbeitnehmers in Elternzeit eingesetzt wird. Es reicht, wenn zwischen dem Ausfall des Mitarbeiters in Elternzeit und dem Vertretungsbedarf ein ursächlicher Zusammenhang besteht.

Nach § 14 II TzBfG ist es darüber hinaus grundsätzlich zulässig Befristungen von Arbeitsverhältnissen bis zur Dauer von 2 Jahren ohne besonderen Befristungsgrund zu vereinbaren. Darüber hinaus ist eine dreimalige Verlängerung des befristeten Arbeitsverhältnisses bis zu einer Gesamtdauer von 2 Jahren zulässig. Die Vereinbarung einer sachgrundlosen Befristung ist allerdings nach dem Anschlussverbot des § 14 II S. 2 TzBfG ausgeschlossen, wenn mit demselben

Arbeitgeber bereits zuvor ein un-/befristetes Arbeitsverhältnis bestand. Im Tarifvertrag kann gemäß § 14 II S. 3 TzBfG eine von § 14 II S. 1 TzBfG abweichende Anzahl der Verlängerungs- bzw. der Befristungshöchstdauer, auch zum Nachteil der Arbeitnehmer, vereinbart werden. Eine Verlängerung des befristeten Arbeitsverhältnisses i. S. d. § 14 II S. 1 TzBfG setzt zwingend voraus, dass die Verlängerungsvereinbarung vor Ablauf der ursprünglich vereinbarten Befristung abgeschlossen worden ist, d. h. beide Unterschriften müssen vor Ablauf der ursprünglichen Befristung geleistet werden. Darüber hinaus dürfen die bisherigen Arbeitsbedingungen nicht wesentlich verändert werden. Gesonderte Regelungen finden sich darüber hinaus für Neugründungen und ältere Arbeitnehmer (vgl. Teschke-Bährle, U. (2006), S. 53ff.). Abbauinstrument ist der befristete Vertrag insofern, als dass er nach Ablauf automatisch endet. Wird die Frist oder der Sachgrund erreicht, ist keine Kündigung erforderlich. Dem Arbeitnehmer wird lediglich kein neuer un-/befristeter Vertrag mehr angeboten.

10.4.1.8 Aufhebungsvertrag

Der Aufhebungsvertrag ist ein wichtiges Instrument zur arbeitgeberseitig initiierten Beendigung von Arbeitsverträgen, da er trotz (einmaliger) Kosten für beide Seiten gegenüber der Kündigung Vorteile hat (vgl. Horsch, J. (1996), S. 165). Der Arbeitgeber kann gezielt Mitarbeiter ansprechen und ist nicht an die Kriterien der Sozialauswahl gebunden. Zudem können juristische Prozesse und aus Kündigungen resultierende Imageschäden (weitgehend) vermieden werden. Der Arbeitnehmer verliert zwar dennoch seinen Arbeitsplatz, kann aber dafür ggf. Bedingungen, z. B. Datum, Abfindungshöhe und sonstige Unterstützungsangebote, aushandeln. Einvernehmlich kann grundsätzlich jederzeit jedes Arbeitsverhältnis durch Aufhebungsvertrag beendet werden, § 623 BGB schreibt lediglich die Schriftform vor.

Ein wesentlicher Bestandteil eines Aufhebungsvertrages, der von Arbeitgeberseite aus initiiert ist, ist eine Abfindungszahlung. Diese kann (im Gegensatz zur gerichtlich vorgeschriebenen Abfindung gem. § 9 KSchG) frei vereinbart werden. Die Höhe muss allerdings für den Arbeitnehmer attraktiv sein, da er sonst nicht unterschreiben wird. Meist wird die Höhe an die Betriebszugehörigkeit sowie das aktuelle Monatsgehalt geknüpft, manchmal finden sich zudem Grundbeträge wie in nachstehender Formel: 5000 € (Grundbetrag) + [11 (Dienstjahre) x 4600 € Monatsgehalt/2] = 30 300 € Abfindung brutto.

Im Hinblick auf das Arbeitslosengeld kann die Verhängung einer 12-wöchigen Sperrzeit (gem. § 144 SGB III) vermieden werden, wenn der Arbeitnehmer einen wichtigen Grund für die Annahme der Aufhebung hatte. Ein solcher wird bspw. dann angenommen, wenn (auch ohne den Aufhebungsvertrag) zum gleichen Beendigungszeitpunkt eine sozial gerechtfertigte betriebsbedingte Arbeitgeberkündigung droht oder das Arbeitsverhältnis zu einem Zeitpunkt endet, mit dem die ordentliche Kündigungsfrist eingehalten ist und eine Abfindung von mindestens 0,25 bis höchstens 0,5 Monatsgehältern pro Beschäftigungsjahr an den Arbeitnehmer gezahlt wird. Erhält der Arbeitnehmer eine niedrigere oder höhere Abfindung, wird die Sperrzeit nur dann vermieden, wenn die betriebsbedingte Kündigung des Arbeitgebers im Falle der Durchführung des Kündigungsschutzverfahrens beim Arbeitsgericht sozial gerechtfertigt gewesen wäre, was die Bundesagentur für Arbeit dann prüft. Bei einem Abwicklungsvertrag (Ausscheidensvereinbarung nach Ausspruch einer betriebsbedingten Kündigung) gilt grundsätzlich dasselbe. Neben der Verhängung einer Sperrzeit ist ggf. auch noch ein Ruhenszeitraum nach §§ 143 ff. SGB III zu beachten, wobei Sperrzeit und Ruhenszeiträume dann parallel laufen (und nicht addiert werden).

10.5 Aufgaben im Trennungsprozess

Relativ unabhängig vom Grund der Trennung sind zwei Aufgaben zentral. Dazu gehört zunächst das Austrittsgespräch mit dem Mitarbeiter und zudem die Erstellung und Aushändigung eines Arbeitszeugnisses. Beide Punkte werden im Folgenden angesprochen.

10.5.1 Austrittsgespräche

Das Austrittsgespräch wird klassischerweise im Fall einer arbeitgeberseitigen Kündigung geführt. Der Arbeitgeber muss dem Arbeitnehmer die Kündigung mitteilen, sonst kann sie nicht wirksam werden. So lange es sich nicht um eine außerordentliche Kündigung handelt und das Verhältnis als unwiderbringlich zerrüttet angesehen wird, wird vor oder parallel zur Zustellung der schriftlichen Kündigung in den weitaus meisten Fällen auch ein Gespräch geführt. Das Gespräch wird dann auch als Trennungsgespräch bezeichnet.

Eine Kündigungsmitteilung erfolgt i. d. R. durch die Führungskraft. Diese wird regelmäßig durch einen Vertreter des Personalbereichs unterstützt. Im Gespräch sollte die Nachricht ohne Umschweife erfolgen und gut begründet werden. Diskussionen ebenso wie Details sind dagegen in einem Trennungsgespräch fehl am Platz. Einzelne Modalitäten sollten einige Tage später an- und durchgesprochen werden (vgl. Grüner, S. (2009), S. 101ff.).

Das Durchführen eines Austrittsgesprächs ist aber auch für Mitarbeiter, die das Unternehmen aus eigenem Antrieb verlassen, wichtig und hat Folgen für das weitere Verhalten. Eine Übergabe kann nur erfolgreich verlaufen, wenn der Mitarbeiter gewillt ist, seinem (ehemaligen) Unternehmen trotz der Kündigung noch bis Vertragsschluss seine ganze Leistungskraft zu widmen. Da zudem negative Eindrücke wesentlich stärkere Multiplikatorwirkung erzielen als positive, gilt es eine negative letzte Erinnerung zu vermeiden. Abgesehen von der Mund-zu-Mund Propaganda bleiben Mitarbeiter häufig in der Branche und nehmen gegebenenfalls in der Folge Entscheider-Positionen bei (potenziellen) Lieferanten, Konkurrenten und Kunden ein (vgl. o. V. (2002), S. 8). Möglicherweise kommt der Mitarbeiter sogar eines Tages mit neuem Know-how und unterschiedlichsten Erfahrungen wieder in das Unternehmen zurück. Im Falle eines Austrittsgesprächs mit einem freiwillig ausscheidenden Mitarbeiter (Alumni) ist es wichtig, die Ergebnisse wie im nachstehenden Beispiel strukturiert festzuhalten.

Auch wenn es für den Einzelfall zu spät sein mag, werden so mögliche Ursachen ersichtlich und können, soweit Sie der betrieblichen Beeinflussungssphäre unterliegen, angegangen werden. Zudem sind die Gespräche ein Baustein der Kultur an sich.

Beispiel 56: Leitfaden für Austrittsgespräche bei der Otto KG
Die Otto Gruppe mit Hauptsitz in Hamburg macht im Einzelhandel mit rund 50 000 Mitarbeitern weltweit einen Umsatz von 11,5 Mrd. €. Bei Otto werden Mitarbeitern, die das Unternehmen freiwillig verlassen, folgende Fragen gestellt (gekürzt in Anlehnung an Haufe (o. J.)):

Liebe/r Mitarbeiter/in,
Sie haben sich entschieden das Unternehmen zu verlassen. Gerne würden wir mehr darüber erfahren, was zu Ihrer Entscheidung geführt hat und bitten Sie, sich noch einmal 5 Minuten mit Ihrer Zeit bei Otto auseinander zu setzen. Sie helfen uns mit Ihrem Feedback, dem Anspruch nach stetiger Optimierung nachzukommen. Wir weisen ausdrücklich darauf hin, dass alle Angaben vertraulich behandelt werden. Notwendige Hinweise an den Fachbereich werden nur anonymisiert und verdichtet weitergegeben.
Ihre Personalabteilung

Für meine Entscheidung auszutreten bzw. den Bereich zu wechseln, waren folgende Aspekte von Bedeutung
Bitte kennzeichnen Sie den jeweiligen Aspekt als Hauptgrund ODER ergänzende/n Grund/Gründe!

- Die Führungskraft
- Die Aufgaben in der Position
- Karriere/Entwicklungsmöglichkeiten
- Finanzielle Rahmenbedingungen
- Abfindungsangebot
- Die äußeren Arbeitsbedingungen
- Sonstige Gründe

Bitte konkretisieren Sie die von Ihnen genannten Haupt- und Ergänzungsgründe.

- Die Führungskraft
  Welche Führungsebene meinen Sie?
  Die direkte Führungskraft, die nächsthöhere Führungskraft, sowohl als auch
  Welches Verhalten meinen Sie?
  Überträgt keine Verantwortung, Informiert nicht ausreichend, fehlende Anerkennung, trifft keine zügigen Entscheidungen/Durchsetzungskraft, nicht offen für Kritik, schafft keine motivierende Arbeitsatmosphäre, fördert nicht ausreichend Weiterentwicklung, bezieht Mitarbeiterideen nicht mit ein, fehlende Zuverlässigkeit/Glaubwürdigkeit/Rückendeckung, Sonstiges:
- Die Aufgaben/Position
  Fehlende Einarbeitung, Unterforderung, Überforderung, fehlende Selbstständigkeit, fehlende Vielseitigkeit, fehlende Klarheit der Aufgabenstellung, Aufgabe war anders als im Bewerbungsgespräch beschrieben, Sonstiges
- Die Karriere/Entwicklungsmöglichkeiten
  Fehlende Aufstiegsmöglichkeiten, fehlende interne Weiterbildungsmöglichkeiten , interner Wechsel wird nicht gefördert, Wunsch, andere Branche/Firma kennen zu lernen, Sonstiges
- Finanzielle Rahmenbedingungen
  Zu niedrige Bezahlung, fehlende Leistungsanreize (variables Einkommen), keine Überstundenvergütung, andere Firma zahlt höheres Einkommen, unzureichende Sozialleistungen, Sonstiges
- Die äußeren Arbeitsbedingungen
  Zu lange Arbeitszeiten, fehlende Flexibilität der Arbeitszeitregelung, Arbeitsatmosphäre (Kollegen, Klima), allgemeine Bürokratie, Arbeitsumfeld (Lärm, Belüftung, Klima, Licht), Großraumbüro, unzureichende Arbeitsmittel (Computer, Technik), Sonstiges
- Sonstige Gründe
  Private Gründe (Umzug, Standort), Wunsch ein Studium/Weiterbildung aufzunehmen, Sonstiges

Was Sie uns sonst noch sagen wollen:

10.5.2 Ausstellung eines Arbeitszeugnisses

Wird ein Arbeitsverhältnis beendet, hat der Arbeitnehmer unabhängig von den Gründen der Trennung einen Anspruch auf ein Arbeitszeugnis. Dieser Anspruch auf Erteilung eines Arbeitszeugnisses ergibt sich für Arbeitnehmer aus § 109 Gewerbeordnung (GewO). Daneben kann noch ein Anspruch des Arbeitnehmers auf ein Zwischenzeugnis bestehen, wenn er ein begründetes rechtliches Interesse daran hat. Das ist z. B. der Fall, wenn sich der Arbeitnehmer anderweitig bewerben oder eine Fort- oder Weiterbildungsmaßnahme besuchen will und die Aufnahme von einem Zwischenzeugnis abhängig ist. Will ein Arbeitnehmer lediglich wissen, wie sein Verhalten oder seine Leistung derzeit eingeschätzt werden, begründet dies noch kein Recht auf ein Zwischenzeugnis. Auch wenn der Arbeitnehmer innerhalb des Betriebes seinen Arbeitsplatz wechselt oder einen neuen Vorgesetzten erhält, entsteht nicht notwendigerweise ein Anspruch auf ein Zwischenezeugnis, jedoch auf eine Zwischenbeurteilung. Für Inhalt wie Form gelten die gleichen Grundsätze wie für das Schlusszeugnis.

Generell werden einfache und qualifizierte Zeugnisse unterschieden. Beiden ist gemeinsam, dass sie den Namen des Arbeitnehmers und akademische Titel enthalten müssen. Aufgenommen werden kann (auf Wunsch des Beschäftigten) noch der Beruf des Arbeitnehmers, Anschrift und Geburtsdatum sowie Geburtsort. Die (rechtliche) Dauer des Beschäftigungsverhältnisses ist als Datum korrekt wiederzugeben. Ebenso exakt und vollständig sind die vom Beschäftigten ausgeführten Tätigkeiten anzugeben, damit sich der Leser ein klares Bild über Art und Umfang der Beschäftigung machen kann. Merkmale einer Stellenbeschreibung oder Eingruppierung können bei der Formulierung Verwendung finden. Hat der Arbeitnehmer zeitweilig höher qualifizierte Tätigkeiten ausgeübt oder Vorgesetzte vertreten, sollte dieses ebenfalls in das Zeugnis einfließen. Einfache Zeugnisse umfassen lediglich die Bestätigung und eine kurze Beschreibung der ausgeübten Tätigkeiten. Es bietet damit keine weiteren Informationen für die Auswahlentscheidung und wird normalerweise nur bei geringfügigen oder kurzen Tätigkeiten ausgestellt.

Üblich ist in Deutschland das qualifizierte Zeugnis, das neben den Positionsangaben Beurteilungen zu leistungsbezogenem und sozial relevantem Verhalten der Person enthält (vgl. Huesmann, M. (2008), S. 52): Unter der Leistungsbeurteilung finden sich für gewöhnlich Aussagen zur Arbeitsbefähigung (Können), Arbeitsbereitschaft (Wollen), Arbeitsvermögen (Ausdauer), Arbeitsweise (Einsatz), Arbeitsergebnis (Erfolg), Arbeitserwartung (Potenzial), herausragende Erfolge und Ergebnisse (Verbesserungen, Patente) sowie eine zusammenfassende Leistungsbeurteilung (Zufriedenheitsaussage, Erwartungshaltung). Im Rahmen der Verhaltensbeurteilung wird in der Regel auf Vertrauenswürdigkeit (Loyalität, Ehrlichkeit), Verantwortungsbewusstsein (Pflichtbewusstsein, Gewissenhaftigkeit), Sozialverhalten, zusammenfassende Führungsbeurteilung, Kooperations- und Kompromissbereitschaft, Verhalten zu Vorgesetzten, Gleichgestellten, Untergebenen und Dritten wie z. B. Kunden eingegangen.

Aus der Analyse von Verhalten und Leistungen des Bewerbers in der Vergangenheit wird dann induktiv auf zukünftige Leistungen geschlossen.

Für die Beurteilung wie Erstellung des Zeugnisses gilt grundsätzlich das Wahrheitsgebot wobei die Rechtsprechung dazu notwendige Grundlagen, bspw. Stellenbeschreibungen oder Beurteilungsgrundsätze, nicht weiter thematisiert. Werden jedoch wissentlich falsche Angaben gemacht, kann der Arbeitgeber gegebenenfalls schadenersatzpflichtig werden (vgl. List, K.-H.

(1996), S. 62). Dies ist wesentliche Voraussetzung, damit Zeugnissen eine Informationsfunktion zukommen kann. Das Arbeitszeugnis dient aber auf der anderen Seite als Unterlage für künftige Bewerbungen des Arbeitnehmers und darf dessen weiteres berufliches Fortkommen nicht unnötig erschweren. Daraus resultiert das Gebot des Wohlwollens. Außerdem soll das Zeugnis einen Dritten, der die Einstellung des Zeugnisinhabers erwägt, über diesen aussagekräftig unterrichten. Dafür steht das Klarheitsgebot.

Vor diesem Hintergrund hat sich eine Zeugnissprache entwickelt (vgl. auch im Folgenden Huesmann, M. (2008), S. 60ff., Schwarb, T. M. (1990), S. 12ff., Weuster, A. (1994), S. 116; Zaugg, R. J. (1996), S. 201). Laut § 109 Abs. 2 Satz 2 GewO darf aber ein Zeugnis keine Formulierungen (oder andere Kennzeichnungen) enthalten, die den Zweck haben, eine andere Aussage über den Arbeitnehmer zu treffen, als die offensichtliche. Dieses gesetzliche Verbot von Geheimcodes ist auf Grund mangelnder Abgrenzbarkeit und um den verschiedenen Anforderungen gerecht zu werden dennoch in der Praxis zu finden, wie nachfolgend an einigen (Extrem-)Beispielen verdeutlicht (in Anlehnung an Presch, G., Gloy, K. (1976), S. 172f.).

Tabelle 53: Beispiele für (gemäß § 109 GewO Abs. 2 untersagte) Zeugnissprache und ihre Bedeutung

Leistungsbeurteilung	
... hat alle übertragenen Arbeiten ordnungsgemäß erledigt.	Ein Bürokrat ohne Eigeninitiative
... möchten wir seine Fähigkeit hervorheben, die Aufgaben mit vollem/großem Erfolg zu delegieren.	Drückeberger
... hat sich bemüht, den Anforderungen gerecht zu werden.	Versager
... zeigte für die Arbeit Verständnis.	Faulpelz
... verfügt über Fachwissen und zeigt ein gesundes Selbstvertrauen.	Geringes Fachwissen, „große Klappe"
... hat unserem Unternehmen großes Interesse entgegengebracht.	Aber nichts geleistet
... zeigte Frau Mümmelmann sich den Belastungen gewachsen.	Die Nerven liegen schnell blank
Verhaltensbeurteilung	
... war tüchtig und wusste sich gut zu verkaufen.	Unangenehmer Zeitgenosse
... wann immer Probleme auftraten, zeigte Herr Drückeberger sich stets kompromissbereit.	Zu starke Nachgiebigkeit
... trug durch ihre Geselligkeit zur Verbesserung des Betriebsklimas bei.	Vorsicht, Alkoholikerin!
... bewies stets Einfühlungsvermögen für die Belange der Belegschaft.	Sucht sexuelle Kontakte mit Kollegen
... galt im Kollegenkreis als toleranter Mitarbeiter.	Für Vorgesetzte ein harter Brocken
... verstand er es stets, seine Interessen in unserem Unternehmen durchzusetzen.	Unangenehmer, kompromissunfähiger Typ

Verbreitet und in der Rechtsprechung teilweise sogar gefordert ist die Verwendung von Zeugnissprache, darunter insbesondere der Einsatz von sog. Positivskalen (Heusmann, M. (2008), S. 54). Am Beispiel der abschließenden Leistungsbeurteilung wird mit den folgenden Formulierungen zwischen einer sehr guten, guten, befriedigenden, ausreichenden und ungenügenden Leistung differenziert:

- Er/sie hat die ihm/ihr übertragenen Arbeiten stets zu unserer vollsten Zufriedenheit erledigt.
- Er/sie hat die ihm/ihr übertragenen Arbeiten stets zu unserer vollen Zufriedenheit erledigt.
ODER
Er/sie hat die ihm/ihr übertragenen Arbeiten zu unserer vollen Zufriedenheit erledigt.
- Er/sie hat die ihm/ihr übertragenen Arbeiten zu unserer Zufriedenheit erledigt.
- Er/sie hat die ihm/ihr übertragenen Arbeiten im Großen und Ganzen zu unserer Zufriedenheit erledigt.
- Er/sie hat sich bemüht, die ihm übertragenen Arbeiten zu unserer Zufriedenheit zu erledigen.

Neben diesen Skalen finden sich weitere Formulierungstechniken, die in der Rechtsprechung teilweise auch kritisch gesehen werden:

- Bei der Reihenfolge-Technik werden unwichtige Aussagen vor wichtige Aussagen gestellt, die damit entwertet werden: „Sie war als Einkäuferin für die Beschaffung von Büromaterial, Werkzeugen und Maschinen zuständig."
- Werden Belanglosigkeiten benannt und auf der anderen Seite wichtige Beurteilungsmerkmale weg gelassen, wird auch von Leerstellentechnik gesprochen. Hingewiesen wird damit auf ungenügende Ausprägung der wesentlichen Merkmale: „Geschäftsführerin Lachmaier war stets freundlich und gut aufgelegt."
- Mittels Verwendung mehrdeutige Worte wird gewarnt, es wird auch von Andeutungstechnik gesprochen: „Er ist ein anspruchsvoller und kritischer Mitarbeiter."
- Beim Einsatz des Stilmittels der Verneinung ist das Gegenteil gemeint: „Er erzielte nicht unbedeutende Umsatzsteigerungen."
- Mittels Übertreibung wird die Aussage karrikiert: „Einen Mitarbeiter wie diesen werden wir auf dieser Welt nie wieder bekommen."
- Werden wichtige Punkte nur kurz abgehandelt, kann dies als Geringschätzung gewertet werden. Es wird auch von der Knappheits-Technik gesprochen. Einzige Floskel nach einem langjährigen Arbeitsverhältnis in einer verantwortlichen Position: „Sie hat stets zu unserer vollen Zufriedenheit gearbeitet."

An den letzten Punkt anschließend ist ferner zu beachten, dass ein Zeugnis vollständig sein muss. Insbesondere darf nichts ausgelassen werden, was typischerweise erwartet wird, etwa die Bescheinigung der Ehrlichkeit bei einem Kassierer. Allerdings hat der Arbeitnehmer nach Ansicht der Rechtsprechung kein Recht ein bereits konkret formuliertes Zeugnis einzuklagen; die Zeugnisformulierung bleibt dem Arbeitgeber vorbehalten. Nachstehend ein Beispiel in zwei Versionen: Hintergrund ist die betriebsbedingte Kündigung gegenüber dem Arbeitnehmer. Dessen nachfolgende Kündigungsschutzklage wurde zwar abgewiesen, der Arbeitgeber aber auf die Ausstellung eines wohlwollenden Zeugnisses verpflichtet.

Das Zeugnis ist grundsätzlich schriftlich zu erteilen und zu unterschreiben. Bei der äußeren Form ist darauf zu achten, dass jeder Eindruck einer Geringschätzung (z. B. durch die Verwendung verschmutzten Papiers) vermieden wird. Werden im Geschäftszweig des Arbeitgebers für schriftliche Äußerungen üblicherweise Firmenbögen verwendet, so ist ein Zeugnis nur dann

> **Beispiel 57: Streit um eine Zeugnisformulierung bei der Bauheimer GmbH & Co. KG (Phantasiename)**
> Die Bauheimer GmbH & Co KG setzt mit 36 Mitarbeitern in Montagetätigkeiten ca. 5 Mio. € im Jahr um. Folgendes Zeugnis wurde vom ehemaligen Mitarbeiter vor Gericht (LAG Hamm (2006)) bemängelt.
>
> „Zeugnis (ursprüngliche Version)
> Herr Hampelmann, geboren am 12.01.1960, wohnhaft am Meckertor in Ungeschickt, war vom 01.08.2002 bis 30.04.2003 in unserem Unternehmen als gewerblicher Mitarbeiter beschäftigt.
> Im Rahmen seiner Tätigkeit oblag ihm die Montage von:
>
> - Kunststofffenster
> - Kunststoff-Haustüranlagen
> - Rolladenpanzern
> - Fertigbaurolladenkästen
>
> im Neubau- und Altbaubereich. Er war Kolonnenführer einer aus ihm und einem Mitarbeiter bestehenden Kolonne. Ihm oblag es auch, die jeweils benötigten Fenster, Haustüranlagen etc. auf ein Transportfahrzeug zu laden und das Fahrzeug zu fahren.
> Herr Hampelmann erledigte die ihm übertragenen Aufgaben zu unserer Zufriedenheit, bei zwei von ihm durchgeführten Transportfahrten (am 30.08.2002 und am 11.03.2003) ist es zu Unfällen gekommen, bei denen Fensterelemente vom Fahrzeug gefallen und erheblich beschädigt bzw. zerstört worden sind.
> Wegen Auflösung einer Montagekolonne wurde das Arbeitsverhältnis von Herrn Hampelmann betriebsbedingt zum 30.04.2003 gekündigt."
> Gegen diese ursprüngliche Version hatte der Arbeitnehmer geklagt. Der Arbeitgeber musste das Zeugnis durch die Bescheinigung der Selbständigkeit und der Nichtverantwortlichkeit für benannte Unfälle ergänzen und eine gewünschte Führungsbeurteilung erbringen. Abgelehnt wurden dagegen die Forderungen nach einer korrigierten Leistungsbeurteilung, nach einer Bescheinigung der Zuverlässigkeit und einer Schlussformel. Der Arbeitnehmer erhielt in Folge eine entsprechend angepasste Endversion. Die Prozesskosten wurden auf die Parteien aufgeteilt.

ordnungsgemäß, wenn es auf Firmenpapier geschrieben ist. Rechtschreibfehler, Korrekturen, Einfügungen etc. dürfen nicht vorgenommen werden und berechtigen den Arbeitnehmer eine Neufassung zu fordern. Der Unterzeichner muss, wenn es nicht Unternehmer oder Personalleiter unterschreiben, im Rang deutlich über dem Zeugnisempfänger stehen und auch nach außen hin als Vertreter des Arbeitgebers zu erkennen sein.

Arbeitszeugnisse bauen auf Tätigkeitsbeschreibungen und Leistungsbeurteilungen auf. Diese Grundlagen müssen im Unternehmen eingeführt sein, ansonsten sind Arbeitszeugnisse kaum ordnungsgemäß zu verfassen. Auch wenn hier eine gute Basis vorliegt, stellt die Formulierung von Zeugnissen einen erheblichen Aufwand für das Unternehmen, also Führungskraft und Vertreter des Personalbereichs dar. In Folge und weil das Know-how meist nicht spezifisch entwickelt wird und auch Software nur begrenzt Einsatz findet, sind Zeugnisinhalte in ihrer Aussagekraft kritisch zu sehen. Im Rahmen der Personalvorauswahl ist es daher ratsam sich nicht auf die Aussagen/Interpretationen eines Arbeitszeugnisses zu stützen, sondern allenfalls auf durchgängige/sich wiederholende Tendenzen. Auf der anderen Seite wird alleine das Fehlen von einem oder mehreren Zeugnissen meist negativ ausgelegt und kann zu einem frühzeitigen Ausschluss der Bewerbung führen (vgl. Huesmann, M. (2008), S .140ff.).

10.6 Begleitung durch Outplacement

Outplacement, auch Newplacement genannt, wird im arbeitgeberseitig initiierten Trennungsprozess (immer noch) überwiegend als un-/befristete Einzelberatungen für Führungskräfte eingesetzt. Die unbefristete Einzelberatung zeichnet sich durch ihre hohe Betreuungsintensität und Erfolgsquote aus. So können viele der Outplacement-Teilnehmer innerhalb von sechs Monaten in ein neues Arbeitsverhältnis vermittelt werden oder starten in die Selbständigkeit. Bei einer befristeten Einzelberatung ist die Erfolgsquote niedriger. Kurze Programme von einem Monat oder weniger dienen dazu, die beruflichen und persönlichen Ziele des Kandidaten zu klären und mit einer Stärken-Schwächen-Analyse ein Konzept für Alternativen zu erarbeiten. Bei längeren Programmen wird zusätzlich eine Bewerbungsunterstützung angeboten. Mit der Verbreitung des Outplacement findet sich zunehmend auch hier die Gruppenberatung. Prozess und Maßnahmen sind sich ähnlich, werden jedoch bei Gruppen meist in reduzierter Form umgesetzt (vgl. Rundstedt von, E. (1999), S. 343ff.). Gruppen-Outplacements werden bei Massenentlassungen und auf Mitarbeiterebene eingesetzt, ggf. auch auch im Rahmen von Transfergesellschaften (vgl. Rieke, C. (2009), S. 69).

Während immer auch ein persönlicher Berater als Bezugsperson durch den Prozess begleitet, wird die moderne Outplacementberatung ergänzt. So kann Outplacement durch Onlinedienste, telefonische Beratung, Netzwerkevents und Job Research Consultants, die den verdeckten Arbeitsmarkt aufbereiten, Schulungen, E-Learningangebote etc. zielführend erweitert werden. Diese Angebote sind in Relation zu den Gesamtkosten wenig aufwändig. Die Kosten eines Beratungsprozesses kann in Teilen auch von der Agentur für Arbeit getragen werden, wenn die Beantragung und Rechnungsstellung nach § 216 SGB III erfolgt (vgl. Schäfer, R., Brand, R. (2008), S. 63ff.).

Eine erfolgreiche Begleitung sollte nicht erst nach der Trennung, sondern schon früher einsetzen (vgl. Andrezejewsky, A. (2008), S. 27). Dabei werden das Top-Management in der Entscheidung unterstützt, der Personalbereich hinsichtlich des Abbauprozesses beraten und die Führungskräfte mit Blick auf die Trennungsgespräche geschult.

> **Beispiel 58: Outplacement bei der HSH Nordbank AG**
> Die HSH Nordbank mit Sitz in Hamburg hatte 2008 rund 5000 Mitarbeiter und eine Bilanzsumme von 200 Mrd. €.
> Nach der Fusion zwischen der Landesbank Kiel mit der Hamburgischen Landesbank wurden 2005 notwendige strukturelle und personelle Änderungen umgesetzt. Das Institut hat gesellschaftliche und soziale Verantwortung in den Unternehmenswerten verankert. Dazu gehört laut stellvertretender Personalleiterin auch die faire Gestaltung des notwendigen Trennungsprozesses.
> Parallel zu ausgewählten Neueinstellungen, wurden anderen Belegschaftsmitgliedern Aufhebunsverträge angeboten. Wie in vielen Fällen flossen auch bei der HSH Nordbank Gelder im Rahmen von Abfindungen. Daneben wurden die Betroffenen für die Jobsuche freigestellt und noch wichtiger, Sie wurden dabei durch Out- und Newplacement unterstützt. Damit der Personalbereich und die Führungskräfte die neuen Aufgaben professionell angehen konnten, wurde auf einen externen Berater gesetzt. Ausgewählt wurde dieser anhand der Vermittlungsquote und den Branchenkenntnisen, Wert wurde zudem auf eine zur Unternehmenskultur passende Persönlichkeit gelegt. Die Beratung zielte auf die Untersützung des Gesamtprozesses im Personalbereich. Bestandteil waren aber auch Schulungen für Führungskräfte, wie man faire Trennungsgespräche führt, und die Unterstützung der Betroffenen selber (vgl. o. V. (2008), S. 22f.).

10.7 Reaktive und antizipative Wege der Personalanpassung im Vergleich

Unter Personalabbau ist die Reduzierung des Personalbestandes zu verstehen, welche die quantitative und/oder qualitative Anpassung an den derzeitigen bzw. zukünftig geringeren Personalbedarf zum Ziel hat. Unter Personalfreisetzung ist der Prozess der Realisierung des Personalabbaus mit Hilfe unterschiedlicher Maßnahmen gefasst. Personalanpassung ist dagegen breiter und beinhaltet auch Maßnahmen, die nicht auf die Beendigung von Arbeitsverhältnissen und den Austritt von Personal zielen (vgl. Horsch, J. (1996), S. 129).

Werden Mitarbeiter entlassen, wirkt sich dies negativ auf das Image des Unternehmens und insbesondere das Arbeitgeberimage aus. Auch die Kosten eines Personalfreisetzungsprozesses summieren sich (in Anlehnung an Paltauf, A., Pfeiffer, E., 2003, S. 44ff.):

- Planungs- und Informationskosten, z. B. zur Entwicklung eines Freisetzungskonzeptes, Entwicklung und Durchführung von Qualifizierungsmaßnahmen für den Personalbereich, die Führungskräfte und (bspw. zu versetzende) Mitarbeiter sowie internes Projektcontrolling.
- Abwicklungskosten, darunter die Verhandlung von Interessenausgleich und Sozialplan, ggf. Anwalts- und Vergleichskosten sich anschließender Arbeitsgerichtsverfahren, Ansprüche auf Auszahlung von Zeitguthaben, wie Resturlaub und Überstunden, Opportunitätskosten für die Führung von Mitarbeitergesprächen, administrativer Aufwand für die Ausstellung von Aufhebungsverträgen, Zeugnissen etc.
- Kommunikationskosten für die interne Kommunikation über das Intranet, E-Mails, Briefe, Broschüren etc., und die externe Kommunikation, insbesondere Pressemeldungen, -konferenzen und Interviews.

- Anpassungskosten enstehen beispielsweise durch mangelnde Kooperationsbereitschaft auf Seiten der Mitarbeiter oder Mitarbeitervertretung, spezifischem Know-how-Verlust und Kosten zur internen Wiederentwicklung des Know-hows, schlechtere Kredit- und Lieferantenkonditionen, Nachfragerückgang auf Kundenseite und Auswirkungen auf die Kapitalbasis in Form sinkender Aktienkurse sowie Kosten für Erhaltung/Wiederaufbau des Images.
- Außerdem enstehen bei nachfolgender Erholung und Wiederaufbau erneut Personalbeschaffungskosten für die Anwerbung, Auswahl und Integration der neuen Mitarbeiter.

Nicht zuletzt aus diesen Gründen sollten zunächst antizipative Maßnahmen gewählt werden (vgl. Horsch, J. (1996), S. 133). Untenstehend sind die gängigen Maßnahmen zur Reduktion des Personalstandes bzw. zur Reduktion der Personalkosten, mit kurzfristig prägnanter Wirkung, aufgeführt (in Anlehnung an Jung, H. (2006), S. 392). Um Personalabbau zu vermeiden, können darüber hinaus strukturelle und organisatorische Maßnahmen, wie eine erweiterte Lagerhaltung, eine Rücknahme von Fremdaufträgen, ein Aufschub von Rationalisierungsvorhaben und Ähnliches, ergriffen werden. Da die Steuerung regelmäßig nicht zentral durch den Personalbereich verantwortet wird, wird auf diese Möglichkeiten hier nicht näher eingegangen (vgl. Horsch, J. (1996), S. 138).

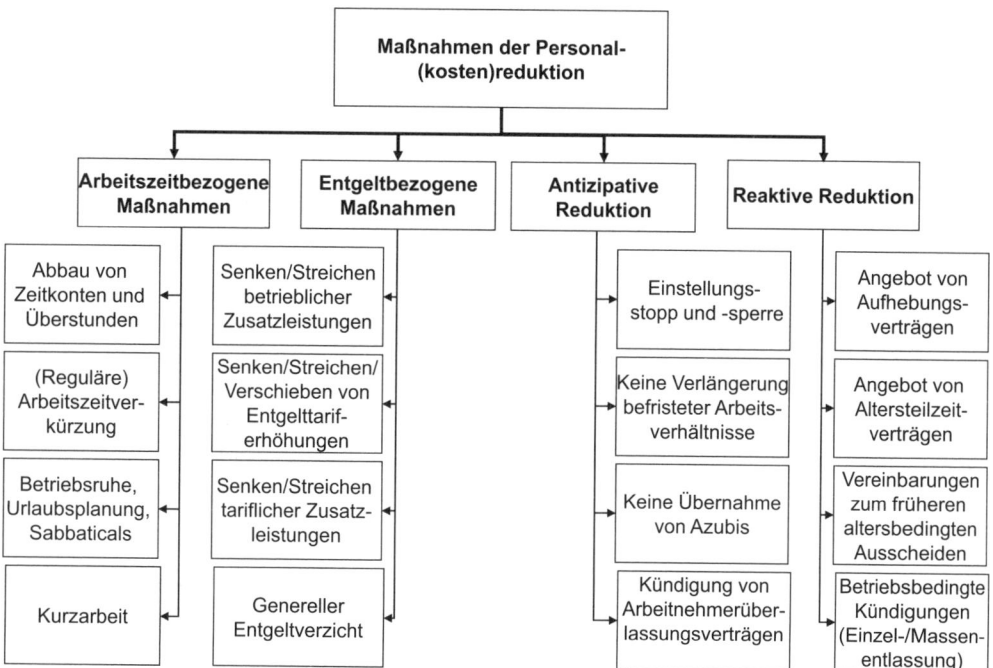

Abbildung 70: Maßnahmen zur Personalreduktion

Die aufgezeigten Wege werden untenstehend anhand der folgenden Kriterien beurteilt und gegenübergestellt:

- Anpassungspotential,
- Praktikabilität und Kosten,

- Reversibilität,
- Einfluss auf die Personalstruktur,
- Durchsetzbarkeit,
- Restriktionen,
- Sozialverträglichkeit und Imagewirkung.

Tabelle 54: Maßnahmen der Personalfreistellung/-kostenreduktion im Vergleich

Maßnahme	Potenzial	Kosten	Reversibel	Struktur	Durchsetzbarkeit	Restriktionen	Sozialverträglich
Arbeitszeitorientiert	+	+	++	++	+	+	++
Entgeltbezogen	0	+	++	0	0	--	+
Einstellungsstopp/-sperre	-	++	++	-	+	++	+
Auslauf von Befristungen	abhängig von der Anzahl	++	++	0	++	++	0
Keine Azubi-Übernahme	--	++	+	--	0	0	-
Rückgabe Leiharbeiter	abhängig von der Anzahl	++	++	0	++	++	0
Aufhebungsverträge	0/+	--	--	--	+	++	++
Altersteilzeit + Ähnliches	-	--	--	-	-	--	0
Kündigungen	++	--	--	--	--	--	--

Die Arbeitszeitreduktion sowie entgeltliche Maßnahmen werden jeweils im Block betrachtet, da sich ähnliche Auswirkungen ergeben. In der lediglich groben Einschätzung werden folgende Skalen verwendet:

- ++ steht für sehr hoch/gut mit Blick auf Potenzial, Reversibilität und Durchsetzbarkeit bzw. sehr gering bei Kosten und Restriktionen und eher positiv mit Blick auf Strukturwirkung und Sozialverträglichkeit/Image
- + steht für hoch/gut mit Blick auf Potenzial, Reversibilität und Durchsetzbarkeit bzw. gering bei Kosten und Restriktionen und keine mit Blick Strukturwirkung und Sozialverträglichkeit/Image
- 0 steht für mittel mit Blick auf Potenzial, Reversibilität und Durchsetzbarkeit, bei Kosten und Restriktionen sowie eher negativ mit Blick auf Strukturwirkung und Sozialverträglichkeit/Image

- – steht für gering/schlecht mit Blick auf Potenzial, Reversibilität und Durchsetzbarkeit bzw. hoch bei Kosten und Restriktionen und negativ mit Blick auf Strukturwirkung und Sozialverträglichkeit/Image
- – – steht für sehr gering/schlecht mit Blick auf Potenzial, Reversibilität und Durchsetzbarkeit bzw. sehr hoch bei Kosten und Restriktionen und äußerst negativ mit Blick auf Strukturwirkung und Sozialverträglichkeit/Image

Was ein unbedachtes Vorgehen im Personalabbau nach sich ziehen kann, wird am nachstehenden Beispiel deutlich (vgl. Andrzejewsky, L. (2008), S. 132ff.).

> **Beispiel 59: Imageverlust durch Personalabbau bei Nokia**
> Das finnische Kommunikationsunternehmen macht mit 120 000 Mitarbeitern weltweit einen Umsatz von über 50 Mrd. €.
> Der Handyhersteller Nokia hat nachdem das Unternehmen die Entscheidung bekanntgegeben hatte, dass es das Bochumer Werk schließt, erfahren, was Imageverlust heißt: Die mit deutlichem Abstand positivste Bewertung des Arbeitgeberimages unter allen Handyherstellern sackte in Deutschland innerhalb einer Woche auf die negativste Beurteilung ab. Das über Jahre aufgebaute und äußerst positive Image am Arbeitsmarkt wie im deutschen Kundenmarkt hat Nokia damit innerhalb kürzester Zeit zerstört. Im Brand-Index belegte Nokia ein halbes Jahr später den letzten Platz unter den Handyherstellern und verlor auf Jahressicht acht Prozent Marktanteil. (Vgl. Fortange, A., Dirrigl, T. (2009), S. 38ff.)

10.8 Weiche Aspekte im Downsizing Prozess

Daher ist eine Beachtung der weichen Aspekte im Downsizing Prozesses neben der Einhaltung der rechtlichen Vorschriften wesentlich. Mit dem Begriff Downsizing werden beabsichtigte Personalkapazitätsreduzierungen erfasst, die zum Ziel eine Effizienzsteigerung haben, unabhängig davon ob und inwieweit die Arbeitsprozesse davon beeinflusst werden. Dabei muss nicht in jedem Fall eine schlechte Wirtschaftslage des Unternehmens Auslöser sein. Auch eine Verbesserung der Gewinnsituation motiviert Downsizingprozesse, wie in den letzten Jahren öffentlichkeitswirksam beispielsweise bei der Deutschen Bank zu verfolgen (vgl. Marr, R., Steiner, K. (2003) und Kieser, A. (2002), S. 30ff.).

Bei einer Organisationsveränderung, die sich auf die Personalzahlen und -strukturen auswirkt, sind relgemäßig folgende Prozessschritte zu durchlaufen:

- Planung von Personalfreisetzungsprozessen:
  Ursachenbestimmung,
  Situationsanalyse (Art und Umfang des Abbaubedarfs, Rahmenbedingungen etc.),
  externer Unterstützungsbedarf,
  Umsetzungsplanung.
- Information- und Kommunikationspolitik:
  Geeignete Informationskanäle festlegen,

direkte Vorgesetzte einbinden,
Ansprechpartner benennen,
Schulungen anbieten.
- Mitwirkungsmöglichkeiten der Beteiligten, z. B. durch das Angebot von Alternativen für die Betroffenen.
- Verhandlungen zwischen den Sozialpartnern:
Interessenausgleich,
Sozialplan.

Dabei ziehen Downsizing Prozesse zahlreiche, bislang unzureichend erforschte Konsequenzen auf Organisationsebene (z. B. Wissensverlust), Gruppenebene (z. B. Konflikte) und Ebene des Individuums (z. B. depressive Verstimmungen) nach sich. Auf der letztgenannten Ebene finden sich Täter und Opfer sowie Survivor. Für die betroffenen Mitarbeiter, die Opfer, bedeutet Downsizing oft zeitweise oder dauerhafte Erwerbslosigkeit. Die Reaktionen der Entlassenen auf den Personalabbau werden in der Literatur mit psychologischen Prozessen in Folge eines traumatischen Ereignisses (z. B. Trennungen im Privatleben) gleichgesetzt. Ein Vergleich zu den Phasen der Veränderung, ursprünglich von Kübler-Ross als Trauerkurve konzipiert, liegt nahe (vgl. Horsch, J. (1996), S. 189):

- Schock und Verdrängung,
- Zorn gegenüber Personen aus dem Umfeld und Hadern mit dem eigenen Schicksal,
- Verhandlungen, um die Unausweichlichkeit zu umgehen,
- Depression mit zunehmendem Eingeständnis der Unausweichlichkeit,
- Bewältigung und Problemlösung.

Darauf basiert die Darstellung der Achterbahn der Emotionen, die in Abbildung 71 dargestellt ist (in Anlehnung an Andrezejewski, A. (2008), S. 234f.) und eine Form des Veränderungs-Syndroms ist.

Eine gezielte Unterstützung, wie bereits beschrieben, in Form von Outplacement und/oder Transferagentur und -gesellschaft, kann die Opfer in der Bewältigung dieser verschiedenen Phasen untersützen.

Auf der anderen Seite sind auch die im Unternehmen verbleibenden Mitarbeiter in und nach einem solchen Prozess meist höheren Belastungen ausgesetzt. Die sog. Survivors (Überlebenden) sehen sich meist einer höheren Arbeitsbelastung, einer Arbeitsverdichtung sowie steigendem Zeitdruck ausgesetzt. Diese Zunahme der physischen und psychischen Belastung sowie die gestiegene Bedrohung von Arbeitslosigkeit und abenehmende Kontrollmöglichkeiten weisen einen hohen Zusammenhang zur generellen Gesundheit auf. Hinzu kommen Schuldgefühle gegenüber den entlassenen Kollegen (vgl. Ulich, E., Wülser, M. (2005), S. 295f.) Als weitere Auswirkung werden sinkendes Commitment und Gruppenkohäsion genannt. Sinkendes Commitment führt zu einer Verschlechterung der Arbeitszufriedenheit, einer zunehmenden Bereitschaft zum Wechsel des Arbeitsplatzes (Fluktuation) und zu einer sinkenden Leistungsbereitschaft (vgl. Marr, R., Steiner, K. (2003), S. 56). Sinkende Kohäsion und Wettbewerbsdruck in der Gruppe führen zwar gegebenenfalls zu höheren Einzelleistungen, wirken sich aber auf Team- und Organisationsergebnisse kontraproduktiv aus.

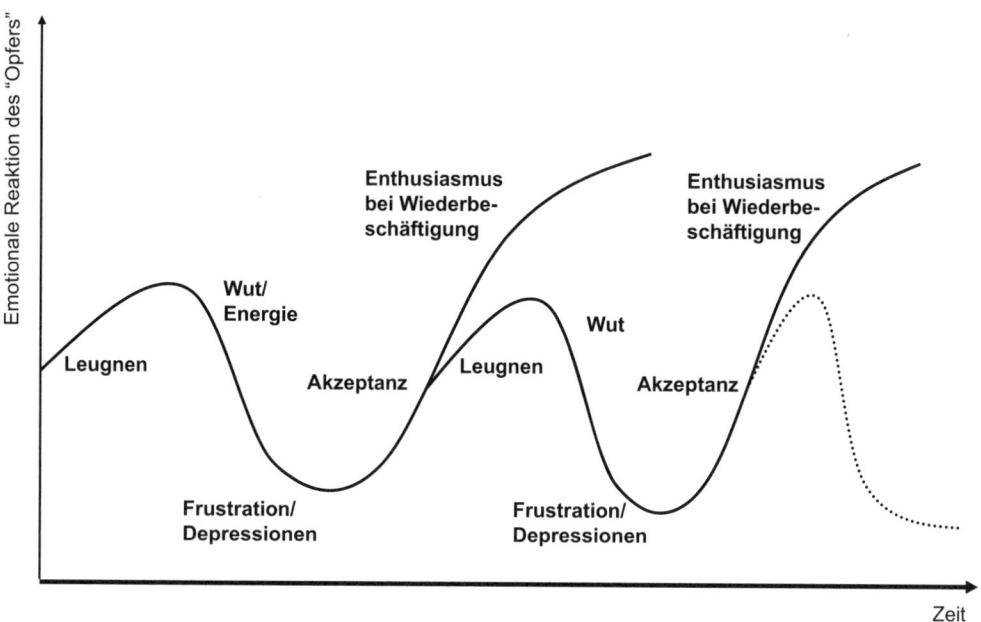

Abbildung 71: Die Phasen der Veränderung

Führungskräfte müssen daher nicht nur den Opfern besondere Aufmerksamkeit schenken, sondern auch das Gespräch mit den Survivorn suchen. Dabei ist hiermit nicht nur die Vermittlung von Informationen zum Prozess und zur weiteren Entwicklung gemeint. Die Führungskraft sollte auch Verständnis für die Betroffenheit der Kollegen zeigen und soweit möglich zukünftige Perspektiven im (neuen) Unternehmen aufzeigen (vgl. Gründer, S. (2009), S. 103). Das ist besonders schwierig, da die Führungskraft gleichzeitig auch Täter (und manchmal auch Opfer) ist. Vor diesem Hintergrund ist es problematisch, dass die Führungskräfte durch das Unternehmen häufig zu wenig Unterstützung bekommen. Auf Grund der sowieso bereits angespannten Situation finden sich kaum Trainings im Umgang mit Trennungsgesprächen, es herrscht oft Informations- und Argumentationsnotstand. Hinzu kommen Ängste, Existenzen zu zerstören und vor der Kritik der Verbleibenden. Dabei befinden sich die Führungskräfte in einer „Sandwich-Position" zwischen Eigentümer bzw. Top-Management und deren Forderungen sowie in ihrer Verpflichtung gegenüber ihren Mitarbeitern (vgl. Andrzejewsky, A. (2008), S. 267).

Eine solche Situation hat auch Auswirkungen auf das Führungsverhalten, der partizipative Stil leidet am meisten. Es folgen geminderte Fehlertoleranz und verringerte Innovationsfähigkeit sowie zunehmende Bürokratisierung. Das behindert Kreativität und Innovationen. Die Nachhaltigkeit gerät bei der kurzfristigen Krisenorientierung oft vollständig aus dem Blick (vgl. Kosel, M., Weißenrieder, J. (2002), S. 54).

10.9 Rechtliche Aspekte der Mitbestimmung im Prozess der Kündigung

Zentrale rechtliche Aspekte wurden bereits im Verlauf des Kapitels, insbesondere im Rahmen der arbeitgeberseitigen Kündigung, angesprochen. Dabei ist der Betriebsrat im Kündigungsprozess wie folgt zu beteiligen (vgl. Lippertheide, P. J. (2005), S. 168f.):

- Vor dem Ausspruch einer Kündigung hat der Arbeitgeber zunächst die Begründung (bedingt in der Person, dem Verhalten oder im Betrieb) zu formulieren.
- Als nächstes ist der Sonderkündigungsschutz zu beachten.
- Dann ist er gemäß den §§ 102, 103 BetrVG verpflichtet, vor jeder ordentlichen oder außerordentlichen Kündigung den Betriebsrat anzuhören und ihm die Gründe für den Personalabbau und die Namen der zu kündigenden Mitarbeiter zu nennen. Wird dieser Schritt nicht erfüllt, kann die Kündigung für unwirksam erklärt werden.
- Bei einer ordentlichen Kündigung hat der Betriebsrat eine Woche, bei einer fristlosen Kündigung drei Tage Zeit, um Stellung zu nehmen, § 102 II S. 3 BetrVG.
- Hat der Betriebsrat gegen eine ordentliche Kündigung Bedenken, hat er diese unter Angabe der Gründe dem Arbeitgeber innerhalb einer Woche schriftlich mitzuteilen (§ 102 II S. 1 BetrVG). Äußert er sich innerhalb dieser Frist nicht, gilt die Zustimmung als erteilt, § 102 II S. 2 BetrVG. Bei einer außerordentlichen (fristlosen) Kündigung des Arbeitgebers kommt dem Betriebsrat kein Widerspruchsrecht zu.
- Hat der Betriebsrat einer ordentlichen Kündigung ordnungsgemäß nach § 102 III BetrVG widersprochen, steht dem Arbeitnehmer nach § 102 V BetrVG ein Weiterbeschäftigungsanspruch bis zum rechtkräftigen Abschluss eines Kündigungsschutzverfahrens zu.

10.10 Fragen zur Freisetzung

- Mit Blick auf die arbeitgeberseitige Kündigung wird auch von „Ultima Ratio" gesprochen. Was bedeutet das?
- Welche Maßnahmen kann der Arbeitgeber ergreifen, bevor er betrieblich bedingte Kündigungen ausspricht?
- Stellen Sie die von Ihnen genannten Maßnahmen anhand geeingenter Kriterien gegenüber.
- Personalchef Peter hat die Arbeitnehmerin Ursula Unehrlich für die Abteilung Materialbeschaffung eingestellt, in der sie u. a. auch die Kasse führen soll. Auf dem Personalbogen hat sie unter Vorstrafen „keine" eingetragen, obwohl sie kurz vor der Einstellung wegen Diebstahl in mehreren Fällen, Unterschlagung und Betruges bestraft worden war. Als sich das nach 3 Monaten herausstellt, legt sie ein ärztliches Attest vor, dass sie seit 6 Wochen schwanger ist. Was kann der Personalchef tun? (Beachten Sie bitte auch das Kapitel Personalgewinnung und -auswahl.)

- Was spricht für den Einsatz von Outplacement-Beratern? Argumentieren Sie aus verschiedenen Perspektiven.
- Wer wird im Downsizing Prozess als Opfer, wer als Täter und wer als Survivor bezeichnet?
- Welche Gründe nennt das Gesetz als Grundlage für einen Widerspruch gegen eine Kündigung durch den Betriebsrat?

10.11 Literaturhinweise

Andrezejewski, L. (2008): Trennungs-Kultur und Mitarbeiterbindung – Kündigung fair und nachhaltig gestalten, 3. Aufl., Köln 2008
Böckly, W. (1999): Personalanpassung, Ludwigshafen 1999
Brachmann, C. (2009): Durch externe Transfergesellschaften und Transferkurzarbeitergeld: Sozialverträgliche Restruktur, in: Arbeit und Arbeitsrecht, 03/2009, S. 150–154
Dilger, A. (2004): Sozialplan, in: Gaugler, E., Oechsler, A., Weber, W. (Hrsg.): Handwörterbuch des Personalwesen, 3. Aufl., Stuttgart 2004, Sp. 1765–1773
Eisele, D., Horender, U. (2000): Getting on Board, in: FAZ Newsletter, Oktober 2000, S. 13–14
Fortange, A., Dirrigl, T. (2009): Kostenschraube sensibel drehen, in: Personalwirtschaft, Heft 04/2009, S. 38–40
Führing, M. (2006): Risikomanagement und Personal: Management des Fluktuationsrisikos von Schlüsselpersonen aus ressourcenorientierter Perspektive, Wiesbaden 2006
Gaugler, E., Oechsler, W., Weber, W. (Hrsg.): Handwörterbuch des Personalwesens, 3. Aufl., Stuttgart 2004
Grüner, S. (2009): Ein Stress-Job, den keine Führungskraft mag: Personal abbauen, in: Arbeit und Arbeitsrecht, 02/2009, S. 101–103
Hromadka, W., Maschmann, F. (2006): Arbeitsrecht Band 1, Individualarbeitsrecht, 4. überarbeitete und aktualisierte Aufl., Berlin 2006
Huesmann, M. (2008): Arbeitszeugnisse aus personalpolitischer Perspektive: Gestaltung, Einsatz und Wahrnehmungen, Wiesbaden 2008
Jung, H. (2006): Personalwirtschaft, 7. Aufl., München 2006
Kammel, A. (2004): Personalabbau/-freisetzung, in: Gaugler, E., Oechsler, A., Weber, W. (Hrsg.): Handwörterbuch des Personalwesens, Stuttgart 2004
Kieser, A. (2002): Downsizing – eine vernünftige Strategie? In: Harvard Business manager, 02/2002, S. 30–39
Kosel, M., Weißenrieder, J. (2002): Personalarbeit in Krisenzeiten: Antizyklisch denken und handeln, in: Personalführung, 02/2002, S. 54–59
Kunz, P. (2002): Fehlzeiten als unternehmenspolitischer Entscheidungsfall: Ursachen – Wirkungszusammenhänge – Maßnahmen, Wiesbaden 2002
Landesarbeitsgericht Hamm (2006): Beschluss vom 20.06.2006, AZ: 19 Sa 135/06, Westfalen 2006
Lippertheide, P. J. (2005): Arbeitsrecht, Stuttgart 2005
Marr, R., Steiner, K. (2003): Personalabbau in deutschen Unternehmen. Empirische Ergebnisse zu Ursachen, Instrumenten und Folgewirkungen, Wiesbaden 2003
o. V. (2002): Nachhilfe in Sachen Kündigung, in: „Computerwelt", 29–30/2002 vom 12.07.2002, S. 8
o. V. (2008): Sich den Veränderungen stellen, in: Personalwirtschaft, 02/2008, S. 22–23
Presch, G./Gloy, K. (1976): Exklusive Kommunikation: Verschlüsselte Formulierungen in Arbeitszeugnissen, in: Presch, G., Gloy, K. (Hrsg.): Sprachnormen II, Stuttgart 1976, S. 168–181
Reppesgaard, L., Bialluch, M. (2008): Zum Nachmachen empfohlen, in: Personalwirtschaft, 01/2008, S. 22–24
Rieke, C. (2009): Kündigung mit Perspektive, in: PERSONALmagazin, 04/2009, S. 68–69
Rundstedt von, E. (1999): Outplacment Beratung, in: Sattelberger, T. (Hrsg.), Handbuch der Personalberatung, München 1999, S. 343–356
Schäfer, R., Brand, R. (2008): Zwischen Frust und Chance, in: Personalwirtschaft, 12/2008, S. 63–65
Schwarb, T. M. (1990): Das Arbeitszeugnis als Instrument in der Personalpraxis, in: Wirtschaftswissenschaftliches Zentrum der Universität Basel (Hrsg.), Basel 1990

Steinle, C., Behse, M., Hoffmeister, S. (2009): Gut gebunden hält länger, in: Personalwirtschaft, 01/2009, S. 37–39
Teschke-Bährle, U. (2006): Arbeitsrecht schnell erfasst, 6. Aufl., Berlin 2006
Ulich, E., Wülser, M. (2005): Gesundheitsmanagement in Unternehmen, 2. Aufl., Wiesbaden 2005
Weuster, A. (1994): Personalauswahl und Personalbeurteilung mit Arbeitszeugnissen, Göttingen 1994
www.arbeitsrecht.org
www.arbeitsrecht.de
www.aus-portal.de
www.bmas.de
www.bundesarbeitsgericht.de
www.dejure.org
www.gesetze-im-internet.de
www.info-arbeitsrecht.de
www.juraforum.de
Zaugg, R. J. (1996): Integrierte Personalbedarfsdeckung: Ausgewählte Gestaltungsempfehlungen zur Gewinnung ganzheitlicher Personalpotentiale, Bern et al. 1996

11. Personalcontrolling

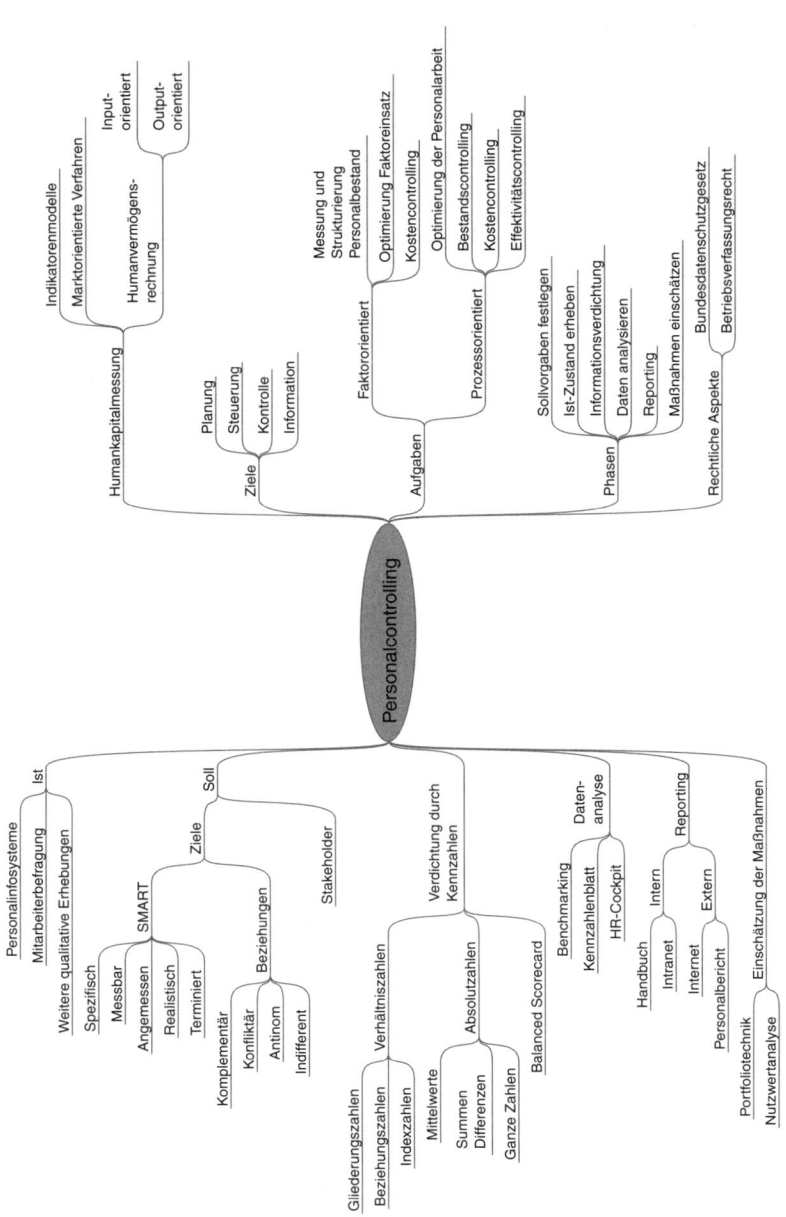

11.1 Zum Einstieg

„Morgen steht ein Termin mit dem Leiter der Produktion (rund 450 Mitarbeiter in 3 Bereichen und 9 Meistereien) auf meiner Liste. Herr Kuschel, der Leiter, wird die Werkleitung an einem anderen Standort im Konzern übernehmen und uns deshalb verlassen. Für die Übergabe wollen wir uns einen Überblick über die Entwicklungen in seinem Bereich und mögliche Ursachen verschaffen sowie Schlussfolgerungen für den zukünftigen Nachfolger diskutieren. Ich, Sandra Streng, bin für die Personalbetreuung für ein Werk in unserem Maschinenbauunternehmen zuständig. Auf diesen Termin muss ich mich daher nicht nur selbst vorbereiten, es gilt auch noch einige Daten aufzubereiten und Argumente für die sich anschließende Diskussion zu überlegen.

Denn Herr Kuschel ist gar nicht besonders kuschelig… er hatte in den letzten Jahren die Produktivität ohne größere Investitionen oder Veränderungen enorm verbessert. Dies hauptsächlich über ein sehr rigides Regiment. Sein baldiger Weggang wirkt sich bereits jetzt spürbar aus. Neben sinkender Produktivität ist im Personalbereich besonders augenscheinlich die enorme Zahl der Verbesserungsvorschläge, die seither eingereicht wurden. Sehr wichtig sind meiner Meinung nach außerdem die Ergebnisse aus der Mitarbeiterbefragung. Allerdings hält Herr Kuschel nicht viel von unserem Führungsinstrument, entsprechend gering waren die Beteiligungsquoten in seinen Bereichen und entsprechend schlecht insbesondere die offenen Rückmeldungen. Ich denke, der Neue hat keine einfache Aufgabe, aber kann mit einem anderen Führungsstil sicherlich wieder einen Turnaround schaffen, auch wenn dies eine Weile dauern mag. Viel mehr Kopfzerbrechen macht mir, wie ich Herrn Kuschel davon überzeuge, dass eine rein autoritäre Führung nicht nachhaltig ist. Schließlich wird er in Zukunft ein ganzes Werk leiten. Ich hoffe, wenn er schon auf meine Meinung nicht viel gibt, dass ihn die Zahlen überzeugen können, an den Themen zu arbeiten."

11.2 Einleitung

Controlling zielt auf eine umfassende Versorgung des Managements und der Führungskräfte mit aufgaben- und zielrelevanten Informationen ab. Bei der Übertragung des Controllings auf das Personalmanagement sind Problemstellungen und Zielsetzungen zu spezifizieren. In erster Linie sind neben wirtschaftlichen soziale Zielsetzungen zu berücksichtigen, wie nachstehend beispielhaft ersichtlich (vgl. Wunderer, R. (1991), S. 272):

- Neben der fachlichen Qualifikationsbewertung steht die Beurteilung des sozialen Verhaltens.
- Neben den Leistungsergebnissen kommt der Arbeitszufriedenheit besondere Relevanz zu.
- Neben der Leistungs- und Potenzialbeurteilung stehen Motivation und Vorstellungen des Mitarbeiters.
- Neben den ökonomische Folgen von Entscheidungen sind auch soziale Auswirkungen zu berücksichtigen.

- Neben der Marktsituation kommt der Arbeitssituation besonderes Augenmerk zu.
- Die quantitative muss um die qualitative Datenanalysen ergänzt werden.

Im Folgenden wird daher zunächst noch einmal auf die besonderen Ziele und Aufgaben des Personalcontrollings eingegangen. Dann wird der Prozess des Personalcontrollings aufgezeigt und im Anschluss wesentliche Instrumente einzelner Phasen näher betrachtet. Dabei wird im ersten Schritt die Szenariotechnik und deren Nutzung für das Personalmanagement vorgestellt. Es folgen Erläuterungen zu Mitarbeiterbefragungen, in deren Rahmen zahlreiche relevante qualitative Daten erhoben werden (können). Die Basis des Personalcontrollings bilden Kennzahlen und Kennzahlensysteme, auf die dann das Augenmerk gelegt wird. Es schließen sich die Vorstellung der Balanced Scorecard und deren Einsatzmöglichkeiten für den Personalbereich an. Als weitere Analysemöglichkeiten wird neben dem Soll-Ist-Vergleich auf die Ursachenanalyse mittels Fischgrätendiagramm (Ishikawa) und den Themenbereich des Benchmarking eingegangen. Zentral ist zudem die Darstellung der gewonnenen Informationen, das Reporting, das ebenfalls in einem separaten Kapitel betrachtet wird. Abgeschlossen wird mit der Nutzwertanalyse und der Portfoliotechnik als Instrumenten, die bei der Maßnahmenwahl Einsatz finden (können).

Ganz praktische Schranken erfährt das Personalcontrolling mit Blick auf Datenschutzrechte und Persönlichkeitsrechte der Mitarbeiter. Diese und die Rechte der Mitbestimmung spielen für das Personalcontrolling eine wichtige Rolle und werden im letzten Unterkapitel behandelt.

11.3 Ziele und Aufgaben des Personalcontrollings

Personalcontrolling ist gegenüber den Funktionen der Personalplanung, -beschaffung, -entwicklung und -führung eine Querschnittsfunktion des Personalmanagements (vgl. Armutat (2001), S. 86f.). Das Personalcontrolling trägt zur Unterstützung der Planung, Steuerung, Kontrolle sowie Informationsversorgung aller personalwirtschaftlichen Maßnahmen bei (vgl. Metz, F., Winnes, R., Knauth, P. (1995), S. 132).

Im deutschen Sprachraum fand das Personalcontrolling seit Ende der 80er Jahre sowohl in der Praxis als auch in der Theorie vermehrt Aufmerksamkeit und Verbreitung (vgl. Potthoff, E., Trescher, K. (1986); Wunderer, R., Jaritz, A. (2002), S. 12f.). Gemäß einer Umfrage der FHTW Berlin im Herbst 2000 unter 500 mittelständischen und großen Unternehmen unterschiedlicher Branchen, betreiben über 90 % der fast 150 antwortenden Unternehmen ein eigenes Personalcontrolling. Folgende zentrale Aufgaben wurden dabei anhand einer vorgegebenen Liste ermittelt (vgl. Schmeisser, W., Eckstein, P., Dannewitz, C. (2001), S. 50ff.):

- Personalstatistik (100 % Anwendung),
- Benchmarking (63 % Einsatzhäufigkeit),
- Personalstrategie (41 % Verbreitungsgrad),
- Verrechnungspreise (33 % Nutzung),
- Prozessoptimierung (28 % Anwendung),

- Wertschöpfungsrechnung (14 % Verbreitung),
- Shareholder-Value-Optimierung (8 % Einsatzhäufigkeit).

Daraus zu sehen ist nach wie vor Entwicklungspotenzial, insbesondere was die aktiven Steuerungsaufgaben des Personalcontrollings betrifft. Trotz weiter wachsender Relevanz in den letzten Jahren, wird dies auch von aktuellen Studien bestätigt (vgl. Krupp, S., Tingen, M. (2009), S. 46ff.). In der nachfolgenden Untersuchung wurden inhaltsanalytisch rund 50 Stellenanzeigen ausgewertet und Häufigkeiten der Nennung von Aufgaben eines Personalcontrollers aufgenommen:

- Planungsaufgaben (83 %),
- Aufbau, Betrieb und Weiterentwicklung des Reportings (76 %),
- Ermittlung, Auswertung, Bereitstellung und Pflege von Personalkennzahlen sowie Erstellung und Auswertung von Statistiken (68 %),
- Serviceaufgaben, z. B. Projektarbeit, Beratung und Schulung von Mitarbeitern (66 %),
- Soll-Ist-Analysen, Zeitvergleiche und Benchmarking (56 %),
- Sonstiges, wie Zusammenarbeit mit Wirtschaftsprüfern und Betriebsrat sowie Präsentation (51 %),
- Pflege und Weiterentwicklung von Portalauftritten des Personalcontrollings und Betreuung von IT-Systemen (49 %),
- ständige Prozessverbesserung (37 %).

In der Literatur wird Personalcontrolling anhand verschiedener Dimensionen abgegrenzt (vgl. Jansen, T. (2008), S. 54f.), die zwei wesentlichsten folgen

- der Management-Ebene: strategisches und operatives Personalcontrolling
  Auf der strategischen Ebene des Personalcontrollings stehen vor allem auf die „Frühwarnfunktion" und die Unterstützung erforderlichen Mitarbeiterpotenziale. Die operative Problemebene des Personalcontrollings umfasst vor allem die Koordination der Personalbedarfs- und kostenplanung sowie der mittelfristigen Maßnahmenplanung, wobei im Rahmen der Maßnahmenplanung der Controllingschwerpunkt bei der Prozeßkoordination und der Evaluierung liegt (vgl. Rohleder, N. (1995), S. 12). Die Trennung in ein operatives und strategisches Controlling findet sich jedoch in der Praxis kaum (vgl. Metz, F., Winnes, R., Knauth, P. (1995), S. 137).
- dem betrachteten Gegenstand: faktorbezogenes und prozessbezogenes Personalcontrolling
  Diese häufig praktizierte Trennung (vgl. Schmeisser, W., Clermont, A. (1999), S. 138) ist dann auch weniger wissenschaftlich-logisch, sondern pragmatisch, wie untenstehend gegenübergestellt (vgl. Metz, F. (1995), S. 167 und Jansen, T. (2008), S. 75ff.).

Tabelle 55: Faktor- und prozessorientiertes Personalcontrolling

	Faktororientiertes Personalcontrolling	Prozessorientiertes Personalcontrolling
Gegenstand	Bezogen auf die Personalressourcen	Bezogen auf das Management der Personalressourcen
Ziele	Optimierung des Faktoreinsatzes Personal (Pflege des Humanvermögens, Personalkostensenkung, Transparenz und Entscheidungsverbesserung,...)	Optimierung der Personalarbeit (Steigerung von Effektivität und Effizienz in der Personalarbeit, Schaffung von Kosten- und Leistungstransparenz,...)
Zentrale Aufgabenfelder	Information und Kommunikation	Optimierung des Personalbereichs
Instrumente	Messung und Strukturierung des Personalbestandes, z. B. Altersstruktur, sowie Kosten-Controlling, z. B. Personalnebenkostenanteil Humanvermögensrechnung	Bestandscontrolling, z. B. Betreuungsquote, und Kostencontrolling, z. B. Kosten pro Einstellung, sowie Effektivitätscontrolling, z. B. Servicequalität des Personalbereichs

11.4 Phasen des Personalcontrollings

Jansen (2008) unterscheidet die in Abbildung 72 aufgeführten Phasen im Personalcontrolling: Der Formulierung von Sollvorgaben und der Erfassung des Ist-Zustandes folgen die Aufbereitung und Verdichtung von Informationen. Des Weiteren sind die Daten zu analysieren und zu präsentieren, bevor schließlich Maßnahmen abgeleitet werden können.

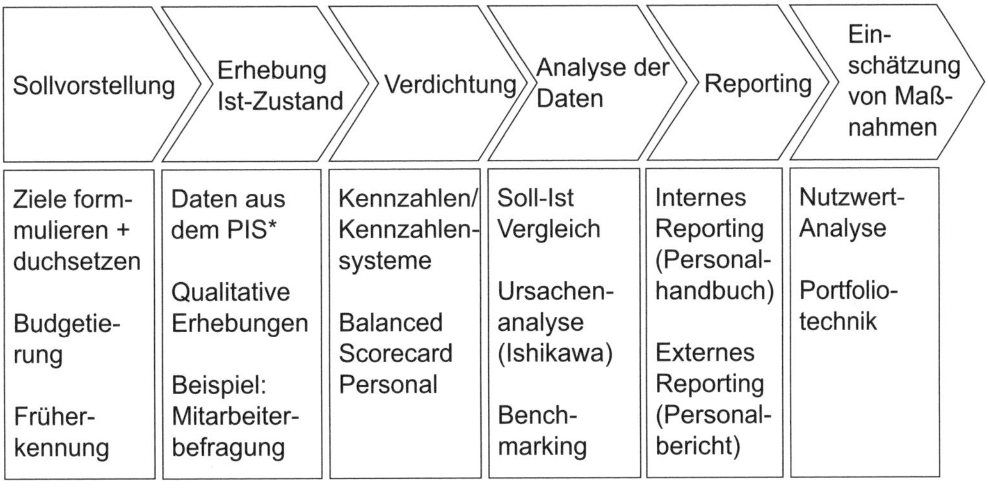

Sollvorstellung	Erhebung Ist-Zustand	Verdichtung	Analyse der Daten	Reporting	Einschätzung von Maßnahmen
Ziele formulieren + duchsetzen Budgetierung Früherkennung	Daten aus dem PIS* Qualitative Erhebungen Beispiel: Mitarbeiterbefragung	Kennzahlen/ Kennzahlensysteme Balanced Scorecard Personal	Soll-Ist Vergleich Ursachenanalyse (Ishikawa) Benchmarking	Internes Reporting (Personalhandbuch) Externes Reporting (Personalbericht)	Nutzwert-Analyse Portfoliotechnik

*Personalinformationssystem

Abbildung 72: Phasen des Personalcontrollings und wesentliche Instrumente

Der Einteilung wird nachstehend gefolgt, um die Instrumente des Personalcontrollings vorzustellen. Dies, auch wenn die Phasen in der Betriebsrealität nicht unbedingt nacheinander auftreten, sondern iterativ durchlaufen werden.

Mit Blick auf die Sollvorgaben wird vorrangig auf die Zielformulierung und die Anwendung der Szenariotechnik als Methode im Rahmen der Früherkennung eingegangen. Unter der Erfassung der Ist-Situation findet sich ein kurzer Hinweis auf Personalinformationssysteme (PIS), mit denen zahlreiche für das Personalcontrolling relevante Daten erfasst, gespeichert und verarbeitet werden. Zudem wird auf die Mitarbeiterbefragung als ein wichtiges Instrument der Erhebung ergänzender qualitativer Tatbestände eingegangen. Es folgen Erläuterungen zu Kennzahlen und Kennzahlensystemen sowie eine Betrachtung des Einsatzes einer Balanced Scorecard im Personalbereich. Im Rahmen der Analyse wird auf weitere personalspezifische Instrumente wie das Personalkennzahlenblatt, HR-Cockpit und generelle Methoden der Betriebswirtschaft, wie das Ishikawa-Diagramm zur Ursache-Wirkungsanalyse und das Benchmarking, eingegangen. Es folgen Hinweise zur internen Berichterstattung, darunter der Aufbau eines Personalhandbuchs, sowie zur externen Berichterstattung, insbesondere mit Blick auf Personalberichte im Rahmen von anderen Berichten oder in eigenständiger Form. Recruitingpages als ein wichtiges Medium der Darstellung in der heutigen Zeit wurden bereits im Kapitel Personalmarketing erläutert. Als Instrumente der Einschätzung von Maßnahmen werden vorliegend vor allem die Portfoliotechnik und die Nutzwertanalyse empfohlen.

11.4.1 Sollvorstellungen bilden und Sollvorgaben setzen

Ziele müssen nicht nur einfach formuliert, sondern auch durchgesetzt werden. Dabei sollen einzelne Ziele dem SMART-Prinzip entsprechen: Specific, Measurable, Achievable (attractiv), Relevant (realistic) and Timely. Übersetzt sollen Ziele also spezifisch, erreichbar (attraktiv), relevant (realistisch) und terminiert sein (vgl. Jansen, T. (2009), S. 100f.). In einem Zielsystem sind darüber hinaus die prinzipiellen Beziehungen der Ziele untereinander zu beachten (vgl. Weber, W., Kabst, R. (2009), S. 203ff.):

- Komplementäre Ziele, deren Erfüllung wechselseitig positiv wirkt.
  Als Beispiel aus dem Personalbereich kann die Einführung von Employee Self Services (ESS) und der Abbau von administrativen Arbeiten im Personalbereich selbst genannt werden.
- Konkurrierende Ziele, deren Erfüllung wechselseitig negativ wirkt.
  Beispielsweise sind Einsparungen in der Personalentwicklung, aber der Anspruch einer höher qualifizierten Mannschaft schwer vereinbar. Allerdings könnte eine Abkehr vom Gießkannenprinzip hin zu einer bedarfsorientierten Weiterbildung dennoch beides ein Stück weit ermöglichen.
- Antinome Ziele schließen sich in ihrer Erfüllung dagegen gänzlich aus.
  So beispielsweise eine Erhöhung der Wochenarbeitszeit und Reduktion von (zeitlichen) Belastungen.

- Indifferente Ziele sind unabhängig voneinander.
  Beispielhaft weißt das Outsourcing der Kantine keinen Zusammenhang mit der Einführung eines neuen Personalinformationssystems (PIS) auf.

Gerade im Personalmanagement sind mit Blick auf die Durchsetzbarkeit die Interessen der unterschiedlichen Stakeholder zu berücksichtigen, wie in Tabelle 56 aufgeführt.

Tabelle 56: Stakeholder des Personalmanagements und ihre Ziele

Stakeholder	Ziele (Beispiele)	Instrumente zur Zielerreichung
Unternehmensleitung	Qualifiziertes Personal, gute Besetzung der Schlüsselpositionen, wettbewerbsfähige Personalkosten	Entscheidungsbefugnis und Ausführungsverantwortung
Führungskräfte	Geeignete Mitarbeiter, Unterstützung bei Führungsaufgaben, eigene Weiterentwicklung	Teilentscheidung und Ausführungsverantwortung, ggf. Sprecherausschuss
Mitarbeiter	Sicherer Arbeitsplatz, faire Bedingungen, Entwicklungsperspektive	Einflussnahme direkt, über die Führungskraft oder über den Betriebsrat
Betriebsrat	Sichere Arbeitsplätze, gute Arbeitsbedingungen, vertrauensvolle Zusammenarbeit, Wiederwahl	Betriebsverfassungsgesetz, ggf. Vertretung im Aufsichtsrat (Mitbestimmungsgesetze bzw. Drittelbeteiligungsgesetz)
Gewerkschaften	Sichere Arbeitsplätze, faires Entgelt, viele Mitglieder	Tarifvertragsgesetz, ggf. Vertretung im Aufsichtsrat sowie Mitglieder, insb. Vertrauensleute, im Betrieb
Arbeitgeberverbände	Beitragszahlung und Datenübermittlung, Akzeptanz der erzielten Vereinbarungen	Vertreter der Mitgliedsunternehmen
Agentur für Arbeit, Integrationsämter	Neue Arbeitsplätze, Besetzung durch Arbeitslose und behinderte Mitarbeiter	Dienstleistung und gesetzliche Grundlagen, insbesondere Sozialgesetzbücher (SGB)
Aufsichtsämter	Einhaltung der Schutzbestimmungen	Gesetzliche Grundlagen, z. B. Arbeitszeitgesetz, Mutterschutzgesetz, Jugendschutzgesetz
Finanzamt, Sozialversicherungsträger und Berufsgenossenschaft	Valide Daten, pünktliche und korrekte Überweisung von Beiträgen	Gesetzliche Grundlagen, insb. Sozialgesetzbücher (SGB) und Einkommensteuergesetz
Dienstleister, z. B. Unternehmensberater, Weiterbildungsinstitute	Langfristige Zusammenarbeit, faire Preise	Verhandlungen und Verträge, Einfluss abhängig von der Marktmacht
„Lieferanten", also Hoch-/Schulen und private Institutionen der Aus- und Weiterbildung	Neue Arbeitsplätze und Einstellung von Nachwuchskräften, Informationen zum Angebot	Informationspolitik, Einfluss abhängig von der Marktmacht
Gesellschaft	Sichere Arbeitsplätze, Einhaltung von Arbeitsschutzmaßnahmen	Informationspolitik

Zur Erreichung der Ziele sind dann Aktivitäten einzuleiten und Maßnahmen zu ergreifen. Dies wiederum bedeutet Aufwand. Daher muss hinter jeder Zielsetzung auch ein Budget stehen. Budgets bilden dabei den Rahmen für die Planung und autorisieren den Budgetverantwortlichen in einem gesetzten Rahmen eigenverantwortlich zu agieren. Dadurch dass die verfügbaren Mittel im Normalfall knapp sind, kommt dem Prozess der Budgetierung eine koordinative Funktion zu, durch den Prioritäten gesetzt werden. Dieser Prozess erfolgt regelmäßig (zunächst) Topdown. Im Idealfall wird dieser Prozess Bottom-up ergänzt und damit ein Gegenstromverfahren erreicht (vgl. Jansen, T. (2009), S. 105f.).

Direkt handlungsleitende Ziele sind häufig auf einen kürzeren Zeitraum, auf Jahressicht, gerichtet. Diese sind um langfristige Ziele zu ergänzen. Bei deren Formulierung ist es wichtig zukünftige Entwicklungen einzubeziehen. Mit Hilfe von Früherkennungssystemen, auch Frühaufklärungs- oder Frühwarnsystemen, werden Änderungen relevanter Faktoren oder Faktorkombinationen in einem bestimmten Bereich frühzeitig aufgezeigt, um proaktive Anpassungen oder zumindest frühzeitige Korrekturen der Personalarbeit einleiten zu können. „Dabei geht es nicht nur um Gefahren und Risiken, sondern auch um Chancen, die flexibel durch Schaffung, Sicherung und Erweiterung von Handlungsspielräumen genutzt werden sollen" (Hentze, J., Kammel, A. (2001), S. 94).

Als erstes Suchraster eignen sich die Ebenen der allgemeinen Umweltanalyse: Gewöhnlich wird hier die soziokulturelle, ökonomische, ökologische, technologische und politisch-rechtliche Ebene betrachtet. Es gilt dann die Faktoren herauszugreifen, die den interessierenden Sachverhalt (zukünftig) wesentlich beeinflussen und deren (mögliche zukünftige) Entwicklungen zu beschreiben. Erst dann können Ziele gesetzt und Maßnahmenpläne erstellt werden, um sich bietende Chancen zu nutzen und drohende Risiken zu vermeiden bzw. deren Auswirkungen zu vermindern. Beispielsweise ergibt sich aus dem Beobachtungsbereich der politischen und rechtlichen Umwelt der Bedarf, die Entwicklung der personalrelevanten Rechtslage zu verfolgen. Ein geeigneter Indikator wäre die Arbeitswelt betreffende Richtlinien der Europäischen Gemeinschaft auf mögliche langfristige Auswirkungen auf die deutsche Gesetzgebung und Rechtsprechung und deren Konsequenzen für die Unternehmen zu prüfen: z. B. die Richtlinie 2000/78/EG des Rates vom 27. November 2000 zur Festlegung eines allgemeinen Rahmens für die Verwirklichung der Gleichbehandlung in Beschäftigung und Beruf (sog. Rahmen-Richtlinie). Diese bildete neben weiteren Richtlinien[6] die Grundlage des Allgemeinen Gleichbehandlungsgesetzes, das 2006 in Deutschland verabschiedet wurde. Zu dessen Auswirkungen finden sich insbesondere im rechtlichen Teil des Kapitels Personalgewinnung und -auswahl Ausführungen.

---

6   Darunter die Richtlinie 2000/43/EG des Rates vom 29. Juni 2000 zur Anwendung des Gleichbehandlungsgrundsatzes ohne Unterschied der Rasse oder der ethnischen Herkunft (sog. Antirassismus-Richtlinie), die Richtlinie 2002/73/EG des Europäischen Parlaments und des Rats vom 23. September 2002 zur Änderung der Richtlinie 76/207/EWG des Rates zur Verwirklichung des Grundsatzes der Gleichbehandlung von Männern und Frauen hinsichtlich des Zugangs zur Beschäftigung, zur Berufsausbildung und zum beruflichen Aufstieg sowie in Bezug auf die Arbeitsbedingungen (die sog. Gender-Richtlinie II) und die Richtlinie 2004/113/EG des Rates vom 13. Dezember 2004 zur Verwirklichung des Grundsatzes der Gleichbehandlung von Männern und Frauen beim Zugang zu und bei der Versorgung von mit Gütern und Dienstleistungen.

Dieses Vorgehen kann ergänzt werden um eine un-/strukturierte Aufnahme von Signalen, was auch als Scanning bzw. Monitoring bezeichnet wird. In der Fortschreibung der Entwicklung solcher Signale kann auf quantitative oder auf qualitative Verfahren zurückgegriffen werden. Im Rahmen der quantitativen Verfahren werden Trends (Zeitreihen) extrapoliert und darauf aufbauend Simulationen „programmiert". Teilweise werden quantitative Elemente in das qualitative Vorgehen eingebunden. Hier werden schriftliche Materialien, Vortrags- und Konferenzinhalte ausgewertet sowie Experten und Wissensträger hinsichtlich zukünftiger Entwicklungen befragt. Dies gilt unternehmensintern wie außerhalb des Unternehmens. Aufbauend auf diesen Aussagen werden Szenarien aufgespannt, Stärken-Schwächen und Chancen-Risiken analysiert, wie im Kapitel Personalmarketing am Beispiel kurz erläutert wurde, sowie Portfolios erarbeitet, auf deren Einsatz später noch eingegangen wird.

Neben dem Erfassen von Signalen ist also die geeignete Verarbeitung und Aufbereitung der Informationen notwendige Voraussetzung um Ziele zu setzen und (antizipative) Maßnahmen zu planen und evtl. auch in Gang setzen zu können. Dabei ist die Früherkennung nicht nur im Personalmanagement mit erheblichen konzeptionellen, messtheoretischen und anwendungsbezogenen Mängeln behaftet. Die Verbreitung von Systemen der Früherkennung im betrieblichen Personalmanagement ist daher nach wie vor gering.

Weniger Impulse als erwartet hat das Thema durch das KontraG (Gesetz zur Kontrolle und Transparenz im Unternehmensbereich) und Basel II (Eigenkapitalrichtlinien für die Kreditvergabe) erhalten. Gefordert sind Bewertungen und Frühwarnsysteme für die wichtigsten Risikofelder, darunter für das Personal:

- Als Engpassrisiko wird der (etwa krankheitsbedingte) Ausfall von einzelnen Schlüsselpersonen oder vielen Mitarbeitern beschrieben.
- Mit dem Austrittsrisiko wird die ungewollte Fluktuation von Mitarbeitern, insbesondere Schlüsselpersonen, bezeichnet, worauf im Rahmen der Personalplanung bereits eingegangen wurde.
- Das Anpassungsrisiko bezieht sich auf unpassende oder unzureichende Qualifikation von Mitarbeitern, mit Blick auf aktuelle und zukünftige Herausforderungen im Unternehmen.
- Im Rahmen des Motivationsrisikos werden Mitarbeiter, die innerlich gekündigt haben oder ausgebrannt sind – und daher keine entsprechende Leistung mehr erbringen wollen/können oder sogar destruktives Verhalten zeigen, erfasst.

Erst, wenn antizipative Maßnahmen (und darüber hinaus für den Krisenfall) geplant bzw. umgesetzt sind, ergibt sich der Erfolg der Früherkennung. Im Fall von Risikomanagement liegt der Erfolg dann bspw. in der Verhinderung von Risiken und Reduktion ihrer Konsequenzen (vgl. DGFP (2005) und Krystek, U. (2002), S. 30ff.).

11.4.2 Erfassung des Ist-Zustandes

Die Erfassung des Ist-Zustandes kann sich auf quantitative Sachverhalte, wie Personalkosten, beziehen, oder aber auf qualitative Tatbestände. Ein wichtiges Instrument unter den qualitativen Erhebungsverfahren ist die Mitarbeiterbefragung, auf die nach einem kurzen Abriss zu Personalinformationssystemen eingegangen wird.

11.4.2.1 Daten aus Personalinformationssystemen (PIS)

Personalinformationssysteme, kurz PIS, stellen den betrieblichen Einsatz von Informationstechnologien dar, mit deren Hilfe personalwirtschaftliche Problemstellungen wie Verwaltung und Verarbeitung von Massendaten gelöst werden. Sie dienen also der Erfassung, Speicherung, Verarbeitung, Pflege, Analyse, Benutzung, Verbreitung, Disposition, Übertragung und Anzeige von Information für das Personalmanagement (ausführliche Erläuterungen bei Strohmeier, S. (2008)). Mögliche Module eines PIS werden am Beispiel des weitverbreiteten SAP HR-Moduls im Überblick dargestellt (vgl. Abbildung 73).

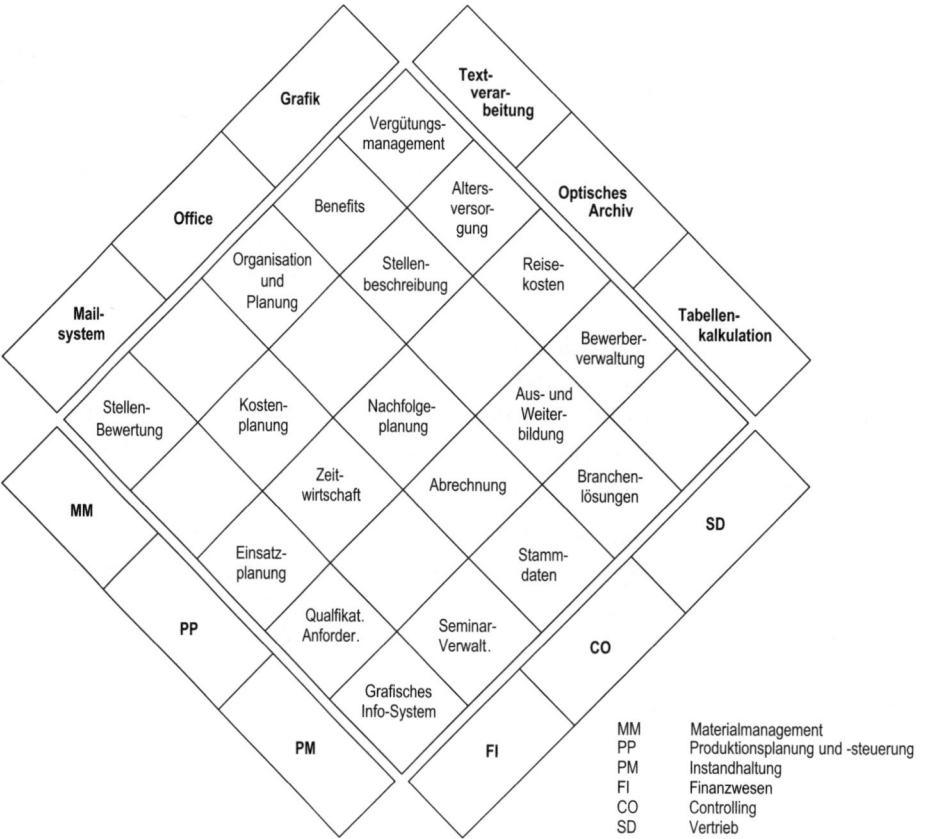

Abbildung 73: SAP-HR Module im Überblick

Software sollte generell folgenden Anforderungen genügen (vgl. Schmeisser, W., Clermont, A. (1999), S. 74ff.):

- Funktionalität, Leistungsumfang qualitativ und quantitativ angemessen,
- Modularität, Variationsmöglichkeiten in Funktions- und Leistungsumfang,
- Flexibilität, Anpassungsfähigkeit,
- Kompatibilität, d. h. Unabhängigkeit von einer bestimmten Hardware, vom Betriebssystem sowie unabhängige Datenverwaltung auf standardisierten Datenbanken,
- Integration, einheitliche Datenbasis auch für weitere Anwendungen,
- Reifegrad der Software und Erfahrung des Anbieters,
- Aktualität, d. h. Zugriff im Dialogbetrieb,
- Benutzerfreundlichkeit, also einheitlicher Aufbau, grafische Oberfläche, Hilfefunktion etc.,
- Sicherheit und Schutz der personenbezogenen Daten,
- Serviceleistung, zusätzliche Leistungen des Anbieters wie etwa eine Hotline,
- Wartung, Fehlerbeseitigung aber auch Weiterentwicklung.

Auf Grund der Entwicklung von Employee Self Services (ESS) und Manager Self Services (MSS) können Daten dezentral eingegeben, gepflegt und auch ausgewertet werden, was dem Personalcontrolling neue Möglichkeiten erschließt. Dies betrifft zum einen die Menge und Güte der erfassten Daten, auf der anderen Seite auch den Detaillierungsgrad und die Aktualität möglicher Auswertungen. Dabei sollte immer vom Informationsbedarf her argumentiert werden, worauf unter dem Abschnitt Reporting vorliegend noch eingegangen wird. Daten um ihrer selbst Willen zu erheben und auszuwerten, ist nicht zielführend.

> **Beispiel 60: Service Center bei der SAP AG**
> Die SAP AG, Stammsitz in Walldorf, hat 2008 mit Software und Beratung mit über 50 000 Mitarbeiter weltweit 11.7 Mrd. € Umsatz erzielt.
> Das Personalmanagement beim Walldorfer IT-Konzern wurde in den letzten Jahren komplett neu stukturiert.
> Die IT Basis wird durch den Bereich HR IT gestellt und gepflegt. Auf dieser technischen Basis konnte die Zusammenführung und Standardisierung der administrativen Prozesse in den HR Operations erfolgen. Im HR Center of Excellence werden Dienstleistungen und Instrumente konzipiert bzw. lokal angepasst und ausgerollt. Die Entscheidungen werden im HR Leadership Team getroffen, dem auch die Governance-Funktion zukommt. Vor Ort stehen HR-Business Partner den Führungskräften als Berater zur Seite. Für den Bereich HR Operations wiederum stehen das Intranetportal und Self Services im Zentrum. Generelle Transaktionen, z. B. Adressänderungen oder Veranstaltungsbuchung, und allgemeine Anfragen werden direkt darüber vom jeweiligen Mitarbeiter bearbeitet. Weitere Transaktionen, z. B. Jobpostings oder Vertragserstellung sowie Entgelt- oder auch Veranstaltungsmanagement, und spezifischere Anfragen der Mitarbeiter, z. B. Probleme bei der Rollenvergabe, werden im Service Center abgewickelt. Spezifische und persönliche Aufgaben, wie die Auswahl im Rahmen der Personalgewinnung, werden weiterhin vor Ort bearbeitet (in Anlehnung an Ehret, B. (2009)).

11.4.2.2 Mitarbeiterbefragung als qualitatives Erhebungsverfahren

Da im Personalcontrolling auch qualitativen Informationen ein hoher Stellenwert zukommt, sind diese in geeigneter Weise zu erheben. Die Mitarbeiterbefragung ist dabei ein wichtiges Erhebungsverfahren (vgl. Jansen, T. (2002), S. 116f.). Daneben kommen weitere Befragungen, aber auch Beobachtungen und seltener Experimente in vielfältiger Weise zum Einsatz. Beispiele sind die Verfahren der Personalbeurteilung, die im Rahmen der Personalführung und entwicklung Eingang finden, oder auch Austrittsgespräche, welche im Rahmen des Personalaustritts betrachtet wurden. Die Mitarbeiterbefragung kann verschiedene Funktionen erfüllen. Diese Funktionen schließen sich gegenseitig nicht aus, sondern stellen nur unterschiedliche Perspektiven und Schwerpunkte dar:

- Diagnose- und Evaluation, also „Mitarbeiterbefragung als Feedbackinstrument": Allgemeine Informationen über die gegenwärtige Situation sowie Entwicklungen/Veränderungen im Unternehmen; allgemeine (strategische) Stärken-Schwächen-Analysen von Managementstrategien und -instrumenten; Beurteilung von konkreten Einzelmaßnahmen, Gestaltungsprojekten und/oder spezifischer Problemstellungen.
- Intervention, d. h. „Mitarbeiterbefragung als Führungs- und Steuerungsinstrument": Kommunikation, unternehmensweit sowie Top-down; Umsetzung bzw. Vermittlung der Unternehmens- und Führungsphilosophie; Initiierung des Dialogs und Ableitung von konkreten Verbesserungsmaßnahmen und -prozessen zum Ausbau von Stärken und Abbau von Schwächen.
- Monitoring, und damit „Mitarbeiterbefragung als Kontrollinstrument": Überprüfung der Durchführung und Umsetzung von konkreten Maßnahmen sowie Überprüfung von (verändertem) Verhalten von Management und Führungskräften.

Unabhängig vom vorrangigen Ziel der Ein- und Durchführung einer Mitarbeiterbefragung sind grundsätzlich folgende Phasen bei der Implementierung und Umsetzung zu durchlaufen und Entscheidungen zu treffen (in Anlehnung an Jansen, T. (2002), S. 119).

Nach der Auftragsformulierung ist ein Projektteam zu bilden. Bevor dieses den weiteren Verlauf planen kann, sind die Ziele festzuhalten. Aufbauend auf diesen kann der weitere Prozess geplant werden. Im Rahmen des Grobkonzeptes geht es darum Themenkreise abzustecken. Die meisten Mitarbeiterbefragungen sind umfassend und schließen mehr oder weniger alle der im folgenden genannten Themenfelder ein (vgl. Jansen, T. (2002), S. 121):

- Erfassung der allgemeinen Arbeitszufriedenheit.
- Schwachstellenanalyse hinsichtlich zentraler Themen wie Unternehmenskultur und -leitung, (un)mittelbare Führung, Information und Kommunikation, Personalentwicklung, Arbeitszeitmanagement, Arbeitsbedingungen und Entgeltpolitik.
- Ergänzung um aktuelle Themen, bspw. zur Sicherung arbeitnehmergerechter Lösungen im Rahmen einer EDV-Einführung.

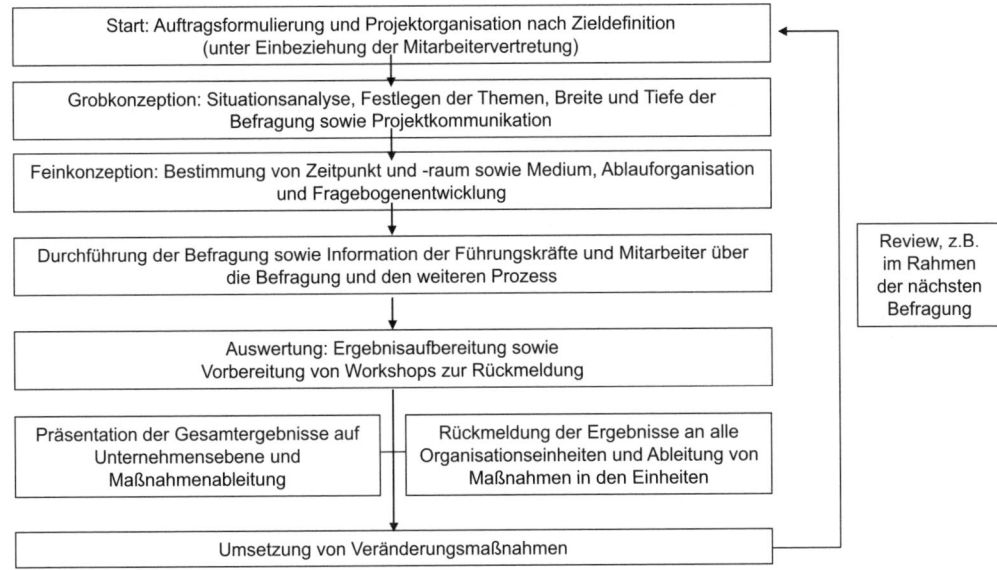

Abbildung 74: Prozess einer Mitarbeiterbefragung

Beispiel 61: Mitarbeiterbefragung und Ted-Votings bei der Gothaer Versicherungsbank VVaG
Der Versicherungskonzern Gothaer mit Sitz in Köln hat fast 6000 festangestellte Mitarbeiter. Seit 1997 werden in regelmäßigen Abständen Mitarbeiterbefragungen (online) durchgeführt. Dabei werden folgenden Themenfelder abgedeckt:

- Arbeit und Entwicklung (Arbeitsorganisation, -belastung und -inhalte; Handlungs- und Entscheidungsspielraum; Möglichkeiten, die eigenen Fähigkeiten einzubringen; Fort- und Weiterbildungsmöglichkeiten; Chancengleichheit und Aufstiegsmöglichkeiten)
- Arbeitsumfeld und Rahmenbedingungen (Einkommen, Arbeitszeit und Kantine)
- Information und Kommunikation (Informationen zur eigenen Arbeit, über Unternehmen und Konzern; Informationsquellen; Zusammenarbeit mit Kollegen und anderen Abteilungen sowie Betriebsklima)
- Markt und Innovation (Qualitäts-, Kunden und Vertriebsorientierung; Nutzung neuer Ideen)
- Führung (Mitarbeiterförderung; Rückmeldung, Transparenz, Delegation, Entschlusskraft, Führungsgrundsätze; Leistungsbeurteilung und Entscheidungsprozesse im Unternehmen)
- Unternehmen und Konzern (Unternehmensziele, -image; Identifikation; Unternehmens- und Konzernkultur; Sicherheit des Arbeitsplatzes)

Zudem werden seit 2003 zwischen den Befragungsintervallen zusätzlich sog. Ted-Votings durchgeführt. Dabei handelt es sich um Einzelfragen zu aktuellen Themen, über die die Mitarbeiter per Mausklick abstimmen können. Genauso wie bei der Mitarbeiterbefragung wird auch hier auf die Ableitung von Folgemaßnahmen besonderer Wert gelegt. Die umfangreichen Mitarbeiterbefragungen werden so unaufwändig komplettiert (in Anlehnung an Weidenbrück, B., Kauer, T. (2006), S. 95ff.).

Eine Mitarbeiterbefragung kann aber auch als themenspezifische Befragungen konzipiert sein und damit auf ein bestimmtes Thema fokussiert werden. Z. B. kann sie auf eine neu eingeführte Flexibilisierung der Arbeitszeiten oder auf kulturelle Aspekte im Rahmen eines Change Prozesses gerichtet sein. Aus dieser Entscheidung resultiert auch ein Stück weit der Umfang der Befragung, der darüber hinaus durch die Differenzierung der aufgenommenen Themen beeinflusst wird.

Eine weitere Frage, die im Rahmen der Grobkonzeption zu beantworten ist, bezieht sich auf die Stichprobengröße. Die klassische Mitarbeiterbefragung wird meist organisationsweit durchgeführt: Bei einer Mitarbeiterbefragung geht es – anders als etwa bei einem Mitarbeitergespräch – nicht um den einzelnen Mitarbeiter, sondern um eine Gesamtsicht. Im Rahmen der Auswertung und Analyse einer Umfrage werden regelmäßig Mitarbeitergruppen gebildet, um so Bereiche und Abteilungen gegenüberzustellen oder bestimmte Gruppen, z. B. Führungskräfte, separat zu betrachten. Die Cluster sind dabei so zu wählen, dass die Anonymität einzelner Mitarbeiter gewahrt bleibt. Gewöhnlich sollte ein Cluster nicht weniger als 6 auswertbare Datensätze umfassen. Weniger häufig wird die Befragung auch von Beginn an lediglich auf eine Stichprobe ausgerichtet. Diese wiederum kann entweder repräsentativ, z. B. anhand einer Zufallsstichprobe, ausgewählt oder willentlich auf eine bestimmte Mitarbeitergruppe fokussiert werden, z. B. auf Fachexperten, die eine zunehmende Fluktuationsquote aufweisen.

Es schließt sich die Feinplanung an, in deren Rahmen die Form der Befragung sowie deren konkrete Ausgestaltung, Medium und Zeiten der Befragung sowie der konkrete Ablauf festgelegt werden.

Zunächst ist zu entscheiden, wie systematisch und strukturiert das Vorgehen sein soll: Wenn auch die Umfrage nicht zwingend in schriftlicher Form durchgeführt werden muss, ist dies die häufigste Variante. Zunehmend wird die schriftliche Befragung elektronisch und online abgebildet, da dies insbesondere prozedurale Vorteile für die Durchführung und Auswertung der Befragung mit sich bringt. Schon aus Gründen der Anonymität seltener genutzt werden telefonische oder persönliche Interviews als Erhebungsmethode. Gearbeitet wird dann auch überwiegend mit geschlossenen Fragen und Antwortalternativen bzw. Ratingskalen, was auch zur Effizienz wie Effektivität der Auswertung beiträgt. Um belast- und verwertbare Ergebnisse zu erhalten, muss die Fragebogengestaltung den methodischen Anforderungen Objektivität, Reliabilität und Validität genügen. Dies analog den Gütekriterien der Eignungsdiagnostik, wie Sie im Rahmen der Personalauswahl erörtert wurden.

Die Durchführung muss von einem Kommunikationskonzept begleitet sein, das die Beteiligungsquote entscheidend beeinflusst. Eine erfolgreiche Mitarbeiterbefragung in der umfassenden Form ist durch eine Beteiligung deutlich über 50 % gekennzeichnet. Einige Unternehmen erreichen sogar über 90 %, wobei eine Quote dazwischen als normal gelten kann. Neben der Nutzung verschiedener Kanäle wie Intranet und E-Mails können z. B. Plakate, Bildschirmschoner und Berichte in der Mitarbeiterzeitschrift zum Einsatz kommen. Außerdem sollten die Führungskräfte und in einem zweiten Schritt die einzelnen Mitarbeiter durch ein persönliches Anschreiben zur Beteiligung motiviert werden (vgl. Kreitel-Suciu, A., Fischer, J. (2008), S. 59.) Wie bei vielen Themen des Personalmanagements kann die Maßnahme nur wirksam sein, wenn die Mitarbeiterbefragung von den Führungskräften entsprechend unterstützt wird.

Die Auswertung der großen Zahl an Datensätzen wird meist extern vergeben, wobei dabei auf die Einhaltung datenschutzrechtlicher Bestimmungen großer Wert zu legen ist. Bereits vorher genau zu definieren sind Gestalt und Inhalte der Auswertungsberichte. Dabei gibt es zahlreiche Dienstleister, die nicht nur im Rahmen der Auswertung, sondern auch in anderen Prozessschritten unterstützen (vgl. Gerz, W. (2008), S. 28): Dazu zählen u. a. Cubia AG, Gallup GmbH, gevainstitut, Great Place to Work Institute Deutschland, Hewitt Associates GmbH/Kienbaum Management Consultants GmbH, ISPA consult GmbH, psychonomics AG, S & F Personalpsychologie Managementberatung GmbH.

Auswertungen sind besonders aussagekräftig im Vergleich zu selbstgesetzten Zielen, im Zeitvergleich und mit Einschränkungen im Benchmark verschiedener Bereiche und Mitarbeitergruppen. Dies ist nur möglich, wenn über die Zeit bzw. Unternehmen hinweg, zumindest Teile der Mitarbeiterbefragung, standardisiert konzeptioniert, durchgeführt und ausgewertet werden. Auch wenn Mitarbeiterbefragungen selbst gestalterischer Bestandteil der Führungskultur sind, ist das Augenmerk auf resultierende Veränderungen zu legen. Nach der Auswertung der gewonnenen Informationen stehen daher Kommunikation sowie Planung, Durchführung und Erfolgskontrolle der sich anschließenden konkreten Veränderungsmaßnahmen im Fokus (vgl. Bungard, W., Müller, K., Niethammer, C. (2007); Domsch, M., Ladwing, D. (2006)).

Zentral ist in jedem Fall die zeitnahe und konsequente Durchführung des Folgeprozesses. Neben der unternehmensöffentlichen Vorstellung genereller Ergebnisse ist besonderer Wert auf die Vorstellung der Befragungsergebnisse in den einzelnen Bereichen und Abteilungen zu legen. Diese kann in Form von Workshops erfolgen, wobei den Führungskräften im besten Fall (auf freiwilliger Basis) ein Moderator zur Seite gestellt werden kann. Führen die Führungskräfte die Workshops mit ihren Mitarbeitern ohne Unterstützung durch, sind vorbereitende Schulungen anzubieten. Ziel der Workshops ist es, die Ergebnisse vor Ort zu diskutieren und wo nötig gezielte Maßnahmen und Folgeaktivitäten zur Verbesserung abzuleiten.

Die Umsetzung der Maßnahmen ist zu controllen. Das passiert spätestens mit der nächsten Mitarbeiterbefragung, sollte aber zusätzlich über die Aufnahme in die Zielvereinbarungen oder durch separate Tools erfolgen, wie im nachfolgend dargestellten Beispiel.

Beispiel 62: Der MAB Folgeprozess bei der SNT Deutschland AG
Für die SNT Deutschland AG sind in Call Centern für verschiedenste Branchen rund 4600 Mitarbeiter tätig.
Nach der ersten Mitarbeiterbefragung 2007 wurde besonders viel Wert auf einen strukturierten Folgeprozess und das Controlling der resultierenden Aktivitäten gelegt. Dazu wurden alle Führungskräfte der SNT im Vorfeld geschult, zudem standen erfahrene Moderatoren unterstützend bei der Gestaltung und Durchführung von Workshops zur Ergebnisvermittlung und Maßnahmenableitung zur Verfügung. Wie im gesamten Prozess wurde das Unternehmen dabei von dem Aachener Beratungs- und Marktforschungsunternehmen Team Steffenhagen GmbH unterstützt und begleitet. Zum Monitoring wurde eigens ein Online-Tracking-Tool eingeführt, mit dessen Hilfe folgende Daten erhoben wurden:

- Erfolgte Präsentationen der Befragungsergebnisse in den einzelnen Organisationseinheiten,
- Anzahl und Definition der Maßnahmen (z. B. transparentere Leistungsbeurteilungen, regelmäßigere Teammeetings, zusätzliche Weiterbildungsmaßnahmen) und
- Umsetzungsstatus der abgeleiteten Maßnahmen in den Organisationseinheiten.

In 160 durchgeführten Workshops wurden dabei insgesamt 420 Verbesserungsmaßnahmen abgeleitet. Von diesen waren bis zum Zeitpunkt der Berichterstattung 60 % erledigt und 25 % in Arbeit. Durch das konsequente Monitoring wurde wesentlich zum Erfolg der Mitarbeiterbefragung beigetragen, die fest in das Reservoir der Personal- und Führungsinstrumente des Unternehmens aufgenommen wurde (in Anlehnung an Kreitel-Suciu, A., Fischer, J. (2008), S. 58ff.).

Eine konkrete Zielsetzung und darauf aufbauende sorgfältige Planung sind Grundlage für das Gelingen der meisten Maßnahmen, so auch bei der Mitarbeiterbefragung (vgl. Gertz, W. (2008), S. 28). Wesentlich sind darüber hinaus das Commitment der Geschäftsleitung und die Beteiligung der Arbeitnehmervertretung.

Mitarbeiterbefragungen können allerdings auch vom Management missbraucht und von den Betroffenen missverstanden oder abgelehnt werden. Eine Mitarbeiterbefragung sollte daher in der Durchführung, mit ihren Ergebnissen und Konsequenzen sehr ernst genommen werden und keine „Eintagsfliege, geheime Kommandosache, Spielwiese etc" (Scholz, C. (2000), S. 438) sein.

11.4.3 Kennzahlen als Basis des Personalcontrollings

Kennzahlen geben über einen quantitativ erfassbaren Tatbestand in konzentrierter Form Auskunft (vgl. Scherm, E. (1992), S. 523). Damit werden Informationen erfassbar und nachvollziehbar. Dafür sind allerdings Definition und Erhebung dieser Größen vorab festzuhalten. Denn nur auf einer standardisierten Grundlage sind auch sinnvolle Analysen möglich.

Dabei lassen sich monetäre und quantifizierbare Aspekte direkt erfassen, für qualitative Aspekte sind Indikatoren heranzuziehen, wie sie etwa bei einer Mitarbeiterbefragung erhoben werden. Kennzahlen beziehen sich meist auf das gesamte Unternehmen oder einen Teilbereich. Auch für Teams oder auf Ebene des Individuums können Kennzahlen Einsatz finden, allerdings nehmen mit einer Fokussierung regelmäßig auch rechtliche Bedenken und Beschränkungen zu.

Kennzahlen können als absolute Zahlen oder Verhältniszahlen auftreten, wie in nachstehender Tabelle mit Beispielen veranschaulicht (vgl. ähnlich Schulte, C. (2002), S. 3f. oder Jansen, T. (2008), S. 131f.).

Tabelle 57: Kennzahlen gegliedert nach Berechnungs- bzw. Datenart

Absolutzahlen	Verhältniszahlen
Summen, z. B. Höhe der Bezüge des Vorstandsvorsitzenden in €	Gliederungszahlen, z. B. Krankenquote in Prozent
Summen und Differenzen, z. B. Summe aller Personalkosten in €	Beziehungszahlen, z. B. Kosten pro Mitarbeiter in €
Mittelwerte, z. B. durchschnittliche Betriebszugehörigkeit in Jahren	Indexzahlen, z. B. Lohnkostenentwicklung mit Basis (100) im Jahr 2000

Auf der anderen Seite führt die Verdichtung und Quantifizierung durch Kennzahlen zu Informationsverlusten. Dies kann insbesondere bei fehlendem Überblick über die Gesamtzusammenhänge Fehlinterpretationen nach sich ziehen. Gegebenenfalls führt die Konzentration auf quantitative oder zumindest quantifizierbare Sachverhalte auch zu einer Vernachlässigung von qualitativen Größen. Andersherum dürfen auch nicht zu viele Kennzahlen einbezogen werden, da eine Kennzahleninflation dazu führen kann, dass die (wesentlichen) Informationen gar nicht mehr aufgenommen werden (vgl. Jansen, T. (2008), S. 134).

Den negativen Entwicklungen kann, zumindest ein Stück weit, durch die Bildung von Kennzahlensystemen entgegengewirkt werden. Dabei sind folgende Forderungen zu beachten:

- Wesentliche Informationen müssen erfasst werden.
- Im Vordergrund stehen Informationen, die von personalwirtschaftlichen Maßnahmen direkt zu beeinflussen sind.
- Die Wirtschaftlichkeit und Praktikabilität der Erhebung ist sicherzustellen.
- Neue Tatbestände müssen Eingang finden können.

11.4.3.1 Kennzahlensysteme

Ein Kennzahlensystem ist nach Horváth ((2004), S. 459) „eine geordnete Gesamtheit von Kennzahlen, die in einer Beziehung zueinander stehen und so ... über einen Sachverhalt vollständig informieren". Ein umfassendes System personalwirtschaftlicher Kennzahlen findet sich bei Schulte, C. ((2002), S. 156):

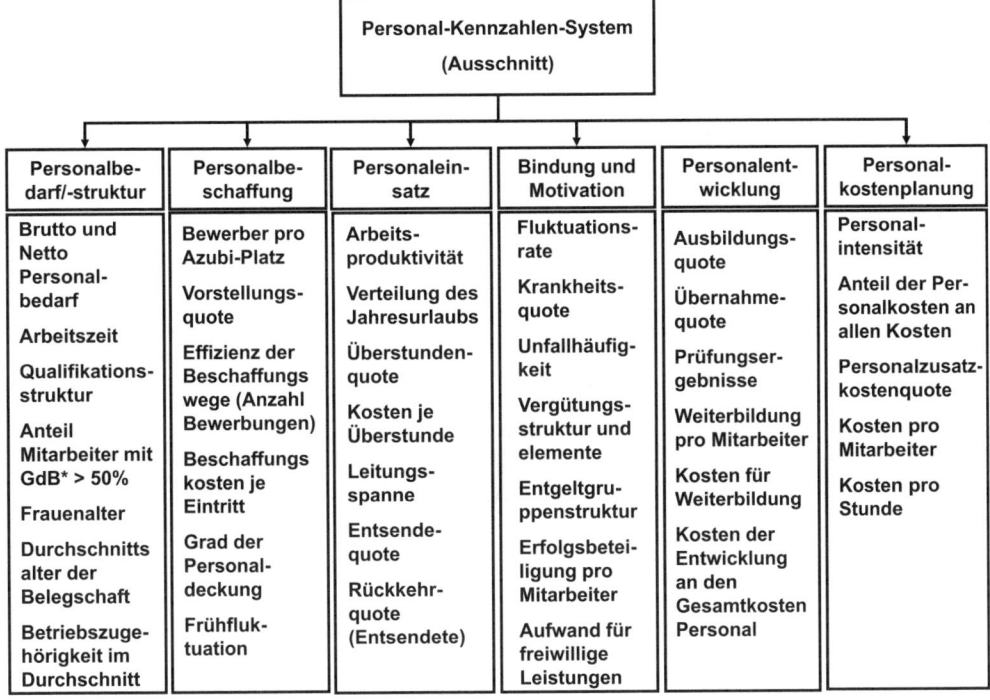

*Grad der Behinderung

Abbildung 75: Ausschnitte eines Kennzahlensystems

11.4.3.2 Balanced Scorecard

Eine Methode, die über die strukturierte Darstellung der Kennzahlen hinausgeht, ist die Balanced Scorecard, kurz BSC. Hinzu kommen hier der Strategiebezug, die direkte Aufnahme von Maßnahmen und nicht zuletzt die Überprüfung der wechselseitigen Zusammenhänge mehrerer Perspektiven (vgl. Ackermann, K.-F., Festerling, S. (2000)):

- Die finanzielle Perspektive (Sicht des Shareholders),
- die Kundenperspektive (Sicht des Kunden),
- die Prozessperspektive (Sicht nach Innen auf die Abläufe),
- die Lern- und Entwicklungsperspektive (Sicht auf die notwendige Basis zur Sicherung langfristigen Wachstums).

Die BSC stellt sich im Überblick wie folgt dar:

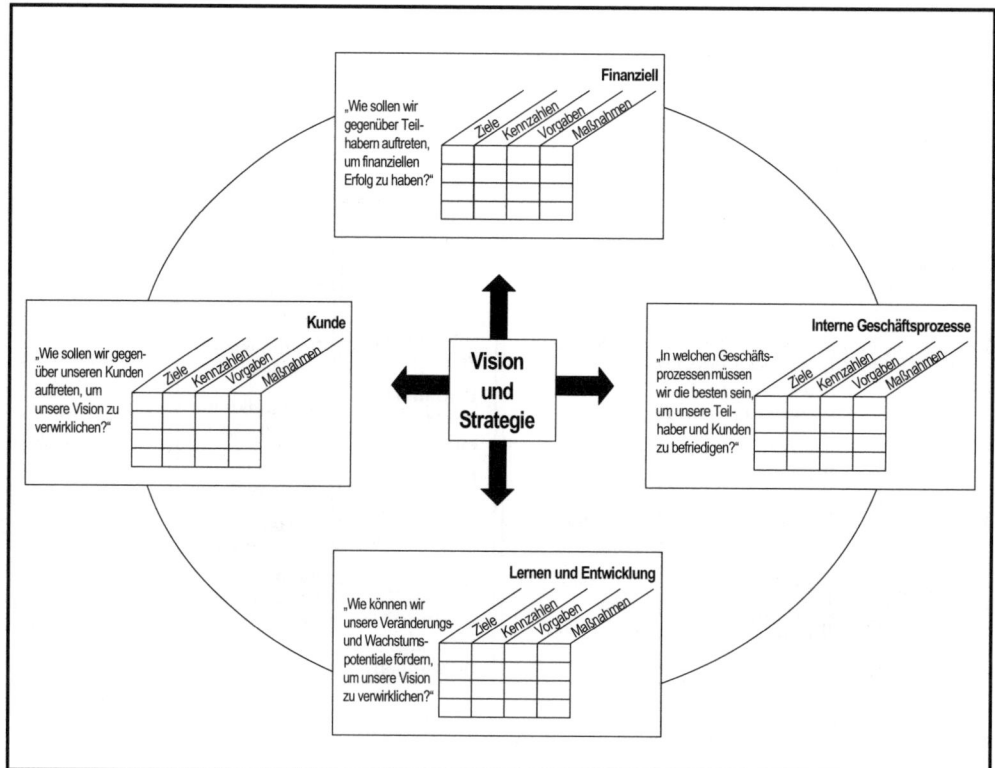

Abbildung 76: Standardmodell der BSC

Dieses Standardmodell der Balanced Scorecard (BSC) wurde Anfang der 1990er Jahre von Robert S. Kaplan und David Norten an der Harvard Business School entwickelt (vgl. allgemein Horvàth & Partner (2000)). Erst einige Jahre später erfolgte eine Übertragung auf das Personalmanagement (vgl. bei Ackermann, K.-F. (2000) oder Tonnessen, C. (2001)).

Unabhängig vom Einsatzbereich sind die genannten Perspektiven nicht isoliert zu betrachten, da sie durch Ursache-Wirkungs-Zusammenhänge miteinander verbunden sind. Das bedeutet, dass die Realisierung eines Perspektivenzieles auf die Erreichung der anderen Perspektiven einwirkt. Ebenso ist das Vier-Phasen-Schema der Ableitung von Strategie in Aktionen auch im Personalmanagement für jede Perspektive zu durchlaufen:

- Klare Definition der strategischen BSC-Perspektivenziele,
- Auswahl einer oder mehrerer Kennzahlen für jedes festgelegte BSC-Perspektivenziel,
- Bestimmung eines Sollwertes für jede Kennzahl in der BSC-Perspektive,
- Planung und Realisierung eines oder mehrerer Aktionsprogramme bzw. von Maßnahmen zur Erreichung der angestrebten Sollwerte.

Die BSC „Personal" eines Unternehmens könnte, ausgehend von der Vision und Strategie des Personalbereichs, folgende Perspektiven und Kennzahlen beinhalten (vgl. Ackermann, K.-F., Festerling, S. (2000) und Fitz-Enz, J. (2003), S. 126). Wie bereits im Kapitel Personalplanung betrachtet, ist die Bezugsgröße häufig nicht die Kopfzahl, sondern Vollzeitäquivalente (VZÄ). Nur dann sind die Daten auch vergleichbar und handlungsindizierend.

Tabelle 58: Kennzahlen einer BSC „Personal"

Finanzwirtschaftliche Perspektive	Kundenperspektive
Umsatz/VZÄ in €	Betreuungsquote in Personaler/100 Mitarbeiter
Personalaufwand/Gesamtaufwand in %	Indize zur Kundenzufriedenheit
Personalkosten/VZÄ in €	Beschwerdeanzahl in Stück/Monat
Bearbeitungskosten in €/Einheit	Anteil Akademiker im Personalbereich in %
Prozessperspektive	Bindung und Förderung
Vereinbarung von Service Level Agreements (SLA) für Personalprozesse	Flexibilitätsmaßgrößen, z. B. Teilzeit-Anteil in %
Einhaltung der SLA	Fluktuationsrate/n in %
Bearbeitungsdauer in Zeiteinheiten	Ausbildungsquote und Bewerberzahlen in %
Verrechnungspreise in €	Weiterbildungsdauer/Mitarbeiter in Zeiteinheiten
	Weiterbildungskosten in % der Personalkosten

Es ist zu beachten, dass jede erfolgreiche BSC in einem Unternehmen individuell zu entwickeln und damit einzigartig ist. Dieser Prozess ist langwierig, aber für einen nachhaltigen Steuerungserfolg notwendig (vgl. Wunderer, R., Jaritz, A. (2002), S .331ff.).

> **Beispiel 63: Aufbau der Personal Scorecard bei der Daimler AG**
> Die Daimler AG macht im Automotive Bereich mit rund 270 000 Mitarbeitern weltweit einen Umsatz von rund 96 Mrd. € (2008).
> Die Personalstrategie bei Daimler soll den Business-Anforderungen bezüglich Wachstum, Technologieführerschaft und wettbewerbsfähige Kostenposition genügen. Fünf globale Herausforderungen für den Personalbereich wurden daraus generell abgeleitet:
>
> - Profitabilität,
> - wettbewerbsfähige Belegschaft,
> - Führungskompetenz,
> - attraktiver Arbeitgeber und
> - professionelle Organisation.
>
> Unter globalen Gesichtspunkten wurden diese Handlungsfelder um drei weitere ergänzt, darunter die Personalstrategie China, Management Development to the next level und exzellente Arbeitsleistung und Produktivität.
> In einem mehrstufigen Prozess wurden dann ausgehend von dieser globalen Personalstrategie unter Einbeziehung der jeweiligen Geschäftsfeldstrategie Personalziele in vier definierten Dimensionen formuliert:
>
> - Wettebewerbsfähige Arbeitskosten (wirtschaftlicher Einsatz der Personalressourcen bezüglich Vergütung, Arbeitszeit und Produktivität)
> - Personalflexibilität (umfasst den standortbezogenen und -übergreifenden Beschäftigungsausgleich)
> - Führung (bezieht sich zum einen auf Führungspotenzial, also Erfassung, Anzahl der Potenzialträger etc., zum anderen auf einen durchgängigen Zielvereinbarungsprozess)
> - Kontinuierliche Verbesserung des Humankapitals (damit sind die rechtzeitige Beschaffung hervorragender Nachwuchskräfte/Spezialisten, die optimale Ausrichtung der Belegschaft auf zukünftige Herausforderungen und die Verbesserung des Leistungspotenzials gemeint)
>
> Für diese Zieldimensionen wurden in einem nachfolgenden Zielvereinbarungsprozess konsequent Ziele vereinbart, Stellhebel und Ansatzpunkte für Maßnahmen festgelegt, wie in nachstehender Tabelle beispielhaft veranschaulicht (vgl. Fleig, G., Gesmann, V., Biel, A. (2004), S. 465ff.).

Tabelle 59: Personal Scorecard zur Steuerung wettbewerbsfähiger Belegschaftsstrukturen

Dimensionen	Inhaltliches Ziel	Beispiele für Stellhebel	Prozesse/Instrumente/ Methoden
Wettebewerbsfähige Arbeitskosten	Arbeitskosten/ Stunde	Arbeitszeitmodelle und Vergütungsstrukturen	Arbeitskostenvergleich (intern und extern)
Personalflexibilität	Flexibilitätsgrad	Arbeitskraft- und zeitliche Flexibilität	Flexibilitätscontrolling
Führung	Potenzialsituation Zielvereinbarungsprozess	Potenzialplanung und -entwicklung sowie Durchgängigkeit	Audit
Kontinuierliche Verbesserung des Humankapitals	Zukünftige Anforderungsgerechtigkeit (Veränderungsbereitschaft)	Auswahl und Qualifizierung sowie Innovationskraft	Qualifizierungsvereinbarung und Mitarbeiterbefragung
Mitbestimmung			

11.4.4 Analyse der Daten

Wie bereits anhand der BSC ersichtlich, umfasst die Datenanalyse die Einschätzung der Werte im Rahmen verschiedener Vergleiche (vgl. Jansen, T. (2008), S. 152), darunter fallen

- Soll-Ist-Vergleiche, der Vergleich der Zielwerte mit den tatsächlichen Ausprägungen.
- Zeitvergleiche, d. h. Vergleich von zu unterschiedlichen Zeitpunkten erreichten Werten.
- Gegenstandsvergleiche, womit der Vergleich der erreichten Werte in unterschiedlichen Bereichen, z. B. ein Vergleich der Daten analoger Funktionen oder der Vergleich aus unterschiedlichen Unternehmen, also Benchmarking, gemeint ist.

Eine Strukturierungshilfe zur Abbildung der Soll-Ist-Vergleiche bietet das Kennzahlenblatt, auf das nachstehend eingegangen wird. Darüber hinaus werden in einem HR-Cockpit auch Zeitvergleiche integriert. Der Gegenstands-Vergleich wird unter der Überschrift Benchmarking erläutert.

Mit dem Vergleich alleine ist eine Analyse regelmäßig nicht zu Ende. Bei Abweichungen sind in einem zweiten Schritt Ursachen zu eruieren und darauf aufbauend mögliche Ansatzpunkte zur Verbesserung abzuleiten.

Ein bekanntes Instrument zur Strukturierung und Visualisierung der Ursachenanalyse ist das Ursache-Wirkungsdiagramm. Ursprünglich wurde das Ursache-Wirkungsdiagramm von Ishikawa, auch Fischgrätendiagramm genannt, an folgenden, 4-M genannten Punkten festgemacht:

- Material,
- Mensch,
- Maschine,
- Methode.

Für den Personalbereich können dagegen die im Folgenden empfohlen Kategorien besser zur Ursachenanalyse dienlich sein (vgl. Jansen, T. (2008), S. 156f.):

- Motivation, als Sammelkategorie für alle Ursachen, die auf das Wollen des Mitarbeiters zielen.
- Kompetenzen, als Sammelkategorie für alle Ursachen, die mit dem personenbedingten Können des Mitarbeiters in Zusammenhang stehen (also nicht im Sinne des organisationalen Dürfens).
- Einsatzbedingungen, als Sammelkategorie für alle Ursachen, die aus dem umfeldbedingten Können resultieren.
- Organisation, als Sammelkategorie für alle Aspekte, die das Dürfen des Mitarbeiters beeinflussen.

Dieses Diagramm kann für die verschiedensten Fragestellungen eingesetzt werden. Eine Darstellung am Beispiel Fluktuation findet sich im Kapitel Personalfreisetzung.

11.4.4.1 Kennzahlenblatt und HR-Cockpit

Hinter jeder Kennzahl kann ein sog. Personalkennzahlenblatt hinterlegt werden. Darauf werden die Bezeichnung (z. B. Leitungsspanne der Führung) sowie die Ermittlung der Kennzahl (Anzahl unterstellter Mitarbeiter/Anzahl der Führungskräfte) und entsprechende Basisdaten festgehalten. Des Weiteren sind Kennzahlenzweck (Maß für die Inanspruchnahme des Vorgesetzten sowie zur Planung und Kontrolle der Führungsstruktur) und Anwendungsziele (Senkung der Leitungsspanne um einen gewissen Grad) festzuschreiben. Wenn notwendig und möglich sollten Interpretationshilfen (Die Leitungsspanne muss immer unter der Berücksichtigung der Aufgaben, des Führungsstils sowie der Merkmale von Führungskräften und Mitarbeitern betrachtet werden) und nicht zuletzt Maßnahmen bei Abweichungen von den Soll-Vorstellungen bereitgestellt werden (eine zu hohe Leitungsspanne kann zu einer Überlastung der Führungskräfte und damit auch zu einer Verschlechterung der Führungsaufgabe führen. Zur Senkung der Leitungsspanne können Leitungsaufgaben geteilt oder Elemente der Leitung an Stabstellen oder Mitarbeiter delegiert werden). Nachstehend ist ein Kennzahlenblatt am Beispiel Weiterbildungstage abgebildet (vgl. Schulte, C. (2002), S. 138).

Tabelle 60: Kennzahlenblatt am Beispiel Weiterbildungszeiten

Titel:	Personalentwicklung „Weiterbildungszeit pro Mitarbeiter"
Datum Definition:	Mai 2007
Erhebungsdatum:	Januar 2009 für das Jahr 2008
Berichter:	Hanna Hamster
Empfänger:	GF; Abteilungsleiter
Ermittlung:	Gesamtzahl Weiterbildungstage/MA = Weiterbildungstage/MA im Jahr 2008
Basisdaten:	Gesamtzahl Weiterbildungstage im Jahr = Ø Mitarbeiterzahl im Jahr =
Gliederung:	Nach verschiedenen Mitarbeitergruppen und Abteilungen
Erhebungszeitpunkt:	Jährliche Erhebung, jeweils im Januar mit den Daten des vorangegangenen Jahres.
Erhebungszweck:	Maß für die Intensität der Weiterbildung und damit Investition in die Zukunft
Ziel:	Durchschnittlich zwei Tage pro Mitarbeiter und Jahr bzw. nach verschiedenen Mitarbeitergruppen und Abteilungen (höher/niedriger)
Interpretation und Maßnahmen:	Das Ausmaß der erforderlichen Weiterbildung hängt von dem vorhandenen Wissen und der Halbwertszeit des relevanten Wissens ab. Durch die Gliederung wird ersichtlich, wo ein erhöhter Bedarf ist und wo u. U. gestrichen werden kann. Die Erfüllung der gesetzten Quote könnte ein Bewertungskriterium im Rahmen des leistungsbezogenen Entgelts der Führungskräfte darstellen.

Das HR-Cockpit ist wesentlich komprimierter und eignet sich daher auch direkt für die Kunden des Personalcontrollings als Arbeitsmittel, insbesondere für Führungskräfte in den Fachbereichen.

Hier werden nicht nur die Kennzahlen benannt und deren aktuelle Werte, sondern es werden in übersichtlicher Form auch die historische Entwicklung sowie der Zielzustand der jeweiligen Kennzahl angeführt. So sind eventuelle Fehlentwicklungen und Zieldifferenzen sofort ersichtlich. Vervollständigt werden kann das HR-Cockpit durch erste Hinweise hinsichtlich der Ursachenforschung und Maßnahmenplanung bei Fehlentwicklungen und Gaps.

Dazu steht in einer Zeile z. B. die Kennzahl der Verbesserungsvorschlagsrate (Anzahl der Verbesserungsvorschläge/1000 Mitarbeiter), auch Partizipationsquote genannt, oder die durchschnittliche Weiterbildungszeit pro Mitarbeiter ((Schulungsstunden pro Teilnehmer x Teilnehmerzahl)/Mitarbeiterzahl). In den dazugehörigen Spalten werden die jeweiligen Werte aufgeführt. Beispielsweise bei der Weiterbildungszeit pro Mitarbeiter historischer Wert (hist.) vier Stunden, als Sollwert (Soll) sechs Stunden und als aktueller Wert (Ist) ebenfalls sechs Stunden. Diese Informationen sowie weitere beinhaltet die nachstehende Vorlage für ein HR-Cockpit:

Tabelle 61: Ausschnitt aus einem HR-Cockpit

HR-Cockpit						
Kriterien	hist.	Ist	Soll	Δ	Ursachenforschung	Maßnahmenplanung
Fluktuation	7 %	8 %	5 %	−3 %	Befragung im Austrittsgespräch	I. A. von den Befragungsergebnissen
Vorliegen einer Stellenbeschreibung	50 %	über 80 %	100 %	−20 %	Fehlende Verantwortlichkeiten	Ziel im MbO der Führungskräfte
Mitarbeiterzufriedenheitsindex	67 %	65 %	75 %	−10 %	Detailauswertungen der Befragung	Nach den Ergebnissen, insb. Personalführung und -politik
Weiterbildungsintensität	4 h MA	6 h/ MA	6 h/ MA	0	[Angebote unpassend]	[Bedarfsanalyse professionalisieren]

Bei größeren Differenzen können zudem weitere Informationen aufgenommen werden, z. B. im Fall der Verbesserungsvorschlagsrate die Bearbeitungszeit pro Verbesserungsvorschlag, die Annahmequote, die Realisierungsquote sowie die durchschnittliche materielle Anerkennung der Verbesserungsvorschläge. Diese Informationen helfen, sich den Ursachen und damit auch den Lösungsansätzen zu nähern.

Beispiel 64: Vier Cockpits für das Personal bei der Commerzbank
Die Commerzbank hat nach der Übernahme der Dresdner Bank 2009 fast 60 000 Mitarbeiter und ist damit nach der Deutschen Bank das zweitgrößte Finanzinstitut in Deutschland.
Das Personal-Cockpit der Commerzbank besteht aus vier einzelnen Cockpits. Besonders im Auge hatte die Projektgruppe beim Aufbau folgende Anforderungen:

- Oberste Priorität hat die Einbindung der Cockpits ins Alltagsgeschäft.
- Die Cockpits stellen eine wichtige Arbeitsgrundlage für die Business-Partner dar.
- Die Entwicklung erfolgt unter Einbeziehung interner Kunden.
- Alle Daten sollen konsistent, klar definiert und selbsterklärend sein.
- Pragmatik geht vor Vollständigkeit.
- Wichtig ist eine enge Verzahnung der vier Teil-Cockpits, darunter quantitatives, qualitatives, Prozess- und Personalrisiko-Cockpit.

Mit dem quanitativen Personal-Cockpit werden alle relevanten Informationen über den Wertbeitrag des Personals, den Personalbestand und die Personalkosten gesammelt. Dazu wird der Workonomics Ansatz der Boston Consulting Group (BCG) genutzt, mit dem die Wertschöpfung pro Mitarbeiter dargestellt werden soll. Während daraus Hinweise auf Stärken und Schwächen resultieren, ist die Basis zur Ableitung personalpolitischer Maßnahmen um qualitative sowie prozessuale Daten und Informationen zum Personalrisiko zu ergänzen.

Das qualitative Personal-Cockpit liefert eine Übersicht über das Commitment sowie Kompetenzen der Mitarbeiter. Die Analyse des Commitments der Mitarbeiter basiert auf einer von der Commerzbank und TNS Infratest gemeinsam durchgeführten Mitarbeiterbefragung. Die Fähigkeiten der Mitarbeiter werden im Rahmen der Potenzialeinschätzung der Commerzbank auf einer Skala beurteilt. Weitere Informationen des Cockpits umfassen die Nachwuchsförderung, den Zusammenhang aus Leistungsbeurteilung und Zielerreichung sowie Fluktuations- und Krankheitsquoten.

Im Prozess-Cockpit werden vier Kernprozesse betrachtet: Fluktuation (Anzahl offener Stellen und Abgangsquoten), Beschaffung (Effizienz und Geschwindigkeit von Einstellungsprozessen), Vergütung (Kennzahlen zum Zielvereinbarungs- und Leistungsbeurteilungsprozess) und Qualifizierung/Entwicklung (Ausnutzung des Qualifizierungsbudgets und Inanspruchnahme der freiwillig gepflegten Skill-Profile).

Im Personalrisiko-Cockpit der Commerzbank schlussendlich werden vier Risikoarten gemessen:

- Anpassungsrisiko: Umfasst das Risiko, dass Führungskräfte/Mitarbeiter Veränderungsprozessen nicht mehr gewachsen sind.
- Motivationsrisiko: Meint das Risiko, dass Führungskräfte/Mitarbeiter unmotiviert arbeiten und innerlich kündigen.
- Austrittsrisiko: Beurteilt das Risiko, dass Führungskräfte/Mitarbeiter in wichtigen Funktionen die Bank oder den Bereich verlassen.
- Engpassrisiko: Beschreibt das Risiko, dass auf Grund von Austritten der Know-how-Träger Aufgaben nicht mehr erfüllt werden können.

Das Personal-Cockpit liefert damit eine gute Basis, um Stärken bzw. Schwächen zu erkennen und zu pflegen respektive zu vermeiden. Die Personalberatung unterstützt dabei bei der Identifikation von Verbesserungspotenzial sowie der Erarbeitung und Umsetzung geeigneter Maßnahmen zu dessen Nutzung. Die Verantwortung Maßnahmen abzuleiten und umzusetzen bleibt dagegen Führungsaufgabe (vgl. Sieber, U. et al. (2008), S. 46).

11.4.4.2 Benchmarking im Personalbereich

Ziel eines Benchmarking ist es, von anderen zu lernen und die Erkenntnisse zur Verbesserung der eigenen Leistung einzusetzen (vgl. Zink, K. J. (1998)). Ansatzpunkte eines Benchmarking können Prozesse, aber auch Unternehmenspolitik und -strategie, Geschäftsergebnisse, Kundenerwartungen, Produkte und mehr sein. Ein Benchmark kann aus dem eigenen Unternehmen, aus anderen Unternehmen, aus der gleichen Funktion, einer anderen Funktion, der gleichen Branche, aber auch einer anderen Branche kommen. Nachdem der geeignete Partner gefunden ist, sind entsprechende Daten bezüglich der gewünschten Inhalte zu erheben, auszuwerten und mit den eigenen Daten zu vergleichen. Die Differenz zwischen den Leistungen des Partners und den eigenen Leistungen kann dann als Basis dazu dienen, Schwächen aufzudecken und mögliche Ursachen für diese zu analysieren. Diese Basis sollte wiederum genutzt werden, um neue Ziele zu setzen und Verbesserungsmaßnahmen abzuleiten (vgl. Schmeisser, W., Clermont, A. (1999), S. 150f.). Darüber hinaus kann Benchmarking auch gezielt genutzt werden eigene Stärken herauszuarbeiten (vgl. Martina, D., Endres, F. (2005), S. 22ff.). Generell zielt Benchmarking auf

- Potenziale: Dazu gehören im Personalmanagement bspw. Erhebungen zur Personalbetreuungsquote, zum Anteil der Kosten für Personalinformationssysteme im Verhältnis zu den Gesamtkosten des Personalbereichs oder zum Verhältnis Auszubildende pro Ausbilder.
- Prozesse: Hierunter fallen im Personalbereich Messgrößen wie Durchlaufzeiten und Kosten, z. B. der Personalbeschaffung, Daten aus der Abrechnung oder zur Bearbeitung eines Verbesserungsvorschlags.
- Ergebnisse: Dazu gehören im Rahmen der Personalarbeit z. B. Zahlen zur Fluktuation, zum Krankenstand oder Werte der Mitarbeiterzufriedenheit.

Wenn der generelle Themenbereich des Benchmarks abgesteckt ist, muss große Sorgfalt auf die Wahl des Benchmarks und der Benchmarkingpartner gelegt werden. Besonderes Augenmerk sollte dabei auf die folgenden Punkte gerichtet werden: Vergleichbarkeit der Daten, „Offenheit" der Partner bzw. Informationsgrad der Quellen und Erhaltung der Einzigartigkeit.

Sind Benchmarks und für eine Primärerhebung Partner gefunden, sind die Daten zu erheben, auszuwerten und zu kommunizieren.

Zu empfehlen ist in allen Fällen eine Gegenüberstellung der jeweils besten und schlechtesten Fälle, aber auch der durchschnittlichen Daten. Nicht immer ist das Minimum oder das Maximum auch der angestrebte Wert: Zu den Potenzialen wurde bereits die Anzahl der Personalreferenten im Unternehmen pro 1000 Mitarbeiter als Beispiel genannt: Von der Deutschen Gesellschaft für Personalführung (DGFP) wurden 1995 im Minimum 4,0 Mitarbeiter pro 1000 Mitarbeiter ermittelt, im Durchschnitt 13,48 und im Maximum 35,5. In einer Konsensentscheidung der teilnehmenden Partner wurden als Best Practice 9,0 Mitarbeiter pro 1000 Mitarbeiter im Unternehmen festgeschrieben. Vor dem Hintergrund eines starren Entgeltsystems und weiterer Besonderheiten, z. B. fehlender Personalentwicklung und Dezentralisierung- stellte das Minimum für die Mehrheit der Unternehmen dagegen kein anzustrebendes Ziel dar.

Tabelle 62: Gegenüberstellung von Benchmarks der Personalbetreuung

Personalfunktion	Minimum	Ø	Maximum	Best Practice (Expertenmeinung)
Abrechnung	1,4	5,61	13,0	2,5
Betreuung	1,5	3,83	10,5	4,0
Weiterbildung	0,3	1,38	3,6	1,0
Sozialbetreuung	0,2	0,82	2,2	0,3
Sonstiges	0,1	0,57	2,7	0,2
Leitung	0,5	1,27	3,3	1,0
Summe	4,0	13,48	35,3	9,0

Ein weiteres Beispiel aus der Entgeltabrechnung, die Produktivität (Anzahl der Abrechnungen pro Mitarbeiter der Personalabrechnung im Jahr) wurde 2000 von PricewaterhouseCoopers im Durchschnitt mit 5553, im Median mit 5053 angegeben. Dagegen liegt die Kennzahl im ersten Quartil bei 3519 und im dritten Quartil bei 7246 Abrechnungen im Jahr pro Personalabrechner. Auch hier muss der höchste Wert nicht unbedingt Best Practice bedeuten und damit das anzustrebende Ziel abbilden. Hinzuzuziehen sind darüber hinaus weitere Kennzahlen, z. B. die Fehlerquote der Abrechnungen als Outputwert, aber auch Rahmendaten und Input-Größen, wie die Flexibilität des Entgeltsystems. Unter Umständen kann es daher auch sinnvoll oder gar notwendig sein, Betriebsbesichtigungen und mündliche Befragungen bei den Partnern durchzuführen, um einen realistischen Eindruck zu gewinnen.

Tabelle 63: Gegenüberstellung von Benchmarks der Personalabrechnung

Kennzahlen der Abrechnung	Ø	1. Quartil	Median	3. Quartil
Anzahl Abrechnungen pro Mitarbeiter des PM	5553	3519	5053	7246
(Ca.) Gesamtkosten pro Abrechnung in €	16,–	9,50	13,–	24,–
Anteil der fehlerhaften Abrechnungen in %	0,41	0,10	0,27	0,61
Dauer der Abrechnung in Tagen	4,65	2,0	3,0	5,25

Neben dem Blick auf den Personalbereich selbst, beziehen sich Benchmarking Projekte vor allem auf den Einsatz der Personalressourcen, wie nachfolgend anhand eines Beispiels aus dem Gesundheitsmanagement dargestellt.

> **Beispiel 65: Benchmarkprojekt zum Gesundheitsmanagement bei der VW AG**
> Die VW AG, der größte Automobilkonzern in Europa, mit Hauptsitz in Wolfsburg, macht 2008 mit fast 370 000 Mitarbeitern weltweit einen Umsatz von über 110 Mrd. €.
> Ziel des folgenden Benchmarkingprojektes war es, einen Beitrag zur Reduzierung des Aufwandes für persönlich bedingte Abwesenheiten bei der der Volkswagen AG zu erzielen. Dazu wurde ein achtköpfiges Projektteam aufgesetzt, bestehend aus Vertretern der Personalbereiche, des Gesundheitsmanagements, der Betriebskrankenkasse wie aus der Fertigung. Zudem wurde das Projekt durch einen Inhouse-Consultant begleitet.
> Zunächst wurden die Krankenstände und das bisherige Instrumentarium zu deren Reduktion an den deutschen Standorten erfasst und mit internen und externen Partner verglichen. In einem zweiten Schritt wurden Benchmarkingpartner gewählt und zum gegenwärtigen Krankenstand befragt. Ein reduzierter Benchmarkingkreis wurde dann strukturiert zu Maßnahmen und deren Wirkungsstärke befragt. Dies geschah auf Grundlage eines selbstentwickelten Fragebogens. Die Ergebnisse wiederum waren Grundlage für die Auswahl von 9 Benchmarkingpartnern, mit denen auf persönlicher Ebene ein detaillierter Austausch stattfand. Ergebnis war ein Katalog mit Maßnahmen, denen bei den anderen Unternehmen besondere Relevanz zur Reduktion der Fehlzeiten zukam. Diese Impulse wurden für die VW AG in folgenden Projekten (teilweise) umgesetzt:
>
> - Regelmäßige unternehmensweite Analyse der Mitarbeiterzufriedenheit mit anschließendem Verbesserungsprozess.
> - Konsequenter Einbezug von Fehlzeiten bei personellen Einzelmaßnahmen, z. B. bei Beförderungen.
> - Anforderung umfassender Gesundheitszeugnisse bei Neueinstellungen.
> - Verlängerung der Probezeit bei Neueinstellungen.
> - Angebot einer breiten Palette an Arbeitszeit- und insbesondere Teilzeitmodellen.
> - Aktive Einbindung von Betroffenen in Veränderungsprozesse.
>
> So entstand auf den Erkenntnissen aufbauend ein neues, verbessertes Konzept zur Reduzierung von Fehlzeiten (vgl. Kunz, P. (2002), S. 91).

Unabhängig vom Benchmarking-Gegenstand nimmt auch hier die die Kommunikation der Ergebnisse an alle Beteiligten eine zentrale Rolle ein. Nur eine verständliche und übersichtliche Aufbereitung der Information kann eine solide Basis zur Zielbildung und Ableitung von Aktionsplänen bieten. Das gilt für das gesamte Reporting, auf das nachfolgend eingegangen wird.

11.4.5 Personalreporting

Primäre Kunden und Partner des Personalcontrollings sind Unternehmensleitung, Leitung und Mitarbeiter des Personalmanagements sowie alle Mitarbeiter mit Führungsverantwortung (vgl. Schmeisser, W., Clermont, A. (1999), S. 74 und S. 141). Das interne Reporting richtet sich in erster Linie an diese Zielgruppen. Wesentliche Inhalte werden unter dem Stichwort Personalhandbuch genannt. Im Rahmen des unternehmensexternen Reporting wird auf Personalberichte eingegangen, die sich an die Öffentlichkeit, insbesondere potenzielle Bewerber, aber auch Kunden und Investoren richten. Externe wie interne Kommunikationsplattform ist heute an erster Stelle das Internet. Hierzu finden sich bereits im Rahmen des Kapitels Personalmarketing Ausführungen. Daneben hat das Personalmanagement weitere externe Kunden mit Daten zu versorgen, z. B. die Sozialversicherungsträger, das Arbeitsamt und den Arbeitgeberverband. Hier sind die

Anforderungen aber weitgehend standardisiert. In allen anderen Fällen sind immer erst folgende Fragen zu beantworten, bevor ein Bericht erstellt und verteilt wird:

- Wer soll unterrichtet werden? (Informationsempfänger)
- Was soll berichtet werden? (Bedarfsermittlung und -analyse)
- Wozu soll berichtet werden? (Informationsaufbereitung)
- Wie soll unterrichtet werden? (Informationsspeicherung, -abgabe und -übermittlung)
- Wann/in welchen Zeitabständen soll berichtet werden? (Standard oder ad hoc Reports)
- Wer soll berichten? (Verantwortlicher)

11.4.5.1 Personalhandbuch als Instrument des internen Reportings

Intern sollte das Reporting idealerweise auf Webtechnologie und Data-Warehouse-Anwendungen, wie dem Business Information Warehouse bei SAP HR, und nicht mehr auf Papier basieren. Die Daten sind dann (monats-)aktuell abrufbar und Abfragen sowie deren Aufbereitung können relativ einfach an individuelle Bedürfnisse angepasst werden. Dennoch sind Standardreports zu definieren, einzurichten und strukturiert anzubieten. Hier ähneln Vorgehen wie Strukturen und Inhalte nach wie vor dem herkömmlichen Reporting. Das Inhaltsverzeichnis eines Personalhandbuchs kann auszugsweise wie folgt aussehen:

A) Personalplanung (Gesamtunternehmen und pro Organisationseinheit)

- Personalstruktur: Durchschnittsalter, Betriebszugehörigkeit, Geschlechterverteilung, Nationalitäten u. a.,
- Prognosen, z. B. altersbedingte Austritte bis 2020,
- Personalbewegungen: Eintritte und Austritte 2008 (pro Abteilung) sowie Versetzungen,
- Personalplan,
- Offene Positionen,
- Fluktuation,
- Fehlzeiten,
- Arbeitsunfälle,
- Überstunden,
- Personalkosten,
- Tarifliche und außertarifliche Entgeltentwicklungen.

B) Personalgewinnung (Gesamtunternehmen und pro Berufsgruppe)

- Maßnahmen der Gewinnung,
- Kooperationspartner (Print und Jobbörsen),
- Anzeigenkonzeption,
- Kennzahlen zur Personalbeschaffung,
- Erfolg der Personalgewinnung,
- Kosten der Personalgewinnung.

C) Personalentwicklung (Gesamtunternehmen und pro Organisationseinheit bzw. pro Berufsgruppe)

- Potenzialanalyse/Führungskräftenachwuchs,
- Nachfolgeplanung,
- Ausbildung,
- Weiterbildung.

11.4.5.2 Personalberichte als Instrument des externen Personalreportings

Personalberichte können

- eigenständig oder
- in andere Berichte eingebunden sein: Zu finden sind personalrelevante Inhalte im Geschäftsbericht und in Nachhaltigkeits- und Umweltberichten, auch als CR oder CSR Report bezeichnet (Corporate Responsibility oder Corporate Social Responsibility) (vgl. Martina, D., Endres, F. (2005), S. 22–24 und Jäger, W. (2009), S. 16–20).

Eigenständige Berichte (wie im folgenden Beispiel) sind selten, sie finden sich aber nicht nur bei den großen Konzernen.

> **Beispiel 66: Personalbericht der Claas KGaA mbH**
> Das Familienunternehmen Claas mit Hauptsitz Harsewinkel macht mit Landtechnik und über 9000 Mitarbeitern weltweit einen Umsatz von rund 3236 Mio. €.
> Der Personalbericht des Unternehmens umfasst fast 40 Seiten Text, Daten- und Bildmaterial. Der Bericht gliedert sich dabei in folgende Kapitel und Unterpunkte:
>
> - Der CLAAS Konzern auf einen Blick
> - Ausbildung: Ausbildung ist Zukunftssicherung; Die technische Ausbildung bei CLAAS UK; Azubis auf England-Tour; CLAAS fördert das Schülerforschungszentrum in Bad Saulgau; Girls' Day, Schnuppertag für neue Azubis; CLAAS Ausbilder lernen dazu; Einer von uns: Landesbester Mechatroniker; Lehrer gehen bei CLAAS in die „Lehre"
> - Nachwuchsförderung: Traineeprogramm bei CLAAS weiter internationalisiert; Gute Aussichten mit dem CLAAS Stipendium; CLAAS Stiftung vergibt Förderpreise; Hochschulkooperationen; CLAAS Deutschland; CLAAS Hungaria; CLAAS Krasnodar; CLAAS India; CLAAS als attraktiver Arbeitgeber
> - Die systematische Personalentwicklung: Academy; Trainer-Training; Mitarbeiterseminare bei CLAAS India
> - „Séminaire de Rentrée" bei Usines CLAAS France; „Educational Assistance Program" bei CLAAS Omaha; Austauschprogramme zwischen CLAAS UK und Landpower Neuseeland
> - CLAAS International: Internationales HR-Meeting; Deutschland; Frankreich; Indien; USA; Argentinien; Ungarn; Russland
> - Arbeitnehmervertretung: Information und Zusammenarbeit
> - Über Grenzen hinaus: Erfahrungsberichte über internationale Einsätze; Tractor World Tour; Gemeinsam erfolgreich – Das betriebliche Vorschlagswesen
> - Unser Engagement: Family Days; Die gute Tat; Sport@CLAAS; CLAAS Fußballturnier; Der CLAAS Rentner-Club feiert sein 40-jähriges Jubiläum; CMG – Mitarbeiterbeteiligung am Unternehmenserfolg hat Zukunft; CLAAS Stiftung fördert Technik-Tüftler
> - Mitarbeiterzahlen
> - Kontakt

Eigenständige Berichte vermitteln besonders stark den Eindruck der hohen Relevanz der Belegschaft im Unternehmen. Das mag auch der Grund sein, warum der Umfang der Berichtserstattung – unabhängig von der Form – in den letzten Jahren zugenommen hat (vgl. Martina, D., Endres, F. (2005), S. 22ff.).

Wie und über was berichtet wird, wurde zuletzt in einer Studie von Jäger ((2009), S. 17) untersucht und veröffentlicht. Neben formalen Kriterien der Präsentation (Unterkategorien waren hier Eigenständigkeit, Corporate Identity, Layout, Typografie, Bildsprache, Informationsgrafiken, Verarbeitungsqualität, Tonalität, Struktur und Zielgruppenorientierung) wurden folgende Inhalte der Personalberichterstattung als relevant betrachtet:

- Strategie und Organisation: Aussagen zur Personalstrategie und zur Organisation des Personalbereichs.
- Beschaffung: Aussagen zum Employer Branding, zur Ausbildung und zu Fach- und Führungs- sowie Nachwuchskräften.
- Entwicklung/Förderung: Aussagen zur Weiterbildung, Mitarbeiterbewertung, zum Talent Management und Auslandsentsendungen.
- Mitarbeitermotivation/-führung: Aussagen zur Vergütung; zu Mitarbeitergesprächen und zur Mitarbeiterzufriedenheit.
- Austritte: Aussagen zu Austritten und zu Altersteilzeitmodellen.
- Wissensmanagement: Aussagen zur Wissensvermittlung und zum Ideenmanagement.
- Work-Life-Balance: Aussagen zu den Arbeitsbedingungen und zu Arbeitszeitmodellen.
- Demografie: Aussagen zum Gesundheitsmanagement, demografischer Wandel, zur Arbeitssicherheit und zum altersgerechten Personaleinsatz.
- Soziales: Aussagen zu Diversity-Management, Beruf-und-Familie sowie Chancengleichheit, zur sozialen Integration, betrieblichen Altersversorgung, Antikorruption und Menschenrechte.
- Weitere Themen.

Bewertet wurden dann jeweils die Informationsbreite (Umfang), Informationstiefe (Detaillierungsgrad) und der Informationszugriff (Aufbereitung). In den Geschäftsberichten ist der Umfang in den meisten der untersuchten Unternehmen mit 2–3 Seiten eher gering. Im Maximum nimmt die Personalberichterstattung hier bei der BASF AG 7 Seiten ein. Dagegen finden sich in CSR Berichten mit bis zu 20 Seiten am Beispiel der BMW AG sehr viel mehr personalrelevante Inhalte. Liegen eigenständige Personalberichte vor, steigert sich der Umfang auf fast 100 Seiten, wie beim Spitzenreiter RWE AG.

11.4.6 Instrumente zur Maßnahmeneinschätzung

Wie bereits an mehreren Stellen erwähnt, kommt dem Personalcontrolling über die Kontroll- und Informationsfunktion hinaus eine aktive Steuerungsfunktion zu. Das bedeutet, dass die Maßnahmenableitung integraler Bestandteil ist. Auf Grund begrenzter Ressourcen gilt es, aus dem meist langen Katalog prinzipiell denkbarer Maßnahmen diejenigen Alternativen zu wählen, mit denen effizient am meisten erreicht werden kann. Im Folgenden werden zwei ausgewählte

Instrumente näher betrachtet, die generell zur Unterstützung von Entscheidungen herangezogen werden können: Die Portfolio-Technik sowie die Nutzwertanalyse.

11.4.6.1 Portfolio-Technik

Die Portfoliomethode entstammt ursprünglich der Kapitalmarkttheorie. Hier gewährt sie dem Anleger einen Überblick über sein investiertes Kapital und Hinweise auf dessen Zusammensetzung, in Abhängigkeit von Ertragskraft und Risiko. Nach der Übertragung des Ansatzes auf das allgemeine Management durch Vertreter der Boston Consulting Group, die das Produktportfolio über die Koordinaten Marktanteil und -wachstum aufspannten, fand die Methode in allen Managementbereichen Eingang. (Vgl. Weber, W., Kabst, R. (2009), S. 222f.)

Das sog. Personal- oder auch Mitarbeiterportfolio wird als Instrument der Personal- bzw. Mitarbeiterbeurteilung eingesetzt (vgl. Wunderer, R., Schlagenhaufer, P. (1994), S. 71). Um zu erkennen, für welche Aufgaben und welche Laufbahnen ein Mitarbeiter geeignet erscheint, werden die aktuelle Leistungsfähigkeit bzw. die momentane Leistung und die zukünftig erwartete Leistungsfähigkeit (Potenzial), manchmal auch die Bindung an das Unternehmen, in einer zweidimensionalen Matrix mit vier Feldern eingetragen. Das Instrument hat sich insbesondere auf Führungsebenen durchgesetzt. Die ursprünglichen Benennungen der Quadranten, zurückzuführen auf Odiorne (vgl. Bühner, R. (2007), S. 107), finden sich dagegen nur selten in der Praxis:

- Workhorses, für Mitarbeiter/-gruppen mit geringer Potenzialeinschätzung, aber hoher aktueller Leistungsbeurteilung,
- Stars, für Mitarbeiter/-gruppen mit hoher Potenzialeinschätzung und hoher aktueller Leistungsbeurteilung,
- Deadwood, für Mitarbeiter/-gruppen mit geringer Potenzialeinschätzung und geringer Leistungsbeurteilung, und
- Wild cats, für Mitarbeiter/-gruppen mit hoher Potenzialeinschätzung, aber geringer aktueller Leistungsbeurteilung.

Wenn überhaupt Bezeichnungen geführt werden, so findet sich statt dem Begriff workhorses eher die Bezeichnung Fachkraft, stars sind Spitzenkräfte, deadwood werden Problemmitarbeiter genannt und wild cats auch als Nachwuchskräfte bezeichnet. An den Strategieempfehlungen ändern diese Bezeichnungen aber nichts. (vgl. Oechsler, W. (1997) S. 90).

Aus der Positionierung eines Mitarbeiters in einem Feld und damit aus der Zuordnung zu einer Mitarbeitergruppierung lassen sich Stoßrichtungen ableiten, die mit Hilfe von Handlungsempfehlungen umzusetzen sind:

Auf die stars ist das Augenmerk zu richten, denn bei diesen Mitarbeitern stimmt die aktuelle Leistung, darüber hinaus wird ihnen noch weitergehendes Potenzial zugesprochen. Ebenso ist die Bindung der Mitarbeiter relativ hoch. Leistungsstarke Potenzialträger sollten durch entsprechend gestaltete Anreizsysteme, also Personalentwicklung, Vergütung etc., in ihrer Motivation unterstützt, gebunden und weiterentwickelt werden.

Bei den Mitarbeitern mit geringer Leistung und fehlendem Potenzial ist zu prüfen, ob Sie sich am richtigen Platz, auf der passenden Position befinden und an was die Minderleistung konkret liegt. Am Vorgesetzten? Am Wollen des Mitarbeiters? Am Können des Mitarbeiters? Entspre-

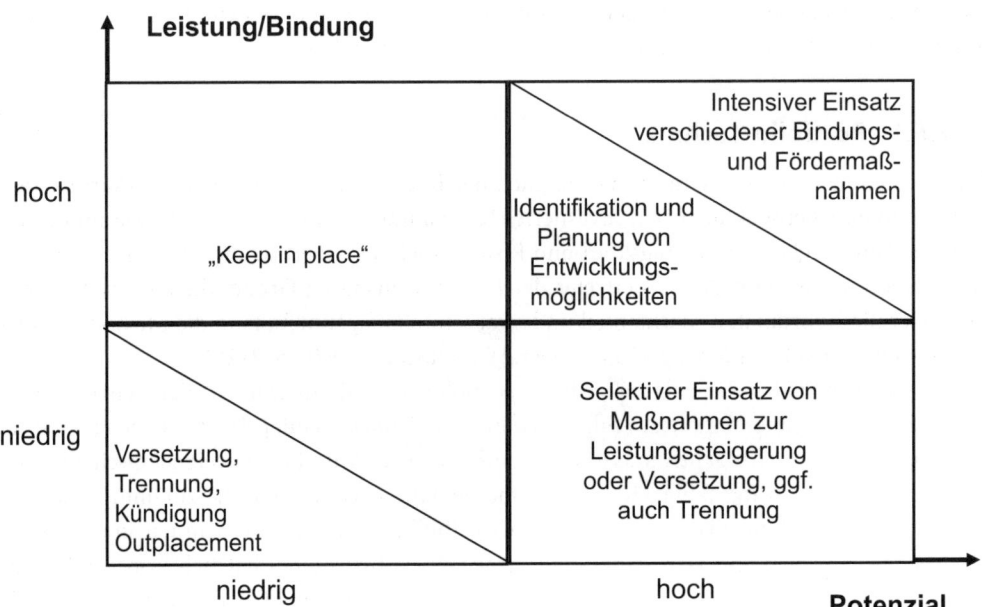

Abbildung 77: Mitarbeiterportfolio und generelle Strategien

chend müssen Konsequenzen gezogen werden: Behebung der Missstände, Versetzung des Mitarbeiters oder als letzte Möglichkeit die Trennung vom Mitarbeiter.

Die sog. workhorses zeigen dagegen ein exzellentes Leistungsverhalten, weiteres Potenzial wird jedoch nicht gesehen. Die Mitarbeiterbindung steht bei dieser Gruppe im Fokus, falsche Versprechungen für die Zukunft sind dagegen zu vermeiden. In diesem Quadranten findet sich eine Mitarbeitergruppe, die eine tragende Säule des Unternehmens bildet, aber gegenüber den besonders herausragenden Potenzialträgern sowie den leistungsschwachen allzu oft vernachlässigt wird.

Genau zu beobachten und evtl. gezielt zu fördern sind Mitarbeiter mit hohem Potenzial, aber aktuell geringem Leistungsverhalten. Sollte sich allerdings das Leistungsverhalten langfristig nicht ändern, muss auch die Potenzialeinschätzung in Frage gestellt werden. Ebenso muss sich unter dem Aspekt der Bindung noch herausstellen, ob aus diesen Personen loyale Mitarbeiter werden oder ob sie das Unternehmen bald wieder verlassen.

Neben der individuellen Betrachtung ist für das Personalmanagement des Unternehmens zudem der Gesamtüberblick über eine Abteilung, einen Bereich oder eine hierarchische Ebene wesentlich. Häufungen in den unteren zwei Quadranten sind jeweils besonders kritisch zu betrachten und zu hinterfragen: Stimmen die Verfahren der Leistungs- und Potenzialbeurteilung? Sind einzelne Führungskräfte mit ihrer Arbeit oder mit der Beurteilung überfordert? Wurde eine Abteilung besonders schnell aufgebaut und eine gute Einarbeitung versäumt? Gab es Umstrukturierungen und wurde an der korrespondierenden Weiterentwicklung des Teams gespart?

Ein weiteres bekanntes Portfolio des Personalmanagements ist das Arbeitsmarktportfolio. Auf der y-Achse wird die Stärke des jeweils relevanten Arbeitsmarktsegmentes abgebildet. Der Arbeitsmarkt wird dabei als stark (schwach) bezeichnet, wenn die Qualifikationsentwicklung auf Grund von Bildungsabschlüssen hoch (gering) ist, der gewerkschaftliche Organisationsgrad und die Arbeitsgesetzgebung (weniger) restriktiv sind und Karriereerwartungen (wenig) ausgeprägt. Einen starken (schwachen) Arbeitsmarkt findet man z. B. bei qualifizierten Spezialisten mit langjähriger Berufserfahrung (angelernten Aushilfskräften). Auf der x-Achse wird die relative Unternehmensstärke am Teilarbeitsmarkt abgetragen. Eine starke (schwache) Position hat das Unternehmen, wenn in Zukunft nur wenige (sehr viele) Mitarbeiter des entsprechenden Segments vom externen Arbeitsmarkt benötigt werden, das Unternehmen als wenig attraktiver Arbeitgeber in diesem Segment wahrgenommen wird oder/und dem Unternehmen viele (wenige) alternative Möglichkeiten zur Verfügung stehen. In das Portfolio werden dann einzelne Mitarbeitergruppen (Fachexperten, Absolventen bestimmter Studienrichtungen, Teilzeitmitarbeiter, Top-Management etc.) übertragen. Je nach Positionierung werden folgende strategischen Stoßrichtungen empfohlen:

- Wenn die relative Stärke des Arbeitsmarktes gering und die Unternehmensstärke hoch ausgeprägt ist: Widerstandsstrategie, durch Einsatz von Machtmitteln, Ausweichen und Abwandern.
- Bei einem starken Arbeitsmarkt und geringer Unternehmensstärke: Anpassungsstrategie, durch Kompromissbildung und (symbolische) Erfüllung von Forderungen.
- Bei jeweils mittleren Ausprägungen: Antizipationsstrategie, durch Förderung von neuen Strukturen über das Unternehmen hinaus, z. B. durch die Unterstützung von neuen dualen Studiengängen, und prospektive Maßnahmen innerhalb des Unternehmens, wie Umstrukturierungen zur Erhöhung der Stellenattraktivität.

Die Portfoliomethode ist darüber hinaus äußerst vielseitig einsetzbar, wie das Beispiel aus dem Personalmarketing im gleichnamigen zeigt. So kann mit der Methode in vielen Fragestellungen ein strukturierter Überblick geschaffen werden. Dieser eignet sich als anschauliche Grundlage, um generelle Handlungsrichtungen zu diskutieren. Dieses Vorgehen wird wiederum von der Boston Consulting Group auch mit Blick auf das Personalmanagement eingesetzt, wie aus untenstehender Abbildung ersichtlich (vgl. Strack, R. et al. (2006)).

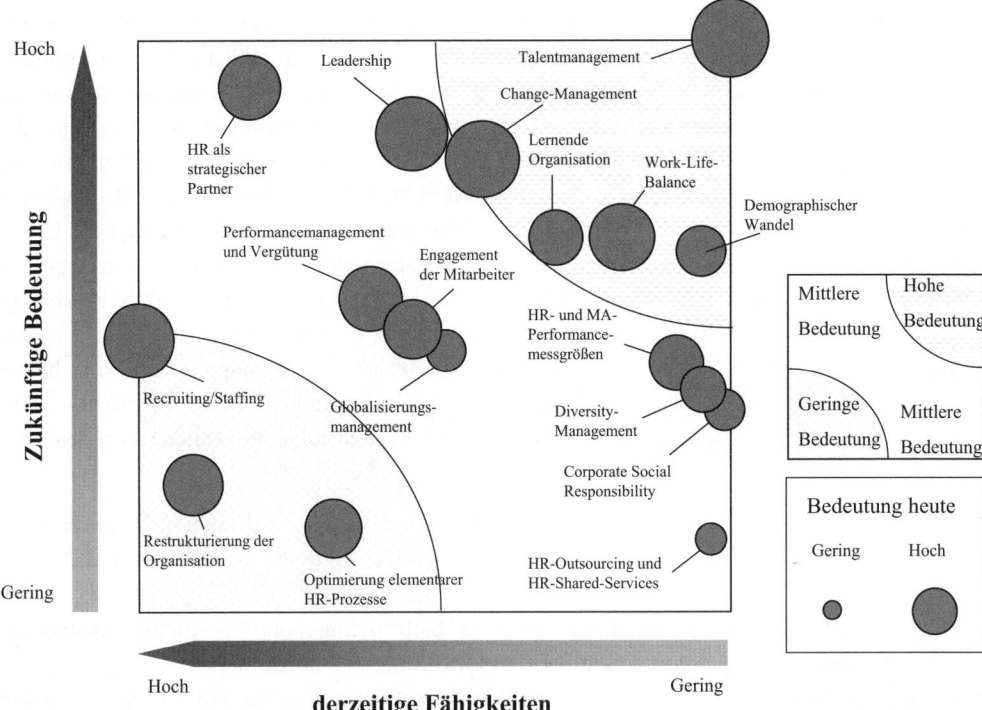

Abbildung 78: Zukünftige Herausforderungen für Human Ressource Manager

11.4.6.2 Nutzwertanalyse

Eine konkrete Entscheidungshilfe bei der Auswahl aus bereits bestehenden Handlungsalternativen bietet dagegen die Nutzwertanalyse. Diese bietet sich immer dann zur Entscheidungsunterstützung an, wenn multidimensionale Zielsetzungen bestehen und nicht alle Kriterien monetär zu bewerten sind. Grundsätzlich werden bei der Nutzwertanalyse folgende Phasen durchlaufen (vgl. Jung, H. (2006), S. 70):

- Zielsystem aufbauen und Alternativen bestimmen,
- Zielkriterien gewichten,
- Zielerträge ermitteln (Zielertragsmatrix),
- Teilnutzwerte und Nutzwerte berechnen (Zielwertmatrix).

Auch wenn die Nutzwertanalyse subjektiv ist, werden so Ziele und Einschätzungen zumindest nachvollziehbar dargestellt (vgl. Schmeisser, W. (2008), S. 232ff.). Dies zeigt auch das nachstehende Beispiel, das an einen Fall der Key-School Wahl im Kapitel Personalmarketing anknüpft. Wie bereits bei der Darstellung von Key-School-Strategien erläutert, sollte bei einem mittelständischen Maschinenbauer im mittleren Neckarraum die Fokussierung der begrenzten Ressourcen auf eine Hochschule erfolgen. Als Alternativen wurden die Hochschulen Esslingen, Karlsruhe und Heilbronn ermittelt. Die Aktivitäten sollen aber auf lediglich eine Hochschule fokussiert werden. Als wichtig wurden folgende Punkte festgehalten:

- Die Anzahl der jährlichen Absolventen sowie
- bereits bestehende Kontakte, gemessen an der Zahl der Mitarbeiter, die Verbindungen zur Hochschule hat und hatte.
- Abschneiden der Hochschule im CHE Ranking (Reputation bei Professoren, Laborausstattung, Praxisbezug, Betreuung und Studiensituation insgesamt werden jeweils anhand von Befragungsergebnissen zufallsgesteuerter Stichproben eingeschätzt), wobei in den fünf Kategorien jeweils 2 Punkte für eine gute Erfüllung, 1 Punkt für eine mittlere Erfüllung und 0 Punkte für ein schlechtes Abschneiden gewertet wurden.

Die beiden erstgenannten Aspekte erhielten nach Diskussion ein Gewicht von jeweils 0,4. Da die Aussagekraft des Rankings eher kritisch gesehen wird, kommen diesem lediglich 0,2 Gewicht zu. Die Zielerträge werden wie aus untenstehender Tabelle ersichtlich auf 10er-Skalen abgebildet. Die Berechnung der Teilnutzwerte und Nutzwerte wurde bereits im Kapitel Personalmarketing durchgeführt und visualisiert. Die Wahl müsste dem Ergebnis der Nutzwertanalyse folgend auf Heilbronn fallen, deren Nutzwert knapp über dem von Esslingen liegt.

Tabelle 64: Zielertragsmatrix (für die Nutzwertanalyse zur Auswahl von Schlüsselhochschulen)

Skala	0	1	2	3	4	5	6	7	8	9	10
Absolventenzahl geschätzt	0	10	20	30	40	50	60	70	80	90	100
• Esslingen • Heilbronn • Karlsruhe									8 8		10
Bestehende Verbindungen (Nennungen)	0	2	4	6	8	10	12	14	16	18	20
• Esslingen • Heilbronn • Karlsruhe	0				4						10
Bepunktung CHE-Ranking mit 5 Kriterien a 0, 1 oder 2 Punkte	0	1	2	3	4	5	6	7	8	9	10
• Esslingen • Heilbronn • Karlsruhe					4				8		10

11.5 Rechtliche Aspekte des Personalcontrollings

In der Umsetzung verpflichtend sind die aus dem Bundesdatenschutzgesetz abgeleiteten „10 Gebote des Datenschutzes" (vgl. Felder, R., Ritter, W. (2001), S. 370; Lamers, S. M. (1997), S. 141ff.). Kurz gefasst werden die Bedingungen mit der Vertraulichkeit (kein Zugang von Dritten), der Integrität (keine Veränderungsmöglichkeiten) und der Authentizität (Ausweisung der Kommunikationspartner) beschrieben. Maßnahmen zum Schutz der Daten und zur Wahrung der Vertraulichkeit sind eine sorgfältige Aufbewahrung und begrenzte Zugänglichkeiten verschiedener Personal- oder auch Bewerberdaten für die Nutzer. Nutzer sind der Arbeitgeber und seine Vertreter, also Vorgesetzte und Personalabteilung, der jeweilige Mitarbeiter oder Bewerber selbst, der Betriebsrat und evtl. Dritte, wie Berufsgenossenschaften, Ärzte und Sachverständige. Nach § 9 BDSG sind Datenzugang, Träger, Speicher, Benutzer, Zugriffe, Übermittlung, Eingabe, Transport und Organisation der Daten zu kontrollieren. Werden diese Schutzmaßnahmen unterlassen, wird das allgemeine Persönlichkeitsrecht der Mitarbeiter respektive Bewerber verletzt.

Da Personalcontrolling fast alle Themenbereiche betrifft, ist eine Beteiligung der Organe der betrieblichen Mitbestimmung immer für den Einzelfall zu überprüfen. Zentrale Punkte ergeben sich durch folgende rechtliche Regelungen:

- § 96 BetrVG: Der Arbeitgeber hat die Berufsbildung der Arbeitnehmer zu fördern. Der Betriebsrat kann die Ermittlung des Berufsbildungsbedarfs auch verlangen.
- Da das Personalcontrolling meist durch Informationstechnologie unterstützt wird, ist der Betriebsrat gemäß § 80 BetrVG umfassend und rechtzeitig zu unterrichten, gegebenenfalls sind ihm notwendige Informationsunterlagen zur Verfügung zu stellen.
- Mitzuteilen ist, welche Daten von welchen Mitarbeitergruppen, in welchem Turnus und wie gewonnen, verarbeitet und ausgewertet werden. Auch darüber mit welchen Programmen und wem die Daten in welcher Form zur Verfügung gestellt werden und wie der Schutz der Daten erfolgt, ist Auskunft zu erteilen.
- Werden Leistungen und Verhalten Einzelner kontrolliert, hat der Betriebsrat gemäß § 87 BetrVG darüber hinaus ein erzwingbares Mitbestimmungsrecht. Allerdings wird mit Kennzahlen üblicherweise das Gegenteil angestrebt, nämlich die Zusammenfassung von Informationen.

11.6 Fragen/Übungsaufgaben zum Personalcontrolling

- Welche Arten von Kennzahlen werden mit Blick auf die Berechnungs- bzw. die Datenart unterschieden? Nennen Sie für jede Art eine beispielhafte Kennzahl des Personalcontrollings.
- Sie sind neu im Personalbereich eines metallverarbeitenden Industriebetriebs mit 2200 Mitarbeitern am Standort. Die Personalleiterin legt Ihnen eine Liste mit Personalkennzahlen vor und bittet Sie, den Handlungsbedarf einzuschätzen. Geben Sie zu jedem Punkt generelle Empfehlungen und begründen Sie, warum Sie (keinen) Handlungsbedarf sehen. Untenstehend ein Ausschnitt aus der Liste:
    - Altersdurchschnitt zum 31.12.2008: 44,5 Jahre
    - Fluktuationsquote i. e. S. (ohne altersbedingte/natürliche Austritte) 2008: 1,5 %
    - Ø Betriebszugehörigkeit zum 31.12.2008: 15,6 Jahre

- Durchschnittliche Abschlussnote der Auszubildenden 2008: 3,2
- Ausbildungsquote 2008: 5 %
- Ø Weiterbildungstage pro Mitarbeiter 2008: 1 Tag/pro Mitarbeiter
- Ø Krankenquote 2008: 3,1 %
- Ø Gleitzeitkontenstand zum 31.12.2008: 30 Stunden (max. Übertrag von 60 Stunden)
- Im oben genannten Unternehmen soll eine Mitarbeiterbefragung eingeführt werden. Welche (zentralen) Entscheidungen sind vor der Durchführung der Mitarbeiterbefragung zu treffen?
- Entwickeln Sie für jede Standardperspektive der Balanced Scorecard nach Kaplan und Norton beispielhaft ein mögliches Ziel und zugehörige Kennzahlen einer BSC „Personal" für ein Call Center.
- Was ist der Ausgangspunkt einer BSC „Personal"?
- Welche Schritte sind notwendig, wenn sich der Personalbereich am Anfang eines Benchmark-Prozesses befindet?
- Das oben genannte Unternehmen hat Absatzschwierigkeiten und muss kurzfristig Kapazitäten abbauen. Spannen Sie zur Einteilung möglicher Alternativen ein Portfolio anhand zweier geeigneter Dimensionen auf. Welche Handlungsempfehlungen leiten Sie aus dem gefüllten Portfolio ab? Begründen Sie Ihre Zuordnungen jeweils kurz.
- Stellen Sie mit Hilfe des (angepassten) Ishikawa-Diagramms mögliche Ursachen für einen steigenden Krankenstand im Unternehmen dar.

11.7 Literaturhinweise

Ackermann, K.-F., Festerling, S. (2000): Balanced Scorecard, in: Deutscher Wirtschaftsdienst – Loseblattwerk – HRM, Köln 2000

Ackermann, K.-F. (2000): Anwendungsmöglichkeiten der Balanced Scorecard im Personalbereich, in: Ackermann, K.-F. (Hrsg.): Balanced Scorecard für Personalmanagement und Personalführung: Praxisansätze und Diskussion, Wiesbaden 2000

Armutat, S. (2000): Personalcontrolling in der Praxis, in: Personalführung, 6/2000, S. 86–87

Aschoff, C. (1978): Betriebliches Humanvermögen: Grundlagen einer Humanvermögensrechnung, Wiesbaden 1978

Becker, M., Labucay, I., Rieger, C. (2007): Erfassung und Bewertung von Humankapital, in: BFuP, 01/2007, S. 38–58

Borg, I. (2000): Führungsinstrument Mitarbeiterbefragung, 2. überarb. und erw. Aufl., Göttingen 2000

Bungard, W., Müller, K., Niethammer, C. (2007): Mitarbeiterbefragung was dann? MAB und Folgeprozesse erfolgreich gestalten, Stuttgart 2007

Bühner, R. (2005): Personalmanagement, 3. Aufl., Stuttgart 2005

Claas KGaA mbH (Hrsg.): Personalbericht 2008/2009, Harsewinkel 2008

Deutsche Gesellschaft für Personal (DGFP) e. V. (Hrsg.); Zukunftsbilder denken- Metamorphosen der Personalarbeit, Bielefeld 2005

Domsch, M., Ladwig, D. (2006): Handbuch Mitarbeiterbefragung, Berlin 2006

Ehret, B. (2009): EMEA HR Service Centre – Introduction, in: DGFP (Hrsg.), Arbeitskreisprotokoll vom 10.07.2009 in Prag

Fleig, G., Gesmann, V., Biel, A. (2004): Strategisches Personalcontrolling in der DaimlerChrysler AG, in: Controlling, 09/2004, S. 465–472

Gertz, W. (2008): Wenn die Basis den Ton angibt, in: Personalwirtschaft, 09/2008, S. 24–28

Hentze, J., Kammel, A. (1993). Personalcontrolling: eine Einführung in Grundlagen, Aufgabenstellungen Instrumente und Organisation des Controlling in der Personalwirtschaft, Bern, Stuttgart, Wien 1993

Horváth & Partner (Hrsg. 2000): Balanced Scorecard umsetzen, Stuttgart 2000
Horváth, P. (2004), Controlling, 9. Aufl., Stuttgart 2004
Hoyer, J., Knoblauch, R. (1989): Personalarbeit optimieren durch Personalcontrolling, in: Personal, 07/1989, S. 274–277
Jäger, W. (2009): Personalarbeit schwarz auf weiß, in: Personalwirtschaft, 04/2009, S. 16–20
Jochmann, W. (1997): Optimierung von Geschäftsprozessen im Personalbereich, in: Kienbaum, J. (Hrsg.), Benchmarking Personal – Von den Besten lernen, Stuttgart 1997, S. 129–159
Jung, H. (2006): Allgemeine Betriebswirtschaftslehre, Hamburg 2006
Kaplan, R. S., Norton, D. P. (1997): Balanced Scorecard – Strategien erfolgreich umsetzen, Stuttgart 1997
Kienbaum, J. (Hrsg.), Benchmarking Personal – Von den Besten lernen, Stuttgart 1997
Krupp, S., Tingen, M. (2009): Softskills erwünscht, in: Personal, 01/2009, S. 46–48
Krystek, U.: Personalbezogene strategische Früherkennung der Deutschen Bank, in: Personal, 04/2002, S. 30–33
Kreitel-Suciu, A., Fischer, J. (2008): Fundiertes Vorgehen statt blindem Aktionismus, in: Personalwirtschaft, 11/2008, S. 58–60
Kosche, G. (2009): Mit Marx hat das wenig zu tun, in: Markt und Technik, 26.09.2009, S. 76–80
Likert, R. (1967): The Human Organization, New York et al, 1967; Conrads, M. (1976): Human Resource Accounting. Eine betriebswirtschaftliche Humanvermögensrechnung, Wiesbaden 1976
Martina, D., Endres, F. (2005): Human Resource im Geschäftsbericht, in: Personal, 11/2005, S. 22–24
Metz, F. (1995): Konzeptionelle Grundlagen, empirische Erhebungen und Ansätze zur Umsetzung des Personal-Controlling in der Praxis, Frankfurt a. M. 1995
Metz, F., Winnes, R., Knauth, P. (1995): Entwicklungsstand des Personalcontrolling, in: Personal 03/1995, S. 132–138
Oechsler, W. (1997): Personal und Arbeit: Eine Einführung in das Personalmanagement unter Einbeziehung des Arbeitsrechts, München, Wien 1997
Rohleder, N. (1995), Personalcontrolling – Aufgabenebenen, Instrumente und Fuktionen, in: Der Betriebswirt, 1/1995, S. 12–17
Scherm, E. (1992): Personalwirtschaftliche Kennzahlen – Eine Sackgasse des Personalcontrolling, in: Personal, 11/1992, S. 523
Schmeisser, W., Clermont, A. (1999), Personalmanagement: Praxis der Lohn- und Gehaltsabrechnung – Personalcontrolling – Arbeitsrecht, Berlin 1999
Schmeisser, W., Eckstein, P., Dannewitz, C. (2001), Harte Faktoren bestimmen den Wandel der Personalarbeit, in: Personal, 07/2001, S. 50–57
Schmeisser, W. (2008): Finanzorientierte Personalwirtschaft, München 2008
Scholz, C., Stein, V., Bechtel, R. (2006): Human Capital Management. Wege aus der Unverbindlichkeit. 2. Aufl., München 2006
Schulte, C. (2002): Personal-Controlling mit Kennzahlen, 2. Aufl., München 2002
Sieber, U. et al. (2008): Personalsteuerung im HR-Cockpit, in: Personalmagazin, 03/08, S. 55
Strack, R. et al. (2006): The Future of HR in Europe – Key Challenges Through 2015, Management Summary 2006
Strohmeier, S. (2008): Informationssysteme im Personalmanagement: Architektur – Funktionalität – Anwendung, Wiesbaden 2008
Weidenbrück, B., Kauer, T. (2006): Verbesserungsarbeit als wichtigster Erfolgsfaktor einer Mitarbeiterbefragung – am Beispiel der Gothaer, in: Domsch, M., Ladwig, D. (Hrsg.): Handbuch Mitarbeiterbefragung, Berlin 2006, S. 95–120
Weber, W., Kabst, R. (2009): Einführung in die Betriebswirtschaftslehre, Wiesbaden 2009
Wucknitz, U. D. (2002): Handbuch Personalbewertung: Messgrößen, Anwendungsfehler, Fallstudien, Stuttgart 2002
Wunderer, R. (1991), Personal-Controlling, in: Personal, 04/1991, S. 272–275
Wunderer, R., Schlagenhaufer, P. (1994): Personal-Controlling, Funktionen – Instrumente – Praxisbeispiele, Stuttgart 1994
Wunderer, R., Jaritz, A. (2002): Unternehmerisches Personalcontrolling: Evaluation der Wertschöpfung im Personalmanagement, 2. Aufl, Neuwied, Krieftel 2002
www.controllerspielwiese.de
www.dgpf.de
www.hrm.de
Zaugg, R. J. (1996): Integrierte Personalbedarfsdeckung, Bern, Stuttgart, Wien 1996
Zink, K. J. (1998): Bewertung ganzheitlicher Unternehmensführung: am Beispiel des Ludwig-Erhard-Preises für Spitzenleistungen im Wettbewerb, München, Wien 1998

12. Partner der Personalarbeit

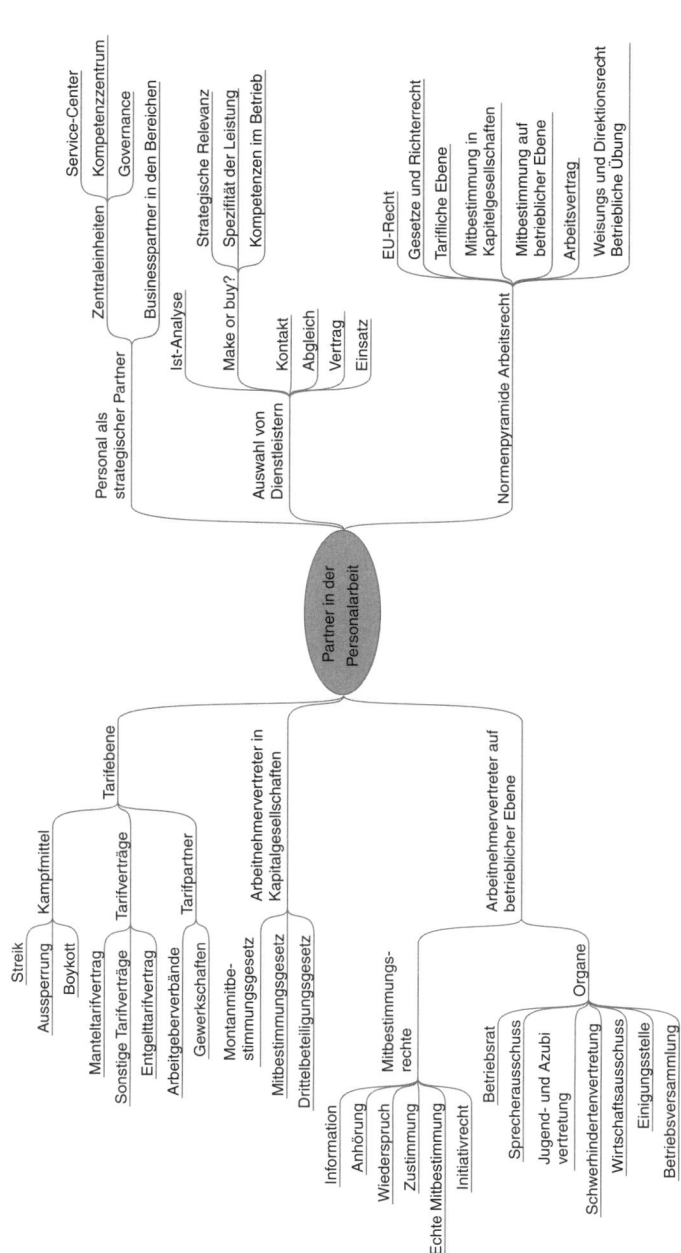

12.1 Zum Einstieg

„Heute geht es um die Auswahl unseres Partners zur Konzeption und Durchführung der neuen Mitarbeiterbefragung. Ich, Rainer Schultheiss, Mitarbeiter in der Personalentwicklung, habe das Treffen vorbereitet, koordiniert und werde heute zusammen mit der Leiterin der Personalentwicklung, dem Arbeitsdirektor unseres Unternehmens und einem Kollegen aus dem Einkauf, die Entscheidung für einen Partner treffen. Daher bin ich sehr gespannt, was die drei Anbieter heute präsentieren und mit wem ich die nächsten Monate oder gar Jahre zusammenarbeiten werde. Gebrieft habe ich alle mittels Schreiben und intern hatte ich mit meiner Chefin mehrere Vorbesprechungen. In diesem Rahmen haben wir Ziele, Bedingungen, Anforderungen und weitere Schritte jeweils diskutiert. Zur Vorauswahl hatte ich eine Marktübersicht von Furkel (2008) herangezogen. Als Hauptanforderungen hatten wir folgende Punkte festgehalten: Wir wollen einen Anbieter, der nicht nur die Fragebogenentwicklung oder die Datenauswertung und -darstellung übernimmt, sondern uns im gesamten Prozess der Konzeption bis hin zum Follow-up begleitet. Als notwendig werden von uns außerdem die Internationalität des Anbieters sowie das Vorhandensein von Benchmarks erachtet. Internationalität bedeutet für uns im besten Fall eine Vertretung im jeweiligen Land oder zumindest im Sprachraum unserer 11 Niederlassungen. Insbesondere dies hat den Kreis doch erheblich eingeschränkt. Die verbliebenen Alternativen habe ich nach einer Internetrecherche telefonisch kontaktiert und jeweils Fragen nach Referenzen, Vorgehen und Überzeugungen gestellt. Die Beurteilung habe ich dann anhand von einigen hard facts, z. B. Zahl der Großkunden, und außerdem subjektiv, etwa Professionalität im Umgang mit meinen Fragen, vorgenommen. Übrig geblieben sind auf meiner Liste fünf Institute. In Folge der Einladung mit detailliert dargestellter Ist-Situation und konkret formulierten Anforderungen, hat einer der Anbieter mangels Kapazität abgesagt, ein Institut hat überhaupt nicht reagiert. Zur Unterstützung der heutigen Entscheidung habe ich eine Checkliste angefertigt, mit der wir folgende Punkte aufnehmen und anhand einer fünfer Skala beurteilen: Beratungsgröße oder -netzwerk, Prozessdarstellung, Referenzen, zeitlicher Rahmen, Kosten und persönlicher Eindruck von den Partnern. Auf dieser Basis sollten wir unsere Eindrücke direkt diskutieren und entscheiden können. Daher habe ich nach den jeweils 1,5 stündigen Präsentationen eine halbe Stunde Zeit eingeplant. D. h. der Tag wird lang, und jetzt muss ich auch dringend los."

12.2 Einleitung

Immer höher werden die Ansprüche auch an das Personalmanagement, was Professionalität, Innovation und Flexibilität anbelangt. Natürlich alles unter dem Postulat der Wirtschaftlichkeit, was eine (mehr oder weniger starke) Begrenzung der Ressourcen im Personalbereiche zur Folge hat. Eine Zusammenarbeit mit Externen ist daher verbreitet und teilweise unabdingbar. Dabei können verschiedene Formen einer solchen Zusammenarbeit anhand des Ausmaßes der Fremdsteuerung unterschieden werden:

- Beratung oder Unterstützung durch externe Dienstleister, z. B. in der Entwicklung neuer Arbeitszeitmodelle oder bei der Auswertung einer Mitarbeiterbefragung.
- Zukauf einzelner Produkte und Leistungen, z. B. der Kauf einer Software zur Unterstützung eines Nachfolgeprozesses oder den Einsatz von Head Huntern bei der Stellenbesetzung.
- Outsourcing (vgl. auch Zahn, R., Barth, T., Hertweck, A. (1998), S. 7) bestimmter Funktionen, wie der Entgeltabrechnung, bis hin zur Ausgliederung des gesamten Personalbereichs, wie bspw. untenstehend beschrieben bei Jenoptik (Fahrig, T. (2001), S. 46–50).

> **Beispiel 67: Ausgründung des Personalbereichs bei der Jenoptik AG**
> Der Technologiekonzern Jenoptik mit Hauptsitz Jena hat derzeit rund 3400 Mitarbeiter und erwirtschaftet ca. 550 Mio. € Umsatz (2008).
> 1997 wurde die Beratungsgesellschaft-Jenoptik für Personalmanagement mbH als 100 % Tochtergesellschaft der Jenoptik AG (aus)gegründet. Seit 2000 firmiert die Gesellschaft unter dem Namen KEMPFER & KOLAKOVIC Personalmanagement GmbH. Das Unternehmen betreibt das Personalgeschäft sowohl für die ehemaligen Schwesterfirmen wie für weitere Auftraggeber, deren Zahl zwischenzeitlich auf 50 angestiegen ist. Dabei werden von der Personalbeschaffung über die Personalbetreuung, die Gehaltsabrechnung, die Aus- und Weiterbildung sowie Personalentwicklung, auch strategische Themen des Personalmanagements, wie die personalpolitische Beratung und Tarifpolitik, angeboten.
> Die Kunden können sowohl das gesamte Paket der Leistungen, aber auch einzelne der Leistungen sowie lediglich Beratung in Anspruch nehmen. Dabei wird der Preis für das gesamte Paket anhand der Mitarbeiterzahl sowie unter Annahme von Standardwerten (z. B. zur Fluktuation) ermittelt. Separat müssen dann lediglich noch Stellenanzeigen, Headhunter-Einsätze sowie einzelne Bildungsmaßnahmen beglichen werden. Werden einzelne Leistungen übergeben, wird für diese ebenfalls auf Basis der Anzahl (z. B. der Entgeltabrechnungen oder Auszubildenden) ein Preis im Rahmen eines Dienstleistungsvertrages vereinbart. Werden dagegen nur Beratungsdienste in Anspruch genommen, wird über Tagessätze abgerechnet.
> Die Dienstleistungsverträge werden dabei regelmäßig neu verhandelt. Gegenüber einer internen Personalabteilung ist der Dienstleister daher in höherem Maß zur Wirtschaftlichkeit gezwungen. Das Modell wurde 2000 mit dem Human Resource Mangement Award ausgezeichnet. Im Gutachten der Jury heißt das Fazit trotz allen Lobes: Die komplett outgesourcte Personalabteilung ist sicherlich kein Fall für alle Fälle" (vgl. Fahrig, T. (2001), S. 46ff.).

Da obiges Szenario in mittleren und größeren Unternehmen nach wie vor eher selten zu finden ist, wird auf die Zusammenarbeit mit Dienstleistern fokussiert. Im Personalmanagement handelt es sich dabei regelmäßig um langfristige Beziehungen, einmalige Käufe sind eher die Ausnahme. Daher ist der Prozess der Anbahnung einer Zusammenarbeit sorgfältig zu gestalten. Nach einer Betrachtung der einzelnen Phasen wird ein kurzer Überblick über die Funktionsbereiche geboten.

Im zweiten Abschnitt finden sich Ausführung zur Zusammenarbeit mit den überbetrieblichen Koalitions- bzw. Sozialpartnern, also Arbeitgeberverbände und insbesondere Gewerkschaften. Auf der betrieblichen Ebene steht die vertrauensvolle Kooperation mit dem Betriebsrat im Mittelpunkt. An dieser Stelle werden außerdem Grundlagen der unternehmerischen Mitbestimmung aufgegriffen. Rechtliche Aspekte werden nicht getrennt betrachtet, da sie der Vertragsgestaltung und insbesondere der Zusammenarbeit mit Sozialpartnern und Betriebsrat inhärent sind.

12.3 Anbahnung einer Zusammenarbeit mit externen Dienstleistern

In der Zusammenarbeit mit Externen werden regelmäßig folgende Motive und Ziele genannt (vgl. Bruch, H. (1998), Seite 31ff.):

- Kostensenkung, durch Reduktion der Fixkosten, ggf. Weitergabe geringerer Gemeinkosten eines Spezialisten und Kostentransparenz.
- Konzentration auf Kernkompetenzen.
- Qualitätsverbesserung um (technologischen) Innovationssprüngen zu folgen und Spezialthemen kompetent bearbeiten zu können.
- Flexibilitätszuwachs, durch terminliche und ressourcenbezogene Variabilität.
- Weitere, z. B. Risikoreduzierung oder Schließung von Kompetenzlücken.

Die Erreichung dieser Ziele stellen dann auch die Chancen dar, die durch eine Zusammenarbeit mit Dienstleistern umgesetzt werden können. Demgegenüber stehen aber auch Risiken. So entstehen typische Schnittstellenverluste, da der externe Anbieter die Bedingungen im Unternehmen immer nur beschränkt einsehen kann und ggf. ineffektive Lösungen bietet. Koordination und interne Unterstützung sind meist notwendig, werden aber selten konkret beziffert. Das schränkt die Erfassung aller relevanten Kosten ein. Des Weiteren gibt es datenschutzrechtliche Probleme zu beachten. Zudem können Abhängigkeiten entstehen, durch die sich das Unternehmen erpressbar macht. Kompetenzaufbau erfolgt beim Dienstleister, der dies entsprechend wiederum bei anderen Kunden einsetzen kann. Parallel sollte daher immer darauf geachtet werden, dass zumindest bei Kernaufgaben auch im Unternehmen ein paralleler Kompetenzaufbau vorangetrieben wird.

Um den Risiken entgegenzuwirken, ist Sorgfalt bereits in der Anbahnung wichtig. Bei der Entscheidung für einen Dienstleister sollte zunächst eine Bestandsaufnahme erfolgen, bevor die Entscheidung für einen Zukauf getroffen wird. Erst wenn der die Anforderungen an die Personalarbeit im Unternehmen und die Ziele geklärt sind, sollte Kontakt zu möglichen Dienstleistern aufgenommen werden. Der Entscheidung für eine Zusammenarbeit muss dann eine vertragliche Fixierung folgen, bevor Themen umgesetzt werden können.

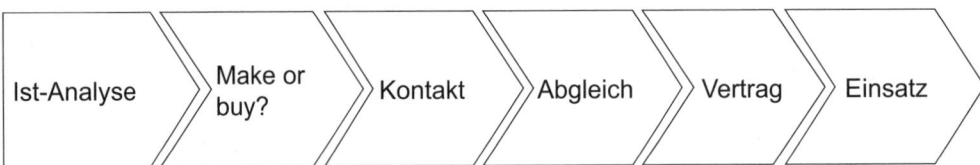

Abbildung 79: Phasen der Anbahnung einer längerfristigen Zusammenarbeit im Personalmanagement

Die vorgenommene Phaseneinteilung in Abbildung 79 lehnt sich an Zahn u. a. (1998) an und ist als idealtypisch zu bezeichnen. In der Realität überschneiden sich die einzelnen Phasn mehr oder weniger stark, laufen parallel nebeneinander und sind in vielfältiger Weise wechselseitig voneinander abhängig. Im Folgenden werden die zentralen Punkte der einzelnen Phasen aufgezeigt und beispielhafte Instrumente sowie deren Einsatz vorgestellt.

12.3.1 Ist-Analyse

Zu Beginn steht eine Bestandsaufnahme aktueller interner und auch externer Anforderungen an die Personalarbeit sowie deren Einschätzung für die Zukunft. Das Potenzial der Leistungsvergabe kann auf unterschiedlichen Wegen ermittelt werden. Beispielsweise könnte eine Umfrage ergeben, dass die Service- und Beratungsleistungen des Personalbereichs bei Auslandsentsendungen als ungenügend eingestuft werden. Es sollte dann geprüft werden, ob diese Leistungen durch externe Anbieter besser erbracht werden können. Oder aber Verbandsstudien zeigen, dass in der eigenen Branche bestimmte Dienstleistungen des Personalbereichs fast immer ausgelagert sind. Es gilt zu überprüfen, ob die Eigenerstellung noch angebracht ist. Darüber hinaus kann in Folge akuter Anlässe reaktives Handeln notwendig werden. So beispielsweise ein Auftrag der Unternehmensleitung, der mit den eigenen Kapazitäten nicht erbracht werden kann.

Auf dieser Basis sind dann konkrete Kriterien für die Leistungsvergabe aufzustellen. Zu beachten ist dabei, dass mit zunehmender Spezifität auch die Schwierigkeiten bei der Suche nach einem geeigneten Parnter zunehmen.

> **Beispiel 68: Auswahl eines MAB-Anbieters bei einem Automobilzulieferer**
> Der international aufgestellte Automotive Zulieferer mit über 10 000 Mitarbeitern hat seine Zentrale in Süddeutschland und plant die Einführung einer international einheitlichen Mitarbeiterbefragung (MAB). Neben der Vorstellung des Unternehmens wurden vor Anfrage der Anbieter u. a. folgende Informationen über die Ist-Situation und Anforderungen übermittelt:
> Die Ergebnisse der Ist-Analyse zeigte, dass weltweit 20 verschiedene MAB-Konzepte in der Unternehmensgruppe verwendet werden. Die daraus resultierende Vielzahl von Ergebnissen und die mangelnde Vergleichbarkeit erschweren eine einheitliche Unternehmenssteuerung. Ein Konzept für eine international einheitliche MAB wird als notwendig erachtet. Zudem werden hier auch Synergieeffekte vermutet.
> Für die internationale MAB wird ein zentrales Projektteam eingerichtet. Diesem soll ein Mitarbeiter des externen Dienstleisters angehören, der auch die Koordination übernimmt. Für die Befragung soll (fast) allen Standorten des Unternehmens ein Ansprechpartner in der jeweiligen Muttersprache des Standortes zur Verfügung stehen. Die Durchführung der MAB muss online sowie offline (papierbasierte Befragung) möglich sein. Die Auswertung der Ergebnisse und Erstellung der Ergebnisberichte sind in den jeweiligen Sprachen zu erstellen, zudem werden externe Benchmarks gesucht. Darüber hinaus werden Referenzen und langjährige Erfahrungen in der Durchführung internationaler Mitarbeiterbefragungen erwartet.

12.3.2 Make or Buy?

In der Make or Buy Phase werden über die Spezifität und die Einschätzung der strategischen Relevanz die Leistungen bestimmt, bei denen eine Vergabe (nicht) angebracht erscheint. Anhand der weiteren Dimension, mit der die vorhandenen Kompetenzen im Personalbereich erfasst werden, kann eine weitergehende Risiko- bzw. Chancenabschätzung einer Vergabe vorgenommen werden. Einmal mehr kann hier die Portfoliotechnik, wie im Kapitel Personalcontrolling beschrieben, Einsatz finden (vgl. Meckl, R. (1999)):

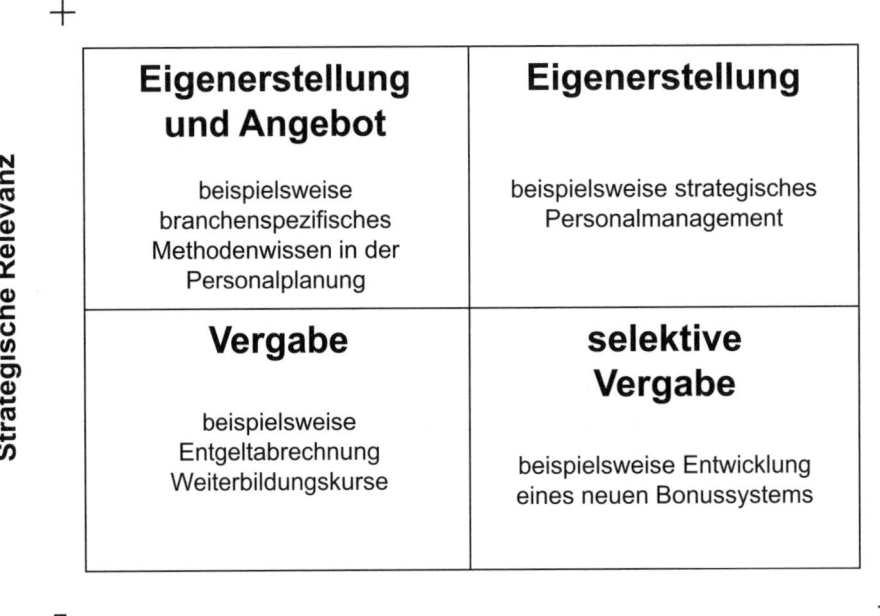

Abbildung 80: Portfolio der Fremdvergabe anhand strategischer Relevanz und Spezifität

Die Personalleistungen, die in den zwei oberen Feldern zugeordnet werden, sind unter strategischen Gesichtspunkten grundsätzlich nur bedingt zur Vergabe zu empfehlen. Neben der strategischen Relevanz wird im ersten Portfolio die Spezifität von Funktionen eingeschätzt, um das Risiko einer Vergabe zu minimieren. Spezifität meint den Grad der Individualität der Leistung im Unternehmen. Wenig spezifisch ist die Abrechnung bspw., wenn alle Mitarbeiter 13 Monatsvergütungen in fixer Höhe bekommen. Sehr spezifisch wird die Abrechnung, wenn im Unternehmen nicht nur mehrere verschiedene Tarifverträge und außerdem zahlreiche außertarifliche Vergütungsmodelle mit verschiedensten fixen und variablen Anteilen zu bedienen sind, sondern darüber hinaus eine Verrechenbarkeit von monetären und nicht-monetären Bestandteilen ermöglicht wird. Findet sich eine Leistung mit geringer Spezifität und geringer strategischer Relevanz im linken unteren Feld, steht einer Vergabe unter strategischen Gesichtspunkten nichts im Wege, wie aus der Abbildung ersichtlich. Im Folgenden wird hier der kostenrechnerische Vergleich im Vordergrund stehen. Wird einer Leistung dagegen zwar geringe strategische Relevanz aber eine hohe Individualität zugesprochen, muss differenzierter vorgegangen werden. Dies ergibt sich aus dem Umstand, dass die Leistung in der selbst erbrachten oder gewünschten Form am Markt so nicht angeboten wird. Das bedeutet, dass entweder Abstriche an der Individualität hingenommen werden, eine Zerlegung und Vergabe von Teilaufgaben vorgenommen wird, eine

Partnerschaft mit relativ hoher Abhängigkeit (für beide Partner) eingegangen oder doch weiterhin auf die eigene Erstellung gesetzt wird.

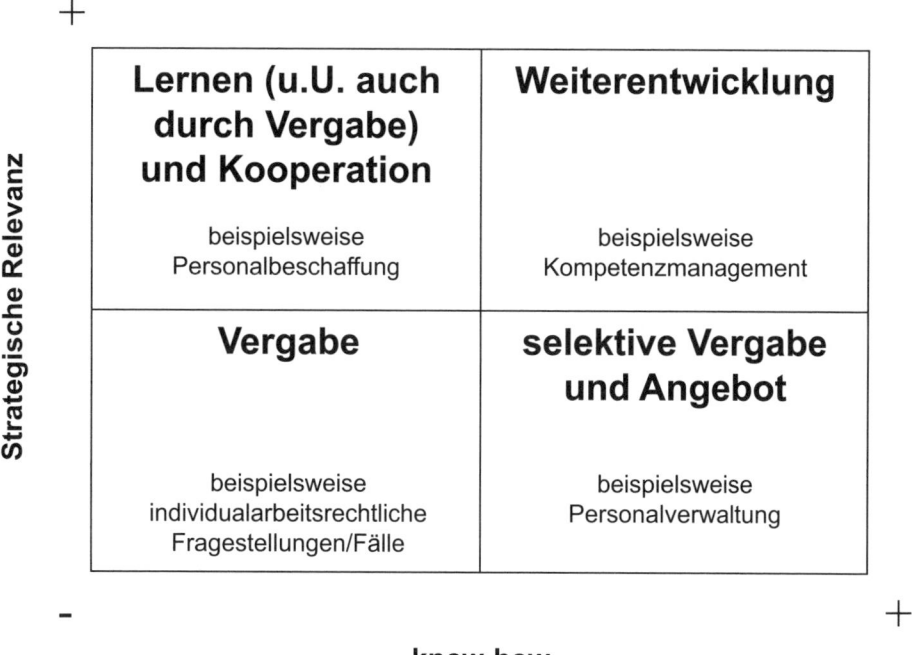

Abbildung 81: Portfolio der Fremdvergabe anhand strategischer Relevanz und Know-how

Mit dem zweiten Portfolio wird neben dem Kriterium des Einflusses auf Kernkompetenzen auf der Horizontalen nun das eigene personalmanagementbezogene Know-how abgebildet. Dadurch sollen vor allem Chancen, die sich durch zusätzliches externes Know-how ergeben könnten, erfasst werden. Vergabeüberlegungen sollten in erster Linie dort ansetzen, wo ein geringes internes Know-how und ein geringer Einfluss auf die Kernkompetenzen angenommen werden. Werden geringe Kompetenzen im eigenen Personalbereich aber hoher Einfluss auf die Kernkompetenzen des Unternehmens festgestellt, muss diese Wissenslücke möglichst schnell geschlossen werden. U. U. ist dies aber auch wiederum über eine Zusammenarbeit mit externen Anbietern möglich. Ist das eigene Know-how dagegen hoch, aber kein großer Einfluss auf die Kernkompetenzen zu erkennen, kann vielleicht ein eigenes Marktangebot in Betracht gezogen werden.

12.3.3 Kontakt

Sind die entsprechenden Leistungen eingegrenzt sowie die Zielsetzungen einer Vergabe geklärt, ist in dieser Phase ein möglichst breites Spektrum an Leistungsangeboten potenzieller Partner einzuholen. Erste Kontakte können über Unternehmensberater, über Geschäftspartner oder auf Messen aufgenommen werden. Eine Kontaktaufnahme kann auch direkt erfolgen. Geeignete Kontaktdaten können über eine Marktrecherche ermittelt werden. Gute Hilfe leisten Marktübersichten, z. B. zu verschiedensten Personalfunktionen regelmäßig in den Printversionen wie den Internetauftritten der Zeitschriften Personalwirtschaft oder Personalmagazin zu finden (www.personalwirtschaft.de, www.personalmagazin.de).

Voraussetzung für eine effektive und effiziente Kontaktaufnahme ist die vorherige Entwicklung möglichst konkreter Sollvorstellungen. Ein Soll-Profil enthält alle wesentlichen technischen, wirtschaftlichen und rechtlichen Einzelheiten einer Leistung. So sind Angaben über Qualität und Menge sowie die technische Abwicklung, Liefer- bzw. Leistungstermin/e und dergleichen mehr aufzuführen. Gegenüber einem Pflichtenheft ist ein Soll-Profil eine Art „Wunschkatalog" und noch keine Festlegung der tatsächlich zu erbringenden Leistungen.

Bei größeren Vorhaben steht nach einem schriftlichen oder fernmündlichen Informationsaustausch zumeist eine persönliche Vorstellung an. Am Ende der Kontaktphase sollten schon relativ konkrete Angebote einiger weniger potenzieller Partner bzgl. der spezifizierten Leistungen vorliegen.

12.3.4 Abgleich

Anhand dieser Leistungsspezifikationen erfolgt dann der sich anschließende Abgleich. Einzubinden ist zudem ein Kostenvergleich auf Grundlage der ebenfalls einzuholenden Angebote. Dabei sind neben den direkten Kosten auch die sog. Transaktionskosten einzubeziehen, darunter Anbahnungskosten (Suchkosten nach potenziellen Partnern und Kosten der Feststellung ihrer Konditionen, also Reise-, Kommunikations- sowie bestimmte Gemeinkosten), Vereinbarungskosten (Verhandlungs- und Vertragsformulierungskosten; Kosten der Rechtsabteilung sowie der internen Abstimmung, bspw. mit dem Vertrieb), Abwicklungskosten (Steuerungskosten der laufenden Leistungserstellung und Managementkosten), Kontrollkosten (Überwachungskosten der vereinbarten Qualität, Menge, Termine, Preise etc.) und Anpassungskosten (Durchsetzungskosten von Termin, Mengen-, Qualitäts- und Preisänderungen). Zudem zählt nicht zuletzt der persönliche Eindruck von den verantwortlichen Personen.

Neben der Nutzwertanalyse, wie im Kapitel Personalcontrolling erläutert, kann die Stärken- und Schwächenanalyse Unterstützung bei der Auswahl liefern. Eine mögliche Vorlage hierfür ist in nachstehender Tabelle abgebildet. Es gilt im konkreten Fall die Profile der vorliegenden Alternativen als auch das Wunschprofil einzutragen, um einen anschaulichen Vergleich zu erhalten.

Tabelle 65: Vorlage für eine Stärken- und Schwächenanalyse in der Anbieterauswahl

Beurteilungskriterien	schwach			stark
Leistungsumfang				
Technologien				
Grundsätze				
Umsätze				
Referenzen				
Erfahrungen				
Örtliche Präsenz				
Dauer der Angebotserstellung				
Projektmanagement				

Ist die Wahl auf einen Anbieter gefallen, ist eine Zusammenführung des Soll-Profils und des Angebotes vorzunehmen. Dies erfordert für Gewöhnlich einen Verhandlungsprozess der gegenseitigen Abstimmung. Am Ende der Phase steht das Pflichtenheft, in dem die tatsächlich zu erbringenden Leistungen detailliert festgelegt sind. Dessen Gerüst besteht aus Leistungsbezeichnung, Ansprechpartner der beteiligten Unternehmen, Ist-Zustandbeschreibung, Ziele und jeweiliger Leistungsumfang der Partner, Mengengerüst, Termin- sowie Kostenplanung.

12.3.5 Vertrag

Das Pflichtenheft ist auch Basis für eine schriftliche Verpflichtung der Vertragsparteien, wobei eine gewisse Flexibilität und damit für beide Seiten auch Unsicherheit immer bestehen bleibt. So ist der Aufbau einer Vertrauensbasis mindestens genauso wichtig wie die schriftliche Fixierung des Zusammenwirkens.

Zweckmäßig erscheint darüber hinaus oftmals eine Rahmenvereinbarung. In dieser werden Rahmenbedingungen der langfristigen Zusammenarbeit geklärt, z. B. Tagessätze oder generelle Ansprechpartner und -zeiten, die unabhängig von den einzelnen Projekten oder Leistungen zu sehen sind.

12.3.6 Umsetzung und laufende Kontrolle

Der Prozess mündet in eine mehr oder weniger langfristige Dienstleistungspartnerschaft. Die Umsetzung ist von einem interpartnerschaftlichen Team zu planen und zu koordinieren. Danach ist eine laufende Kontrolle der partnerschaftlichen Zusammenarbeit notwendig. Zentrales Element neben der Beobachtung von Marktveränderungen, aktuellen Entwicklungen usw. ist die Überwachung der Leistungserbringung. Hierzu können in Analogie zur Eigenerstellung operative Zielgrößen herangezogen werden (vgl. Horchler, H. (1996), Seite 92 ff.):

- Produktivität
  Beispiele: Anzahl Abrechnungen (pro Mitarbeiter des Partnerunternehmens), Anzahl Interviews pro Arbeitsvertrag, Anzahl durchgeführter Personalentwicklungsmaßnahmen (pro Trainer des Dienstleisters) oder Tage zur Konzepterstellung
- Qualität
  Beispiele: Akzeptanz von Modellen/Instrumenten, die vom Dienstleister vorgeschlagen werden, Häufigkeit von Beschwerden und Reklamationen über Leistungen oder Anzahl notwendiger Nachbearbeitungen
- Zeit
  Beispiele: Entwicklungsdauer neuer Schulungsprogramme oder Termintreue bei der Abwicklung von Anfragen

12.4 Personaldienstleister und ihr Angebot

Häufig extern erbracht werden eher operative Aufgaben, wie Führung der Personalakten, Abrechnung und Personalrekrutierung. Aber auch für zeit- und wissensintensive Beratungsaufgaben, z. B. Coaching und Outplacement, werden häufiger externe Partner hinzugezogen. Zudem hat der Personalbereich konzeptionelle und koordinative Aufgaben, wie Entwurf, Einführung und Überwachung eines Beurteilungssystems. Auch hier können Personaldienstleister Unterstützung leisten. Dagegen ist die letzte Verantwortung für die Gestaltung der Personalpolitik kaum von der Unternehmensführung zu trennen.

Externe Anbieter erstellen oder unterstützen häufig folgende Leistungen:

- Steuerberater und Unternehmen, die die Entgeltabrechnung übernehmen.
- Dienstleister der Personalbeschaffung, darunter Verlage, Jobbörsen, Provider für Online-Recruitingsysteme, Personalvermittler und -berater sowie Zeitarbeitsunternehmen.
- Weiterbildungsinstitutionen und selbständige Trainer.
- Softwareanbieter von Personalinformationssystemen (PIS).
- Spezialisierte Softwareanbieter, z. B. mit Recruitinglösungen, Zeitwirtschaftslösungen u. a.
- Unternehmensberatungen mit breitem Angebot.
- Institute, Netzwerke und Beratungen mit spezifischen Schwerpunkten wie Eignungsdiagnostik, Vergütungs- oder Arbeitszeitmanagement, Mitarbeiterbefragung etc.

Ein Nachschlagewerk für verschiedene Funktionen bietet Sadler (2003). Empfehlenswert sind darüber hinaus die von verschiedenen Fachzeitschriften herausgegeben Marktüberblicke zu spezfischen Schwerpunkten, da sie meist komprimiert und aktuell sowie sorgfältig recherchierte Informationen bieten (vgl. z. B. Lünendonk, T. (2008), S. 8ff. oder Furkel, D. (2008), S. 46ff.).

12.5 Partner auf tariflicher und betrieblicher Ebene

Bevor Aufbau und Aufgaben von Tarifparteien und Arbeitnehmervertretung näher betrachtet werden, werden die Themen in die sog. Pyramide des Arbeitsrechts eingeordnet, wie nachstehend abgebildet.

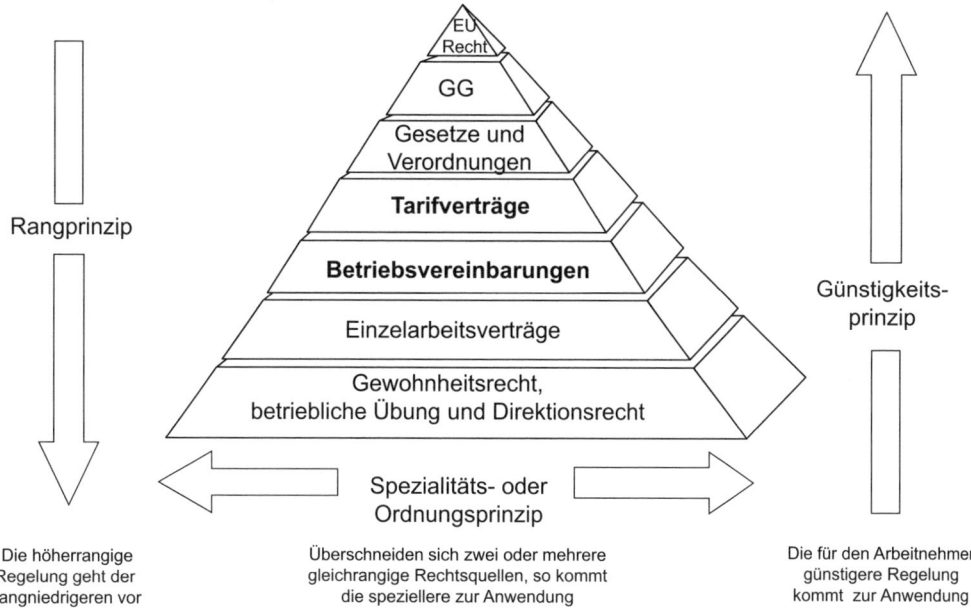

Abbildung 82: Normenpyramide des Arbeitsrechts

- EU-Recht ist im Arbeitsrecht vor allem in Form von EU-Richtlinien anzutreffen, d. h. Rechtsnormen, die erst noch in nationales Recht umgesetzt werden müssen. So beruhen z. B. das Bundesurlaubsgesetz (BUrlG) oder auch das Allgemeine Gleichbehandlungsgesetz (AGG) auf EU-Richtlinien. Die nationalen Gesetze müssen den Regeln der EU-Richtlinie entsprechen, wobei zumeist ein Spielraum für die Umsetzung in nationales Recht gegeben ist.
- Das deutsche Gesetzesrecht besteht im Arbeitsrecht als Arbeitnehmerschutzrecht ganz überwiegend aus zwingenden Gesetzen, z. B. das Kündigungsschutzgesetz (KSchG) oder das Arbeitszeitgesetz (ArbZG). Besonders hervorzuheben ist in diesem Zusammenhang das Grundgesetz (GG). Für das Arbeitsrecht von besonderer Relevanz sind Art. 12 (Berufsfreiheit), Art. 9 (Koalitionsfreiheit), Art. 3 (Gleichheitsgrundsatz) und Art. 2 I (freie Entfaltung der Persönlichkeit).
- Der Tarifvertrag ist ein schriftlicher Vertrag zwischen einem Arbeitgeberverband (oder in Form eines Haustarifvertrages auch nur einem Unternehmen) und einer Gewerkschaft. Damit werden Rechte und Pflichten der Vertragsschließenden und Regelungen bezüglich Inhalt, Abschluss und Beendigung von Arbeitsverhältnissen sowie von betrieblichen und

betriebsverfassungsrechtlichen Fragen festgehalten. Es gibt eine Vielfalt von Tarifverträgen für die verschiedenen Branchen. Für die Geltung eines Tarifvertrages im Arbeitsverhältnis ist entweder die beiderseitige Tarifgebundenheit der Arbeitsvertragsparteien (in der jeweiligen Gewerkschaft bzw. dem jeweiligen Arbeitgeberverband) erforderlich oder die einzelvertragliche Einbeziehung der tariflichen Normen, wie nachstehend noch näher erläutert.

- Die Betriebsvereinbarung ist eine schriftliche Vereinbarung zwischen dem Arbeitgeber und dem Betriebsrat über Angelegenheiten, die zum Aufgabenbereich des Betriebsrates gehören. Durch den Abschluss von Betriebsvereinbarungen können Arbeitgeber und Betriebsrat betriebliche Normen, z. B. zum Verhalten und zur Ordnung im Betrieb, schaffen, wie nachstehend eingehender betrachtet. Grundsätzlich können in Betriebsvereinbarungen Regelungen über den Inhalt und die Beendigung von Arbeitsverhältnissen (Inhaltsnormen), über betriebliche Fragen (Betriebs- oder Ordnungsnormen) sowie über betriebsverfassungsrechtliche Fragen enthalten sein (z. B. über die Errichtung einer ständigen Einigungsstelle). Zu beachten ist der Tarifvorrang gemäß § 77 III BetrVG, wonach Arbeitsentgelte und sonstige Arbeitsbedingungen, die durch Tarifvertrag geregelt sind oder üblicherweise geregelt werden, nicht Gegenstand einer Betriebsvereinbarung sein können. Das gilt nicht, wenn der Tarifvertrag den Abschluss ergänzender Betriebsvereinbarungen im Rahmen einer Öffnungsklausel ausdrücklich zulässt.

- Zu berücksichtigen ist ferner § 87 I BetrVG, wonach der Betriebsrat nur insoweit mitzubestimmen hat, wie gesetzliche oder tarifliche Regelungen nicht bestehen. Dem Günstigkeitsprinzip folgend, darf eine Betriebsvereinbarung von einem Tarifvertrag abweichen, wenn sie die günstigere Regelung enthält. Zu Lasten des Arbeitnehmers darf nicht abgewichen werden. Das Bundesarbeitsgericht (BAG) hat zur Durchsetzung dieses Rechts den Gewerkschaften einen Unterlassungsanspruch zugesprochen. Das bedeutet, dass selbst in den Fällen, in denen die Arbeitnehmer einer verschlechternden Betriebsvereinbarung zustimmen, die Gewerkschaft die Rechte aus ihrem Tarifvertrag gerichtlich durchsetzen kann.

- Jeder Arbeitnehmer hat einen Arbeitsvertrag, der grundsätzlich auch mündlich abgeschlossen werden kann. Das Nachweisgesetz das auf der EU-Nachweisrichtlinie beruht, verlangt lediglich, dass der Arbeitgeber spätestens einen Monat nach Beginn des Arbeitsverhältnisses dem Arbeitnehmer eine von ihm unterzeichnete Niederschrift der wesentlichen Vertragsbedingungen aushändigt.

- Auf Grund wiederholter betrieblicher Übung können Ansprüche des Arbeitnehmers auf freiwillige Leistungen (z. B. Weihnachts- oder Urlaubsgeld) des Arbeitgebers entstehen. Voraussetzung für die Begründung eines Anspruchs auf Grund der betrieblichen Übung ist, dass der Arbeitgeber bestimmte „gleichförmige" Verhaltensweisen regelmäßig ohne Vorbehalt wiederholt und damit den objektiven Tatbestand einer verbindlichen Zusage gesetzt hat, die der Arbeitnehmer stillschweigend angenommen hat bzw. auf deren Fortsetzung er nach Treu und Glauben vertrauen durfte. So ist auch anerkannt, dass nach einer mindestens dreimaligen „gleichförmigen" Zahlung von Weihnachtsgeld ohne jeden Vorbehalt grundsätzlich der objektive Tatbestand einer verbindlichen Zusage gesetzt bzw beim Arbeitnehmer eine berechtigte Fortsetzung dieser Zahlung entsteht. In den Fällen, in denen der Arbeitgeber die Zahlung jeweils in unterschiedlicher Höhe nach seinem „Gutdünken" leistet, entsteht hingegen mangels „Gleichförmigkeit" keine betriebliche Übung. Die Entstehung kann der Arbeitgeber zudem durch einen Freiwilligkeitsvorbehalt verhindern, mit dem er unmissverständlich zum Ausdruck bringt, dass ihm der Verpflichtungswille fehlt. Dasselbe gilt, wenn der Arbeitgeber eine erkennbar nur auf das jeweilige Jahr bezogene Entscheidung (z. B. unter Hinweis auf das Wirtschaftsergebnis) bezüglich der Sonderzahlung trifft. Eine entstandene betrieblichen Übung ist Bestandteil der Arbeitsverträge mit den beschäftigten Arbeitnehmern geworden und kann deshalb nur unter den gleichen Voraussetzungen, wie eine einzelvertragliche Vereinbarung beendet bzw. geändert werden, z. B. mittels Aufhebungsvertrag, Änderungskündigung oder aber auch einer weiteren betriebliche Übung: Das dreimalige Schweigen des Arbeitnehmers auf eine verschlechternde Handhabung, z. B. das Weihnachtsgeld wird nicht mehr gezahlt, führt ebenfalls zu einer betrieblichen Übung; so dass der Arbeitnehmer keinen Anspruch mehr auf die Zahlung hat.

- Das Direktionsrecht ermächtigt den Arbeitgeber, die Einzelheiten der zu erbringenden Arbeitsleistungen einseitig durch Weisung zu regeln. Vom Direktionsrecht umfasst sind neben arbeitsbezogenen auch verhaltensbezogene Weisungen. Dabei ist zu beachten, dass das Direktionsrecht nur in bestimmten Grenzen ausgeübt werden kann. So schränken gesetzliche Vorschriften, insbesondere Arbeitnehmerschutzrechte, tarifliche und betriebliche, einzelvertragliche Regelungen sowie ganz allgemein die Billigkeit das Direktionsrecht ein. Ein Arbeitnehmer kann durch Weisungen nicht verpflichtet werden, sittenwidrige oder gesetzlich verbotene Tätigkeiten auszuführen. Der Abeitgeber darf also vom Buchhalter nicht verlangen, die Positionen zu fälschen oder von dem im Controlling eingestellten Mitarbeiter, dass er nur noch Reinigungsaufgaben übernimmt. Je ausführlicher der Einzelarbeitsvertrag die Arbeitsleistung hinsichtlich Art, Zeit und Ort regelt, desto weniger Raum ist für das Direktionsrecht des Arbeitgebers.

Anders als in der sonstigen Rechtsordnung gilt im Arbeitsrecht nicht das reine Rangprinzip, wonach eine höherrangige Norm auf jeden Fall eine niederrangige verdrängt, sondern es gilt zugleich das Günstigkeitsprinzip. Das bedeutet, dass die nachrangige Norm der höherrangigen Norm vorgeht, wenn sie für den Arbeitnehmer günstiger ist. Was günstiger ist, wird allerdings nicht aus der Perspektive des Einzelnen im Einzelfall bestimmt, sondern generell nach objektiven Kriterien. Zwar mag, wenn der Arbeitsnehmer ein besseres Stellenangebot hat, eine besonders kurze Kündigungsfrist günstig für ihn sein, damit er möglichst schnell bei dem neuen Arbeitgeber anfangen kann. Dagegen erscheint eine lange Kündigungsfrist für den Arbeitnehmer günstig, wenn der Arbeitgeber den Arbeitnehmer entlassen will. Die Rechtsprechung stellt darauf ab, welche Interessenlage häufiger auf Seiten des Arbeitnehmers anzutreffen ist und geht daher im obigen Fall davon aus, dass eine lange Kündigungsfrist günstiger ist. Zudem untersagt die Rechtsprechung ausdrücklich, verschiedene Bereiche in einen Günstigkeitsvergleich einzubeziehen. So darf etwa ein gegenüber Tarifvertrag kürzerer Urlaub nicht mit einer höheren Vergütung zusammen in einen Günstigkeitsvergleich einbezogen werden, da sie unterschiedlichen Sachgruppen angehören, d. h. unterschiedlichen Zwecken dienen.

Nach dem Spezialitäts- oder Ordnungsprinzip wird das Verhältnis auf gleicher Rangstufe geregelt, die allgemeinere wird durch eine speziellere, die ältere wird durch eine neuere Regel ersetzt (vgl. Brox, H., Rüthers, B., Henssler, M. (2007), S. 31ff.).

Nicht zuletzt verpflichtet der arbeitsrechtliche Gleichbehandlungsgrundsatz den Arbeitgeber alle Arbeitnehmer gleich zu behandeln, Differenzierungen nicht willkürlich, sondern nur aus sachlichen Gründen vorzunehmen. Der Gleichbehandlungsgrundsatz ist anwendbar bei Maßnahmen, die der einseitigen Gestaltungsmacht des Arbeitgebers unterliegen. Hauptanwendungsgebiete sind deshalb freiwillige und generell gewährte Leistungen, wie Gratifikationen. Der Gleichbehandlungsgrundsatz ist hingegen nicht anwendbar, wenn die Arbeitsbedingungen individuell und einzeln ausgehandelt werden. Der Grundsatz der Vertragsfreiheit hat also gegenüber dem Gleichbehandlungsgrundsatz Vorrang. Da die Prüfung der Verletzung des Gleichbehandlungsgrundsatzes eine Kenntnis der Differenzierungskriterien erfordert, hat der Arbeitgeber seine Gründe nach Ansicht des Bundesarbeitsgerichts (BAG) spätestens dann offen zu legen, wenn die Arbeitnehmer, die die geltende Besserstellung für sich in Anspruch nehmen, an ihn herantreten.

Tabelle 66: Regelungstatbestände der verschiedenen Ebenen am Beispiel Arbeitszeit

Ebene	Typische Regelungsinhalte	Beispiele Arbeitszeit
Gesetz	Mindestbedingungen, Schutz (bestimmter Mitarbeitergruppen)	Höchstarbeitszeit, Mindestpausenzeiten oder Überzeit für Mitarbeiter mit Schwerbehinderung
Tarif	Leistungsvolumen und -höhe sowie Rahmenbedingungen	Regelarbeitszeit und Rahmenarbeitszeit
Betrieb	Ausgestaltung und Verteilung, betriebliche Prozesse und Sonderregelungen	Gleitzeitmodell mit Kernarbeitszeit und Pausenregelungen, Arbeitszeitkonto
Vertrag	Individuelle Anwendung	Voll- oder Teilzeitvertrag
Weisung	Konkretisierung, Sonderfälle	Überstunden oder Störungseinsatz

12.5.1 Arbeitgeberverbände und Gewerkschaften

Gewerkschaften und Arbeitgeberverbände bezeichnet man auch als Koalitionen, Sozial- oder Tarifpartner bzw. -parteien. Sowohl Arbeitnehmern als auch Arbeitgebern steht es nach dem GG gleichermaßen zu, zum Zwecke der Wahrung und Förderung der Arbeits- und Wirtschaftsbedingungen eine Vereinigung zu bilden (Art. 9, Abs. 3 GG). Auch das Recht der Tarifpartner, die Arbeitsbedingungen eigenständig zu regeln, wird durch Art. 9 Abs. 3 GG geschützt (Tarifautonomie). Allerdings sind sie, wie bereits erläutert, an höheres Recht gebunden.

Arbeitgeberverbände sind zumeist auf regionaler Fachverbandsebene als Industrieverbände organisiert und haben i. d. R. die Rechtsform des eingetragenen Vereins (vgl. Hromadka, W., Maschmann, F. (2007), S. 11ff.).

Tarifverträge können von Arbeitgeberverbänden und darüber hinaus auch von einzelnen Unternehmen abgeschlossen werden. Man unterscheidet daher zwischen dem Flächen- oder auch Branchentarifvertrag, der für einen ganzen Wirtschaftsbereich gilt, z. B. für die Metall- und Elektroindustrie Nordwürttemberg-Nordbaden, und dem Firmen- oder auch Haustarifvertrag. Deren Verbreitung nimmt stetig zu (vgl. Bispinck, R., Dribbusch, H. (2008), S. 153ff.). Eine besondere Form des Haustarifvertrages ist der Anerkennungstarifvertrag, mit dem ein Unternehmen die auf Verbandsebene geltenden Tarifverträge übernimmt. Ein Ergänzungstarifvertrag dagegen ist ein Haustarifvertrag eines Mitglieds im Arbeitgeberverband, mit dem Regelungen für ein spezifisches Thema festgehalten werden, dabei ist das Einverständnis der verschiedenen Parteien vorauszusetzen. Branchentarifverträge werden zwischen dem Arbeitgeberverband sowie der Gewerkschaft eines Wirtschaftszweiges geschlossen. Regional meist begrenzt ist der Flächentarifvertrag, z. B. auf ein Bundesland. Darüber hinaus wird der Geltungsbereich eines Tarifvertrags üblicherweise im einleitenden Paragraphen präzisiert. Dazu gehören der räumliche Geltungsbereich, also das Tarifgebiet (z. B. Berlin und Brandenburg), der fachliche Geltungsbereich, z. B. alle Betriebe und/oder Betriebsteile des Groß- und/oder Außenhandels, sowie der persönliche Geltungsbereich: Hier wird ggf. unterschieden zwischen Angestellten und gewerblichen Arbeitnehmern sowie Auszubildenden. Häufig sind auch Klauseln enthalten, die bestimmte Kategorien von Mitarbeitern von der Geltung ausnehmen, z. B. Prokuristen, Generalbevollmächtigte und leitende Angestellte.

Die Vereinigung auf Arbeitnehmerseite, die Gewerkschaften sind

- zumeist nach dem Industrieverbandsprinzip gegliedert, d. h. die Arbeitnehmer einer Wirtschaftsbranche sind in einer eigenständigen Gewerkschaft zusammengeschlossen, und
- in Deutschland seltener als Berufsverbände organisiert. Deren Einfluss nimmt allerdings gegen dem allgemeinen Trend zu, wie auch aus den bekannt gewordenen Beispielen der Gewerkschaft der Lokomotivführer (GDL) oder der Vereinigung Cockpit (VC) zu erkennen ist.
- tariffähig, wenn sie eine gewisse Kampfstärke besitzen, um überhaupt Tarifforderungen gegenüber dem sozialen Gegner durchsetzen zu können (vgl. Stein, W. (1997), S. 81).

Wenn für einen Betrieb mehrere Tarifverträge in Betracht kommen, z. B. Baustoffhandel und Einzelhandel, ist eine Zuordnung des Betriebs zur Branche nach seinem überwiegenden Betriebszweck vorzunehmen. Es soll – möglichst – nur ein Tarifvertrag auf den Betrieb angewandt werden und nicht mehrere konkurrierende nebeneinander. Dieser Grundsatz ist bekannt als Tarifeinheit. Führt die Abgrenzung nach dem Betriebszweck zu keinem Ergebnis, dann gilt der Tarifvertrag, durch den die meisten Arbeitnehmer erfasst werden. Bei Mischbetrieben, also z. B. solchen, die teilweise Arbeiten ausführen, die zum Bereich des Metalltarifvertrags gehören, und teilweise solche, die zum Chemiebereich gehören, gilt dasselbe. Entscheidend ist die von der Belegschaft überwiegend ausgeübte Tätigkeit. Welcher Betriebsteil den höheren Umsatz erwirtschaftet, ist nicht ausschlaggebend. Problematisch wird es für einen Arbeitgeber, wenn er mit mehr als einem Vertragspartner zu verhandeln hat. Dies kann dann der Fall sein, wenn mehrere Berufsgruppen innerhalb eines Unternehmens einen eigenständigen Tarifvertrag einfordern. Zum einen erschwert dies die Verhandlungen, zum anderen werden Begehrlichkeiten geweckt und damit der Betriebsfrieden gestört, falls eine Berufsgruppe einen besseren Abschluss erzielen kann als die andere.

Bindend sind die Regelungen für tarifgebundene Arbeitgeber und Arbeitnehmer, die der entsprechenden Gewerkschaft angehören. Dabei gilt das Günstigkeitsprinzip, d. h. bessere Reglungen können auf betrieblicher oder auch individueller Ebene unter Beachtung des Gleichbehandlungsgrundsatzes abgeschlossen werden. Zudem sind Öffnungsklauseln für betriebliche oder auch einzelvertragliche Absprachen möglich. Die Bindung an die Gesamtheit der entsprechenden Tarifverträge kann aber auch über eine Bezugnahmeklausel im Arbeitsvertrag erfolgen.

Trotz der Tarifflucht arbeiten daher rund 80 % der sozialversicherungspflichtig Beschäftigten in Wirtschaftszweigen, für die es Tarifverträge gibt. Möglich sind aber auch Bezüge auf einzelne Tarifverträge oder einzelne Klauseln (vgl. Hromadka, W., Maschmann, F. (2007), S. 5f.).

In Ausnahmefällen ist es möglich, dass ein Tarifvertrag allgemeine Verbindlichkeit erlangt. Dies bedarf aber eines Antrags einer Tarifpartei beim Bundesarbeitsminister. Dieser kann dann den Tarifvertrag für allgemeinverbindlich erklären. Vorausgesetzt ist, dass zum einen ein öffentliches Interesse besteht und zum anderen die tarifgebundenen Arbeitgeber wenigstens die Hälfte aller unter den Geltungsbereich des Tarifvertrages fallenden Arbeitnehmer beschäftigen. Die Regelungen des für allgemein verbindlich erklärten Tarifvertrages gelten dann in der entsprechenden Branche ohne Rücksicht darauf, ob die Arbeitgeber und Arbeitnehmer den Tarifvertragsparteien angehören. Eine Liste der allgemeinverbindlich erklärten Tarifverträge bietet das Bundesministerium für Arbeit und Soziales (www.bmas.de).

12.5.1.1 Tarifvertragsinhalte

Tarifverträge regeln mit dem schuldrechtlichen Teil die Rechte und Pflichten der Tarifvertragsparteien sowie wechselseitige Informationspflichten. Zum schuldrechtlichen Teil zählen darüber hinaus

- die Durchführungspflicht, womit die Parteien zur Umsetzung der Vereinbarungen verpflichtet sind,
- die Einhaltung von Schlichtungsprozessen und
- die Friedenspflicht, d. h. die Vorgabe an die Mitarbeiter, während der Laufzeit des Tarifvertrages auf Arbeitskampfmaßnahmen zu verzichten.

Im normativen Teil gemäß § 4 Tarifvertragsgesetz (TVG) werden Rechtsnormen festgesetzt

- zum Abschluss von Arbeitsverhältnissen, z. B. Schriftform der Arbeitsverträge und Begrenzung befristeter Arbeitsverhältnisse,
- zum Inhalt von Arbeitsverhältnissen, etwa Regelungen zur Höhe des Entgeltes, Dauer der Arbeitszeit oder Urlaubsanspruch,
- zur Beendigung von Arbeitsverhältnissen, z. B. Regelungen zu Kündigungsfristen,
- zu betriebliche Fragen, etwa die Ermittlung von Vorgabezeiten bei Akkordarbeit,
- zu betriebsverfassungsrechtlichen Fragen, wie der erweiterten Mitbestimmung des Betriebsrats und
- zu gemeinsamen Einrichtungen der Parteien, z. B. Urlaubs- und Lohnausgleichskassen im Baugewerbe oder Altersversorgung im Metallbereich („Metall-Rente").

Nach den hauptsächlichen Regelungsinhalten können folgende Tarifvertragsformen unterschieden werden (vgl. Hromadka, W. (1995), S. 34):

- Manteltarifvertrag,
- Entgeltrahmentarifvertrag,
- Tarifverträge über einzelne Materien,
- Entgelttarifvertrag.

Im Manteltarifvertrag werden häufig allgemeine Arbeitsbedingungen außerhalb der Vergütung, wie die Länge der Kündigungsfristen oder Ausschlussfristen zur Geltendmachung sowie Regelungen zu befristeten Arbeitsverhältnissen und zur Arbeitszeit, niedergelegt. Auch Vergütungsstrukturen können im Manteltarifvertrag geregelt werden, werden aber häufiger in einem separaten Entgeltrahmentarifvertrag festgelegt. Typische und weitere Regelungsgegenstände im Manteltarifvertrag oder als eigenständige Vereinbarungen sind in Tabelle 67 zusammengestellt (in Anlehnung an das Tarifarchiv der Hans-Böckler Stiftung).

Tabelle 67: Beispielhafte Regelungstatbestände in Tarifverträgen

Themenbereiche	Beispielhafte Regelungsgegenstände
Anbahnung	Abschluss und Beendigung von Arbeitsverhältnissen, Übernahme von Fahrtkosten, Vertragsform und Mindestinhalte, Probezeit, Kündigungsfristen und Zeugnisformulierungen
Vergütungsstrukturen	Vergütungssystem, Vergütungselemente, variable Bestandteile und weitere Leistungen (Urlaubsgeld, 13. Vergütung, Weihnachtsgeld)
Arbeitszeit und Urlaub	Wochenarbeitszeit, Lage der Arbeitszeit, Urlaubstage und Aufbau, Umfang und Nutzungsmöglichkeiten von Arbeitszeitkonten sowie Regelungen zu Langzeitarbeitszeitkonten
Ausbildungsförderung	Schaffung neuer Ausbildungsplätze, Verbesserung der Ausbildungssituation sowie Übernahmemöglichkeiten und -fristen
Altersversorgung	Regelungen zur Entgeltumwandlung (Deferred Compensation) und mögliche (weitere) Arbeitgeberleistungen
Ältere Arbeitnehmer	Arbeitsverhältnis (z. B. Unkündbarkeit), Arbeitszeit und Arbeitsorganisation/-sicherheit sowie Qualifizierung für ältere Arbeitnehmer
Qualifizierung	Anspruch auf Weiterbildung und Systematik der Bedarfsermittlung
Weitere	Beschäftigungssicherung, Altersteilzeit, vermögenswirksame Leistungen (vL)

Entgelttarifverträge, in denen die jeweilige Entgelthöhe festgelegt ist, haben gegenüber Manteltarifverträgen in der Regel eine (bedeutend) kürzere Laufzeit von wenigen Monaten oder wenigen Jahren. Daher sind diese immer separat vereinbart. Der Entgelttarifvertrag wird auch als Vergütungs- oder früher häufig als Lohn- und Gehaltstarifvertrag bezeichnet. Er enthält die konkrete Entgelthöhe, die für eine bestimmte Entgeltggruppe zu zahlen ist. Der Aufbau eines Tarifvertrages ist der Struktur einer Betriebsvereinbarung generell ähnlich. Untenstehend ein Beispiel eines Tarifvertrages zur Qualifizierung.

Tarifverträge erfüllen dabei drei zentrale Funktionen:

- Schutzfunktion: Der (tarifgebundene) Arbeitgeber kann nicht auf Grund seiner wirtschaftlichen Position einseitig Arbeitsbedingungen festlegen.
- Ordnungsfunktion: Es werden einheitliche Arbeitsbedingungen festgelegt, die dem Arbeitnehmer wie dem Arbeitgeber für eine bestimmte Zeit Planungssicherheit, z. B. mit Blick auf die Personalkosten, geben.
- Friedensfunktion: Gilt ein Tarifvertrag, sind Arbeitskampfmaßnahmen rechtmäßig ausgeschlossen. Zur Durchsetzung neuer Forderungen können nur sehr begrenzt Maßnahmen ergriffen werden, wie im nächsten Abschnitt dargestellt.

Beispiel 69: Tarifvertrag zur Qualifizierung des Arbeitgeberverbandes der Versicherungsunternehmen in Deutschland
Der Arbeitgeberverband der Versicherungsunternehmen in Deutschland mit Sitz in München vertritt für seine rund 250 Mitgliedsunternehmen ca. 215 000 Mitarbeiter (2008). Unter anderem wurde 2007 ein Tarifvertrag zur Qualifizierung mit den Sozialpartnern ver.di (Vereinigte Dienstleistungsgewerkschaft e. V.), DHV (Deutsche Berufsgewerkschaft e. V., vormals Deutscher Handels- und Industrieangestellten-Verband) und DBV (Deutscher Bankangestellten Verband e. V.) abgeschlossen.

Tarifvertrag zur Qualifizierung
Zwischen den unterzeichnenden Parteien wird für die Angestellten, die unter den Geltungsbereich des Manteltarifvertrages für das private Versicherungsgewerbe fallen, folgende Vereinbarung getroffen:

§ 1 Berufliche Weiterbildung
Der Begriff Qualifizierung im Sinne dieses Tarifvertrages umfasst ausschließlich die berufliche Weiterbildung. Diese umfasst im Sinne dieses Tarifvertrags Maßnahmen, die dazu dienen,

- die ständige Fortentwicklung der fachlichen, methodischen und sozialen Kompetenz des/der Angestellten im Rahmen des jeweiligen Gebietes nachvollziehen zu können (Erhaltungsquali),
- veränderte Anforderungen im jeweiligen Aufgabengebiet erfüllen zu können (Anpassungsquali),
- eine andere gleichwertige oder höherwertige Arbeitsaufgabe für zu besetzende Arbeitsplätze übernehmen zu können (Aufstiegsquali).

Keine Qualifizierung im Sinne dieses Tarifvertrages sind persönliche Weiterbildungen.

§ 2 Bedarfsermittlung und Festlegung von individuellen Qualifizierungsmaßnahmen
Die Angestellten haben Anspruch auf ein regelmäßiges Gespräch mit dem Arbeitgeber, in dem gemeinsam festgestellt wird, ob und welcher individuelle Qualifizierungsbedarf besteht. Soweit gemeinsam ein individueller Qualifizierungsbedarf festgestellt wird und dieser durch eine berufliche Weiterbildungsmaßnahme gedeckt werden kann, vereinbaren die Parteien die Durchführung von Qualifizierungsmaßnahmen zum Zwecke der Abdeckung des bestehenden Qualifizierungsbedarfs. Der Arbeitgeber nimmt hierbei Vorschläge des/der Angestellten entgegen und bezieht diese bei der Festlegung notwendiger Qualifizierungsmaßnahmen mit ein. Soweit nichts anderes geregelt ist, ist das Gespräch einmal pro Kalenderjahr zu führen.
Im Anschluss an durchgeführte Qualifizierungsmaßnahmen prüfen Arbeitgeber und Angestellte/r gemeinsam, ob der zuvor festgestellte Qualifizierungsbedarf durch die Maßnahme gedeckt wurde. Ist dies nicht der Fall, prüfen die Parteien, ob und wie der weiterhin bestehende Qualifizierungsbedarf gedeckt werden kann. Der/Die Angestellte kann ein Mitglied des Betriebsrates hinzuziehen.
Der Anspruch auf Durchführung des Qualifizierungsgesprächs gilt auch für Angestellte in Elternzeit und anderen ruhenden Arbeitsverhältnissen. Dies gilt nicht bei Altersteilzeit in der Passivphase. Auf Wunsch informiert der Arbeitgeber Angestellte in Elternzeit über bestehende Weiterbildungsangebote.
Teilzeitbeschäftigte sollen in Fragen der beruflichen Entwicklung sowie im Bereich der Weiterbildung wie Vollzeitkräfte entsprechend den betrieblichen und persönlichen Möglichkeiten sowie den Anforderungen des Arbeitsplatzes gefördert werden.

§ 3 Einbeziehung des Betriebsrates
Plant der Arbeitgeber Maßnahmen oder führt er solche durch, die dazu führen, dass sich die Tätigkeit der betroffenen Angestellten ändert und ihre beruflichen Kenntnisse und Fähigkeiten zur Erfüllung ihrer Aufgaben nicht mehr ausreichen, so hat der Betriebsrat bei der Einführung von Maßnahmen der betrieblichen Berufsbildung mitzubestimmen. Die Rechte des Betriebsrates gem. § 96 ff. BetrVG bleiben unberührt.

§ 4 Abweichende Regelungen
Durch freiwillige Betriebsvereinbarung können abweichende Regelungen getroffen werden.

§ 5 Schlussbestimmungen
Dieser Tarifvertrag tritt am 1. Januar 2008 in Kraft. Er endet mit Ablauf des 31.12.2011 ohne dass es einer Kündigung bedarf. Zuvor ist eine Kündigung mit einer Frist von 3 Monaten zum Ende eines Kalenderjahres, erstmals zum 31.12.2009, möglich. Die Kündigung bedarf der Schriftform.

Hamburg, den 24. November 2007
Unterschriften
Diese Vereinbarung wurde vom Arbeitgeberverband mit den Gewerkschaften ver.di, DHV und DBV abgeschlossen

12.5.1.2 Maßnahmen des Arbeitskampfs

Das Arbeitskampfrecht ist nicht gesetzlich geregelt, sondern ist reines Richterrecht. Arbeitskampf bedeutet die Ergreifung von kollektiven, wirtschaftlichen Druck erzeugenden Maßnahmen durch die Arbeitnehmer- oder Arbeitgeberseite, um ein bestimmtes – gemeinsames – Ziel zu erreichen. Die auf beiden Seiten Beteiligten müssen Tarifvertragsparteien (vgl. § 2 Abs. 1 Tarifvertragsgesetz (TVG)) sein. Den Parteien stehen dabei die in nachstehender Tabelle aufgelisteten Mittel zur Verfügung. Diese werden jeweils definiert, zudem werden die wesentliche Zielsetzung und deren Voraussetzungen und Folgen eines Einsatzes angegeben.

Tabelle 68: Mittel des Arbeitskampfes

Streik	Aussperrung	Boykott
Definition: Bewusste und planmäßige Verweigerung der vertraglich geschuldeten Arbeit einer größeren Anzahl von Arbeitnehmern	Definition: Planmäßige Ausschließung mehrerer Arbeitnehmer von der Arbeit durch Arbeitgeber ohne Lohnzahlung	Definition: Ablehnung von Vertragsschlüssen mit der Gegenseite (selten)
Ziel: Verbesserung der Arbeits-und Entlohnungsbedingungen	Ziel: Verwirklichung arbeitspolitischer Zwecke; Streikabwehr	Erreichung eines bestimmten Verhaltens des Gegners
Voraussetzungen: • Tarifvertrag abgelaufen (keine Friedenspflicht) • Aufruf durch Gewerkschaft, nach Urabstimmung • Das Ziel muss durch Tarifvertrag erreichbar sein • Verhältnismäßigkeit	Voraussetzungen: • Streik, da bislang nur Abwehraussperrungen umgesetzt wurden • Organisation durch Arbeitgeberverband (Ausnahme: Firmentarif) • Verhältnismäßigkeit	Voraussetzungen: Streik bzw. Aussperrung
Folgen: Suspendierung der Hauptrechte und Pflichten von Arbeitnehmer und Arbeitgeber, also Arbeitsleistung bzw. Vergütung (die Nebenpflichten, wie Geheimhaltung, bleiben bestehen)		

Das Arbeitskampfrecht ist geprägt durch Streik und Aussperrung, wobei in der Bundesrepublik Deutschland Streiks im internationalen Vergleich verhältnismäßig selten und eher kurz sind. Ein Streik ist die planmäßig durchgeführte Arbeitseinstellung mit bestimmtem Ziel. Die Aussperrung ist die planmäßig durchgeführte Ausschließung mit einem bestimmten Ziel. Sowohl ein rechtmäßiger Streik als auch eine rechtmäßige Aussperrung suspendieren die Hauptleistungspflichten aus dem Arbeitsvertrag. Das bedeutet, dass der Arbeitgeber keine Vergütung schuldet und der Arbeitnehmer nicht arbeiten muss. Auch beim rechtswidrigen Streik muss der Arbeitgeber keine Vergütung zahlen, er hat zudem einen Unterlassungsanspruch sowie Schadensersatzansprüche und gegebenenfalls sogar das Recht zur außerordentlichen Kündigung.

Im Arbeitskampf gilt der Grundsatz der Kampfparität, dadurch dass jede Seite ein Kampfmittel einsetzen kann. Streik ist dabei das typische Angriffsmittel, während die Aussperrung das typische Verteidigungsmittel darstellt (vgl. Hromadka, W., Maschmann, F. (2007), S. 155ff.).

Auf beiden Seiten ist das Gebot der Verhältnismäßigkeit zu berücksichtigen, dabei sind die wirtschaftlichen Gegebenheiten ebenso wie das Gemeinwohl einzubeziehen. Zu beachten ist, dass sich der Grundsatz nur auf das Verfahren, nicht auf die Tarifforderungen bezieht. Arbeitskampfmaßnahmen dürfen zudem nur als letztes Mittel, also Ultima Ratio, eingesetzt werden, d. h. alle anderen Verständigungsmöglichkeiten der friedlichen Einigung müssen ausgeschöpft sein.

Am Anfang einer jeden Tarifverhandlung steht zunächst regelmäßig die (fristgerechte) Kündigung des bislang bestehenden Tarifvertrages, wobei diese meist von Arbeitnehmerseite ausgeht. Mit dieser Kündigung werden i. d. R. Forderungen über die angestrebten neuen Inhalte des künftig geltenden Tarifvertrages übermittelt. Allerdings gelten die Regelungen automatisch so lange weiter, bis sie durch neue Abmachungen ersetzt werden. Durch diese sog. „Nachwirkung" soll erreicht werden, dass der bisherige Besitzstand weiter gesichert bleibt. Gelingt es den Tarifparteien im Laufe der Verhandlungen nicht, sich zu einigen und zu einem Ergebnis zu kommen, ist es jeder Partei möglich, einen oder auch mehrere unabhängige Schlichter hinzuzuziehen. An deren Vorschläge ist jedoch keine der Tarifparteien gebunden. Auch besteht keine Verpflichtung, zu einem bestimmten Zeitpunkt eine Lösung des Konflikts herbeiführen zu müssen (vgl. Brox, H., Rüthers, B., Henssler, M. (2007), S. 266ff.).

12.5.2 Mitbestimmung in Unternehmen und Betrieb

Enger Partner der Personalarbeit ist in vielen Fällen eine gewählte Arbeitnehmervertretung mittels eigener Organe, überwiegend auf betrieblicher Ebene. Diese Zusammenarbeit ist in mitbestimmten Unternehmen jedoch auch geprägt von den spezifisch deutschen Regelungen der Mitbestimmung der Arbeitnehmerseite in den (bestehenden) Unternehmensorganen. Gerade mit Blick auf ausländische Investoren werden diese Regelungen daher auch oft (kritisch) diskutiert. Im Folgenden werden zunächst die auf Unternehmensebene gültigen Regelungen vorgestellt, bevor auf die betriebliche Ebene fokussiert wird.

12.5.2.1 Mitbestimmung innerhalb der Unternehmensorgane

Die überbetriebliche Mitbestimmung in den Unternehmensorganen, auch unternehmerische Mitbestimmung oder Unternehmensmitbestimmung, hat ihren Ursprung in der Montanmitbestimmung und wurde mit dem Betriebsverfassungsgesetz 1952, und mit dem Mitbestimmungsgesetz 1976 auf weitere (große) Kapitalgesellschaften und Genossenschaften ausgedehnt. Je nachdem, unter welches der drei Gesetze die Unternehmen fallen, stellt die Arbeitnehmerseite ein Drittel oder die Hälfte der Aufsichtsratsmitglieder.

Die weitreichendste Form der Mitbestimmung im Aufsichtsrat gilt in Aktiengesellschaften (AG) und Gesellschaften mit beschränkter Haftung (GmbH) mit mehr als 1000 Beschäftigten der Eisen- und Stahlindustrie sowie im Bergbau. Das Montanmitbestimmungsgesetz (Montan-MitbestG) sowie das Montanmitbestimmungsergänzungsgesetz (MontanMitbestErgG) legen fest, dass der Aufsichtsrat paritätisch mit Vertretern der Anteilseigner und Beschäftigten besetzt ist, hinzu kommt ein „neutrales" Mitglied. Die im Betrieb vertretenen Gewerkschaften haben ein Vorschlagsrecht für zwei bis vier Sitze auf der Arbeitnehmerbank. Die vorgeschlagen Kandidaten müssen sich jedoch (seit Anfang der 1980er-Jahre) ebenso zur (Delgierten-) Wahl stellen wie die übrigen Arbeitnehmervertreter.

Seit 1976 müssen Kapitalgesellschaften (außerhalb der Montanindustrie) ab 2000 Mitarbeiter die Hälfte der Aufsichtsratssitze durch Arbeitnehmervertreter besetzen. Zur Wahl durch die Beschäftigten stehen neben Betriebsangehörigen auch 2 bis 3 von den Gewerkschaften vorgeschlagene Kandidaten. Der Aufsichtsratsvorsitzende, der für Gewöhnlich der Kapitalseite angehört, hat hier jedoch in Pattsituationen ein doppeltes Stimmrecht. Daher wird in diesem Zusammenhang auch von einer „Schein- oder Quasi-Parität" gesprochen. Je nach Unternehmensgröße sieht das Gesetz zwischen 12 und 20 Aufsichtsräte vor, wie auch aus nachstehender Abbildung ersichtlich.

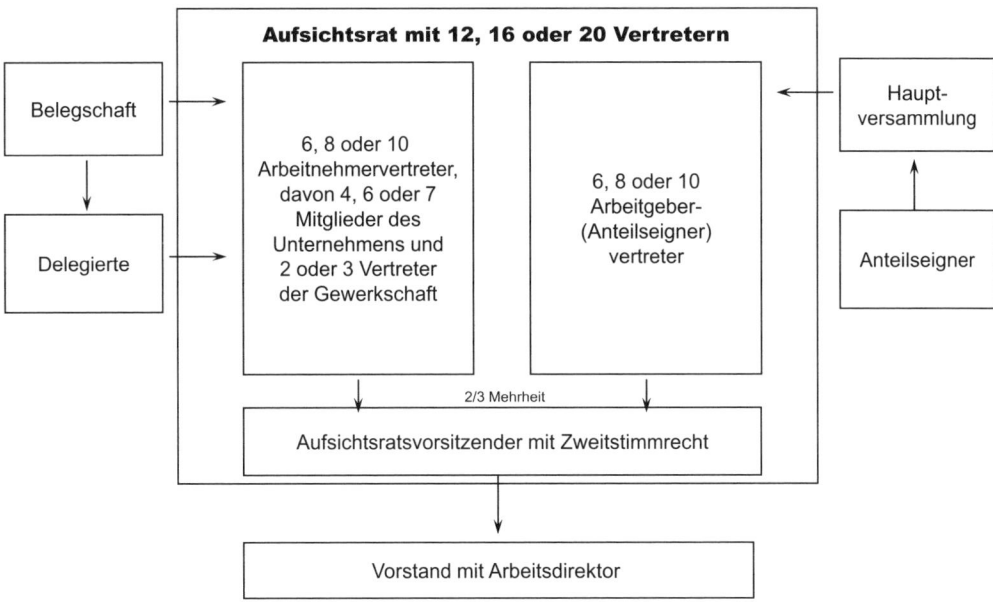

Abbildung 83: Mitbestimmung auf Basis des Mitbestimmungsgesetzes (1976)

In Kapitalgesellschaften und Genossenschaften, deren Beschäftigtenzahl zwischen 500 und 2000 liegt, entsendet die Arbeitnehmerseite ein Drittel der Aufsichtsratsmitglieder. Gewerkschaftsvertreter sind nicht obligatorisch. Basis ist seit 2004 das Gesetz über die Drittelbeteiligung der

Arbeitnehmer im Aufsichtsrat, kurz Drittelbeteiligungsgesetz (DrittelbG), vormals war die Mitbestimmung im Betriebsverfassungsgesetz 1952 geregelt.

12.5.2.2 Mitbestimmung mittels eigener Belegschaftsorgane

Die innerbetriebliche Zusammenarbeit zwischen Arbeitgebern der Privatwirtschaft und der gewählten Vertretung der Arbeitnehmer ist im Betriebsverfassungsgesetz (BetrVG) geregelt. Wichtige Organe der Betriebsverfassung sind der Betriebsrat (§§ 21–41 BetrVG), der Sprecherausschuss der leitenden Angestellten (§ 5 BetrVG und § 1 Sprecherausschussgesetz, SprAuG); Gesamtorgane, darunter Gesamt- und Konzernbetriebsrat (BetrVG) und Europäischer Betriebsrat (Europäisches Betriebsrätegesetz, EBRG), die Jugend- und Auszubildendenvertretung (§§ 60–71 BetrVG), die Schwerbehindertenvertretung (§ 32 BetrVG und Schwerbehindertengesetz, SchwbG), der Arbeitsschutzausschuss (§ 11 Arbeitssicherheitsgesetz, ArbSichG), der Wirtschaftsausschuss (§ 106 Abs. 1, S. 1 BetrVG), eine Einigungsstelle (Schlichtungsorgan gemäß § 76 Abs. 1 BetrVG) und die Betriebsversammlung (§ 43 Abs. 1 BetrVG):

- Betriebsratsfähig sind Betriebe mit mindestens fünf (aktiv) wahlberechtigten und ständig beschäftigten Arbeitnehmern, von denen mindestens drei (passiv) wählbar sind. Die Anzahl der gewählten Betriebsräte ergibt sich aus § 8 BetrVG, ist abhängig von der Zahl der aktiv wahlberechtigten Arbeitnehmer (gem. § 7 BetrVG). Ab 200 Arbeitnehmer gibt es § 38 BetrVG folgend freigestellte bzw. hauptberufliche Betriebsräte. Die Mitwirkungsrechte des Betriebsrates werden im nächsten Unterkapitel inhaltlich betrachtet.
- Der Sprecherausschuss hat lediglich Informations-, Anhörungs- und Beratungsrechte. Durch ihn sind die Interessen der leitende Angestellte vertreten. Die leitenden Angestellten haben im Rechtssystem eine Sonderstellung. Rechtlich sind sie zwar Arbeitnehmer, sie stehen aber in der betrieblichen Hierarchie zwischen dem Arbeitgeber und „normalen" Arbeitnehmern, weil ihnen zumindest teilweise die Ausübung von Arbeitgeberfunktionen übertragen ist. Neben der Gültigkeit des Sprecherausschussgesetztes, d. h. das BetrVG findet keine Anwendung (§ 5 Abs. 3 BetrVG) gelten für leitende Angestellte weitere Sonderregelungen. Wesentlich sind die Anwendungsbeschränkung des Arbeitszeitgesetzes gemäß § 18 Abs. 1 Nr. 1 2 ArbZG sowie der gemäß § 14 Abs. 2 KSchG in einigen Fällen eingeschränkte Kündigungsschutz. Leitende Angestellte erfüllen eines oder mehrere der folgenden Merkmale des § 5 III BetrVG:
  - Sie sind nach Dienststellung und Dienstvertrag zur selbständigen Einstellung und Entlassung von Arbeitnehmern im Betrieb oder in der Betriebsabteilung berechtigt oder/und
  - sie haben Generalvollmacht oder Prokura oder/und
  - sie nehmen im Wesentlichen eigenverantwortliche Aufgaben wahr, die ihnen regelmäßig wegen deren Bedeutung für den Bestand und die Entwicklung des Betriebes im Hinblick auf besondere Erfahrungen und Kenntnisse übertragen werden. Das Merkmal der Eigenverantwortlichkeit wurde vom BAG dahingehend präzisiert, dass der Entscheidungsspielraum erheblich sein muss.
- In Mehr-Betriebs-Unternehmen müssen (nach § 47 BetrVG) zudem Gesamtbetriebsräte und in Mehr-Unternehmen-Gesellschaften bzw. Unternehmensgruppen können darüber hinaus auch Konzernbetriebsräte gebildet werden (gem. § 54 BetrVG). Am Beispiel der Audi AG, die

zum VW Konzern gehört, heisst das folgendes: In einem Betrieb, der regelmäßig eine rechtliche und örtliche Einheit bildet, wird ein Betriebsrat gewählt. Ein Unternehmen als rechtliche Einheit kann aber auch an mehreren Standorten Betriebe haben, in den jeweils ein Betriebsrat gewählt ist (z. B. Neckarsulm und Ingolstadt). Diese entsenden Mitglieder in einen Gesamtbetriebsrat (der Audi AG). Zudem können die Gesamtbetriebsräte der rechtlich (nicht wirtschaftlich) selbständigen Unternehmen in einem Konzernverbund wiederum einen Konzernbetriebsrat (der VW AG) bilden.

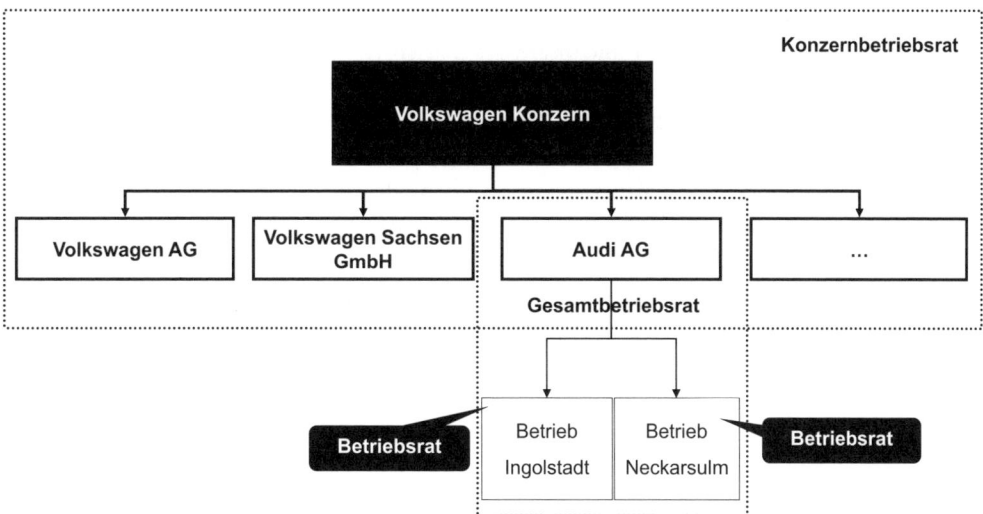

Abbildung 84: Betriebsrat, Gesamt- und Konzernbetriebsrat am Beispiel

- Unternehmen oder Unternehmensgruppen mit insgesamt mindestens 1000 Arbeitnehmern in den Mitgliedstaaten Europas sind Euro-betriebsratspflichtig. Rechtlich hat dies allerdings noch bedingt Relevanz. Die Arbeit des Gremiums ist kaum gesetzlich geregelt, sondern unterliegt freien Vereinbarungen. Als zentrale Themenfelder werden die Struktur des Unternehmens, technische oder organisatorische Veränderungen, wirtschaftliche Entwicklung und Investitionen, die Beschäftigungslage sowie Massenentlassungen genannt. Teilnehmende sind nationale Interessenvertreter auf betrieblicher Ebene. Zudem können Berater hinzugezogen werden. Das Gremium findet sich unter verschiedenen Bezeichnungen, wie European Communication Network, Euro-Dialog, Europaforum oder comité d'information europeén wieder.
- Die Jugend- und Auszubildendenvertretung nimmt die besonderen Belange der Jugendlichen und der zu ihrer Ausbildung beschäftigten Arbeitnehmer wahr und trägt dafür Sorge, dass die Interessen dieser Mitarbeiter im Rahmen der Betriebsratsarbeit angemessen und sachgerecht berücksichtigt werden. Die Wahl der Interessenvertreter ist vom Betriebsrat unter bestimmten Voraussetzungen einzuleiten. Anders als der Betriebsrat ist die Jugend- und Auszubildendenvertretung kein eigenständiger Repräsentant und steht daher auch nicht gleichberechtigt neben dem Betriebsrat. Maßnahmen werden über den Betriebsrat eingebracht, ebenso erhält die Jugend- und Auszubildendenvertretung die für die Durchführung ihrer Aufgaben erfor-

derlichen Informationen vom Betriebsrat. Analog zum Betriebsrat können auch hier Gesamt- und Konzernorgane gebildet werden.

- Eine Vertretung der Schwerbehinderten, eine Vertrauensperson sowie ein Stellvertreter, werden unabhängig davon gewählt, wenn wenigstens fünf schwerbehinderte und gleichgestellte Menschen mindestens 6 Monate beschäftigt sind. Wahlberechtigt sind alle im Betrieb beschäftigten schwerbehinderten und gleichgestellten Menschen. Gewählt werden können alle Mitarbeiter, außer leitende Angestellte. Die Schwerbehindertenvertretung hat die Aufgabe die Eingliederung schwerbehinderter Menschen, d. h. der Grad der Behinderung (GdB) liegt über 50 %, zu fördern und ihre Interessen zu vertreten und insbesondere über die Einhaltung der Schutzgesetze zu wachen. Bei Sitzungen des Betriebsrats und des Gesamtbetriebsrats steht der Vertretung ein Teilnahmerecht zu, ebenso bei den Monatsgesprächen zwischen Arbeitgeber und Betriebsrat. Auf der anderen Seite muss der Arbeitgeber einen (ggf. schwerbehinderten) Beauftragten bestellen, der ihn in den Angelegenheiten der schwerbehinderten Menschen vertritt und Hauptansprechpartner der Schwerbehindertenvertretung ist. Von besonderer Bedeutung sind an dieser Stelle die Beratungs- und Unterrichtungsrechte, die gegenüber dem Arbeitgeber bestehen. Dieser muss in allen Angelegenheiten, die einen oder mehrere schwerbehinderte Menschen betreffen (insbesondere bei Einstellungen, Versetzungen oder Kündigungen), die Vertretung rechtzeitig und umfassend unterrichten und vor einer Entscheidung anhören (§ 95 SGB IX).
- Der Arbeitsschutzausschuss berät (bei mehr als 20 Beschäftigten) im Wesentlichen Maßnahmen und Einrichtungen, um Unfall- und Gesundheitsgefahren zu begegnen. Mitglieder des Arbeitsschutzausschusses sind regelmäßig der Unternehmer oder ein von ihm Beauftragter, zwei Betriebsratsmitglieder, der Betriebsarzt, eine Fachkraft für Arbeitssicherheit und der Sicherheitsbeauftragte.
- Der Wirtschaftsausschuss ist bei mehr als 100 ständig Beschäftigten ein Ausschuss des Betriebsrates bzw. des Gesamtbetriebsrates. Er hat die Aufgabe wirtschaftliche Angelegenheiten mit der Unternehmensleitung zu beraten und dann den Betriebsrat bzw. den Gesamtbetriebsrat zu unterrichten. Der Arbeitgeber hat den Wirtschaftsausschuss gemäß § 106 BetrVG über die wirtschaftliche Lage einschließlich der finanziellen Lage des Betriebes, über die voraussichtliche Entwicklung, über die Art und den Umfang der Erzeugung, den Auftragsstand, den mengen- und wertmäßigen Absatz, die Investitions- und Rationalisierungsvorhaben sowie über sonstige geplante Maßnahmen zur Erhöhung der Wirtschaftlichkeit des Betriebes zu informieren. Der Wirtschaftsausschuss hat die Aufgabe, wirtschaftliche Angelegenheiten mit dem Unternehmer zu beraten und den Betriebsrat zu unterrichten. Weitergehende Beratungsrechte hat der Betriebsrat bspw. bei Betriebsänderungen (§ 111 BetrVG).
- Zur innerbetrieblichen Schlichtung von Meinungsverschiedenheiten zwischen den Betriebspartnern, die im Rahmen von Verhandlungen nicht beigelegt werden können, ist die Bildung einer betrieblichen Einigungsstelle vorgesehen. Sie besteht aus einer gleichen Anzahl von Beisitzern, die vom Arbeitgeber bzw. Betriebsrat bestellt werden. Vervollständigt wird sie durch einen unparteiischen Vorsitzenden, auf den sich beide Seiten einigen müssen.
- In der meist vierteljährlich stattfindenden Betriebsversammlung wird von dem Vorsitzenden des Betriebsrates ein Tätigkeitsbericht für die Betriebsöffentlichkeit erbracht, periodisch hat auch der Arbeitgeber zu berichten.

12.5.2.3 Unterschiedlich weitgehende Beteiligungsrechte des Betriebsrates

Grundsätzlich gilt für die Arbeitnehmervertretung und den Arbeitgeber eine vertrauensvolle Zusammenarbeit zum Wohle der Arbeitnehmer und des Betriebes. Man spricht von einem Kooperationsmodell anstatt von einem Konfliktmodell. Wesentliche Grundlage ist das Betriebsverfassungsgesetz. Zudem finden sich weitere betriebsverfassungsrechtliche Bestimmungen außerhalb des Betriebsverfassungsgesetzes geregelt, z. B. im KSchG (Sonderkündigungsschutz und Mitwirkung bei Massenentlassungen), bei der Bestellung von Betriebsärzten, Fachkräften für Arbeitssicherheit und Sicherheitsbeauftragten (ASiG, SGB VII) sowie in der Insolvenzordnung (InsO).

Bei den Beteiligungsrechten (§§ 74–113 BetrVG) des Betriebsrates lassen sich zwei Hauptgruppen unterscheiden: Das eigentliche Mitbestimmungsrecht, als stärkste Form der Beteiligung, und die sonstigen Mitwirkungsrechte. Innerhalb der sonstigen Mitwirkungsrechte gibt es mehrere unterschiedlich weitreichende Formen der Beteiligung. Sie reichen von einfachen Unterrichtungs- und Informationspflichten, über Anhörungsrechte, Beratungsrechte, bis hin zu den Widerspruchs- und Zustimmungsrechten.

Die schwächste Art der Beteiligung des Betriebsrates sind die Unterrichtungs- und Informationspflichten, die der Arbeitgeber gegenüber dem Betriebsrat zu erfüllen hat. Gemäß §§ 80 II BetrVG sind dem Betriebsrat alle zur Durchführung seiner Aufgaben erforderlichen Informationen zu vermitteln. Damit hat der Betriebsrat zwar kein unmittelbares Mitbestimmungsrecht in der Hand, es handelt sich hier jedoch um eine notwendige Voraussetzung, um eine sinnvolle Mitwirkung durchzuführen. Weitergehende Informationsrechte hat der Wirtschaftsausschuss. Der Betriebsrat selbst ist nach § 80 Abs. 2 BetrVG über wirtschaftliche Angelegenheiten unter Vorlage der erforderlichen Unterlagen nur zu unterrichten, soweit dies zur Durchführung konkreter Aufgaben erforderlich ist. Weitere konkret im Gesetz genannte Beispiele des Informationsrechts finden sich in den 85 III (Behandlung einer Beschwerde), 89 II (Arbeits-, Unfall und Umweltschutz), 90 I (Arbeitsplanung), 93 (Einstellung, Versetzung) und 99 I (Ein-, Umgruppierung) sowie 105 (Einstellung leitender Angestellter) BetrVG.

Die nächste Stufe der Mitwirkung des Betriebsrates ist die Anhörung. Dieses Recht setzt eine vorherige Information voraus. Im Rahmen dieses Rechts kann der Betriebsrat auch von sich aus Vorschläge machen. Diese Vorschläge muss der Arbeitgeber jedoch nicht unbedingt beachten. Er muss sie zur Kenntnis nehmen und kann prüfen, ob und inwieweit er darauf eingeht. Der Arbeitgeber bleibt trotzdem allein entscheidungsberechtigt. Eine Anhörung muss z. B. vor jeder Kündigung erfolgen, ansonsten ist sie formal unwirksam. Zur ordnungsgemäßen Anhörung des Betriebsrates gemäß § 102 BetrVG gehört, dass der Arbeitgeber dem Betriebsrat die Personalien des zu kündigenden Arbeitnehmers, inklusive der Dauer der Betriebszugehörigkeit, die Art der Kündigung, den Kündigungstermin und die Gründe für die Kündigung, einschließlich der zu Gunsten des Arbeitnehmers sprechenden Umstände und bei betriebsbedingten Kündigungen der Kriterien für die Sozialauswahl nach § 1 II KSchG, mitteilt.

Die nächste Stufe bilden die sog. Beratungsrechte. Hier ist der Arbeitgeber gehalten nicht nur den Betriebsrat zu informieren und seine Meinung dazu anzuhören, sondern er muss vielmehr mit dem Betriebsrat zusammen den Verhandlungsgegenstand erörtern und muss die wechselseitigen Begründungen abwägen. Dies betrifft insbesondere die Arbeits- und Personalplanung, §§ 90, 92 und 97 I BetrVG. Auch hier bleibt jedoch das Entscheidungsrecht beim Arbeitgeber.

Das Widerspruchsrecht betrifft zuvorderst den Fall der ordentlichen Kündigung. Hat der Betriebsrat (nach erfolgter Anhörung) gegen eine ordentliche Kündigung Bedenken, hat er diese unter Angabe der in § 102 Abs. 3, S. 1–5 BetrVG angegebenen Gründe dem Arbeitgeber innerhalb einer Woche schriftlich mitzuteilen (§ 102 II, S. 1 BetrVG). Äußert er sich innerhalb dieser Frist nicht, gilt die Zustimmung als erteilt, § 102 II S. 2 BetrVG. Hat der Betriebsrat einer ordentlichen Kündigung ordnungsgemäß nach § 102 III BetrVG widersprochen, steht dem Arbeitnehmer nach § 102 V BetrVG ein Weiterbeschäftigungsanspruch bis zum rechtkräftigen Abschluss des Kündigungsschutzverfahrens zu.

Wiederum eine Stufe höher anzusiedeln ist das Zustimmungsrecht des Betriebsrates. Dies betrifft in der Praxis hauptsächlich die Durchführung personeller Einzelmaßnahmen. Es wird hier von der Mitbestimmung i. e. S. gesprochen, wobei letztlich nur die Verweigerung der Zustimmung des Betriebsrates geregelt ist. Das bedeutet, dass er unter Umständen seine Zustimmung verweigern kann. In diesen Fällen kann die Zustimmung des Betriebsrates jedoch durch das Arbeitsgericht ersetzt werden. Das Zustimmungsverweigerungsrecht des Betriebsrates bedeutet nicht, dass der Betriebsrat von sich aus Maßnahmen vorschlagen und durchsetzen kann. Insoweit bleibt die Initiative beim Arbeitgeber. In Betrieben mit i.d. R. mehr als 20 wahlberechtigten Arbeitnehmern ist nach § 99 BetrVG für jede Einstellung, Versetzung sowie Ein- und Umgruppierung eine Zustimmung des Betriebsrates erforderlich. Die Zustimmungsverweigerung muss gemäß § 99 III S. 1 BetrVG schriftlich innerhalb einer Woche unter Angabe des Grundes erfolgen, wobei die Zustimmungsverweigerungsgründe abschließend in § 99 II BetrVG aufgezählt sind. Damit der Betriebsrat das Vorliegen des Zustimmungsverweigerungsrechtes auch beurteilen kann, ist er vor jeder obigen personellen Einzelmaßnahme unter Vorlage der erforderlichen Unterlagen rechtzeitig und umfassend zu unterrichten. Liegt keine frist- und formgerechte sowie mit der erforderlichen Begründung versehene Zustimmungsverweigerung vor, gilt die Zustimmung als erteilt, § 99 III S. 2 BetrVG. Die Frist von einer Woche beginnt allerdings erst mit einer ordnungsgemäßen Unterrichtung. Fehlt die Unterrichtung kann eine Zustimmungsfiktion auch nicht eintreten. Liegt eine ordnungsgemäße Zustimmungsverweigerung vor, muss der Arbeitgeber, der die Maßnahme durchsetzen will, nach § 99 IV BetrVG die Zustimmungsersetzung durch das Arbeitsgericht beantragen. Eine vorläufige Durchführung der Maßnahme gegen den Willen des Betriebsrates ist nur zulässig, wenn dies aus sachlichen Gründen dringend erforderlich ist, § 100 BetrVG. Führt der Arbeitgeber personelle Einzelmaßnahmen ohne die erforderliche Zustimmung des Betriebsrates durch oder hält er sie entgegen § 100 BetrVG aufrecht, kann der Betriebsrat deren Aufhebung beim Arbeitsgericht beantragen, § 101 BetrVG. Der Verstoß gegen §§ 99, 100 BetrVG bei einer Einstellung hat jedoch keine Unwirksamkeit des Arbeitsvertrages zur Folge, sondern nur ein Verbot der tatsächlichen Beschäftigung. Eine Versetzung (§ 95 III BetrVG) unter Verstoß gegen die §§ 99, 100 BetrVG hat die individualrechtliche Unwirksamkeit der Versetzung zur Folge, der Arbeitnehmer kann deshalb die Befolgung der Versetzung verweigern.

Die stärkste Form der Beteiligungsrechte des Betriebsrates betrifft die sog. echte Mitbestimmung. Hauptanwendung findet dieses Recht in der Mitbestimmung in sozialen Angelegenheiten. Der Arbeitgeber kann die Zustimmung des Betriebsrates in diesen Fällen nicht durch das Arbeitsgericht, wohl aber durch Spruch der Einigungsstelle, ersetzen lassen. Der Arbeitgeber darf in diesen Themen nicht allein entscheiden, sondern benötigt als Wirksamkeitsvoraussetzung für seine Maßnahme die Zustimmung des Betriebsrates. Typische Regelungen auf Basis § 87 BetrVG betreffen folgende Themen:

- Fragen der Ordnung des Betriebes und des Verhaltens der Arbeitnehmer
- Gesundheitsmanagement, Arbeitsschutz und Arbeitssicherheit
- Arbeitszeitmodelle, tägliche Arbeitszeiten und Pausen
- Grundsätze der Urlaubsgewährung, Betriebs- und Sonderurlaubsregelungen
- Grundsätze der Vergütung, Arbeitsbewertung, Strukturen und Sonderzahlungen sowie Auszahlung
- Betriebliche Altersversorgung (BAV) und weitere Benefits, wie Arbeitgeberdarlehen
- Soziale Einrichtungen, wie Werksverpflegung und Werkswohnungen
- Betriebliches Vorschlagswesen (BVW) bzw. Ideenmanagement
- Technische Kontrolleinrichtungen, insbesondere EDV-Systeme

Echte Mitbestimmungsrechte hat der Betriebsrat darüber hinaus bei der Gestaltung von Arbeitsplatz, Arbeitsablauf und Arbeitsumgebung (§ 91 BetrVG) und in den §§ 94 I (Personalfragebogen), 95 (Auswahlrichtlinien) und 96 bis 98 (Aus- und Weiterbildung) BetrVG. Zudem besteht § 112 BetrVG folgend bei der Aufstellung eines Sozialplans echte Mitbestimmung. Zusätzlich gesetzlich verankerte Vorschlagsrechte bestehen bei der Personalplanung (§ 92 II BetrVG), mit Blick auf Beschäftigungssicherung (§ 92a BetrVG), Fragen der Berufsausbildung (§ 96 BetrVG) und des Ausbildungsbedarfs (§ 98 BetrVG). Zu beachten ist, dass das Mitbestimmungsrecht nur in kollektiven Angelegenheiten, d. h. nur wenn es sich um generelle Regelungen handelt, und nicht in Einzelfällen greift. Eine Ausnahme stellt § 87 I Nr. 5 BetrVG, der Urlaub eines einzelnen Arbeitnehmers, dar. Auf welcher Grundlage auch immer die Abmachungen beruhen, die Regelungen werden für Gewöhnlich schriftlich in Form einer Betriebsvereinbarungen fixiert.

12.5.2.4 Betriebsvereinbarung als Rechtsquelle

Nach § 77 II BetrVG sind Betriebsvereinbarungen von Betriebsrat und Arbeitgeber gemeinsam zu beschließen und schriftlich niederzulegen. Es folgt zwingend, dass in Betrieben ohne Betriebsrat keine Betriebsvereinbarungen abgeschlossen werden können, auch wenn Arbeitgeber und die Mehrheit der Arbeitnehmer, etwa auf einer Betriebsversammlung, dies wünschen (würden).

Besteht ein Unternehmen aus mehreren Betrieben und besteht ein Gesamtbetriebsrat nach § 47 BetrVG, kann auch dieser in den folgenden Fällen Betriebsvereinbarungen mit dem Arbeitgeber abschließen: Entweder steht eine Gesamtaufgabe an, die von den einzelnen Betriebsräten nicht geregelt werden kann, z. B. eine unternehmenseinheitliche Ruhegeldrichtlinie. Oder die Einzelbetriebsräte beauftragen den Gesamtbetriebsrat zum Abschluss einer Gesamtbetriebsvereinbarung.

Der Arbeitgeber hat die Betriebsvereinbarung an geeigneter Stelle im Betrieb auszulegen. In der Regel erfolgt dies heute neben der Aushändigung, dem Aushang am Schwarzen Brett oder dem Abdruck in der Betriebszeitung, über das Intranet. Verstößt der Arbeitgeber gegen diese Auslegungspflicht, berührt dies die Wirksamkeit der Betriebsvereinbarung nicht, kann aber zu einer Schadensersatzpflicht des Arbeitgebers führen, wenn ein Arbeitnehmer in Folge der fehlenden Bekanntmachung der Vereinbarung versäumt, Ansprüche rechtzeitig geltend zu machen.

Soweit Mitwirkungsrechte des Betriebsrates bestehen, können diese Inhalte von Betriebsvereinbarungen sein. Bei den genannten Themen handelt es sich um sog. erzwingbare Betriebsvereinbarungen, die der Betriebsrat letztendlich auch durch den Spruch der Einigungsstelle gegen den Willen des Arbeitgebers durchsetzen kann (vgl. §§ 39 I, 87 II, 95 I, II, 112 IV BetrVG). Darüber hinaus können die Parteien weitere Themen im gegenseitigen Einvernehmen fixieren, man spricht dann von freiwilligen Betriebsvereinbarungen (§ 88 BetrVG). Sie können sich im vom Gesetz und Tarifvertrag gesteckten Rahmen auf jedes beliebige Thema beziehen, für das Arbeitgeber und bzw. oder Betriebsrat einen Regelungsbedarf sehen.

Beispielsweise können dies weitergehende Regelungen zur Chancengleichheit unabhängig von Geschlecht und/oder ethnischem Hintergrund sein oder auch besondere Vereinbarungen zum Umweltschutz im Betrieb.

Jede Betriebsvereinbarung wirkt nur innerhalb des Betriebes, für den der Betriebsrat zuständig ist und umfasst alle Arbeitnehmer des Betriebes, für die sie abgeschlossen worden ist, mit Ausnahme der leitenden Angestellten im Sinne des § 5 III BetrVG, wenn nicht ein spezieller Geltungsbereich vereinbart wurde. Nach § 77 IV BetrVG gelten Betriebsvereinbarungen unmittelbar und zwingend und haben damit für die betroffenen Arbeitnehmer Normcharakter. Ein Verzicht auf durch eine Betriebsvereinbarung eingeräumte Rechte ist nur mit Zustimmung des Betriebsrates zulässig. Auch eine Verwirkung solcher Rechte ist ausgeschlossen. Etwaige Ausschlussfristen müssen in der Betriebsvereinbarung (wie auch in einem Tarifvertrag) selbst geregelt sein.

Ist eine Geltungsdauer einer Betriebsvereinbarung nicht ausdrücklich geregelt oder aus dem Zweck zu entnehmen, kann die Betriebsvereinbarung mit einer Frist von 3 Monaten gekündigt werden (§ 77 V BetrVG). Ferner haben die Parteien der Betriebsvereinbarung jederzeit die Möglichkeit einer einvernehmlichen Vertragsänderung oder -aufhebung. Die außerordentliche Kündigung ist nur in schwerwiegenden Fällen möglich. Nach § 77 VI BetrVG gelten die Regelungen einer Betriebsvereinbarung nach ihrem Ablaufen in den Fällen, in denen ein Spruch der Einigungsstelle die Einigung zwischen Arbeitgeber und Betriebsrat ersetzen kann (sog. erzwingbare Betriebsvereinbarung) weiter, bis sie durch eine andere Abmachung ersetzt werden. Die dem Tarifvertragsrecht analoge Nachwirkung kann allerdings durch Betriebsvereinbarung ausgeschlossen werden. Alle anderen Betriebsvereinbarungen entfalten dagegen keine Nachwirkung, außer diese wird explizit vereinbart.

Die praktische Bedeutung von Betriebsvereinbarungen ist sehr groß. Sie dienen der generellen (kollektiven) Regelung der Fragen der betrieblichen und betriebsverfassungsrechtlichen Ordnung sowie der Gestaltung der Rechtsbeziehung zwischen Arbeitgeber und Arbeitnehmern. Für beides besteht regelmäßig im beiderseitigen Interesse ein großer Regelungsbedarf. Abschließend ein praktisches Beispiel.

Beispiel 70: Betriebsvereinbarung der Drägerwerk & Co. KGaA
Die über 10 000 Mitarbeiter zählende Drägerwerk AG & Co. KGaA aus Lübeck hat vorwiegend im Bereich Medizin- und Sicherheitstechnik 2008 weltweit ca. 1,9 Mrd. € Umsatz erzielt. Die folgende Betriebsvereinbarung zu Firmenjubiläen wurde bereits vor geraumer Zeit mit dem Gesamtbetriebsrat abgeschlossen.

Betriebsvereinbarung Jubiläum vom 10.12.1980

§ 1 Geltungsbereich
Unter den Geltungsbereich dieser Betriebsvereinbarung fallen alle Arbeitnehmer, die ihr

- 10jähriges
- 25jähriges
- oder 40jähriges

Betriebsjubiläum feiern.

§ 2 Sonderurlaub
Der Jubilar erhält beim 25jährigen und 40jährigen Jubiläum an vier mit dem Jubiläum zusammenhängenden Tagen Sonderurlaub.

§ 3 Jubiläumsgeld
§ 3.1 Bei 10jährigem Jubiläum
erhält der Jubilar 20 % eines Monatslohnes bzw. -gehaltes nach dem Durchschnitt der letzten 3 abgerechneten Monate vor dem Jubiläum.
Die für die Berechnung der Jubiläumsentgelte zu Grund zu legende Vergütung wird höchstens bis zu einem Betrag berücksichtigt, der gleich dem jeweils geltenden Tarifgehalt K/T 6 und 40 % entspricht.
§ 3.2 Bei 25- und 40-jährigem Jubiläum
erhält der Jubilar einen Monatslohn bzw. ein Monatsgehalt nach dem Durchschnitt der letzten 3 abgerechneten Monate vor dem Jubiläum.
Das Jubiläumsgeld für diesen Personenkreis beträgt mindestens
für 25-jähriges Jubiläum DM 1200,-
für 40-jähriges Jubiläum DM 2400,-
§ 3.3 Mitarbeiter, die zum Zeitpunkt des Jubiläums länger als 1 Jahr teilzeitbeschäftigt waren, erhalten ein anteiliges Jubiläumsgeld, das sich nach dem Verhältnis der vertraglichen zur tariflichen Arbeitszeit bemisst.
§ 3.4 Mitarbeiter, die früher teilzeitbeschäftigt waren, zum Zeitpunkt des Jubiläums jedoch länger als ein Jahr die tarifliche Arbeitszeit arbeiten, erhalten Jubiläumsgeld nach Ziffern 3.1 bzw. 3.2.
§ 3.5 Das Jubiläumsgeld ist eine jederzeit widerrufliche freiwillige Sozialleistung.

§ 4 Kündigungsfrist
Diese Vereinbarung ist unter Einhaltung einer dreimonatigen Kündigungsfrist zum Quartalsschluss kündbar.

___ ___
(Der Gesamtbetriebsrat der Drägerwerk AG) (Drägerwerk AG/Personalleitung)

12.6 Fragen/Übungsaufgaben zu Partner der Personalarbeit

- Sie sind Personalreferentin bei einem mittelständischen Beratungsunternehmen. In Folge von Budgetkürzungen können Sie Ihre Anzeigen für Praktika und Abschlussarbeiten zukünftig nur noch in einer Jobbörse schalten. Bislang haben Sie mit den folgenden Jobbörsen zusammengearbeitet, zu denen bereits verschiedene Informationen vorliegen:
    - Monster.de mit 56 529 Stellenanzeigen im April 2009, einem Alexa Traffic Rang (Der Alexa Traffic Rang misst die Besucherfrequenz, auf Platz 1 ist die meistbesuchte Webseite.) von 3942 und 2,82 Punkten im Arbeitgeberzufriedenheits Portfolio- Ranking (Das Arbeitgeberzufriedenheits Portfolio-Ranking benotet die Zufriedenheit der Kunden mit 1 bis 4.). Eine Standardanzeige für 30 Tage kostet 795 € zzgl. MwSt.
    - Stellenanzeigen.de mit 11 312 Stellenanzeigen im April 2009, einem Alexa Traffic Rang von 19 252 und 2,48 Punkten im Arbeitgeberzufriedenheits Portfolio-Ranking. Eine Standardanzeige für 30 Tage kostet 790 € zzgl. MwSt.
    - StepStone mit 36 428 Stellenanzeigen im April 2009, einem Alexa Traffic Rang von 5633 und 2,5 Punkten im Arbeitgeberzufriedenheits Portfolio-Ranking. Eine Standardanzeige für 30 Tage kostet 725 € zzgl. MwSt.

    Zur Unterstützung der Wahl führen Sie eine Nutzwertanalyse durch. Nennen Sie dabei mindestens drei konkrete Zielsetzungen und jeweils eine konkrete Messgröße.
- Sie sollen für die Führungskräfte in ihrem Unternehmen der Pharmaindustrie ein solides Vergütungsbenchmark durchführen (lassen). Wie recherchieren Sie nach möglichen Anbietern? Beschreiben Sie Ihr Vorgehen und zentrale Ergebnisse.
- Meister Manni will sich umorientieren und bewirbt sich bei der ESBrummt AG. Er wird zum Vorstellungsgespräch eingeladen und ihm wird ein Vertragsentwurf vorgelegt, der weniger als die tariflichen 30 Tage Urlaub enthält (25 Tage), dafür aber ein um 20 % über der entsprechenden tariflichen Vergütung liegendes Entgelt. Manni ist seit seiner Ausbildung Mitglied der IG Metall und die ESBrummt AG gehört dem Arbeitgeberverband Südwestmetall an. Manni ist sich nicht sicher, ob das Angebot rechtlich zulässig ist. Wie viele Tage Urlaub und welches Gehalt kann er verlangen, wenn er den Arbeitsvertrag unterschreibt?
- Welche Gründe hat ein (tarifgebundener) Arbeitgeber eine Bezugnahmeklausel auf tarifliche Regelungen in „alle" Arbeitsverträge aufzunehmen?
- In welchen der nachfolgenden Fälle ist der Einsatz von Arbeitskampfmaßnahmen rechtswidrig?
    A) Die Belegschaft der Aufstand AG möchte die Entlassung eines unbeliebten Vorgesetzten durchsetzen und verlangt vom Betriebsrat die Ausrufung eines Streiks, was dieser auch tut.
    B) Die Gewerkschaft BKM („Bohnen-Kaffee-Milch") beabsichtigt, die Forderung nach einem besseren Betriebsverfassungsgesetz durch Arbeitsniederlegung nachdrücklich geltend zu machen.
    C) Infolge Konjunkturrückgangs hält ein Arbeitgeberverband eine Senkung der Tariflöhne für gerechtfertigt. Als die Gewerkschaft sich darauf nicht einlassen will und auf einem normalen Auslaufen des Tarifvertrages beharrt, droht der Arbeitgeberverband mit einer Aussperrung zur Durchsetzung der erstrebten Tarifänderung.

- Welche Vor- und Nachteile der unternehmerischen Mitbestimmung werden häufig genannt und diskutiert?
- Wählen Sie eine beliebige Kapitalgesellschaft mit mehr als 2000 Mitarbeitern und fordern Sie den Geschäftsbericht an. Wie setzt sich der Aufsichtsrat zusammen?
- Wie viele Personen haben ausgehend von den nachstehend abgebildeten Zahlen der Infotech GmbH das passive Wahlrecht, wie vielen kommt das aktive Wahlrecht zu?

Alter der Mitarbeiter bei der IT GmbH	Anzahl Mitarbeiter (ohne leitende Angestellte)	Davon Auszubildende und Umschüler	Davon Mitarbeiter mit weniger als 6 Monaten Betriebszugehörigkeit
Unter 18	12	6	4
18–25	53	8	2
25 und älter	161	4	12
Summe	226	18	18

- Ein Freund (und starker Raucher) hat Ihnen vom neuen Rauchverbot in seiner Firma berichtet. Er zeigt Ihnen nun die Betriebsvereinbarung und fragt Sie, ob der Betriebsrat hierzu überhaupt eine Vereinbarung abschließen darf und ob er daran gebunden ist? Er selbst wäre gar nicht zur Betriebsratswahl gegangen.
- Die ESBrummt AG will wegen eines unerwartet großen Auftrages die gesamte Belegschaft zusätzlich an 5 Samstagen jeweils 8 Stunden arbeiten lassen. Nach den Arbeitsverträgen sind die Mitarbeiter zwar verpflichtet, Überstunden aus betrieblichen Gründen zu leisten, der Betriebsrat ist aber dagegen. Die Firmenleitung bittet um Auskunft, ob überhaupt ein Mitbestimmungsrecht des Betriebsrates besteht und was er gegen die Ablehnung tun kann.
- Wählen Sie eine beliebige Betriebsvereinbarung. Auf welchem Artikel beruht die Vereinbarung?

12.7 Literaturhinweise

Armutat, S. (Hrsg.): Organisation des Personalmanagements: Expertise-Center; Service-Center; Key-Account-Personalmanagement, Düsseldorf 2007

Beck-Texte im dtv (Hrsg.): Arbeitsgesetze, 75. Aufl., München 2009

Becker, S. J. (1995): Mitbestimmung in Europa, Königswinter 1995

Bispinck, R., Dribusch, H. (2008): Tarifkonkurrenz der Gewerkschaften zwischen Über- und Unterbietung: Zu aktuellen Veränderungen in der Tarif- und Gewerkschaftslandschaft, in: Sozialer Fortschritt, 06/2008, S. 152–162

Brox, H., Rüthers, B., Henssler, M. (2007): Arbeitsrecht, 17. Aufl., Stuttgart 2007

Bruch, H. (1998): Outsourcing: Konzepte und Strategien, Chancen und Risiken, Wiesbaden 1998

Dillerup, R., Stoi, R. (2002): Unternehmensführung, 2. Aufl., 2007

Fahrig, T. (2001): Personalabteilung als GmbH, in: Personalwirtschaft, 01/2001, S. 46–50

Frey, H., Pulte, P. (1992): Betriebsvereinbarungen in der Praxis – Eine Sammlung der wichtigsten Betriebsvereinbarungen mit praxisbezogenen Hinweisen, München 1992

Furkel, D. (2008): Boom bei den Befragungsinstituten – Marktübersicht, in: Personalmagazin, 02/2008, S. 46–51

Hahn, R., Werges, T. (2009): Zwischen Anspruch und Machbarkeit, in: Personalwirtschaft, 11/2009, S. 48–50

Horchler, H. (1996): Outsourcing: eine Analyse der Nutzung und ein Handbuch der Umsetzung, Köln 1996
Hromadka, W. (1995): Tariffibel, Tarifvertrag, Tarifverhandlungen, Schlichtung, Arbeitskampf, 4. Aufl., München 1995
Hromadka, W., Maschmann, F. (2007): Arbeitsrecht Band 2, Kollektivarbeitsrecht + Arbeitsstreitigkeiten, 4. Aufl., Stuttgart 2007
Kolb, M. (2008): Personalmanagement: Grundlagen – Konzepte – Praxis, Wiesbaden 2008
Lipperheide, P. J. (2005): Arbeitsrecht für Wirtschaftswissenschaften und Unternehmenspraxis, Stuttgart 2005
Lünendonk, T. (2008): Die Großen entdecken HR, in: Personalwirtschaft, Heft hr-Beratung 2008, 03/2008, S. 8–10
Oertig, M. (2007) Neue Geschäftsmodelle für das Personalmanagement, von der Kostenoptimierung zur nachhaltigen Wertsteigerung, 2. Aufl., Berlin 2007
Meckl, R. (Hrsg.): Personalarbeit und Outsourcing, HR-Services und Dienstleistungen, Frechen 1999
Reichold, H. (2006): Langfassung der Lösungen zu den Fällen im Lernbuch Arbeitsrecht, 2. Aufl., C. H. München 2006
Sadler, H. (Hrsg): Personalberater – Managementconsultants 2003 in Deutschland/Österreich/Schweiz, Düsseldorf 2003
Schwacke, P. (2003): Juristische Methodik mit Techniken der Fallbearbeitung, Stuttgart 2003
Stein, A. (1997): Tarifvertragsrecht, Stuttgart 1997
Wald, P. M. (2005): Neue Herausforderungen im Personalmanagement: Best Practices – Reorganisation – Outsourcing, Wiesbaden 2005
Wunderer, R., Dick, P. (2007) Personalmanagement – Quo Vadis? Analysen und Prognosen zu Entwicklungstrends, 5. Aufl., Berlin 2007
www.arbeitsrecht.org
www.arbeitsrecht.de
www.aus-portal.de
www.baua.de
www.bda.de
www.betriebsrat.com
www.boeckler.de
www.bmas.de/coremedia/generator/13548/allgemeinverbindliche__tarifvertraege.html
www.bundesarbeitsgericht.de
www.bundesrecht.juris.de
www.dejure.org
www.dgb.de
www.gesetze-im-internet.de
www.info-arbeitsrecht.de
www.juraforum.de
www.mw-online.de
www.personalmagazin.de
www.personalwirtschaft.de
Zahn, R., Barth, T. (1998): Leitfaden zum Oursourcing von unternehmensnahen Dienstleistungen, Stuttgart 1998

Stichwortverzeichnis

A

Abfindung 342, 346
Abgangs-Zugangs-Tabelle 70
Abmahnung 340, 341
Abteilung Personal 116
Accounting-Ansätze 37
Additives Modell 223
Administrativer Experte 22, 23
Agentur für Arbeit 174, 353
Aggregatmethode 56, 59
AIDA-Formel 122
Akkordfähigkeit 199
Akkordlohn 199
Akkordreife 200
Akkordrichtsatz 200
Aktienoptionen 247
Allgemeines Gleichbehandlungsgesetz (AGG) 106, 291, 370
Altersstrukturen 68 f., 97
Altersteilzeit 177
Ampelkonto 184
Analytische Funktionsbewertung 204
Änderungskündigung 338
Andeutungstechnik 351
Anerkennung 252, 304
Anforderungen 115 ff., 151, 154, 204 f., 212, 286, 313
Anforderungsprofil 58, 72, 114 ff., 126, 140 ff., 150, 163, 268
Anforderungs-Verfahrensmatrix 147
Anforderungsvielfalt 320
Anhörungsrechte 425
Anreizsysteme 35, 235
Anschreiben 132
Arbeitgeberimage 82, 85, 103 ff., 343 ff., 354
Arbeitgebermarke 84, 87
Arbeitgeberverbände 412 ff.
Arbeitnehmerschutzrecht 411
Arbeitnehmervertretung 411, 420
Arbeitsbewertung 204
Arbeitsdirektor 421
Arbeitskampfmaßnahmen 417
Arbeitskampfrecht 419
Arbeitslosigkeit 129, 358
Arbeitsmarktportfolio 395
Arbeitsprobe 137, 148
Arbeitsproduktivität 59
Arbeitsschutzausschuss 422 ff.
Arbeitsvertrag 128, 155 ff., 195, 231, 262, 338, 412 f.
Arbeitsvertragsparteien 412

Arbeitszeit 64, 105, 168 f., 180 ff., 197
Arbeitszeitgesetz (ArbZG) 169, 181 ff.
Arbeitszeitkonten 175, 183 ff.
Arbeitszeitmanagement 99, 102, 168
Arbeitszeitmodelle 168 ff.
Arbeitszeugnis 134, 349 f.
Arbeitszufriedenheit 358, 374
Assessment Center (AC) 145 ff.
Audit beruf und familie 103
Aufgabenorientierter Führungsstil 301
Aufhebungsvertrag 346
Ausbildung 129, 267 f.
Ausschreibung 122, 153
Aussperrung 419
Austrittsgespräch 347, 374
Auswahlinterview 137
Außerordentliche Kündigung 341
Autoritärer Führungsstil 298, 303

B

Bundesarbeitsgericht (BAG) 190
Balanced Scorecard (BSC) 380
Basisrate 150, 151
BDA-Formel 332
Bedürfnis 318 f.
befristete Arbeitsverhältnisse 156, 345
Belastung 63, 98 f., 189, 206, 333 f., 358
Benchmarking 383, 387
Benjamin-Effekt 314
Beratungsrechte 425
Beruf 168
Berufseignungsdiagnostik 142, 143
Berufsverbände 415
Beschäftigungsförderungsgesetz 126
Betriebliche Altersversorgung 239, 240, 243
Betriebsbedingte Kündigung 336 f., 341
Betriebsklima 333 ff.
Betriebsrat 75, 107, 156, 160 ff., 174, 189, 238, 254, 360, 398, 412, 422
Betriebsrente 243
Betriebsvereinbarung 108, 160, 174, 182 ff., 190, 237, 254, 262, 412, 427
Betriebsverfassungsgesetz (BetrVG) 75, 162, 173, 189, 230, 291, 360, 398, 422 ff.
Betriebsversammlung 174, 422 ff.
Betriebszeiten 168 f.
Beurteilung 221
Beurteilungsfehler 313
Beurteilungsgespräch 309

Beurteilungsgrundsätze 349
Beurteilungsmatrix 147
Beurteilungsverzerrungen 314
Bewerber 349
Bewerberpool 125
Bewerbung 125, 350, 352
Bewerbungsunterlagen 131
Beziehungsmanagement 297
Bildungsbedarfsanalyse 267
Blended Learning 272
Boykott 419
Brain drain 35
Branchentarifvertrag 414
Brand value 34
Brutto-Personalbedarf 52, 55
Budgetierung 370
Budgetkontrolle 153
Bundesagentur für Arbeit 126 f., 177
Bundesurlaubsgesetz (BUG) 230
Business Partner 26

C

Cafeteria-Systeme 259, 260, 262
Change Management 276, 281, 287, 290
Chronologie 170
Critical Incident Theory (CIT) 140, 312
Code of Conduct 108, 300
Commitment 229, 358
Compliance 108
Corporate Social Responsibility 391

D

Datenschutz 397
Deferred Compensation 245
Defizitmodell 98
Defizitmotive 318
Demografische Entwicklung 67, 97, 177, 184 ff., 304
Demotivation 161
Dienstleistungspartnerschaft 409
Dienstreisezeit 189
Dienstwagen 239, 243
Direkte Funktionsbereiche 19
Direkte Personalkosten 74
Direktionsrecht 338, 413
Direktversicherung 244
Direktzusage 243
Diskriminierung 104, 107, 163, 175, 190
Diversity-Management 104 f.
Downsizing 357, 358
Dynamisches Humankapital 39

E

Eingangsbescheid 154
Eingliederungsmanagement 64 f., 76
Eingruppierung 115

Einigungsstelle 422, 424, 426
Einsatzbedarf 55
Einsatzbedingungen 383
Einstiegsgespräch 161
Einstufungsverfahren 312
E-Learning 272
Emotionale Intelligenz 296
Employability 305
Employee Champion 24
Employee Self Services (ESS) 373
Employer Brand 84 ff.
Employer Value Proposition 85, 92
Entgelt 73 f., 100, 121 ff., 169, 175, 185 ff., 194 ff., 259
Entgelterhöhungen 210
Entgeltfortzahlung 75, 336
Entgeltfortzahlungsgesetz (EntgeltFZG) 230, 339
Entgeltgruppen 202, 205
Entgeltrahmenabkommens (ERA) 194 ff.
Entgeltrahmentarifvertrag 230, 417
Entgelttarifverträge 230, 417
Erfolg 210 f.
Erfolgsbeteiligung 216, 246
Ergänzungstarifvertrag 414
Erwartungs-Valenz-Modell 322
EU-Recht 411
Europäischer Betriebsrat 422
explizites Wissen 335
External funding 244, 245
Externe Personalgewinnung 122
Externes Reporting 389
Extrinsische Motivationsansätze 326

F

Fachblaufbahn 273
Fähigkeiten 317, 322
Fähigkeitsprofil 114, 268
Feedback 229, 297, 304, 306, 307, 334
Fehlzeiten 55, 62 ff., 102, 168, 176, 183, 236, 339, 389
Firmentarifvertrag 414
Fischgrätendiagramm 383
Flächentarifvertrag 414
Flexibilisierung 258
Flexible Arbeitszeitmodelle 173, 183
Flexible-Benefit-System 259
Flexible-Compensation-System 259
Flexible-Human-Resources-System 259
Flow-Prinzip 315
Fluktuation 101, 236, 289, 332 ff.
Forming 274
Frageformen 139
Friedenspflicht 416 f.
Fristlose Kündigung 341
Früherkennung 368
Führung 103
Führungsgrundsätze 27, 300

Stichwortverzeichnis

Führungskontinuum 297
Führungskraft 115, 121, 214, 281, 294, 295, 301, 310, 347
Führungskräfteentwicklung 299
Führungslaufbahn 273
Führungsleitbilder 300
Führungsmodelle 295
Führungsstil 161, 176, 295 ff., 300 ff., 322
Führungstechnik 226
Führungsverhalten 295, 299, 321, 359
Funktionsbewertung 202 ff., 213

G

Ganzheitlichkeit 320
Gegenstandsvergleiche 383
Gehalt 128, 194, 196
Gehaltsband 203
Geldwerte Zusatzleistungen 219
Geldwerter Vorteil 242
Genfer Schema 206, 207
Gesamt- und Konzernbetriebsrat 422 f.
Geschäftsmodell 26
Gesundheitsmanagement 64 f., 99 ff., 389
Gewerkschaften 412, 414
Gießkannen-Prinzip 253
Gleichbehandlungsgrundsatz 414
Gleitzeit 180 ff.
Gleitzeitspannen 180
Gothaer 375
Governance 373
Great man theory 295
Gruppenkohäsion 358
Gruppenphasenmodelle 274
Günstigkeitsprinzip 411, 412, 413
Gütekriterien 149

H

Halo-Effekt 314
Hardfacts 136
Haustarifvertrag 414
Headhunter 127
Hierarchie-Effekt 314
Hochschulmarketing 87, 90
HR-Business Partner 119, 373
HR-Cockpit 384, 385
Human Capital 34 ff.
Human Resource Accounting (HRA) 37 f.
Human-Economic-Value 36
Humankapital 34 ff., 40, 327
Humankapitalbewertung 36
Humanvermögensrechnung 37, 38
Hygienefaktoren 319, 320

I

Imageanzeigen 90 ff.
Imagefaktoren 83

Immaterielle Instrumente 325
Implizites Wissen 335
Indikatoren 378
Indikatorenbasierte Ansätze 37, 38
Indirekte Funktionsbereiche 19
Indirekte Personalkosten 74
Individualisierung 236, 258
Industrieverband 415
Inhaltstheorien 317
Initiativbewerbungen 125
Innovation 402
Innovationsfähigkeit 359
Inputorientierte Modelle 37
Instrumentalität 323
Instrumente 326
Intangible Asset 34
Integration 156, 161
Intellektuelles Kapital 34 ff.
Interessenausgleich 342, 343
Internal Funding 243, 245
Internes Reporting 389
Intervention 374
Interview 139
Into-the-job 270
Investivlohn 252
Iowa-Studien 297

J

Jahreszieleinkommen 209
Jahreswagen 242
Job enlargement 271
Job Enrichment 100
Job enrichment 271
Job Rotation 100, 270
Job Splitting 172
Jobbörsen 123, 124, 125
Jobsharing 172
Johari-Fenster 305
Jugend- und Auszubildendenvertretung 422, 423
Jugendarbeitsschutzgesetz 188

K

Kampfparität 420
Kantinen 242
Kapitalbeteiligung 246
Karriere 175 f.
Karriereentwicklung 270
Karriereseiten 94
Kennzahlen 43, 59, 201, 217, 219, 378
Kennzahleninflation 378
Kennzahlenmethode 56 ff.
Kennzahlensystem 379
Kernkompetenzen 29 f.
Kernzeiten 180
Kinderbetreuung 102, 103

Klassische Gütekriterien 149
Klebe-Effekt 314
Knappheits-Technik 351
Koalitions- bzw. Sozialpartner 403, 414
Kommunikation 88, 90, 307 ff.
Kommunikationskonzept 87, 186
Kompetenz 269, 270, 276, 383
Kompetenzmodell 98, 118
Kompetenzzentrum 27
Konflikt 275
Konfliktgespräch 309
Kontingenzmodell 301
Kontraktlohn 201
Kontrast-Effekt 314
Kooperationsmodell 425
Kooperativer Führungsstil 285, 298, 303
Krankenstand 62, 173, 389
Kritikgespräch 309
Kunden 114
Kundengruppen 81
Kündigung 334, 336
Kündigungsfristen 336
Kündigungsgründe 336
Kündigungsschutzgesetz 336
Kurzarbeit 174
Kurzzeitarbeitszeitkonto 183 f.

L
Langzeitarbeitszeitkonto 183 ff.
Laufbahn 102
Laufbahnentwicklung 310
Laufbahngespräch 309
Least Preferred Coworker (LPC) 301
Lebensarbeitszeitkonten 99, 102, 184
Lebenslauf 133
Lebenszyklus 21, 101
Leistung 169, 209, 211 ff., 221 ff., 249, 298, 303, 318 ff.
Leistungsabhängige Vergütung 211
Leistungsbereitschaft 99, 121, 176, 235
Leistungsbeurteilung 201, 212, 214, 313, 349, 350
Leistungsfähigkeit 99, 176
Leistungsgerechte Vergütung 195
Leistungsgerechtigkeit 199
Leistungslohn 197, 199
Leistungszulage 198
Leitende Angestellte 155, 186, 188, 422
Lohn 73, 194, 196
Lohngruppe 197
Lohnstückkosten 198

M
Make or Buy 405
Management by Objectives (MBO) 226 f., 312
Manager Self Services (MSS) 373
Manteltarifvertrag 230, 417

Markt-/Buchwert-Differenz 37
Marktgerechte Vergütung 195
marktwertorientierte Ansätze 37
Massenentlassungen 342
Matching 125
Materielle Instrumente 325
Materielle Vermögenswerte 34
Medizinisches Gutachten 149
Mehrarbeit 173, 181, 185, 187
Menschenbild 300, 321
Mentor 161
Michigan-Modell 22
Milde-Effekt 314
Mitarbeiter-Aktien 247
Mitarbeiterbefragung 255, 374, 376, 386
Mitarbeiterbefragungen 179, 307, 377, 378
Mitarbeiterbeurteilungen 199
Mitarbeiterbindung 173, 334, 335
Mitarbeitergespräch 64, 161, 212, 229, 310
Mitarbeitergespräche 102, 308, 324, 335
Mitarbeitermotivation 173
Mitarbeiterorientierter Führungsstil 301
Mitarbeiterorientierung 298
Mitarbeiterportfolio 393, 394
Mitarbeiterrabatte 240, 257
Mitarbeiterzufriedenheit 172, 183, 335
Mitbestimmung 426
Mitbestimmungsgesetz (1976) 421
monetäre Leistungen 195
Monitoring 371
Montanmitbestimmungsgesetz (MontanMitbestG) 420 f.
Motivation 121, 132 ff., 168, 183, 198 f., 209, 212, 221, 235, 246 ff., 270, 285, 296, 303, 310 ff., 323 ff., 383
Motivationsinstrument 304
Motivationskraft 220
Motivationstheorien 317
Motivatoren 319, 320
Motive 317 ff., 324
Methods Time-Measurement (MTM) 60
Multimodales Interview 140, 141
Multiplikative Methode 225
Mutterschutzgesetz (MuSchG) 344

N
Nachtschicht 178
Nachweisgesetz 155, 412
Nähe-Effekt 314
Near-the-job 270
Nebentätigkeit 189
Negativselektion 130
Netto-Personalbedarf 53
Nettopersonalbedarf 71
Newplacement 353
Nicht-monetäre Leistungen 195
Nikolaus-Effekt 314

Norming 274
Nutzwertanalyse 88, 396, 408

O
Objektivität 149
Öffnungsklausel 412
Off-the-job Maßnahmen 270
Ohio-Studien 298
Online-Bewerbung 123 f., 131 ff.
Online-Test 145
Online-Tracking-Tool 377
On-the-job Maßnahmen 270
Operating Profit 215
Opfer 358
Ordentliche Kündigung 336
Ordnungsfunktion 417
Organisation 383
Organisationsentwicklung (OE) 267, 276, 299
Out- und Newplacement 354
Outplacement 353, 358
Outputorientierte Methoden 37

P
Paten 161
Pausen 180, 188 f.
Pensionskasse 244
Pensumlohn 201
Performing 274
Personal Scorecard 382
Personalabbau 45, 354, 354 f.
Personalauswahl 130, 149, 152, 315
Personalbedarf 354
Personalbedarfsplanung 49 ff.
Personalbemessung 56, 60
Personalberatung 126, 127
Personalberichte 391
Personalbeschaffung 114, 126
Personalbeschaffungsplanung 49
Personalbestand 53, 65, 66, 70
Personalbestandsplanung 66, 70
Personalbetreuer 22, 24
Personalbeurteilung 268, 311, 374
Personalbudget 73
Personal-Cockpit 386
Personalcontrolling 365
Personaldienstleister 152, 410
Personaleinsatz 72
Personaleinsatzplanung 49, 115
Personalentwicklung (PE) 103, 267
Personalentwicklungsplanung 49, 269
Personalfragebogen 149
Personalfreisetzung 71, 354
Personalfreisetzungsplanung 49
Personalführung 24
Personalgewinnung 114, 120, 127, 153

Personalhandbuch 390
Personalinformationssysteme (PIS) 368, 372
Personalkosten 33, 42 ff., 72 ff., 198, 203, 234, 262, 355
Personalkostenplanung 49
Personalleiter 116
Personalmarketing 69, 81, 86 f., 91 ff., 106 ff., 145, 150, 161
Personalplanung 56, 60, 75, 115, 126
Personalportfolio 393
Personalstrategie 27, 28, 29
Personalvermittlung 126
Personalvorauswahl 352
Personalwert 36
Personalzusatzkosten 73 f., 128, 234
Personenbedingte Kündigung 337, 338
Persönlichkeitseigenschaften 295, 296
Pflichtenheft 409
Phantom Shares 248
Portfolio 91, 333
Portfoliomethode 393, 395
Posting 122, 124
Prämie(nlohn) 199 ff.
Principal-Agent-Theorie 221 f., 248
Printmedien 123
Professionalität 402
Profiling 343
Profilvergleich 141
Prognoseentscheidung 336
Programmlohn 201
Projektlaufbahn 273
Prozesskette Personal 21
Prozessmodell 323
Prozesstheorien 317

Q
Qualifikation 326
Qualifikationsprofile 72
Qualifizierung 268 ff.
Querschnittsfunktion 365

R
Rahmenarbeitszeit 180
Rangordnungsverfahren 312
Rangprinzip 411, 413
Recruitainment 148
REFA 60, 206 f.
Referenzen 137
Reifegrad 302, 303
Reihenfolge-Technik 351
Reliabilität 149, 150
Reporting 390
Reservebedarf 55, 61, 62
Ressourcen 270
Retention 249, 260, 289
Risikomanagement 371
Rückkehrgespräch 309

Rufbereitschaft 189
Ruhezeit 189

S
Saarbrücker Formel 38
Sabbatical 171, 177
Scanning 371
Schätzmethoden 56, 61
Schätzverfahren 56
Schein- oder Quasi-Parität 421
Schicht 177, 333
Schichtarbeit 177
Schichtplan 179
Schlüsselpersonen 333
Schlüsselqualifikationen 29
Schutzfunktion 417
Schwerbehinderte 345
Schwerbehindertenvertretung 422, 424
Selbstbeurteilung 313
Selbstbewusstsein 296
Selbstselektion 141
Selbststeuerung 296
Selektionsrate 150, 151
Sender-Empfänger-Modell 307
Service Center 27
Shareholder 221, 222
SMART-Prinzip 228, 368
Softskills 136, 145
Soll-Ist-Vergleiche 383
Sonderkündigungsschutz 344
Sozial- oder Tarifpartner bzw. -parteien 414
Sozialauswahl 337, 342, 343, 346
Sozialgesetzgebung 230
Sozialleistungen 237
Sozialplan 342, 343
Sozialversicherungsabgaben 237
Spezialitäts- oder Ordnungsprinzip 411, 413
Sprecherausschuss 422
Stakeholder 369
Stärken-Schwächen-Analyse 85 f., 353, 374, 408 f.
Stars 393
Statussymbole 241
Stellenanzeigen 90, 122
Stellenausschreibung 120, 162
Stellenbeschreibung 58, 115, 116, 206, 349
Stellenbesetzungsplan 57
Stellenmarkt 125
Stellenplan 57
Stellenplanmethode 56, 57, 58, 61
Stereotypisierung 314
Steuer 242, 254
Stock Options 247
Storming 274
Strategischer Partner 22, 23
Streik 419

Strenge-Effekt 314
Strukturelles Humankapital 39
Summarische Funktionsbewertung 204, 205
Summenmodell des Humankapitals 38
Survivors 358
Szenarien 371

T
Talent Relationship Agent 125, 135
Tarif 213
Tarifautonomie 414
Tarifeinheit 415
Tarifflucht 416
Tarifgebundenheit 412
Tarifparteien 411
Tarifvertrag 128, 160, 186 ff., 196, 213, 254, 262, 411 ff.
Tarifvertragsgesetz (TVG) 416 ff.
Tarifvorrang 412
Team 274 f.
Teamentwicklung 273, 275, 299
Teamfähigkeit 312
Teilzeit 106, 163, 175 f., 187
Teilzeit- und Befristungsgesetz (TzBfG) 156, 163, 175, 190, 291, 345
Teilzeitmodelle 176
Telearbeit 102, 181, 182, 183
Telefoninterview 131, 136, 145
Testverfahren 131, 135, 142 ff., 150
Theorie X 321
Theorie Y 321
Total Compensation 209
Trainee 138, 148
Transaktionskosten 408
Transferagentur (TA) 343
Transitorische Überstunden 173
Trennungsgespräch 347
Trennungsprozess 354

U
Überstunden 120, 173, 183, 185
Übertreibung 351
Überzeugung 285
Ultima Ratio-Prinzip 337, 420
Umweltanalyse 370
Unterlagenanalyse 131
Unternehmenserfolg 225
Unternehmensergebnisse 214, 218
Unternehmenskultur 35, 103, 105, 161 f., 214, 241, 285, 327, 335, 349, 354, 374
Unternehmenswert 40
Unterrichtungs- und Informationspflichten 425
Urlaub 187
Urlaubsgeld 209
Ursachenanalyse 383
Ursache-Wirkungsdiagramm 383

V

Vakanzen 114
Valenz 322, 323
Validität 148, 150 f.
Value-Added-Ansätze 37
Variable Vergütung 214, 217, 219, 225
Veränderungen 121, 286, 377
Veränderungskurve 358
Veränderungsmanagement 277
Veränderungsmanager 22, 25
Veränderungsprozess 276
Veränderungs-Syndrom 281, 287 ff., 358
Vergütung 115, 173
Vergütungsmanagement 195
Verhaltensbedingte Kündigung 337 ff.
Verhaltensbedingte Kündigungsgründe 336
Verhaltensbeobachtung 312
Verhaltensbeurteilung 349
Verhaltensdreieck 140
Verhaltensgitter 298
Versetzungsgespräch 309
Vertragsfreiheit 414
Vertrauensarbeitszeit 181
Vollkonti 178, 179
Vorauswahl 130, 136
Vorschlagsrechte 427
Vorstellungsgespräch 137

W

Wachstumsmotive 318
Wahrheitsgebot 349
Wahrnehmungstäuschung 314
Wechselschichten 177
Weihnachtsgeld 209
Weisung 413
Weiterbildung 99, 102, 175, 183, 271, 310, 334, 337
Wertorientierung 18
Wertschöpfungskette 19, 25, 29, 31
Wertschöpfungstiefe 42
Werttreiber 28, 32, 40, 43
Widerspruchsrecht 426
Willensbarrieren 285
Windfall-Profit 216, 248
Win-Win-Situation 325
Wirtschaftsausschuss 174, 422, 424
Wissensbarrieren 285
Wissensmanagement 335
Work-Life-Balance 101, 176

Z

Zeitarbeit 120, 127 f.
Zeitautonome Arbeitsgruppen 172
Zeitkonto 180
Zeitlohn 197 f.
Zeitsouveränität 168, 173, 183
Zeitvergleiche 383
Zeitwertkonto 185, 187
Zeugnis 133
Zeugnissprache 350
Ziele 198, 214 f., 220, 222, 226 ff., 310
Zielvereinbarungen 214, 227 ff., 310, 377
Zufriedenheit 298, 303, 319, 323
Zusatzleistungen 235, 237, 251 ff., 262
Zustimmungsrecht 426
Zuzahlungen 263
Zwei-Faktoren-Theorie 319
Zwischenbescheid 154
Zwischenzeugnis 349

ORGANISATION & FÜHRUNG

Herausgegeben von
Dietrich von der Oelsnitz und Jürgen Weibler

Dietrich von der Oelsnitz
Martin Hahmann
Wissensmanagement
Strategie und Lernen in
wissensbasierten Unternehmen

2003. 244 Seiten. Kart. € 25,-
ISBN 978-3-17-017239-5

Walter Neubauer
Organisationskultur

2003. 196 Seiten. Kart. € 25,-
ISBN 978-3-17-017402-3

Roland Gabriel/Dirk Beier
**Informationsmanagement
in Organisationen**

2003. 236 Seiten. Kart. € 25,-
ISBN 978-3-17-017258-6

Friedemann W. Nerdinger
**Grundlagen des
Verhaltens in
Organisationen**

2. überarb. u. aktual. Auflage 2008
240 Seiten. Kart. € 27,-
ISBN 978-3-17-020377-8

Wolfgang Burr
**Innovationen
in Organisationen**

2004. 228 Seiten. Kart. € 27,-
ISBN 978-3-17-018003-1

Wendelin Küpers/Jürgen Weibler
**Emotionen
in Organisationen**

2005. 192 Seiten. Kart. € 23,-
ISBN 978-3-17-018002-4

Sabine Fließ
**Prozessorganisation
in Dienstleistungs-
unternehmen**

2006. 232 Seiten. Kart. € 28,-
ISBN 978-3-17-017439-9

Walter Neubauer/Bernhard Rosemann
**Führung, Macht und
Vertrauen in Organisationen**

2006. 248 Seiten. Kart. € 25,-
ISBN 978-3-17-018434-3

Fred G. Becker
**Organisation der
Unternehmungsleitung**

2007. 212 Seiten. Kart. € 27,-
ISBN 978-3-17-018657-6

Manfred Bornewasser
**Organisationsdiagnostik
und Organisations-
entwicklung**

2009. 292 Seiten. Kart. € 34,-
ISBN 978-3-17-020077-7

▶ www.kohlhammer.de

W. Kohlhammer GmbH · 70549 Stuttgart
Tel. 0711/7863 - 7280 · Fax 0711/7863 - 8430 · vertrieb@kohlhammer.de

Kohlhammer